개정12판

SI단위계에 의한 **건축**

급배수·위생설비

이용화 | 박효석 공저

세진사

머리말

물은 인간이 생명을 유지하고 생활하는 데 없어서는 안 되는 것 중의 하나입니다. 건축물 내에서 물과 관련된 설비가 바로 위생설비(衛生設備)입니다. 이것을 직역하면 생명을 지키는 설비라고 할 수 있으며, 건축기계설비 중 절대 소홀히 할 수 없는 중요한 설비입니다. 그러나 그동안 위생설비는 누구나 쉽게 이해하는 단순한 설비로, 설계 및 시공 시에 별 문제가 없는 설비로서 인식하여 왔습니다. 설계 시에도 경우에 따라서는 개념을 정확히 이해하지 못한 상태에서 계산하고 또한 과대 또는 과소하게 설계되었는지 확인할 생각도 안하며 적당히 설계 및 시공하여도 되는 쉬운 설비로 인식하여 왔습니다.

그러나 대부분의 건물에서 설비에 대한 하자요인 중에 급배수·위생설비가 많은 부분을 차지하고 있습니다. 따라서 이 책에서는 급배수·위생설비에 대한 기초 지식과 계획, 설계 및 시공의 실제분야를 수행하는데 도움이 되도록 기초와 실무분야 간의 교량적 역할을 하는데 역점을 두었으며, 현업에 종사하고 있는 분들에게도 유용한 참고서적이 되었으면 하는 마음으로 저술하였습니다.

특히 본문의 내용과 기초 데이터는 건축기계설비 설계기준(KDS)과 건축기계설비공사 표준시방서(KCS), 미국의 NPC, IPC, UPC 및 NSPC 그리고 일본의 SHASE-S 206을 우선적으로 참고하였습니다.

이 책은 급수, 급탕, 배수, 위생기구 및 오수처리설비의 순서로 각각의 설비를 기초부터 상세히 기술하였으며, 각 설비에서 주로 사용하는 유체기계인 펌프를 설명하였습니다. 특히 급배수·위생설비의 기초가 되는 유체역학의 내용과 배관에 대한 기초사항을 부록으로 구성하여 본 책으로만 공부하여도 큰 불편함이 없도록 하였습니다.

학교의 교재로 사용할 시에는 본 책의 순서에 따라 강의를 하여도 되겠지만 학교 실정에 맞추어 부록 I장, 부록 II장, 본문 7장을 먼저 강의를 하여도 별 문제가 없으리라고 생각합니다. 또한 본문 및 문제에 사용된 단위는 SI단위로 표기하였고, 특히 용어의 사용은 건축기계설비 설계기준(KDS)과 설비표준 용어집[(사)대한설비공학회]에 수록되어 있는 용어를 우선적으로 사용하였습니다.

이 책을 집필하는 데 있어서 오류나 계산상의 잘못이 없도록 최선을 다하였으나, 미비한 점에 대해 의견을 주시면 기꺼이 받아들여 보완·수정할 생각입니다.

끝으로 이 책이 나오기까지 많은 도움을 주신 도서출판 세진사 문형진 사장님께 감사드립니다.

저 자

차례

제1장 급배수·위생설비의 개요

제2장 급수설비

제3장 급탕설비

제4장 배수·통기 설비

제5장 위생기구설비

제6장 오수처리설비

제7장 물 재이용 설비

제8장 펌프

Appendix 부록

Chapter

01 급배수·위생설비의 개요

1.1 급배수·위생설비의 정의

건축설비란 건축법 제2조 제4호에서는 「건축물에 설치하는 전기·전화 설비, 초고속 정보통신 설비, 지능형 홈네트워크 설비, 가스·급수·배수(配水)·배수(排水)·환기·난방·소화(消火)·배연(排煙) 및 오물처리의 설비, 굴뚝, 승강기, 피뢰침, 국기 게양대, 공동시청 안테나, 유선방송 수신시설, 우편함, 저수조(貯水槽), 그 밖에 국토교통부령으로 정하는 설비를 말한다」로 정의하고 있다. 즉, 건축물의 기능을 원활히 하기 위하여 건축물에 설치하는 설비를 말하며, 이들 각 항목을 정리하여 분류하면, 전기설비, 위생설비, 공기조화설비, 소방설비, 가스설비, 기타 잡설비로 대별할 수 있다.

이중에서 위생설비라고 부를 때 갖는 의미는 「건물 내 및 부지 내에 있어서 인간이 생활 혹은 생산을 하기 위해 사용하는 물을 편리하고 또한 위생적으로 공급·배출하기 위한 설비」를 말한다. 즉, 인간에게 필요한 음료용, 취사용, 목욕용, 청소용 등에 사용하는 물이나 탕(湯)을 공급하고, 사용한 물은 생활환경에 해를 주지 않으면서 배출하여, 보건·위생적 환경을 향상·실현하기 위한 설비를 말한다.

이것을 실현하기 위한 설비로서는 물을 공급하는 급수설비, 탕을 공급하는 급탕설비, 사용한 물이나 탕을 배출하기 위한 배수·통기설비, 물 또는 탕을 사용하는 위생기구설비 및 배수를 처리하여 주변환경에 해를 주지 않고 방류하기 위한 오수처리설비 등이 있다.

이와 같은 설비를 과거에는 「위생설비」[1]라는 용어를 사용하여 왔지만, 일반적으로 위생설비라고 하면 병원 등에 있어서 의료에 관한 위생설비(health facilities)로 잘못 해석할 수 있기 때문에, 건축설비 분야에서의 위생설비(plumbing system)라는 의미를 부여하기 위해, 즉, 건물 내에서 생명을 유지하고 위생적인 환경을 실현하기 위한 목적을 고려하면 급배수·위생설비(plumbing system)라는 용어를 사용하는 것이 가장 적합하다고 생각된다.

---

1) 급배수·위생설비를 영어로는 "plumbing"이라고 하는데, 이것은 과거에 연관(鉛管)을 사용하였기 때문에 라틴어의 "plumbing(鉛)"에서 유래되었다.

급배수·위생설비의 대표적인 구성은 일반적으로 위생기구설비를 중심으로 하여, 그 상류에 물 또는 탕을 공급하는 급수·급탕설비, 그 하류에 배수를 배출하는 배수·통기 및 오수처리설비로 이루어지며, 이 외에도 건물 내의 배관설비라고 하는 측면에서 소방설비 및 가스설비도 포함시키고 있다.

그러나 이 책에서는 소방설비 및 가스설비에 대한 설명은 제외하고자 한다.

1.2 급배수·위생설비의 개요

급배수·위생설비 중 급수, 급탕, 위생기구, 배수 및 통기 설비까지의 각 설비는 원래는 물이나 탕을 공급하고, 사용한 물을 배출하기 위한 목적만을 가지고 설치되었지만, 하수나 오수처리설비 등으로부터의 악취, 해충 및 세균 등이 실내로 침입하기도 하고, 급수·급탕 계통으로 오수가 역류하기도 하는 사고가 일어나기도 한다. 따라서 이들 설비는 충분한 압력으로 충분한 유량의 물이나 탕을 공급하고, 이들을 신속하게 배출하는 것만으로는 부족하며, 급수·급탕의 오염방지나 하수가스 등이 실내로 침입하는 것을 방지하기 위한 충분한 고려를 한 설비가 되어야 한다. <그림 1-1>에는 가스설비를 포함한 급배수·위생설비에 대한 각 설비의 관련 시스템을 나타내었으며, <표 1-1>에는 각 설비가 구비하여야 할 요건을 나타내었다.

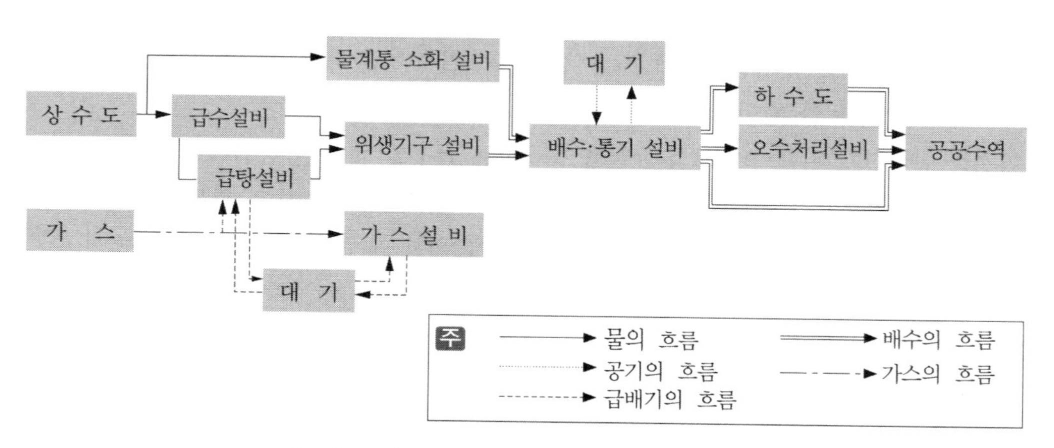

〈그림 1-1〉 급배수·위생설비의 관련 흐름도

〈표 1-1〉 각 설비가 구비하여야 할 요건

설비의 종류	구비하여야 할 요건
급수설비	충분한 압력과 유량의 물을 공급할 것, 또한 음용수 계통에 있어서는 급수의 오염이 없을 것
급탕설비	급수설비의 요건 외에 적절한 온도의 탕을 적절한 시간 내에 공급할 것
위생기구설비	물이나 탕의 사용이 편리하며 청결성을 확보할 것
배수·통기설비	사용하지 않는 물을 신속하게 배출함과 동시에 하수가스의 실내침입을 방지하며 위생적일 것

상기 요건 외에도 모든 설비는

① 가해성이 없고 안전할 것
② 소음 및 진동이 없을 것
③ 건축과의 조화를 꾀할 수 있을 것
④ 경제적일 것
⑤ 유지·관리 및 갱신이 용이할 것
⑥ 적절한 내용년수(耐用年數)를 가질 것

등의 조건을 구비하여야 한다.

급수설비에 있어서는 이용목적에 적합한 위생적인 수질의 물을, 적절한 수압으로 필요한 수량을 공급하는 것이 가장 기본적인 요구성능이 된다. 위생적인 용도에 적합한 물을 얻기 위한 기본 요구성능에 대해서는 각종 탱크류, 펌프, 배관, 급수전(給水栓)으로부터 유해물질이 용출하지 않도록 하는 것에서부터 배관의 크로스 커넥션(cross−connection)의 금지, 배관이나 급수전의 토수구 공간의 확보 등을 각 부위에서의 중요한 요구성능으로 들 수 있다. 급수량 및 급수압력에 관한 성능은 급수방식에 따라 다르겠지만, 일반적으로 안정되고 적절한 급수압을 얻기 위한 기본 요구성능으로는 펌프 양정의 확보 및 수압이 변동하지 않을 것, 배관의 관경 및 급수전의 작동 압력이 적절할 것 등을 들 수 있다. 또한 적절한 급수량을 얻기 위한 기본 요구성능에 대해서는 수조 용량의 확보 및 펌프로부터의 유량의 확보, 그리고 비상시의 자가발전 등과 같은 전력의 확보나 동결방지대책 등도 중요한 요구성능으로 들 수 있다. 또한 가해성이 없을 것 및 소음·진동이 적을 것도 중요한 기본 요구성능이 되며, 각 부위에서 누수가 없을 것 및 워터 해머(water−hammer)나 유수음(流水音)에 대한 배려 등도 중요한 요구성능으로 열거할 수 있다.

급탕설비에 있어서 기본적인 요구성능은 급수설비의 요구 사항과 동일한 것이 많다. 그 중에서 위생적인 수질의 탕을 적절한 급탕압력으로 필요한 양(量)을 공급함과 동시에 급탕온도의 안정, 적절한 출탕시간(出湯時間, 탕이 나오는데 걸리는 시간), 열탕에 의한 위험 방지 등이 가장 기본적인 요구 항목이다.

적절한 급탕온도를 안정하게 얻기 위한 요구성능에 대해서는 열원기기에서 설정온도의 안정기능, 저탕조(貯湯槽) 출구온도의 안정 및 방열에 따른 온도강하 대책, 그리고 급탕전(給湯栓)의 혼합기능(즉, 냉온수 혼합수전)의 안정성 등을 들 수 있다.

적절한 출탕시간에 대한 기본 요구성능에 대해서는 열원기기의 부하변동에 대한 추종성(追從性), 배관의 관경이나 배관 길이를 고려한 허용 탕 대기시간 등을 들 수 있다.

가해성이 없고 안정할 것에 대한 기본 요구성능에 대해서는 열원기기에서의 이상 온도상승에 대한 대책, 연소 안전 대책, 급배기 처리의 안전대책, 내진성 및 내압성에 대한 고려, 그리고 급탕전에서 열탕에 대한 배려 등을 중요한 요구성능으로 열거할 수 있다.

또한 소음, 진동에 대한 것으로는 급수설비의 요구성능의 항목 외에 열원기기에서의 연소음도 중요한 요구성능으로 열거할 수 있다.

배수·통기설비에서는 배관의 막힘이나 악취가 없게 이미 사용한 배수를 원활하게 종료하는 것이 가장 기본적으로 요구된다. 적절한 시간 내에 원활한 배수를 종료하기 위한 기본 요구성능에 대해서는 물받이 용기나 배수조 및 배수펌프, 정화조의 용량, 트랩, 포집기 및 바닥 배수구의 적절한 형상과 구경(口徑), 배수관의 적절한 관경과 구배, 그리고 통기관의 관내압력 변동의 완화 등을 중요한 요구성능으로 들 수 있다. 가해성이 없고 안전할 것에 대한 기본 요구성능에 대해서는 각 부위에 있어서 막힘이나 동결에 대한 배려 등을 중요한 요구성능으로 들 수 있다.

위생적일 것에 대한 기본 요구성능으로는, 각 부위에 있어서 하수가스 등의 악취가 실내에 침입하지 않는 구조이고, 또한 트랩(trap)은 자정작용(自淨作用)을 갖는 것일 것 등을 중요하게 들 수 있다.

1.3 급배수·위생설비의 역사

인간이 생명을 유지하고 생활하는데 없어서는 안 되는 것 중의 하나가 물로서, 인간은 아주 오랜 옛날부터 하천이나 지하수 등의 물을 이용하여 왔다. 또한 사용한 물이나 오물은 그대로 대지에 버려왔지만, 사람들이 모여살고 도시가 형성되면서부터 수도나 하수도를 만들게 되었다.

상수도와 하수도는 현재의 것과 같이 완전한 것은 아니었지만 기원전 수천년 전부터 있어 왔는데, 이집트, 인도, 메소포타미아 및 로마 등지의 유적지에서도 우물, 지하수로, 하수로, 욕실, 변소 등이 발견됨으로써 이들의 존재는 명확하게 되었다. 그 중에서도 대표적인 상수도는 로마의 수도를 들 수 있는데, 기원전 312년에 로마에 생활용수를 유도하기 위하여 16.5 km의 석조수로(石造水路)가 건설되었으며, 그 후 총 9개의 수로(총 연장 400 km 이상)가 건설되었고 현재 그 일부가 유적으로서 남아 있다. 그러나 로마제국의 멸망과 함께 상하수도나 급배수설비는 쇠퇴하여, 이후 약 천 년 간은 위생설비의 암흑시대에 있게 된다. 따라서 이 시기에는 중세의 대도시에서 건물 주위나 도로에 오물이나 배수를 버림으로써 상당히 비위생적인 상태 하에서 생활하였으며, 또한 오염된 하천수의 사용으로 인해 페스트나 콜레라가 수회에 걸쳐 발병하였다.

이와 같은 전염병의 만연에 대한 대책으로서, 즉 위생적인 측면에서 상수도 및 하수도의 필요성을 인식하였으며, 이것이 급배수·위생설비에 대한 근대화의 시작이라고 할 수 있다. 본격적인 상수도는 16세기 말에 런던에 건설되었지만, 정수시설은 없이 템즈강의 물을 펌프를 이용하여 시내의 일부에 송수(送水)한 정도였다. 17세기 초에는 수도회사가 설립되어 런던시내 전반에 점차로 급수관이 부설되어 집집마다 급수가 행하여 졌다. 그리고 콜레라의 예방이라는 측면에서 수질 확보를 위한 정수방법은 19세기 초에 Paisley에 의한 완속모래 여과법을 처음으로 채용하였으며, 19세기 후반기 말에는 세균을 제거하기 위한 정수방법, 또한 급속여과법(황산철을 사용한 응집법)을 채용하였다. 또한 19세기 후반에는 주철관, 펌프 등의 기재(器材)개량과 정수방법의 발달로 수도의 보급이 본격화되었으며, 다층건물에의 급수도 가능하게 되었다.

한편 하수도 쪽은 16세기 초에 런던에 건설되었지만 종말처리장은 없이 오수를 하천에 보내는 정도의 수준이었기 때문에 하천의 오염이 심하였으며, 런던에서는 1882년부터 1934년까지 많은 약품침전처리장이 설치되었지만 처리기능이 충분치 못하였으며, 1936년에 활성오니법의 처리장을 설치하기에 이르렀다. 또한 근대 배수시스템은 영국에서 최초로 형성되었으며, 그 계기는 19세기 유럽 전 도시에서 맹위를 떨쳤던 콜레라와 수세식 변기의 고안을 들 수 있다. 콜레라의 원인이 도시 위생환경의 악화로 인한 것이라는 인식을 갖고 19세기 후반에는 상하수도의 정비에 더욱 박차를 가하게 되었다. 또한 수세식 변기는 대발명으로써 18세기말부터 다수의 특허가 신청되었고, 변기의 중요 부분인 방취장치(防臭裝置)로서는 가동(可動)밸브를 이용하는 형태도 있었지만, 최종적으로는 수봉식 트랩만이 살아남았다. 그리고 19세기 후반에는 현재의 것과 유사한 형태의 변기가 만들어졌다. <그림 1-2>의 커밍스(cummings)가 고안하여 1775년에 등록한 수세식 변기에도 연(鉛)제라고 생각되는 S트랩이 있음을 알 수 있다.

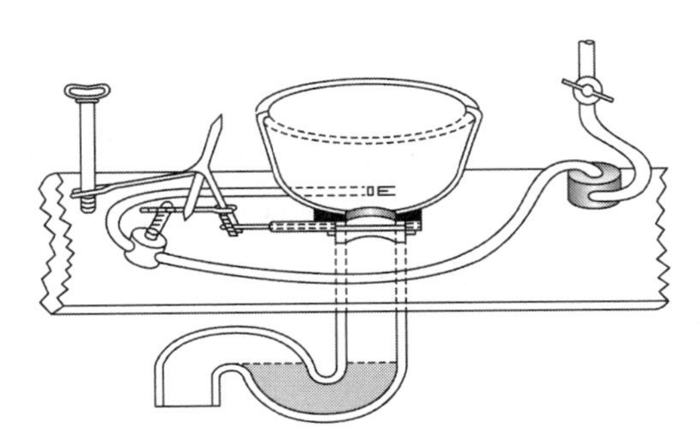

〈그림 1-2〉 커밍스 수세식 변기(Cummings' Valve Closet, 1775)

수세식 변기의 보급은 다른 물사용 기구를 실내로 끌어들여오게 된 계기가 되었으며, 또한 19세기 후반에는 급탕기도 등장하여 욕조에서 탕을 사용할 수 있게 되었다. 이와 같이 하여 19세기 말에는 상하수도를 거의 완비하고 건물 내에 있어서도 관로에 의한 급수·배수 시스템을 왕성하게 채용하였다. 배수 시스템은 수세식 대변기의 등장과 함께 오수 전용 계통으로 구축하였다. 대변기 이외의 위생기구가 실내에 설치되었을 때, 이들 잡배수는 별도의 수직관 계통으로 하여 반송하는 분류배수방식을 적용하였다.

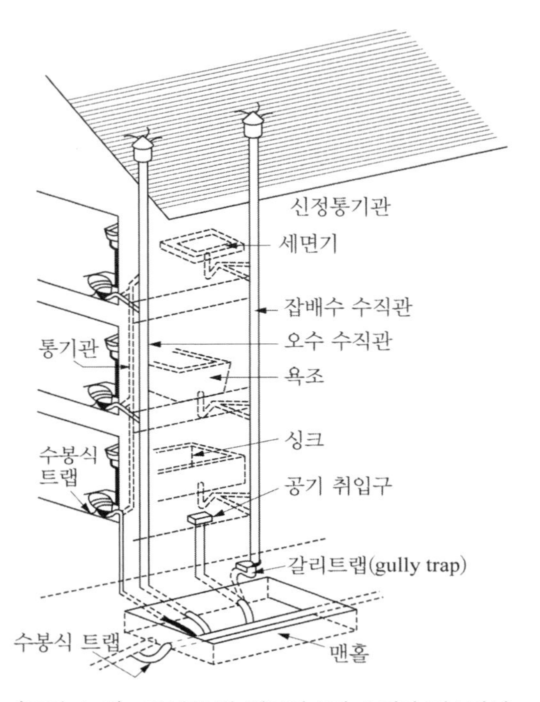

〈그림 1-3〉 19세기 말 영국의 2개 수직관 배수방식

즉, 오수와 잡배수 계통을 분리한 방식을 사용하였으며, 배수수직관이 2개라고 하여 2관식(two pipe system)이라고 한다. 그 초기에는 대변기 이외의 물 사용기기에 트랩을 반드시 설치한 것은 아니지만, 서서히 트랩의 효용을 인식하게 되면서 19세기 후반에는 일반화 되었다. 트랩이 부설되어 처음으로 위생기구라고 말할 수 있게 되었다. 이 무렵 위생도기도 나오게 되었다. 그리고 19세기 말에는 트랩의 봉수파괴 방지에 통기관이 유효하다는 것을 인식하고 나서 <그림 1-3>과 같은 근대 배수시스템의 원형이 형성되었다. 이 그림에서 각 대변기, 욕조, 세면기 및 맨홀에 수봉식 트랩이 설치되어 있는 것을 알 수 있다. 또한 트랩의 봉수파괴 방지를 위해 통기관을 이용한 것도 볼 수 있다.

영국에서는 2관식 배관방식이 넓은 배관공간을 필요로 하기 때문에 외벽에 배수관을 노출하는 방식을 사용하였다. 그러나 미국 동부지역에서는 겨울철에 동결의 문제 때문에 옥내에 배수관을 설치하였고, 또한 여기에 건물의 고층화라는 문제가 가해져 배관스페이스 감소의 필요성이 대두되어 배수수직관을 하나로 하는, 즉, 오수와 잡배수관을 하나로 하는 일관식(one pipe system, 통기수직관도 1개임)이 19세기 말부터 20세기 초 사이의 기간 동안 형성되었다. 일관식은 그 형성 직후에 영국에 도입되어 2관식과 병존하게 된다. 2관식은 주택이나 소규모 공동주택에, 일관식은 일반 건물에 채용되었다. 일관식은 그 후, 신정통기관만을 이용하는 단일수직관방식(single stack system)으로 형태가 바뀌지만, 5층 정도의 소규모에 한정되고 있다.

현재 세계적인 추세는 경제적인 이유 때문에 통기방식을 단순화하려 하고 있다. 단일수직관방식(single stack system)은 오수와 잡배수를 하나의 배수수직관에 합류시켜 이송하는 방식이고, 2수직관방식(two stack system)은 각각을 2개의 배수수직관으로 나누어 이송하는 방식이다. 이 경우 관내의 통기는 배수수직관 상부의 신정통기관에 의해 이루어진다.

전통기 1수직관방식(fully vented one stack system)과 전통기 2수직관방식(fully vented two stack system)도 있는데, 이것은 앞에서 언급한 바와 같은 배수수직관 및 통기수직관을 설치하는 방식이다.

19세기 후반에는 근대적인 급배수·위생설비의 기본 요소가 거의 모두 나오게 되었으며, 특히 이때부터 20세기 중반까지는 근대적인 배수시스템이 확고하게 된 시기로서, 이 당시의 기초기술은 20세기 말인 오늘날까지 거의 변화하지 않고 있다. 여기서 근대 배수 시스템이라는 것은 관로를 이용한 배수의 반송(搬送), 수봉식(水封式) 트랩에 의한 악취의 차단, 통기관에 의한 봉수의 보호라고 하는 3가지에 입각한 배수시스템을 말한다. 또한 이 3가지 요소에 관경결정이론을 추가함으로써 현대의 배수시스템이 되었다.

특히 미국에서는 현대의 급배수·위생설비에 대한 기술이 가장 진보한 나라이지만, 그 계기가 된 것은 1932~1933년에 시카고에서 개최된 만국 박람회에서의 사고(욕조나 대변기로부터의 역 사이펀 작용으로 인한 급수계통의 오염에 의한 이질 전염병 발생으로 98명이 사망하고 1,409명의 환자가 발생)로, 이후 1955년에 세계에서 가장 엄격한 급배수·위생설비의 규칙인 NPC(National Plumbing Code)를 제정하였다. 그러나 이 코드는 그 후 개정에 이르지 못하였으며, 현재는 IPC(International Plumbing Code)와 UPC(Uniform Plumbing Code) 및 NSPC(National Standard Plumbing Code)를 갖고 있다.

우리나라에서도 건물의 계획 단계에서부터 준공 때까지 공사에 반영하도록 급배수·위생설비와 관련한 각종 법규를 제정하였다. <표 1-2>에는 국내의 급배수·위생설비에 관련한 각종 법규를 나타내었다.

〈표 1-2〉 급배수·위생설비 관련 주요법규*

관련법규 \ 설비항목	급수설비	급탕설비	배수설비	위생기구	오수처리설비	소방설비	가스설비	환경공해설비	쓰레기처리설비	상수도설비
건축법, 건축법시행령, 건축법시행규칙	○		○	○	○	○				
주택건설기준 등에 관한 규칙	○					○	○			
도시계획시설의 결정·구조 및 설치기준에 관한 규칙	○				○	○	○		○	
학교시설사업촉진법, 동법시행령, 동법 시행규칙	○			○		○				
공중위생관리법, 동법시행령, 동법 시행규칙	○	○	○		○		○			
공중화장실 등에 관한 법률	○	○	○	○	○					
수도법, 수도법시행령	○									○
하수도법, 하수도법시행령										
가축분뇨관리 및 이용에 관한 법률			○		○			○		
환경정책기본법, 동법 시행령			○		○			○	○	
대기환경보전법, 동법 시행령 및 시행규칙								○		
수질 및 수생태계보전에 관한 법률, 동법 시행령 및 시행규칙			○		○					○
폐기물관리법, 동법 시행령 및 시행규칙									○	
소음, 진동관리법, 소음, 진동규제법시행령 및 시행규칙								○		
소방기본법, 동법시행령 및 시행규칙, 소방시설설치유지및안전관리에 관한 법률						○				○
고압가스안전관리법, 동법 시행령 및 시행규칙							○			
도시가스사업법, 동법 시행령 및 시행규칙							○			
액화석유가스의 안전관리에 관한 법률							○			
보일러제작기준·안전기준 및 검사기준		○								
열사용기자재 관리규칙		○								
고효율에너지기자재 보급촉진에 관한 규정	○	○				○				
가스사용시설의 시설·기술·검사기준							○			
에너지이용합리화법 및 동법 시행령		○								
건축물의 설비기준 등에 관한 규칙	○	○	○	○						
공업용수 공급규칙	○									○

* (사)대한설비공학회, 2011, 설비공학 편람 제4권 위생·소방·환경

1.4 급배수·위생설비의 계획 및 설계

1 계획상의 기본조건

급배수·위생설비의 계획 및 설계는 그 건물의 용도, 규모, 등급, 예산 등의 조건에 입각하여 다음과 같은 기본적 조건에 유의하여 행하는 것이 중요하다.

(1) 기본 원칙의 고수

각 설비의 설치 목적 및 기능을 만족시킴과 동시에 <표 1－3>에 나타낸 각각의 기본 원칙[2)]을 준수한다. 기본적으로는 설비 방식, 기기의 배치·용량·수량, 배관의 경로·방법·관경 등에 대한 충분한 검토를 한다.

〈표 1-3〉 급배수설비의 기본원칙

본 기본원칙은 급배수설비를 설계·시공·유지관리하는 경우, 지켜야 할 기본목표이다. 또한 이 규칙의 각 조항에 포함되어 있지 않는 새로운 사항이 생길 경우에도 그 기준이 되는 것으로 한다. 인간의 보건과 생명유지에 관계되는 위생적 환경의 실현을 위해서 급배수설비의 역할은 대단히 중요한 것이다. 따라서 그 설계·시공·유지관리를 할 경우 사용자의 편리를 도모하고, 위생적이고 또 충분한 기능을 발휘할 수 있게 하며, 더불어 건축과의 조화를 이루어야만 한다. 또한 이 기준의 모든 조항에 충족하여도 환경위생 및 보안에 장해를 줄 우려가 있을 경우에는, 그 장해를 제거하기 위한 적절한 사항을 추가해서 설계·시공하여야 한다.

◈ **위생설비 시스템**

(1) 건물이나 부지 내에 설비하는 모든 위생설비는 이 기준의 각 조항에 준하여 설계와 시공 및 유지관리를 한다.

(2) 건물이나 부지 내에 설치하는 모든 위생설비는 관련법규에 따라 설계와 시공 및 유지관리 한다.

(3) 기존 건물이나 부지 내의 위생설비에 관계되는 시설을 증설하거나 변경 또는 수리 할 경우, 이 기준의 각 규정에 부분적으로 적합하지 않은 사항이 있더라도 이 기본원칙에 따른다.

(4) 위생설비는 계획에서 설계와 시공, 운용, 리모델링 및 폐기까지 각 단계에서 그 설비의 설치와 공급 및 배출에 관계된 에너지 소비와 환경부하를 보다 줄이도록 한다.

(5) 위생설비를 계획할 때 건축용도의 사회적 중요도에 따라 비상시에 대응하는 용수를 확보하고 위생적인 유지를 고려한다.

---

2) (사)대한설비공학회에서는 대한설비공학회 규격으로 "급배수 위생설비 기술기준"을 1999년도에 제정하였으며, 그 기준 중에는 기본원칙을 기술 분야별로 수록하였으며, 일부 수정하여 <표 1－3>에 나타내었다.

(6) 위생설비를 계획할 때 해당지역의 외부환경과 특성 및 상수도, 하수도, 가스, 전기, 통신 등의 조건을 충분히 조사하고, 외부환경과 조화를 이루는 적절한 방식을 선택한다.
(7) 위생설비를 계획할 때 수자원의 유효 이용조치를 강구한다.
(8) 위생설비는 건물 용도의 특성과 조화를 이루고 각각의 기능이 손상되지 않도록 계획하여 설치한다. 또한 장래의 증설이나 수선 또는 리모델링 등의 개보수시기에 용이하게 대응할 수 있도록 사회적, 경제적 합리성을 갖는 것으로 한다.
(9) 위생설비를 계획할 때 요구 성능을 명확하게 하며, 준공 후에 요구 성능의 적합성을 평가한다.
(10) 위생설비는 적절한 건물관리 등을 실시하기 위해 필요한 곳에 수량, 수질, 수온 및 수압 등을 계측할 수 있는 설비를 설치한다.

◈ 급수 및 급탕

(1) 사람이 거주하거나 사용하기 위한 건물이나 그 부지 내에서 상수가 필요한 경우에는 상수의 급수설비를 설치한다.
(2) 급수 및 급탕설비에 이용하는 재료는 유해물이 침출되지 않는 것을 사용한다.
(3) 상수의 급수 및 급탕계통은 크로스커넥션이 되지 않아야 한다.
(4) 급수 및 급탕계통에는 배압이나 역 사이펀 작용에 의한 역류의 위험이 없어야 한다. 또한 역 사이펀작용이 발생할 수 있는 용기나 장치에는 적절한 방지장치를 설치한다.
(5) 급수계통은 위생기구나 장치 등의 기능에 적합한 수량이 나오도록 적절한 수압으로 공급한다.
(6) 급탕계통은 그 사용목적에 적합한 온도의 온수를 적정한 수압으로 공급할 수 있도록 한다.
(7) 급수 및 급탕계통은 수격작용이나 큰 유수소음 또는 진동이 발생하지 않도록 설계한다.
(8) 물을 가압하거나 가열 또는 저장하는 용도의 모든 기기와 장치는 내압이나 하중 또는 과열로 파열되지 않게 하고 부식되지 않게 설계한다.

◈ 배수·통기

(1) 배수·통기계통은 배수가 생활환경에 피해를 주지 않도록 안전하고 위생적으로 배출할 수 있도록 한다.
(2) 배수계통은 높은 유수소음이나 이상 진동이 발생하지 않도록 한다.
(3) 배수계통에 직결하는 기구에는 각 기구별로 적절한 구조와 봉수강도를 지닌 수봉식 트랩을 설치한다.
(4) 그리스(유지)나 가연성 폐수, 토사 또는 기타의 배수계통이나 처리설비 또는 하수도에 유해한 물질이 있는 배수계통과 재이용할 수 있는 물질이 있는 배수계통은 그것들을 적절하게 포집할 수 있는 포집기를 설치한다.
(5) 배수계통에는 배수가 정체하거나 관이 막히지 않도록 하여야 하며 배관 내를 쉽게 청소할 수 있게 적절한 위치에 청소구를 설치한다.
(6) 배수계통에는 배수가 역류하지 않도록 하여야 하며, 특정의 기구나 장치 또는 시설의 배수

는 간접배수로 한다.

(7) 배수가 건물 내로 역류할 수 있을 경우에는 그 배수계통에 적절한 역류방지장치를 설치한다.

(8) 특수 배수계통은 독립하여 설치하고, 배수 수질에 적합한 처리장치로 처리하여 배수한다.

(9) 배수계통과 배수탱크에는 통기관과 같은 적절한 통기설비를 한다.

(10) 통기관 끝은 외부까지 연장하여 대기로 개방하여야 하며 그 개구부 끝이 막히거나 건물 내부로 오염된 공기가 유입되지 않도록 한다.

◈ 우수배수

(1) 우수는 공공하수도가 있는 지역에서는 공공하수도에 배수하며, 공공하수도가 없는 지역에서는 우수 장해가 발생하지 않도록 배수한다.

(2) 우수는 어떠한 경우에도 분뇨정화조(단독처리)에 접속되는 오수관이나 오수처리시설(합병처리)에 접속되는 오수관 또는 잡배수관에 배수하지 않도록 한다.

(3) 우수배수관을 합류식 배수수평주관이나 부지배수관에 연결할 경우, 배수관에서 하수가스 등이 우수배수관으로 유입되어 주변 환경이 비위생적으로 되지 않도록 그 연결 장소에 트랩을 설치한다.

◈ 배수의 접속과 처리

(1) 공공하수도가 있는 지역의 부지 내에서 배출하는 오수나 잡배수는 배수관이나 그 외의 배수시설에 의해서 반드시 공공하수도로 배출하여 종말처리장에서 처리한다.

(2) 공공하수도가 없는 지역의 부지 내에서 배출하는 오수는 적절한 처리시설로 처리한다.

(3) 공공하수도나 유역하수도, 공공수역 또는 지하수에 해가 될 수 있는 유기물이나 무기물을 포함한 배수는 적절한 처리시설로 처리하여 배출한다.

◈ 위생기구와 기기 및 배관

(1) 모든 위생기구는 용도에 적합한 수량으로 사용에 적합한 간격과 높이로 설치한다.

(2) 위생기구의 표면은 매끄러우며 불침투성이어야 하고 항상 청결을 유지할 수 있는 것이어야 한다.

(3) 특수설비는 그 목적을 위한 설비가 안전하고 위생적이며, 기능과 성능이 잘 유지되는 것으로 한다.

(4) 급배수계통의 모든 배관은 내구성 재료를 사용하며, 목표하는 내용연수에 적합하여야 한다.

(5) 환경과 위생에 해를 줄 수 있는 있는 기기나 장치 또는 재료는 적절한 보호조치 또는 예비조치가 없는 한 급배수계통에 사용하지 않아야 한다.

◈ 시공

(1) 급배수계통의 공사는 그 건물의 구조와 강도에 영향을 주지 않도록 하며, 바닥, 벽, 천장

및 기타의 구조 재료에 손상을 주지 않도록 시공한다.

(2) 급배수 계통에 이용하는 기기와 탱크류 및 배관류는 지진 및 지반 침하시에 이동과 전도 및 침하 등에 의해 손상하지 않도록 기기와 탱크류의 끝부분이나 배관류의 지지 및 접속부 등에 적절한 내진 대책, 변위 흡수의 조치를 한다.

(3) 급배수계통은 공사의 불완전에 따른 결함이 없게 하기 위해서 적절한 시험 및 검사를 한다.

◈ **유지관리**

(1) 건물의 소유자, 관리자 또는 점유자는 건물의 급배수계통을 항상 환경위생 및 보안상 지장이 없도록 유지관리 기준을 작성하여 계획적으로 유지·관리한다.

(2) 건축과의 조화

각 설비는 건축의 디자인과 조화를 이루도록 한다.

(3) 사고·재해의 방지

각 설비는 사용시 예상되는 각종 사고 및 재해에 대해서 만반의 예비 조치를 강구하고, 또한 만일의 사고가 발생한 경우라도 피해를 최소한으로 줄임과 동시에 신속하게 복구할 수 있도록 하며, 2차 재해를 유발하지 않도록 배려하여야 한다. 사고의 예로서는 물, 탕, 배수, 가스, 기름 등의 누설, 음료수의 수질오염, 배수의 역류, 하수가스·취기의 침입, 급배수계통의 이상소음, 스프링클러의 불완전한 살수, 이산화탄소 소화설비의 오방출 등을 들 수 있다.

또한, 각 설비는 보수, 점검 및 청소 작업 등을 할 때, 안전을 확보하기 위한 위험 방지책을 강구하여야 한다.

(4) 공해 방지

각 설비는 공해를 일으키지 않도록 적극적으로 대처하여야 한다. 공해의 예로는 수질오염, 대기오염, 악취, 진동, 소음, 지반 침하를 들 수 있다.

(5) 자원 및 에너지 절약

각 설비는 소비 에너지 및 자원의 절감을 꾀하고, 자원의 재이용, 대체 에너지, 배열의 이용, 태양 에너지의 이용 등을 적극적으로 검토·채용한다.

(6) 스페이스

각 설비는 보수, 점검 및 갱신 등을 용이하게 할 수 있도록 적절한 스페이스를 두고 설치하여야 한다.

(7) 시공성 및 보전성

각 설비는 시공, 보수 관리의 합리화, 에너지 절약화를 추진할 수 있도록 하여야 하며, 또한 각 설비는 필요로 하는 신뢰성을 가질 수 있어야 한다. 주요한 기기 및 배관 재료는 적절한 내구성 및 내식성을 갖고, 목표로 하는 내용연수(耐用年數)를 충분히 만족시킬 수 있는 것을 사용한다.

(8) 경제성

각 설비는 성능에 걸맞은 건설비 및 운전 관리비가 되도록 배려하여야 한다.

(9) 장래 계획에의 대응

각 설비는 장래의 증축, 교체가 예상되는 경우에 효과적으로 대응할 수 있도록 배려하여야 한다.

2 계획·설계의 각 단계에서의 내용과 순서

급배수·위생설비의 계획 및 설계를 진행할 때는 기본적인 계획·설계의 흐름에 따라 할 필요가 있으며, 일반적으로 기본 구상, 기본 계획, 기본 설계, 실시 설계의 순서로 지역 환경 및 건축과 함께 타 설비의 계획·설계와의 조정 및 융합을 도모하면서 진행한다. 그러나 기본 구상에서부터 실시 설계까지 명확하게 구분하고 순차적으로 진행하여야 한다는 의미는 아니며, 작업 내용의 단계가 바뀌거나, 여러 단계를 모아서 한 번에 수행할 수도 있다.

(1) 기본 구상

기본 구상은 규모, 예산, 공사 기간 등의 주어진 조건을 결정하는 단계로서, 기본적인 사항의 조사 및 규모산정 등을 하는 단계이다. 급배수·위생설비에서는 건축주의 요구 사항을 포함한 계획 내용의 검토, 현지 조사, 적용 법규 등의 검토, 필요한 설비의 검토를 거쳐, 공사비의 추정 등을 한다. 이들 작업 외에 기본 계획부터 공사 준공까지의 전체 스케줄을 작성하여 검토를 한다.

(2) 기본 계획

기본 계획은 기본 구상 단계에서 결정된 계획의 개요와 현지 조사 등에 의해 명확하게 된 각종 주어진 조건에 기초하여 계획안을 조정하고 선정을 하는 단계이다. 급배수·위생설비에서는 먼저 기본 구상 도서를 세부적으로 재검토하고, 현지 조사, 유사 사례의 조사 등을 거쳐 설계 조건이나 설계 방침을 명확히 하여, 필요한 설비의 재검토나 설비 등급(grade)을 설정한다. 다음에 각 설비의 개략적인 부하를 산정하고, 설비 방식의 추출, 조닝 등을 검토한 후, 기계실 등의 소요 스페이스(space)나 층고(層高)를 검토한다. 더욱이 주요 기기 및 주배관의 개략적인 배치를 하고, 에너지 절약을 포함한 각종 대책의 검토, 유닛화(unit 化)를 포함한 공법 계획의 검토, 주요 기기·재료의 개략 시방서를 결정하며, 기본 계획시의 공사비를 검토 혹은 수정한다. 기본 계획서는 일반적으로 계획 개요서, 각 설비의 플로우 시트(flow sheet), 공사비 개산서(概算書), 계획 공정표 및 현지 조사 보고서로 구성된다.

(3) 기본 설계

기본 설계는 기본 계획을 기초로 하여 개략적인 설계를 하고, 계획안을 구체화하여 실시 설계에 들어가는 조건을 확정하는 단계이다. 따라서 실시 설계에 들어가고 나서는 건축 혹은 타 설비의 설계 내용에 큰 영향을 미치지 않도록 한다.

급배수·위생설비에서는 먼저 기본 계획서를 재검토하고, 설비 부하의 산정, 설비 방식의 세부적인 검토를 거쳐 기기의 형식·용량·수량을 선정하고, 기기 배치나 배관 경로 등을 검토한다. 특히, 건축·구조설계에 영향을 미치는 배관문제는 중요한데, 배관 샤프트, 주배관(主配管) 경로, 기계실내의 배관 스페이스 등의 부분은 상세도, 단면도에 의해 충분히 검토한다. 그 다음에 건축의 기본 설계도를 기초로 개략적인 설계를 하며, 건축 및 타 설비와 관계되는 문제점을 해결하고 조정한다. 더욱이 공사비에 대해서도 기본 계획 때보다도 정확하게 산출한다.

기본 설계서는 일반적으로 설계 개요서, 기본 설계서, 공사구분표, 공사비의 개산서 등으로 구성된다. 이 단계에서 개발 행위나 특정 시설의 허가 신청에 필요한 도서의 작성을 하는 경우도 있다.

(4) 실시 설계

실시 설계는 신청, 적산, 계약, 시공에 필요한 설계 도서를 작성하는 단계이다. 급배수·위생설비에서는 먼저 기본 설계서를 재검토하여 그것을 기초로 건축의 세부 사항과의 조화를 검토하고 조정한다. 다음에 건축 평면도, 상세도 등을 기초로 설계 계산서, 실시 설계도를 작성한다. 설계도의 작성 후 시방서, 수량 조서 및 적산 내역서 등을 작성한다. 시방서는 일반적으로 공통(표준) 시방서와 특기 시방서를 구성한다. 공통 시방서는 각종 공사의 표준적인 시공법 및 시험 방법 등을 기재한 것으로서 관청이나 사업주가 작성한 것을 사용하는 경우가 많다. 특기 시방서는 공사건명, 공사 장소, 규모, 공사 구분, 설비 개요, 사용 기자재의 종류별, 시공 방법, 기자재의 제조자 리스트 및 공통 시방서의 적용 등을 기재한 것이다.

3 계획·설계의 각 단계에서의 검토사항

기본 구상, 기본 계획, 기본 설계, 실시 설계의 각 단계에서 당연히 검토하여야 할 사항은 단계를 진척함에 따라 세부적으로 상세하게 계속 확인한다.

(1) 현지 조사

현지조사는 부지 및 주변의 상태를 조사·파악하고, 주변의 상하수도 및 가스의 공급 상황, 공해방지 등의 법적 규제, 이해 관계자와의 절충, 기존 설비의 조사 등을 행한다. 또한 계획의 기본적인 주어진 조건은 기본 구상 단계에서 할 필요가 있다.

(2) 적용 법규의 검토

계획 내용 등에서부터 필요한 법적 규제, 특히 지방 자치 단체의 조례 등을 조사하고, 설비의 종류 및 그 내용을 공사비와 함께 검토한다. 예를 들면, 소화 설비는 소방법에 기초한 건물 또는 실(室)의 용도, 규모, 구조 등에 적합한 것을 유효하고 적절하게 설치하여야 한다. 또한 각종 허가 신청의 내용 및 제출 기일 등도 파악해 두어야만 한다.

(3) 설비 종류의 검토

건물에 필요한 급배수·위생설비의 종류는 기본 구상 단계에서 주어진 조건, 법규, 건물 기능 등을 감안하여 결정한다. 건물 종류별로 필요한 설비를 열거하면, 일반적으로 급수, 급탕, 배수, 통기, 위생 기구, 가스의 각 설비가 있다. 그 외의 설비로는 그 필요성, 득실, 경제성, 대체의 유무 또는 가부, 운영·보수 관리상의 문제의 유무 등에 대해 충분히 검토하고, 설치의 필요성 여부를 결정할 필요가 있다.

(4) 설비 방식의 선정

설비 방식을 선정하는데 있어서는 계획 조건, 법령상의 규제 유무, 취급자격자의 필요 여부, 유지 관리의 용이성, 경제성 등을 종합적으로 검토하여 그 건물에 가장 적합한 방식을 선정하고, 시공주 및 타 설계자와 충분히 조정하여 최종적으로 결정한다.

(5) 모든 설비 관련실의 위치·소요 스페이스·층고의 검토

각 설비방식을 검토한 후, 그것에 맞는 (급배수·위생) 설비 관련실 등의 적절한 위치 및 소요 스페이스를 확보해야 한다. 설비 기계실의 위치 및 스페이스는 건물의 용도, 규모, 설비방식, 사용기기 등에 따라 다른 것은 당연하지만, 일반적으로 스페이스의 유효이용, 소음, 진동, 하중 등에 관한 것에서부터 최하층에 주기계실, 각 층 및 옥상 층에 부기계실을, 또한 그것에 대응한 배관 샤프트 등을 배치하는 경우가 많다.

1) 위치

화장실, 세면실, 욕실, 보일러실, 쓰레기 처리실, 주방, 세탁실, 설비 기계실 등의 평면적인 위치는 다음의 기본적인 조건을 만족하도록 선정한다.

① 배관 샤프트에 인접 또는 가까운 곳

② 기기 및 그 외 옥외로부터 반입 또는 반출에 지장이 없는 곳

③ 운전, 보수 및 점검이 안전하고, 또한 용이하게 할 수 있는 곳
④ 쓰레기, 오물, 오수, 부식성 가스 등의 영향을 받지 않는 곳
⑤ 급배수 관계 기계실은 전기실, 전산실 등의 바로 위가 아닌 곳, 또한 주방, 욕실 등과 같이 다량의 물을 취급하는 실의 바로 밑이 아닌 곳

2) 소요 스페이스

소요 스페이스는 각 단계에 따라 다음과 같은 방법으로 결정한다.

① 건물의 용도(종류), 규모 등에서부터 유사한 건물의 실제 스페이스에 대한 통계치를 이용하여 구한다.
② 기기용량의 개략적인 계산을 거쳐 개략적인 배치를 한다.
③ 상당 기기용량을 개략적으로 구해 기기의 운전, 보수 및 점검, 반입 및 반출, 점검 통로 등을 고려하며, 또한 기기간의 연결배관도 기능적이 되도록 유효한 기기 배치를 하여 소요 스페이스를 구한다.

상기의 과정 중 적어도 ②항에 대해서는 기본 계획 단계에서, ③항에 대해서는 기본 설계 단계에서 하는 것이 바람직하다.

3) 층고(層高)

각 설비실의 층고 중, 공조열원 기계실(보일러실, 냉동기실)의 층고는 일반적으로 타용도의 층고보다 높게 요구한다. 급배수·위생설비에서는 저수조의 높이로부터 결정한다. 역으로 층고가 주어지는 경우는 저수조의 설치 스페이스로 조정한다.

(6) 공법(工法) 계획

최근 일반 건물에서는 공장에서 가공된 배관 프레 하브(pre-fab, prefabrication)나 설비 유닛을 상당수 채용하고 있다. 배관의 프레 하브의 대상이 되는 부분은 일반적으로 반복되는 배관이 많은 부분이나 밀도가 높은 부분, 예를 들면, 화장실, 세면실·욕실 주위의 배관, 배관 샤프트 내의 배관, 스프링클러·포소화 방호 대상실 내의 배관 등을 들 수 있다. 사무소 건물, 호텔 등에 설치하는 설비 유닛에는 일반적으로 욕실 유닛(호텔), 화장실·세면실 유닛, 판넬식 배관 유닛, 수직배관 유닛 등이 있다.

프레 하브화, 유닛화를 채용할 때에는 기본설계 단계부터 프레 하브화, 유닛화를 어디까지 추진할 것인가를 관계자들끼리 충분히 검토한 후에 도입 부분의 패턴이나 배열을 면밀히 협의하고, 또한 구체(軀体)의 시공정도(施工精度)의 확보에 대해서도 충분히 배려하고 검토할 필요가 있다.

(7) 코스트(cost) 계획

기본 구상에서부터 기본설계의 단계까지 설비 방식을 결정하기 위해 각종의 것을 비교·검토할 때, 각 설비방식에 대해서 설비 공사비와 경상비를 산출하여 경제성을 검토한다. 기본 구상에 기초를 두고 개략적인 공사비를 구성하고, 현지조사나 협의에 따라 수정하여 공사 부담금 등 부가적인 요소를 더해 설비 공사비를 산출함과 동시에 상하수도, 가스, 전력 등의 사용량 추정치에 따라 경상비를 산출하여 각 설비 방식의 경제성을 비교·검토한다.

4 각종 건물의 계획 및 설계상의 유의점

건물 용도에 따른 급배수·위생설비 방식의 선정 등에 관한 계획·설계상의 요점은 다음과 같다.

(1) 사무소

사무소를 사업형태에 따라 분류하면, 관공청, 각종 단체, 일반 기업 건물이 있다. 소유 방법에 따라 분류하면 자사 전용, 부분 소유에 의한 공용, 임대용 및 자사전용의 일부를 임대하는 병용(倂用)이 있다. 상기 이 외에도 단일 용도와 음식점 및 판매점 등이 입주하는 복합용도로도 분류한다.

〈표 1-4〉 사무소 건물의 계획·설계상의 요점

설 비	계획·설계상의 요점
공통사항	① 입지 조건, 건물 규모, 등급(grade), 재산 구분, 계량 구분 등에 유의한다. ② 배관의 프레 하브 및 위생기구 주위의 유닛화를 적극적으로 추진한다.
급수설비	① 음용수용 탱크는 청소시를 고려하여 내부를 나누거나 2기 이상으로 한다. ② 급수 압력은 400～500 kPa 이하로 하며, 고층 건물에서는 적절한 조닝(zoning)을 한다.
급탕설비	① 중앙식 급탕방식인 경우, 세면실 계통과 주방계통으로 나눈다. ② 특정 개소에 급탕하는 경우에는 각각의 개소에 순간온수기 또는 저탕식 온수기를 설치하는 것이 경제적이다.
배수·통기설비	① 1층의 배수관은 2층 이상의 배수관과 합류시키지 말고 단독으로 옥외의 배수 맨홀에 연결한다. ② 주방배수는 반드시 그리스 포집기를 설치하며, 단독으로 옥외의 배수 맨홀에 연결한다.
오수처리설비	유입 수량 및 수질은 주방의 유무에 따라 상당히 다르다.

(2) 공동주택

공동주택은 건축주에 따라 분류하면 공단, 공사, 공공단체, 민간의 것 및 기업의 사택이 있다. 거주자에 따라 분류하면 세대용과 독신자용이 있으며, 여기에 그 소유방법에 따라 분류하면 분양용과 임대용이 있다. 공동주택의 설비는 각 세대 전용 부분과 그 외 공용 부분으로 나뉘어진다.

〈표 1-5〉 공동주택의 계획·설계상의 요점

설 비	계획·설계상의 요점
공통사항	① 소유 구분, 관리 구분에 충분히 유의한다. ② 특히 분양용인 경우, 각 세대의 수평배관은 슬래브 윗면과 바닥면 사이의 스페이스에 배관하며, 소음 방지 및 누설시의 보수에 대한 대책을 배려한다. ③ 각 세대의 화장실, 세면실, 욕실, 주방을 가능한 한 집약화 시키고, 또한 배관 샤프트에도 인접시켜 수평배관을 짧게 한다. ④ 각 세대의 계량기실은 일반적으로 배관 샤프트를 겸용하는 경우가 많으며, 수도 계량기, 가스계량기의 검침·점검이 용이하고, 또한 복도, 계단으로부터 출입할 수 있는 위치에 설치하며, 각 층 모두 동일한 위치, 동일한 형상 및 동일한 크기로 한다.
급수설비	① 급수압력은 300～400 kPa 이하로 한다. ② 물 사용시간이 대체적으로 집중하기 때문에, 물 부족 사태가 일어나지 않도록 충분한 용량을 확보한다.
급탕설비	① 각 세대마다 국소식 급탕기(저탕식 보일러)를 설치하던가 또는 중앙식 급탕 방식으로 하는 경우가 있다. 중앙식 급탕방식인 경우, 각 세대마다 급탕관에 계량을 위한 급탕 계량기를 설치하며, 계량기 이후는 단관식으로 한다. ② 가스기기는 가능한 한 밀폐형 또는 옥외형을 이용한다. 반밀폐형을 이용할 때는 적절한 환기설비를 설치한다.
배수·통기설비	① 신정통기방식을 많이 이용하며, 트랩 봉수의 분출이나 세제포의 역류 현상이 일어나기 쉽기 때문에, 최하층 배수관은 별도로 배관한다. ② 배수계통은 청소가 용이하도록 적절한 위치에 청소구를 설치한다. ③ 욕실에 설치하는 배수 트랩에 벨 트랩(bell trap)을 사용하지 않는다.
위생기구설비	① 대변기는 시공이 용이한 바닥배관의 서양식 대변기가 바람직하다. ② 대변기의 세정 방식은 로 탱크 방식이 바람직하다. 세정밸브 방식에 비해 소음이 적고 급수 압력이 낮아지므로 좋다.

(3) 호텔

호텔은 도심지에 있는 호텔, 휴양지 및 온천지역에 있는 리조트 호텔 또는 모텔, 유스호스텔 등이 있다. 각각의 이용형태에 따라 내용도 다르다. 어느 경우라도 물 및 에너지의 사용은 타용도의 건축물에 비해 크다.

〈표 1-6〉 호텔 건물의 계획·설계상의 요점

설 비	계획·설계상의 요점
공통사항	① 객실 층의 배관샤프트는 2개의 인접한 욕실 사이나 욕실에 인접하게 설치한다. 그 점검구는 복도 측에 설치하며, 객실과 관계없이 유지 관리할 수 있도록 한다. ② 급배수에 발생하는 소음을 가능한 한 줄이도록 한다. 배관 샤프트는 콘크리트제로 하며, 천정 내의 상층 슬래브까지로 한다.
급수설비	① 급수 압력은 객실 계통은 200 kPa 정도, 퍼블릭(public) 계통에서는 500 kPa 이하, 세탁 계통에서는 200 kPa 이상으로 한다. ② 배관 계통은 객실 계통, 퍼블릭 계통, 주방 계통, 세탁 계통으로 나누는 것이 바람직하다. ③ 객실 계통에서 대변기에 세정밸브를 이용하는 경우는 인접실에 있는 샤워의 급수 압력에 변화를 주게 되어 물과 탕의 혼합비가 변화하여 열탕(熱湯)이 나올 위험이 있기 때문에, 이에 대한 배관 방법을 배려한다. ④ 주방기기 및 세탁기기는 급수·급탕의 오염방지를 배려한다.
급탕설비	① 급탕 방식은 중앙식으로 한다. ② 배관 계통은 급수와 똑같이 나누는 것이 바람직하다. ③ 급탕전으로의 급탕 압력은 급수 압력과 차이가 없도록 한다. ④ 저탕 탱크는 2기 이상 설치한다.
배수·통기설비	객실 계통의 통기 방식은 신정 통기 방식으로 하는 경우가 많다.
위생기구설비	새니터리 유닛은 패널방식의 녹다운 방식을 가장 많이 이용한다.
오수처리설비	① 일반 호텔은 주방의 배수량이 비교적 적고, 다목적 호텔은 주방의 배수량 비율이 높다. ② 관광지의 호텔은 이용도가 계절적으로 크게 변동하는 경우가 많다. ③ 주방배수는 유지류(油脂類) 함유량 등에 주의한다.

(4) 병원

병원의 급배수·위생설비는 주야 구별 없이 이용하며, 공중위생면에 대한 배려를 충분히 하는 것이 건물 성격상 특히 중요하다.

〈표 1-7〉 병원 건물의 계획·설계상의 요점

설 비	계획·설계상의 요점
공통사항	① 각종 배관은 증설, 변경 및 유지 관리를 용이하게 할 수 있도록 스페이스를 충분히 둔다. ② 고장 등에 의한 영향 범위를 한정할 수 있도록 계통을 세분화한다. ③ 의료용 기기는 급수량, 급탕량, 수압 등의 제약이 많기 때문에 각각을 정확하고 분명하게 확인한다.
급수설비	① 병원균에 의한 오염을 피하기 위해 크로스 커넥션의 방지, 역사이펀 작용의 방지, 급수 탱크의 오염 방지 등에 대해서 특별히 배려한다. ② 의료 기구는 적정한 토수구 공간 또는 진공 브레이커(vacuum braker)를 설치하지 않는 것이 있기 때문에 그들의 급수 및 급탕 계통의 필요한 곳에는 진공 브레이커를 설치한다.
급탕설비	① 급탕방식은 중앙식으로 한다. ② 저탕탱크는 일반계통과 주방계통, 세탁계통으로 나누어 설치한다.
배수·통기설비	① 옥내 배수관은 생활 배수, 주방 배수, 세탁 배수, 검사실 배수, 방사성 배수, 전염병 배수 등의 각 계통으로 나누어 각각의 배수 처리 장치까지 연결한다. ② 기공실, 정형실로부터의 배수에는 플라스터 포집기를 설치하고, 포집물의 제거를 용이하게 할 수 있도록 한다. ③ 검사실의 배수 계통의 배관 재료는 산·알칼리나 유기용제에 견딜 수 있는 재질을 선정한다. ④ 변기, 소독기로부터의 배기관은 다른 통기관과 접속하지 않고 단독으로 대기에 개구한다.
위생기구설비	① 소아, 노인, 장애자의 시설에 있어서는 사용하기가 편리한 기구를 설치하며, 적절한 보조기구를 같이 설치한다. ② 병실에 부속된 대변기는 세정음이 낮은 형식의 것을 이용한다.
오수처리설비	① 검사실 배수, 방사성 배수 등 비생활계 배수는 정화조로 유입시키지 말고 별도로 처리한다. ② 주방 및 세탁 설비의 규모나 사용 실태에 따라 유입 수질이 크게 다르게 된다.

(5) 학교

학교는 유치원, 초등학교, 중학교, 고등학교, 대학교, 특수학교 등이 있다. 이들 학교는 각각 독립된 별개의 학교로 운영되는 것과 유치원부터 대학교까지 동일한 부지 내에 건축되어 있는 것까지 각양각색이다. 초등학교에서부터 중학교까지는 의무교육이기 때문에 시설내용도 거의 변함이 없지만, 농업, 공업, 수산 등의 고등학교나 의학, 이공학, 수산, 농업관계의 학과를 갖는 대학에서는 실험 및 연구시설이 추가된다.

〈표 1-8〉 학교 건물의 계획·설계상의 요점

설 비	계획·설계상의 요점
급수설비	① 학교는 방학이라는 장기간의 휴일이 있기 때문에 급수탱크나 급수관 내에서 사수(死水)가 생길 위험이 있다. 따라서 급수탱크의 분할이나 급수 계통의 분할 외에 필요한 곳에 물빼기 장치를 설치하는 등의 대책을 강구해야 한다. ② 소변기의 세정방식은 수업시간 중, 야간 및 휴일에 대해서 세정 정지 방법을 검토한다.
급탕설비	① 급탕방식은 급탕개소가 산재해 있기 때문에 일반적으로 국소식으로 한다. ② 급식시설의 주방이나 체육관의 샤워실 등에 대해서는 그들 부근에 급탕보일러 또는 저탕조를 설치한다.
배수·통기설비	① 실험실, 연구실로부터의 특수배수는 전용배관으로 처리장치까지 연결한다. ② 풀(pool)의 배수관의 관경은 충분한 것으로 하며, 풀 배수시에 타 배수에 영향을 주지 않도록 한다.
위생기구설비	① 위생기구는 휴식시간에 집중되어 사용하기 때문에 그 개수는 최대 대기시간 등을 고려하여 적절하게 결정한다. ② 유치원이나 특수학교의 경우, 변기 등은 이들 사용자가 사용하기에 적합한 형상의 것을 설치하며, 기구 설치 높이도 연령에 맞게 설치한다.
오수처리설비	① 초·중·고등학교는 유입수량이 적고, 유입수질도 저농도이며, 장기간의 방학이 있다.

1.5 급배수·위생설비의 시공

시공은 설계도서를 기초로 하여, 그것을 구체적으로 실현시키는 공정이다. 따라서 시공자는 설계자의 의도를 충분히 이해하고, 시공주가 충분히 만족할 수 있는 설비가 될 수 있도록 항상 최고의 기술력을 구사하여 시공에 임하는 것이 중요하다.

일반적으로 설계가 완료되면 시공주는 입찰에 의해 시공업자를 결정하며, 시공업자를 결정하면 시공주와 시공업자간에 공사계약을 체결하며, 이 과정을 공사의 발주라고 한다. 이 후 수주한 시공업자는 시공계획을 세우고 시공하게 된다.

1 시공계획

수주한 시공업자는 청부계약에 기초하여 결정한 공사내용, 공사금액, 조건 등을 예정된 기일 내에 완성하여야 하며, 그 준비를 하기 위한 것이 시공계획이다. 급배수·위생설비 공사의 시공계획을 세우는데 있어서는 먼저 그 목적과 필요성에 대해 충분히 인식하는 것이 중요하다. 즉, 공사를 어떠한 방법으로, 어떠한 시간배분 하에, 또한 작업인원배분을 어떻게 할 것인가를 구체적으로 검토하고 계획을 세우는 것이다. 시공계획을 세울 때의 주된 항목은 다음과 같다.

① 가설계획
② 공정계획
③ 시공실시계획
④ 안전계획
⑤ 완성시 인도계획

(1) 가설계획

현장 가설물에는 현장 사무소, 기자재 적치장, 작업장, 작업원 휴식처 등의 건물 외에 공사용 동력, 급배수, 조명, 리프트(양중)시설 등이 있다. 이러한 것들은 부지의 상황에 따라 감리자, 건축공사의 현장 대리인 등이 중심이 되어 각 설비업자나 하청관계자의 의견을 모아 종합적으로 계획한다.

(2) 공정계획

건축공사는 급배수·위생설비공사를 포함해 수십 종의 업종을 필요로 하는 공사이기 때문에 서로 지장을 주지 않고 수행할 수 있도록 공사기간을 포함한 종합 공사공정표를 작성하여 각 작업간의 조정을 꾀한다.

(3) 시공실시계획(공법계획)

시공실시계획은 시공요령이라고도 부르며, 설계도서에 명확하게 표시되어 있지 않는 사항에 대해 시공방법을 세우고, 감리자의 확인을 얻음과 동시에 담당자 및 작업자에게 철저하게 시키기 위한 것이다. 또한 기자재의 사양 및 메이커의 선정결과 등을 문서로 감리자에게 확인한다.

시공실시계획을 세울 때 고려해야 할 주된 항목은 다음과 같다.

1) 배관

① 유체의 성질(급수, 배수, 급탕, 기름, 가스 등)
② 관의 재질
③ 접속방법(관이음의 종류, 용접, 나사접합, 접착별 접합재의 재질 등)
④ 구배
⑤ 수압, 만수 등의 누설시험 방법
⑥ 지지(최대 간격, 봉강(棒鋼), 형강(形鋼)의 치수, 형상, 방진 방법 등)
⑦ 방식, 방청(防錆)방법(용접부, 외면, 지지철물 등의 녹방지 도장 및 도금)
⑧ 분기 형상(팽창 신축, 공기 빼기 등의 대책)
⑨ 가공
⑩ 작업자의 배치

2) 보온, 방로공사

① 배관 내 유체의 성질
② 재료 및 시공순서와 시공장소(은폐, 노출, 기계실 등으로 분류)
③ 보온재의 두께와 관경
④ 굴곡부의 시공법
⑤ 벽, 바닥 관통부, 매설부의 시공법(방화 구획에 주의)
⑥ 지지철물의 보냉법(保冷法)
⑦ 끝부분의 시공법

3) 기계류의 설치

① 기기 종류별과 메이커
② 방진 및 지지
③ 반입방법 및 현장에서의 보관, 양생방법
④ 기초 콘크리트의 시공, 양생기간과 반입기일과의 관계
⑤ 반입·설치 후의 가공부분(현장에서의 보온, 도장, 제어장치의 시공)

2 시공

급배수·위생설비 공사의 시공은 공기조화뿐만 아니라 건축공사 및 전기설비공사와 관계되는 부분이 많기 때문에 각 공사 상호간의 작업순서와 바뀌지 않도록 충분한 조정이 필요하다. 다음에 시공 공정의 순서에 따라 간략히 설명한다.

(1) 인서트, 슬리브

건축 구체(軀体)는 철골이나 철근을 사용하여 기둥, 보, 벽, 바닥 등을 조립하고, 여기에 콘크리트를 타설하여 만든다. 이때 배관 등을 매어달기 위한 철물(인서트)을 매입하거나 배관 등이 보, 벽, 바닥 등을 관통하는 구멍을 설치하기 위해 슬리브를 설치한다.

(2) 구체 이용(수조 등)

설비를 구성하는 구조물 중에서 건축 구체를 이용하는 경우가 많다. 예를 들면, 소화용수, 잡용수, 배수, 배수처리수 등을 위한 위생설비용 각종 수조 등은 일반적으로 건축기초와 지하바닥 사이의 공간을 이용하는 경우가 많다. 이들 시설은 건축에서 방수(防水)를 하거나 하며, 설비 측에서는 맨홀을 설치하거나 수조가 2기 이상으로 걸쳐있는 경우는 연결관 및 통기관을 설치한다.

(3) 공정관리

설비(급배수위생·공조설비)의 공정관리는 건축 및 설비의 주요 공정을 포함한 종합공사공정표를 기초로 각 설비업종마다 공정표를 작성하여 시공한다. 이 공정표에는 건축 구체의 콘크리트 타설시 들어가는 슬리브, 인서트의 설치시기, 배관의 시공시기, 보일러, 펌프, 급수탱크 등의 기기류의 반입 및 설치시기 등을 표시하여, 이것에 따라 공사를 진행한다.

실제로 시공할 때는 더욱 상세한 세부 공정표를 작성하고, 건축의 진척 상황을 보아가면서 설비의 시공상황이 어느 정도인가, 늦은 곳은 없는가 등에 주의한다. 공정이 늦어지는 경우에는 그 부분의 담당업자에게 독촉하여 공정대로 진행하도록 노력한다.

(4) 품질관리

설계도는 설계의 의도를 나타낸 것이며, 도면에 나타내지 않은 사항을 설명한 것이 시방서로서 시방서는 어느 공사에나 공통적인 것을 나타낸 공통시방서(또는 표준 시방서)와 공사 종류마다 그 공사만을 위한 특기 시방서가 있으며, 설계도와 시방서 양자를 묶어 설계도서라고 한다. 설비의 시공은 그 설계도서에 기초하여 설비의 시스템으로서의 성능이 설계도서대로 발휘할 수 있도록 하여야 한다. 그것을 실현하기 위하여 착공 전에 설계도서를 기초로 시공도를 작성하고 그것에 따라 시공한다.

시공도는 공사의 공정에 따라 작성하지만, 건축 구체의 콘크리트 타설 전에 인서트, 슬리브도를 작성하고 인서트, 슬리브를 설치한다. 다음에는 시공순서에 따라 배관 시공도, 기계실 주위, 각층 실내, 화장실 주위 등의 상세 시공도를 작성한다. 시공도는 각 설비마다 작성하지만, 어느 것이나 타설비공사와 위치적으로 관계하는 부분은 명시하여 놓고 기기의 설치위치, 배관의 통과 위치 등을 확실하게 기입하여, 시공 시에 타설비의 배관, 덕트, 기구 등의 위치 관계에서 트러블이 발생하지 않도록 해 놓는다. 시공 중에는 배관·덕트의 설치, 기기의 설치 상황을 체크하여, 불합리한 개소가 있으면 즉시 고쳐 시공 품질의 향상에 노력한다. 또한 배관에 대해서는 급수, 급탕, 소화계통 등과 같이 압력이 걸리는 계통에는 수압 시험을, 배수·통기계통에 대해서는 만수시험을 하여 누설이 없도록 만전을 기한다.

(5) 시운전 조정

건물이 완성되고 설비기기나 기구가 모두 설치되면, 설계도서대로 각 설비가 성능·기능을 발휘할 수 있는가를 확인하기 위해 시운전 조정을 한다. 이것은 각 기기의 운전상태 및 자동제어 기능의 확인, 위생기구로부터 나오는 물의 상태, 배수흐름 등의 상황을 확인하고 필요에 따라 기기, 기구류의 조정을 한다.

(6) 검사, 인도

시운전을 전후하여 각종 관공서의 검사가 행해진다. 이것은 각 설비마다 설치한 기기 혹은 설비가 각각 해당 법규의 기준대로 되어 있는가를 확인하기 위해 감독 관공서가 수행하는 것으로서, 소방검사, 오수처리설비에 관한 검사, 보일러, 저탕조 등의 검사가 있다.

시운전 조정 및 각종 관공서의 검사가 끝나면 시공주에게 건물·설비를 인도하기 위해 시공주, 설계감리자 입회 하에 준공검사를 한다. 이것은 공사가 설계도서나 계약 조건에 따라 이행되었는가를 최종적으로 확인하기 위해 하는 것으로서, 이 검사가 끝나면 시공주에게 설비를 인도하게 되는 것이다.

배관 시공에 관한 일반적이고도 상세한 내용은 부록 Ⅱ장을 참조하기 바란다.

Chapter

02 급수설비

2.1 물의 용도, 수원 및 수질

1 물의 용도

물은 인간 생활에 사용하는 것과 산업용에 사용하는 것으로 나눌 수 있다. 인간생활에 사용하는 물은 음용수와 같이 인체에 직접 접촉하거나 또는 세탁용수나 식기 세정용과 같이 인체와의 접촉과 가까운 상수(上水)와 직접 인체에 접촉할 필요는 없는 화장실의 세정수(洗淨水)나 살수(撒水)와 같이 간접적으로 사용하는 잡용수(雜用水)로 구분할 수 있다. 즉, 건축물 내에서 물의 용도를 공급하는 수질의 측면에서 보면 상수와 잡용수로 분류할 수 있다.

상수는 수도법에 의해 공급하는 물, 지하수, 하천수 또는 빗물로 정의한다. 반드시 상수를 사용해야 하는 용도로서는 음료용, 조리용, 목욕, 세면용, 의복 세탁용 등이 있다. 잡용수는 상수와 같이 수질이 좋은 물을 공급하지 않아도 되는 용도, 즉 세정수, 살수, 청소용수, 소화용수 및 기계냉각수 등에 이용한다. 잡용수를 공급하는 기기에는 대소변기, 청소싱크, 살수전, 냉각탑 보급수, 기기 세정수 등이 있다. 그런데 잡용수일지라도 수원 등의 문제로 인해 상수를 공급하는 경우도 있다. 하나의 건물에서 상수계통과 잡용수의 2계통으로 하는 경우에 냉각탑 보급수량을 빼고 사용비율을 고려하면 일반적으로 <표 2-1>과 같다. 잡용수를 정원이나 운동장의 살수에 사용하는 경우에는 잡용수의 비율이 더욱 상승하게 된다.

〈표 2-1〉 상수와 잡용수의 비율

구 분	상수[%]	잡용수[%]
일반건축	30~40	70~60
주 택	65~80	35~20
병 원	60~66	40~34
백 화 점	45	55
학 교	40~50	60~50

2 수원

급수설비에서 공급하는 물의 수원(水源)은 지하수, 하천수, 호수 또는 우수가 있지만, 일반적으로 건물에서는 상수도수(上水) 및 정수(井水)를 급수원으로 하고 있다.

수도(水道)의 수원은 대규모인 경우에는 거의 대부분이 지표수로서, 이것은 하천, 호수 또는 저수지에 의존하고 있다. 원수(原水)는 수도시설에 의해 처리하며, 그 수질, 수량, 지리적 조건 및 규모에 따라 취수시설, 저수시설, 도수시설(導水施設), 송수시설 및 배수시설(配水施設)을 각각 설치한다. 배수시설에는 배수관이 있으며, 이것을 수도본관(水道本管)이라고 부르고 있지만 수도인입관(水道引込管)을 포함한 급수장치를 접속하여 직결급수(直結給水)를 하는 부분을 말한다. 최근에는 물의 재이용이라고 하는 측면에서 배수(排水)를 처리하여 재이용하는 중수도나 빗물을 모아 두었다가 이용하는 방법으로서 새로운 2차수원(二次水源)을 만드는 경우도 있다. 즉 2차 수원으로서 빗물이용시설과 중수도가 있으며, 빗물이용시설은 건축물의 지붕면 등에 내린 빗물을 모아 이용할 수 있도록 처리하는 시설을 말한다. 또한 중수도는 개별 시설물이나 개발사업 등으로 조성되는 지역에서 발생하는 오배수를 공공하수도로 배출하지 않고 재이용할 수 있도록 개별적 또는 지역적으로 처리하는 시설을 말한다. <그림 2-1>은 개별 건축물에서 배출하는 배수를 건물 자체 내에서 처리하고 처리수를 당해 건물에 이용하는 방식의 중수도를 나타낸 것이다.

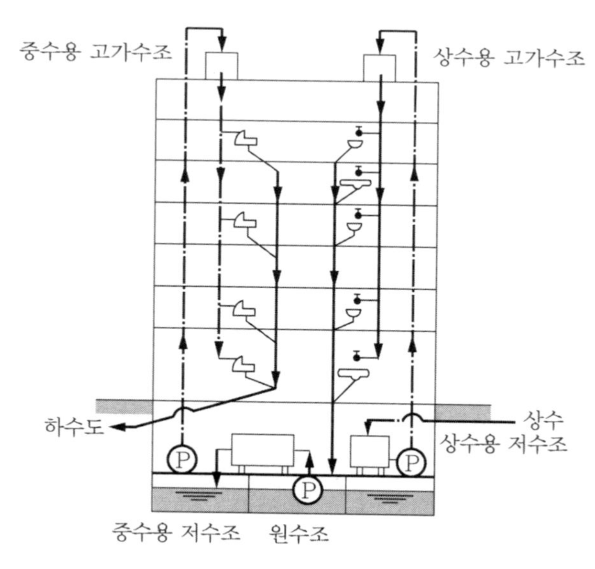

〈그림 2-1〉 중수도의 예

건물 내의 급수 수원은 오래 전부터 원래 2원화되어 있었다. 잡용수(주로 변기 세척수 등)에는 지하수를 이용하고, 음용수 계통에는 수돗물을 공급하는 방식이었다. 그러나 지하수의 고갈로 인한 지반 침하나 오염 등의 문제 때문에 잡용수에도 수돗물을 사용하게 되면서, 현재 건축물 설계시의 수원은 일원 급수로 변화되어 왔다. 그러나 물의 재이용 즉, 빗물 재이용 및 중수도의 필요성에 의해 중수도를 설치하는 건물은 과거의 설계방식으로 회귀한 셈이다.

그렇지만 건물 내에 중수처리를 위한 설비를 갖추어야 하며, 중수용 수조도 분리되기 때문에 설치 스페이스에 대한 고려도 필요하다. 처리과정에서 처리수에 의한 냄새유발도 있을 수 있기 때문에 설치 위치에 대한 배려도 필요하다. 또한 급수방식, 중수처리방식, 음용수와의 오접합 방지 및 오음 방지 등의 안전대책에 대한 고려도 필요하다.

3 수질

(1) 상수

수도법에 의해 공급하는 물은 수도법 제26조에 의해 다음의 각 항의 요건을 갖추어야 하며, 그 기준에 대해서는 「먹는물 수질기준 및 검사 등에 관한 규칙」(2014.4.30 환경부령 제553호)에 있으며, <표 2-2>에 나타내었다.

① 병원 미생물에 오염되었거나 오염될 우려가 있는 물질을 함유해서는 안 된다.
② 건강에 해로운 영향을 미칠 수 있는 무기물질 또는 유기물질을 함유해서는 안 된다.
③ 심미적(審美的) 영향을 미칠 수 있는 물질을 함유해서는 안 된다.
④ 그 밖에 건강에 유해한 영향을 미칠 수 있는 물질을 함유해서는 안 된다.

이상은 수도법 제26조에서 음용수로서 안전성에 기준을 둔 것이며, 여기에 추가하여 물맛이 좋고 경제적으로 상기의 요건을 갖춘 물을 생산할 수 있어야 한다. <표 2-2>의 수질기준 중에서도 특히 오염지표로서 가장 중요한 것은 대장균으로서, 이것이 검출되지 않는 것이 음용수로서의 기준이 된다.

그러나 수질기준에 적합한 물, 즉 수돗물은 수도국으로부터 각 가정·빌딩 및 공장 등의 수요자에게 공급되면 결국 수도법에 의한 급수장치로부터 떠나기 때문에 빌딩 등의 건축설비인 급수장치로 들어간 수돗물은 이 이후의 수질(水質)에 대해서는 수도국의 책임은 없고 수요자인 빌딩 측에서 수질 등을 유지 관리하여야 할 의무가 생긴다.

이와 같은 수질유지 중에서도 특히 염소 소독은 중요한 사항으로서 빌딩 말단의 급수전에서 유리잔류염소(遊離殘留鹽素)를 0.1 ppm 이상으로 유지하여야 하며(2.10절 참조), 따라서 빌딩 내에서 염소소독을 실시하여야 한다.

〈표 2-2〉 먹는물의 수질기준

1. 미생물에 관한 기준	• 일반세균	1 mL 중 100 CFU를 넘지 아니할 것
	• 총 대장균군	100 mL에서 검출되지 아니할 것
	• 대장균·분원성 대장균군	100 mL에서 검출되지 아니할 것
	• 분원성 연쇄상구균·녹농균 산모넬라 및 쉬겔라	250 mL에서 검출되지 아니할 것
	• 아황산환원혐기성포자형성균	50 mL에서 검출되지 아니할 것
	• 여시니아균	2 L에서 검출되지 아니할 것
2. 건강상 유해영향 무기물질에 관한 기준	• 납	0.01 mg/L를 넘지 아니할 것
	• 불소	1.5 mg/L를 넘지 아니할 것
	• 비소	0.01 mg/L를 넘지 아니할 것
	• 셀레늄	0.01 mg/L를 넘지 아니할 것
	• 수은	0.001 mg/L를 넘지 아니할 것
	• 시안	0.01 mg/L를 넘지 아니할 것
	• 크롬	0.05 mg/L를 넘지 아니할 것
	• 암모니아성 질소	0.5 mg/L를 넘지 아니할 것
	• 질산성 질소	10 mg/L를 넘지 아니할 것
	• 카드뮴	0.005 mg/L를 넘지 아니할 것
	• 보론	1.0 mg/L를 넘지 아니할 것
	• 브롬산염	0.01 mg/L를 넘지 아니할 것
	• 스트론튬	4 mg/L를 넘지 아니할 것
3. 건강상 유해영향 유기물질에 관한 기준	• 페놀	0.005 mg/L를 넘지 아니할 것
	• 다이아지논	0.02 mg/L를 넘지 아니할 것
	• 파라티온	0.06 mg/L를 넘지 아니할 것
	• 페니트로티온	0.04 mg/L를 넘지 아니할 것
	• 카바릴	0.07 mg/L를 넘지 아니할 것
	• 1,1,1-트리클로로에탄	0.1 mg/L를 넘지 아니할 것
	• 테트라클로로에틸렌	0.01 mg/L를 넘지 아니할 것
	• 트리클로로에틸렌	0.03 mg/L를 넘지 아니할 것
	• 디클로로메탄	0.02 mg/L를 넘지 아니할 것
	• 벤젠	0.01 mg/L를 넘지 아니할 것
	• 톨루엔	0.7 mg/L를 넘지 아니할 것
	• 에틸벤젠	0.3 mg/L를 넘지 아니할 것
	• 크실렌	0.5 mg/L를 넘지 아니할 것
	• 1,1-디클로로에틸렌	0.03 mg/L를 넘지 아니할 것
	• 사염화탄소	0.002 mg/L를 넘지 아니할 것
	• 1,2-디브로모-3-클로로프로판	0.003 mg/L를 넘지 아니할 것
	• 1,4-다이옥산	0.05 mg/L를 넘지 아니할 것

〈표 2-2〉 먹는물의 수질기준(계속)

4. 소독제 및 소독부산물질에 관한 기준	• 잔류염소(유리잔류염소)	4.0 mg/L를 넘지 아니할 것
	• 총트리할로메탄	0.1 mg/L를 넘지 아니할 것
	• 클로로포름	0.08 mg/L를 넘지 아니할 것
	• 브로모디클로로메탄	0.03 mg/L를 넘지 아니할 것
	• 디브로모클로로메탄	0.1 mg/L를 넘지 아니할 것
	• 클로랄하이드레이트	0.03 mg/L를 넘지 아니할 것
	• 디브로모아세토니트릴	0.1 mg/L를 넘지 아니할 것
	• 디클로로아세토니트릴	0.09 mg/L를 넘지 아니할 것
	• 트리클로로아세토니트릴	0.004 mg/L를 넘지 아니할 것
	• 할로아세틱에시드	0.1 mg/L를 넘지 아니할 것
	• 포름알데히드	0.5 mg/L를 넘지 아니할 것
5. 심미적 영향물질에 관한 기준	• 경도	수돗물의 경우 300 mg/L를 넘지 아니할 것
	• 과망간산칼륨 소비량	10 mg/L를 넘지 아니할 것
	• 냄새와 맛	소독으로 인한 냄새와 맛 이외의 냄새와 맛이 있어서는 아니될 것
	• 동	1 mg/L를 넘지 아니할 것
	• 색도	5도를 넘지 아니할 것
	• 세제	0.5 mg/L를 넘지 아니할 것
	• 수소이온농도	pH 5.8 이상 pH 8.5 이하이어야 할 것
	• 아연	3 mg/L를 넘지 아니할 것
	• 염소이온	250 mg/L를 넘지 아니할 것
	• 증발잔류물	500 mg/L를 넘지 아니할 것
	• 철	0.3 mg/L 넘지 아니할 것
	• 망간	수돗물의 경우 0.05 mg/L를 넘지 아니할 것
	• 탁도	1 NTU를 넘지 아니할 것
	• 황산이온	200 mg/L를 넘지 아니할 것
	• 알루미늄	0.2 mg/L를 넘지 아니할 것

(2) 중수도

중수도의 수질기준은 「물의 재이용 촉진 및 지원에 관한 법률 시행규칙」에서 용도별로 <표 2-3>과 같이 규정하고 있다.

〈표 2-3〉 중수도의 용도별 수질기준

구분	도시 재이용수	조경용수	공업용수
총대장균군수 [개/100mL]	불검출	200 이하	200 이하
결합잔류염소 [mg/L]	0.2 이상	−	−
탁도 [NTU]	2 이하	2 이하	10 이하
부유물질(SS) [mg/L]	−	−	−
생물화학적 산소요구량(BOD) [mg/L]	5 이하	5 이하	6 이하
냄새	불쾌하지 않을 것	불쾌하지 않을 것	불쾌하지 않을 것
색도(도)	20 이하	−	−
총질소(T−N) [mg/L]	−	−	−
총인(T−P) [mg/L	−	−	−
수소이온농도[pH]	5.8~8.5	5.8~8.5	5.8~8.5
염화물[mgCl/L]	−	250 이하	−

㈜ 1) 도시 재이용수 : 도로·건물 세척 및 살수(撒水), 화장실 세척용수
2) 조경용수 : 도시 가로수 및 공원·체육시설 등의 잔디 관개용수
3) 공업용수 : 냉각용수, 보일러용수 및 생산 공정에 공급되는 산업용수

4 물의 경도

수질기준 중에서 경도(硬度, hardness)는 배관이나 각종 기기 내에 스케일 생성 및 부식 등을 야기하며, 특히 물때나 스케일이 배관 내면에 부착하면 유체의 흐름 저항이 커져 펌프의 소요 동력이 증가하고, 또한 열교환기의 전열면이나 배관계의 열전도에도 영향을 미쳐, 각종 기기의 성능저하를 일으키기 때문에, 여기서는 수질기준 중에서 물의 경도에 대해서 알아본다.

물의 경도는 물 속에 녹아있는 칼슘, 마그네슘 등의 염류의 양을 탄산칼슘의 농도로 환산하여 나타내는 것으로서, 경도의 표시는 도(度) 또는 ppm을 사용한다. 1 L의 물 속에 탄산칼슘을 1 mg 포함하고 있는 상태를 1도 [1 ppm(parts per million)]라고 한다. 또한 탄산칼슘 이외의 탄산마그네슘과 같은 염류는 탄산칼슘의 양으로 환산하여 구한다.

경도가 큰 물을 경수(硬水, hard water), 경도가 낮은 물을 연수(軟水, soft water)라고 한다. 원래 "hardness"라는 용어의 의미는 비누거품이 일어나게 하는 것이 어렵다는 뜻이다. 물은 뛰어난 용제(溶劑)로서 용해된 탄산가스의 존재가 이 용제력을 높인다.

일반적으로 지표수는 연수, 지하수는 경수로 간주하지만, 물이 접하고 있는 지층의 종류에 따라 좌우된다.

<표 2−4>에는 연수와 경수의 경도를 나타내었다.

〈표 2-4〉 물의 경도

구 분	도. ppm
극 연 수	0~50
연 수	50~100
약 경 수	100~150
경 수	150~300
극 경 수	300 이상

(1) 일시경도

물 속에 탄산칼슘 또는 탄산마그네슘과 같은 탄산염을 함유하고 있으면, 물 속에 존재하는 이산화탄소의 양에 따라 이들 중 일정량의 염분은 용액으로 녹아 있게 된다. 탄산염은 용해하자마자 이산화탄소에 의해 중탄산염으로 된다. 이와 같은 형태의 경도는 물을 끓임으로써 제거할 수 있기 때문에 일시경도(一時硬度, temporary hardness)라고 한다. 이것은 보일러나 온수배관 내에 물때나 스케일 생성의 원인이 될 수 있다.

(2) 영구경도

물이 황산칼슘, 염화칼슘 또는 염화마그네슘을 함유한 지층(地層)을 통과하면, 이들 염분들은 이산화탄소가 없어도 쉽게 물 속에 용해한다. 이와 같은 경도는 물을 끓인다고 해서 제거되는 것이 아니기 때문에 영구경도(永久硬度, permanent hardness)라고 한다. 영구경도는 물때 및 스케일의 생성은 없지만 부식(corrosion)의 원인이 된다. 대부분의 물은 일시경도와 영구경도를 모두 포함하고 있지만 보통은 일시경도가 더 크다.

(3) 경도 제거

경도를 제거하기 위한 방법으로서 경도를 이온교환 처리하거나 약품을 투입하여 경도성분을 불용성(不溶性)으로 만드는 방법이 있는데, 전자를 외처리 방법, 후자를 내처리 방법이라고 한다.

1) 일시경도의 제거(내처리법)

일시경도는 물을 끓여서 제거할 수 있지만 이것은 소량의 물을 처리할 때나 가능하며, 대규모의 물을 처리할 때는 부적절하다. 대규모의 물을 처리하기 위한 일반적인 일시경도 제거방법으로는 소량의 석회수를 공급하여 중탄산염으로부터 이산화탄소를 흡수하여 불용성의 탄산염을 탱크 내에 침전시켜 제거하거나 가는 스크린을 이용하여 제거하는 방법을 들 수 있다.

2) 영구경도의 제거(내처리법)

영구경도라는 말은 물을 끓여도 제거할 수 없다는 뜻이지만, 어떠한 방법으로도 제거할 수 없는 영구적이라는 뜻은 아니다. 영구경도를 제거하기 위해서는 탄산나트륨을 투입하면 된다. 투입된 탄산나트륨은 황산나트륨으로 되며, 이 황산나트륨은 물 속에 용액으로 존재하지만 어떠한 해도 주지 않는다.

3) 염기교환 방법(base-exchange process) : (외처리법)

강제(鋼製) 용기 내에 들어있는 제올라이트 내로 물을 통과시킴으로써 아주 효과적으로 일시경도와 영구경도를 제거할 수 있는 방법이다<그림 2-2>. 이것은 제올라이트가 황산염기를 마그네슘 또는 칼슘염기로 교환시키는 성질을 이용한 것이다. 즉, "제올라이트 나트륨(연화제)+황산칼슘 또는 탄산칼슘(경수)"이 반응하여 제올라이트 칼슘과 황산나트륨 또는 탄산나트륨이 되며, 이 때 물 속에 녹아 있는 황산나트륨은 장해를 일으키지 않는다.
그리고 용기 내에서 반응·생성된 황산나트륨은 소금을 투입함으로써 다음 과정과 같이 다시 제올라이트 나트륨으로 환원되므로 계속하여 경수를 처리하게 된다.

제올라이트 칼슘	+	염화나트륨	→	제올라이트 나트륨	+	염화칼슘
(나트륨이 소비된 제올라이트)		(식염)		(나트륨의 재생성)		(드레인으로 배출)

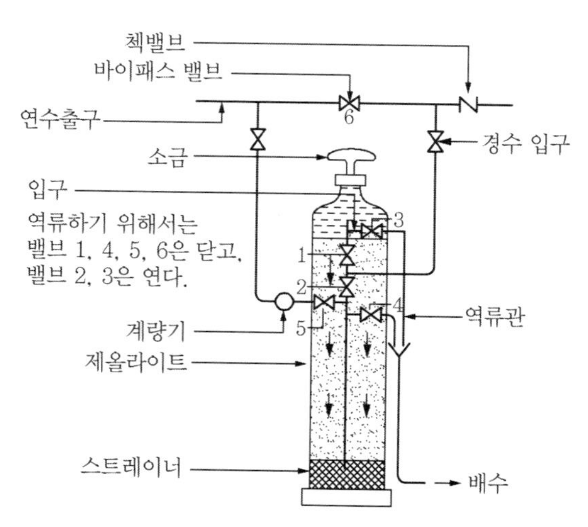

〈그림 2-2〉 염기교환에 의한 경도 제거

4) 스케일 제거

급탕시스템에서 스케일의 생성과 부식을 줄이기 위하여 저농도의 인산염을 사용하는 방법이 있다. 이 방법을 사용하여도 물 자체는 경수이기 때문에 물의 경도 제거방법이라고는 할 수 없다. 인산염을 넣은 구형(球型) 용기를 급수탱크 내에 넣어두거나 급수 본관에 연결하여 사용한다.

(4) 연수

연수(soft water)는 쉽게 비누거품을 일으키지만, 음료용으로는 적합하지 않다. 음료용으로서 맛있는 물이 되려면 어느 정도 경도를 포함하여야 한다. 또한 연수는 철, 강, 아연, 동 및 납의 부식을 야기시킨다. 동은 소량이라면 인체에 무해하지만, 납은 소량이라도 물 속에 녹아 있으면 인체에 납중독을 일으킨다.

2.2 급수설비의 계획 및 설계순서

급수설비의 계획 및 설계순서는 다음과 같은 순서로 진행한다.

① 건물 전체의 사용수량을 개략적으로 산정한다.

② 부지, 수도국 등의 급수사정을 조사하고, 인입관로, 배관재료, 배관 관경, 부담금 및 법적 제약조건에 대해 조사·확인한다(사용수량, 저수조 및 고가수조의 크기 등).

③ ① 및 ②에 기초하여 급수 방식을 결정한다.

④ 급수계통 등을 통합하여 급수시스템을 결정한다.

⑤ 설계조건을 정리한다.

⑥ 상세한 계산을 한다.

⑦ 설계도서를 작성한다.

이상의 진행과정을 <그림 2-3>에 나타내었으며, 특히 상기 ④, ⑤ 및 ⑥ 과정에 대한 상세한 설계순서를 <그림 2-4>에 나타내었다.

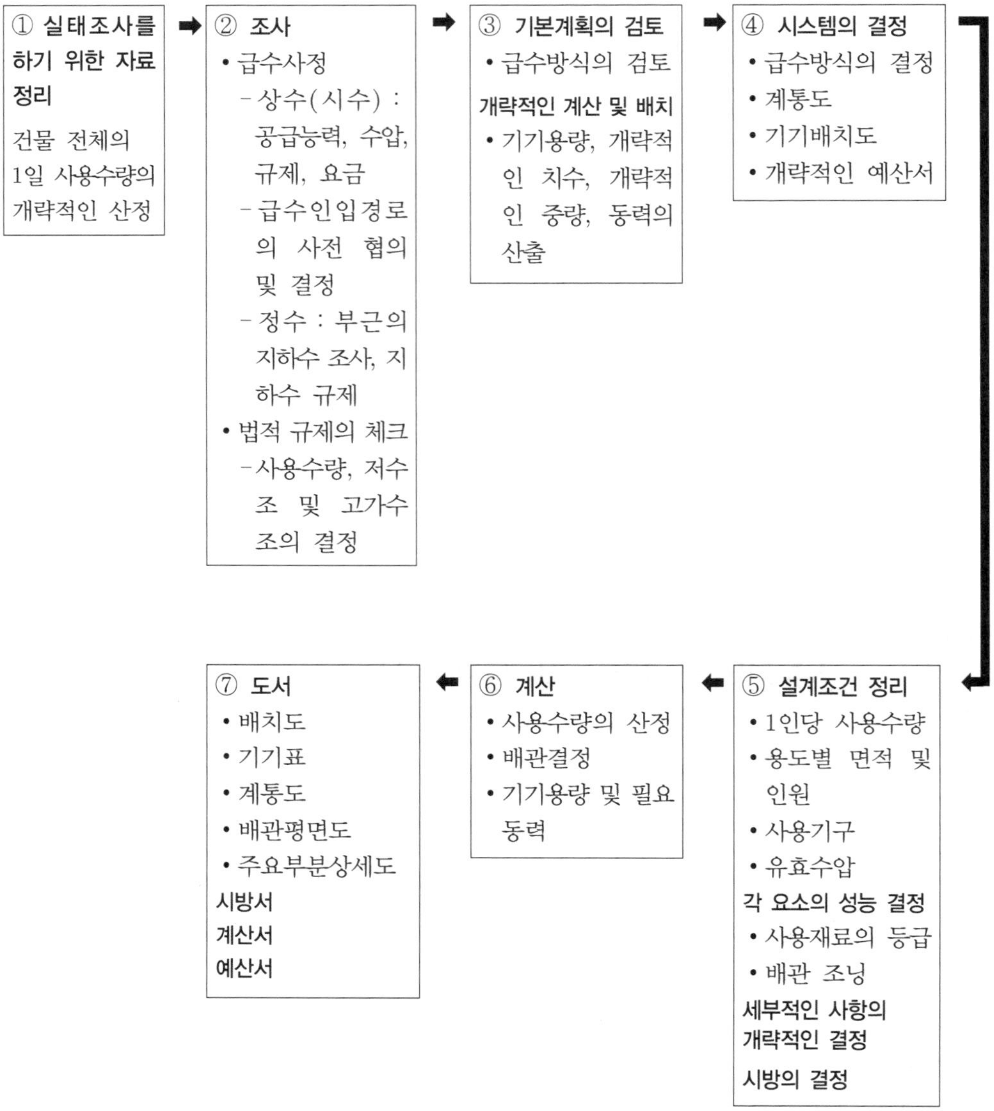

① 실태조사를 하기 위한 자료 정리
건물 전체의 1일 사용수량의 개략적인 산정

➡

② 조사
- 급수사정
  - 상수(시수) : 공급능력, 수압, 규제, 요금
  - 급수인입경로의 사전 협의 및 결정
  - 정수 : 부근의 지하수 조사, 지하수 규제
- 법적 규제의 체크
  - 사용수량, 저수조 및 고가수조의 결정

➡

③ 기본계획의 검토
- 급수방식의 검토

개략적인 계산 및 배치
- 기기용량, 개략적인 치수, 개략적인 중량, 동력의 산출

➡

④ 시스템의 결정
- 급수방식의 결정
- 계통도
- 기기배치도
- 개략적인 예산서

➡

⑤ 설계조건 정리
- 1인당 사용수량
- 용도별 면적 및 인원
- 사용기구
- 유효수압

각 요소의 성능 결정
- 사용재료의 등급
- 배관 조닝

세부적인 사항의 개략적인 결정

시방의 결정

⬅

⑥ 계산
- 사용수량의 산정
- 배관결정
- 기기용량 및 필요 동력

⬅

⑦ 도서
- 배치도
- 기기표
- 계통도
- 배관평면도
- 주요부분상세도

시방서
계산서
예산서

〈그림 2-3〉 급수설비의 계획 순서

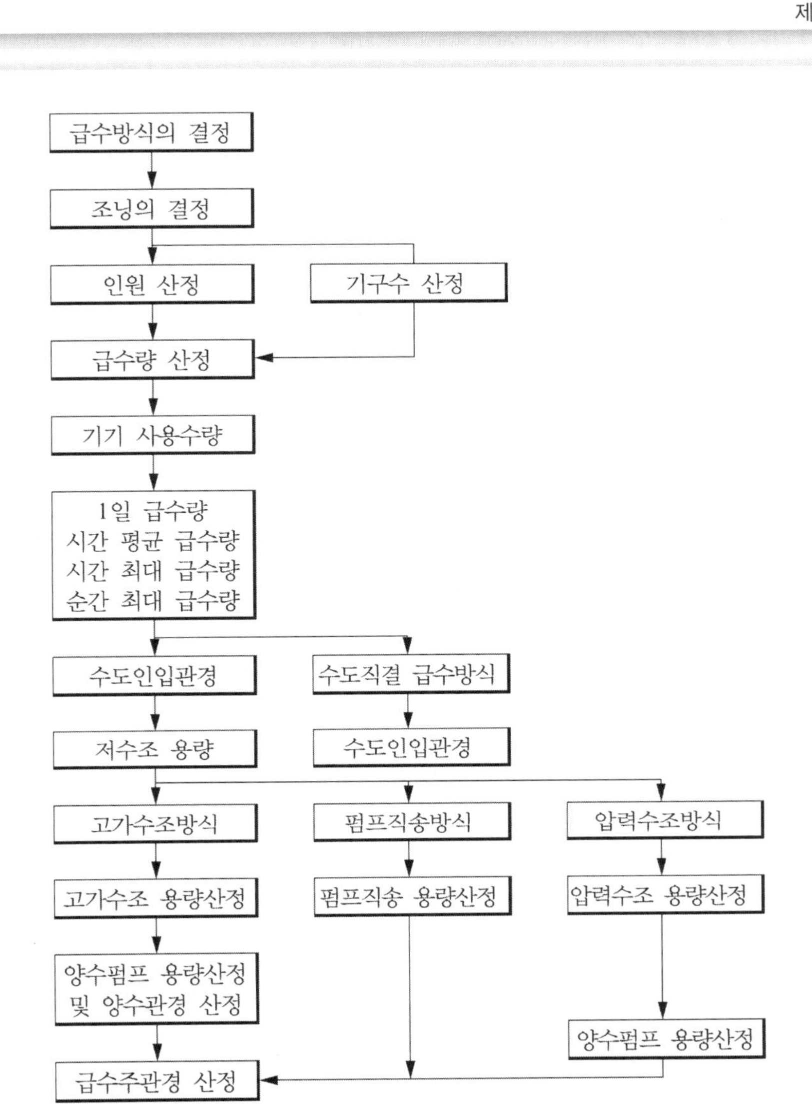

〈그림 2-4〉 급수설비의 설계 순서

2.3 급수량

1 물 사용량

건물 내에서 사용하기 위하여 공급하는 물의 양을 급수량(給水量, water supply quantity) 또는 사용수량(使用水量)이라고 한다. 보통 기본 단위로는 1인당 또는 단위 면적당의 급수량이 기본이 되며, 건물의 종류나 용도 혹은 계절이나 요일 그리고 시간대에 따라서 급수량은 달라지며, 그 실태를 파악하기 어려운 면이 있다. 따라서 여기서는 건축물의 급수량을 계획·산정할 때, 건물내의 물 사용량에 영향을 미치는 요인에 대해 간단히 고찰해 본다. 건물 내에서 인간이 사용하는 물의 양은 생활용수(生活用水)와 건물에서 인간이 생활하기 위한 환경을 만들어 내기 위한 기계용수(機械用水)로부터 구한다. 또한 특수한 살수나 조경용수 등은 별도로 계산하여 물 사용량에 추가하며, 비상용 소화용수 등은 물사용량을 계산할 때 고려하지 않는다. 물 사용량은 생활습관, 건물의 종류, 계절 등에 따라 변동하지만, 평균 1인 1일당 사용수량의 최대부하를 취해 계산하면 충분하다. 여기서 1일 사용수량이라는 것은 하루 24시간동안 계속 사용하는 것을 의미하는 것은 아니다. 예를 들면, 사무소 건물에서는 근무시간대, 연중무휴인 호텔에 있어서도 그 주된 영업시간대를 고려하여 1일 평균사용시간으로 하여 물 사용량을 산정하면 된다.

다음에 물 사용량을 시간 변동에 따라 고찰하여 보면, 계절적으로는 냉방부하가 최대로 되는 여름철에 냉각탑 보급수량이 증대하는 것을 시작으로 세탁, 목욕용 등의 생활용수도 증대하는 것이 보통이며, 대부분 건물의 년간 최대 물사용 기간은 7~8월경이 된다. 1일의 사용 시간대로부터 관찰해 보면, 평일의 근무시간이 일정한 사무실이나 관청에서는 출근시간, 점심시간, 퇴근시간의 3번 피크가 있으며, 식당이 있는 경우에는 점심시간 시작하자마자 최대 부하가 발생한다. 공장, 골프장의 클럽 하우스와 같이 공중목욕실을 갖추고 있는 건물에서의 피크는 그 사용시간대에 발생하며, 1회이지만 장시간 계속된다. 최근에는 이상의 요인 외에도 사용인원수의 남녀비를 고려하여 물 사용량을 생각하는 경우도 많으며, 절수형 위생기구의 사용량에도 주의를 기울여야 한다.

이상과 같이 각종 인자를 고려하여 물 사용량에 대한 경험치를 기초로 하여 급수량을 산정하여야 한다. 또한 건물 사용자 수에 따라 물사용량을 예측할 때에는 건물 내에서 거의 변동이 없는 근무자나 거주자를 기본으로 하는 경우와 호텔의 객실수나 극장의 좌석수와 같이 최대 수용인원을 기본으로 하는 경우가 있다. 그러나 외부 방문자가 물 사용량의 많은 부분을 차지하는 경우에는 이들 외부 방문자의 사용량을 별도로 고려하지만, 일반적으로는 외부 방문자의 사용수량은 상근자(또는 거주자)의 사용수량에 포함시키고 있다.

(1) 1인 1일 사용수량

앞에서 언급한 바와 같이 건물 내에서 한 사람이 하루 동안에 사용하는 물의 사용시간에 대한 고려는 사무소 건물에서는 근무시간대에, 또한 년 중 무휴인 호텔에서는 주 영업시간대를 고려하여 1일 평균 사용시간으로 하고 있다. 1인 1일당 사용수량(급수량)은 일반 사무소 건물에서는 60~100 L/(c·d)(냉각장치의 보급수는 제외)를 설계치로서 이용한다. 그리고 이중 30~50%를 대변기와 소변기, 즉 화장실의 세정수로 사용한다. 여기서 단위 중 c는 “capita”의 약자로서 1인당을 의미하며, 이후 1인당에 대한 단위는 c를 사용한다. 또한 d는 1일당, 즉 “day”를 나타낸다.

일반 주택용의 급수량의 설계 수치로서는 200~400 L/(c·d)를 이용하고 있다. 사용수량의 내역은 세탁 25%, 수세식 화장실, 식사, 목욕용이 각각 18%, 세면용이 14%, 청소 및 그 외가 17% 정도이다. <표 2−5>에는 건물 종류별 사용수량을 나타내었다.

건축물의 급수설비에서 급수량을 계획할 때는 일반적으로 물의 사용목적, 설치되는 기구나 장치의 급수특성, 기구의 사용법 등을 고려하여 경험치를 바탕으로 한 건물 종류별 1인 1일당 급수량[L/(c·d)]을 기본단위로 하여 사용인원을 곱해 건물의 1일 총급수량을 산정한다. 그리고 사용인원은 건물의 정원(定員) 혹은 거주인원 또는 유효면적당 인원을 기본으로 하여 산정한다.

〈표 2-5〉 건물 종류별 단위 급수량, 사용시간 및 인원

건물 종류	단위급수량 [1일당]	사용시간 [h/일]	원단위	유효면적당 인원	유효면적/연면적 [%]	비고
주택 공동주택	200~400 L/인 200~350 L/인	10 15	거주자 1인당 거주자 1인당	0.16인/m^2 0.16인/m^2	 45~48	
관공서 사무소	60~100 L/인	9	근무자 1인당	0.2인/m^2	일반 55~57 임대 60	남자 50 L/인, 여자 100 L/인 사원식당·세입자 등은 별도 가산
공장	60~100 L/인	조업시간 + 1	근무자 1인당	좌작업 0.3인/m^2 선작업 0.1인/m^2		남자 50 L/인, 여자 100 L/인 사원식당, 샤워 등은 별도 가산
종합병원	1,500~3,500 L/병상 30~60 L/m^2	16	연면적 1 m^2당		45~48	설비내용 등에 따라 상세히 검토
호텔전체 호텔 객실	500~6,000 L/bed 350~450 L/bed	12 12				상동 객실부만
요양소	500~800 L/인	10				
커피숍 음식점 사원식당 급식센터	20~25 L/객 55~130 L/점포m^2 55~130 L/객 110~530 L/점포m^2 25~50 L/식 80~140 L/식당m^2 20~130 L/식	10 10 10 10		점포면적에는 주방면적 포함 상동 상동		주방에서 사용하는 수량만, 화장실 세정수 등은 별도가산 상동 일식·양식·중식의 순으로 많다. 상동 상동
백화점 슈퍼마켓	15~30 L/m^2	10	연면적 1m^2당		55~60	종업원용· 공조용수 포함
초·중·고교 대학 강의동	70~100 L/인 2~4 L/m^2	9 9	(학생+직원) 1인당 연면적 1m^2당		58~60	교사·직원용 포함 수영장 용수(40~100 L/인)는 별도가산 실험, 연구용수는 별도가산
극장·영화관	25~40 L/m^2 0.2~0.3 L/인	14	연면적 1m^2당 입장객 1인당		53~55	종업원용, 공조용수 포함
터미널 보통역	10 L/1,000인 3 L/1,000인	16 16	승객 1,000인당 승객 1,000인당			열차급수·세차용수는 별도가산 종업원용·다소의 세입자용 포함
사원·교회	10 L/인	2	참가자 1인당			상주자·상근자용은 별도가산
도서관	25 L/인	2	열람자 1인당	0.4인/m^2		상근자용은 별도가산

㈜ 1) 단위 급수량은 설계대상급수량이며, 연간 1일 평균 급수량이 아님.
2) 비고란에 특기가 없는 한 공조용수, 냉동기냉각수, 실험·연구용수, 공정용수, 수영풀·사우나 용수 등은 별도가산

(2) 냉각수 보급수량

건물을 여름철에 냉방하는 경우에는 냉동기를 설치하는데, 이때 냉각수의 보급은 급수설비로서 간주해야 한다. 일반 건물에서는 연면적 100 m^2당 10.5 kW의 부하가 필요하며, 냉동기의 냉각수는 냉동기의 종류 및 형식에 따라 다르겠지만, 일반적으로 압축식인 경우는 3.7 L/(min·kW) 정도이다. 그리고 냉동기에 필요한 냉각수를 한번 사용하고 버리면 물을 낭비하는 결과가 되므로 냉각탑을 설치하여 순환시키는 방식을 택한다. 그런데 증발, 비산 등에 의해 냉각수의 보급이 필요하게 되며, 순환수량의 약 2%, 즉 0.074 L/(min·kW) 정도를 필요로 한다.

냉각탑 등의 사용기기에 따른 급수량은 다음과 같이 구한다.

$$Q_{CH} = 60 \cdot K_c \cdot Q_{CRT} \cdot H_{RC} \quad \cdots\cdots (2-1)$$

여기서, Q_{CH} : 냉각탑에 의한 시간 평균 급수량, L/h

K_c : 보급수 계수(0.01~0.02)

Q_{CRT} : 1kW당 냉각수량, L/(min·kW)

(압축식=3.7, 1중효용 흡수식 또는 2중효용 흡수식=4.8)

H_{RC} : 냉동능력, kW

1일 보급수량은 식 (2−1)로부터

$$Q_C = Q_{CH} \cdot T_2 \quad \cdots\cdots (2-2)$$

여기서, T_2 : 사용시간, h

Q_C : 냉각탑으로의 1일 보급수량, L/d

2 급수량 산정

급수설비를 설계하는데 있어서 제일 먼저 급수량을 예측·산정하여야 하는데, 이것은 각종 기기용량 및 관경결정의 기초가 되기 때문이다. 급수량의 산정법으로서는 인원에 의한 방법, 건물 유효면적에 의한 방법 및 기구수에 의한 방법 등이 있지만, 저수조 등의 기기가 있는 경우에는 통상 인원에 의한 방법을 사용하고 있다.

(1) 급수 인원수에 의한 방법

건축 계획단계에서 건물의 정원, 즉 사용자수를 알 수 있는 경우에는 <표 2−5>를 이용하여 사용량을 산정한다.

$$Q_d = N \cdot q \quad \cdots\cdots (2-3)$$

여기서, Q_d : 1일당 급수량, L/d　　N : 급수 대상인원, 인

q : 건물 종류별 1인 1일당 급수량, L/(c·d)

(2) 건물의 유효면적에 의한 방법

건물의 사용자수를 정확히 알고 있지 못한 경우에는 <표 2-5>를 이용하여 건물의 연면적으로부터 유효면적비를 구해 유효면적당 인원으로부터 사용량을 예측·산정할 수 있다. 여기서 유효면적이란 건물의 거주부분의 합계로서 연면적으로부터 복도, 계단 또는 기계실 등의 면적을 뺀 것을 말한다.

$$Q_d = K \cdot A \cdot n \cdot q \quad \cdots\cdots (2-4)$$

여기서, Q_d : 1일당 급수량, L/d　　K : 건물의 유효면적과 연면적의 비, %

A : 건물의 연면적, m^2　　n : 유효면적당 인원, 인/m^2

q : 건물 종류별 1인 1일당 급수량, L/(c·d)

예제 2.1

건물의 연면적이 2,000 m^2인 사무소 건물에 필요한 급수량[L/d]은 얼마인가?
(단, 건물의 유효면적비율은 55%, 1인 1일당 급수량은 100 L이다)

풀이 식 (2-4)와 <표 2-5>로부터 다음과 같이 구할 수 있다.

$Q_d = K \cdot A \cdot n \cdot q = 0.55 \times 2{,}000 \times 0.2 \times 100 = 22{,}000$ L/d

(3) 위생기구수에 의한 방법

건물에 설치된 위생기구로부터 급수량을 다음과 같이 산정할 수 있다.

기구이용에 의한 시간평균 급수량

$$Q_h = \Sigma(Q_e \cdot N_h) \quad \cdots\cdots (2-5)$$

여기서, Q_h : 기구이용에 의한 시간평균 급수량, L/h

Q_e : 최대 1회당 물사용량, L/회, <표 2-6> 참조

N_h : 1시간당 기구의 사용횟수, 회/h, <표 2-6> 참조

기구이용에 의한 1일 급수량

$$Q_d = Q_h \cdot T \quad \cdots\cdots (2-6)$$

여기서, Q_d : 기구이용에 의한 1일 급수량, L/d

T : 1일 평균 사용시간, h/d

〈표 2-6〉 각종 위생기구·수전의 유량 및 접속관경

기구 종류	1회당 물사용량 [L]	1시간당 사용횟수[회]	순간최대유량 [L/min]	접속관 구경 [DN]	비 고
대변기(세정밸브)	6～10.5	6～12	80～150	25	평균 15 L/회/10s
대변기(세정탱크)	6～10.5	6～12	10	15	
소변기(세정밸브)	2～4	12～20	20～25	20	평균 5 L/회/6s
소변기(세정탱크)	9～18	12	8	15	2～4인용 기구 1개에 4.5 L
소변기(세정탱크)	22.5～31.5	12	10	15	5～7인용 기구 1개에 4.5 L
수세기	3	12～20	8	15	
세면기	10	6～12	10	15	
싱크류(DN 15 수전)	15	6～12	15	15	
싱크류(DN 20 수전)	25	6～12	15～25	20	
살수전			20～50	15～20	
욕조	125	6～12	25～30	20	
샤워	24～60	3	12～20	15～20	수량(水量)은 종류에 따라 크게 다르다.

기구 이용에 의한 순간최대 급수량

$$Q_p = \Sigma(Q_r \cdot N_e) \cdot \eta \qquad (2-7)$$

여기서, Q_p : 기구이용에 의한 순간최대 급수량, L/min

Q_r : 기구의 순간최대유량, L/min

N_e : 설치 기구수

η : 동시사용률, <표 2-22> 참조

실험시설 등의 물 사용량을 개략적으로 구하는 경우에 사용한다.

기구수에 의한 급수량 산정방법으로서 이외에 기구급수부하단위법 및 물 사용시간 비율과 기구급수단위에 의한 방법이 있지만, 어느 것이나 순간최대 급수량을 산정하는 방법이다. 이들은 주로 급수관경을 결정하기 위해 이용하며, 급수관의 관경결정(2.8절)에서 설명한다.

상기 세 가지 방법에 의해 1일 급수량을 산정할 수 있는데, 건물을 냉방하는 경우에는 냉각수 보급수량(Q_c)을 고려하여 1일당 급수량 Q_{dc}를 산정한다.

$$Q_{dc} = Q_d + Q_c \quad \cdots\cdots (2-8)$$

여기서, Q_{dc} : 냉각수 보급수량을 고려한 1일당 급수량, L/d

Q_d : 건물의 1일당 급수량, L/d Q_c : 냉각수 보급수량, L/d

예제 2.2

학교건물에서 세정밸브식 대변기 50개, 세정밸브식 소변기 25개, 세면기 20개, 청소용 싱크 5개가 있다. 1일 급수량은 얼마인가? (단, 각 기구의 1회당 사용량 및 사용횟수는 각각 대변기는 10 L, 6회, 소변기는 4 L, 15회, 세면기는 10 L, 12회, 청소용 싱크는 15 L, 6회이다. 또한 1일 사용시간은 8 h/d로 한다)

풀이

대변기 = 10 × 6 × 50 = 3,000
소변기 = 4 × 15 × 25 = 1,500
세면기 = 10 × 12 × 20 = 2,400
싱 크 = 15 × 6 × 5 = 450

합계(시간평균급수량) = 7,350 L/h

따라서, 1일 급수량은 다음과 같이 된다.
1일 급수량 = 7,350 L/h × 8 h/d = 58,800 L/d

3 각종 예상급수량

급수설비에서 기기용량, 관경 등을 산정할 때, 물 사용실태를 충분히 파악하여야 한다. 이와 같은 분석방법으로는 다음 3가지의 예상 급수량을 들 수 있다.

(1) 시간평균 예상급수량

시간평균 예상급수량(時間平均豫想給水量, probable mean hourly demand of water supply)은 시간평균 급수량이라고도 하며, 1일 사용수량(1일 급수량)을 1일 평균 사용시간으로 나눈 것으로서, 급수인입관경 또는 고가수조 용량 등의 산정에 이용한다.

시간평균 예상급수량(Q_h)을 냉각탑 보급수량을 포함하여 식으로 나타내면 다음과 같다.

$$Q_h = \frac{Q_d}{T_1} + \frac{Q_c}{T_2} = \frac{Q_d}{T_1} + Q_{CH} \quad \cdots\cdots (2-9)$$

여기서, Q_h : 시간평균 급수량, L/h Q_d : 1일당 사용수량, L/d

Q_c : 냉각탑 보급수의 1일당 소비수량, L/d T_1 : 1일 평균 사용시간, h/d

T_2 : 냉각탑의 1일평균 운전시간, h/d Q_{CH} : 냉각탑으로의 시간평균 급수량, L/h

(2) 시간최대 예상급수량

시간최대 예상급수량(時間最大豫想給水量, probable maximum hourly demand of water supply)은 시간최대 급수량이라고도 하며, 1일 중 수 회 정도 발생하는 최대부하 시간대의 급수량으로서, 보통은 시간평균 예상급수량의 1.5~2배를 최대 급수량으로 한다. 즉, 건축물 내에서 1일중 1시간당 최대 급수량을 말하며, 고가수조방식에서 양수펌프의 양수량을 결정할 때 사용한다.

시간최대 예상급수량(Q_m)을 냉각탑 보급수량을 포함하여 식으로 나타내면 다음과 같다.

$$Q_m = (1.5 \sim 2) \cdot \frac{Q_d}{T_1} + (1 \sim 2) \cdot \frac{Q_c}{T_2} \quad \cdots\cdots (2-10)$$

여기서, Q_d : 1일당 사용수량, L/d

Q_c : 냉각탑 보급수의 1일당 소비수량, L/d

T_1 : 1일 평균 사용시간, h/d

T_2 : 냉각탑의 1일 평균 운전시간, h/d

(3) 순간최대 예상급수량

순간최대 예상급수량(瞬間最大豫想給水量, peak flow rate of water supply)은 순시최대(瞬時最大) 또는 순간최대 급수량이라고도 하며, 건물 내에서 하루 중 물을 가장 많이 사용하는 시간대(최대부하 시간대)에서 순간적(분 단위)으로 흐르는 최대 급수량을 말한다. 보통은 시간평균 예상급수량을 분(分)단위로 환산하였을 때 값의 3~4배 정도를 순간최대 급수량으로 하며, 압력수조방식에서의 급수펌프의 양수량, 펌프직송방식의 송수량을 결정하는 경우에 이용하며, 또한 배관의 관경결정시 유량 값으로 이용하는 경우도 있다.

순간최대 예상급수량(Q_p)을 냉각탑 보급수량을 포함하여 식으로 나타내면 다음과 같다.

$$Q_p = \frac{(3 \sim 4)}{60} \cdot \frac{Q_d}{T_1} + \frac{(1 \sim 3)}{60} \cdot \frac{Q_c}{T_2} \quad \cdots\cdots (2-11)$$

여기서, Q_p : 순간최대 예상급수량, L/min

Q_d : 1일당 사용수량, L/d

Q_c : 냉각탑 보급수의 1일당 소비수량, L/d

T_1 : 1일 평균 사용시간, h/d

T_2 : 냉각탑의 1일평균 운전시간, h/d

학교나 영화관 등과 같이 휴식시간이나, 공장 등의 작업종료 후와 같이 단시간에 사용이 집중하는 것과 같은 경우에는 시간최대 예상급수량과 순간최대 예상급수량을 더욱 크게 고려할 필요가 있다.

예제 2.3

연면적 4,000 m^{2}인 사무소 건물의 1일당 급수량, 시간평균 예상급수량, 시간최대 예상급수량 및 순간최대 예상급수량을 산정하시오. (단, 건물의 냉방시 압축식 냉동기의 용량은 500 kW로 한다)

풀이 ① 1일당 급수량

<표 2-5>에서 1인 1일당 평균사용수량을 100 L/(c·d)로 취하고, 식 (2-4)와 <표 2-5>를 이용하여 구하면,

$Q_d = 0.6 \times 4,000 \times 0.2 \times 100 = 48,000$ L/d

냉각탑 보급수량은 식 (2-1)과 식 (2-2)로부터

$Q_{CH} = 60 \times 0.02 \times 3.7 \times 500 = 2,220$ L/h

$Q_c = 2,220$ L/h $\times 8$ h/d $= 17,760$ L/d

∴ 1일당 급수량 $Q_{dc} = Q_d + Q_c = 48,000 + 17,760 = 65,760$ L/d

② 시간평균 예상급수량(1일 물 사용시간을 8 h/d로 취하면)

$$Q_h = \frac{65,760}{8} = 8,220 \text{ L/h}$$

③ 시간최대 예상급수량(시간평균 예상급수량의 2배로 하면)

$Q_m = 2 \times 8,220 = 16,440$ L/h

④ 순간최대 예상급수량(시간평균 예상급수량의 3배로 하면)

$$Q_p = \frac{3 \times 8,220}{60} = 411 \text{ L/min}$$

4 급수부하

급수설비에서 기기 용량이나 관경을 계산하기 위해서 건물 내의 물 사용량을 양적으로 예측한 것을 말하며, 일정한 시간 내에 발생하는 급수부하의 총량을 나타내는 시간급수부하(時間給水負荷)와 물을 사용하는 시간대에서 순간에 흐르는 급수부하를 나타내는 순간급수부하(瞬間給水負荷)로 나눌 수 있다.

시간급수부하로는 1인 1일당 급수량 및 시간평균 급수량 등이 있으며, 기기용량 산정이나 경상비 예측에 사용한다. 순간급수부하는 <표 2-23>의 (a)에 나타낸 순간최대 급수량으로서 배관설계나 펌프직송방식의 기기 설계에 사용한다.

2.4 급수압력

급수기구에서 급수압력(water supply pressure)이 일정한 값 이상이 되지 않으면 기구를 유효하게 사용할 수 없다. 즉, 기구를 적절히 사용하기 위해서는 필요한 최저압력이 존재한다. <표 2-7>에는 각종 기구의 필요 최저압력을 나타내었는데, 그 압력은 정수압(静水壓)이 아니고 정수압에서 유수(流水)에 의한 관내면과의 마찰손실과 밸브, 관이음 등에 의한 부차적 손실의 합계에 상당하는 압력을 뺀 값이다(즉, 기구 직전에서 유수시의 압력이다).

표에는 미국기준과 일본기준을 병기하였다. 일본기준은 에너지량을 최소로 하기 위한 것이며, 위생기구의 물 사용을 안정적이고 편리하게 사용하는 것을 고려하면, 일본기준보다 압력을 높인 미국기준을 따르는 것이 좋다. 또한 건축기계설비 설계기준(KDS)에서도 미국규격을 따르고 있다.

〈표 2-7〉 기구의 유수시 최저 필요압력

기구	유수시 최저 필요압력[kPa]	
	미국 규격, 건축기계설비 설계기준(KDS)	일본 규격
일반수전	55	30
자동수전		50
대소변기 세정밸브	100	70
샤워기	55～130(형식에 따라 다름)	40～160(형식에 따라 다름)
가스식 순간 온수기		40～80

또한 기구의 최고 급수압력은 일반수전인 경우 500 kPa, 대변기 세정밸브(flush valve)는 400 kPa이 표준이지만, 급수음(給水音)을 소음으로서 중요시하는 호텔 객실부분이나 아파트에서는 수압을 내려 350 kPa, 역으로 다소의 소음은 무시할 수 있는 사무소 빌딩 등에서는 700 kPa 정도까지를 한계압력으로 하고 있다. 어느 경우라도 유수음(流水音)을 낮게 억제하기 위해서는 급수관경을 크게 하여 유속을 느리게 할 필요가 있다.

일반수전에서 수압이 너무 낮으면 소정의 수량을 얻지 못하고 토출수(吐出水)의 힘도 없기 때문에 세정력(洗淨力)도 약해진다. 또한 수압이 과대하면, 세정력은 증가하지만 비산(飛散)하는 수량이 많게 되어 결과적으로 쓸모없이 낭비되는 물이 많게 된다. 물의 비산은 포말수전(泡沫水栓)을 이용하여 방지할 수 있지만, 수압이 100 kPa 이상이 되면 수전의 개폐도에 관계없이 토출수량이 정상화(定常化)하는 경향이 있다.

대변기 세정밸브에서 급수압력에 따른 영향을 살펴보면, 수압이 지나치게 낮으면 토출시간이 길게 되어 오물이 흘러내리기가 어렵고, 사이펀식 변기에서는 사이펀 작용도 일어나지 않는 경우가 있다. 또한 수압이 지나치게 높으면, 토수시간이 짧아지고 오물이나 수적(水滴)을 비산하게 된다.

유수의 차압(差壓)으로 작동하는 가스식 순간온수기에서는 수압이 지나치게 낮으면, 가스밸브가 열리지 못하여 메인 버너(main barner)가 착화(着火)하지 못해 급탕을 할 수 없는 경우도 생긴다. 따라서 기구의 편리한 사용, 기구의 손상, 인체의 감각, 물의 비산, 워터 해머의 방지 등을 고려하여, 건물 용도마다 최고 사용압력이 거의 정해져 있다. <표 2-8>에는 대표적인 건물 용도에 따른 최고 사용압력을 나타내었다.

〈표 2-8〉 건물 용도에 따른 최고사용압력

건물 용도	최고사용압력[kPa]
공동 주택	300~400
호텔, 숙박시설	300~400
사무소, 그 외	400~500

예제 2.4

급수관의 총 배관 길이가 15 m, 내경 40 mm인 관의 말단부에 세정밸브식 대변기가 설치되어 있다. 이 변기의 사용유량이 120 L/min일 때, 이 관에 생기는 마찰에 의한 압력손실을 계산하시오. 또한 이 관의 유입구에서 게이지압력 120 kPa의 수압으로 급수될 때, 이 대변기가 제 기능을 발휘할 수 있는지를 판별하시오. (단, 관마찰계수 $\lambda = 0.04$이며, 관이음 등에 의한 부차적 손실은 무시한다. 또한 세정밸브식 대변기의 최저 필요압력은 100 kPa이다)

풀이 ① $Q = A \cdot v = \left(\dfrac{\pi d^2}{4}\right) \cdot v$에서 $v = \dfrac{4Q}{\pi d^2} = \dfrac{4 \times \dfrac{0.12}{60}}{3.14 \times 0.04^2} \fallingdotseq 1.59\ \text{m/s}$

그러므로 마찰에 의한 압력손실은 다음과 같이 된다.

압력손실 $\Delta p = \lambda \cdot \dfrac{l}{d} \cdot \dfrac{\rho v^2}{2} = 0.04 \times \dfrac{15}{0.04} \times \dfrac{1{,}000 \times 1.59^2}{2}$

$= 18{,}960\ \text{Pa} \fallingdotseq 19\ \text{kPa}$

② 마찰에 의한 압력손실이 19 kPa이므로, 관의 유입구에서 대변기까지 물이 도달하였을 때의 수압은 $120 - 19 = 101$ kPa이 된다. 따라서 세정밸브식 대변기가 제 기능을 발휘하기 위해서는 100 kPa 이상이 필요하므로 세정밸브의 작동은 충분하다.

2.5 급수방식과 배관방식

1 급수방식

건물 내의 급수방식(급수 시스템, water supply system)은 수도직결방식(city-pressure water supply system), 고가수조방식(gravity water supply system), 압력수조방식(hydropneumatic tank system) 및 펌프직송방식(booster pump system)으로 분류되며, 건물의 용도, 규모, 설치환경 등에 따라 적절한 방식을 단독 또는 병용하여 사용한다. 그리고 어느 방식을 선택하든지 간에 적절한 수압과 위생성을 확보하도록 하여야 한다. 다음에는 각 방식을 설명한다.

(1) 수도직결방식

<그림 2-5>와 같이 수도본관으로부터 수도관을 인입하여 수도본관의 수압에 의해서 건물 내의 필요한 곳에 직접 급수하는 방식으로서, 일반적으로 2층 정도의 주택 등, 비교적 소규모의 건물(2~5층 정도 이하)에 이용한다. 또한 이 방식을 채용할 때는 여름철 등, 수압이 낮아지는 시기의 수도관의 수압을 조사하여 다음의 식 (2-12)를 만족시키는 가를, 즉, 급수가능 여부를 검토하여야 한다.

$$P \geq P_1 + P_2 + P_3 \quad \cdots\cdots (2-12)$$

여기서, P : 1년 중 수도 본관의 수압이 최저로 되는 시기의 압력, kPa

P_1 : 수도 본관으로부터 최고층 등 가장 나쁜 조건하에 있는 수전 또는 기구까지의 높이에 상당하는 압력, kPa

P_2 : 수도 본관으로부터 최고층 등 가장 나쁜 조건하에 있는 수전 또는 기구까지의 수도계량기·직관·이음쇠·밸브류 등에 의한 압력손실, kPa

P_3 : 최고층 등 가장 나쁜 조건 하에 있는 수전 또는 기구의 필요압력(<표 2-7> 참조), kPa

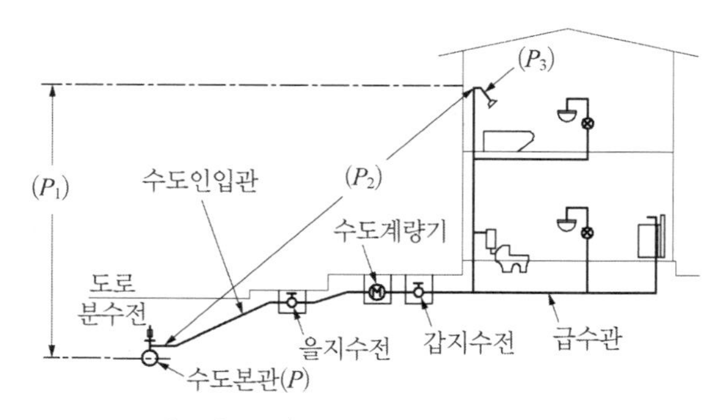

〈그림 2-5〉 수도 직결 방식

수도직결방식은 건물 내의 기구와 수도 본관을 직접 연결하기 있기 때문에 물이 오염할 위험은 적지만, 역으로 건물 내의 급수설비로부터 수도본관이 오염(2.9절 참조)할 수도 있기 때문에 사용하는 배관재료나 수전 및 기구는 규격품을 사용하여야 한다.

1) 장점

① 위생성 및 유지·관리 측면에서 가장 바람직한 방식이다.
② 설비비가 싸다.
③ 정전 등으로 인한 단수의 염려가 없다.

2) 단점

① 저수조가 없으므로 단수시에 급수할 수 없다.
② 수도 본관의 영향을 그대로 받아 수압 변화가 심하다.
③ 고층으로의 급수가 어렵다(2~5층 정도의 저층 건물에만 적용 가능).

예제 2.5

〈그림 2-5〉와 같이 2층에 샤워기를 설치하는 경우(수도 본관으로부터 샤워기까지의 높이는 6 m), 수도 본관의 최저압력을 구하시오. (단, 수도 본관으로부터 샤워기까지의 도중에 설치한 수도계량기, 밸브 및 관 등에 의한 마찰손실수두에 상당하는 압력은 50 kPa로 한다. 또한 샤워기의 필요최저압력은 70 kPa이다)

풀이 $P_1 = \rho g h = (1{,}000 \times 9.8 \times 6)\ \text{Pa} = (9.8 \times 6)\ \text{kPa} = 58.8\ \text{kPa}$이므로, 식 (2-12)로부터

$$P \geq P_1 + P_2 + P_3 = 58.8 + 50 + 70 = 178.8\ \text{kPa}$$

이 된다. 그러므로, 수도 본관의 압력은 178.8 kPa 이상이 필요하다.

(2) 고가수조방식

<그림 2-6>과 같이 수도 본관의 인입관으로부터 상수를 일단 저수조에 저수한 후, 펌프를 이용하여 옥상 등 높은 곳에 설치한 고가수조에 양수하여 중력에 의해 건물 내의 필요한 곳에 급수하는 방식이다.

이 방식은 고층건물의 급수방식으로서는 가장 일반적이고 오래된 방식으로서, 우리나라에서 현재 가장 일반적으로 사용하고 있는 방식이다. 그런데 최근 급수기구(특히 샤워 세트 등)가 다양화함에 따라 상당히 높은 수압을 요구하는 경우가 많기 때문에 기구의 최저 필요압력(<표 2-7> 참조)을 반드시 확인하여야 한다.

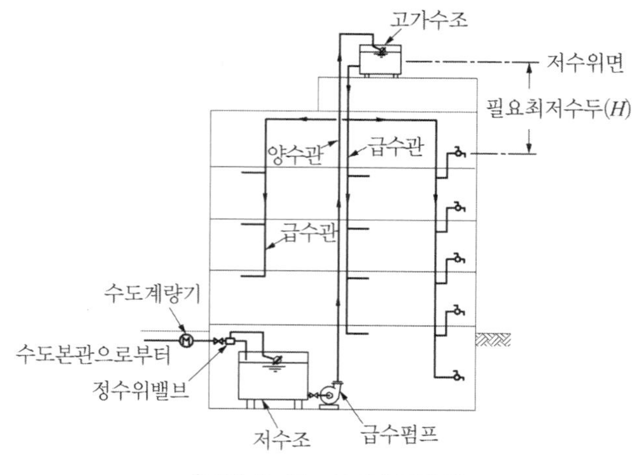

〈그림 2-6〉 고가수조방식

이 방식에서는 고가수조의 설치높이에 유의할 필요가 있으며, 다음 식 (2-13)이 만족되는가를 확인할 필요가 있다.

$$H \geq H_1 + H_2 \quad \cdots\cdots (2-13)$$

여기서, H : 최고층의 가장 불리한 조건에 있는 수전 또는 기구와 고가수조의 저수위면까지의 높이, m

H_1 : H의 조건에 있는 수전 또는 기구의 필요압력에 상당하는 높이, m

H_2 : H_1의 수전 또는 기구까지의 전마찰 손실압력(관마찰 손실+부차적 손실)에 상당하는 높이, mAq

1) 장점

① 대규모의 급수 수요에 쉽게 대응할 수 있다.
② 급수압력이 일정하다.
③ 단수시에도 일정량의 급수를 계속할 수 있다.
④ 재해 등의 긴급시에 대응할 수 있다.

2) 단점

① 물탱크에서 물이 오염될 가능성이 있다.
② 저수시간이 길어지면 수질이 나빠지기 쉽다.
③ 초기 설비비가 비싸다.

예제 2.6

〈그림 2-7〉과 같이 고가수조방식을 채택한 건물의 최상층에 세정밸브식 대변기를 설치하였다. 세정밸브로부터 고가수조 저수위면까지의 필요최저높이 H를 구하시오.
(단, 고가수조와 세정밸브까지의 총마찰손실압력은 40 kPa이다. 또한 세정밸브식 대변기의 최저 필요 압력은 미국기준(100 kPa)과 일본기준(70 kPa)으로 구분하여 구한다.)

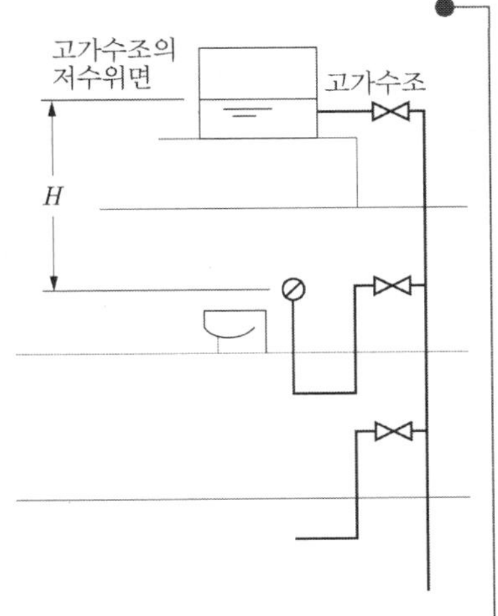

〈그림 2-7〉 예제 2-6의 그림

풀이 (1) 미국 기준

$$H_1 = \frac{P_1}{\rho g} = \frac{100 \times 1{,}000}{1{,}000 \times 9.8} = \frac{100}{9.8} \fallingdotseq 10.2\ \text{m}$$

$$H_2 = \frac{P_1}{\rho g} = \frac{40 \times 1{,}000}{1{,}000 \times 9.8} = \frac{40}{9.8} \fallingdotseq 4.1\ \text{m}$$

$$H \geq H_1 + H_2 = 10.2 + 4.1 = 14.3\ \text{m}$$

(2) 일본 기준

$$H_1 = \frac{P_1}{\rho g} = \frac{70 \times 1{,}000}{1{,}000 \times 9.8} = \frac{70}{9.8} \fallingdotseq 7.1\ \text{m}$$

$$H_2 = \frac{P_1}{\rho g} = \frac{40 \times 1{,}000}{1{,}000 \times 9.8} = \frac{40}{9.8} \fallingdotseq 4.1\ \text{m}$$

$$H \geq H_1 + H_2 = 7.1 + 4.1 = 11.2\ \text{m}$$

(3) 압력수조방식

<그림 2-8>과 같이 수도 본관의 인입관으로부터 상수를 저수조에 일단 저수(貯水)한 다음, 펌프압력에 의해 압력수조 내로 보내어, 수조내의 공기를 압축가압하여 그 압력에 의해 건물 내의 필요한 곳에 급수하는 방법이다. 이 방식은 고가수조를 설치할 수 없거나 고압급수를 필요로 하는 경우에 사용하며, 원래는 펌프직송방식보다 역사가 깊으며, 건물 미관상의 문제나 일조문제 등을 해결하기 위한 수단으로서 주로 채용하여 왔지만, 일반적으로 ON-OFF 사이의 압력 변동을 갖는 큰 단점이 있다.

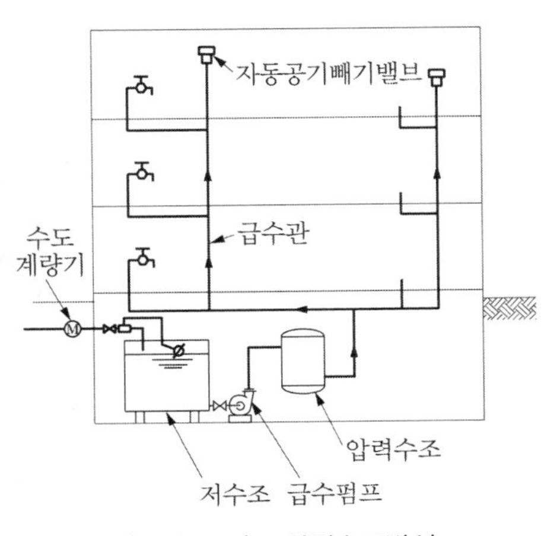

〈그림 2-8〉 압력수조방식

압력수조 출구의 수압은 다음 식을 만족하여야 한다.

$$P_s \geq P_1 + P_2 + P_3 \cdots\cdots (2-14)$$

여기서, P_s : 압력수조의 최저필요압력, kPa

P_1 : 압력수조로부터 최고층 등 가장 불리한 조건하에 있는 수전 또는 기구까지의 높이에 상당하는 압력, kPa

P_2 : P_1의 수전 또는 기구까지의 관로 손실에 상당하는 압력, kPa

P_3 : P_1의 조건에 있는 수전 또는 기구의 필요압력, kPa

1) 장점

① 고가수조방식을 적용하기 어려운 경우에 사용한다.
② 단수시에 일정량의 급수가 가능하다.

2) 단점

① 급수 공급 압력의 변화가 심하고 취급이 까다롭다.
② 정전시에 사용할 수 없다.
③ 시설비 및 유지관리비가 많이 든다.
④ 고장률이 높다.

(4) 펌프직송방식

펌프직송방식은 <그림 2-9>와 같이 저수조 내의 상수를 급수펌프에 의해 건물 내의 필요한 곳에 직접 급수하는 것으로서, 급수압력이나 급수량에 대처하기 위해 펌프의 대수를 제어

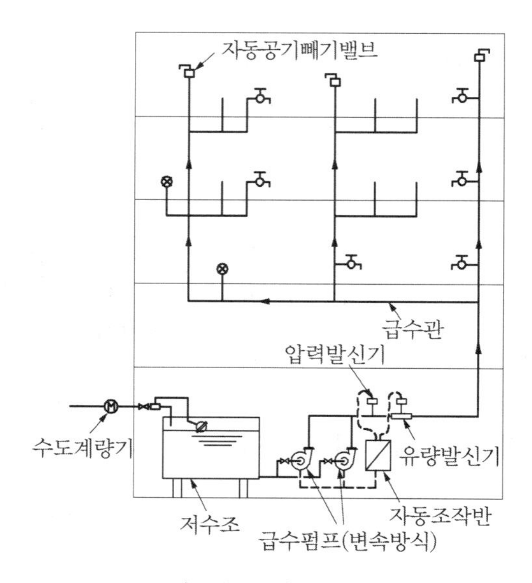

〈그림 2-9〉 펌프직송방식

하는 방법(정속방식)과 펌프의 회전수를 제어하는 방법(변속방식)이 있으며, 실제로는 이들을 조합한 제어방식을 많이 이용하고 있다.

펌프직송방식을 펌프의 운전방식과 검지방식에 따라 분류하면 <표 2-9>와 같다.

〈표 2-9〉 펌프직송방식의 분류

종류	방 식
펌프 운전방식	• 정속방식 – 펌프의 대수 제어 • 변속방식 – 펌프의 회전수 제어
검지방식	• 압력 검지식 ┌ 토출압력 일정제어 　　　　　　 └ 예측말단압력 일정제어 • 유량 검지식 • 수위 검지식

일반적으로 아파트 등에서는 급수량의 변화에 따라 펌프의 회전수 제어에 의해 급수압력을 일정하게 유지하는 시스템을 채용하고 있기 때문에 펌프의 회전수 제어 시스템이라고도 한다. 이와 같은 펌프 회전수 제어 시스템은 급수 시스템 중에서 가장 고도의 시스템이다.

1) 펌프 회전수 제어의 특성

펌프의 회전수 제어는 급수펌프를 급수량에 따라 회전수를 바꾸어 운전하는 것에 특징이 있다. 회전수의 변화(N_1에서 N_2로)와 펌프의 특성은 다음 식으로 나타낼 수 있다.

$$Q \propto N, \quad \frac{Q_2}{Q_1} = \frac{N_2}{N_1} \qquad \cdots\cdots (2-15)$$

$$H \propto N^2, \quad \frac{H_2}{H_1} = \left(\frac{N_2}{N_1}\right)^2 \qquad \cdots\cdots (2-16)$$

$$L \propto N^3, \quad \frac{L_2}{L_1} = \left(\frac{N_2}{N_1}\right)^3 \qquad \cdots\cdots (2-17)$$

여기서, Q : 토출량, H : 전양정, L : 축동력, N : 회전수

예를 들면, 회전수를 100%에서 80%로 하면 <그림 2-10>에 표시한 바와 같이

$$\frac{N_2}{N_1} = 0.8$$

여기서, $Q_2 = 0.8Q_1$, $H_2 = 0.64H_1$, $L_2 = 0.512L_1$

로 되며, 축동력(사용 전력량에 비례)을 약 $\frac{1}{2}$ 가까이 줄일 수가 있다. 따라서 일반적으로 펌프대수제어나 밸브제어 등에 비해 회전수 제어 쪽이 상당히 경제적임을 알 수 있다.

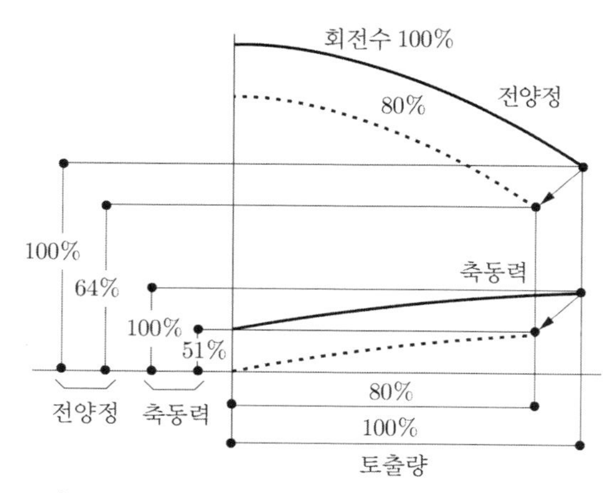

〈그림 2-10〉 펌프회전수의 변화와 펌프특성

2) 시스템 제어의 종류

펌프직송방식(펌프 회전수 제어시스템)의 시스템 제어에는 토출압력 일정제어와 예측 말단압력 일정제어의 2종류가 있다.

① 토출압력 일정제어

토출압력 일정제어는 관로 손실이 실양정에 비해 비교적 작은 시스템에 적용하고 있다. 이것은 관로가 짧으면 유량변화에 따른 관로 손실의 영향이 작고 압력이 거의 일정한

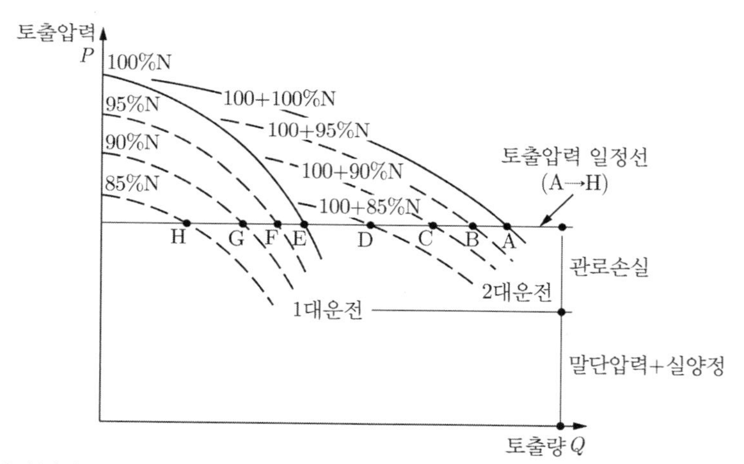

목표로 하는 압력(말단압력+실양정+관로손실)을 토출압력이 일정한 선(A－H)으로 나타내면, 유량의 변화에 따라 펌프의 회전수는 H점(85%) → G점(90%) → F점(95%)과 토출압력이 일정한 선을 따라 변화한다. 유량이 증가하여 E점(100%)를 넘으면 두 번째 펌프가 작동하여 D점에서 2대 운전이 된다. 유량이 점점 증가하면 C점(100 + 90N) → B점(100% + 95N)으로 토출압력 일정선상을 따라 변화하여 A점(100 + 100N)에 도달한다. 2대 운전의 경우는 이 A점이 최대 토출량이 된다.

〈그림 2-11〉 토출압력 일정제어의 개념도

것으로 보아, 토출압력 일정제어를 하는 것이 시스템상 유리하기 때문이다. 토출압력 일정제어의 개념을 <그림 2-11>에 나타내었다.

② **예측 말단압력 일정제어**

예측 말단압력 일정제어는 관로손실이 실양정에 비해 큰 계통에 적용한다. 즉 관로가 긴 계통에서는 유량의 변화에 대해 관로손실이 크기 때문에 관로손실을 고려한 압력을 예측 말단압력으로 하여 말단압력을 일정하게 제어하는 것으로서, 토출압력 일정제어를 행한 경우와 비교하면 <그림 2-12>에 표시한 바와 같이 관로손실 저항 곡선상에서 연속적으로 운전되기 때문에 에너지 절약이 된다.

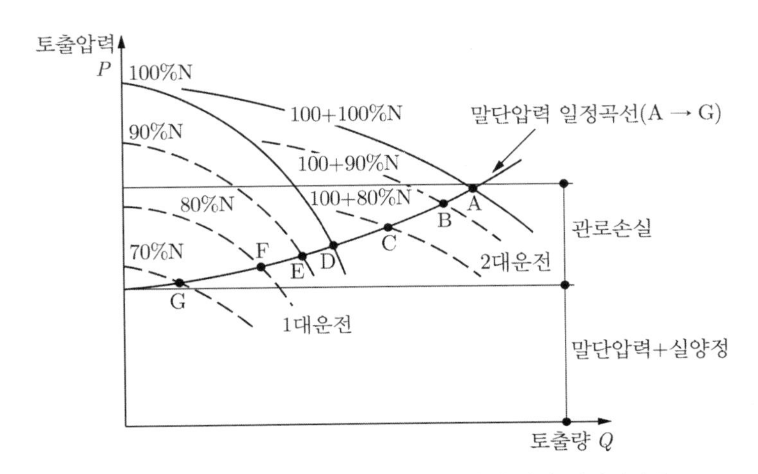

말단압력 일정제어도 : <그림 2-11>의 경우와 같이 토출량에 따라 말단압력이 일정한 곡선상을 G부터 A까지 변화한다.

〈그림 2-12〉 예측 말단압력 일정제어의 개념도

3) 장점

① 변속펌프로서 적절한 대수분할, 말단압력 제어 등에 의해 에너지 절약을 꾀할 수 있다.

② 변속펌프 방식에서는 비교적 압력변동이 적다.

4) 단점

① 부하설계와 기기의 선정이 적절하지 못하면 에너지 낭비가 크다.

② 제어가 복잡하다.

③ 저수조의 수질관리 및 청소가 필요하다.

(5) 각 급수방식의 비교

<표 2-10>에 각 급수방식의 특성을 비교하여 나타내었다.

〈표 2-10〉 각 급수방식 비교

방식 \ 구분	수도직결방식	고가수조방식	압력수조방식	펌프직송방식
수질오염 가능성	1	3	2	2
급수압력 변화	수도본관의 압력에 따라 변한다.	거의 일정하다.	압력수조 토출측에 압력조정 밸브를 설치하지 않는 한 수압변화가 크다.	거의 일정하다.
단수시 급수	불가능	지하저수조와 고가수조에 저장된 수량만큼은 사용할 수 있다.	지하저수조에 저장된 수량만큼은 사용할 수 있다.	좌동
정전시 급수	가능	고가수조에 저장된 수량만큼은 사용할 수 있다(비상 발전기를 설치한 경우는 정전에 무관하다).	비상발전기가 설치된 경우 이외에는 불가능하다.	좌동
기계실 면적	불필요	1	3	2
옥상탱크 면적	불필요	필요	불필요	좌동
설비 비용	1	3	2	3
유지관리	1	2	3	3

㈜ 숫자로 표시된 경우는 적은 숫자가 유리함을 뜻함

2 배관방식

(1) 상하향 급수배관방식

급수시스템의 배관방식에는 상향식과 하향식이 있다. 일반적으로 고가수조방식에서는 하향식, 펌프직송 및 압력수조 방식은 상향식이다. 상향식에서는 관내의 공기를 배출하기 위하여 관의 제일 윗부분에 공기빼기밸브 등을 설치한다.

1) 상향 급수배관방식

수도직결방식, 압력수조방식의 경우, 수평주관을 1층 바닥 밑 또는 지하층 천정에 설치하고, 수직관을 상승시켜 각 급수개소에 배관하는 방법이다. 또 공동주택은 각 동(棟)마다 급수탱크를 설치하지 않고 1개소에 고가수조를 설치하여, 급수관을 직하시켜 지중수평배관으로 각 동으로 상향 급수배관으로 하는 경우도 있다(<그림 2-13> 참조).

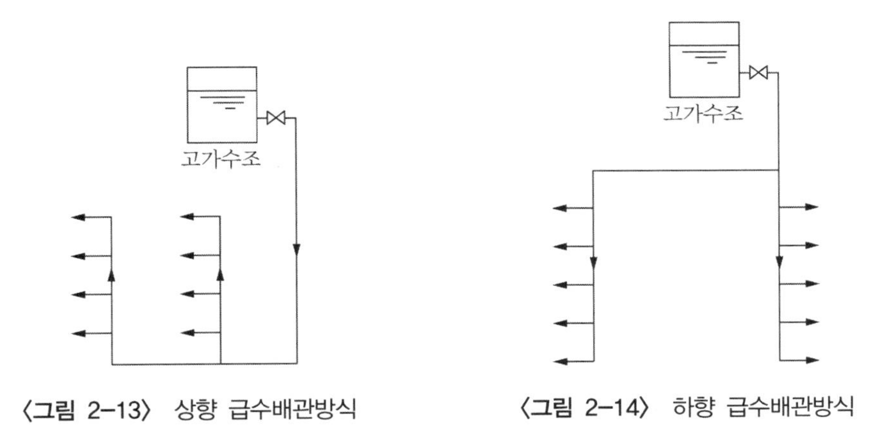

〈그림 2-13〉 상향 급수배관방식　　〈그림 2-14〉 하향 급수배관방식

2) 하향 급수배관방식

급수방식이 고가수조방식인 경우에 가장 많이 사용하는 방법이며, 옥상 또는 최상층 천정에 수평주관을 설치하고, 직하관으로 각 급수개소에 배관하는 방법이다(<그림 2-14> 참조).

3) 혼합 배관방식

지하층 또는 1, 2층(실제로는 수도 본관의 수압이 허용하는 높이까지)을 수도직결방식이나 상향배관으로 하고, 그 이상의 층은 고가수조에서 하향배관으로 한다. 이 방법은 에너지 절약적인 방법으로 널리 사용한다. 그러나 수도직결방식 부분에는 단수시에 대한 대책을 고려하여야 한다. 또 고가수조식인 경우, 최고층 수전과 고가수조와의 수직 거리가 짧은 경우, 최상층에만 압력수조식으로 급수하고, 그 외는 하향 급수배관으로 하는 경우도 있다.

(2) 주관의 공급방식

1) 트리방식

가장 일반적인 공급방식으로서 고가수조 방식의 경우는 급수주관을 최상층에서, 펌프직송방식에서는 최하층에서 전개하여 이 주관으로부터 수직관을 분기하고, 또한 수직관으로부터 각층의 지관을 분기하는 방식이다. 평면적으로 넓은 건물의 경우는 그 전개주관을 루프로 하는 경우가 있다.

2) 루프방식

평면적으로 넓은 건물이나 공동주택 등에서, 주관 혹은 각 층의 지관을 루프 형태로 배관하는 방식이다. 배관의 갱신시에 단수(斷水)를 가능한 한 적게 하는 경우나 체류에 의한 수질 악화를 피하는 경우 등에 채용하며, 루프배관방식이나 밸브 설치위치에 따라 여러 가지 방식이 있다. <그림 2-15>에 트리방식과 루프방식을 나타내었다.

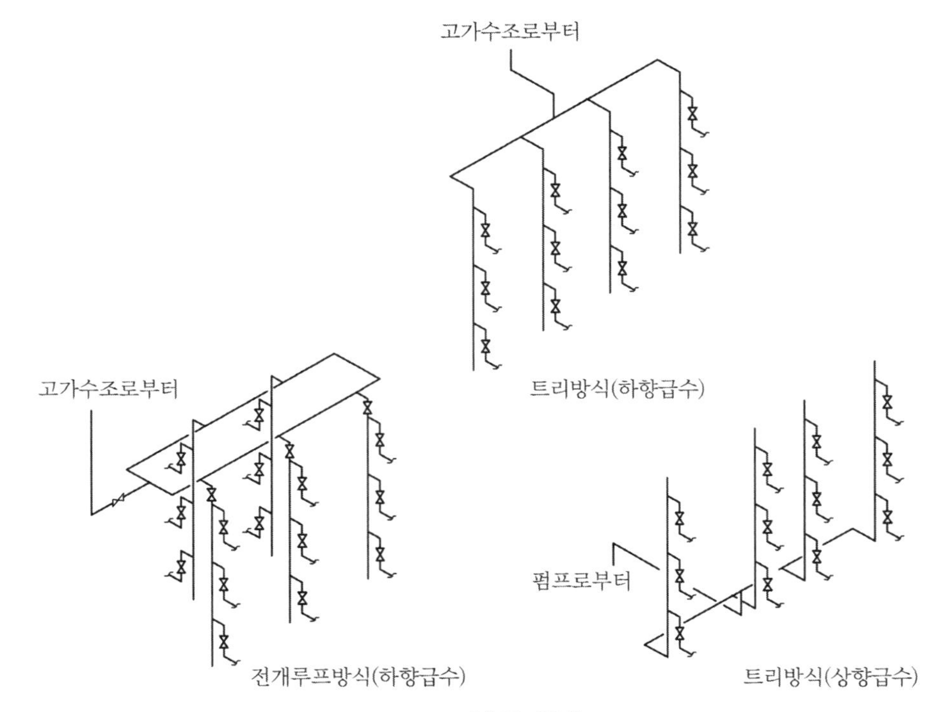

(a) 트리방식

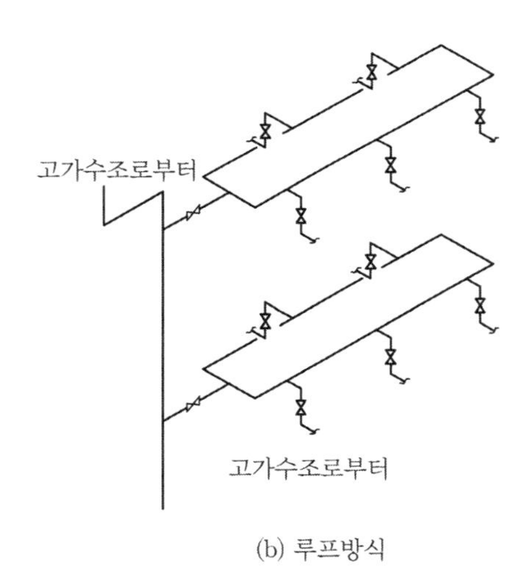

(b) 루프방식

〈그림 2-15〉 주관의 급수배관방식

(3) 지관의 배관방식

1) 헤더방식

헤더방식은 공동주택 등에 있어서 트리방식으로부터의 세대내의 지관을 분기한 곳에 헤더를 설치하고 그 헤더로부터 기구 등에 지관을 분기하는 방식으로서 각 기구로의 지관은 세대 내의 바닥 밑 또는 천정에 배관한다. 바닥 밑 배관 하는 경우는 이중관 공법을 많이 사용하며, 배관에는 통관하기 쉬운 수지관으로서 폴리부틸렌관을 널리 사용한다. 이 공법은 헤더 이후의 배관에 누수의 원인이 되는 이음을 사용하지 않고 배관 교체를 용이하게 할 수 있게 개발한 공법이다. <그림 2-16>에 헤더방식과 선분기 방식을 나타내었다 (<그림 3-16> 및 <그림 3-17> 참조).

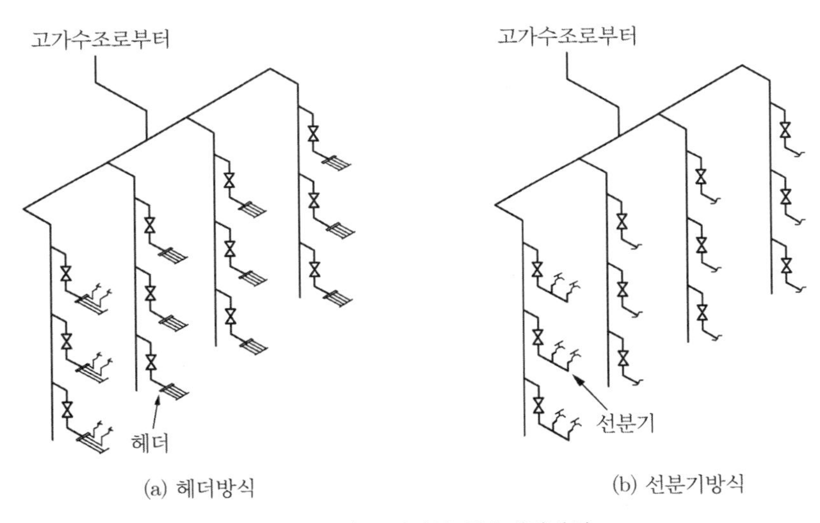

〈그림 2-16〉 지관의 급수배관방식

3 고층건물의 급수방식

고층건축물이란 건축법에서는 층수가 30층 이상이거나 높이가 120 m 이상인 건축물을 말한다. 또한 건축법 시행령 제 2조에서 초고층 건축물이란 층수가 50층 이상이거나 높이가 200 m 이상인 건축물을 그리고 준초고층 건축물이란 고층건축물 중 초고층 건축물이 아닌 것을 말한다.

그런데 이와 같은 고층건물의 급수계통을 중·저층에서와 같이 1계통으로 하면, 하층부에서의 급수압력은 과대하게 되어 급수전·기구 등의 사용에 지장을 가져오거나 소음, 워터 해머 등이 발생하거나 또는 급수전, 밸브 등의 부품 마모가 심해져 수명이 단축되기도 한다. 따라서 급수압력은 <표 2-8>에 나타낸 바와 같이 건물의 용도에 따른 최고압력을 넘지 않도록 하여야 하며, 이 압력 이상이 될 때는 중간수조나 감압밸브 등을 설치하여 급수압력을 조정해 주어야 한다. 이와 같이 급수계통을 2계통 이상으로 나누는 것을 조닝(zoning)이라고 한다.

고층 건물의 급수공급방식은 건물의 규모 및 층수에 따라 고가수조식, 펌프직송식 또는 고가수조식과 펌프직송식의 겸용 방식이 있다. 급수공급방식 결정시 제일 중요한 요소는 급수의 안정적인 공급이다. 급수압력의 안정적인 면에서는 고가수조에 의한 방식이 유리하나, 최근에는 고가수조로 인한 구조적인 보강과 큰 공간을 필요로 하지 않기 때문에 건축계획상의 제약이 없고 미관상에도 유리한 펌프직송방식을 적용하는 경우가 점차 증가하고 있다.

(1) 고가수조방식에서의 조닝

고가수조를 설치하는 경우의 조닝 방법에는 다음의 3가지 방법이 있다.

① 중간수조를 설치하는 방법
② 감압밸브를 설치하는 방법
③ 중간수조와 감압밸브를 병용하는 방법

고가수조를 설치하는 경우의 각 조닝 방법의 특징을 <표 2-11>에 그리고 조닝 예를 <그림 2-17>에 나타내었다.

1) 중간수조를 설치하는 방법

중간수조를 이용하는 방식이 가장 일반적인 방식이다. 양수펌프는 각 존마다 설치하는 것이 일반적이다. 이 방식은 중력식이기 때문에 수압변동이 없고 설비비도 그다지 높지 않지만 중간수조의 설치공간을 필요로 하고, 이에 따른 설치장소의 구조적 보강이 필요하다. 또한 최고 존에 대한 양수펌프의 양정이 특히 높아지기 때문에 펌프정지시 워터 해머 발생에 대한 방지대책을 고려할 필요가 있다.

① 세퍼레이트 방식

적절한 급수압력으로 공급할 수 있게 건물 내에 존을 나눈 후, 각 존마다 수조를 설치하여 급수하는 방법으로서 일반적으로 많이 사용한다. 수조설치 면적이 존마다 필요하며 구조적인 검토가 필요하지만, 건물 상층부의 하중을 감소시키는 장점이 있다.

② 부스터 방식

각 존마다 수조를 설치하는 것은 세퍼레이트 방식과 동일하지만, 양수펌프를 각 존마다 설치한다. 저압펌프를 사용하는 측면에서는 이점이 있으나, 중간수조는 상층부의 수량도 포함하여야 하기 때문에 그 용량이 과대해지는 단점이 있다.

③ 스필백 방식

스필백 방식은 최상층에 설치하는 고가수조의 용량이 커져 건축구조상의 보강이 필요하고, 양수에 따른 동력비가 증가하며, 양수펌프에 고장이 생기면 건물 전체의 급수를 중단하는 단점이 있다.

〈표 2-11〉 각 조닝 방식의 특징

	중간수조방식	감압밸브방식	중간수조, 감압밸브 병용방식
장 점	• 수압이 일정하다. • 감압밸브 방식에 비해 에너지 절약을 꾀할 수 있다.	• 수조, 펌프 등을 필요로 하지 않으며, 스페이스, 설비비를 줄일 수 있다. • 각 층 감압밸브방식에서 정밀하게 조닝할 수 있다.	• 정밀한 조닝에 대처할 수 있다. • 감압밸브가 고장나도 최고사용 압력을 억제할 수 있다.
단 점	• 중간수조실, 양수펌프 등이 필요하다. • 정밀한 조닝은 곤란하다.	• 감압밸브가 고장나면 높은 수압이 기구에 직접 작용한다. • 감압밸브의 관리가 필요하다.	• 감압밸브의 관리가 필요하다.
적용 건물 및 방식	• 사무실, 호텔 등의 일반 건물에 많다. • 세퍼레이트 방식이 일반적이다.	• 사무실 등의 일반 건물에서는 주관 감압밸브방식이 일반적이다. • 아파트에서는 각 세대 감압밸브 방식도 사용된다.	• 아파트 등에 많다.

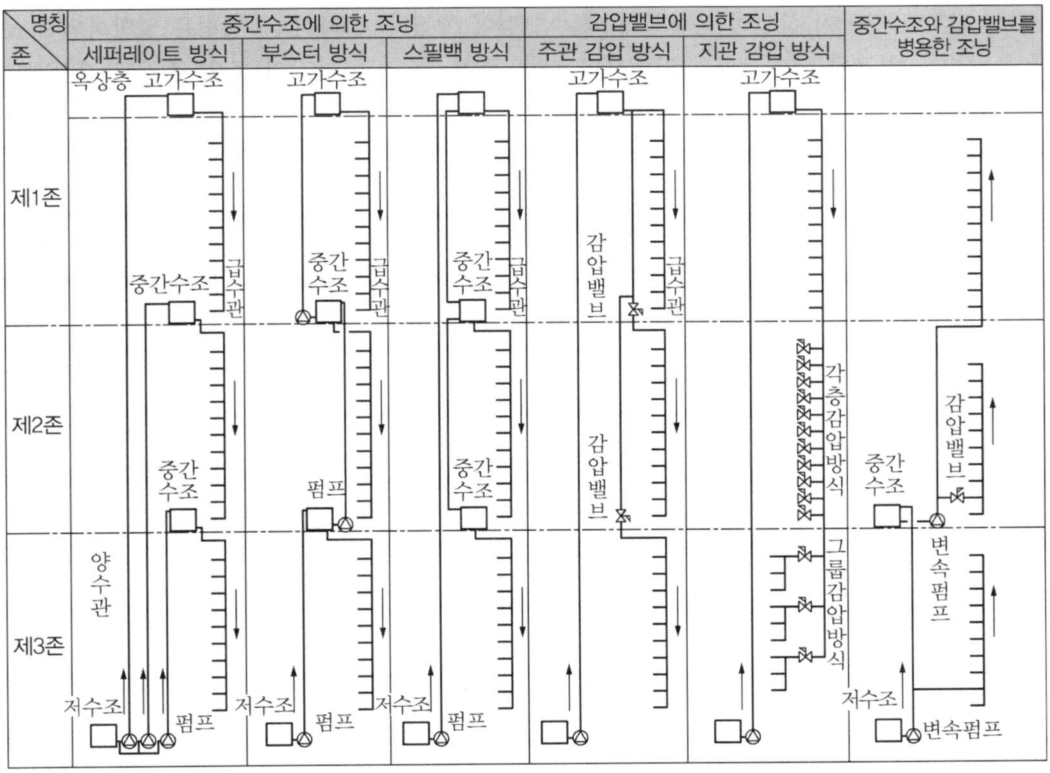

〈그림 2-17〉 초고층 건물의 급수 조닝 예

2) 감압밸브를 설치하는 방법

① **감압밸브를 이용한 조닝**

건물의 상층 존은 감압을 하지 않고 그대로 급수하고 하층 존은 감압밸브에 의해 감압시킨 급수압력으로 급수하는 방식이다. 감압 밸브는 <그림 2-17>과 같이 주관 또는 분기관에 설치하는 등 여러 가지 방법이 있다. 이 방식은 중간수조를 설치하지 않기 때문에 설비비는 중간수조를 설치하는 경우보다 저렴하지만, 고가수조 용량은 건물 전체의 급수부하를 담당하여야 하기 때문에 훨씬 더 커지고, 중량도 증가하기 때문에 건물의 구조적 문제를 고려할 필요가 있다. 또한 급수주관에 설치하는 감압밸브는 고장을 고려하여 예비밸브와 병렬로 설치한다.

감압밸브를 설치하는 방식은 고층 건물 내 과도한 수압이 걸리는 곳의 모든 지관에 감압밸브를 설치하는 각층 감압방식이 가장 초기의 방법이었으나, 이것은 많은 수의 감압밸브를 설치하여야 하는 단점이 있다. 이 경우 유지관리상 번거로움이 따르며, 과도한 밸브의 비용과 유지관리를 위한 추가 비용이 단점이 되었다. 그래서 감압밸브의 필요수량을 줄이기 위한 방법으로서 각각의 지관에 하나의 감압밸브로서 3개 층을 담당하는 그룹 감압방식이 출현하게 되었다. 그러나 이 방식은 감압밸브의 개수는 2/3 정도로 감소되지만 지관이 상당히 복잡하게 되는 단점이 생겼다. 따라서 이 방법은 일반화되지 못하였다. 최근에 들어서는 감압밸브의 수를 줄일 수 있는 각각의 존의 주관에 감압밸브를 설치하는 주관 감압 방식이 도입되어 적용되고 있다.

② **감압밸브 설계시 유의사항**

감압밸브를 사용하는 경우에는 감압밸브의 최소조정가능유량이 정격유량의 5% 정도의 것을 선택한다. 그리고 <그림 2-18>에 점선으로 나타낸 바와 같은 바이패스 감압밸브와 바이패스 배관을 설치하는 것이 좋으며, 이 경우, 바이패스 감압밸브의 용량은 주 감압밸브의 20%로 한다. 또한 주 감압밸브보다도 빨리 작동하도록 바이패스 감압밸브의 저압측 설정 압력은 주 감압밸브의 저압측 설정압력보다 15~30 kPa 정도 높게 설정한다. 또한 감압밸브의 고압측과 저압측의 압력차가 상당히 큰 경우에는 감압밸브의 밸브 시트에 캐비테이션이 발생하지 않도록 <그림 2-18>(b)에 나타낸 바와 같이 2단 감압할 필요가 있다. 상온의 맑은 물에서 식 (2-18)의 캐비테이션 계수 K의 값이 0.5 이하인 경우에는 2단 감압할 필요가 있다.

$$K = \frac{P_2 + 101.3}{P_1 - P_2} \quad \cdots\cdots (2-18)$$

여기서, K : 캐비테이션 계수

P_1 : 감압밸브의 고압측 압력, kPa

P_2 : 감압밸브의 저압측 압력, kPa

101.3 : 대기압, kPa

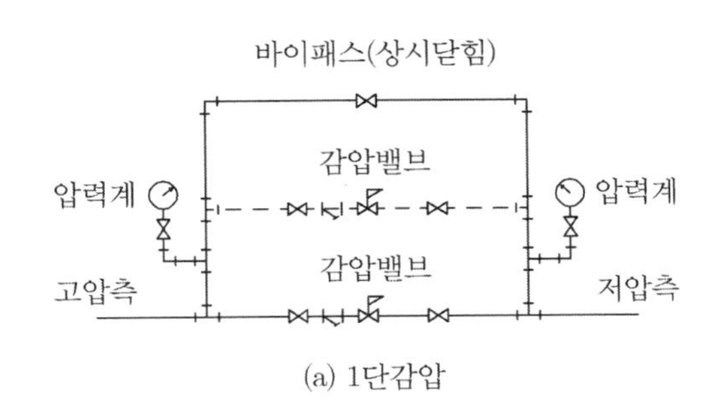

(a) 1단감압

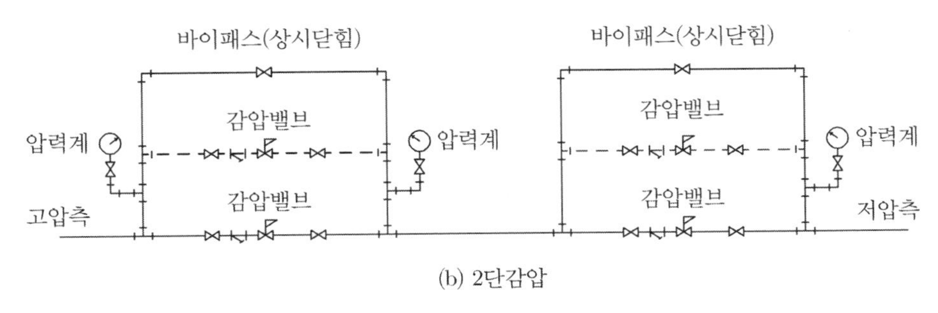

(b) 2단감압

〈그림 2-18〉 감압밸브 주위 배관

2단 감압하는 경우의 중간압력은, 고압측 압력, 중간압력 및 저압측 압력을 각각 P_1, P_2 및 P_3 그리고 고압측 감압밸브 및 저압측 감압밸브의 캐비테이션 계수를 같다고 하면 중간 압력 P_2는 다음과 같이 구할 수 있다.

$$P_2 = 0.5\sqrt{41,047 + 4(P_3 P_1 + 101.3P_1 + 101.3P_3)} - 101.3 \quad \cdots\cdots (2-19)$$

1단 감압의 감압밸브는 다이아프램의 파열 등의 고장시에 주밸브가 열리는 구조의 것을, 2단 감압의 경우 고압측 감압밸브는 고장시에 열리고, 저압측 감압밸브는 고장시에 닫히는 것을 사용하면 좋다.

(2) 펌프직송방식에서의 조닝

펌프직송방식을 이용하는 경우의 조닝 방법을 <그림 2-19>에 나타내었다. 펌프직송방식에 의한 조닝의 경우, 신뢰성과 안정적인 급수압력의 유지가 가능하지만, 정전 및 고장시에 대비할 수 있는 비상전원과 예비시설을 구비하여야 한다. 그림 중 펌프분리방식은 펌프와 배관을 분리하고 고압 및 저압펌프를 사용하여 존 별로 적정 수압을 유지하는 방식으로서 펌프동력을 줄일 수 있으나 설비비 측면에서 불리한 방식이다. 주관 감압밸브방식은 1대의 고압 펌프를 설치하고 저층부는 감압밸브를 설치하는 방식으로서 설비비는 절감할 수 있으나 에너지 절약과 동력비와 같은 운전비 측면에서 불리한 방식이다.

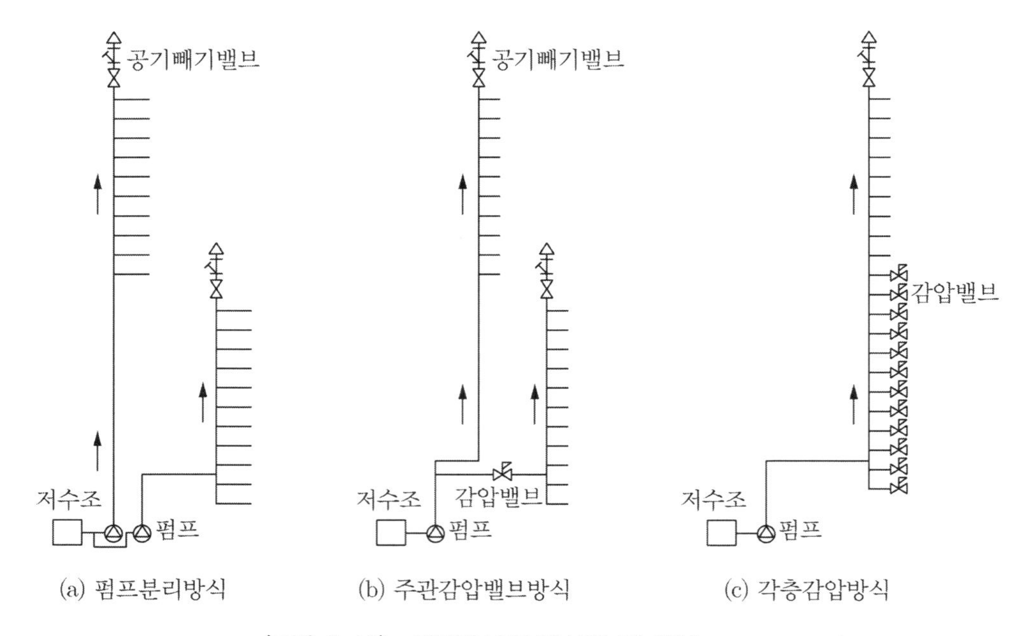

〈그림 2-19〉 펌프직송방식에서의 조닝방법

<표 2-12> 및 <표 2-13>에는 국내 (초)고층 건물의 급수설비의 설계개요를 비교하여 나타내었다.

〈표 2-12〉 국내 (초)고층 건물의 급수설비 설계 사례 비교(1)※

구분		LG TWINS 빌딩	한국종합무역센터 사무동	쌍용증권사옥
위치		서울시 영등포구 여의도동	서울시 강남구 삼성동	서울시 영등포구 여의도동
규모		지하 3층~지상 34층, 2개동	지하 2층~지상 54층	지하 7층~지상 30층
층고	지상층	135 m	226 m	132 m
	지하층	16 m	10 m	26 m
	기준층	3.84 m	3.8 m	4 m
건설기간		83.4~87.6	85.3~88.8	90~93
설계	외국	미국, SOM	일본, (주)NIKENEN SEKKEI	미국, BI
	건축	(주)창조종합건축사사무소	(주)정림건축, (주)원도시건축연구소	(주)원도시건축연구소
	설비	(주)한일 M.E.C	(주)한일 M.E.C	(주)한일 M.E.C
주용도		업무시설	업무시설	업무시설
연면적		157,835 m² (≒48,000 평)	104,093 m² (≒32,000 평)	70,000 m² (≒22,000 평)
급수방식	정수	고가수조(분리수조)식 (말단감압밸브 사용)	고가수조(분리수조)식	고가수조(분리수조)식
	시수	고가수조(분리수조)식 (말단감압밸브 사용)	고가수조(분리수조)식	펌프직송식 (300 LPM ×3대 ×184 m)
저수조	시수조	500 ton	440 ton	700 ton
	정수조	4,400 ton	2,800 ton	1,300 ton
배관재질 및 밸브사용구분		• 급수관 시수－배관용스테인리스강관(KSD3576, SCH40S) 정수－동관(KSD5301), 80φ 이하 압력배관용탄소강관(KSD3562, SCH#40), 100φ 이하 • 10 kg/cm² 이하 밸브류 : 청동제 나사식(50φ 이하), 주철제 플랜지식(65φ 이상) • 10 kg/cm² 이상 밸브류 : 주강제 플랜지식	• 급수관 수도용아연도금강관(KSD3507) －저압부 아연도금압력배관용탄소강관(KSD3562, SCH#40)－고압부 • 10 kg/cm² 이하 밸브류 : 청동제 나사식(50φ 이하), 주철제 플랜지식(65φ 이상) • 10 kg/cm² 이상 밸브류 : 주강제 플랜지식	• 급수관 동관(L TYPE)(KSD5301) • 10 kg/cm² 이하 밸브류 : 청동제 나사식(50φ 이하), 주철제 플랜지식(65φ 이상) • 10 kg/cm² 이상 밸브류 : 주강제 플랜지식
고가수조 용량 산정방법		위생기구수에 의한 방법	위생기구수에 의한 방법	유효면적에 의한 방법
수조의 재질	저수조	콘크리트	콘크리트	콘크리트
	고가수조	스테인리스	스테인리스	스테인리스

급수 공급 구역별 개요

LG TWINS 빌딩 (1개동)

구역	수조위치(F)	공급구역(F)	공급층수	공급방식	용량(m³) 시수	용량(m³) 정수	공급방향
1	18	B3~12	11	고가수조	40	40	↓
2	32	13~27	14	고가수조	20	40	↓
3	32	28~옥탑	6	가압펌프	－	－	↑↓

한국종합무역센터 사무동

구역	수조위치(F)	공급구역(F)	공급층수	공급방식	용량(m³) 시수	용량(m³) 정수	공급방향
1	11	B2~9	11	고가수조	30	50	↓
2	22	10~20	10	고가수조	30	50	↓
3	35	21~33	12	고가수조	30	50	↓
4	44	34~42	12	고가수조	30	50	↓
5	53	43~50	7	고가수조	30	50	↓
6	53	51~54	3	가압펌프	－	－	↑↓

쌍용증권사옥

구역		수조위치(F)	공급구역(F)	공급층수	공급방식	용량(m³)	공급방향
정수조	1	6	B7~3	10	고가수조	70	↓
	2	22	4~19	15	고가수조	70	↓
	3	30	20~27	8	고가수조	40	↓
	4	30	28~30	3	가압펌프	－	↓
시수조	1	B7	B7~3	10	펌프직송	－	↑
	2	B7	4~16	12	펌프직송	－	↑
	3	B7	17~30	13	펌프직송	－	↑

※ 공기조화냉동공학회지(Vol.24, No.5, pp.542-543, 1995)

〈표 2-13〉 국내 (초)고층 건물의 급수설비 설계 사례 비교(2)

건물명		송도 G-Tower	청라 더샵 레이크 파크	동북아트레이드 타워
일반개요				
위치		인천시 연수구	인천시 서구	인천시 연수구
연면적		85,942 m^2	154,773 m^2	280,727 m^2
규모		지하 2층, 지상 33층	지하 1층, 지상 58층	지하 3층, 지상 68층
용도		업무시설(사무소, 전망대)	주거시설(아파트 4개동)	복합시설(사무소, 호텔, 전망대)
최고높이		146 m	190 m	305 m
설계년도		2010년	2009년	2006년
준공년도		2013년	2013년	2014년
설계	건축	해안건축	희림건축	KPF(미국), 희림(한국)
	설비	삼신설계	삼신설계	삼신설계
시공		대우건설	포스코건설	대우건설, 포스코건설
급수설비				
급수방식		부스터 펌프에 의한 상향공급 방식	부스터 펌프에 의한 상향공급 방식	업무시설 : 고가수조에 의한 하향 공급 방식 호텔 : 부스터 펌프에 의한 상향 공급 방식
공급압력		70~500 kPa(말단은 감압밸브로 350 kPa 이내로 공급)	200 kPa(세대별 감압밸브 적용)	업무 : 70~500 kPa 호텔 : 70~300 kPa
급수원		시수 : 세면기, 주방 등 중수 : 양변기 우수 : 조경용수	시수 : 음용, 세면, 주방 등	시수 : 세면기, 주방, 비데 등 중수 : 업무시설 양변기
급수량 산정방법		인원수 및 기구수에 의한 방법으로 급수량 산정 후 평균값으로 급수량 선정	기구수에 의한 방법	기구수에 의한 방법
저수조	용량	시수조(B2F) 590톤(1일분) 중간시수조(16F) 190톤 중수조(B2F) 370톤 중간중수조(16F) 100톤 우수조(B2F) 320톤	시수조(B1F) 1,500톤(1일분) 중간시수조(30F) 33톤×4대 (각 동에 1대씩 설치)	시수조(B3F) 600톤(1/2일분) 중수조(B3F) 350톤 중간시수조(34F) 140톤
	재질	시수조, 중수조 : PDF 우수조 : 콘크리트	시수조 : 스테인리스	시수조 : SMC 중수조 : 콘크리트
조닝		• 지하수조(B2)에서 지하2~13층으로 부스터 펌프로 상향공급 • 중간수조(16F)에서 14~33층으로 부스터 펌프로 상향공급	• 지하수조(B1)에서 지하1층~15층, 16~30층으로 부스터 펌프로 상향공급 • 중간수조(30F)에서 31~44층, 45~58층으로 부스터 펌프로 상향공급	• B3층 시수조에서 34층 중간시수조로 양수하여 지하3층~13층, 14~25층으로 중력식으로 하향공급, 26~33층으로 부스터 펌프로 하향공급 • 중간시수조(34F)에서 34~37층, 38~50층, 51~60층, 61~68층으로 부스터 펌프로 상향공급

2.6 각종 기기 및 기기의 용량 결정

1 저수조

저수조(貯水槽)에 관한 법규는 과거 건축법 제58조(1999.2.8 삭제)에서 비상시를 대비한 건축설비로서 비상급수시설(지하저수조 또는 지하양수시설)을 설치하도록 규정하고 있었으며, 또한 시행령 제91조(1994.4.30 삭제)에서는 "연면적이 5,000 m^2 이상인 건축물은 비상급수설비를 설치하여야 한다."는 의무화 규정이 있었으나, 현재 이들 의무화 규정은 삭제되었다. 그러나 공동주택의 경우는 주택건설기준 등에 관한 규정 제35조에서 비상용수를 공급할 수 있는 지하양수시설 또는 지하저수조의 설치를 규정하고 있다.

저수조 본래의 목적은 배수관(配水管)의 수압이 불충분하고 높은 곳으로의 급수 혹은 일시에 다량의 물을 사용하는 곳으로의 급수 및 단수를 피하기 위하여 설치한다. 즉, 배수관 혹은 우물(井水) 등의 공급수원으로부터 일단 물을 저수하기 위하여 설치하는 것이다. 따라서 공동주택을 제외하고는 비상급수시설로서의 의무화 규정은 없어졌지만, 현재도 저수조를 설치하는 기존의 방식대로 설계 시공하고 있다. 그러나 저수조에서는 각종 요인에 의해 수질이 나빠지기 때문에 설계시공시에 수질유지에 관한 고려가 필요하다. 저수조의 설치기준은 수도법 시행규칙 제9조에 다음과 같이 규정하고 있다.

① 저수조의 맨홀부분은 건축물(천정 및 보 등)로부터 100 cm 이상 떨어져야 하며, 그 밖의 부분은 60 cm 이상의 간격을 띄울 것
② 물의 유출구는 유입구의 반대편 밑부분에 설치하되, 바닥의 침전물이 유출되지 않도록 저수조의 바닥에서 띄워서 설치하고, 물 칸막이 등을 설치하여 저수조 안의 물이 고이지 않도록 할 것
③ 각 변의 길이가 90 cm 이상인 사각형 맨홀 또는 지름이 90 cm 이상인 원형 맨홀을 1개 이상 설치하여 청소를 위한 사람이나 장비의 출입이 원활하도록 하여야 하고, 맨홀을 통하여 먼지나 그 밖의 이물질이 들어가지 않도록 할 것. 단, 5m^3 이하의 소규모 저수조의 맨홀은 각 변 또는 지름을 60 cm 이상으로 할 수 있다.
④ 침전찌꺼기의 배출구를 저수조의 맨 밑부분에 설치하고, 저수조의 바닥은 배출구를 향하여 100분의 1 이상의 경사를 두어 설치하는 등 배출이 쉬운 구조로 할 것
⑤ 5 m^3를 초과하는 저수조는 청소·위생점검 및 보수 등 유지관리를 위하여 1개의 저수조를 둘 이상의 부분으로 구획하거나 저수조를 2개 이상 설치하여야 하며, 1개의 저수조를 둘 이상의 부분으로 구획할 경우에는 한쪽의 물을 비웠을 때 수압에 견딜 수 있는 구조일 것
⑥ 저수조의 물이 일정 수준 이상 넘거나 일정 수준 이하로 줄어들 때 울리는 경보장치를

설치하고, 그 수신기는 관리실에 설치할 것

⑦ 건축물 또는 시설 외부의 땅밑에 저수조를 설치하는 경우에는 분뇨·쓰레기 등의 유해물질로부터 5 m 이상 띄워서 설치하여야 하며, 맨홀 주위에 다른 사람이 함부로 접근하지 못하도록 장치할 것. 단, 부득이하게 저수조를 유해물질로부터 5 m 이상 띄워서 설치하지 못하는 경우에는 저수조의 주위에 차단벽을 설치하여야 한다.

⑧ 저수조 및 저수조에 설치하는 사다리, 버팀대, 물과 접촉하는 접합부속 등의 재질은 섬유보강플라스틱·스테인리스스틸·콘크리트 등의 내식성(耐蝕性) 재료를 사용하여야 하며, 콘크리트 저수조는 수질에 영향을 미치지 않는 재질로 마감할 것

⑨ 저수조의 공기정화를 위한 통기관과 물의 수위조절을 위한 월류관(越流管)을 설치하고, 관에는 벌레 등 오염물질이 들어가지 아니하도록 녹이 슬지 않는 재질의 세목(細木) 스크린을 설치할 것

⑩ 저수조의 유입배관에는 단수 후 통수과정에서 들어간 오수나 이물질이 저수조로 들어가는 것을 방지하기 위하여 배수용(排水用) 밸브를 설치할 것

⑪ 저수조를 설치하는 곳은 분진 등으로 인한 2차 오염을 방지하기 위하여 암·석면을 제외한 다른 적절한 자재를 사용할 것

⑫ 저수조 내부의 높이는 최소 180 cm 이상으로 할 것. 단, 옥상에 설치한 저수조는 제외한다.

⑬ 저수조의 뚜껑은 잠금장치를 하여야 하고, 출입구 부분은 이물질이 들어가지 않는 구조여야 하며, 측면에 출입구를 설치할 경우에는 점검 및 유지관리가 쉽도록 안전발판을 설치할 것

⑭ 소화용수가 저수조에 역류되는 것을 방지하기 위한 역류방지장치가 설치되어야 한다.

앞에서도 언급한 바와 같이 저수조의 설치목적이 다량의 급수수요 및 단수에 대해 대처하기 위하여 설치하지만, 이를 위하여 저수조 용량을 과대하게 하면, 수질의 악화라는 위생성의 문제가 발생한다. 따라서 저수조의 크기는 본래의 설치목적을 위배하지 않으면서도 양호한 수질을 유지할 수 있는 크기로 설치하여야 한다. 저수조의 유효용량은 수원의 공급능력과 사용수량의 관계에 따라 결정한다.

고가수조 방식의 경우는 수원공급능력과 양수량의 관계에 의해, 그리고 펌프직송 방식의 경우는 수원공급 능력과 급수펌프 유량의 관계에 의해 결정된다. 고가수조 방식인 경우, 다음과 같이 구할 수 있다.

$$V_s \geq (Q_{pu} - Q_s)T_1 + Q_s T_2 + V_F \quad \cdots\cdots (2-20)$$

여기서, V_s : 저수조 유효용량, L

Q_{pu} : 양수펌프의 양수량, L/min

Q_s : 인입관의 유량, L/min

T_1 : 양수펌프의 최장연속 운전시간, min

T_2 : 인입관의 최단연속 급수시간, min

V_F : 소화용수량(필요에 따라 고려), L

Q_s는 시간평균예상급수량 정도로 하는 것이 바람직하지만, 수도본관으로부터 인입하는 경우, 수도본관의 수압에 의해 인입수량이 변화하여 정확한 Q_s값을 추측하는 것은 어렵다. 따라서 저수조 유효용량은 일반적으로 1일 예상급수량의 $\frac{1}{2}$ 정도로 한다.

저수조는 급수설비 중에서 물이 가장 오염되기 쉬운 곳이다.

그런데 저수조의 용량을 크게 하는 경우는 탱크 내에 사수(死水)가 일어나지 않도록 필요에 따라 우회로를 두는 등의 고려를 해야 하며(<그림 2-20> 참조), 특히 잔류염소의 확보를 위해 급수펌프와 연동하는 염소 멸균장치를 설치하여 염소제를 주입한다. 즉, 저수조의 주된 용도가 음용수인 경우, 수질오염의 원인이 될 수 있는 것은 피하며, 수질을 유지하는데 충분한 관리를 하는 것이 중요하다. 탱크의 구조에 있어서도 청소를 위해 집수 피트 및 구배를 두며, 또한 오버플로관, 통기관(방충망 부착) 등을 소정의 위치에 설치한다. 또한 청소를 위해 탱크를 복식(2기)으로 하는 등의 조치가 필요하다(<그림 2-22> 참조). <그림 2-21>에는 저수조의 설치조건 및 접속배관 예를, 그리고 <그림 2-22>는 저수조(판넬형)의 예를 나타낸 것이다.

또한 오배수관이나 어떤 다른 오염원 아래에 음용수용 수조의 맨홀이 위치하지 않도록 하여야 한다.

저수조의 재질로는 강판, 스테인리스, 스테인리스 피복, FRP, SMC(Sheet Molding Compound), PDF(Polyethylene Double Frame), 목제(木製), 콘크리트제 등을 사용한다. 저수조 이외의 명칭으로는 급수탱크, 수수조(受水槽), 저수탱크 등이 있다.

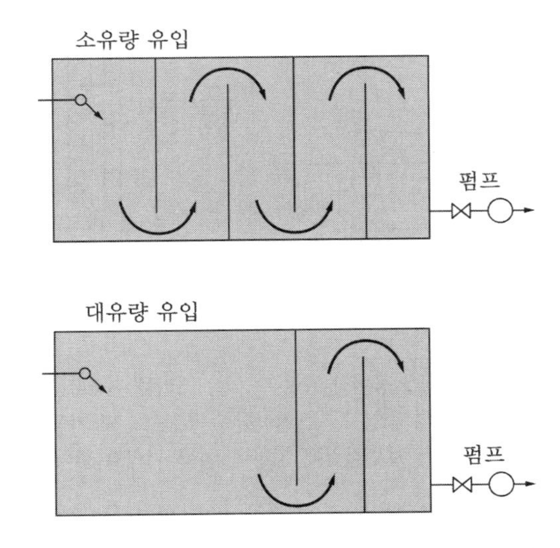

〈그림 2-20〉 음용수용 수조 등에 설치하는 격벽의 예

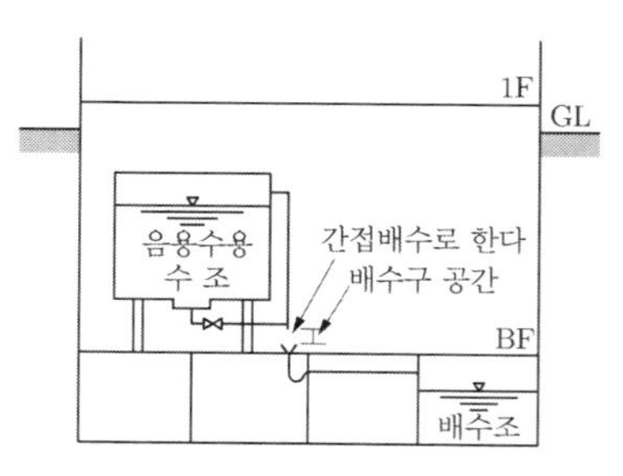

① 건물 내에 설치한 경우(그림 b 참조)

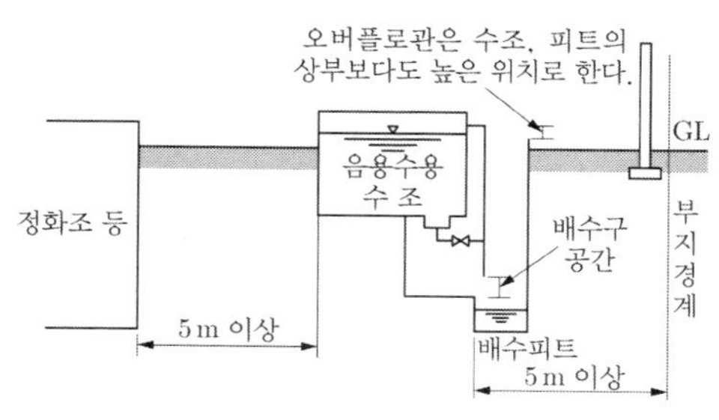

③ 옥외의 땅속에 설치한 경우로서 정화조 등이나 부지경계로부터 5 m 이상 떨어져 있는 경우

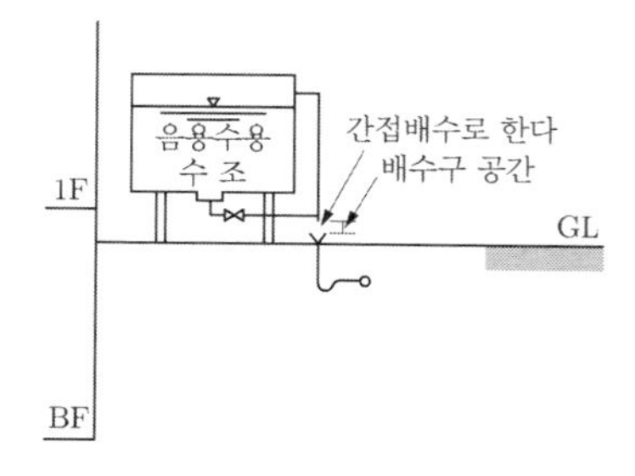

② 옥외의 지상에 설치한 경우

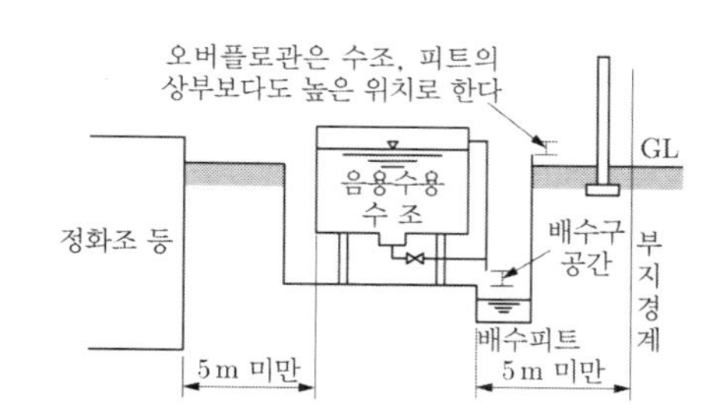

④ 옥외의 땅속에 설치한 경우로서, 정화조나 부지경계로부터 5 m 미만인 경우

(a) 음용수용 수조의 구조 및 설치방법

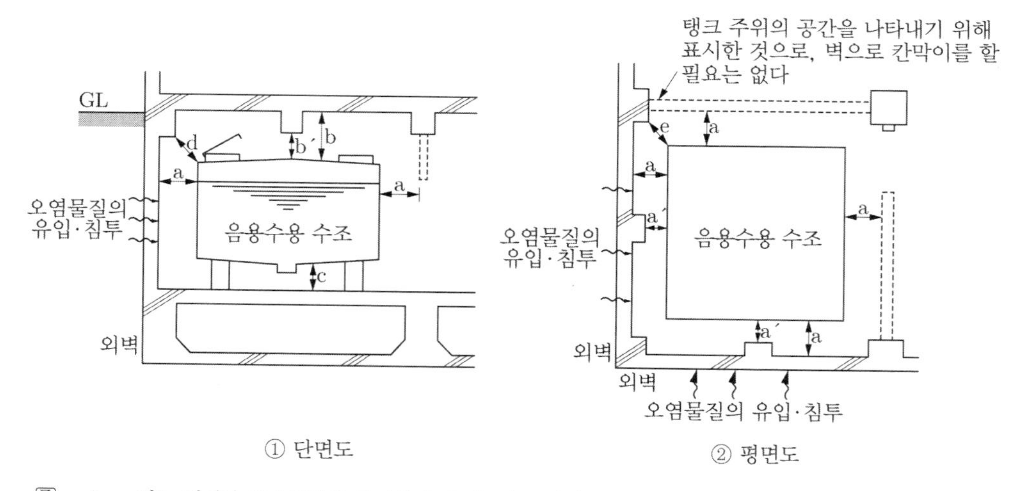

① 단면도

② 평면도

㈜ a, b, c 어느 것이나 보수점검을 용이하게 할 수 있는 거리를 취한다(표준으로는 a, c ≧ 60 cm, b ≧ 100 cm, a′, b′≧45 cm). 또한 맨홀의 출입시 지장을 줄 수 있는 보 및 기둥 등이 있는 위치에 탱크를 설치하여서는 안 되며, a, b, c, d, e는 보수점검에 지장이 없는 거리로 한다.

(b) 음용수용 수조를 건물 내에 설치하는 경우의 요건

〈그림 2-21〉 음용수용 수조의 구조 및 설치방법

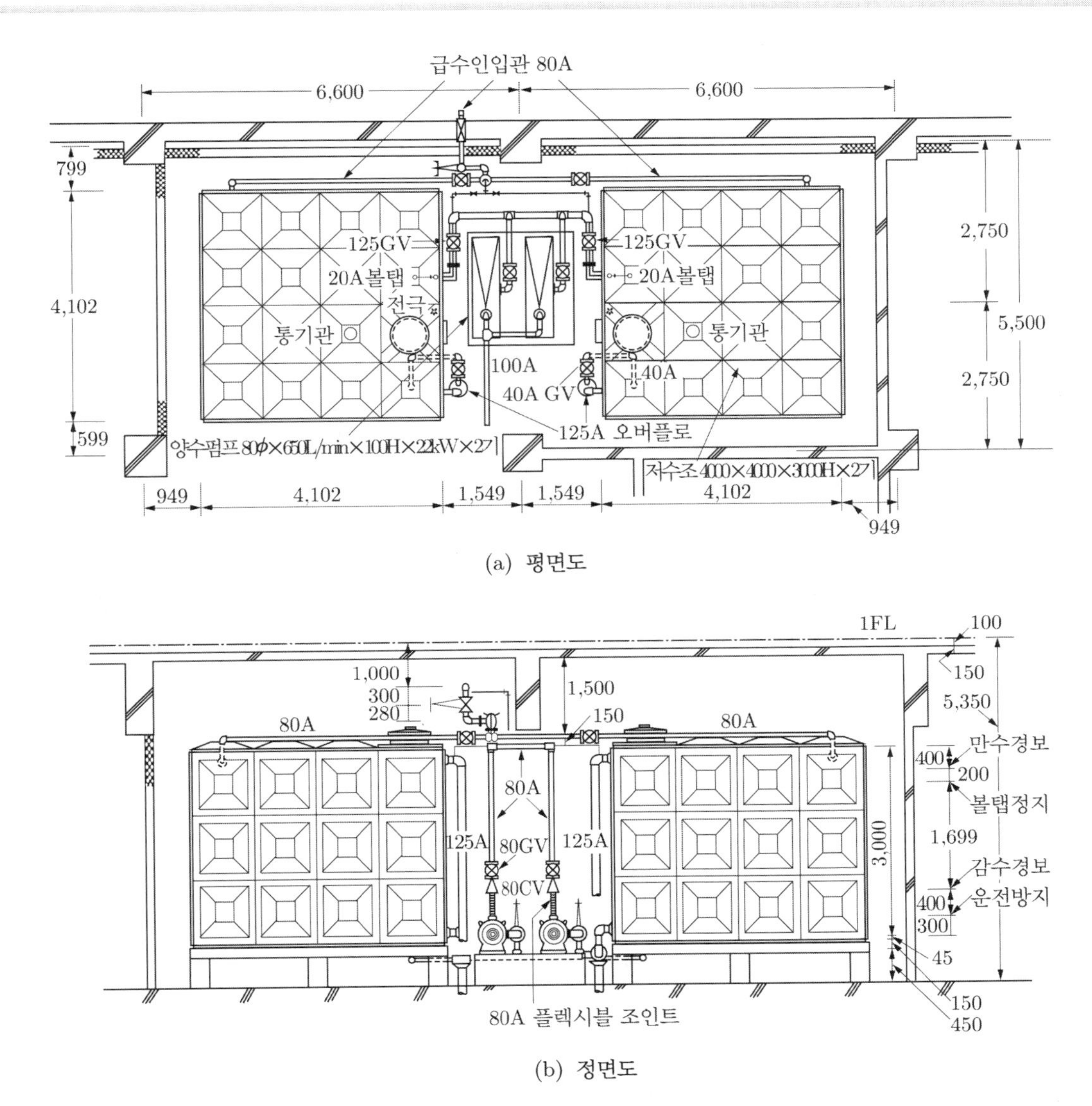

〈그림 2-22〉 저수조 설치 예

2 고가수조 및 양수펌프

(1) 고가수조

고가수조 급수방식(중력급수방식)에서 필요압력을 항상 일정하게 유지하기 위하여 건물의 옥상, 고가대(高架臺) 위에 설치하는 탱크를 일반적으로 고가수조라고 한다. 고가수조의 용량은 양수펌프의 양수량과 상호관계가 있으며, 고가수조의 설치조건에 따라 좌우되는 경우가 많다. 고가수조의 용량은 다음과 같이 구할 수 있다.

$$V_e = (Q_p - Q_{pu}) \times T_p + Q_{pu} \times T_{pr} \quad \cdots\cdots (2-21)$$

여기서, V_e : 고가수조 용량, L

Q_p : 순간최대 급수량, L/min

Q_{pu} : 양수펌프 양수량, L/min

T_p : 피크시의 계속시간(통상 30 min), min

T_{pr} : 양수펌프의 최단운전시간, min

전동기 출력	최단운전시간
7.5 kW 이하	6분 이상
11~22 kW	10분 이상
30~75 kW	15분 이상

따라서 양수펌프의 양수량을 크게 하면 고가수조의 용량은 작게 되며, 그 반대도 성립한다. <그림 2-23>은 고가수조의 용량, 즉, 식 (2-21)의 이해를 위해 나타낸 것이다. 그러나 고가수조의 용량은 1일사용수량에서 시간평균 사용수량(1시간분) 정도로 하는 것이 일반적이다.

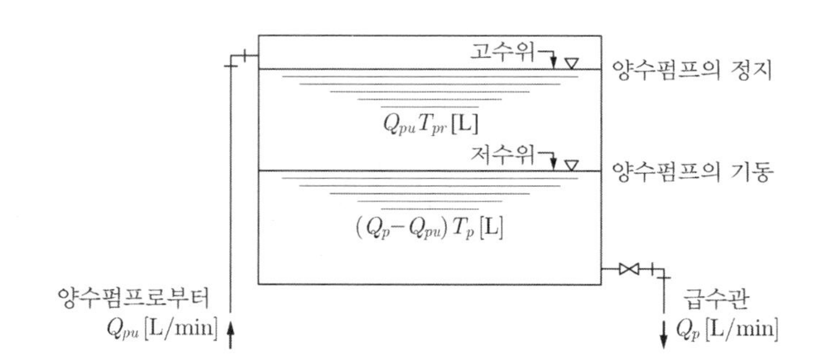

〈그림 2-23〉 고가수조의 용량

고가수조의 재질로는 강판, 스테인리스, FRP, 목제(木製) 등을 사용하며, 저수조와 같이 고가수조도 정기적인 청소를 위해 중간에 칸막이를 설치하거나 2기로 만들어 설치할 필요가 있다. 탱크에 구비해야 할 것으로는 양수관, 급수관, 오버플로관, 배수(드레인)관, 통기관 및 전극봉(수위조절용) 등의 접속구를 설치하며, 점검구를 둔다. <그림 2-24>는 고가수조를 나타낸 것이다. 고가수조 이외의 명칭으로는 고치(高置)탱크, 옥상(屋上)탱크, 고가탱크, 중력식 급수탱크 등이 있다.

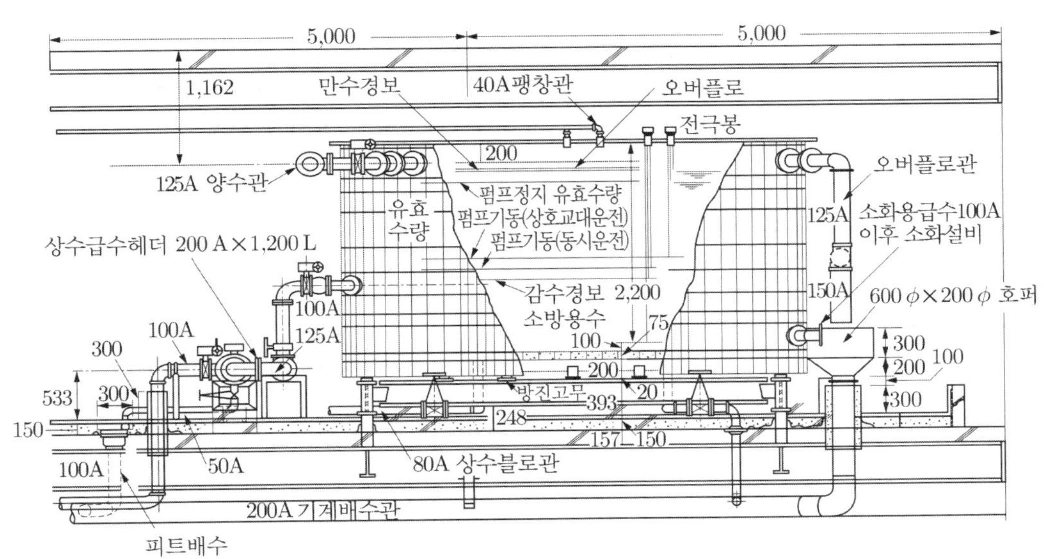

〈그림 2-24〉 상수용 고가수조실 단면도 예

예제 2.7

200가구(1가구당 4인 기준)에 분양할 아파트의 급수계획시, 고가수조의 용량을 20 m³으로 하였을 때의 양수펌프의 양수량을 구하시오. (단, 이 아파트의 1인 1일당 평균급수량은 250 L/(c·d)로 한다)

풀이 ① 1일 급수량 Q_d 는

$Q_d = 4 \times 250 \times 200 = 200{,}000\ \text{L/d} = 200\ \text{m}^3/\text{d}$로 된다.

시간평균 예상급수량(1일 물사용시간은 10 h/d), 시간최대 예상급수량(시간평균 예상급수량의 2배) 및 순간최대 예상급수량(시간평균 예상급수량의 3배)을 구하면 다음과 같이 된다.

$$Q_h = \frac{200}{10} = 20\ \text{m}^3/\text{h} \qquad Q_m = 20 \times 2 = 40\ \text{m}^3/\text{h}$$

$$Q_p = \frac{3 \times 20{,}000}{60} = 1{,}000\ \text{L/min}$$

② 시간최대 예상급수량의 계속시간 T_p을 30분간, 펌프의 최단운전시간 T_{pr}를 10분간으로 하면, 식 (2-21)로부터

$$V_e = (Q_p - Q_{pu}) \times T_p + Q_{pu} \times T_{pr}$$

$$20{,}000 = (1{,}000 - Q_{pu}) \times 30 + Q_{pu} \times 10$$

$$20 \cdot Q_{pu} = 10{,}000$$

$$Q_{pu} = 500\ \text{L/min}$$

로 된다.

(2) 양수펌프

펌프의 성능을 결정하는 항목으로서는 양수량, 양정 및 소요동력의 3가지가 있다. 고가수조로의 양수량은 시간최대 급수량으로 하거나 또는 고가수조 용량을 30분 정도에 채울 수 있는 양으로 하는 것이 일반적이다. 양수펌프의 양정은 다음 식으로 계산한다.

$$H = H_a + H_f + \frac{v^2}{2g} \quad \cdots\cdots (2-22)$$

여기서, H : 양수펌프의 전양정, m

H_a : 양수펌프의 흡수면으로부터 양수관 정부(頂部)까지의 실제높이(실양정) <그림 2-25>, m

H_f : H_a에 있어서의 총마찰손실수두, m

v : 관내유속(통상 2 m/s 이하로 한다), m/s

$\frac{v^2}{2g}$은 양수관 토출구에서의 속도수두로서 값이 작기 때문에 생략해도 양정에 큰 차이가 없다.

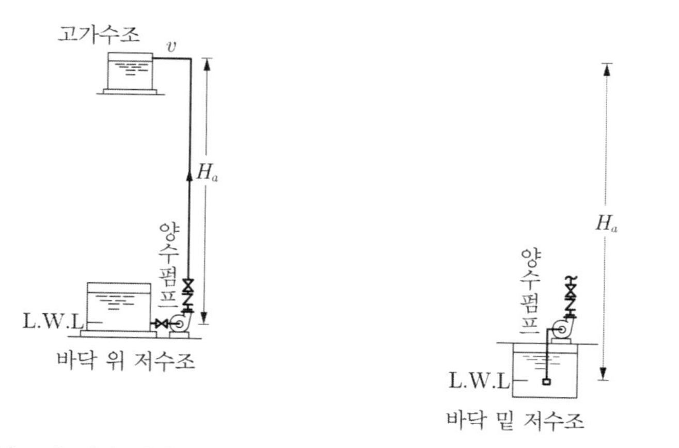

(a) 저수조가 바닥 위에 있는 경우 (b) 저수조가 바닥 밑에 있는 경우

〈그림 2-25〉 양수펌프의 실양정

H_f는 개략적으로 계산하는 경우, 실양정의 15~20% 정도로 하지만 실양정에 비해 양수관의 수평주관 등이 긴 경우에는 이 수치를 크게 잡으며, 실제의 배관 총길이와 밸브류, 이음쇠 등의 상당관 길이의 합계로부터 마찰손실을 계산하여 검토할 필요가 있다.

펌프동력은 다음 식으로 계산한다(유도과정은 8장 8.2절 참조).

$$L_m = \frac{0.163 \cdot Q_{pu} \cdot H \cdot (1+\alpha)}{\eta_p \cdot \eta_t} \times 10^{-3} \quad \cdots\cdots (2-23)$$

여기서, L_m : 펌프동력, kW　　　　H : 전양정, m

Q_{pu} : 펌프 양수량, L/min　　　　α : 여유율로서 전동기의 경우에는 0.1~0.2

η_p : 펌프효율　　　　η_t : 전달효율로서 전동기 직결인 경우에는 1

예제 2.8

1,500명이 이용할 것으로 예상되는 사무소 건물의 급수계획시, 수도의 공급능력이 250 L/min 일 때의 저수조, 고가수조 및 양수펌프의 성능을 산정해보시오. (단, 1인 1일당 급수량은 100 L/(c·d)이며, 상수 및 잡용수는 한 계통으로 하는 것으로 하며, 소화용수량은 고려하지 않는다. 또한 1일 평균급수 사용시간은 10 h으로 하며, 양수펌프의 양수량은 500 L/min으로 한다. 양수관에서의 실양정은 35 m, 총마찰 손실수두는 5 m로 한다)

풀이 ① 1일 급수량 Q_d는 식 (2-3)으로부터 다음과 같이 된다.

$$Q_d = N \cdot q = 1{,}500 \times 100 = 150{,}000 \text{ L/d} = 150 \text{ m}^3\text{/d}$$

시간평균 예상급수량(1일 물사용시간은 10 h/d), 시간최대 예상급수량(시간평균 예상급수량의 1.5배) 및 순간최대 예상급수량(시간평균 예상급수량의 3배)을 구하면 다음과 같이 된다.

$$Q_h = \frac{150{,}000}{10} = 15{,}000 \text{ L/h}$$

$$Q_m = 15{,}000 \times 1.5 = 22{,}500 \text{ L/h}$$

$$Q_p = \frac{3 \times 15{,}000}{60} = 750 \text{ L/min}$$

② 고가수조의 용량(양수량 500 L/min, 피크계속시간 30 min, 양수펌프의 최단운전시간은 15 min으로 가정)은 다음과 같이 계산할 수 있다.

$$\begin{aligned} V_e &= (Q_p - Q_{pu}) \times T_p + Q_{pu} \times T_{pr} \\ &= (750 - 500) \times 30 + 500 \times 15 = 15{,}000 \text{ L} \\ &= 15 \text{ m}^3 \end{aligned}$$

③ i) 저수조의 용량(양수펌프의 최장연속 운전시간 45 min, 인입관의 최단연속 운전시간을 30 min으로 가정)은 다음과 같이 계산할 수 있다.

$$\begin{aligned} V_s &= (Q_{pu} - Q_s) \cdot T_1 + Q_s \cdot T_2 + V_F \\ &= (500 - 250) \times 45 + 250 \times 30 = 18{,}750 \text{ L} \\ &= 18.75 \text{ m}^3 \end{aligned}$$

ii) i)에서는 수도의 공급능력을 250 L/min으로 하였지만, 상황에 따라 급수가 불가능한 경우를 가정하여 계산하면 다음과 같다.

$$V_s = (Q_{pu} - Q_s) \cdot T_1 + Q_s \cdot T_2 + V_F$$
$$= (500 - 0) \times 45 + 250 \times 30 = 30,000 \text{ L}$$
$$= 30 \text{ m}^3$$

iii) 저수조 용량을 1일 사용수량의 1/2로 하여 계산하면 다음과 같다.

$$V_s = 150,000 \times \frac{1}{2} = 75,000 \text{ L}$$
$$= 75 \text{ m}^3$$

이 경우는 상기의 방법에 의해 산정한 것보다 저수조 용량이 커짐을 알 수 있다.

④ 토출구의 유속을 2 m/s로 하여 양수펌프의 양정 H를 구하면 다음과 같다.

$$H = 35 + 5 + \frac{2^2}{2 \times 9.8} = 40.2 \fallingdotseq 41 \text{ m}$$

양수펌프의 동력은 식 (2－23)으로부터 다음과 같이 된다(펌프효율 49%, 전달효율 100%, 여유율 10%로 한 경우).

$Q_{pu} = 500$ L/min이므로

$$L_m = \frac{0.163 \times 500 \times 41 \times (1 + 0.1)}{0.49 \times 1} \times 10^{-3} = 7.5 \text{ kW}$$

따라서 펌프메이커의 카탈로그로부터 적절한 것을 선택한다.
(선정 예 : $\phi 65 \times 500$ L/min$\times 41$ m$\times 7.5$ kW)

3 압력수조 및 급수펌프

(1) 압력수조

형상은 일반적으로 원통형이며, 물과 공기의 접촉면이 넓을수록 공기가 물에 용해되기 쉽기 때문에 횡형(橫形)의 것보다는 세로로 긴 형태가 좋다. 압력수조의 또 다른 명칭으로는 압력탱크가 있다.

재질은 강판제의 것이 대부분이며, 내면처리로서는 에폭시 코팅, 그라스 라이닝, 아연메탈리콘 용사, 또는 스테인리스 피복강판을 사용하고 있다.

압력수조의 계산은 보일의 법칙[온도가 일정할 때 (압력×체적)＝일정]을 기본으로 한다.

압력수조 내에 물이 전혀 없는 경우의 압력을 초압(初壓)이라고 한다.

<그림 2－26>에 압력수조를 나타내었다. 여기서 초압 P_0, 용량 V인 밀폐탱크 내의 압력이 P_2로 상승하면 펌프를 정지시키고, 물을 사용하여 탱크 내의 압력이 P_1으로 하강하면 펌프를 기동(起動)시킨다.

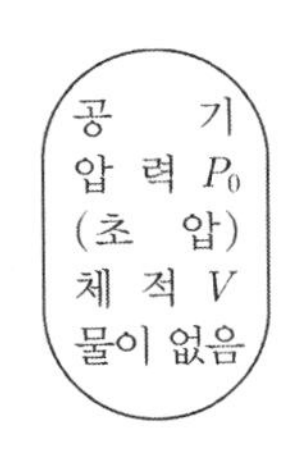

(a) 물이 들어 있지 않는 경우 (b) 압력수조 사용시

〈그림 2-26〉 압력수조

이후 이 관계에 따라 펌프를 기동·정지시킨다. 따라서 펌프가 정지하고 나서 재기동할 때까지 나오는 물의 양은 $V_2 - V_1$이며, 이 용량을 유효수량(有效水量)이라고 한다.

탱크의 전체적 V, 탱크 내에 물이 들어 있지 않은 경우의 탱크 내 압력을 P_0(초압), 탱크 내에 V'만큼 물이 들어있을 때의 탱크 내 압력을 P'(종압)이라고 하면, 보일의 법칙으로부터

$$(P_0 + 101.3)V = (P' + 101.3)(V - V') \quad \cdots\cdots (2-24)$$

로 되며, V'의 V에 대한 비율 $(V'/V) \times 100 = \{(P' - P_0)/(P' + 101.3)\} \times 100$으로 된다.

P_0와 P'의 조합에 의한 $(V'/V) \times 100$의 값을 <표 2-14>에 나타내었다. 따라서, 압력과 체적을 나타내는 관계식을 다음과 같이 쓸 수 있다.

$$V_2 = \left(\frac{P_2 - P_0}{P_2 + 101.3}\right) \cdot V \quad \cdots\cdots (2-25)$$

$$V_1 = \left(\frac{P_1 - P_0}{P_1 + 101.3}\right) \cdot V \quad \cdots\cdots (2-26)$$

$$\therefore \; V_2 - V_1 = \left(\frac{P_2 - P_0}{P_2 + 101.3} - \frac{P_1 - P_0}{P_1 + 101.3}\right) \cdot V \quad \cdots\cdots (2-27)$$

여기서, $V_2 - V_1$: 유효수량, L

V : 압력수조의 용량, L

V_1 : 펌프 기동시의 압력수조 내의 물의 용량, L

V_2 : 펌프 정지시의 압력수조 내의 물의 용량, L

P_0 : 초압(게이지 압력), kPa

P_1 : 펌프 기동시의 압력수조 내의 압력, kPa

P_2 : 펌프 정지시의 압력수조 내의 압력, kPa

〈표 2-14〉 압력수조 내의 물의 비율

		종압 P'[kPa]														
		50	100	150	200	250	300	350	400	450	500	600	700	800	900	1,000
초압 P_0 [kPa]	0	33.0	49.7	59.7	66.4	71.2	74.8	77.6	79.8	81.6	83.2	85.6	87.4	88.8	89.9	90.8
	25	16.5	37.3	49.7	58.1	64.0	68.5	72.0	74.8	77.1	79.0	82.0	84.2	86.0	87.4	88.5
	50	0	24.8	39.8	49.8	56.9	62.3	66.5	69.8	72.6	74.8	78.4	81.1	83.2	84.9	86.3
	75		12.4	29.8	41.5	49.8	56.1	60.9	64.8	68.0	70.7	74.9	78.0	80.4	82.4	84.0
	100		0	19.9	33.2	42.7	49.8	55.4	59.8	63.5	66.5	71.3	74.9	77.7	79.9	81.7
	125			9.9	24.9	35.6	43.6	49.9	54.9	59.0	62.4	67.7	71.8	74.9	77.4	79.5
	150			0	16.6	28.5	37.4	44.3	49.9	54.4	58.2	64.2	68.6	72.1	74.9	77.2
	175				8.3	21.3	31.1	38.8	44.9	49.9	54.0	60.6	65.5	69.3	72.9	74.9
	200				0	14.2	24.9	33.2	39.9	45.3	49.9	57.0	62.4	66.6	69.9	72.6
	225					7.1	18.7	27.7	34.9	40.8	45.7	53.5	59.3	63.8	67.4	70.4
	250					0	12.5	22.2	29.9	36.3	41.6	49.9	56.2	61.0	64.9	68.1
	275						6.2	16.6	24.9	31.7	37.4	46.3	53.0	58.2	62.4	65.8
	300						0	11.1	19.9	27.2	33.3	42.8	49.9	55.5	59.9	63.6
	325							5.5	14.7	22.7	29.1	39.2	46.8	52.7	57.4	61.3
	350							0	10.0	18.1	24.9	35.6	43.7	49.9	54.9	59.0
	375								5.0	13.6	20.8	32.1	40.6	47.2	52.4	56.8
	400	$\frac{V'}{V} \times 100 = \frac{P' - P_0}{P' + 101.3} \times 100$							0	9.1	16.6	28.5	37.4	44.4	49.9	54.5
	450										8.3	21.4	31.2	38.8	44.9	49.9
	500										0	14.3	25.0	33.3	39.9	45.4

㈜ V : 압력수조의 체적, V' : 물의 체적

식 (2−27)로부터 초압을 높게 할수록 유효수량의 비율은 커지며, 종압에서의 압력수조 내의 공간 스페이스도 크게 됨을 알 수 있다. 또한 $P_2 - P_1$을 크게 할수록 유효수량, $V_2 - V_1$은 크게 된다. 그러나 유효수량을 작게 하면, 펌프가 빈번하게 작동하여 전동기의 과열, 워터 해머 등의 원인이 되어 기기나 기구 등이 손상을 입게 된다. 따라서 일반적으로 펌프 양수량의 2~3분간 정도를 유효수량으로 확보한다.

그러나 탱크 내의 공기는 가압되면 물 속에 녹아들어 가며, 물을 사용함에 따라 공기가 감소해가기 때문에 공기의 보급이 필요하게 된다. 압력탱크에 초압을 주거나 자동적으로 공기를 보급하는 방법으로 최근에는 전극봉, 전자밸브 등을 이용한 장치가 있다. 또한 저수위에서 압력탱크내의 수량 V_1이 지나치게 적어지면 급수관내에 공기가 흡입되기 쉽기 때문에 일반적으로 탱크 전체적의 15% 정도 이상으로 한다.

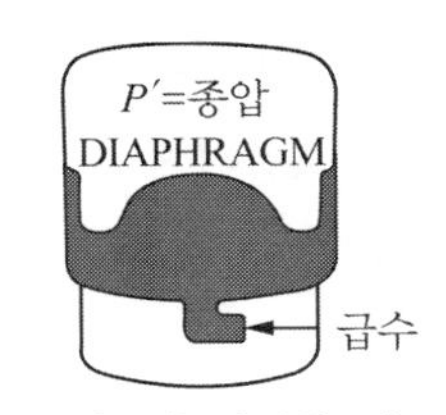

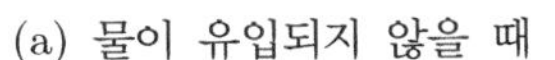
(a) 물이 유입되지 않을 때　(b) 펌프가 기동할 때　(c) 펌프가 정지할 때

〈그림 2-27〉 격막식 수조의 구조와 작동원리

또한 펌프 정지시에 압력수조의 공간 스페이스는 전용량의 20~30%가 바람직하다. 이외에 <그림 2-27>과 같은 격막식 압력수조가 개발되어 있으며, 이것의 특징은 임의의 초압을 줄 수가 있으며, 또한 공기와 물이 접촉하지 않기 때문에 공기의 보급 장치가 필요 없으며, 수조 내의 전수량(全水量) 가까이를 유효수량으로 할 수 있는 장점이 있다.

1) 압력수조의 용량

압력수조의 유효수량을 펌프의 양수량(2~3분간)을 기준으로 하여 결정하면, 식 (2-28)과 같이 쓸 수 있다.

$$V \geq \frac{K \cdot Q_{Pu}}{v_2 - v_1} \quad \cdots\cdots (2-28)$$

여기서, V : 압력수조의 용량, L

v_1 : 초압 P_0, 펌프 기동시의 압력(종압) P_1일 때의 탱크 내 수량의 비율

v_2 : 초압 P_0, 펌프 정지시의 압력(종압) P_2일 때의 탱크 내 수량의 비율

K : 유효수량계수(펌프의 가동시간), 일반적으로 2~3분간

Q_{pu} : 펌프의 급수량, L/min

$(P_2 - P_1)$: 100~150 kPa으로 한다.

식 (2-28)에서 $K \cdot Q_{pu}$는 유효수량을 나타낸다.

2) 급수펌프

급수펌프의 양수량 Q_{pu}는 순간최대 급수량으로 한다. 그리고 급수펌프의 양정은 다음 식으로 구한다.

$$H = H_1 + H_2 + H_3 + H_4 \quad \cdots\cdots (2-29)$$

여기서, H : 급수펌프의 양정, m

H_1 : 펌프 흡입부로부터 최정상부에 있는 기구까지의 실제높이, m

H_2 : H_1의 배관 등에 있어서 마찰손실수두, m

H_3 : 최정상부에 있는 기구의 필요압력에 상당하는 수두, m

H_4 : 펌프의 기동·정지시의 압력차의 수두[m]로서 10～20 m 범위로 하며, 평균 15 m 정도이다.

급수펌프의 동력은 식 (2－23)으로 구한다.

예제 2.9

순간최대 예상급수량이 160 L/min, 최고층의 수전과 압력수조와의 높이차가 10 m, 배관계에서의 총마찰손실 압력이 52 kPa, 최고층에서 세정밸브식 대변기(최저필요압력 100 kPa)를 사용하는 건물에서 급수방식을 압력수조 방식으로 할 때, 압력수조와 펌프의 크기를 결정하라.

풀이 ① 압력수조의 용량

높이차 10 m에 상당하는 압력 (1,000 × 9.8 × 10) Pa	= 98 kPa
최고층의 수전(세정밸브)에서의 최저필요압력	100 kPa
배관계의 총마찰손실압력	52 kPa
합계(최저소요압력) P_1 =	250 kPa

$(P_2 - P_1)$을 150 kPa로 하면, $P_2 = P_1 + 150 = 400$ kPa

펌프 정지시, 즉 $P_2 = 400$ kPa일 때, <표 2－14>에서 수조 내의 물의 비율이 약 70% 정도가 되게 초압을 결정한다. 이 경우의 초압을 50 kPa이라고 하면,

$P_2 = 400$ kPa일 때 물의 비율은 $v_2 = 69.8\%$

$P_1 = 250$ kPa일 때 물의 비율은 $v_1 = 56.9\%$

로 되며, 유효수량의 비율은 $(v_2 - v_1) = (69.8 - 56.9)\%$로 된다.

수조의 유효저수량은 $K \cdot Q_{pu} = 3 \times 160 = 480$ L가 된다.

압력수조의 용량은 식 (2－28)로부터

$$V = \frac{K \cdot Q_{Pu}}{v_2 - v_1} = \frac{480}{(0.698 - 0.569)} \fallingdotseq 3,720 \text{ L}$$

② 급수펌프

급수펌프의 양수량 : Q_{pu} = 순간최대 급수량 = 160 L/min

전양정(H) :

$H_1 = 10$ m

$H_2 = P_2/\rho g = 52,000/(1,000 \times 9.8) = 5.3$ m

$H_3 = P_3/\rho g = 100,000/(1,000 \times 9.8) = 10.2$ m

$$H_4 = 15 \text{ m}$$

$$H = H_1 + H_2 + H_3 + H_4 = 10 + 5.3 + 10.2 + 15 = 40.5 \text{ m}$$

펌프의 동력(펌프효율 48%, 전달효율 100%, 여유율 10%로 한 경우)

$$L_m = \frac{0.163 \cdot Q_{pu} \cdot H \cdot (1+\alpha)}{\eta_p \cdot \eta_t} \times 10^{-3}$$

$$= \frac{0.163 \times 160 \times 40.5 \times (1+0.1)}{0.48 \times 1} \times 10^{-3} = 2.42 \text{ kW}$$

4 펌프 직송방식의 급수펌프

펌프 직송방식에서의 급수량은 순간최대 급수량으로 한다.

양정은 다음과 같다.

$$H = H_1 + H_2 + H_3 \quad \cdots\cdots (2-30)$$

여기서, H : 펌프의 양정, m

H_1 : 펌프의 흡입부로부터 최정상부에 있는 기구까지의 실제 높이, m

H_2 : H_1에서 배관 등에 의한 마찰손실수두, m

H_3 : 최정상부에 있는 기구의 필요압력에 상당하는 수두, m

펌프의 동력은 식 (2−23)으로 구한다.

2.7 급수관 재료

건물의 급수(또는 급탕)설비를 계획하는 경우, 급수(급탕)공급 시스템을 결정하고 난 후, 다음에 계획하는 것이 주요기기의 종류와 배관재료의 선정이다. 그 중에서도 중요한 것이 배관재료의 선정이다. 부록 Ⅱ의 <표 Ⅱ−1>에는 각 설비에 사용하는 배관재료를 나타내었다. 사용 목적별 배관재료로서 급수설비에 있어서 과거에는 아연도 강관을 널리 사용하였었다. 이것은 아연도 강관의 특성이

① 내충격성과 시공성의 양호

② 물에 대한 방식성의 양호

③ 타재료보다 가격이 싸다.

는 이유 때문이었다. 그러나 급수관 내에서 강관의 부식으로 인해 아연도 강관을 대체할 재료

가 필요하게 되었다. 배관이 부식되면 위생(수질 악화), 경제성 및 유지관리(배관두께의 감소 및 누수의 원인), 에너지(관 단면의 축소로 인한 마찰손실 증대)적인 측면에서 좋지 못한 결과를 초래하게 된다.

따라서, 1994년에는 건축법 개정에 의해 내식성 배관재의 사용을 의무화하였다. 따라서 현재 강관의 사용보다는 스테인리스 강관·동관 및 폴리부틸렌관을 일반적으로 사용하고 있다.

1 배관재료의 조건

급수·급탕 설비에 사용하는 관재료 중 급수관과 급탕관 내를 흐르는 물과 탕은 그것을 사용하는 사람의 음료용 또는 목욕용으로 사용하기 때문에 재질 등에서 다음과 같은 조건이 요구된다.

① 위생적일 것
② 내식성이 뛰어날 것
③ 내충격성이 있을 것
④ 시공성이 좋을 것
⑤ 경제성에 대해서도 유리할 것

2 배관재의 특성

배관재 특히 급수관 및 급탕관에 있어서는 수질악화에 의해 누수, 적수(녹물) 등의 사고를 일으켜 왔다. 이들 사고의 대부분은 부식에 의한 것이다. 수질악화를 일으키는 부식의 원인으로서는 수질, 배관시스템, 수온, 유속 등의 요인이 있지만, 그 중에서도 가장 큰 원인은 수질일 것이다(부록 Ⅱ장 참조). 수요자측에서 원하는 수질의 물을 공급받는 것이 아닌 무조건적으로 공급되는 물을 받기 때문에 수요자측에서 할 수 있는 방법은 부식방지를 위한 배관재료를 선택하는 방법밖에는 없다. 수돗물은 염소소독을 하기 때문에 염소이온 농도에 따른 부식에 가장 강한 것은 <표 2-15>에서도 보듯이 스테인리스 강관과 경질 염화 비닐 라이닝 강관이다. <표 2-15>에 나타낸 관재료의 특성을 알아보기로 한다.

〈표 2-15〉 관재질에 따른 수질허용 농도

부 식 인 자	아연도 강관	동 관	스테인리스 강관	경질염화 비닐 라이닝 강관
pH	6.5~8.5	6.8~8.0	6.0~9.0	6.0~9.0
전경도[mg/L]	80 이하	60~90	500 이하	500 이하
염소이온[mg/L]	20 이하	20 이하	300 이하	300 이하
용존산소	적을수록 좋다	적을수록 좋다	많을수록 좋다	적을수록 좋다

(1) 수도용 아연도 강관(KS D 3537－KS 폐지)

과거에 많이 사용하였던 재료로서 수질악화에 따른 부식 때문에 일보 후퇴한 감은 있지만 기계적 강도와 시공성이 양호한 이점이 있다. 관두께도 다른 재료에 비해 두껍기 때문에 부식으로 인해 구멍이 뚫리기까지 시간이 걸린다. 그러나 부식에 있어서의 최대 약점은 가공에 의해 관두께가 얇게 된 도금이 없는 나사부분이다.

(2) 수도용 동관(KS D 5301)

동관은 급수 및 급탕관으로 많이 사용하며, 그 배관재로서의 특징을 열거하면 다음과 같다.

① 경량인 점(강관의 약 $\frac{1}{3}$)
② 내식성이 뛰어나고 마찰저항이 작다.
③ 시공성도 솔더공법 등 용이하다.

반면에 단점으로는 평면충격에 약해 강관과 비교하면, 굴곡에 따른 좌굴을 일으키는 단점이 있다.

(3) 배관용 스테인리스 강관(KS D 3576), 일반 배관용 스테인리스 강관(KS D 3595)

최근 서서히 사용 증가 추세에 있다. 그 특징은 내식성이 뛰어나고 녹에 의한 유량저하가 없으며, 적수나 청수의 염려가 없다. 동관보다도 강도가 높고 관두께도 얇다. 또한 경량으로서 동결이나 충격에 대해서도 강하다.

(4) 경질염화 비닐라이닝강관

배관용 탄소강 강관의 내면 또는 내외면을 경질 염화비닐라이닝 하였기 때문에 강관이 갖는 이점인 내충격성이나 강도 및 내화성과 경질염화비닐관의 장점인 내식성, 평활성을 함께 갖는 복합관이다. 특히 급탕용에는 내열수지를 고온소성하여 라이닝한 내열성 경질 염화비닐라이닝 강관도 있다. 상용온도는 85°C 이하이다. 그러나 우리나라에서는 제조상의 문제점 때문에 현재 시공하지 않고 있다.

(5) 폴리부틸렌(PB)관(KS M 3363)

일반적으로 플라스틱관은 내식성이 뛰어나며, 내면에 스라임 등이 부착하기 어렵고, 냉간 접합이기 때문에 시공성이 좋다고 하는 특성을 갖고 있지만, 배관의 지지 및 고정이 어렵고 내화성이 없는 단점이 있다. 공동주택에 많이 사용한다.

3 급수관 재료의 선정

배관재료는 어떻게 결정할 것인가? 그것은 배관의 사용목적, 사용개소, 사용수질, 수온 등을 고려하여 적절한 재료를 선정해야 할 것이다. 급수관의 목적은 상수 또는 정수를 음료, 목욕, 세정용수 등 생활용수로서 사용하는 것이 대다수이며, 수온도 일반적으로 5~20°C 정도로서 사용하고 있다. 이와 같은 목적을 위해 사용할 급수관 재료의 선정요소로서는

① 건물의 종류와 규모
② 재료의 특성

에 따른다. <표 2－16>에는 관 재료별 특성을 나타내었다.

〈표 2-16〉 관 재료별 특성

관의 특성 / 관의 종류	내식성	내충격성	내화성	차음성	시공성	경제성
배관용 탄소강 강관(KS D 3507)		○	○		○	○
수도용 아연도 강관(KS D 3537－폐지)		○	○		○	○
일반배관용 스테인리스 강관(KS D 3576)	○					
동관(KS D 5301)	○				○	
수도용 경질 염화비닐관(KS M 4403)	○		×			○
수도용 내충격 염화비닐 강관	○	○	×			
수도용 경질 염화비닐 라이닝 강관	○	○	○	○	○	
수도용 폴리에틸렌 분체라이닝 강관	○	○	○		○	
폴리부틸렌관(KS M 3363)	○				○	○

<표 2－17>에는 각종 배관재의 용도를 나타내었다.

〈표 2-17〉 각종 관의 용도(일본의 예)

명 칭	사용구경 범위 [DN]	유 체	최고사용압력 [MPa]	사용 구분									
				증기	냉온수	냉각수	기름	급수	급탕	오수	배수	통기	소화
배관용 탄소강관	15～500	물, 기름, 가스, 공기, 증기	1	○	○	○	○				○	○	○
수도용 아연도 강관	15～350	물	1		○	○					○	○	○
압력배관용 탄소강관	6～650	물, 기름, 가스, 공기, 증기 (350℃ 이하)	3～10	○		○	○						○
배관용 스테인리스 강관	6～500	고온, 저온	3～10		○	○							
일반배관용 스테인리스 강관	8～300 Su	물	1		○	○		○	○		○		
수도용 경질염화비닐 라이닝 강관	15～350	물(50℃ 이하)	1			○		○			○		
내열성경질염화비닐 라이닝 강관	15～80(HTLP) 100～150(HTCP)	물(80℃ 이하)	1		○				○				
배수용 주철관	50～300	오수, 배수	0.1							○	○	○	
배수용 경질염화비닐 라이닝 강관	40～200	오수, 배수	0.1							○	○	○	
일반 경질염화비닐관	13～300	물	1			○				○	○	○	
수도용 경질염화비닐관	13～150	물	최고상용 1			○		○					
연 관	10～300	물	0.1							○	○		
동 관	수도용 10～50	물	2.5～5.8					○	○				
	건축용 동관												
	L타입 8～300	물			○	○							
	M타입 10～300	물			○	○				○			
	K타입 8～150	물								○	○	○	
	냉매용 동관												
	6.35～50.8 m/mϕ	냉매			○								

2.8 급수관의 관경 결정

건축물의 급수설비를 설계하는 목적은 모든 위생기구와 장비에 항상 적절한 압력으로 적절한 유량의 물을 공급하기 위한 것이며, 또한 이를 실현하기 위하여 가장 경제적인 관경을 산정하여야 한다.

급수배관의 관경을 적절하게 설계하여야만 하는 중요한 이유는 다음과 같다.

① 건강(Health) : 이것은 가장 중요한 이유이다. 관경을 불충분하거나 잘못 산정하면, 배관 시스템 내에 압력이 감소하여 사이펀 현상이나 역류에 의한 급수오염의 원인이 될 수 있다. 이로 인해 인간의 건강에 큰 위험을 줄 수 있다.

② 압력(Pressure) : 부적절한 배관 관경에 의해 기구나 장비에 필요로 하는 압력을 유지 또는 공급할 수 없게 된다면, 기구나 장비의 부적절한 작동을 유발하게 된다.

③ 유량(Flow) : 관경이 부적절하여 유량을 적정한 수준까지 유지할 수 없다면 기구나 장비의 성능을 저하시키게 된다.

④ 급수(Water Supply) : 부적절한 관경은 부식이나 스케일 생성에 의해 급수에 영향을 미칠 수 있다.

⑤ 배관 고장(Pipe Failure) : 배관 내 유속이 지나치게 빠르면, 이로 인한 부식에 의해 배관 고장이 발생할 수 있다.

⑥ 소음(Noise) : 배관 내 유속이 지나치게 빠르면, 소음이나 워터 해머의 위험성을 증가시킬 수 있다(허용최대 유속은 가능하면 약 2 m/s 이하).

대부분의 경우, 잘못 설계된 급수설비의 원인으로는 (1) 적절한 압력의 부족 (2) 소음을 들 수 있다.

소음은 급수설비의 작동에는 문제가 없지만, 아주 주요한 하자이다. 그러나 적절한 압력의 부족은 급수설비의 작동에 아주 심각한 영향을 미치게 된다.

1 관경 결정법의 종류

급수기구의 수전 등은 그 종류, 사용방법 및 수압에 따라 사용수량이 달라지기 때문에 급수관의 관경을 결정할 때는 이것을 충분히 고려하여야 한다.

급수관의 관경 결정법에는

① 관 균등표에 의한 관경 결정법

② 유량선도를 이용한 관경결정법

이 있다.

일반적으로 소규모 건물 설계시의 관경결정, 그리고 중규모 이상인 건물의 설계 도중에 관경을 개략적으로 계산할 때는 관 균등표에 의한 방법을 사용한다. 그러나 중규모 이상인 건물의 급수주관이나 급수지관의 관경을 결정할 때는 순간최대 유량을 구하고 관의 유량선도(마찰저항선도)에 의해 구하는 것이 일반적이다.

2 관균등표에 의한 관경 결정

(1) 관균등표(管均等表, table of equalizing pipe size)

관내경 d_1 인 관 1개에 흐르는 유량과 관내경 d_2 인 관 N 개에 흐르는 유량이 동일하고, 또한 이 때의 단위길이당 손실수두도 같다고 하면, 다음과 같은 식이 성립한다.

연속 방정식으로부터

$$Q = A_1 v_1 = (A_2 v_2) \cdot N$$

$$v_1 = \frac{Q}{A_1} = \frac{4Q}{\pi d_1^2} \quad \cdots\cdots (2-31)$$

$$v_2 = \frac{Q}{A_2 \cdot N} = \frac{4Q}{(\pi d_2^2) \cdot N} \quad \cdots\cdots (2-32)$$

마찰손실수두 식(Darcy−Weisbach 식)에 식 (2−31) 및 (2−32)를 각각 대입하면

$$h_f = \lambda_1 \frac{l}{d_1} \frac{v_1^2}{2g} = \lambda_1 \frac{l}{d_1} \frac{1}{2g} \left(\frac{4Q}{\pi d_1^2} \right)^2 = \lambda_1 \frac{l}{d_1^5} \left(\frac{4Q}{\sqrt{2g} \cdot \pi} \right)^2 \quad \cdots\cdots (2-33)$$

$$h_f = \lambda_2 \frac{l}{d_2} \frac{v_2^2}{2g} = \lambda_2 \frac{l}{d_2} \frac{1}{2g} \left(\frac{4Q}{\pi d_2^2 \cdot N} \right)^2 = \lambda_2 \frac{l}{d_2^5} \left(\frac{4Q}{\sqrt{2g} \cdot \pi \cdot N} \right)^2 \quad \cdots\cdots (2-34)$$

식 (2−33) 및 식 (2−34)는 단위길이당 손실수두에 관한 식으로 표현하면 다음과 같다.

$$\frac{h_f}{l} = \lambda_1 \frac{Q^2}{d_1^5} K \quad \cdots\cdots (2-33)'$$

$$\frac{h_f}{l} = \lambda_2 \frac{Q^2}{d_2^5} K \frac{1}{N^2} \quad \cdots\cdots (2-34)'$$

여기서 $K = \frac{4}{\sqrt{2g} \cdot \pi}$ = 일정

하다고 놓으면, (2−33)′ = (2−34)′이므로,

$$\lambda_1 \frac{Q^2}{d_1^5} K = \lambda_2 \frac{Q^2}{d_2^5} K \frac{1}{N^2}$$

그리고 관마찰계수가 $\lambda_1 = \lambda_2$이면

$$N^2 = \left(\frac{d_1}{d_2}\right)^5 \quad \cdots\cdots (2-35)$$

$$N = \left(\frac{d_1}{d_2}\right)^{\frac{5}{2}} \quad \cdots\cdots (2-36)$$

식 (2−36)이 의미하는 것은 길이 l, 직경 d_1인 관에 흐르는 유량과 동일한 유량이 직경 d_2인 관에 흐르기 위해서는 직경 d_2인 관 N개가 필요함을 나타내며, 또한 이때 단위길이당 마찰손실수두의 합도 동일함을 나타낸다.

그러나 관균등표에 의한 방법은 관경이 작은 관과 큰 관의 단위길이당 마찰손실압력이 동일하지 않고, 유량에 대해서도 동시사용률을 100%로 하였기 때문에 기구수가 적은 경우에만 적용할 수 있는 간편법이다.

식 (2−36)을 각종 관재질 및 관경에 대해 나타낸 것이 <표 2−18>에서 <표 2−21>이다.

〈표 2-18〉 배관용 탄소강 강관 균등표

DN	15	20	25	32	40	50
15	1					
20	2.2	1				
25	4.1	1.9	1			
32	8.1	3.7	2.0	1		
40	12.1	5.6	2.9	1.5	1	
50	22.8	10.6	5.5	2.8	1.9	1
65	44.0	20.3	10.7	5.4	3.6	1.9
80	69.4	32.0	16.8	8.5	5.7	3.0
100	140.0	64.5	38.8	17.2	11.5	6.1

〈표 2-19〉 일반 배관용 스테인리스 강관 균등표

DN	13	20	25	30	40	50
13	1					
20	1.9	1				
25	4.7	2.5	1			
30	6.1	3.2	1.3	1		
40	13.5	7.1	2.9	2.2	1	
50	19.0	10.0	4.0	3.1	1.4	1
601	29.5	15.6	6.3	4.8	2.2	1.6

〈표 2-20〉 동관(L type) 균등표

DN	15	20	25	32	40	50
15	1					
20	2.6	1				
25	4.9	2.0	1			
32	9.2	3.5	1.7	1		
40	14.5	5.5	2.7	1.6	1	
50	30.0	11.5	5.7	3.3	2.1	1
65	53.0	20.3	10.1	5.8	3.7	1.8
80	84.6	32.3	16.0	9.2	5.8	2.8
100	178.0	67.9	33.7	19.4	12.3	5.9

〈표 2-21〉 동관(M type) 균등표

DN	15	20	25	32	40	50
15	1					
20	2.5	1				
25	5.1	2.0	1			
32	8.6	3.4	1.7	1		
40	13.4	5.3	2.6	1.6	1	
50	27.6	10.9	5.4	3.2	2.1	1
65	48.7	19.2	9.6	5.7	3.6	1.8
80	77.8	30.6	15.4	9.0	5.8	2.8
100	162.0	63.6	31.9	18.8	12.1	5.9

(2) 관 균등표에 의한 관경 결정

동일한 건물에서 물을 사용하는 기구의 사용상태를 생각해보면 모든 위생기구를 동시에 사용하는 것은 아니고, 그 중 일부만을 사용하고 있으며 또한 물이 동시에 나오는 비율은 아주 적다. 기구 전체가 동시에 물이 나오는 것에 대한, 실제로 사용하는 기구의 최대동시 사용유량의 비율을 기구동시사용률(simultaneous usage factor of fixtures)이라고 한다. <표 2－22>에 나타낸 값을 일반적으로 사용한다. 관경은 관 균등표에 동시사용률을 고려하여 결정한다.

<그림 2－28>에 관균등표에 의한 관경 결정순서를 나타내었다.

〈표 2-22〉 기구의 동시사용률(%)

기구 종류 \ 기구수	1	2	4	8	12	16	24	32	40	50	70	100
대변기(세정밸브)	100	50	50	40	30	27	23	19	17	15	12	10
일반기구	100	100	70	55	48	45	42	40	39	38	35	33

㈜ 표준 동시사용률을 나타낸 것이다.

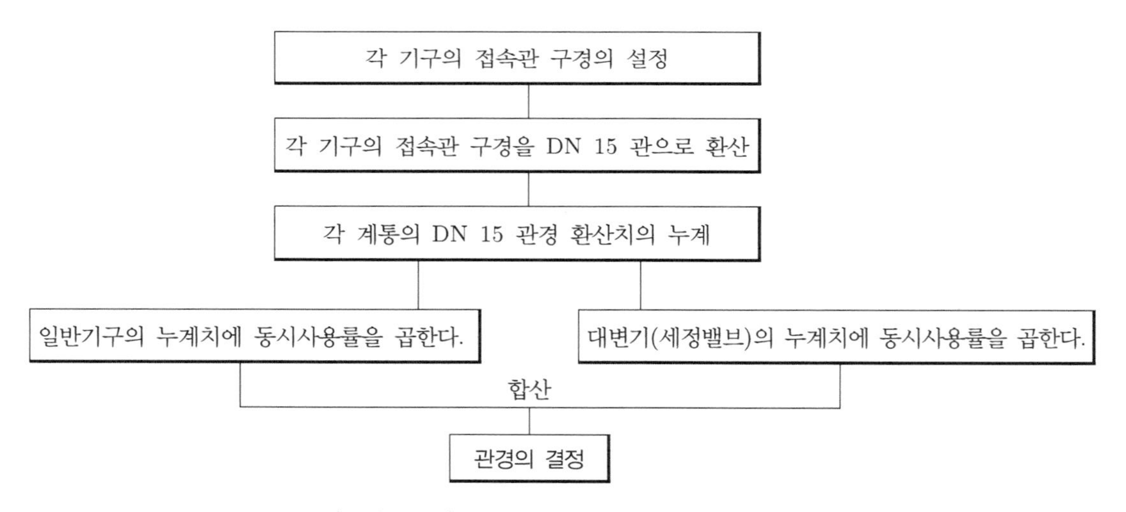

〈그림 2-28〉 관균등표에 의한 관경 결정순서

예제 2.10

〈그림 2-29〉에 나타낸 급수배관 각 부의 관경을 관균등표에 의해 결정하시오.
[배관재질은 동관(L type)을 사용한다]

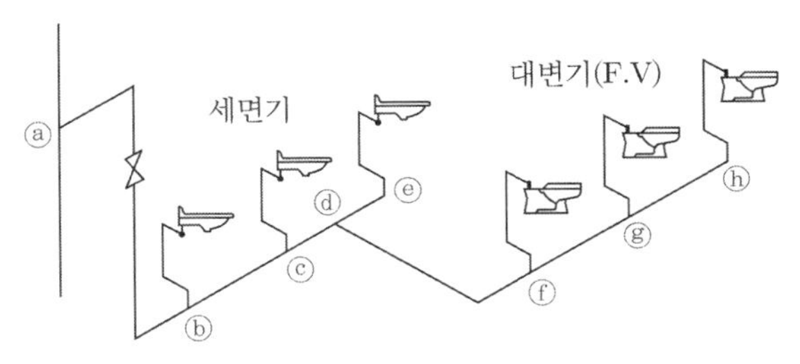

〈그림 2-29〉 예제 2-10의 그림

풀이

구 간		접속관경 [DN]	균등수 (DN 15로 환산)	균등수의 누계	동시 사용률 일반기구	동시 사용률 세정밸브	균등수	관경 [DN]
d-e		15	1	1	1		1	15
g-h		25	4.9	4.9		1	4.9	25
f-g		25	4.9	9.8		0.5	4.9	25
d-f		25	4.9	14.7		0.5	7.35	32
c-d	일반기구			1	1		1	
	세정밸브			14.7		0.5	7.35	
	c-d						8.35	32
b-c	일반기구	15	1	2	1		2	
	세정밸브			14.7		0.5	7.35	
	b-c						9.35	40
a-b	일반기구	15	1	3	0.85		2.55	
	세정밸브			14.7		0.5	7.35	
	a-b						9.9	40

3 유량선도를 이용한 관경 결정

관경을 결정하려고 하는 배관의 부하유량(급수량, 순간최대유량)을 산정하고, 사용하는 배관재료에 따른 유량선도를 이용하여 허용마찰손실압력(허용동수구배) 및 최대유속을 넘지 않도록 관경을 결정한다. <그림 2-30>에 유량선도에 의한 관경결정순서의 흐름도를 나타내었다.

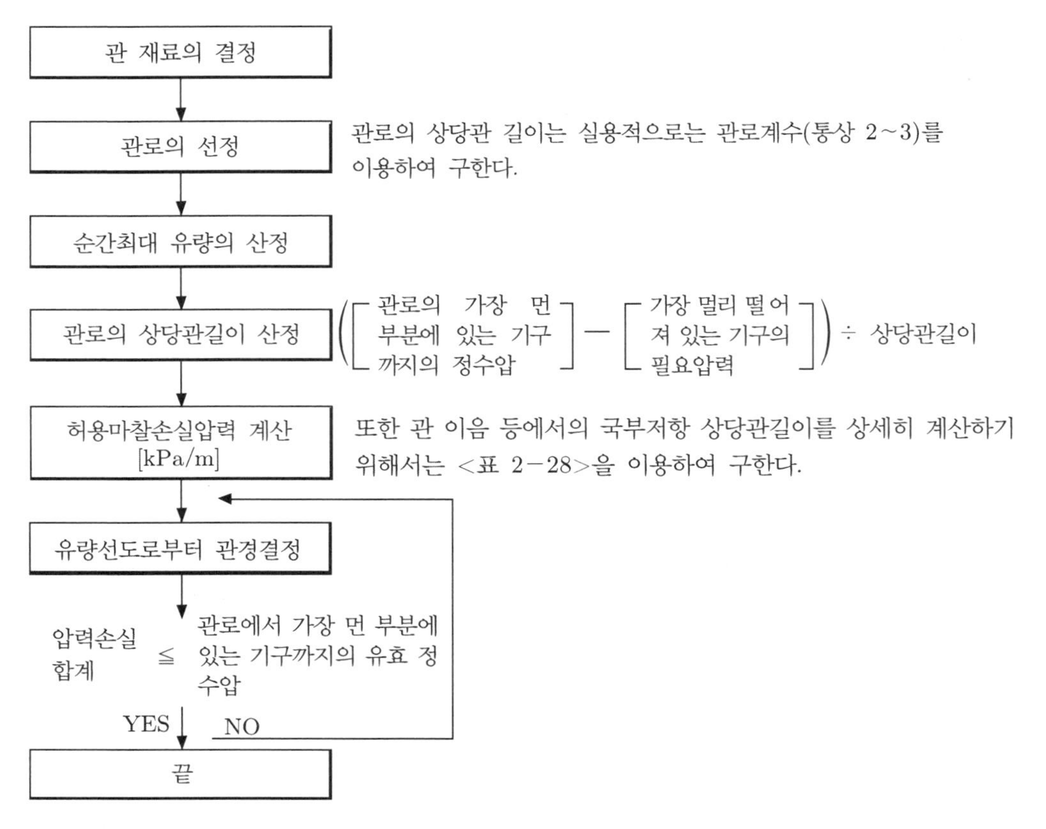

〈그림 2-30〉 관경 결정의 순서

(1) 부하유량(급수량)의 산정

급수관 관경 산정시 부하유량은 순간최대유량(동시사용유량이라고도 함)으로 하며, 관경을 결정하려고 하는 구간의 순간최대유량의 산정은 수압이나 기기의 성능, 사용빈도, 점유시간, 물사용시간, 이용형태 및 생활습관 등에 따라 좌우되며, <표 2-23(a)>에 나타낸 바와 같이 여러 가지 방법이 있다.

이 중에서 급수관경 산정시 주로 이용하는 방법은 다음과 같다.

① 기구급수부하 단위법

② 물사용 시간비율과 기구급수 단위에 의한 방법

③ 기구 이용으로부터 예측하는 방법

<표 2-23(b)>에는 이들 3가지 순간최대 유량산정법을 비교하여 나타내었다. 그러나 여기서는 기구급수부하 단위법에 대해서만 설명하기로 한다. 물사용 시간비율과 기구급수 단위에 의한 방법과 기구 이용에 의한 방법은 부록 Ⅲ장에 나타내었다.

〈표 2-23(a)〉 각종 순간 최대 유량 산정방법

구분	산정기준	산정 방법	비고
간이법	인원수	• 1인1일당 급수량으로부터 1일 급수량을 산정하여 순간 최대 유량을 구한다.	식 (2-11)
	기구수	• 기구의 동시사용률로부터 동시사용기구수를 구하고 각 기구별 순간최대유량으로부터 순간최대급수유량을 산정한다. • 동시사용률은 대변기 세정밸브와 일반기구로 나누어 산정한다.	<표 2-6>, <표 2-22>, 식 (2-7) 기구이용으로부터 예측하는 방법
기구급수부하 단위법 (Hunter법)	기구급수부하 단위(FU)	• 각 기구에 부여된 기구급수부하단위를 누계하여, 순간최대 유량선도 또는 표로부터 순간 최대유량을 구한다.	<표 2-25>, <그림 2-31>, <표 2-26>
물사용 시간비율과 기구급수 단위에 의한 방법	물 사용시간비율, 기구급수단위	• 물 사용시간 비율과 기구급수단위로부터 선도에 의해 순간최대 유량을 산정한다. • 층수가 겹치는 경우는 기구수의 보정을 한다. • 이종(異種)기구에서는 유량이 작은 쪽을 1/2 가산한다.	<부록 표 Ⅲ-1>, <부록 그림 Ⅲ-1>
B/L법	세대수(N) 순간최대유량 (Q)	$Q=42N^{0.33}$ (10호 미만) $Q=19N^{0.67}$ (10호 이상 600호 미만) $Q=2.8N^{0.97}$ (600호 이상)	일본 건설성 주택설비 품질 기준
공동주택의 거주인원수에 의한 방법	거주인원수(P) 순간최대유량 (Q)	$Q=26P^{0.36}$ (P : 1~30인) $Q=13P^{0.56}$ (P : 31~200인) $Q=2.8P^{0.67}$ (P : 201~2,000인)	일본 東京都 "중소규모 집합주택의 물사용 실태조사"에 기초한 산정식

〈표 2-23(b)〉 각종 순간 최대 유량 산정방법의 특징

구분	장점	단점	사용상황
기구급수부하 단위법(Hunter법)	• 산정방법이 간편하다. • 건물용도별로 나누어 산정할 수 있다.	• 기구수가 적은 경우나 기구수가 많은 경우(5,000 이상) 산정할 수 없다. • 세정밸브와 세정탱크가 혼재되어 있는 경우 산정방법이 불명확하다. • 설치기구수에 비해 사용인원이 적은 경우 과대 설계될 수 있다. • 안전율이 크다.	• 전반적으로 사용가능하다. • 가장 많이 이용한다. • 우리나라에서는 실무에서 대부분 이 방법을 이용하고 있다.
물사용 시간비율과 기구급수 단위에 의한 방법	• 임의와 집중이용 형태로 나누어 산정할 수 있다.	• 물사용시간 비율 η는 잠정치가 많다. • 기구수의 보정, 이종기구의 산정방법이 복잡하고 번거롭다.	• 전반적으로 사용가능하다. • 일본에서 개발한 방법이다.
기구이용으로부터 예측하는 방법	• 산정방법이 간편하다. • 개략적인 계산에서 유량의 목표치를 쉽게 산정할 수 있다.	• 기구수가 많으면 동시사용률이 지나치게 높고 과대하게 된다.	• 기구수가 적은 경우, 기구의 사용이나 사용수량에 규칙성이 있는 경우에 설계자의 판단으로 사용가능

1) 기구급수부하단위법

기구급수부하단위법은 미국의 헌터(Roy B. Hunter)에 의해 개발되었다. 이 방법은 물사용 시간과 물사용 간격의 비를 파라미터로 하는 확률법과 이종기구(異種器具)가 혼재한 경우를 고려하여 기구급수부하단위를 도입하는 합리적이고 해석적인 기법을 사용하였으며, 또한 부하유량 산정방법도 간단하기 때문에 우리나라에서 실무에 널리 사용하고 있다.

① **기구급수부하단위**(器具給水負荷單位, fixture unit for water supply, FU)

기구급수부하단위는 각 기구의 표준 토수량과 함께 각 기구의 사용빈도와 사용시간을 고려하여 1개의 급수장치에 대한 부하 정도를 예상하여 단위화한 것이다. 헌터는 개인용(private)과 공중용(public)으로 분류하여 나타내었으며, 공중용인 경우, 피크부하에 가장 영향을 미치는 것으로서 세정밸브식 대변기, 세정탱크식 대변기 및 욕조의 3개 위생기구를 선정·비교하여 세정밸브식 대변기의 기구급수부하단위를 10으로 가정하고 이것을 기초로 세정탱크는 5, 욕조는 4의 값을 주었다. 특히 세면기는 세정밸브와 사용빈도수가 동일한 것으로 하고, 물 사용량을 비교하여 2의 값을 주었다(정확히는 2보다 작지만 헌터는 안전률을 고려하여 2로 하였음). 그리고 이들 기구를 기준으로 각종 기구에 대해 기구급수부하단위를 산정하여 사용하였다. IPC(International Plumbing Code)에서는 헌터의 기구급수부하단위를 일부 수정하여 <표 2-24>와 같이 사용하고 있다.

그러나 헌터에 의한 기구급수부하단위는 1930년대 위생기구와 그 당시의 물 사용습관에 기초하여 평가한 값이다. 또한 최근 물 사용량이 가장 많은 대변기도 6 L 절수형 대변기를 설치하는 것을 고려하면 헌터의 기구급수부하단위에 의해 부하유량을 산정하면 과대설계될 것이다. 따라서 NSPC(National Standard Plumbing Code)에서는 건물용도를 보다 세분화하고 위생기구도 최근의 것을 고려한 헌터의 기구급수부하단위를 수정한 <표 2-25>를 사용하고 있다. <표 2-25>에서 일반건물이란 주거용을 제외한 또한 다중이용시설에서 규정하지 않은 업무용, 상업용, 공장용 및 공공집회건물을 의미한다. 그리고 다중이용시설이란 많은 사람이 이용하는 건물의 화장실로 간헐적 또는 시간대별로 사용하는 학교, 공연장, 운동장, 경마장, 교통터미널, 극장과 같은 건물을 의미한다.

〈표 2-24〉 기구급수부하단위(FU)*

기구	용도	급수 형태	기구급수부하단위(FU)		
			급수	급탕	총합
욕실 그룹	개인	세정탱크	2.7	1.5	3.6
욕실 그룹	개인	세정밸브	6.0	3.0	8.0
욕조	개인	수도꼭지	1.0	1.0	1.4
욕조	공중용	수도꼭지	3.0	3.0	4.0
비데	개인	수도꼭지	1.5	1.5	2.0
혼합 기구	개인	수도꼭지	2.25	2.25	3.0
식기세척기	개인	자동	–	1.4	1.4
음수기	사무실 등		0.25	–	0.25
주방 싱크	개인	수도꼭지	1.0	1.0	1.4
주방 싱크	호텔 식당	수도꼭지	3.0	3.0	4.0
세탁 판(1~3)	개인	수도꼭지	1.0	1.0	1.4
세면기	개인	수도꼭지	0.5	0.5	0.7
세면기	공중용	수도꼭지	1.5	1.5	2.0
청소 싱크	사무실 등	수도꼭지	2.25	2.25	3.0
샤워 헤드	공중용	혼합밸브	3.0	3.0	4.0
샤워 헤드	개인	혼합밸브	1.0	1.0	1.4
소변기	공중용	DN 25 세정밸브	10.0	–	10.0
소변기	공중용	DN 20 세정밸브	5.0	–	5.0
소변기	공중용	세정 탱크	3.0	–	3.0
세탁기(3.6 kg)	개인	자동	1.0	1.0	1.4
세탁기(3.6 kg)	공중용	자동	2.25	2.25	3.0
세탁기(6.8 kg)	공중용	자동	3.0	3.0	4.0
대변기	개인	세정밸브	6.0	–	6.0
대변기	개인	세정탱크	2.2	–	2.2
대변기	공중용	세정밸브	10.0	–	10.0
대변기	공중용	세정탱크	5.0	–	5.0

* International Plumbing Code

〈표 2-25〉 기구급수부하단위(FU)*

기구	기구접속관 지름(DN)		일반건물			다중이용시설			공동주택(3호 이상 주거단위)			단독주택		
	급수	급탕	총합	급수	급탕	총합	급수	급탕	총합	급수	급탕	총합	급수	급탕
대변기(FT), 6 L/회	15	–	2.5	2.5	–	4.0	4.0	–	2.5	2.5	–	2.5	2.5	–
대변기(FV), 6 L/회	25	–	5.0	5.0	–	8.0	8.0	–	5.0	5.0	–	5.0	5.0	–
대변기(FT), 13 L/회	15	–	5.5	5.5	–	7.0	7.0	–	3.0	3.0	–	3.0	3.0	–
대변기(FV), 13 L/회	25	–	8.0	8.0	–	10.0	10.0	–	7.0	7.0	–	7.0	7.0	–
소변기(3.8 L/회)	15	–	4.0	4.0	–	5.0	5.0	–	–	–	–	–	–	–
세면기	15	15	1.0	0.8	0.8	1.0	0.8	0.8	0.5	0.4	0.4	1.0	0.8	0.8
청소싱크	15	15	3.0	2.3	2.3	–	–	–	–	–	–	–	–	–
샤워	15	15	2.0	1.5	1.5	–	–	–	2.0	1.5	1.5	2.0	1.5	1.5
샤워, 연속사용	15	15	5.0	3.8	3.8	–	–	–	–	–	–	–	–	–
주방싱크(가정용)	15	15	1.5	1.1	1.1	–	–	–	1.0	0.8	0.8	1.5	1.1	1.1
세탁싱크	15	15	2.0	1.5	1.5	–	–	–	1.0	0.8	0.8	2.0	1.5	1.5
욕조 또는 욕조/샤워 조합	15	15	–	–	–	–	–	–	3.5	2.6	2.6	4.0	3.0	3.0
비데	15	15	–	–	–	–	–	–	0.5	0.4	0.4	1.0	0.8	0.8
세탁기(가정용)	15	15	4.0	3.0	3.0	–	–	–	2.5	1.9	1.9	4.0	3.0	3.0
식기세척기(가정용)	–	15	1.5	–	1.5	–	–	–	1.0	–	1.0	1.5	–	1.5
음수기	10	–	0.5	0.5	–	0.8	0.8	–	–	–	–	–	–	–
호스연결용 수도꼭지(hose bibb)	15	–	2.5	2.5	–	–	–	–	2.5	2.5	–	2.5	2.5	–
호스연결용 수도꼭지, 추가마다	15	–	1.0	1.0	–	–	–	–	1.0	1.0	–	1.0	1.0	–
월풀 욕조	15	15	–	–	–			–	4.0	3.0	3.0	4.0	3.0	3.0
6 L/회 세정탱크식 대변기 사용 욕실 그룹: 1/2욕실, 파우더 룸									2.5	2.5	0.4	3.5	3.3	0.8
6 L/회 세정탱크식 대변기 사용 욕실 그룹: 1욕실그룹									3.5	3.5	3.0	5.0	5.0	3.8
6 L/회 세정탱크식 대변기 사용 욕실 그룹: 1−1/2욕실그룹									4.0	4.0	4.0	6.0	6.0	4.5
6 L/회 세정탱크식 대변기 사용 욕실 그룹: 2욕실그룹									4.5	4.5	4.5	7.0	7.0	7.0
6 L/회 세정탱크식 대변기 사용 욕실 그룹: 2−1/2욕실그룹									5.0	5.0	5.5	8.0	8.0	8.0
6 L/회 세정탱크식 대변기 사용 욕실 그룹: 3욕실그룹									5.5	5.5	5.5	9.0	9.0	9.0
6 L/회 세정탱크식 대변기 사용 욕실 그룹: 1/2 욕실 추가마다									0.5	0.5	0.5	0.5	0.5	0.5
6 L/회 세정탱크식 대변기 사용 욕실 그룹: 욕실 추가마다									1.0	1.0	1.0	1.0	1.0	1.0
13 L/회 세정탱크식 대변기 사용 욕실 그룹: 1/2욕실, 파우더 룸									3.0	3.0	0.4	4.0	3.8	0.8
13 L/회 세정탱크식 대변기 사용 욕실 그룹: 1욕실그룹									5.0	5.0	3.0	6.0	6.0	3.8
13 L/회 세정탱크식 대변기 사용 욕실 그룹: 1−1/2욕실그룹									5.5	5.5	4.0	8.0	8.0	4.5
13 L/회 세정탱크식 대변기 사용 욕실 그룹: 2욕실그룹									6.0	6.0	4.5	10.0	10.0	7.0
13 L/회 세정탱크식 대변기 사용 욕실 그룹: 2−1/2욕실그룹									6.5	6.5	5.0	11.0	11.0	8.0
13 L/회 세정탱크식 대변기 사용 욕실 그룹: 3욕실그룹									7.0	7.0	5.5	12.0	12.0	9.0
13 L/회 세정탱크식 대변기 사용 욕실 그룹: 1/2 욕실 추가마다									0.5	0.5	0.5	0.5	0.5	0.5
13 L/회 세정탱크식 대변기 사용 욕실 그룹: 욕실 추가마다									1.0	1.0	1.0	1.0	1.0	1.0
욕실그룹(6 L/회 세정밸브)									4.0	4.0	3.0	6.0	6.0	3.8
욕실그룹(13 L/회 세정밸브)									6.0	6.0	3.0	8.0	8.0	3.8
부엌그룹(싱크와 식기세척기)									1.5	0.8	1.5	2.0	1.1	2.0
세탁그룹(싱크와 세탁기)									3.0	2.6	2.6	5.0	4.5	4.5

㈜ 1. 1 욕실그룹은 대변기 1개 이상, 세면기 2개와 1개의 욕조나 욕조/샤워 또는 1개의 샤워로 구성된다.
2. 1/2욕실이나 Powder Room은 대변기 1개와 세면기 1개로 구성된다.
3. 상기 표에 없는 위생기구는 유량과 사용률이 유사한 상기 표 중의 위생기구를 사용한다.
* NSPC(National Standard Plumbing Code)

② **순간최대유량(동시사용유량)**

급수관의 부하유량인 순간최대 유량을 구하기 위해, <표 2-25>의 건물 용도별로 각종 기구의 기구급수부하단위에 기구수를 곱하여 누계한 <그림 2-31>의 헌터(Hunter)의 부하곡선(동시사용유량선도) 또는 이 곡선을 표로 나타낸 <표 2-26>의 순간최대유량표(동시사용유량 표)로부터 구한다. 그리고 표에 없는 값은 보간법으로 구한다.

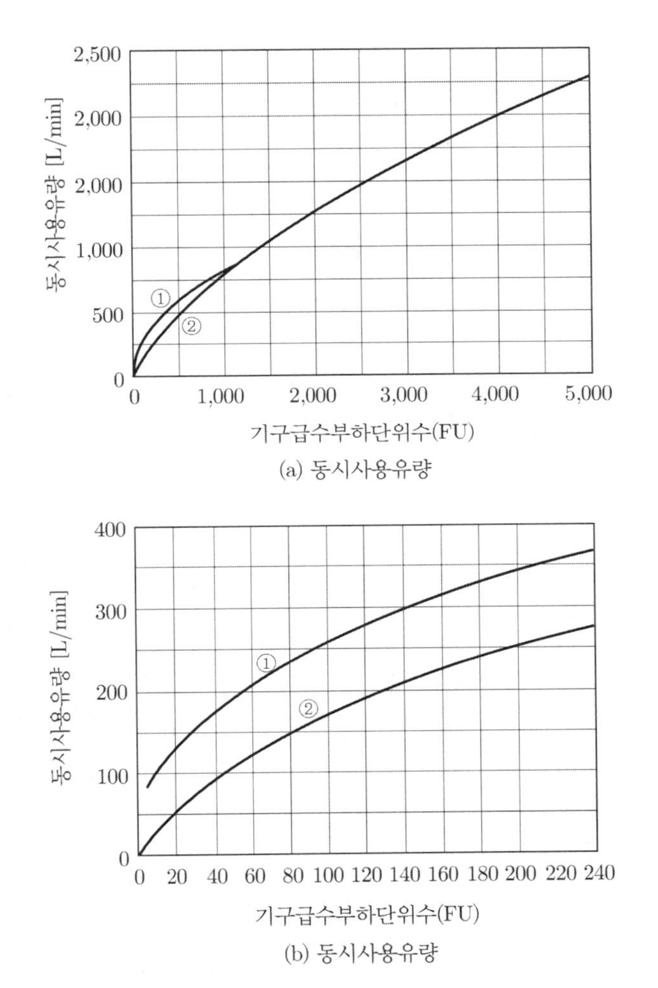

㈜ 곡선 ①은 대변기 세정밸브가 많은 경우, 곡선 ②는 그 이외의 경우에 이용한다.

〈그림 2-31〉 동시사용유량선도(순간최대유량선도)

〈표 2-26〉 순간최대유량 표(동시사용유량 표)

FU	LPM		FU	LPM		FU	LPM		FU	LPM		FU	LPM		FU	LPM	
	FT[2]	FV[3]		FT[2]	FV[3]		FT[2]	FV[3]		FT[2]	FV[3]		FT[2]	FV[3]		FT[2]	FV[3]
1	3.8		39	93	176	77	144	231	130	193	288	215	257	354	405	401	476
2	7.6		40	95	178	78	145	232	132	195	289	220	261	357	410	405	479
3	11		41	96	179	79	146	234	134	196	291	225	265	360	415	409	482
4	15		42	98	181	80	148	235	136	198	292	230	269	363	420	413	485
5	17	83	43	99	182	81	149	236	138	199	294	235	273	366	425	416	488
6	19	87	44	101	184	82	150	237	140	201	295	240	276	369	430	420	490
7	23	91	45	102	185	83	151	238	142	202	297	245	280	372	435	424	493
8	26	95	46	104	187	84	151	239	144	204	299	250	284	379	440	428	496
9	28	98	47	105	189	85	153	240	146	204	301	255	288	382	445	432	499
10	30	102	48	107	190	86	153	242	148	207	303	260	291	386	450	435	502
11	32	106	49	108	192	87	154	243	150	208	305	265	295	390	460	443	507
12	34	110	50	110	193	88	155	244	152	210	307	270	299	394	470	450	513
13	38	112	51	111	195	89	156	245	154	211	309	275	303	397	475	454	516
14	40	114	52	113	196	90	157	246	156	213	310	280	307	401	480	458	519
15	42	117	53	114	198	91	158	247	158	214	312	285	310	405	490	466	524
16	45	121	54	116	199	92	159	248	160	216	314	290	314	409	500	473	530
17	47	125	55	117	201	93	160	249	162	217	316	295	318	413	550	507	556
18	49	127	56	119	202	94	161	251	164	219	317	300	322	416	600	541	578
19	51	129	57	120	204	95	162	252	166	220	319	305	326	419	650	575	609
20	53	132	58	122	205	96	163	253	168	222	320	310	329	422	700	609	636
21	55	135	59	123	207	97	164	254	170	223	322	315	333	425	750	644	662
22	58	137	60	125	208	98	165	255	172	225	323	320	337	428	800	674	684
23	60	139	61	126	210	99	166	256	174	226	325	325	341	431	900	734	742
24	62	142	62	127	211	100	167	257	176	228	326	330	344	433	1000	795	
25	64	144	63	128	212	102	168	260	178	229	328	335	348	436	1200	886	
26	67	146	64	129	213	104	170	262	180	231	329	340	352	439	1400	977	
27	69	148	65	131	215	106	172	264	182	232	331	345	356	442	1600	1067	
28	71	151	66	132	216	108	174	266	184	234	332	350	360	445	1800	1155	
29	73	153	67	133	218	110	176	269	186	235	334	355	363	448	2000	1223	
30	76	155	68	134	219	112	178	271	188	237	335	360	367	450	2200	1314	
31	78	157	69	135	220	114	180	273	190	238	337	365	371	453	2400	1397	
32	79	160	70	136	221	116	182	276	192	240	338	370	375	456	2600	1480	
33	81	162	71	137	223	118	184	278	194	242	340	375	379	459	2800	1563	
34	83	164	72	139	224	120	185	280	196	243	341	380	382	462	3000	1647	
35	85	167	73	140	226	122	187	282	198	245	343	385	386	465	3500	1817	
36	87	169	74	141	227	124	189	283	200	246	344	390	390	467	4000	1987	
37	89	171	75	142	228	126	190	285	205	250	347	395	394	471	4500	2129	
38	91	173	76	143	229	128	192	286	210	254	351	400	397	473	5000	2271	

㊟ 1. 이 표는 관경 선정을 위해 FU(기구급수부하단위)를 분당 유량(LPM)으로 바꾸어 놓은 것이다.
2. FT : 이 칸은 flush tank형(세정탱크식) 대변기나 대변기가 없는 배관과 급탕배관에 적용한다.
3. FV : 이 칸은 flush valve형(세정밸브식) 대변기가 있는 배관에 적용한다. 여러 기구와 세정밸브식 대변기가 혼재되어 있을 경우에는 세정밸브 칸을 적용한다.
4. 표 이외의 값은 보간법을 이용하여 순간최대유량을 산정한다.

예제 2.11

세정밸브식 대변기 60개, 12개의 벽걸이형 소변기, 40개의 세면기, 공조용 보급수 120 LPM을 사용하는 사무소 건물의 급탕, 급수 및 총합(급수급탕)의 동시사용유량을 구하시오.

풀이 급수 및 급탕 기구급수부하단위는 다음과 같이 구한다<표 2-25>.

위생기구	기구수	기구급수부하단위	급탕	급수	총합(급수 및 급탕)
대변기(FV식)	60	5	–	300	300
소변기	12	4	–	48	48
세면기	40	1	–	–	40
세면기	40	0.8	32	32	–
계			32 FU	380 FU	388 FU

<표 2-26>으로부터(표에 없는 값은 보간법으로 구한다)

32 FU → 79 LPM(세정탱크식 값으로부터 ← 급탕부하이므로)

380 FU → 462 LPM(세정밸브식 값으로부터 ← 급수부하)

388 FU → 466 LPM(세정밸브식 값으로부터 ← 급수급탕 총부하)

공조용 보급수 → 120 LPM

따라서

급탕부하 : 79 → 79 LPM

급수부하 : 462+120 → 582 LPM

급수급탕 총부하 : 466+120 → 586 LPM

여기서 급수급탕 총 부하는 건물 내로의 인입관의 관경과 급탕가열기로 분기되기 전까지의 관경을 결정하는데 필요하다.

예제 2.12

〈그림 2-32〉에 나타낸 사무소 건물에서 남자 화장실의 급수배관의 순간최대유량을 수직관(그림 A) 및 수평지관(그림 B)의 각 구간마다 각각 구하시오.

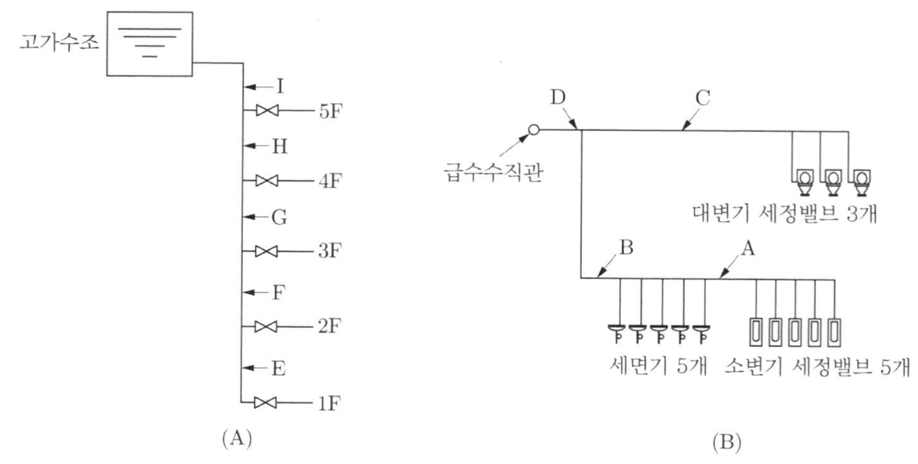

〈그림 2-32〉 예제 2-12의 그림

풀이 (1) 수평지관

동일 기구군 계통								합류 기구군 계통	
구간	기구명	급수전·방식	구경 [DN]	개수 [개]	기구급수 부하단위 [FU]	기구급수 부하단위 누계 [FU]	동시사용 유량 [L/min]	기구급수 부하단위 누계 [FU]	동시사용 유량 [L/min]
A	소변기	세정밸브	15	5	4	20	132		
B	세면기		15	5	0.8			20+4=24	142
C	대변기	세정밸브	25	3	5	15	117		
D								24+15=39	176

(2) 수직관

기구명	급수전·방식	1층분 개수 [개]	기구 급수 부하 단위 [Fu]	1층분(E)		2층분(F)		3층분(G)		4층분(H)		5층분(I)	
				기구급수 부하단위 누계 [Fu]	순간 최대 유량 [L/min]	기구급수 부하단위 누계 [Fu]	순간 최대 유량 [L/min]	기구급수 부하단위 누계 [Fu]	순간 최대 유량 [L/min]	기구급수 부하단위 누계 [Fu]	순간 최대 유량 [L/min]	기구급수 부하단위 누계 [Fu]	순간 최대 유량 [L/min]
소변기	세정밸브	5	4	5×4=20									
	수전	5	0.8	8×0.8=4									
세면기	세정밸브	3	5	3×5=15									
대변기	(사이펀형)												
계				39	176	39×2 =78	232	39×3 =117	277	39×4 =156	310	39×5 =195	341

(2) 유량선도를 이용한 관경의 결정

급수배관계통은 사용조건이 너무 다양하여, 모든 경우에 적합한 급수관경 산정 방법을 상세하게 명시하는 것은 비현실적이지만, 여기서는 공학적 이론에 근거한 급수관 관경 산정 방법인 "급수량과 단위길이 당 마찰손실"을 이용하는 방법에 대해 설명한다. 앞에서 구한 순간최대 유량을 산정하고 나면, 관경을 결정하려고 하는 구간에서의 허용압력손실을 산정하고 관내 유속을 검토하여 급수관경을 결정한다.

1) 허용압력손실

급수관경은 위생기구의 최저 필요압력과 급수배관계통의 압력손실을 기본으로 하여 정하며, 총 압력손실은 급수원의 최소 이용 가능 압력보다 작아야 한다. 이러한 필요압력과 압력손실은 다음과 같다.

① 위생기구의 최저필요압력(유동 압력)

위생기구의 최저 필요압력은 세정밸브식 대변기는 100 kPa, 세정탱크식 대변기는 55 kPa로 하며, 이 이외의 기구는 <표 2-7>을 참조한다.

② 수직 높이에 의한 압력(정수압)

높이에 의한 압력변화는 높이 1 m당 9.8 kPa로 계산한다.

예 : 가장 높은 급수기구가 급수원으로부터 6.0 m 위나 아래에 있을 때 정압손실 차는 6.0 m × 9.8 kPa/m, 즉 58.8 kPa이 된다.

③ 급수계량기나 필터, 연수기, 역류방지기와 감압밸브 등 기타 장치의 압력손실

④ 밸브와 관 이음쇠에서의 압력손실 : 배관 상당 관길이로 바꿔 총 배관 길이(관마찰손실)에 더하여 계산한다.

⑤ 관 마찰에 의한 손실 : 관경, 관길이 및 유량을 알면 계산할 수 있다.

배관의 높이 변화나 유량변화가 있는 지점에서 급수배관계통의 구간을 나눈다. 각 구간의 배관과 부속의 압력손실을 계산하여 급수원에서 "유체학적으로 가장 먼" 급수기구의 구간을 결정한다. 유체학적으로 가장 먼 급수기구란 적정한 압력이 가해져 흐르는 구간의 최 하류에 있는 기구를 말한다.

이상의 내용으로부터 유체학적으로 가장 먼 구간에서의 허용마찰 손실압력은 식 (2-37)로부터 구한다.

$$i = \frac{(P - P_f - P')}{(l + l')} = \frac{(P - P_f - P')}{K \cdot l} \quad \cdots\cdots (2-37)$$

여기서, i : 단위길이당 허용마찰손실압력(관길이 1 m당 마찰손실저항), kPa/m

P : 물이 흐르고 있지 않는 경우의 정수압, kPa
P_f : 관경을 결정하려고 하는 구간(즉, 상층부의 급수수직관)까지의 마찰손실압력(최상층인 경우는 $P_f = 0$), kPa
P' : 관경을 결정하려고 하는 구간의 말단 기구의 필요압력, kPa
l : 직관(급수주관 및 지관)의 길이, m
l' : 관이음, 밸브류 등의 상당관길이의 합계(1~2 l 정도)(<표 2-28> 참조), m
K : 관로계수(2~3)

2) 허용유속

배관 내의 유속이 클 경우 흐름이 난류가 되어 공동현상이 발생하고 기포의 방출과 워터해머로 인해 소음이 발생한다. 이러한 소음을 방지하기 위해 건물 내 배관의 최대허용유속은 3.0 m/s 이하로 하며, 가능한 한 2 m/s 이하로 한다. 전자밸브나 급폐쇄 밸브, 자동개폐밸브와 푸쉬 버튼과 같이 급격히 닫히는 급수기구가 있는 배관은 1.2 m/s 이하로 한다. 동관과 동합금관으로 된 급탕관에서는 침식 및 부식을 제어하기 위해 1.5 m/s 이하로 한다.

3) 급수관경의 결정

앞에서 기술한 정보(순간최대유량, 허용압력손실 및 유속)를 이용하여 배관 유량 선도나 Hazen-Williams 방정식을 사용하여 관경을 결정한다. 즉, 배관의 관경은 유량과 단위길이 당 배관마찰손실을 알면 Hazen-Williams 방정식을 이용하여 구할 수 있다.
Hazen-Williams 방정식은 식 (2-38)과 같으며, 이 식을 적용하여 배관 재질에 따라 선도로 표현한 것을 유량선도라고 하며, <그림 2-33> ~ <그림 2-35>에 나타내었다.

$$Q = 4.87 \cdot c \cdot d^{2.63} \cdot i^{0.54} \cdot 10^3 \quad \cdots\cdots (2-38)$$

여기서, Q : 유량, L/min
c : 유량계수(100~140 ; 강관 : 100, 동관 : 130, 스테인리스 강관 : 140)
d : 관의 내경, m　　i : 관 길이 1m당 압력손실, kPa

〈표 2-27〉 세정밸브 설치 수에 따른 최소 급수관경

관경[DN]	25 mm 세정밸브 수
32	1
40	2~4
50	5~12
65	13~25
80	26~40
100	41~100

㈜ 20 mm 세정밸브 2개는 25 mm 세정밸브 1개로 가정할 수 있으며, 급수관경은 25 mm로 할 수 있다. 급수관경 산정은 급수량, 허용압력 강하와 길이를 고려하여 결정한다.

또한 관경 산정시 세정밸브식 변기를 설치한 곳에서의 최소급수관경을 <표 2-27>에 나타내었다.

그리고 마지막으로 관경 결정 후에 검산을 하여 가정하였던 관로계수가 타당한지 아닌지를 조사한다. 검산에 사용하는 국부손실 상당관길이는 <표 2-28>에 따른다.

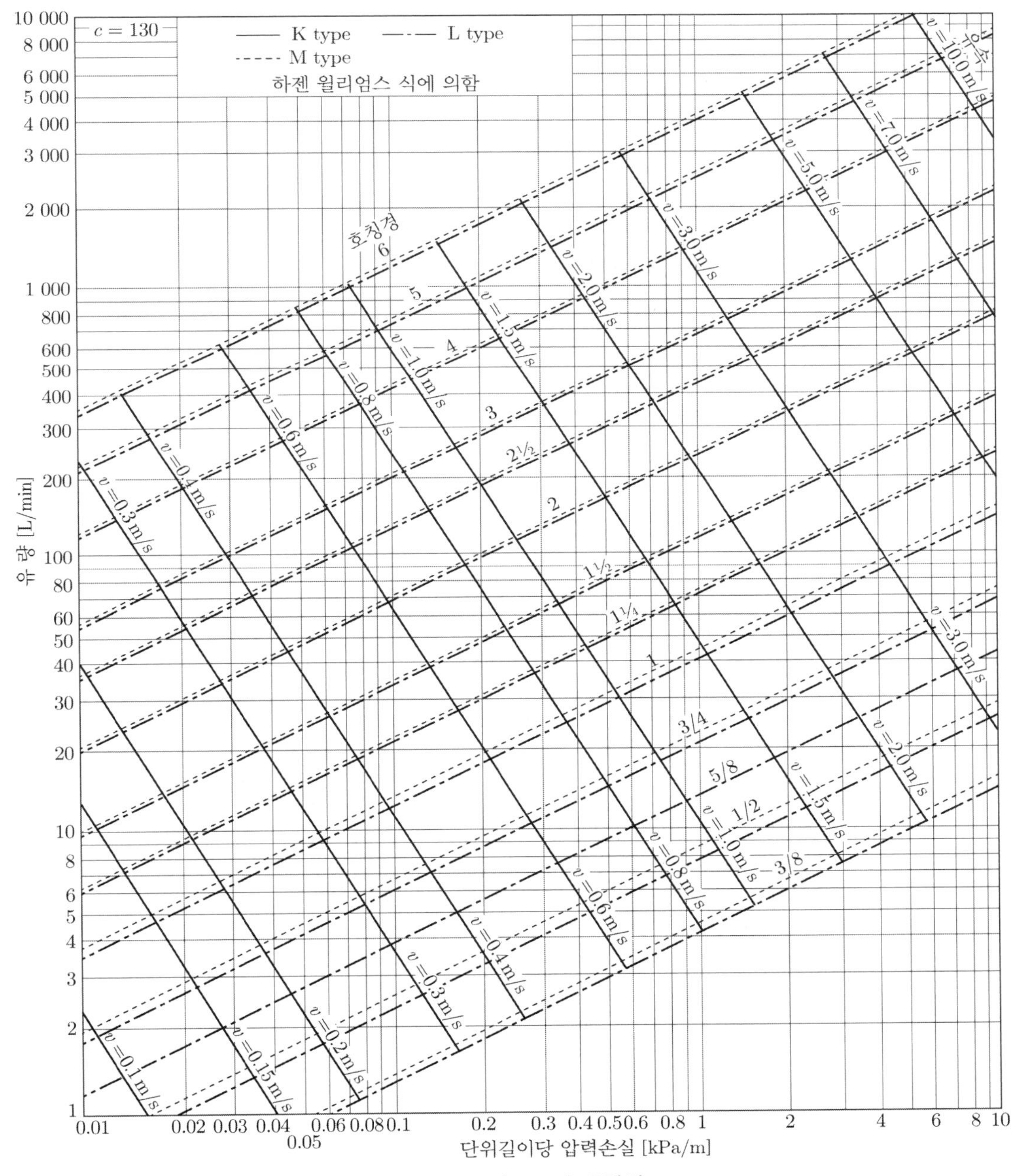

〈그림 2-33〉 동관 유량선도

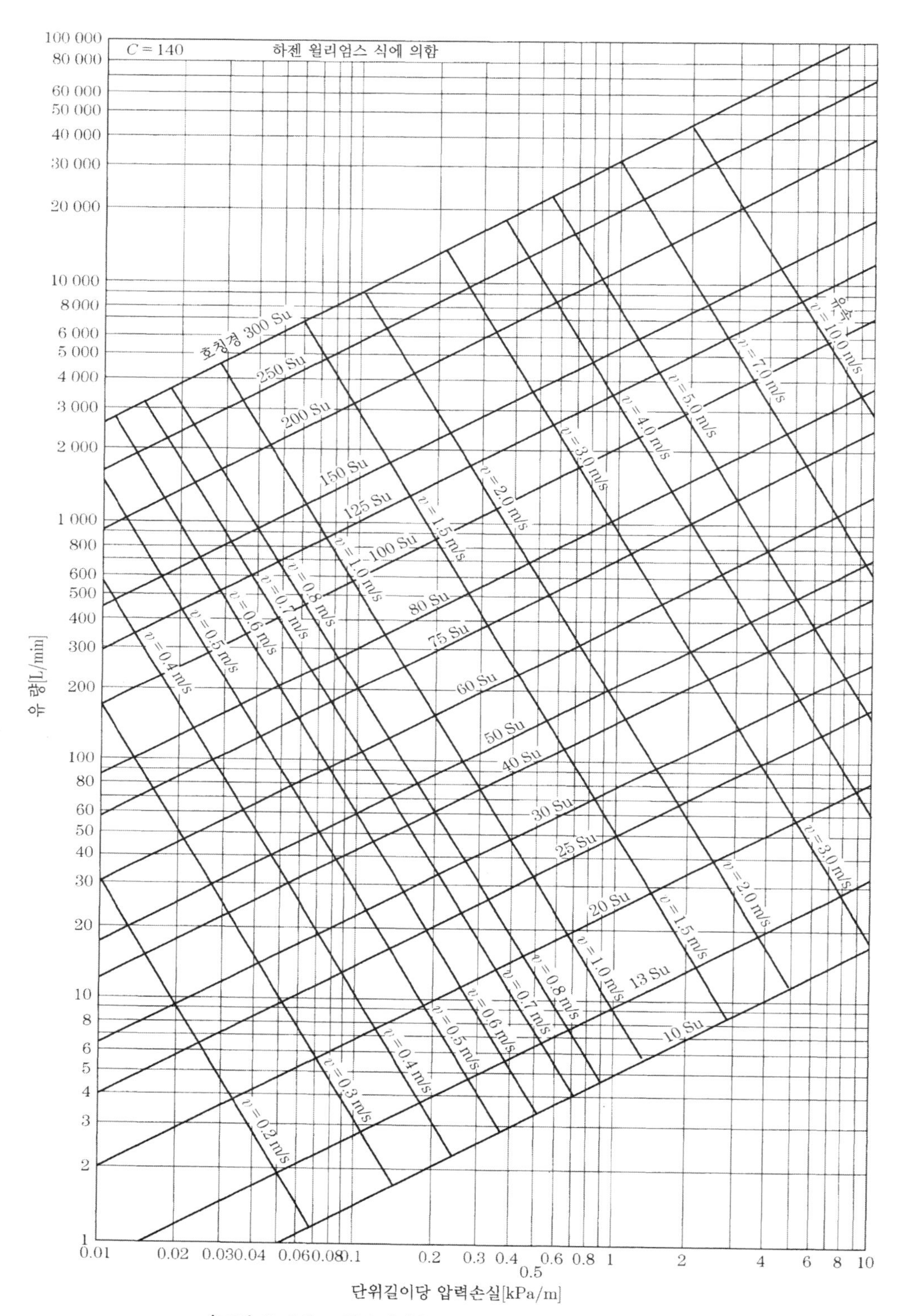

〈그림 2-34〉 일반배관용 스테인리스강 강관 유량선도

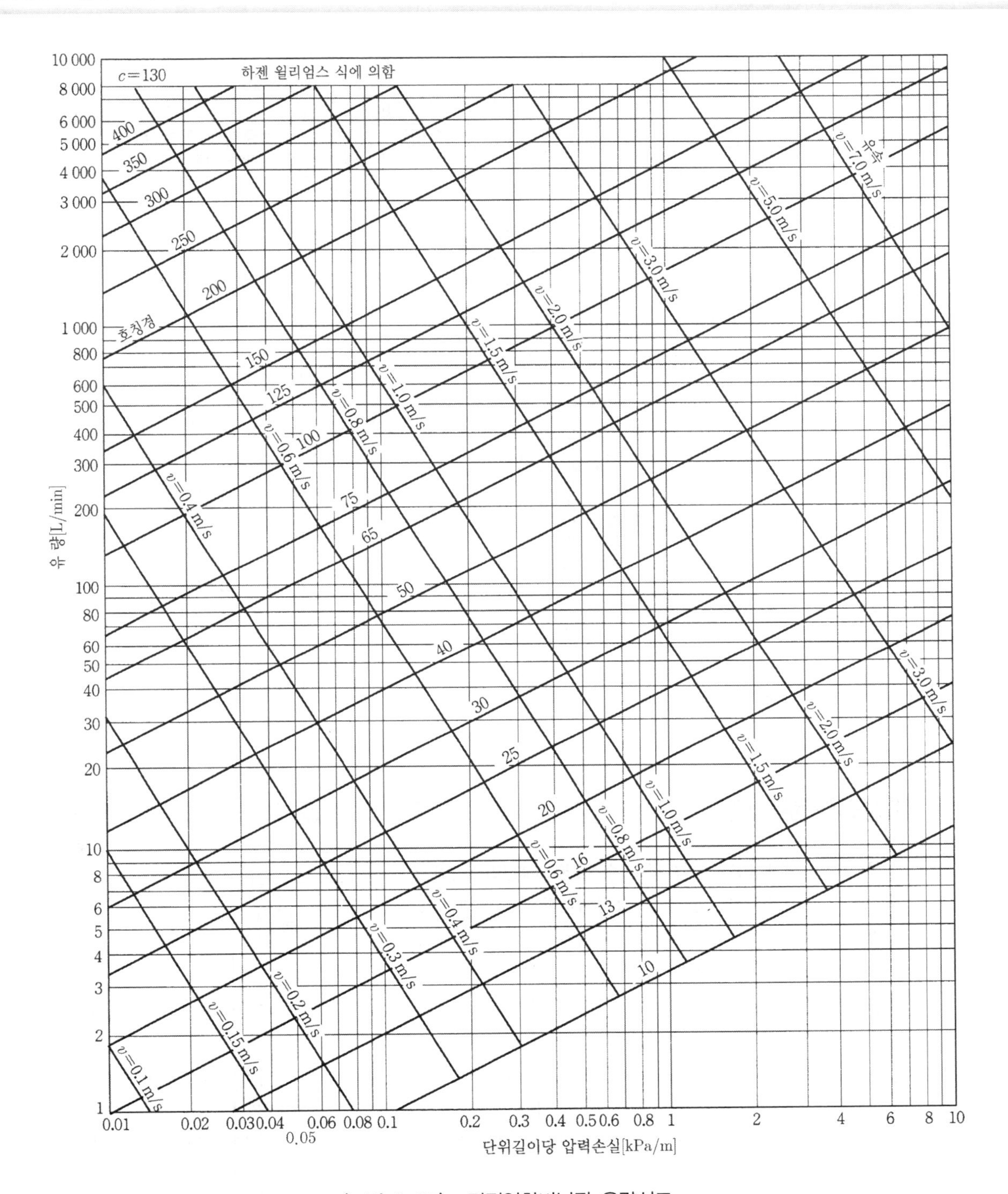

〈그림 2-35〉 경질염화비닐관 유량선도

〈표 2-28〉 동관용·스테인리스강 강관용 이음쇠류의 국부저항 상당관길이

호칭경		상당관 길이[m]							
[DN]	[Su]	90° 엘보	45° 엘보	90° T(분류)	90° T(직류)	슬루스 밸브*	글로브 밸브	앵글밸브 풋밸브 스윙형 첵밸브**	소켓
15	13	0.30	0.18	0.45	0.09	0.06	2.27	2.4	0.09
20	20	0.38	0.23	0.61	0.12	0.08	3.03	3.6	0.12
25	25	0.45	0.30	0.76	0.14	0.09	3.79	4.5	0.14
32	40	0.61	0.36	0.91	0.18	0.12	5.45	5.4	0.18
40	50	0.76	0.45	1.06	0.24	0.15	6.97	6.8	0.24
50	60	1.06	0.61	1.52	0.30	0.21	8.48	8.4	0.30
65	75	1.21	0.76	1.82	0.39	0.24	10.00	10.2	0.39
80	80	1.52	0.91	2.27	0.45	0.30	12.12	12.0	0.45
100	100	2.12	1.21	3.18	0.61	0.42	19.09	16.5	0.61
125	125	2.73	1.52	3.94	0.76	0.52	21.21	21.0	0.76
150	150	3.03	1.82	4.55	0.91	0.61	25.45	21.0	0.91
200	200							33.0	
250	250							43.0	

주 * 청동주물형
** DN 50 이하 : 청동주물, DN 65 이상 : 주철제
일반 배관용 스테인리스강 강관에 대해서는 고유의 데이터가 없기 때문에 본 표를 사용한다.

예제 2.13

〈그림 2-36〉에 나타낸 하향 급수 수직관(스테인리스 강관)의 AB 및 DE 구간의 관경을 결정하시오. (단, 관이음 및 밸브류 등에 의한 부차적(국부) 손실의 상당관길이는 배관길이의 50%로 하며, B, C, D 및 E점에 있어서의 최저필요수압은 70 kPa이다. 또한 고가수조 내의 수면으로부터 급수관 취출구까지의 수심에 상당하는 정수두는 무시하며, 배관내의 유속은 2 m/s 이하로 한다. 그리고 각 층의 지관에는 일반 위생기구만 있는 것으로 한다. 대변기 세정밸브의 최저수압은 100 kPa로 한다)

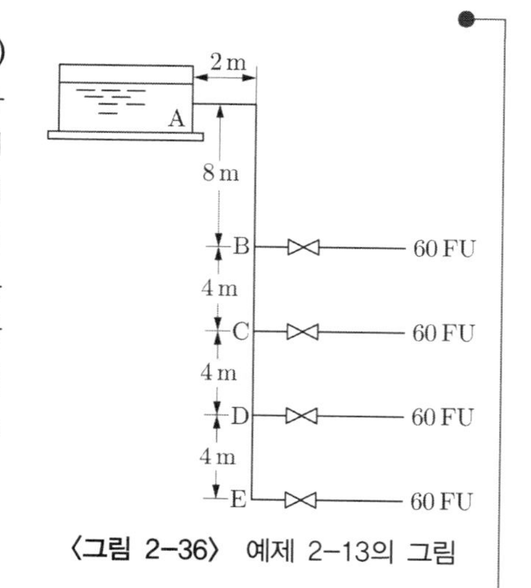

〈그림 2-36〉 예제 2-13의 그림

풀이 ① AB 구간의 관경

B점에서의 정수압 $P = H \times 9.8 = 8 \times 9.8 = 78.4$ kPa, B점에서의 최저 필요수압은 70kPa이므로, B점에서의 허용압력은

$$P = 78.4 - 70 = 8.4 \text{ kPa}$$

로 된다. 그리고 AB간의 배관길이

$$l = 2 + 8 = 10 \text{ m}$$

이다. 부차적 손실을 고려한 환산 총 배관길이 $l + l' = 10 \times (1 + 0.5) = 15$ m 로 된다. 따라서 구간 AB에서 1 m당 허용마찰 손실압력 $\left(\frac{P}{l+l'}\right)$는

$$\left(\frac{P}{l+l'}\right) = \frac{8.4}{15} = 0.56 \text{ kPa/m}$$

로 된다. 그리고 AB 구간의 기구급수부하단위의 합계를 구하면 60×4=240 FU로 되고(여기서 B점에서의 최저필요수압이 70 kPa이므로 B점 이후의 지관에는 세정밸브식 변기가 설치되어 있지 않음을 알 수 있으므로) <표 2-26>에서 AB 구간의 순간최대유량을 구하면 276 L/min이 된다.

또한 <그림 2-34> 또는 <식 2-38>로부터 AB구간의 관경을 구하면 57.8 mm가 된다. 스테인리스 관경 60 Su의 내경이 57.5 mm, 75 Su의 내경이 73.3 mm이므로 75 Su로 결정한다. 이때 배관 내의 유속은 1.1 m/s로서 2 m/s 이하가 되므로 관경은 그대로 75 Su로 선정한다.

② DE 구간의 관경

AB구간에서와 마찬가지로 다음과 같이 구한다.

E점에서의 허용압력 $P = (8 + 12) \times 9.8 - 70 = 126$ kPa

로 된다. 그리고 AE구간의 환산 총 배관길이는

$$l + l' = (2 + 8 + 4 \times 3) \times (1 + 0.5) = 33 \text{ m}$$

로 된다. 따라서 구간 DE에서 1 m당 허용마찰 손실압력 $\left(\frac{P}{l+l'}\right)$는

$$\left(\frac{P}{l+l'}\right) = \frac{126}{33} = 3.8 \text{ kPa/m}$$

로 된다. 그리고 DE 구간의 기구급수부하단위 수는 60 FU이므로, <표 2-26>에서 순간최대유량을 구하면 125 L/min이 된다.

또한 <그림 2-34> 또는 <식 2-38>로부터 DE 구간의 관경을 구하면 28.9 mm이므로, 관경은 30 Su로 결정한다. 이때 배관 내의 유속은 2.66 m/s로서 2 m/s 이상이 되므로, 최종관경은 40 Su(이때의 유속은 1.63 m/s임)로 선정한다.

예제 2.14

〈그림 2-37〉에 나타낸 사무소 건물의 고가수조식 급수 시스템의 관경을 결정하시오. (정수압 계산시 A점을 기준으로 한다. 배관 재질은 스레인리스 강관으로 하며, 최소관경은 20 Su로 한다. 각 층의 위생기구 배열은 6층과 동일하지만, 6층의 대변기는 세정탱크식, 1~5층의 대변기는 세정밸브식으로 한다. 또한 대변기의 세정탱크식이나 세정밸브식 수전의 설치높이는 동일한 것으로 한다. 대변기의 필요수압은 세정탱크식은 55 kPa, 세정밸브식은 100 kPa로 한다)

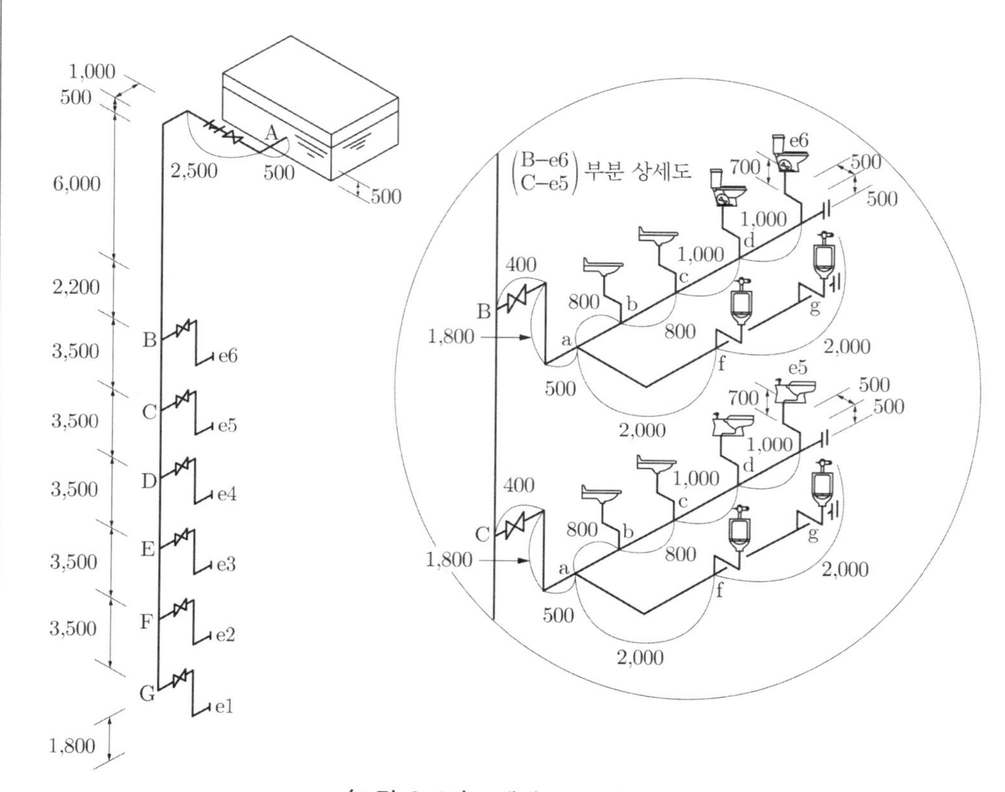

〈그림 2-37〉 예제 2-14의 그림

풀이 1) 순간최대유량(동시사용유량)의 산정

6층 급수지관의 순간최대유량을 <표 2-29>에, 1~5층의 급수지관의 순간최대유량을 <표 2-30>에 나타내었다. 또한 급수주관의 순간최대유량을 <표 2-31>에 나타내었다(<표 2-25> 및 <표 2-26> 사용).

<표 2-31>에서 A-B 구간의 순간최대유량은 <표 2-26>의 FV란에서 계산한다.

〈표 2-29〉 6층 급수지관의 순간최대유량

구간	기구	기구급수부하단위[FU]	누계	순간최대유량[L/min]	비고
B−a	대변기(FT) 2개 세면기 2개 소변기 2개	2.5×2=5 0.8×2=1.6 4×2=8	14.6	41.2≒42	<표 2−26>에서 FT
a−b	대변기(FT) 2개 세면기 2개	2.5×2=5 0.8×2=1.6	6.6	21.4≒22	
b−c	대변기(FT) 2개 세면기 1개	2.5×2=5 0.8×1=0.8	5.8	18.6≒19	
c−d	대변기(FT) 2개	2.5×2=5	5	17	
d−e	대변기(FT) 1개	2.5×1=2.5	2.5	9.3≒10	
a−f	소변기 2개	4×2=8	8	26	
f−g	소변기 1개	4×1=4	4	15	

〈표 2-30〉 1~5층 급수지관의 순간최대유량

구간	기구	기구급수부하단위[FU]	누계	순간최대유량[L/min]	비고
C−a (D−a, E−a, F−a, G−a)	대변기(FV) 2개 세면기 2개 소변기 2개	5×2=10 0.8×2=1.6 4×2=8	19.6	131	<표 2−26>에서 FV
a−b	대변기(FV) 2개 세면기 2개	5×2=10 0.8×2=1.6	11.6	108	
b−c	대변기(FV) 2개 세면기 1개	5×2=10 0.8×1=0.8	10.8	105	
c−d	대변기(FV) 2개	5×2=10	10	102	
d−e	대변기(FV) 1개	5×1=5	5	83	
a−f	소변기 2개	4×2=8	8	26	<표 2−26>에서 FT
f−g	소변기 1개	4×1=4	4	15	

〈표 2-31〉 급수주관의 순간최대유량

구간	기구급수부하단위[FU]	누계	순간최대유량[L/min]	비고
A−B	19.6×5+14.6	112.6	271.6≒272	<표 2−26>에서 FV
B−C	19.6×5	98	255	
C−D	19.6×4	78.4	232.8≒233	
D−E	19.6×3	58.8	206.6≒207	
E−F	19.6×2	39.2	176.4≒177	
F−G	19.6	19.6	131	

2) 최상층(6층)의 관경결정

① 정수압(P)

$H = 0.5 + 6 + 2.2 + 1.8 - 0.5 - 0.7 = 9.3$ m

$P = H \times 9.8 = 9.3 \times 9.8 = 91.14$ kPa

② 상층부까지의 급수수직관의 마찰손실 압력(P_f)

$P_f = 0$

③ 대변기의 필요수압(P')

$P' = 55$ kPa

④ 배관의 실제 길이(l)

l는 고가수조 저수면으로부터 가장 멀리 떨어져 있는 기구까지의 실제 배관길이이므로 구간 A－B－a－e와 A－B－a－g 중에서 A－B－a－e 구간이 더 길므로 이 구간의 길이를 구해보면 다음과 같다.

$l = (0.5 + 2.5 + 1 + 0.5 + 6 + 2.2) + (0.4 + 1.8 + 0.5) + 0.8 + 0.8 + 1 + (1 + 0.5 + 0.5 + 0.7)$
$= 20.7$ m

⑤ 관로계수는 $K = 2$로 가정한다.

⑥ 허용 마찰 손실 압력은 다음과 같다.

$$i = \frac{P - P_f - P'}{K \cdot l} = \frac{91.14 - 0 - 55}{2 \times 20.7} = 0.873 \text{ kPa/m}$$

안전을 고려하여 $i = 0.87$ kPa/m로 한다.

⑦ 허용마찰 손실압력과 순간최대유량으로부터 <그림 2－34>를 사용하여 <표 2－32>와 같이 관경을 결정한다.

⑧ <표 2－32>에서 구한 배관의 관경을 근거로 국부손실압력을 산정하여 실제의 마찰손실압력을 구하여 허용마찰손실압력 이내에 있는지 검토한다<표 2－33>.

최상층의 허용 마찰 손실압력은 $P - P_f - P' = 91.14 - 0 - 55 = 36.14$ kPa로 되며, 구간 A－B－a－b－c－d－e까지의 실제 마찰손실 압력값은 <표 2－33>으로부터 계산하면 15.57 kPa로서 여유수압이 $36.14 - 15.57 = 20.57$ kPa이다. 따라서 수압에 여유가 있으므로, 시공상 비경제적이라고 생각되어지는 구간에서 관경 조정을 해본다. 이때 유속이 한계유속(2 m/s)을 넘지 않도록 한다.

A－B 구간의 관경을 1 사이즈 줄여 50 Su로 하면 유속이 2.7 m/s로 되어 한계유속보다 크게 되고 또한 5층 B－C 구간의 관경을 고려하였을 때 관경을 조정할 수 없다. 또한 관경 조정 가능 구간은 B－a 구간과 a－f 구간이지만 <표 2－27>을 참조하였을 때 관경을 축소할 수 없다. 나머지 구간은 최소 관경이 20 Su이므로 관경 조정을 할 수 없다<표 2－34>.

구간 A－B－a－f－g에서도 실제 마찰 손실압력이 15.28 kPa로서 허용 마찰손실 압력 내에 있으므로 관경 축소 여유는 있으나 앞에서 설명한 바와 같이 관경 조정이 불필요하게 된다.

⑨ 각 구간의 최종관경은 <표 2-35>와 같다.

〈표 2-32〉 6층 급수배관 관경 산정표

구간	허용마찰 손실압력 [kPa/m]	기구급수 부하단위 [FU]	순간최대 유량 [L/min]	관경 [Su]	유속 [m/s]	실제 손실압력 [kPa/m]	비고
A−B	0.87	112.6	272	60	1.75	0.56	
B−a	0.87	14.6	42	25	1.26	0.76	
a−b	0.87	6.6	22	20	1.14	0.86	
b−c	0.87	5.8	19	20	0.99	0.66	
c−d	0.87	5	17	20	0.88	0.54	
d−e	0.87	2.5	10	20	0.52	0.2	최소관경 20 Su
a−f	0.87	8	26	25	0.78	0.31	
f−g	0.87	4	15	20	0.78	0.43	최소관경 20 Su

〈표 2-33〉 6층 마찰손실압력 산정표

구간	관경 [Su]	실제 손실압력 [kPa/m]	배관길이 (l)[m]	국부저항 상당관길이(l')[m]		$l+l'$ [m]	마찰손실 압력 [kPa]
A−B	60	0.56	12.7	엘보 1.06×3=3.18 게이트밸브 0.21×1=0.21 T(분) 1.52×1=1.52	4.91	17.61	9.87
B−a	25	0.76	2.7	게이트밸브 0.09×1=0.09 엘보 0.45×2=0.9 T(직) 0.14×1=0.14	1.13	3.83	2.91
a−b	20	0.86	0.8	T(직) 0.12×1=0.12	0.12	0.92	0.8
b−c	20	0.66	0.8	T(직) 0.12×1=0.12	0.12	0.92	0.61
c−d	20	0.54	1	T(직) 0.12×1=0.12	0.12	1.12	0.61
d−e	20	0.2	2.7	엘보 0.38×3=1.14	1.14	3.84	0.77
B−a	25	0.76	2.7	게이트밸브 0.09×1=0.09 엘보 0.45×2=0.9 T(분) 0.76×1=0.76	1.75	4.45	3.39
a−f	25	0.31	2	T(직) 0.14×1=0.14	0.14	2.14	0.67
f−g	20	0.43	2	엘보 0.38×3=1.14	1.14	3.14	1.35

〈표 2-34〉 6층 산정관경의 수정

구간	수정관경 (산정관경) [Su]	수정유속 [m/s]	허용마찰 손실압력 [kPa/m]	배관길이 (l)[m]	국부저항 상당관길이(l')[m]		$l+l'$ [m]	마찰손실 압력 [kPa]
A−B	(60)							9.87
B−a	(25)							2.91
a−b	(20)							0.8
b−c	(20)							0.61
c−d	(20)							0.61
d−e	(20)							0.77
B−a	(25)							3.39
a−f	(25)							0.67
f−g	(20)							1.35

〈표 2-35〉 6층 산정관경과 관내유속

구간	A－B	B－a	a－b	b－c	c－d	d－e	a－f	f－g
관경[Su]	60	25	20	20	20	20	25	20
유속[m/s]	1.75	1.26	1.14	0.99	0.88	0.52	0.78	0.78

3) 5층의 관경결정

① 정수압(P)

$H = 9.3 + 3.5 = 12.8$ m

$P = H \times 9.8 = 12.8 \times 9.8 = 125.44$ kPa

② 상층부(A－B 구간)까지의 급수수직관의 마찰손실 압력(P_f)

$P_f = 9.87$ kPa

③ 대변기의 필요수압(P')

$P' = 100$ kPa

④ 배관(B점부터 5층 수평지관 e5점까지)의 실제 길이(l)

$l = 3.5 + (0.4 + 1.8 + 0.5) + 0.8 + 0.8 + 1 + (1 + 0.5 + 0.5 + 0.7) = 11.5$ m

⑤ 관로계수는 $K = 2$로 가정한다.

⑥ 허용마찰손실압력은 다음과 같다.

$$i = \frac{P - P_f - P'}{K \cdot l} = \frac{125.44 - 9.87 - 100}{2 \times 11.5} = 0.677 \text{ kPa/m}$$

안전을 고려하여 $i = 0.67$ kPa/m로 한다.

⑦ 허용마찰 손실압력과 순간최대유량으로부터 <그림 2-34>를 사용하여 <표 2-36>과 같이 관경을 결정한다.

⑧ <표 2-36>에서 구한 배관의 관경을 근거로 국부손실압력을 산정하여 실제의 마찰손실압력을 구하여 허용마찰손실압력이내에 있는지 검토한다<표 2-37>. 5층의 허용 마찰 손실압력은 $P - P_f - P' = 125.44 - 9.87 - 100 = 15.57$ kPa로 되며, 구간 B－C－a－b－c－d－e까지의 실제 마찰손실 압력 값을 <표 2-37>로부터 계산하면 7.75 kPa로서 여유수압이 $15.57 - 7.75 = 7.82$ kPa이다. 따라서 수압에 여유가 있으므로, 시공상 비경제적이라고 생각되어지는 구간에서 관경 조정을 해본다. 이때 유속이 한계유속(2 m/s)을 넘지 않도록 한다.

d－e 구간은 <표 2-27>을 참고하면 30 Su로 조정 가능하며, 30 Su로 한 경우의 유속은 1.77 m/s로서 한계유속 내에 있다. c－d 구간은 <표 2-27>을 참고하여 선정한 관경으로 한다. 그리고 C－a 구간은 관경을 한 사이즈 줄여 40 Su로 하면 유속이 1.71 m/s이므로 관경을 수정한다. 또한 B－C 구간은 관경을 50 Su로 하면 유속이 2.5 m/s로서 한계유속을 넘게 된다. <표 2-38>에는 관경

수정 결과를 나타내었으며, 최종적으로 관경조정후의 실제 마찰손실 압력은 12.19 kPa로서 허용마찰손실 압력 15.57 kPa 이내로 된다.
또한 구간 B－C－a－f－g에서의 관경 수정 결과도 <표 2－38>에 나타내었으며, 실제 마찰 손실압력은 8.59 kPa이 되어 허용마찰손실 압력 15.57 kPa 이내로 된다.

⑨ 각 구간의 최종관경은 <표 2－39>와 같다.
4층 이하의 관경 산정은 연습문제로 남겨둔다.

〈표 2-36〉 5층 급수배관 관경 산정표

구간	허용마찰 손실압력 [kPa/m]	기구급수 부하단위 [FU]	순간최대유량 [L/min]	관경 [Su]	유속 [m/s]	실제 손실압력 [kPa/m]	비고
B－C	0.67	98	255	60	1.64	0.5	
C－a	0.67	19.6	131	50	1.3	0.42	
a－b	0.67	11.6	108	40	1.41	0.57	
b－c	0.67	10.8	105	40	1.37	0.54	
c－d	0.67	10	102	40	1.33	0.52	
d－e	0.67	5	83	40	1.09	0.35	
a－f	0.67	8	26	25	0.78	0.31	
f－g	0.67	4	15	20	0.78	0.43	최소관경 20 Su

〈표 2-37〉 5층 마찰손실압력 산정표

구간	관경 [Su]	실제 손실압력 [kPa/m]	배관길이 (l)[m]	국부저항 상당관길이(l')[m]			$l+l'$ [m]	마찰손실 압력 [kPa]
B－C	60	0.5	3.5	T(분)	1.52×1=1.52	1.52	5.02	2.51
C－a	50	0.42	2.7	게이트밸브 엘보 T(직)	0.15×1=0.15 0.76×2=1.52 0.24×1=0.24	1.91	4.61	1.94
a－b	40	0.57	0.8	T(직)	0.18×1=0.18	0.18	0.98	0.56
b－c	40	0.54	0.8	T(직)	0.18×1=0.18	0.18	0.98	0.53
c－d	40	0.52	1	T(직)	0.18×1=0.18	0.18	1.18	0.62
d－e	40	0.35	2.7	엘보	0.61×3=1.83	1.83	4.53	1.59
C－a	50	0.42	2.7	게이트밸브 엘보 T(분)	0.15×1=0.15 0.76×2=1.52 1.06×1=1.06	2.73	5.43	2.28
a－f	25	0.31	2	T(직)	0.14×1=0.14	0.14	2.14	0.67
f－g	20	0.43	2	엘보	0.38×3=1.14	1.14	3.14	1.35

〈표 2-38〉 5층 산정관경의 수정

구간	수정관경 (산정관경) [Su]	수정 유속 [m/s]	허용마찰 손실압력 [kPa/m]	배관 길이 (l)[m]	국부저항 상당관길이(l')[m]		$l+l'$ [m]	마찰손실 압력 [kPa]
B−C	(60)							2.51
C−a	40(50)	1.71	0.82	2.7	게이트밸브 0.12×1=0.12 엘보 0.61×2=1.22 T(직) 0.18×1=0.18	1.52	4.22	3.46
a−b	(40)							0.56
b−c	(40)							0.53
c−d	(40)							0.62
d−e	32(40)	1.77	1.15	2.7	엘보 0.61×2=1.22	1.22	3.92	4.51
C−a	40(50)	1.71	0.82	2.7	게이트밸브 0.12×1=0.12 엘보 0.61×2=1.22 T(분) 0.91×1=0.91	2.25	4.95	4.06
a−f	(25)							0.67
f−g	(20)							1.35

〈표 2-39〉 5층 산정관경과 관내유속

구간	B−C	C−a	a−b	b−c	c−d	d−e	a−f	f−g
관경[Su]	60	40	40	40	40	32	25	20
유속[m/s]	1.64	1.71	1.41	1.37	1.33	1.77	0.78	0.78

4 수도인입관의 관경 결정

수도인입관의 유량은 시간평균 예상급수량 Q_h[L/h] 이상으로 한다. 따라서 인입관의 관경은 시간최대 예상급수량을 공급할 수 있는 관경으로 하며, 이때의 유속은 0.8~0.9 m/s 정도가 되게 관경을 선정한다.

예제 2.15

시간최대 예상급수량이 200 L/min일 때, 수도인입관의 관경을 구하시오.
(배관재질은 스테인리스 강관으로 한다)

풀이 <그림 2-34>의 스테인리스 강관의 마찰저항선도로부터 유량 200 L/min, 유속 0.8~0.9 m/s일 때의 관경을 선정하면 75 Su가 된다.

2.9 급수설비에서의 주의사항

건축설비에서 가장 기본적이고 중요한 것은 인간의 생명유지에 필요한 물을 공급하는 급수설비라고 할 수 있다. 따라서 급수설비에는 수질보존과 용도에 적절한 유량 및 압력의 확보가 필수적이며, 여기서는 이와 같이 적절한 시스템으로 하기 위한 주의 사항에 대하여 설명한다.

1 수질확보(음용수용 급수의 오염과 방지)

일반적으로 급수설비의 입구는 수도에 연결되어 있고, 그 출구는 수전에 연결되어 있다. 수돗물은 상수(上水) 또는 수돗물, 급수설비의 물은 일반적으로 급수라고 한다. 급수 중 음료용에 사용될 가능성이 있는 물을 음용수(飮用水)라고 하지만, 그 수원으로 상수를 이용하는 경우는 상수라고도 한다. 여기서는 음용수용 급수라는 용어를 사용하기로 한다.

상수의 수질은 수도법에 의해 음료용에 적합한 것을 공급하고 있기 때문에 이 물이 급수설비(수도인입관부터 수전까지) 내에서 수질이 그대로 유지된다면 문제가 될 것이 없다. 그러나 급수설비 내에서 오염의 가능성이 있기 때문에, 급수설비의 부위별로 급수의 오염원인 및 방지에 대해 생각해 본다.

<표 2-40>에는 급수설비에서 부위별 오염의 원인, 현상 및 방지방법에 대해 나타내었다.

〈표 2-40〉 음용수용 급수의 오염 원인, 현상 및 방지방법

부위	원인	현상	방지 방법
배관류	크로스 커넥션(배압)	비음료수의 혼입	배관 계통별로 색깔로 구분하여 오접합을 방지하며 통수시험에 의해 체크한다.
	금속관의 부식	적수(철관류), 청수(동관류)	배관의 세정, 갱생 및 교체
위생기구류(수전)	배관내의 부압	역사이펀 작용	토수구 공간, 진공 브레이커, 역류방지 장치 부착
탱크류	정체수, 사수	미생물의 생육, 슬라임, 맛과 냄새의 이상	적정한 탱크의 용량 및 유수로의 설계
	곤충 등의 침입	오니, 맛과 냄새의 이상	맨홀, 오버플로관으로부터의 침입 방지대책과 관리의 철저
	투광(FRP제 탱크)	주위 벽면에 조류의 생육, 맛과 냄새의 이상	차광성 FRP를 재질로 사용

(1) 배관류

1) 크로스 커넥션(cross connection)

건물 내에는 각종 설비배관이 혼재(混在)하고 있다. 따라서 시공시, 착오로 서로 다른 계통의 배관을 접속하는 수가 있다. 특히 상수 및 급탕 배관이나 장치와 상수 이외의 배관 또는 장치가 접속되는 것을 크로스 커넥션이라고 한다. 예를 들면, <그림 2−38(a)>에 나타낸 바와 같이 정수(우물물)를 사용하고 있는 주택 등에서 단수나 고장에 대비하여 정수배관과 수도배관을 접속하는 것은 크로스 커넥션이 되며, 절대로 해서는 안 된다. 정수는 위생적으로 안전한 물로 항상 관리되고 있다고 할 수 없으며, 수질 악화에 따라 수돗물을 오염시킬 위험이 있기 때문이다. 즉, 크로스 커넥션을 하면 급수계통내의 압력이 다른 계통내의 압력보다 낮게 된 경우(이와 같은 압력상태를 역압(back-pressure)이라고 함)에 다른 계통내의 유체가 급수계통으로 유입하게 되어 물의 오염 원인이 된다.「건축물의 설비기준 등에 관한 규칙」 제18조에서도 "음용수용 배관설비는 다른 용도의 배관설비와 직접 연결하지 아니할 것"이라고 되어 있다.

따라서 그 방지대책으로서, 배관이 어느 계통인가 알 수 있도록 각 계통마다의 배관을 색깔로 구분할 수 있게 하는 것이 유리하다. 또한 준공검사 시에 통수시험을 실시하여 동일계통만이 확실하게 통하고 있는 것을 확인하는 일이다.

<그림 2−38>에 크로스 커넥션의 예를 나타내었다.

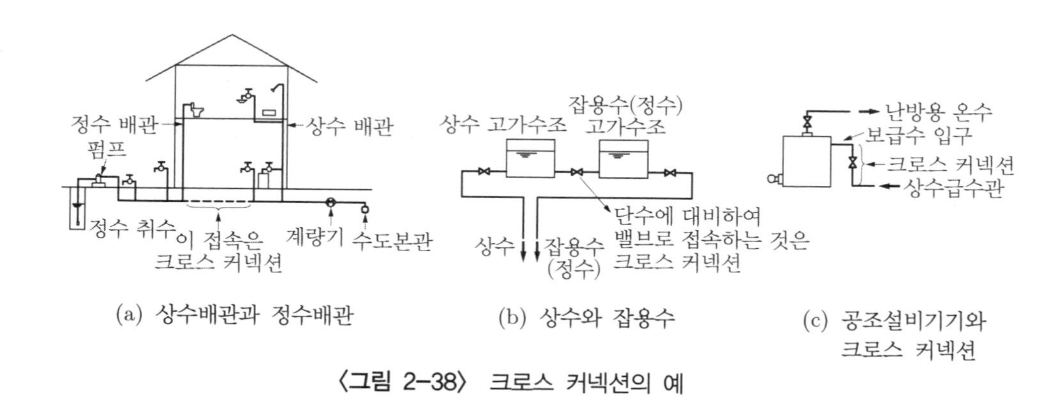

(a) 상수배관과 정수배관 (b) 상수와 잡용수 (c) 공조설비기기와 크로스 커넥션

〈그림 2−38〉 크로스 커넥션의 예

2) 배관의 부식

급수용 강관에서 발생하는 녹물은 인간의 눈으로 보거나 마시면 그 맛으로 알 수 있기 때문에 마시는 것을 피할 수 있으며, 또한 인체에 대한 위험성도 작기 때문에 다른 오염과 같이 취급하지 않아도 되지만 수질악화라는 측면에서는 동일하다. 녹물이 발생하는 상황에서는 통상 관내의 부식(녹이 슴)으로 단면의 축소를 일으키며, 누수의 원인이 되기도 한다. 이와

같이 배관의 내면이 부식하면 물이 오염되지만, 땅이나 콘크리트 중에 매설된 배관의 경우, 외면으로부터 부식이 진행되어 작은 구멍이 생겨 흙 속의 물이 급수관내로 침입하여 오염되는 경우도 있다. 매설배관의 부식은 발견하기 어렵기 때문에 오랜 기간 방치되는 경우도 많으며, 장기간에 걸쳐 물의 오염이 계속되는 경우도 있으며, 급수관과 배수관이나 배수 맨홀이 인접하고 있는 경우에는 특히 위험한 상태로 된다.

일반적으로 급수배관은 항상 관 내외면으로부터 부식할 위험성이 있기 때문에 부식에 강한 재질을 사용함과 동시에 시공방법도 충분히 주의하여 부식에 의한 오염으로부터 보호할 필요가 있다. 배관의 부식에 대한 상세한 내용은 부록 II장을 참고하기 바란다.

(2) 위생기구류

보통 급수배관은 가압(정압) 상태로 되며, 말단의 수전으로부터 역방향으로 물이 흐르는 것(이것을 역류라고 한다)은 아니다. 그런데 <그림 2-39>에 나타낸 바와 같이 급수관 내가 부압(負壓)이 되는 경우가 있다. 이 때, 수전(토수구라고도 함)의 말단이 오염된 물 속에 잠겨 있거나 그 수면 가까이 있으면, 오염된 물이 급수배관 내로 유입되어 오염이 된다. 이와 같이 부압에 의한 역류(逆流)를 역 사이펀 작용(back-siphonage)이라고 한다. 또한 앞에서 설명한 역압에 의한 유입현상도 역류라고 한다. 이 역 사이펀 작용의 방지법으로서는 첫째로는 수전 말단으로부터 물이 흡입되지 않도록 할 것, 둘째로는 부압이 수전에 도달하기 전, 즉 배관 도중에서 완화, 소멸시키는 방법을 생각할 수 있다.

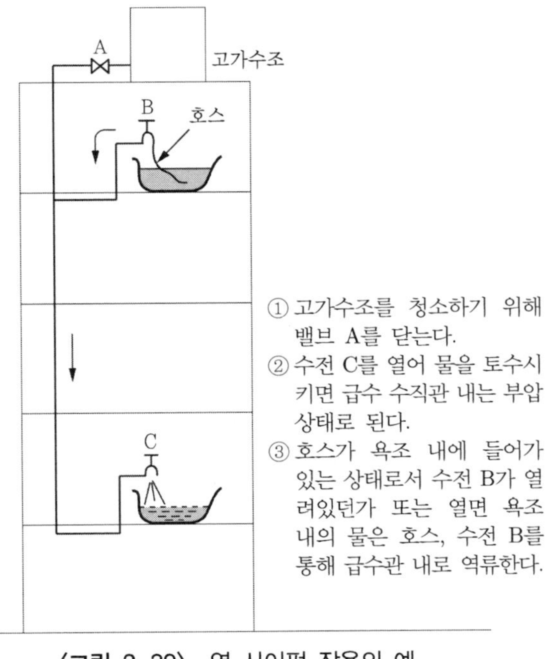

〈그림 2-39〉 역 사이펀 작용의 예

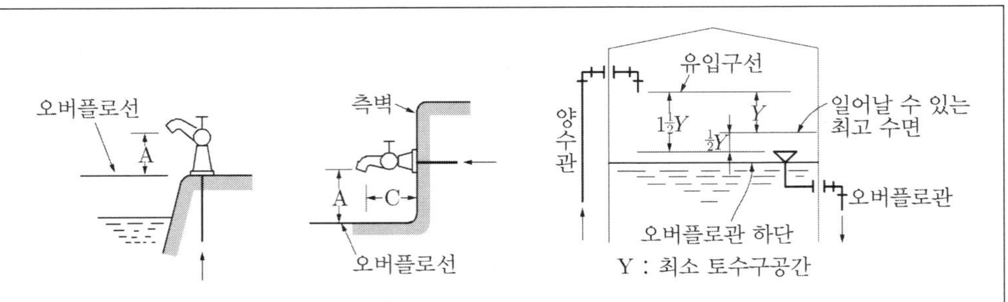

(a) 인접벽의 영향이 없는 경우 (b) 인접벽의 영향이 있는 경우 (c) 급수탱크의 경우

〈토수구 공간 A의 치수〉

위생기구	최소 토수구 공간(A의 거리)	
	인접 벽의 영향이 없는 경우[1]	인접 벽의 영향이 있는 경우[2]
DN 15 이하의 세면기	25 mm	38 mm
DN 20 이하의 싱크, 세탁기 및 욕조 수도꼭지	38 mm	57 mm
DN 20 이하의 욕조상부 붙이 욕조혼합수도꼭지	50 mm	76 mm
DN 25 이상의 유효개구부	유효개구부 직경×2	유효개구부 직경×3

㈜ 1) 벽으로부터의 거리[그림 (b)의 C]가 인접 벽이 1면인 경우는 토수구 내부의 가장자리에서 유효개구부 직경의 3배 이상 거리 또는 인접 벽이 2면인 경우는 유효개구부 직경의 4배 이상 거리가 떨어져 있으면, 측벽이나 이와 유사한 구조물은 토수구 공간에 영향을 주지 않으며, 인접 벽의 영향이 없는 경우로 한다.
2) 수면에서부터 토수구 수평면이나 그 위까지 연장한 수직 벽이나 이와 유사한 구조물이 있는 경우, 토수구의 내부의 가장자리에서의 거리[그림 (b)의 C]가 주 1)에서 정의한 것보다 더 가까우면, 토수구 공간은 인접 벽의 영향이 없는 경우보다 크게 한 인접 벽의 영향이 있는 경우로 한다. 세 면 이상의 수직 벽의 경우 토수구 공간은 벽 상부로부터 측정한다.
3) 유효개구부 직경은 토수구 내경, 수전 내부의 패킹의 내경 및 급수전 접속관의 내경 중 최소내경을 말한다.
4) 토수구면이 오버플로면에 대해 평행하지 않은 경우는 토수구의 최하단과 위생기구나 물받이 용기의 물넘침선과의 공간을 토수구 공간으로 한다.
5) DN : 호칭지름

〈그림 2-40〉 토수구 공간과 그 치수

첫 번째 방법으로서 가장 확실한 것이 수전과 수면 간에 공간을 두는 방법이다. 공간이 있어도 토수구와 수면이 가까우면 물이 흡입하는 경우가 있기 때문에 토수구와 수면간의 공간을 규정할 필요가 있다. 그런데 위생기구 등의 용기로부터 물이 오버플로(흘러 넘침)되는 경우, 이 오버플로 수면과 토수구 말단까지의 공간을 토수구 공간(吐水口 空間, air gap)이라고 하며, 그 최소 수직거리는 최대 부압을 40 kPa로 한 흡인력에 의한 실험 결과로부터 IPC에서는 <그림 2-40>과 같이 규정하고 있다. 또한 <그림 2-39>와 같이 수전에 호스를 연결하여 호스가 물에 잠기는 경우는 이와 같은 토수구 공간에 대한 규정이 있어도 역 사이펀 작용을 피할

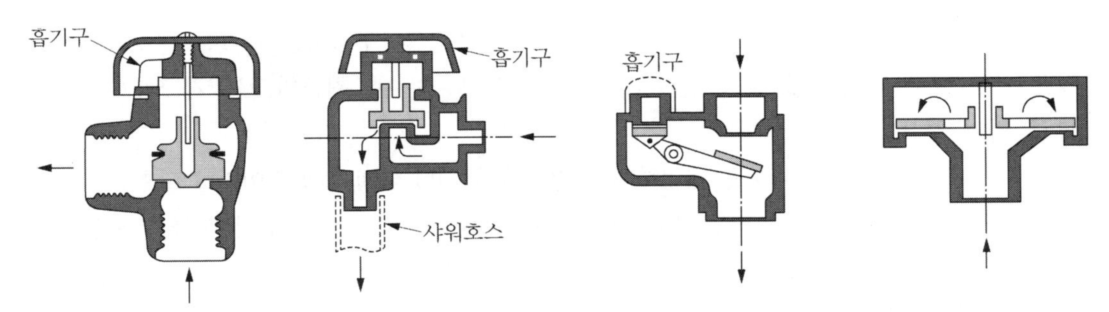

(a) 일반기구용(대기압식) (b) 핸드 샤워용(대기압식) (c) 대변기 세정밸브용(대기압식) (d) 가압배관용(압력식)

〈그림 2-41〉 진공 브레이커

수 없기 때문에, 절대로 수전에 호스를 연결하여 사용해서는 안 된다.

또한 급수 탱크류의 흘러넘침에 대해서는 오버플로 관의 하단을 기준으로 한다. 토수구 공간을 반드시 두지 않으면 안 되지만 세정밸브식 변기, 핸드 샤워, 호스접속 수전 등은 토수구 공간을 두는 것이 물리적으로 불가능하기 때문에 이들 기구에는 부득이 제2의 방법을 채택하여야 된다. 즉 공기를 유입시켜 부압을 완화, 소멸시키는 기능을 갖는 진공 브레이커(vacuum breaker)를 수전, 밸브 부근의 배관에 설치하는 방법이다. 진공 브레이커에는 <그림 2-41>과 같이 대기압식과 압력식이 있다. 대기압식은 대변기의 세정밸브 등 수압이 항상 걸려 있는 최종 수전의 출구 측에 설치한다. 압력식은 압력이 항상 걸려 있는 최종 수전, 밸브의 입구측에 설치한다.

또한 제3의 방법으로서 역지기구와 공기유입을 조합한 역류 방지장치가 있다. 이것은 역압에 의한 역류방지에도 유효하다.

(3) 탱크류

저수조나 고가수조에는 반드시 출입구가 있다. 물은 입구로부터 출구까지 최단 거리가 되도록 흐르려고 한다. 만약 출구와 입구가 서로 근접해 있으면 탱크에 유입한 물은 곧 흘러 나가고 탱크 내의 대부분의 물은 정체한 채로 있게 된다. 이와 같은 정체 상태를 사수(死水, dead water)라고도 한다. 그런데 사수이건 급수이건 간에 그 물 속에는 약간의 미생물이 혼입되어 있으며, 정체수(停滯水)의 환경에서는 미생물의 증식이 촉진되고 슬라임(slime)이 되어 수중에 부유(浮遊)하거나 탱크 바닥에 침전하여 음료수에 이상한 맛과 냄새를 주게 된다. 따라서 설계 단계에서는 정체수가 없게 끔 물의 흐름을 고려한 출입구의 설치위치와 탱크용량이 중요하게 된다.

탱크용량이 큰 경우에는 탱크 내에 사수가 일어나지 않도록 필요에 따라 우회로를 두는 등의 고려(<그림 2-20> 참조)를 하여야 한다. 또한 적절한 주기로 청소를 할 필요가 있다. 특히 학교 등과 같은 곳에서는 방학 후, 재 사용전에는 급수관을 포함하여 철저한 청소를 할 필요가 있다. 또한 FRP(유리섬유강화 플라스틱)제 등과 같은 빛을 투과하는 재료로 탱크를 만든 경우는 조류(藻類)가 증식할 수가 있기 때문에 주의해야 하는데, 최근의 FRP제 탱크는 차광성으로 되어 있다.

저수조, 고가수조에는 내부를 점검하거나 청소하기 위한 개폐구(맨홀이라고도 함)가 필요한데, 그 뚜껑이 밀폐되어 있지 않으면 벌레나 곤충 등이 탱크 내에 침입하여 물을 오염시키게 된다. 또한 고가수조의 오버플로관으로부터도 이들이 침입할 수도 있다. 따라서 이것을 방지하기 위한 대책 및 철저한 관리가 필요하다.

특히 저수조는 1~2일 정도의 장시간동안 수돗물이 체류함으로써 수질저하의 요인이 됨과 동시에 비전문가(수요가 및 아파트관리소)가 저수조를 관리함으로써 수질오염의 우려가 있다.

2 압력의 확보

주택 등에서 급수기구를 정상적으로 사용하기 위해서는 그 기구에 맞는 수압의 확보가 필요하다. 급수설비는 앞에서도 언급한 바와 같이 자연의 압력(중력)을 이용하는 것(고가수조)과 펌프 등의 압력을 이용하는 것(압력수조, 펌프직송)이 있지만, 비교적 압력이 안정한 시스템을 사용하는 것이 바람직하다.

3 소음의 방지

아파트 등과 같이 24시간 거주하는 곳에서는 벽체 하나로써 이웃과 접하고 있기 때문에 급수 소음에 대한 충분한 배려를 하여야 한다. 급수설비에서 당연히 배려하여야 할 사항을 열거하면 다음과 같다.

① 펌프실은 원칙적으로 건물 내에 설치하지 않는다. 부득이 하게 설치하여야 할 경우에는 주택으로 음(音)이 전파하지 않도록 구체(軀体)와의 절연을 충분히 배려한다.

② 펌프로부터 고가수조로 배관하는 경우에 최상층 천정부 등의 높은 위치에서 관을 끌어오면 수주분리(4항 참조)가 원인이 되어 워터 해머에 의한 소음이 일어나기 때문에, <그림 2-44>와 같이 수평관 부분을 지중부분(地中部分) 등 하층부에 설치한다.

③ 필요 이상으로 수압이 높으면, 급수기구의 수명을 단축하기도 하고 소음의 원인이 되어 쾌적한 주거환경을 파괴하기 때문에 고층 공동주택 등에서는 각 세대 입구에서의 수압이 거의 일정(표준으로서 200 kPa)하게 되도록 조닝하거나 감압밸브의 설치와 같은 대책을 강구한다.

4 워터 해머

(1) 급수관에 있어서의 워터 해머

배관 내에서 급수전이나 밸브 등을 급폐쇄하면, 유체가 지금까지 갖고 있던 운동(속도)에너지는 순간적으로 압력에너지로 변환되고 수전 또는 밸브의 상류에서 압력이 급격히 상승하여 배관 내의 전수압(全水壓)이 일정하게 될 때까지 압력파가 왕복하게 된다. 이와 같이 관로내의 유체가 급격히 변화하여 압력변화를 일으키는 것을 워터 해머(water hammer) 또는 수격작용(水擊作用)이라고 한다. 그런데 이 때의 압력파는 굉장한 에너지를 갖고 있기 때문에, 이 에너지가 관벽이나 배관상의 밸브나 수전 등에 작용하여 관을 순간적으로 신축시켜 진동을 발생시키고 소음을 일으키며 여기에 접속된 기기류에 손상을 주며, 심한 경우에는 배관설비의 파손 및 누수 등의 사고 원인이 된다.

이와 같은 워터 해머는 밸브 등을 급히 열어 정지중인 배관내의 물을 급격히 유동시킨 경우에도 발생한다. 이것은 한쪽에서 압력강하가 급격히 일어나기 때문에 배관 내의 반대쪽의 물이 동일한 압력이 되기 위해 급격히 밀려와 압력파가 되기 때문이다.

압력파의 전파속도는 약 1,000 m/s로서, 곡관부나 밸브 몸통에 도달하면 그 일부는 반사하여 발생부쪽으로 역행하여 가며, 도달된 반사파는 위상(位相)이 반전되어 압력강하파로 된다. 압력파의 전파속도는 식 (2－39)와 같이 표시한다.

$$a = \sqrt{\frac{K/\rho}{1 + \frac{K}{E} \cdot \frac{D}{b}}} \quad \cdots\cdots (2-39)$$

여기서, a : 압력파의 전파속도, m/s

K : 물의 체적탄성계수[상온의 청수(淸水)인 경우 : 2.03×10^9 Pa], Pa

g : 중력가속도, m/s^2

ρ : 물의 밀도, kg/m^3

E : 관재료의 종탄성 계수(Young률)

[강관 : 2.06×10^{11} Pa, 일반배관용 스테인리스 강관 : 1.93×10^{11} Pa, 동관 : 1.2×10^{11} Pa, 경질염화비닐관 : 2.94×10^9 Pa]

D : 관의 내경, m

b : 관벽의 두께, m

이다.

또한 배관설비에서 워터 해머의 취급상의 원인으로는 밸브 등의 급개폐(急開閉)조작에 의해서도 발생한다. 즉, 수격압력은 밸브 등의 폐쇄시간에 따라 달라지며, 수격파가 반사점까지 관길이(L)를 왕복하는 시간보다 밸브 등의 폐쇄시간(T)이 짧은 경우(급폐쇄라고 함)에는 수격압도 현저하게 높게 된다. 그 수격압의 최대치는 다음 식으로 표시한다.

$T \leq 2L/a$(급폐쇄)인 경우,

$$P_{max} = \rho a v \quad \cdots\cdots (2-40)$$

여기서, P_{max} : 급폐쇄인 경우의 최대수격압, Pa　　ρ : 물의 밀도, kg/m^3

a : 압력파의 전파속도, m/s　　v : 관내 유속, m/s

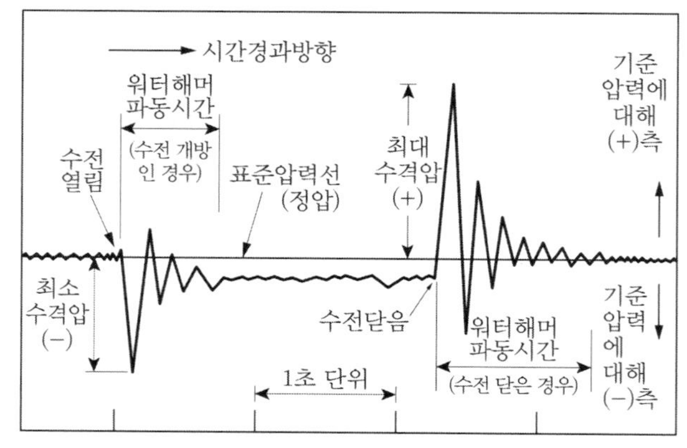

〈그림 2-42〉 수전을 개폐한 경우의 압력파의 변화 예

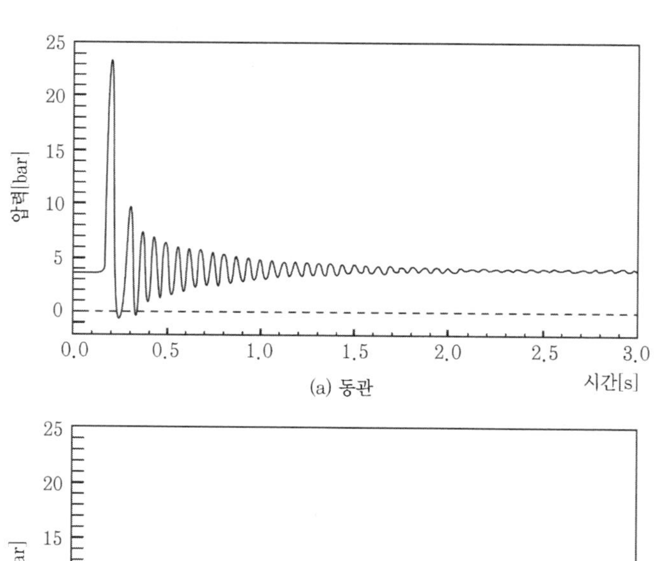

〈그림 2-43〉 수전을 급폐쇄한 경우의 수격압 변화(정수압 4 bar, 배관 내 유속 1.5 m/s)

이 외의 원인으로는 설계불량이나 시공 미스로 인하여 배관내에 지나치게 과대한 수압, 부적절한 유속이 흐르게 되는 것 등을 들 수 있다. <그림 2-42>에는 수전을 개폐한 경우의 압력파의 변화 예를 나타내었다. <그림 2-43>에는 실제배관계에서 측정한 수격압의 변화를 동관과 폴리부틸렌관에 대해서 나타내었다.

예제 2.16

급수배관의 말단에 수도꼭지가 연결되어 있고, 물이 수도꼭지로 토수되기 직전에 압력계가 설치되어 있다. 수도꼭지 직전의 압력계가 설치된 배관 말단의 유동압력이 3.8 bar일 때, 수도꼭지가 급폐쇄된 경우의 배관 말단부에서의 워터 해머에 의해 발생하는 최대압력(bar)과 배관 내 최대압력(bar)을 구하라. (단, 배관이 동관인 경우의 압력파의 전파속도는 1,300 m/s이며, 폴리부틸렌관인 경우에는 240 m/s이다)

풀이 워터 해머에 의해 발생하는 최대 발생압력은 식 (2-40)에 의해

(1) 동관인 경우

최대 발생압력 : $P_{\max} = \rho av = 1{,}000 \times 1{,}300 \times 1.5 = 1.95 \times 10^6 \text{ Pa} = 19.5 \text{ bar}$

배관 내 최대압력 : $P = P_o + P_{\max} = 3.8 + 19.5 = 23.3 \text{ bar}$

(2) 폴리부틸렌관인 경우

최대 발생압력 : $P_{\max} = \rho av = 1{,}000 \times 240 \times 1.5 = 0.36 \times 10^6 \text{ Pa} = 3.6 \text{ bar}$

배관 내 최대압력 : $P = P_o + P_{\max} = 3.8 + 3.6 = 7.4 \text{ bar}$

(2) 펌프 양수관에 있어서의 워터 해머

양수관에 발생하는 워터 해머는 펌프 정지시에 발생하며, 그 발생과정은 급수관에서 보다 복잡하다. 운전중인 펌프가 급격히 동력을 잃어버리면 관성력만에 의해 펌프가 운전하기 때문에 회전수가 떨어지며, 양정 및 유량도 감소한다. 그러나 관내의 물은 관성력에 의해 양수(揚水)를 유지하려고 하기 때문에 펌프의 토출부분에 약간의 압력파가 발생하여 정상 압력보다 저하하며, 펌프의 회전속도가 어느 한도 이하가 되면 양수가 불가능하게 되어 관성력의 균형이 깨져 순간적으로 역류를 시작한다. 일반적으로 토출구에는 펌프 본체 및 회전차의 보호를 위해 첵밸브가 설치하기 때문에 그 밸브가 급격히 닫히면 워터 해머가 발생한다.

이 외의 워터 해머 발생원인으로서는 펌프 토출관의 압력이 이 때의 물의 포화증기압 이하로 되면 그 부분에서 물이 증발하고, 물 속의 공기가 분리하여 마침내 수주(水柱)가 분리하게 된다[이 현상을 수주분리(水柱分離)라고 함]. 수주분리가 일어나면 분리된 수주가 다시 결합할 때에 수격을 발생한다. 양수관에서 워터 해머를 방지하기 위해서는 관성력의 균형이 깨지기 전에 토출부 측의 첵밸브로서 처음에는 빨리, 그 다음에는 천천히 닫히는, 즉, 2단으로 작동하는 것

을 사용하여 밸브를 닫아야만 한다.

관로에서의 수주분리에 대한 대책으로서 펌프의 관성효과를 변화시킨다든지 워터 해머 흡수기 등을 설치하여 관로의 조건을 변화시킬 필요가 있다. 또한 설치상 펌프와 양수하려고 하는 탱크와의 거리가 평면적으로 떨어져 있는 경우에는 <그림 2-44>와 같이 양수관의 수평배관을 가능한 한 낮은 위치에 설치하여 관내가 부압(負壓)이 되는 것을 방지하는 등 계획 및 설계 시에 배관 경로를 고려할 필요가 있다.

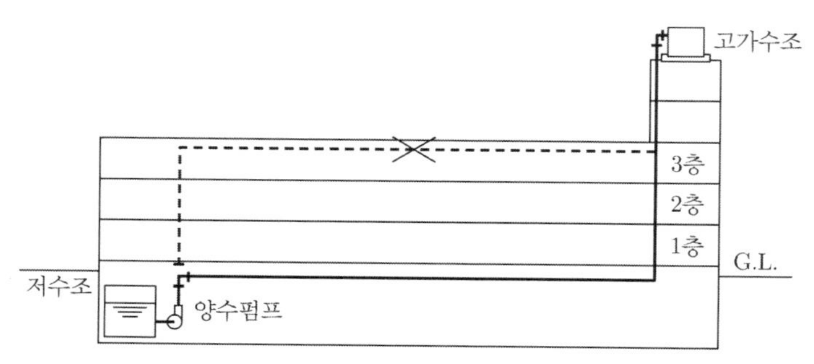

양수펌프와 고가수조 등이 평면적으로 떨어져 있는 경우는 ············ 와 같이 높은 위치에서 수평배관하면 워터 해머가 일어나기 쉽기 때문에 ———— 와 같이 낮은 위치에서 수평배관한다.

〈그림 2-44〉 수평주관이 긴 양수관의 배관방법

(3) 워터 해머 발생부분 및 방지대책

급수계·펌프계 관로의 워터 해머 발생개소와 원인 및 대책에 관한 예를 <표 2-41>에 나타내었다.

〈표 2-41〉 워터 해머 발생개소와 원인 및 대책

발생 부위		원 인	대 책
급수계 관로	수도인입관 계통	• 수수조 수면의 파동(波動) • 수도본관의 고수압(高水壓) • 전자밸브의 급폐쇄 • 배관방법의 불량 • 그외	• 워터 해머 흡수기를 설치 • 파동방지판을 설치 • 배관의 개량 • 감압밸브의 설치 • 볼탭을 수위조절밸브로 변경
	고가수조 이하의 급수관계통	• 전자밸브의 급폐쇄 • 레버식 수전의 급폐쇄 • 감압수조 등의 수면의 파동 • 고수압 • 유속이 빠름	• 수전을 보통형으로 교환 • 워터 해머 흡수기의 설치 • 수조의 수위조절 • 전자밸브를 전동밸브로 교환 • 바이패스관의 설치
펌프계 관로	양수관 계통	• 수평주관이 길다. • 유속이 빠름 • 고양정(高揚程)	• 워터 해머 흡수기의 설치 • 양수관의 도중에 첵밸브의 설치

1) 급수계 관로

고압(高壓)으로 관내의 유속이 빠른 곳, 전자밸브나 급폐형 수전을 사용하고 있는 곳, 볼탭과 같이 개폐를 반복함으로써 물결이 발생하는 기구를 사용하는 곳에서는 워터 해머가 발생하기 쉽다. 대책으로서는 관내 유속의 제한, 감압밸브나 완폐쇄형의 밸브 및 수전의 사용, 수조 내에 방파판의 설치, 워터 해머 흡수기의 설치 등이 있다.

<그림 2-45>에 수조 등의 정수위 밸브에 워터 해머 흡수기를 설치한 예를 나타내었다. 워터 해머 흡수기는 적정 사이즈의 것을 발생원인 밸브 기구의 바로 상류측에 설치하는 것이 원칙이다.

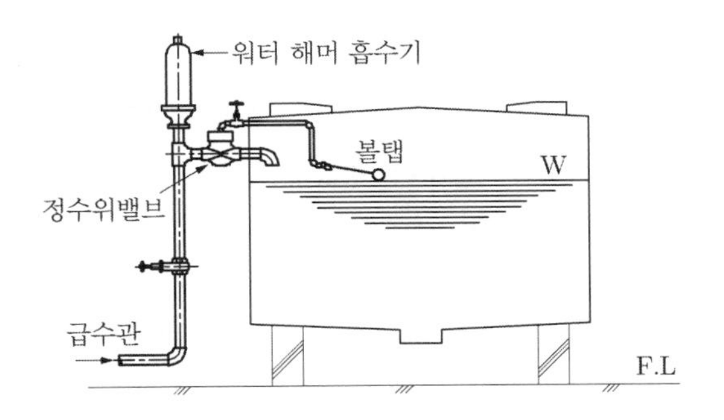

〈그림 2-45〉 워터 해머 흡수기 설치 예

<그림 2-46>에는 워터 해머 흡수기구의 예를 나타내었다. 과거에는 <그림 2-46> (a)의 에어챔버(air chamber, 공기실)를 설치하는 경우가 있었으나, 이것은 장시간이 지나면 공기가 물 속에 용해되어 워터 해머 방지효과가 사라지기 때문에 공기보급에 대한 고려가 필요하며, 공기 보급이 어려운 에어 챔버는 사용하지 않는 것이 좋다. 또한 국내의 급수배관에는 (f)의 피스톤형을 많이 사용하고 있다.

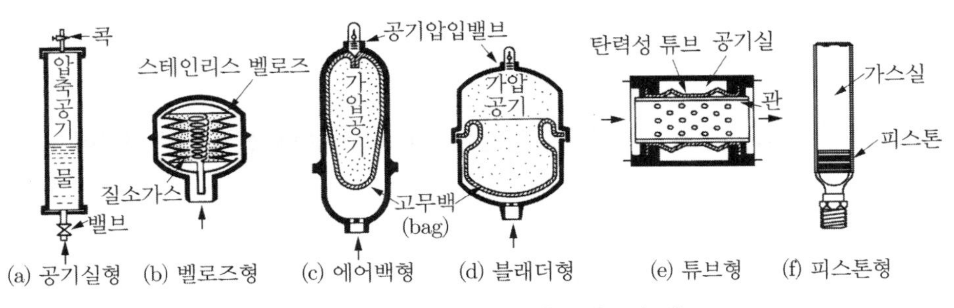

〈그림 2-46〉 워터 해머 흡수기구의 예

<그림 2-47>에는 급수배관 내에 워터 해머 흡수기를 설치한 예를 나타낸 것이다.

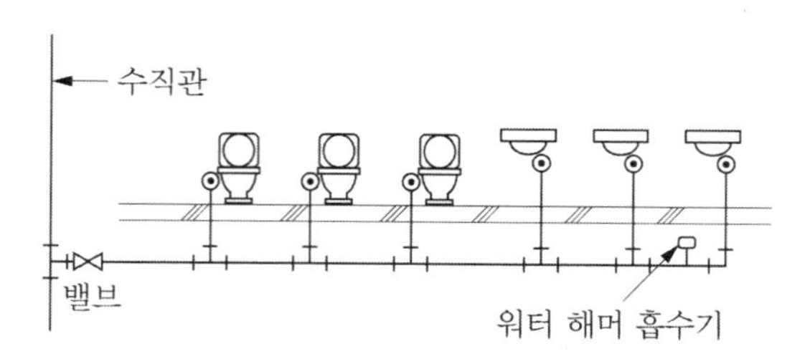

〈그림 2-47〉 워터 해머 흡수기의 설치 예

2) 펌프계 관로

펌프계 관로에서는 펌프의 기동·정지시에 워터 해머가 발생하는 경우가 많다. 원인으로는 앞에서도 언급한 바와 같이 양수관 등의 첵밸브에 의한 경우와 펌프정지시에 발생하는 압력강하에 의한 수주분리현상 때문인 경우가 많다. 수주분리현상을 방지하기 위한 배관계획으로는 <그림 2-44>의 경우, 양수관을 펌프로부터 바로 입상하여 수조까지의 수평배관을 길게 하는 것이 아닌 그림의 실선과 같이 하는 것이 좋다.

펌프계 관로의 워터 해머 방지대책으로서는 관내유속을 억제하고, 워터 해머 흡수기의 설치, 워터 해머 흡수형 첵밸브의 사용, 써지탱크(surge tank)의 설치, 안전밸브를 설치하는 것 등을 들 수 있다.

2.10 급수배관의 설계 및 시공상의 주의점

1 급수배관의 설계 및 시공상의 주의점

(1) 급배수·위생배관(급수, 급탕, 배수, 통기, 소화배관)의 경로 및 위치에 대해서는 다음 항에 따른다.

① 다음의 장소에는 배관을 설치하지 않는다. 단, 그 장소에 설치하는 기기에 필요한 배관설비는 예외이다.

- 엘리베이터 승강기 통로
- 각종 수조 내(급수탱크, 배수조 등)
- 전기실 내

② 배관은 보수점검(장래 배관교체까지 고려)을 고려하여 위치 등을 결정한다.

③ 관 주위에는 보수 및 교환을 용이하게 할 수 있도록 충분한 공간을 확보한다.
콘크리트에 매설하는 등 유지관리가 곤란한 배관은 가능한 한 피하며, 매설하는 경우는 방식처리(防蝕處理)를 한다.

④ 주관으로부터 분기하는 주된 지관(枝管)의 분기부, 기기의 접속부에서 기기에 근접한 부분 등 적당한 곳에 밸브를 설치한다(단, 배기관 및 통기관은 제외).
수평관으로부터 지관을 분기하는 경우는 배관에 요철(凹凸)부가 생기지 않도록 상향으로의 지관은 수평관으로부터 윗쪽으로 취출하고, 아랫방향으로의 지관은 수평관 하부에서 분기한다. 또한 수직관으로부터 지관을 분기하는 경우에는 <그림 2-48>과 같은 3가지 방법이 있다. 일반적으로 (c)의 방법에서 드레인관(배수관)을 설치하지 않는 방법이 시공되고 있지만, 아파트, 호텔 객실 등과 같이 별도로 아래층에서 윗층의 지수(止水) 밸브를 조작하여도 지장이 없는 경우에는 (a) 혹은 (b)의 방법이 지관내의 물을 용이하게 뺄 수 있기 때문에 수리나 보수시에 유리하다.

⑤ 배관의 수리 및 교체가 용이하도록 적당한 위치에 플랜지 등의 이음을 한다.

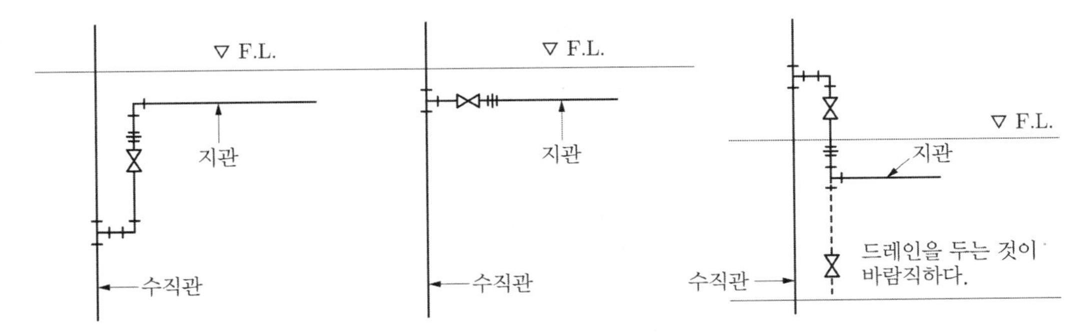

〈그림 2-48〉 수직관으로부터 지관의 분기방법

(2) 음용수용 수조 상부에는 음용수용 급수관 이외의 타 배관이 통과하지 않도록 한다.

(3) ① 상향 급수배관 방식의 경우에는 진행방향에 따라 올라가는 기울기로 하고, 하향 급수배관 방식의 경우는 진행방향에 따라 내려가는 기울기로 한다.

② 공기 및 물이 전부 빠질 수 있게 균일한 기울기로 배관하며, 급수관의 모든 기울기는 $\frac{1}{250}$을 표준으로 한다.

③ 공기나 공기가 모일 수 있는 부분에는 공기빼기 밸브, 물이 고일 수 있는 부분에는 배수 밸브를 설치한다(<그림 2-49> 참조).

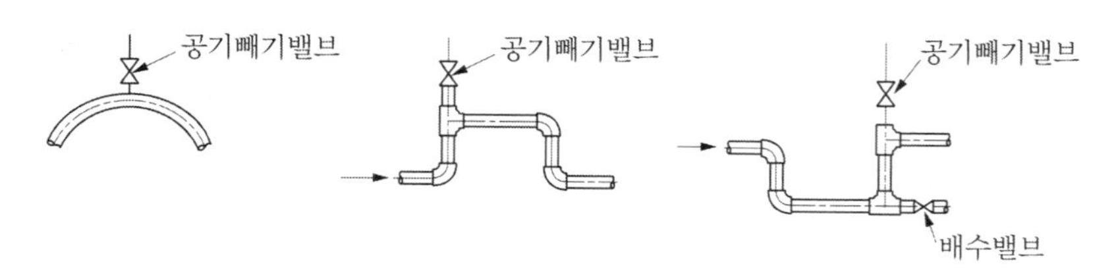

〈그림 2-49〉 공기빼기밸브 및 배수밸브 설치 예

(4) 모든 배관에는 기기의 조작이나 점검과 보수가 쉽도록 직선 구간에는 50 m마다, 그리고 45도 이상으로 방향이 전환되는 구간에는 엘보로부터 5 m 지점의 양쪽에 분해 결합이 쉬운 이음쇠와 밸브를 사용하여 배관하고, 그 주변에 압력계, 온도계 등의 필요한 계기를 설치한다. 단, 65 mm 이상의 관은 플랜지나 그루브 커플링 등을, 50 mm 이하의 배관에는 플랜지나 유니온을 사용한다. 플랜지 이음의 예를 <그림 2-50>에 나타내었다.

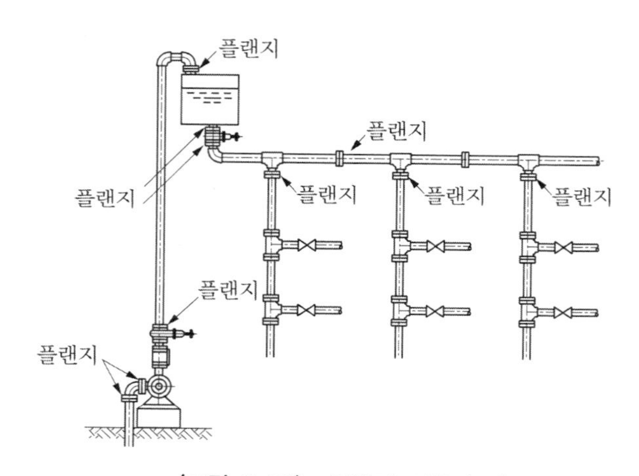

〈그림 2-50〉 플랜지 이음의 예

(5) 수도꼭지와 같은 위생기구나 기기에 접속하는 급수관과 급탕관 연결점에서 서로 다른 배관으로 물이나 탕이 흐르지 않도록 하여야 한다.

(6) 높은 유수음(流水音)이나 수격작용이 발생할 염려가 있는 급수계통에는 워터 해머 흡수기 등의 완충장치를 설치한다.

(7) 음료용 급수관과 다른 용도의 배관을 크로스 커넥션(cross connection)해서는 안 된다. 또한 상수의 배관, 급수의 토출구, 역류 방지 등은 오염된 액체 또는 물질 내를 관통하거나 매설해서는 안 된다.

(8) 급수주관으로부터 분기하는 경우는 반드시 T 이음쇠를 사용하며, 그 배관 예를 <그림 2−51>에 나타내었다.

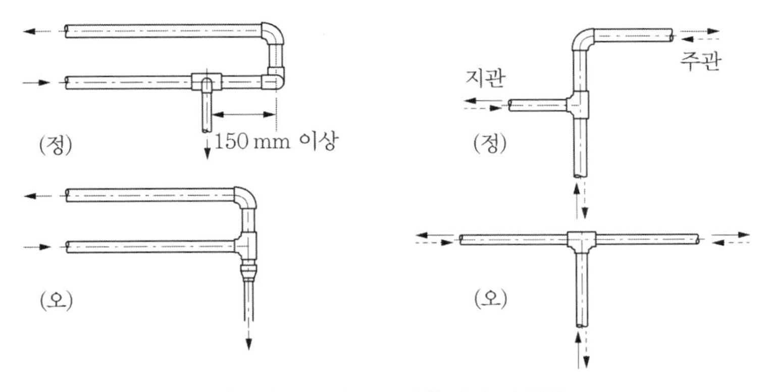

〈그림 2–51〉 T 이음쇠의 사용법

(9) 토출구와 물받이 용기의 오버 플로선의 상단과의 사이에는 적당한 토수구 공간을 둔다. 토수구 공간을 취할 수 없는 경우에는 진공 브레이커나 역류방지장치를 설치한다.

(10) 급수배관의 최소관경은 원칙적으로 20 mm로 한다.

(11) 파이프 샤프트 등에 있어서 배관간의 상호거리는 보온 등 피복면의 간격으로 150 mm 이상, 벽과의 간격은 200 mm 이상으로 한다.

(12) 급수관과 배수관을 교차하여 매설하는 경우에는 원칙적으로 양 배관의 수평간격을 500 mm 이상으로 하며, 또한 급수관은 배수관의 윗방향에 매설하는 것으로 한다. 또한 양배관이 교차하는 경우도 이것에 따른다.

(13) 30 m를 초과하는 수직주관의 하부에는 건물의 부동침하 등에 의한 변위를 충분히 흡수할 수 있는 배관으로 시공한다.

(14) 건물의 흔들림, 배관의 진동 등에 의한 변위의 흡수를 위하여 그 변위에 대응하는 플렉시블 이음 또는 스위블 이음 등을 설치한다.

(15) 급수용 수조에는 <표 2−42>의 관경 이상의 오버플로 관을 설치하여야 한다. 또한 급수용 수조의 최하단부의 완전 배수가 가능한 위치에 밸브가 설치된 배수관을 설치하여야 한다. 이때 배수관의 관경은 <표 2−43>의 관경 이상으로 한다.

〈표 2-42〉 급수용 수조의 오버플로 관 관경

수조로의 최대 공급 수량[LPM]	오버플로 관의 관경[DN]
0 ~ 200	50
200 ~ 550	65
550 ~ 750	80
750 ~ 1,500	100
1,500 ~ 2,500	125
2,500 ~ 3,750	150
3,750 이상	200

〈표 2-43〉 급수용 수조의 배수관 관경

수조 용량[L]	배수 관경[DN]
2,800 이하	25
2,800 ~ 5,600	40
5,600 ~ 11,000	50
11,000 ~ 18,000	65
18,000 ~ 28,000	80
28,000 이상	100

(16) 한랭지에서의 배관은 다음에 따른다.

① 동결할 위험이 있는 장소에서의 배관은 가능한 한 피한다. 어쩔 수 없이 배관하는 경우에는 노출배관으로 하여 동결방지밸브, 동파방지용 발열선 및 물빼기 장치를 고려한다.

② 물빼기 장치는 <그림 2-52>와 같이 사용할 수전 가까이, 그리고 조작이 용이한 장소에 설치하며, 물빼기장치 이후의 배관은 반드시 상향구배($\frac{1}{100}$ 이상)으로 하여 물빼기가 용이하게 한다.

③ 외벽에 관을 매입하는 것은 피한다.

(17) 급수관의 매설

급수관을 땅속에 매설할 때는 외부로부터의 충격이나, 겨울에 동파를 방지하기 위하여 일정한 깊이로 묻어야 한다. 일반적으로 평지에서는 450 mm 이상으로 하고, 차량의 통행이 있는 장소에는 750 mm 이상, 중차량의 통로나 한랭지방에서는 1 m 이상의 깊이로 매설하여야 한다.

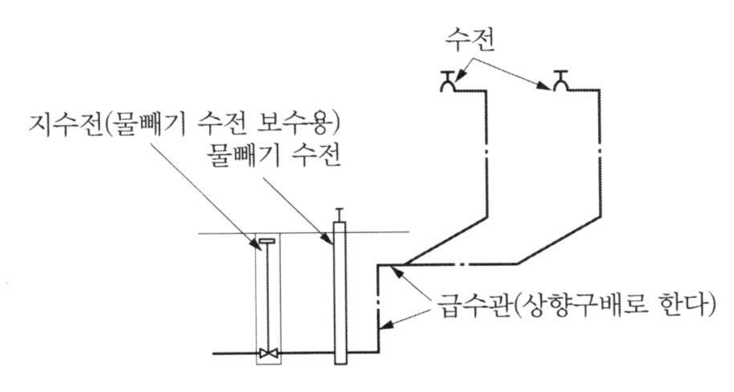

〈그림 2-52〉 물빼기 수전 설치 배관 예

2 급수·급탕배관의 검사 및 시험

건물 내의 급수계통에서 시공시의 부주의에 의해 발생하는 하자로서 배관이나 부속의 접합부, 기기와 배관의 접합부 등에서 발생하는 누수가 가장 많다. 그리고 건물에 입주한 후에 누수가 있을 때는 그 부위를 발견하기가 대단히 어려우며, 그 결과로서 건물이나 비품 등에 상당한 손실을 입힐 수 있으며, 또한 물사용량의 증가로 인한 관리비(수도요금 등)의 증가도 초래한다.

따라서 급수·급탕관의 배관공사의 일부 또는 전부를 완료하였을 때는 수압시험을, 그리고 기구의 설치가 완료된 후에는 수압시험, 통수시험 및 잔류염소의 측정을 하고 탱크류는 만수시험을 하여야 한다.

(1) 수압시험

급수·급탕설비에 있어서 수압시험은 각각의 배관계통의 관이나 이음쇠로부터 누수의 유무를 조사하기 위한 아주 중요한 시험으로서 다음과 같이 한다.

① 시험용 펌프를 급수 또는 급탕관의 적절한 개소에 연결하고 개구부(開口部) 전체를 밀폐한 후, 수압을 걸어 누수의 유무를 검사하며, 이때 사용하는 물은 상수로 한다.

② 수도직결계통의 시험압력은 배관의 최저부에서 최소 1.0 MPa로 하며, 수도법의 규정이 있을 때에는 이에 준한다. 그리고 고가수조 이하 계통의 시험압력은 배관의 최저부에서 실제로 받는 압력의 1.5배 이상으로 하며, 최소압력은 0.75 MPa로 한다. 또한 양수관의 시험압력은 설계도서에 명시된 펌프양정의 1.5배 이상으로 하며, 최소압력은 0.75 MPa로 한다.

③ 시험압력의 유지시간은 시험압력에 도달한 후, 배관공사의 경우는 최소 60분, 기구의 설치가 완료된 후에는 최소 2분으로 한다.

<그림 2-53>에는 수압시험방법을 나타내었다.

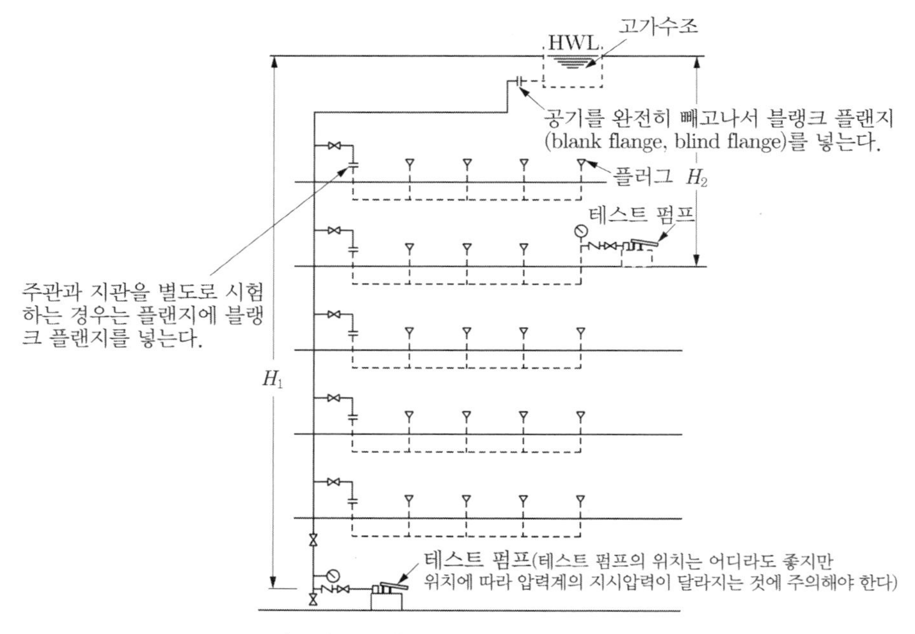

〈그림 2-53〉 수압시험 방법의 요령도

(2) 만수시험

급수·급탕설비에 있어서 만수(滿水)시험은 탱크류에 대한 누수의 유무를 조사하기 위한 시험으로서 다음과 같이 한다.

① 탱크류를 설치 완료한 후에는 깨끗이 청소를 한 후, 만수시켜 누수의 유무를 검사한다.
② 시험용수는 상수로 한다.
③ 만수상태의 유지시간은 최소 24시간으로 한다.

(3) 통수시험

급수·급탕계통에 있어서의 통수시험은 수전 등과 같은 각각의 토수구에서 유량이나 수압이 사용하기에 적당한가 아닌가를 확인하기 위해서 모든 토수구에 대해 실제 사용상태에 따른 유량을 토수시키는 시험이다.

시험시에는 관내에 잔류하고 있는 공기가 완전히 배출될 때까지 계속 흐르게 함과 동시에 통수(通水), 적절한 수압과 유량, 위생기구 주위의 누수의 유무, 수전을 급개폐시킨 경우의 수격작용의 유무 및 소음이나 진동 등과 같은 배관계통의 이상 유무 등에 관해서 조사할 필요가 있다.

① 각 기구의 사용상태에 따른 적절한 수량으로 통수하여 계통의 이상 유무를 검사하여야 한다.
② 시험에 사용하는 물은 상수로 한다.

(4) 잔류염소의 측정

잔류염소의 측정은 음용수용으로서 위생적으로 안전한 물을 사용자에게 공급할 목적으로 측정하는 중요한 항목으로서 다음과 같이 한다.

음용수용 탱크의 내부를 충분히 청소하여 물로 씻은 후 적절한 소독을 하여, 탱크 내의 저류수 및 관말단의 수전에서의 유리잔류염소가 0.2 mg/L 이상 검출되어야 한다. 또한 직결계통에 있어서는 관말단의 수전에서의 유리잔류염소가 0.1 mg/L 이상 검출되어야 한다.

02 연습문제

01 건물의 급수방식을 열거하고 각각의 장·단점을 쓰시오.

02 저수조 및 고가수조의 수위조절 방법에 대해 조사·설명하시오.

03 고층건물에서의 급수압력과 조닝에 대해 설명하시오.

04 <그림 2-54>와 같은 급수설비에서 다음 조건하에서 ① 고가수조의 유효용량[m^3], ② 양수펌프의 양정[m], ③ 양수펌프의 소요동력[kW], ④ 고가수조 만수시부터 양수펌프가 기동하기까지의 시간[min]을 구하시오. [단, 시간최대 급수량(시간평균 급수량의 2배)이 연속하여 사용하는 경우로 한다]

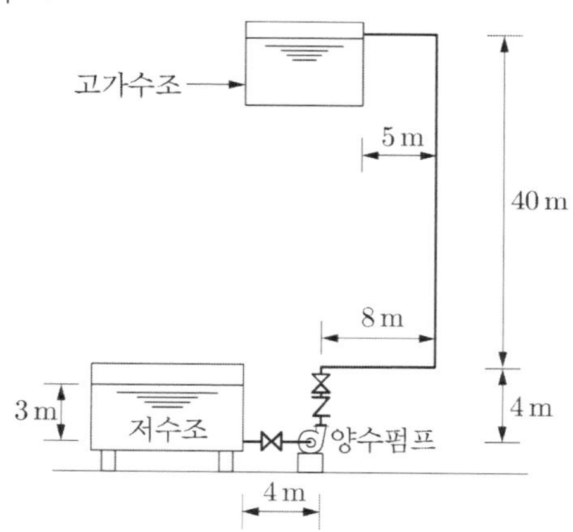

〈그림 2-54〉 연습문제 4의 그림

조건

① 시간평균 급수량은 18 m^3/h로 한다.
② 관이음쇠 및 밸브류 등의 상당관길이는 실제 배관길이의 50%로 한다.
③ 양수관 1 m당 마찰손실수두는 50 mmAq로 한다.
④ 양수관의 고가수조 측에서의 토출압력은 30 kPa로 한다.
⑤ 저수조의 수위는 일정하다.
⑥ 펌프효율은 55%, 펌프의 전달효율은 1, 펌프의 여유율은 10%로 한다.
⑦ 고가수조의 유효용량은 다음 식을 이용한다.

$$V_e = (Q_p - Q_{pu}) \times T_p + Q_{pu} \times T_{pr}$$

이때, Q_p는 시간평균 급수량의 3배[L/min], Q_{pu}는 시간평균 급수량의 2배[L/min], T_p은 30 min, T_{pr}는 15 min으로 한다.

05 연면적 3,000 m^2인 사무소 건물의 급수설비로서 압력수조방식을 계획하고 있다. 다음 조건하에서 압력수조의 용량[L]을 구하시오.

조건

① 사무소로 사용하는 유효면적은 바닥면적의 55%로 하고, 유효면적당 인원은 0.2 인/m^2로 한다.
② 평균 사용수량은 1인당 100 L/d로 하고, 1일 평균사용시간은 9시간으로 한다.
③ 순간최대 예상급수량은 시간평균 예상급수량의 4배로 한다.
④ 압력수조의 유효용량은 순간최대 예상급수량의 3분간으로 한다.
⑤ 급수펌프는 수조 내의 압력이 150 kPa일 때 기동하고, 300 kPa에서 정지하며, 수조 내의 초압은 100 kPa이다.

06 다음 조건하에서 급수관의 총마찰손실수두[mAq]를 구하시오.

조건

① 관의 내경은 40 mm로 한다.
② 배관은 수평하며, 실제 배관길이는 60 m이다.
③ 관내 유량은 90 L/min이다.
④ 관 마찰손실계수는 λ=0.02이다.
⑤ 관 이음쇠류의 상당관길이는 실제 배관길이의 30%로 한다.

07 <그림 2-55>와 같이 A점에서 B점으로 송수하고, B점에서 분기하여 각각 C점 및 D점에서 토수하는 급수관로가 있다. 다음 조건하에서 ① AB간의 유속[m/s], ② AB간 단위길이당 마찰손실수두[mmAq/m], ③ BC와 BD간의 마찰손실을 같게 하기 위한 BD간의 유량[L/min]을 구하시오.

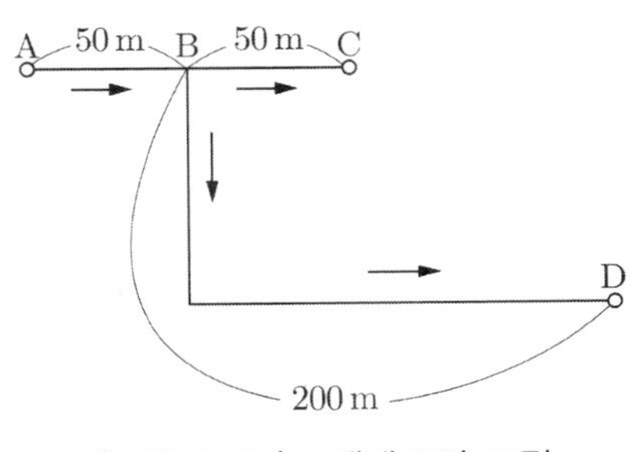

〈그림 2-55〉 예제 7의 그림

조건

① 관이음, 밸브류 및 토출구에서의 국부마찰손실은 무시한다.
② A점에서 B점으로의 송수량은 750 L/min으로 한다.
③ 급수관로의 내경은 100 mm로 한다.
④ 마찰손실계수는 λ = 0.02로 한다.
⑤ 급수관로는 동일 수평면상에 설치한다.

08 예제 2-14에서 1층부터 4층까지의 급수관경(수직 및 수평관)을 유량선도를 이용하여 구하시오. 이때 동시사용유량은 기구급수부하단위에 의한 방법을 사용하여 구하시오.

09 예제 2-14에서 급수지관의 관경을 관균등표에 의한 방법으로 구하고, 유량선도에 의한 방법으로 산정한 경우와 비교하시오.

10 연면적 8,000 m^2인 사무소 건물의 급수설비에서 다음 조건하에서 ① 저수조의 유효용량 [m^3], ② 수도인입관경[DN]을 구하시오.

조건

① 유효면적은 연면적의 60%로 한다.
② 유효면적당 인원은 0.2 인/m^2로 한다.
③ 1인 1일당 평균 사용 수량은 60 L로 하고, 1일 평균사용시간은 9시간으로 한다.
④ 저수조의 유효용량(V_s)은 1일 사용수량(Q_d)의 50%로 한다.
⑤ 수도 인입관의 관내 유속은 1~1.5 m/s의 범위로 하고, 관경은 관내유속범위에서 최소로 한다.
⑥ 수도 인입관의 1시간당 급수능력(Q_s)은 다음 식 모두를 만족시키는 것으로 한다.
$V_s \geq Q_d - Q_s \cdot T$ $Q_s \cdot (24 - T) \geq V_s$
⑦ 배관 재질은 스테인리스 강관으로 한다.

11 상수의 수질오염원인과 방지에 대해 쓰시오.

12 배관 검사 중 수압시험법에 대해 조사하여 쓰시오.

13 다음을 설명하시오.
① 영구 경도
② 시간최대 예상 급수량
③ 관 균등표
④ 기구의 동시사용률
⑤ 기구급수부하단위
⑥ 크로스 커넥션
⑦ 토수구 공간
⑧ 워터 해머

Chapter

03 급탕설비

3.1 기초사항

1장의 1.2절에서 급탕설비(給湯設備)의 요건에 대해서 알아보았듯이, 급탕설비는 급수설비와 달리 탕의 온도에 대한 고려가 필요함을 알았다. 따라서 본 절에서는 먼저 탕의 성질에 관한 기초사항을 통해 급수설비와 달리 급탕설비에서 고려해야 할 사항에 대하여 설명하고자 한다.

1 탕의 성질

물의 밀도는 수온이 약 4℃일 때 최대로 되며, 4℃를 기준으로 온도가 상승 또는 하강하는데 따라 밀도는 작아진다. 질량이 일정하면 온도가 상승하는데 따라 체적이 팽창하기 때문에 밀폐된 기기나 배관내의 물을 가열하면 내부압력이 상승한다.

물의 팽창량은 $M = \rho_c V = \rho_h (V + \Delta V)$이므로 다음 식으로 구한다.

$$\Delta V = \left(\frac{\rho_c}{\rho_h} - 1\right) V \quad \cdots\cdots (3-1)$$

여기서, M : 급탕장치 내의 물의 질량, kg

ΔV: 팽창량, L

ρ_c : 가열 전 물의 밀도, kg/L

ρ_h : 가열 후의 물의 밀도, kg/L

V: 가열 전 장치 내의 물의 체적, L

<표 3-1>은 표준대기압(101.325 kPa) 하에서의 물의 온도와 밀도간의 관계를 나타낸 것이다.

〈표 3-1〉 물의 밀도

온도[℃]	밀도[kg/L]	온도[℃]	밀도[kg/L]
0	0.9998	50	0.9881
5	1	60	0.9831
10	0.9998	70	0.9777
20	0.9983	80	0.9717
30	0.9957	90	0.9651
35	0.9941	100	0.9581
40	0.9923	110	0.9507

예제 3.1

5℃의 물을 60℃로 가열할 때, 물의 팽창비율을 구하시오.

풀이 비체적(v)은 $v = 1/\rho$이고, <표 3-1>로부터

5℃일 때의 밀도는 $\rho_1 = 1\,\text{kg/L}$

60℃일 때의 밀도는 $\rho_2 = 0.9831\,\text{kg/L}$이다.

$$\therefore \text{ 팽창비율} = \frac{v_2 - v_1}{v_1} = \frac{v_2}{v_1} - 1 = \frac{\rho_1}{\rho_2} - 1 = \frac{1}{0.9831} - 1 \fallingdotseq 0.017$$

따라서 5℃의 물을 60℃로 가열하면 체적은 1.7% 증가한다.

급탕설비를 계획할 때는 예제 3.1로부터 알 수 있듯이, 물의 팽창에 대한 대책을 세워 안전책을 강구할 필요가 있다. 보일러, 저탕조(貯湯槽) 등 밀폐용기 내에서 물을 가열할 때에는 이 팽창분을 도피시키기 위한 팽창관이나 안전밸브의 설치 등을 반드시 고려하여야 한다.

<표 3-2>에는 기체의 물에 대한 용해도를 나타내었다. 표에서 알 수 있듯이 수온이 높을수록 용해도는 작아지는데, 이 현상은 압력이 낮아질수록 현저하게 나타난다. 수온이 높을수록 물 속에 녹아있는 기체는 분리하기 쉽기 때문에 공기중의 용존산소에 의한 금속의 부식작용은 증대한다. 또한 분리한 공기의 체류에 의해 유체의 흐름이 방해를 받아 탕의 순환이 잘 이루어지지 않게 된다. 따라서 급탕설비에서는 탕으로부터 분리된 공기의 체류가 일어나지 않도록 배관계획을 세워야 하며, 또한 분리된 공기를 효과적으로 빼내기 위한 배관의 구배, 공기빼기 밸브의 설치, 공기배출관의 설치 등을 반드시 계획하여야 한다.

〈표 3-2〉 기체의 물에 대한 용해도*

기체	화학식	0°C	20°C	40°C	60°C	80°C	100°C
공기		0.029	0.019	0.014	0.012	0.011	0.011
산소	O_2	0.049	0.031	0.023	0.019	0.018	0.017
염소	Cl_2	4.61	2.30	1.44	1.02	0.68	0.00
이산화탄소	CO_2	1.71	0.88	0.53	0.36		
질소	N_2	0.024	0.016	0.012	0.010	0.0096	0.0095

*1기압의 기체가 물 1 cm^3 중에 용해되었을 때의 체적을 0°C, 1기압일 때의 체적으로 환산한 값이다.

예제 3.2

20°C의 물을 60°C까지 가열한 경우, 물에서 분리되는 공기는 어느 정도인가?
(단, 물의 팽창은 무시한다)

풀이 20°C와 60°C일 때의 공기의 물에 대한 용해도는 각각 1.9%, 1.2%이다. 따라서, 공기가 20°C에서 60°C가 되었을 때의 체적팽창은 다음과 같이 계산할 수 있다.

$\dfrac{V_1}{T_1} = \dfrac{V_2}{T_2}$에서, 20°C일 때의 공기의 체적을 V_1이라고 하면

$$\frac{V_2}{V_1} = \frac{T_2}{T_1} = \frac{273+60}{273+20} = 1.14$$

따라서 물이 20°C에서 60°C로 가열되었을 때 분리하는 공기의 양은

$$1.9 \times 1.14 - 1.2 = 0.97\%$$

로 된다.

2 탕의 자연순환

<그림 3-1>과 같은 용기 B 내의 물을 가열하면 밀도가 작아진 뜨거워진 물은 용기 내에서 상승하며, 관 Q 내의 차가운(즉, 밀도가 큰) 물은 하강하여 R로부터 용기 내에 보충된다. 이와 같이 물의 온도상승에 따른 밀도차에 의해서 순환하는 것을 자연순환(自然循環, natural circulation)이라고 한다. 또한 이와 같은 작용을 일으키는 힘을 자연순환수두라고 하며, 식 (3-2)와 같이 구해진다.

$$P_H = (\rho_2 - \rho_1) g h \quad \cdots\cdots (3-2)$$

여기서, P_H : 자연순환 수두압, Pa

g : 중력가속도(≒ 9.8), m/s^2

ρ_2 : 가열장치(B)로 돌아오는 환탕(R)의 밀도, kg/m^3

ρ_1 : 가열장치의 급탕(S)의 밀도, kg/m^3
h : 환탕관 중심으로부터 급탕관 최고 위치까지의 높이, m

탕을 자연 순환하기 위해서는 <그림 3－1>에서 탕이 SQR의 경로를 흐를 때 일어나는 마찰손실압력이 식 (3－2)에서 구한 P_H보다 작아야만 한다. 이 원리를 이용한 것이 중력식 온수순환으로서 급탕보일러와 저탕조 등도 이 원리를 이용한 것이다.

이 자연 순환 수두압을 이용하여 탕을 순환시키는 방식을 자연 순환 방식이라고 부르고 있지만, 실제로는 배관이 복잡하고 높이가 낮은 건물에 있어서도 자연 수두압이 크게 발생하지 않기 때문에(이 자연 수두압은 급탕온도 60℃, 환탕온도 55℃로 한 경우, 높이 1 m당 23.5 Pa, 환탕온도를 50℃로 한 경우에는 48.1 Pa 정도로 작다), 일반적으로는 순환펌프에 의해서 탕을 순환시키는 강제순환방식을 채용한다.

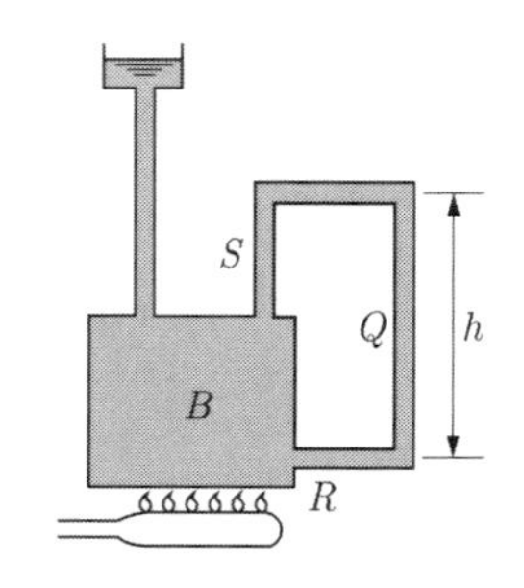

〈그림 3-1〉 자연순환의 원리

3 현열과 잠열

개방된 용기내의 물을 가열하여 어느 온도에 도달하면, 그 때부터는 더 이상의 온도상승은 없고 수면으로부터 물의 증발만이 있게 된다. 이때의 온도를 비등점(沸騰点, boiling point)이라고 하며, 물의 비등점은 대기압 하에서는 100°C이다. <표 3－3>에는 압력과 비등점간의 관계를 나타내었다(실제로는 물에 포함된 용해물질 등에 의해서 비등점은 변화한다). 이와 같이 비등점까지는 물에 가해진 열은 모두 물의 온도상승에만 소비되며, 이것을 현열(顯熱, sensible heat)이라고 한다. 그리고 증발, 즉, 액체(물)를 기체(증기)로 변화시키는데 소비되는 열을 잠열(潛熱, latent heat)이라고 한다.

1 kg의 물을 0°C에서 100°C까지 만드는데 필요한 열량은 $1 \times 4.186 \times (100-0) = 418.6$ kJ이며, 대기압하에서 100°C의 물 1 kg을 100°C의 증기로 만드는데 필요한 열량은 약 2,257 kJ이다. 따라서 0°C의 물을 100°C의 증기로 만드는데 필요한 열량은 (418.6＋2,257) kJ이며, 이것을 100°C의 증기 1 kg이 갖는 전열량(全熱量, 엔탈피)이라고 한다. 이와 같이 100°C의 온수보

다도 100°C의 증기가 갖는 보유열량은 2,257 kJ만큼 크기 때문에, 급탕설비에 있어서 저탕조 내의 물을 데우는(가열하는) 간접가열의 열원으로서는 온수보다도 증기가 효율이 좋다는 것을 알 수 있다.

<그림 3－2>에는 급탕보일러와 저탕조를 나타내었다.

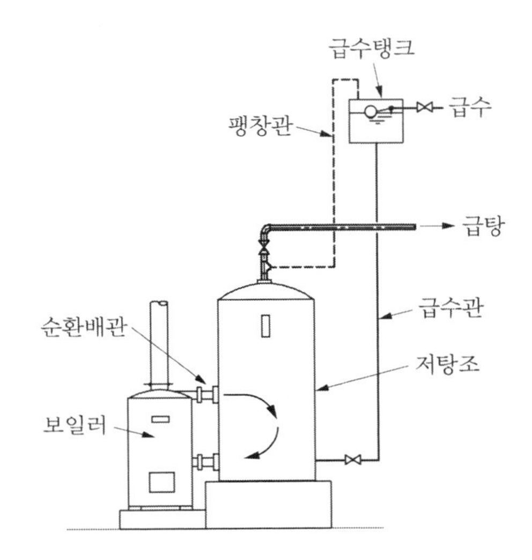

〈그림 3-2〉 급탕보일러와 저탕조의 조합

〈표 3-3〉 물의 성질

게이지압 [kPa]	포화온도(비등점) [℃]	증발(응축)잠열 [kJ/kg]
0	100	2,257
35	108.5	2,234
50	111.6	2,226
100	120.4	2,201
120	123.4	2,139
140	126.3	2,185
160	128.9	2,177
180	131.3	2,169
200	133.7	2,163
220	135.9	2,156
240	138.0	2,150
260	140.0	2,144
280	141.9	2,139
300	143.7	2,133

㈜ 절대압력＝게이지압력＋대기압

4 물체의 팽창

모든 물체는 온도가 상승하면 팽창한다. 이와 같은 팽창비율을 나타내는 것으로서 선팽창계수(線膨脹係數, linear expansion coefficient)가 있다. 이것은 온도 1°C 상승에 따른 신장률을 나타내는 것으로서, 식 (3−3)과 같이 표시되며, 물질에 따라 각각 고유의 수치를 갖는다. <표 3−4>는 대표적인 재료의 선팽창계수를 나타낸다.

$$\alpha = \frac{\Delta l}{l_1 \cdot \Delta t} = \frac{l_2 - l_1}{l_1 \cdot (t_2 - t_1)} \qquad (3-3)$$

여기서, α : 선팽창계수

l_1 : 온도 t_1에서의 길이, m

l_2 : 온도 t_2에서의 길이, m

Δt : 온도차$(t_2 - t_1)$, ℃

Δl : 팽창량$(l_2 - l_1)$, m

〈표 3−4〉 각종 관의 선팽창계수

연철관	0.000012348	동관	0.00001710
강관	0.00001098	연관	0.00002862
주철관	0.00001062		

예제 3.3

온도 20°C, 길이 100 m인 동관에 탕이 흘러 60°C가 되었을 때, 동관의 팽창량은 몇 mm인가?

풀이 <표 3−4>로부터 동관의 선팽창계수는 0.171×10^{-4}이므로

$$l_2 = l_1 + l_1 \cdot \alpha \cdot (t_2 - t_1) = l_1(1 + \alpha \cdot \Delta t)$$

$$= 100(1 + 0.171 \times 10^{-4} \times (60 - 20)) = 100.0684 \text{ m}$$

$$\therefore \Delta l = l_2 - l_1 = 0.0684 \text{ m} = 68.4 \text{ mm}$$

예제 3.3에서 동관은 온도차 40°C에서 100 m당 68.4 mm만큼 팽창함을 알았다. 따라서 급탕배관을 계획할 때는 항상 이 팽창량을 고려하여, 신축이음 등 적절한 팽창흡수장치를 설치하여야 한다. 그러나 팽창량은 배관의 관경과는 무관하다.

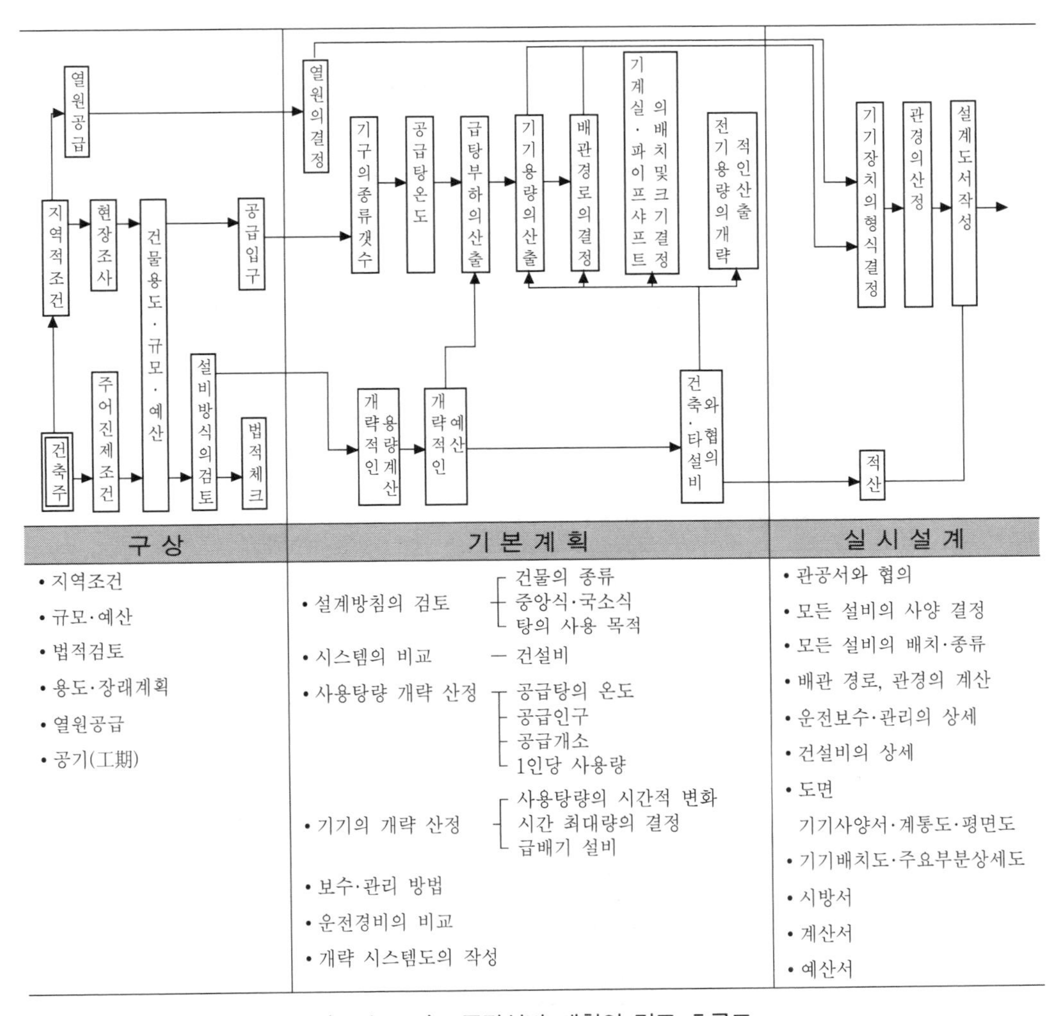

〈그림 3-3〉 급탕설비 계획의 검토 흐름도

3.2 급탕설비의 계획 및 설계

급탕설비의 계획에서는 건물의 종류, 설치장소, 계절에 따른 온도변화에 의한 사용량, 생활환경, 시간적 사용량의 변동 등을 정확하게 파악할 필요가 있다. 그러나 현실적으로 이들을 정확하게 파악한다는 것은 쉬운 일은 아니지만 보다 많은 조건을 수집하면 현실에 가깝게 할 수가 있을 것이다. <그림 3-3>에는 급탕설비 계획에 대한 흐름도를 나타내었다.

급탕설비는 그 설계의 정도가 바로 결과로 나타나므로 급배수·위생설비의 설계 중에서 가장 주의해야 한다. 급배수·위생설비의 하자중에서 급탕설비에 관한 것이 가장 많다고 해도 과언이 아니다.

<그림 3-4>에 급탕설비의 설계순서를 상세하게 나타내었다.

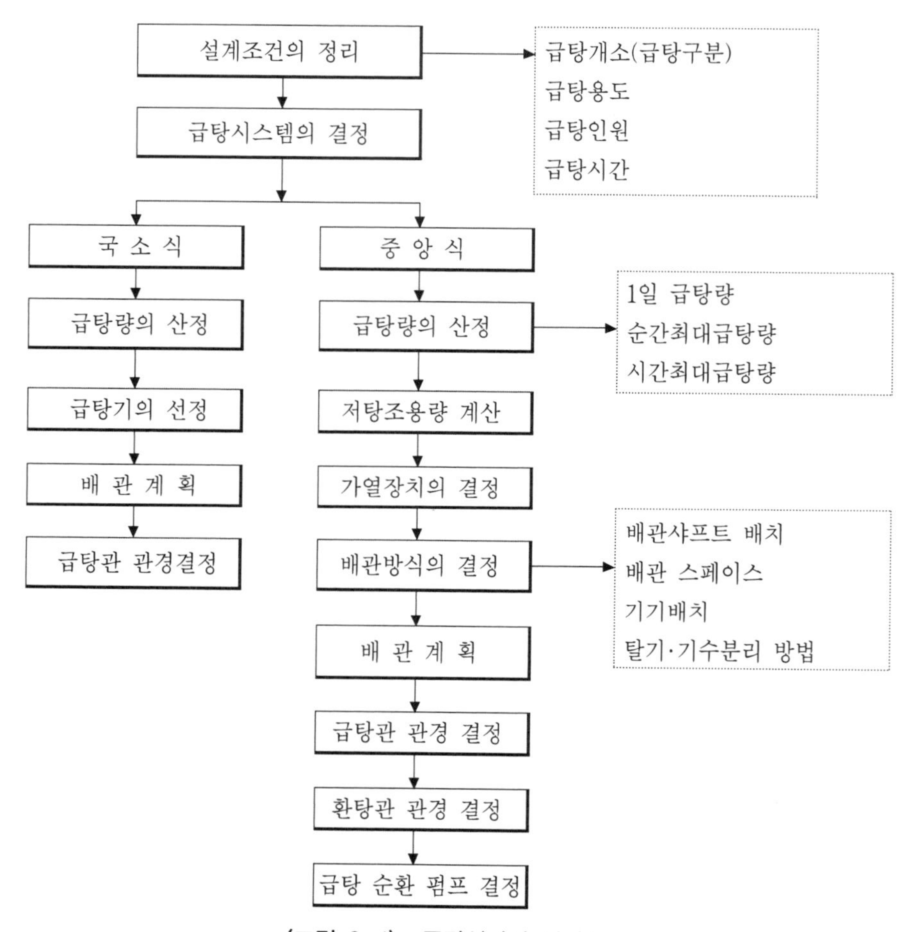

〈그림 3-4〉 급탕설비의 설계순서

3.3 탕의 용도와 급탕온도 및 사용온도

1 탕의 용도

물에 열을 가해 온도를 높인 것을 탕(湯, hot water)이라고 하며, 정확히 몇 °C 이상의 물을 탕이라고 하는가에 대한 명확한 정의는 없지만, 일반적으로 체온 근방의 온도인 35°C 이상을 탕이라고 생각하면 될 것이다.

물을 탕으로 만들어 사용하는 목적은 인체의 감각적인 쾌적감, 세정효과를 높이기 위한 것, 살균효과를 얻기 위한 것을 들 수 있다.

건물 내에서 탕을 사용하는 곳으로는 음료용 외에 세면기, 욕조, 샤워, 비데, 싱크대, 세탁기, 식기세척기 등을 들 수 있다.

2 급탕온도 및 사용온도

건물 내에서의 탕의 사용용도는 앞에서 언급한 바와 같이 여러 곳에서 사용하지만, 각각의 용도에 따라 사용온도는 다르다. <표 3-5>는 용도별 사용온도를 나타낸다.

〈표 3-5〉 용도별 사용온도

용 도	사용온도[°C]	용 도	사용온도[°C]
(1) 음료용	50~55	(7) 주방용 ─ 일반용	45
(2) 욕실용 ─ 성인	42~45	─ 접시세정용	45(60)
─ 소아	40~42	─ 접시헹굼용	70~80
(3) 샤 워	43	(8) 세탁용 ─ 산업용 일반	60
(4) 세면기용	40~42	─ 면 및 모직물	33~37(38~49)
(5) 의과용 수세기용	43	─ 마 및 면직물	49~52(60)
(6) 면도용	46~52	(9) 수영장 풀	21~27
		(10) 차고(세차용)	24~30

㈜ ( ) 내의 값은 기계식인 경우

그런데 하나의 건물 내에서 <표 3-5>와 같이 여러 용도로 사용하고 있는 경우에, 용도별로 급탕온도를 바꾸어 공급하는 것은 장치 및 배관 모두 복잡해지기 때문에 비경제적이라서 보통은 60°C 정도의 온도로 급탕하고 각각의 용도에 따라 물을 혼합하여 사용하는 방법을 택하고 있다. 다만 어린이, 노인 및 심신장애자 병동 등 열탕(熱湯)에 의한 사고가 일어날 수 있는 장소에서는 이 계통만 45°C 정도로 급탕온도를 내린 별도의 계통으로 공급하는 경우도 있다. 그리고 주방 내의 접시 세척기 등과 같이 고온의 탕을 필요로 하는 경우에는 그 부분에 부스터 히터를 설치하여 승온(昇溫)시켜 사용하는 경우가 많다. 대규모 주방인 경우에는 주방 계통을 단독으로 하여 일반계통보다 높은 온도의 탕(80~85°C)을 공급하는 경우도 있다.

음료용에는 저탕식 온수기 등에 의해 80~90°C로 가열된 탕을 사용하며, 세면기 등 일반용 급탕과는 구별하고 있다.

급탕온도는 배관의 부식과도 밀접한 관계가 있으며, 수온이 60°C 이상으로 되면 수중의 산소가 분리하기 쉽고 또한 전식속도(電蝕速度)도 증가하여 배관이 침식(侵食)하기 쉬워지기 때문에 급탕온도는 그다지 높지 않은 쪽이 좋으며, 높은 온도의 탕을 필요로 하는 곳에는 그것에 가깝게 승온하는 방법이 바람직하다.

또한, 순환식 급탕설비의 급탕온도는 샤워 등으로부터 발생하는 에어로졸이 폐에 들어가 일으키는 레지오넬라증(재향군인병)의 원인균인 레지오넬라속균의 번식을 피하기 위하여 55°C 이상으로 공급하는 것이 좋다.

<그림 3-5>는 계통마다 급탕온도를 달리하여 급탕하는 급탕설비의 일례를 나타낸 것이다.

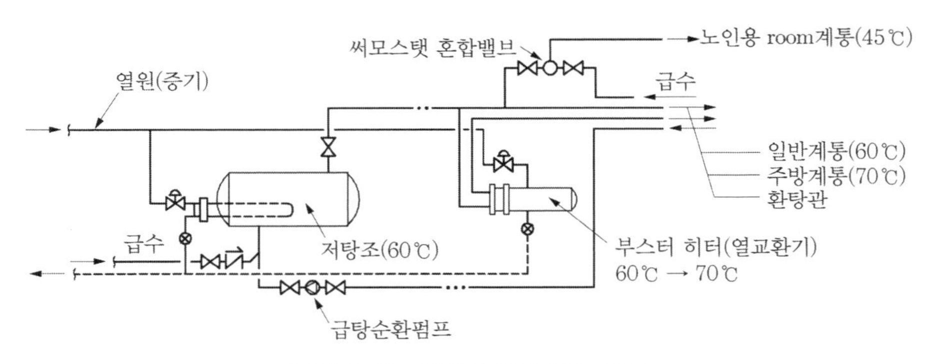

〈그림 3-5〉 다목적 급탕설비 계통도

3 물과 탕의 혼합

앞에서 설명한 바와 같이 급탕설비에서는 60℃의 탕을 공급하고 사용처에서 급수와 혼합하여 사용목적에 맞는 온도로 조정하여 사용한다. 따라서 기구의 사용탕량은 사용온도에 따른 급수와 급탕의 혼합비율에 의해서 유량이 결정된다. 급수량과 급탕량의 비율(q_m)은 혼합시 대기에 방열하지 않는 것으로 하고, 또한 온도변화에 따른 밀도와 비열의 변화를 무시하면 다음 식과 같이 된다.

$$q_m = \frac{t_m - t_c}{t_h - t_c} \quad \cdots\cdots (3-4)$$

여기서, q_m : 혼합탕에서 급탕량의 비율(혼합하는 탕의 체적/혼합수의 체적)

t_m : 혼합탕의 온도, ℃

t_h : 급탕 온도, ℃

t_c : 급수 온도, ℃

예제 3.4

욕조에 45°C의 탕 1,760 L을 채울 때 필요한 60°C의 급탕량을 구하시오.
(단, 급수온도는 5℃로 한다)

풀이 식 (3−4)에서

$$q_m = \frac{t_m - t_c}{t_h - t_c} = \frac{45-5}{60-5} = 0.727$$

60℃의 급탕량 = 1,760 L × 0.727 = 1,280 L

5℃의 급수량 = 1,760 L × (1 − 0.727) = 480 L

∴ 혼합탕 = 1,280 + 480 = 1,760 L

온도를 검산해 보면

60℃ × 0.727 = 43.62℃

5℃ × 0.273 = 1.37℃

∴ 혼합탕의 온도 = 43.62℃ + 1.37℃ = 44.99℃

예제 3.5

급탕온도 60°C, 급수온도 5°C인 급탕설비에서 샤워기에서의 급탕유량을 구하시오.
(단, 샤워기의 사용온도는 42℃, 사용유량은 13 L/min으로 한다)

풀이 식 (3−4)에서

$$\text{급탕}(60℃)\ \text{유량} = \frac{(42-5)}{(60-5)} \times 13\ \text{L/min} = 8.75\ \text{L/min} \fallingdotseq 9\ \text{L/min}$$

3.4 급탕량

건물 내에서 탕의 사용량이 어느 정도 인가를 정확하게 계산하는 것은 극히 어렵다. 그 이유는 탕의 사용량이나 사용상태가 건물의 종류, 용도, 사용인원, 탕을 필요로 하는 기구의 수 등에 관계하기 때문이다. 따라서 각종 건물의 소요 급탕량의 설계치는 과거의 실적치를 사용하면 좋겠지만, 우리나라의 데이터가 없기 때문에 일본이나 미국의 데이터(ASHRAE)를 이용하고 있다. 이 때 60℃가 표준 설계온도로 되어 있다.

급탕량(quantity of hot water supply)의 산정에는

① 사용 인원수로부터 산정하는 방법
② 사용 기구수로부터 산정하는 방법
③ 급탕단위에 의한 방법

등이 있으며, 각각의 방법에 의해 산출한 사용량을 건물의 성격이나 급탕설비의 사용자 등에 의거하여 비교, 검토하여 결정하고 있다.

상기 방법에 의한 산정치는 당연히 일치하여야 하겠지만, 사용인원과 기구수의 관계가 일정하지 않기 때문에 산출된 사용량이 동일하게 된다고는 할 수 없다. 일반적으로 인원으로부터 구하는 방법은 규모가 큰 건물에 이용하며, 기구수로부터 구하는 방법은 주택이나 규모가 극히 작은 건물에 이용한다. 급탕단위에 의한 방법은 순간최대유량을 산출하는 방법으로 배관의 관경결정에 이용한다.

1 사용인원수에 의한 산정방법

사용인원수와 건물용도에 따른 1인당 급탕량[L/(c·d)]으로부터 1일 급탕량과 시간최대 급탕량을 다음 식으로부터 구한다.

$$Q_d = N \cdot Q_n \qquad (3-5)$$

여기서, Q_d : 1일 급탕량, L/d　　　N : 사용인원수, 인
Q_n: 1인 1일당 사용탕량, L/(c·d)

이 방법은 중앙식 급탕방식의 저탕조 및 가열기 용량을 구하는 경우에 많이 사용한다.
1일 급탕량이나 시간최대 급탕량은 <표 3-6>으로부터 구한다.

〈표 3-6〉 각종 건물의 급탕량

건물 종류	급탕량 (년평균 1일당)	시간최대급탕량 [L/h]	시간최대급탕량의 계속시간[h]	비고
사무소	7~10 L/인	1.5~2.5(1인당)	2	
호텔(객실)	150~250 L/인	20~40(1인당)	2	비즈니스호텔은 150 L/인
종합병원	2~4 L/m^2	0.4~0.8(m^{2}당)	1	
	100~200 L/병상	20~40(병상당)	1	
레스토랑	40~80 L/m^2	10~20(m^{2}당)	2	(객석+주방)면적당
음식점	20~30 L/m^2	5~8(m^{2}당)	2	(객석+주방)면적당
공동주택	150~300 L/세대	50~100(세대당)	2	

㈜ 급수온도 5℃, 급탕온도 60℃ 기준

예제 3.6

도시에 건축할 객실수 100, 최대 숙박객 200명, 그리고 각 실에 욕실이 있는 비즈니스 호텔의 1일 급탕량과 시간최대급탕량을 구하시오.

풀이 1일 급탕량 $Q_d = N \cdot Q_n = 200 \times 150 = 30{,}000$ L/d

시간최대급탕량 $200 \times 20 = 4{,}000$ L/h

2 기구의 사용예측에 의한 방법

소규모 중앙식 급탕설비나 국소식 급탕설비의 가열기나 저탕조의 용량을 산출하는데 이용하는 방법으로서 다음 식에 의해서 산출한다.

$$Q_h = U(\sum n \cdot H_q) \quad \cdots\cdots (3-6)$$

$$V = Q_h \cdot \nu_t \quad \cdots\cdots (3-7)$$

$$H = 4.186\, Q_h (t_h - t_c) \quad \cdots\cdots (3-8)$$

여기서, Q_h : 1시간당 최대 급탕량, L/h

H_q : 기구의 1시간당 급탕량, L/h

V : 저탕용량, L

ν_t : 저탕용량 계수

t_c : 급수온도, ℃

U : 기구의 동시사용률

H : 가열능력, kJ/h

n : 사용기구수

t_h : 급탕온도, ℃

<표 3-7>에 건물 종류별 및 기구별 급탕량, 동시사용률 및 저탕용량 계수를 나타내었다.

〈표 3-7〉 각종 건물에 대한 기구당 소요 급탕량(급탕온도 60℃ 기준) [L/(기구1개·h)]

구분	공동주택	클럽	체육관	병원	호텔	공장	사무소	개인주택	학교	YMCA
세면기(개인용)	7.6	7.6	7.6	7.6	7.6	7.6	7.6	7.6	7.6	7.6
세면기(공중용)	15	22	30	22	30	45	22		57	30
양식 욕조	76	76	114	76	76			76		114
식기세척기	57	190~570		190~570	190~750	76~380		57	76~380	380
세족기	11	11	46	11	11	46		11	11	46
주방 싱크	38	76		76	114	76	76	38	76	76
세탁 싱크	76	106		106	106			75		106
배식실 싱크	19	38		38	38			19	38	38
샤워	114	570	850	280	280	850		114	850	850
청소용 싱크	76	76		104	104	76		57	76	76
동시사용률	0.30	0.30	0.40	0.25	0.25	0.40	0.30	0.30	0.40	0.40
저탕용량계수	1.25	0.90	1.00	0.60	0.80	1.00	2.00	0.70	1.00	1.00

㈜ 1. 가열능력은 각 기구의 소요 급탕량의 누계에 동시사용률을 곱한 값에 (60℃－급수온도)의 온도차를 곱해서 구한다.
2. 유효저탕용량은 각 기구의 소요 급탕량의 누계에 동시사용률을 곱한 값에 저탕용량 계수를 곱해서 구한다.

예제 3.7

다음과 같은 조건하에 있는 공동주택의 급탕량을 기구수에 의한 방법으로 구하시오.

설계 조건 : ① 지상 5층 건물로써 전체 24가구인 공동주택
② 연면적 2,362.5 m^2
③ 1가구당 설치 위생기구 : 세면기 1개, 서양식 욕조 1개, 주방 싱크 1개, 샤워기 1개

풀이

세면기	7.6×1	$= 7.6$ L/h
서양식 욕조	76×1	$= 76$ L/h
주방싱크	38×1	$= 38$ L/h
샤워기	114×1	$= 114$ L/h
계		235.6 L/(h·가구)

전 가구에 대한 1시간당 최대 급탕량 Q_h는

$$Q_h = 235.6\ \text{L/(h·가구)} \times 24\text{가구} \times 0.3 = 1696.3\ \text{L/h}$$

3 급탕단위에 의한 방법

이 방법은 기구마다의 급탕단위에 의해 순간 최대 급탕량 및 배관의 관경을 결정하는데 사용하며, 순간최대 급탕량을 구하는 방법에 대해서는 3.8절에서 설명한다.

3.5 급탕시스템

급탕시스템을 설치하는 목적은 사용용도에 적합한 적절한 온도·유량 및 수질(水質)의 탕을 급탕을 필요로 하는 곳에 적절한 압력으로 공급하기 위한 것이다. 이것은 온도에 관한 점을 제외하면, 급수 시스템을 설치하는 목적과 같다. 적절한 온도를 얻기 위해서는 물을 가열할 필요가 있으며, 그 가열장치와 수전의 관계, 가열원 및 가열방법의 종류, 배관 내의 탕의 온도저하를 막기 위해 탕을 순환시킬 것인가 아닌가 등에 의해 급탕시스템은 <표 3−8>과 같이 분류한다.

〈표 3-8〉 급탕시스템의 분류

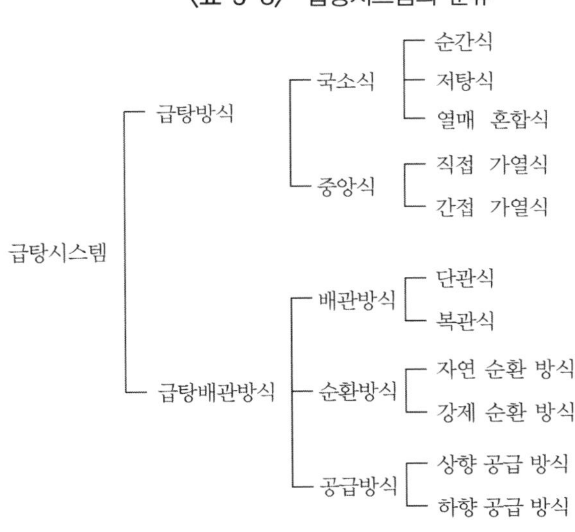

1 급탕방식

급탕방식에는 국소식(局所式)과 중앙식(中央式)이 있으며, 국소식은 급탕을 필요로 하는 장소에 소형의 온수기 등을 설치하여 비교적 짧은 배관으로 급탕을 하는 방식이다. 중앙식은 기계실 등에 저탕조, 급탕 보일러 등 가열장치를 설치하여 배관에 의해 필요 개소(個所)에 급탕하는 방식이다.

(1) 국소식

국소식 급탕은 급탕개소가 적은 비교적 소규모의 건물이나 또는 대규모 건물일지라도 급탕개소가 분산되어 있거나 사용상황도 다른 경우에 채용하며, 일반적으로 급탕배관의 길이가 짧고 탕을 순환할 필요가 없는 소규모 급탕설비에 이용한다.

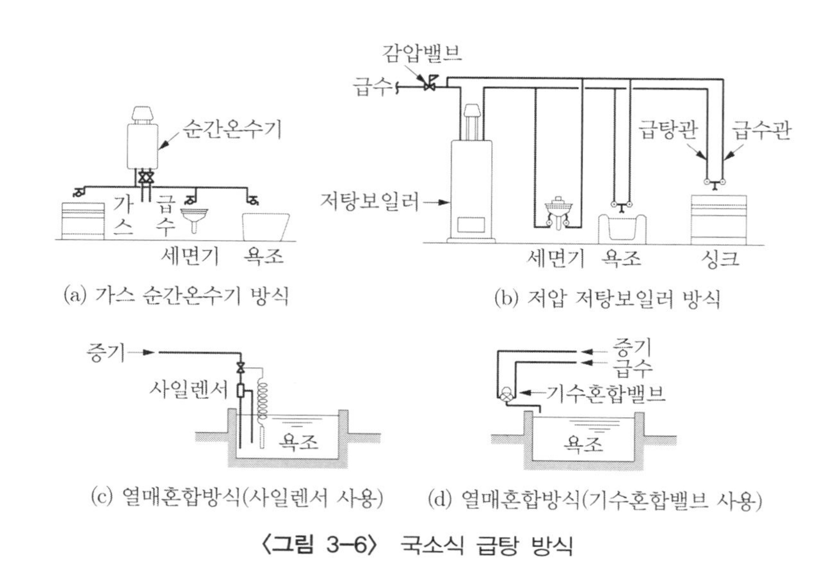

〈그림 3-6〉 국소식 급탕 방식

국소식 급탕설비에는 <그림 3-6>에 나타낸 바와 같이 순간식(瞬間式), 저탕식(貯湯式), 열매혼합식(熱媒混合式)이 있다. 순간식은 가스 순간온수기 등에 의해 순간적으로 탕을 만들어 공급하는 방식이며, 저탕식은 미리 탕을 만들어 저장하여 놓고 공급하는 방식이다. 국소식의 저탕보일러에는 가스나 전기 등을 열원으로 하는 것이 많고, 최대 사용압력을 100 kPa 이하로 한 저압형이 많다. 따라서 급수압을 급탕압력에 맞추기 위해 감압밸브의 2차측으로부터 급수배관을 취하는 방법을 많이 사용한다.

열매혼합방식은 증기를 사일렌서(silencer)나 기수혼합 밸브(steam and water mixing valve)에 의해 물과 혼합시킨 탕을 만드는 방식으로서 공장의 목욕탕 욕조로의 급탕 등에 사용하는 경우가 많다.

[참고] 국소식 급탕방식의 설계상의 유의점은 다음과 같다.

① 급탕기구수나 급탕을 필요로 하는 기기의 급탕량 등으로부터 순간최대 급탕량을 산출하여 급탕능력을 결정한다.

② 순간식의 경우에는 수압과 급탕관의 마찰손실수두압을 고려하면서 가능한 한 소관경(小管經)의 배관으로 하여 관내의 보유탕량을 적게 하여 탕이 나오기까지 걸리는 시간을 짧

게 한다. 예를 들면, 세면기용 급탕배관을 DN 15와 DN 20으로 한 경우를 비교해 보면, DN 20으로 했을 때 탕이 나오는데까지 걸리는 시간은 DN 15로 한 경우의 2배이다.

③ 저탕식 저압보일러를 사용하는 경우에는 급탕개소와 동일한 급수계통의 수압이 급탕압력과 동일하게 되도록 보일러용 감압밸브의 2차측으로부터 급수관을 분기하거나 혹은 급수관에도 감압밸브를 설치한다.

④ 열매혼합방식에서는 고온의 열수(熱水)가 발생하는 경우도 있기 때문에 위험방지 대책을 강구할 필요가 있다.

(2) 중앙식

<그림 3-7>부터 <그림 3-10>에서와 같이, 광범위하게 존재하는 급탕개소에 대해서 기계실 내에 가열장치, 저탕조, 순환펌프 등의 기기류를 집중 설치하여 탕을 공급하는 시스템으로서, 호텔이나 병원 등과 같이 급탕개소가 많고 사용량이 많은 건물 등에 채용한다. <표 3-9>에는 국소식과 중앙식의 특징을 비교하여 나타내었다. 중앙식에서는 급탕배관의 길이가 길고, 기기나 배관으로부터의 방열도 크기 때문에 환탕관(還湯管, return pipe)을 설치하며, 항상 탕을 순환시켜 방열에 의한 탕의 온도저하를 보충하고, 급탕전(給湯栓)을 열면 금방 탕이 나오도록 하고 있다. 즉 중앙식 급탕에서는 계통의 각 기구로 균등한 온도의 탕을 필요한 만큼 공급하는 것이 가장 중요한데, 이를 위해서는 전배관의 순환계통을 완전하게 균형(balance) 잡히게 계획하는 것이 필요하다. 다만 주방이나 세탁장과 같이 연속해서 탕을 사용하는 장소로의 급탕관은 탕의 온도저하가 그다지 없기 때문에 환탕관을 설치하지 않는 경우도 있다.

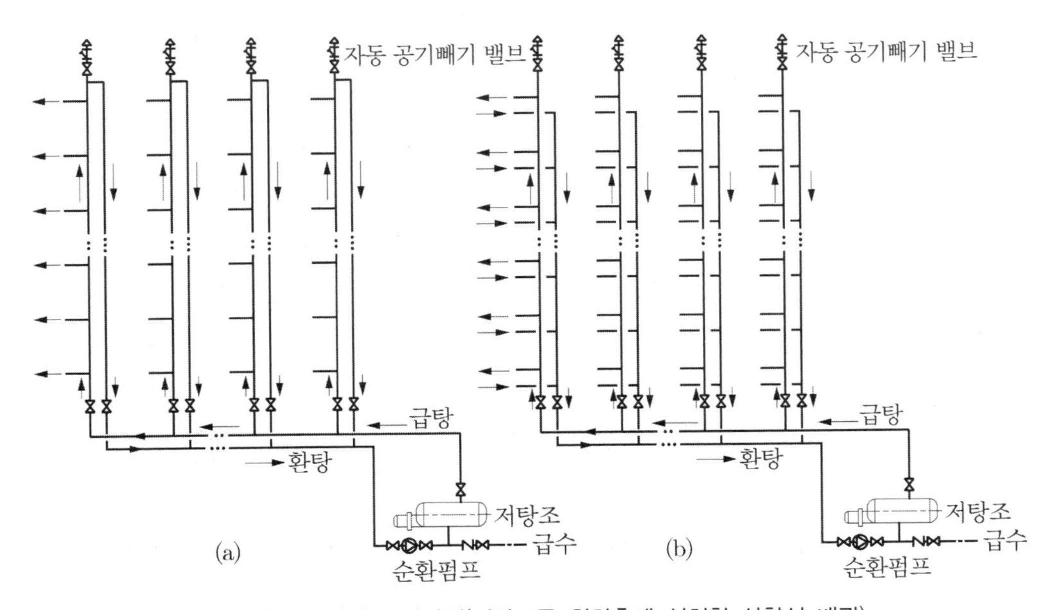

〈그림 3-7〉 중앙식 급탕방식(저탕조를 최하층에 설치한 상향식 배관)

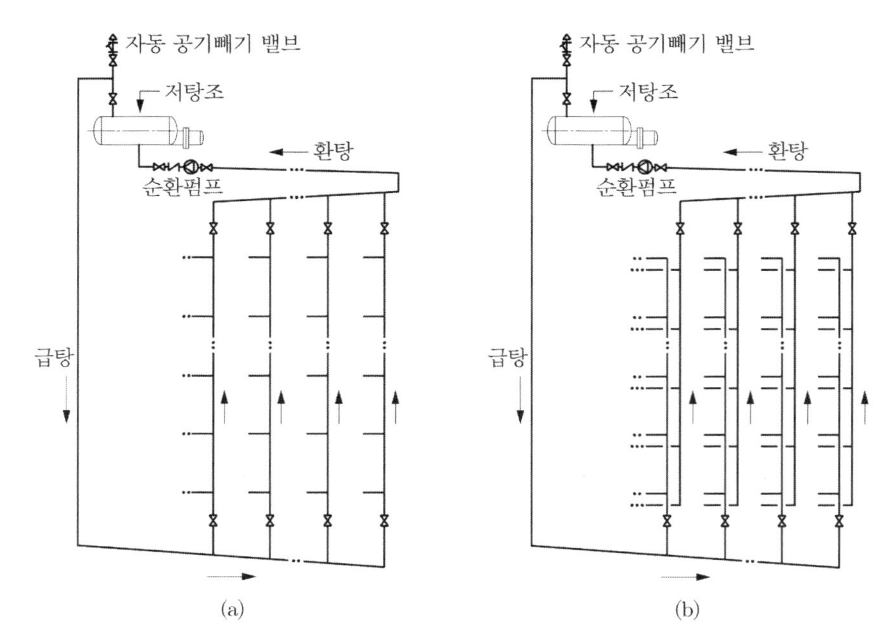

〈그림 3-8〉 중앙식 급탕방식(저탕조를 최상층에 설치한 상향식 배관 : 리버스리턴방식)

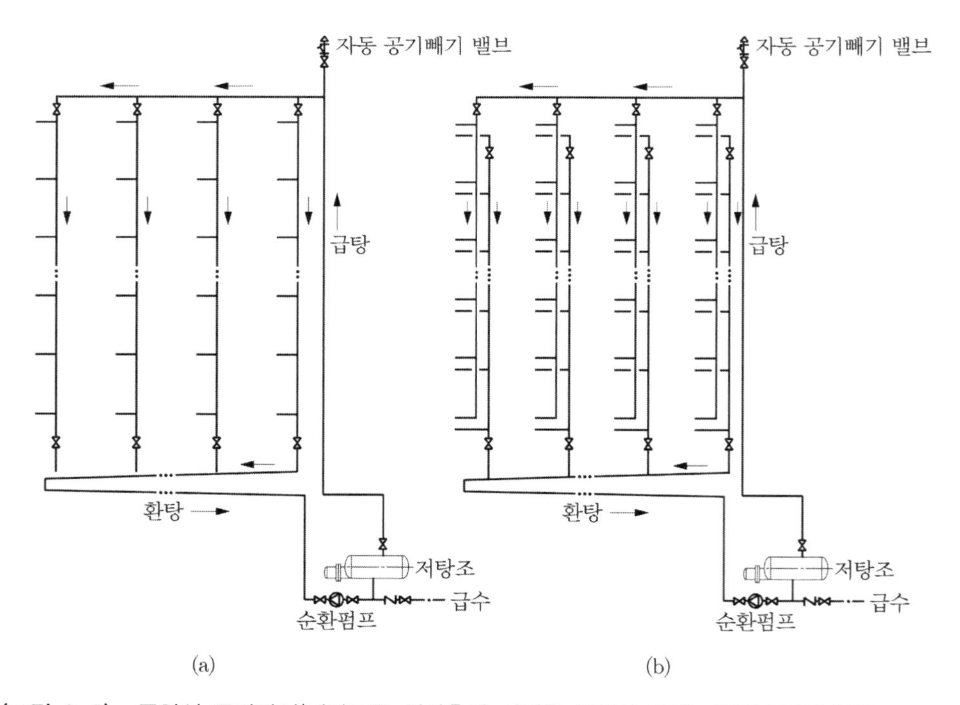

〈그림 3-9〉 중앙식 급탕방식(저탕조를 최하층에 설치한 하향식 배관 : 리버스리턴방식)

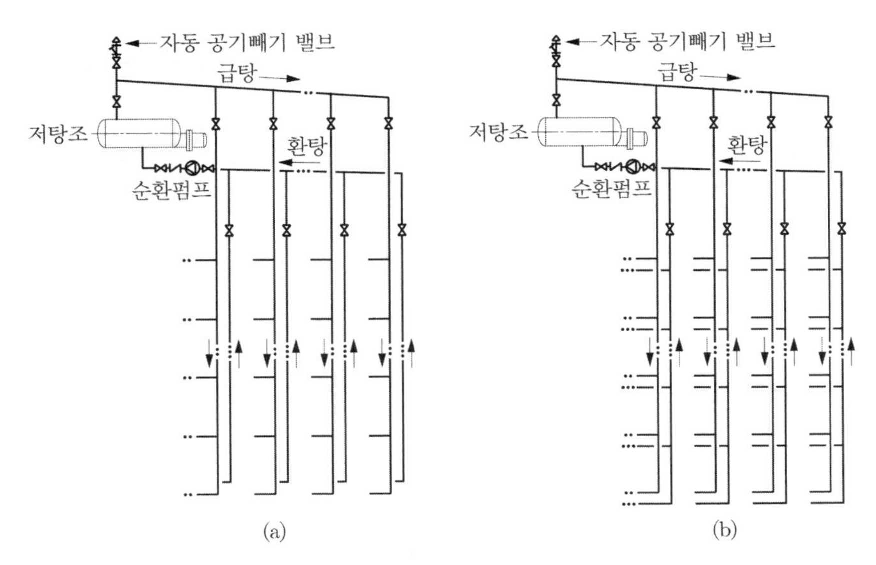

〈그림 3-10〉 중앙식 급탕방식(저탕조를 최상층에 설치한 하향식 배관)

장치로의 급수는 건물옥상의 고가수조 또는 장치부근에 설치한 압력수조에서 행해진다.

중앙식 가열장치에는 <그림 3-11>과 <그림 3-12>와 같이 보일러와 저탕조를 직결하여 순환가열하는 직접가열식과 저탕조 내에 가열코일을 설치하여 코일에 증기, 고온수, 온수 등의 열원을 통하여 탱크 내의 물과 열교환하여 가열하는 간접가열식이 있다.

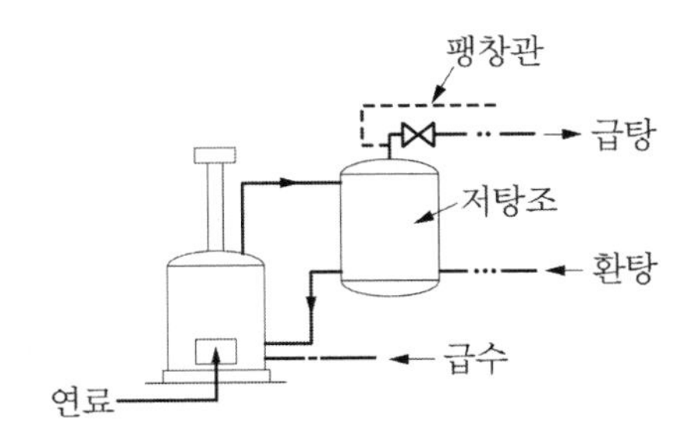

〈그림 3-11〉 중앙식 직접 가열장치(급탕보일러와 저탕조의 조합)

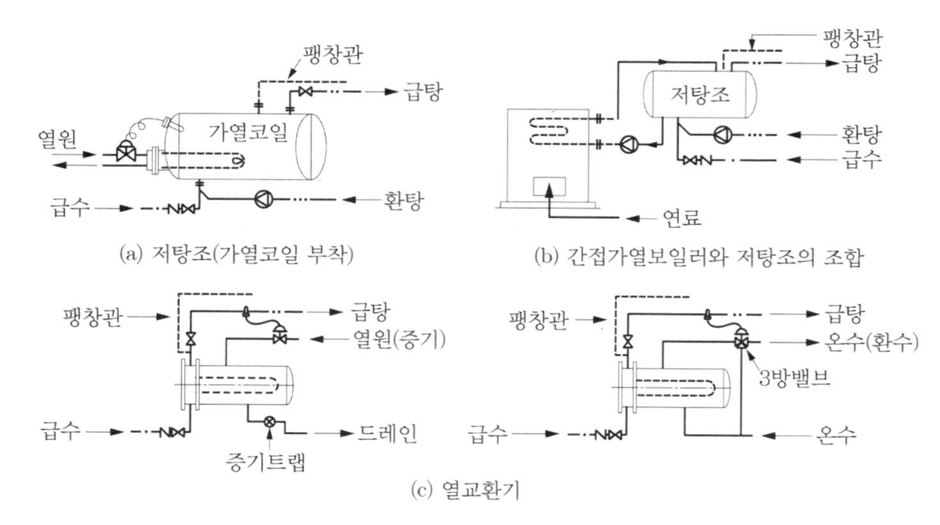

〈그림 3-12〉 중앙식 간접 가열장치

〈표 3-9〉 국소식과 중앙식 급탕방식의 비교

특징 \ 급탕방식	국소식 급탕방식	중앙식 급탕방식
장 점	① 용도에 따라 필요한 개소에서 필요한 온도의 탕을 비교적 간단하게 얻을 수 있다. ② 급탕개소가 적기 때문에 가열기, 배관길이 등 설비 규모가 작고, 따라서 설비비는 중앙식보다 적게 들며 유지관리도 용이하다. ③ 열손실이 적다. ④ 주택 등에서는 난방 겸용의 온수보일러, 순간온수기를 사용할 수 있다. ⑤ 건물완공 후에도 급탕 개소의 증설이 비교적 쉽다.	① 기구의 동시이용률을 고려하여 가열장치의 총용량을 적게 할 수 있다. ② 일반적으로 열원장치는 공조설비와 겸용하여 설치하기 때문에 열원단가가 싸다. ③ 기계실 등에 다른 설비 기계와 함께 가열장치 등을 설치하기 때문에 관리가 용이하다. ④ 배관에 의해 필요개소에 어디든지 급탕할 수 있다.
단 점	① 어느 정도 급탕규모가 크게 되면, 가열기가 광범위하게 분산 설치되기 때문에 유지관리가 힘들다. ② 급탕개소마다 가열기의 설치 스페이스가 필요하다. ③ 가스 순간온수기를 쓰는 경우, 건축의 장 등 구조적으로 제약을 받기 쉽다. ④ 값싼 연료를 사용하기 어렵다. ⑤ 소형 온수 보일러에서는 수압이 100 kPa 이하여야 되는 제약을 받기 때문에 급수측 수압과의 차압 발생으로 혼합수전, 샤워 등의 사용에 불편을 초래할 수 있다.	① 설비규모가 크고 복잡하기 때문에 초기 설비비가 비싸다. ② 전문 기술자가 필요하다. ③ 배관 및 기기로부터의 열손실이 많다. ④ 시공 후, 기구 증설에 따른 배관변경 공사를 하기 어렵다.

1) 직접가열식(direct water heating system)

저탕조와 보일러를 직결하여 순환가열하는 것으로서 열효율면에서는 최적의 방법이라고 할 수 있지만, 끊임없이 새로운 물을 넣어주기 때문에 보일러의 신축이 불균등하게 되고, 또 수질에 따라서는 보일러 안에 스케일이 부착해서 열효율을 감소시키는 일이 있으므로, 내부에는 방식처치를 강구할 필요가 있다. 또 보일러는 건물 높이에 따라서는 높은 압력을 받는 경우가 있으므로, 이 경우에는 고압에 견디는 것을 설치하여야만 한다.

2) 간접가열식(indirect water heating system)

보일러에서 만들어진 증기 또는 고온수를 열원으로 하고, 저탕조 내에 설치한 코일을 통해서 관내의 물을 간접적으로 가열하는 것이다. 따라서 직접가열식과 같이 고압용 보일러를 설치할 필요는 없다.

일반적으로 규모가 큰 건물의 급탕에 쓰여지며, 설비비 및 유지관리비 등의 경제적인 면에서도 큰 건물에 적합하다, 또 난방용 보일러 등의 열원을 이용할 수도 있다.

<표 3-10>에는 직접가열식과 간접가열방식을 비교하여 나타내었다.

〈표 3-10〉 대규모 빌딩의 가열방식에 의한 장치의 비교

	직접가열식	간접가열식
가열 보일러	1 중압 또는 고압 보일러로 된다. 2. 구조가 간단하다. 3. 열효율이 높다. 4. 내식성이 약간 떨어진다. 5. 급격한 온도변화에 따른 악영향을 받기 쉽다. 6. 내부처치의 문제가 크다. 7. 가격이 비싸다.	1. 저압보일러를 사용하여도 되는 경우가 많다. 2. 구조가 약간 복잡해진다. 3. 열효율이 약간 떨어진다. 4. 고온의 탕을 얻기 위해서는 증기보일러 또는 고온수보일러를 사용하여야 한다. 5. 난방용 보일러와 겸용할 수 있다. 6. 가격이 싸다.
저탕조	1. 구조가 간단하다. 2. 내면처리의 문제가 크다. 3. 급탕온도가 고르지 않게 될 경우가 있다. 4. 보일러 자체에 저탕 용량이 있으면 탱크를 생략하는 경우도 있다.	1. 가열코일을 내장하는 등, 구조가 약간 복잡하다. 2. 비교적 안정된 급탕을 할 수 있다.

[참고] 중앙식 급탕방식의 설계상의 유의점은 다음과 같다.

① 가열장치나 저탕조는 반입 및 반출이 용이한 장소에 설치하며, 점검이나 고장에 대비하여 2기 이상 설치하는 것이 바람직하다.

② 급탕온도는 60°C 이하로 하며, 주방기기 등과 같이 보다 고온의 급탕을 필요로 하는 개

소에는 부스터 히터로 재가열하여 사용한다.

③ 저탕조를 건물 하층에 설치하는 경우에는 급탕관을 일단 정수압이 낮은 건물 상층부까지 입상하여 탕 중에 포함되어있는 용존기체를 분리 방출한 후, 각 급탕개소에 급탕하는 하향급탕방식이 바람직하다.

④ 배관거리가 30 m 이상인 중앙식 급탕방식에는 배관의 열손실을 보상하여 일정한 급탕온도를 유지할 수 있는 환탕배관과 급탕순환펌프를 설치한다.

⑤ 수평배관의 길이가 가능한 한 짧게 되도록 수직관을 배치하며, 환탕관의 길이도 짧게 되도록 계획한다.

⑥ 각 계통 및 지관의 순환유량이 균등하게 되도록 유량조절이 가능하게 한다.

⑦ 순환펌프는 과대하지 않도록 주의하며, 환탕관측에 설치한다.

⑧ 열원기기 및 저탕조의 압력상승, 배관의 팽창신축에 대한 안전책을 고려한다.

⑨ 기기 및 배관의 부식대책을 충분히 검토한다.

⑩ 압력수조 급수방식인 경우에는 기체가 물 속에 용입하는 비율이 크고 용존산소가 증대하기 때문에 용존기체의 분리방출이 쉬운 배관계획을 세운다.

2 급탕배관방식과 공급방식

(1) 단관식과 복관식

일반적으로 급탕시스템에서 탕을 연속하여 사용하는 경우는 적다. 탕의 사용을 중지하면, 배관 내의 탕의 온도는 강하하여 다음 번 사용시에 바로 원하는 온도의 탕을 얻는 것이 불가능하다. 배관 내의 탕의 온도저하를 방지하기 위해 일반적으로 급탕배관을 보온하지만, 보온은 탕의 온도강하를 지연시켜 주는 역할을 할 뿐이기 때문에 장시간 탕을 사용하지 않으면 배관에 보온을 하였다 할지라도 탕의 온도저하를 막을 수는 없다. 따라서 원하는 즉시 뜨거운 탕을 얻기 위해서는 급탕수전이 닫혀 있더라도 항상 어느 정도의 탕을 급탕관 내에 흐르게 할 필요가 있다. 이것을 위해 설치한 것이 환탕관이며, 이 환탕관을 설치한 경우 급탕관과 환탕관 2개의 배관이 설치되기 때문에 복관식(**複管式**, two-pipe hot water supply piping)이라고 부른다. 환탕관이 없는 경우를 단관식(**單管式**, one-pipe hot water supply piping)이라고 한다. 일반적으로 국소식 급탕방식에는 단관식이 많고, 중앙식 급탕방식에서는 복관식을 이용하고 있다.

(2) 급탕공급방식

급탕공급방식에는 <그림 3-7> ~ <그림 3-10>에 나타낸 바와 같이 상향, 하향 그리고 리버스리턴의 3가지 방식이 있다.

일반적으로는 각 층의 급탕관 내 탕의 흐름방향에 의해 상향 공급방식(up-feed hot water supply system)과 하향 공급방식(down-feed hot water supply system)으로 분류한다.

주의할 점은 가열장치가 위에 있는가 아래에 있는가에 따라 분류하는 것이 아니고, 각층에 탕을 공급하는 급탕수직관 내의 탕의 흐름 방향에 의해서 분류한다는 점이다. 어느 방식이 유리한가에 대해서는 한마디로 말할 수는 없지만, 일반적으로 건물의 규모, 급탕개소 및 배관 스페이스의 위치관계 등에 의해 결정되지만, 급탕설비에서 배관이나 기기의 부식방지를 위해 물 속의 용존기체를 가능한 한 빨리 분리방출할 수 있는 배관방식이 바람직하다고 할 수 있다.

가압상태에서 가열된 탕은 시스템 내의 정수두가 낮은 부분에서 용존기체를 분리하기 때문에 배관 내의 탕은 먼저 정수두가 낮은 위치에서 용존기체를 분리방출한 후, 각 개소에 공급하도록 배관을 하여야 할 것이다. 따라서 가열장치를 건물의 최하층에 설치하는 경우에는 먼저 건물 최상층까지 배관을 입상하여 최고위치(정수두는 최하)에서 용존기체를 분리 방출하고 나서 배관을 하향으로 하는 하향 공급방식이 바람직한 배관방식이라고 할 수 있다.

정수두가 낮은 위치에서 용존기체를 분리 방출할 때에는 자동공기빼기 밸브(automatic air vent valve)를 설치하지 않아도 된다. 자동공기빼기 밸브는 수압이 낮게 되면 공기방출성능이 나빠지기 때문에 <그림 3－13> (c)와 같이 공기빼기관을 입상하여 대기에 개방하는 방법도 있다. 그리고 <그림 3－13> (a) 및 (b)와 같이 최상부 기구 아래에서 환탕관을 연결하면 최상부 급탕수전을 열 때 공기가 배출하기 때문에 공기의 체류가 없게 된다.

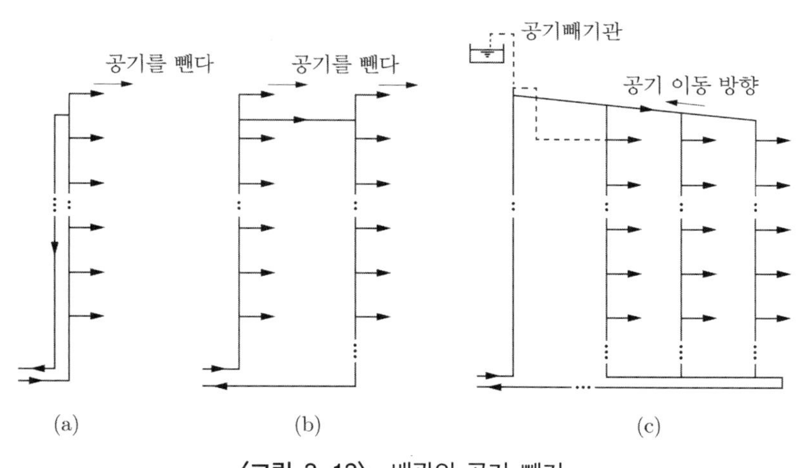

〈그림 3-13〉 배관의 공기 빼기

상향공급방식으로 한 건물의 하부에 다량의 탕을 단시간에 사용하는 목욕탕, 주방, 세탁장 등이 있는 경우, 상층부의 압력이 저하하여 용존기체가 분리하여 탕의 나옴이 나쁘게 되는 경우도 있기 때문에 다량의 탕을 사용하는 계통은 가열장치의 출구부터 별도의 계통으로 배관하거나, 급탕시스템 자체를 별도의 계통으로 하는 것이 바람직하다.

또한 대규모 건물에 있어서는 순환수량의 밸런스를 맞추기 어렵기 때문에 <그림 3－8> 및 <그림 3－9>와 같이 리버스 리턴(reverse－return) 방식을 채용하는 경우가 많다. 이 방식은 급탕·환탕관의 순환거리를 각 계통에 있어서 거의 같게 하여, 즉, 각 순환경로의 마찰손실수두를 가능한 한 같게 함으로써, 가열장치 가까이에 위치한 급탕계통의 단락현상(短絡現象, short circuit)이 생기지 않도록 하여 전 계통의 탕의 순환을 촉진하는 방식이다.

그런데 공조설비의 냉온수관에서는 공급관과 환수관의 유량과 관경이 같기 때문에 리버스리턴 방식이 어느 정도 유효하지만, 급탕배관의 경우에는 급탕관은 관경이 크고, 환탕관은 관경이 작기 때문에 필요 순환량만 순환하는 경우에는 급탕관에는 마찰손실이 거의 일어나지 않는다. 즉, <그림 3-14>에 나타낸 바와 같이 중앙식 급탕방식에서 리버스리턴 방식을 채용하는 경우, 급탕순환펌프의 순환수량이 비교적 소량이고 급탕배관의 관경은 이 유량에 대해 상당히 크기 때문에 마찰손실 수두압은 무시할 수 있을 정도로 작으며, 결과적으로 가장 먼 거리의 순환경로에 탕이 가장 많이 순환하게 되어 리버스리턴은 의미가 없게 된다.

어느 계통에 단락현상이 생기면, 관내유속이 과대하게 되고, 배관에 부식이 발생하는 경우가 많기 때문에 주의해야만 한다.

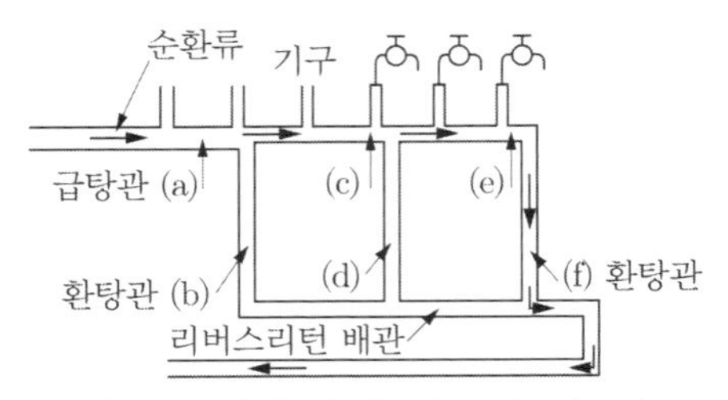

〈그림 3-14〉 리버스리턴 배관

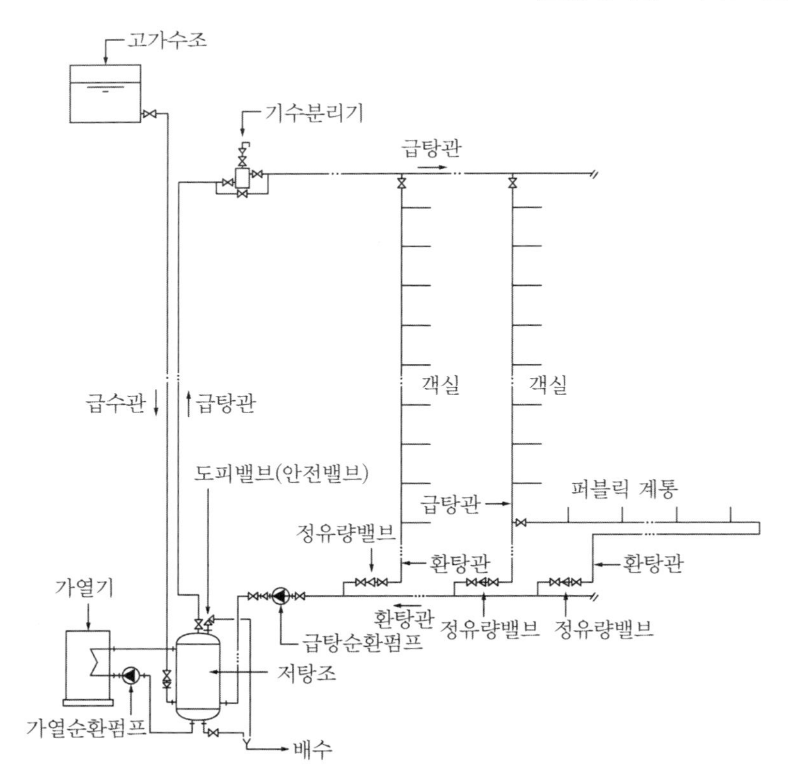

〈그림 3-15〉 정유량 조절밸브 설치 급탕순환방식

따라서 급탕배관에서 각 순환경로로 탕을 균등하게 순환시키기 위해서는 리버스리턴방식을 채용하는 대신, 각 순환경로의 환탕주관(還湯主管)과의 접속부에 정유량 조절밸브(constant flow regulating valve) 등을 설치하여, 이들 접속부의 온도가 균일하게 되도록 조절밸브의 개도(開度)를 현장에서 조정하는 것이 좋다.

호텔 건물에서 정유량 조절 밸브를 설치한 급탕순환방식의 예를 <그림 3-15>에 나타내었다.

(3) 급탕순환방식

탕의 순환방법에는 3.1절에서 설명한 자연순환수두를 이용하는 중력식(gravity circulation hot water supply system)과 순환펌프를 설치하는 강제식(forced circulation hot water supply system)이 있으며, 중력식은 자연순환수두가 급탕배관의 마찰손실수두보다 큰 경우, 즉 소규모인 단순한 배관경로의 경우밖에는 이용할 수 없으며, 실제로는 그다지 사용하지 않는다.

일반적인 중앙식 급탕방식은 거의 강제순환방식으로 계획되고 있으며, 순환펌프는 보통 환탕관의 저탕조 근처에 설치하며, 급탕기기나 전체 급탕·환탕배관으로부터의 열손실에 상당하는(적합한) 양을 항상 순환시키고 있다.

소규모의 급탕설비에서 급탕압력을 높이기 위하여 저탕조나 급탕보일러의 출구 측에 순환펌프를 설치하여 가압공급하는 방법도 있지만, 이 경우에 순환펌프의 용량은 최대급탕량과 같게 하여야만 한다. 이 방법은 대용량의 순환펌프가 항상 운전하고 있기 때문에, 전력소비량도 크고 급탕압력도 불안정하기 때문에 그다지 좋은 방법이라고는 할 수 없다.

(4) 선분기 방식과 헤더 방식

공동주택의 세대내 급탕배관(급수 및 난방배관 포함) 방식은 과거에는 <그림 3-16>과 같이 하나의 주관으로부터 각 혼합수전에 지관을 통해 연결하고 주관은 계속 이어가는 소위 선분기(先分岐) 방식이었다. 이 방식에 비해 <그림 3-17>에 나타내었듯이 헤더(header)를 설치하여 헤더와 혼합수전을 1대 1의 관으로 연결하는 헤더 방식이 최근에 주목을 받고 있다. 그 이유는 <표 3-11>에 나타내었듯이, 두 방식을 비교하여 보면 알 수 있다.

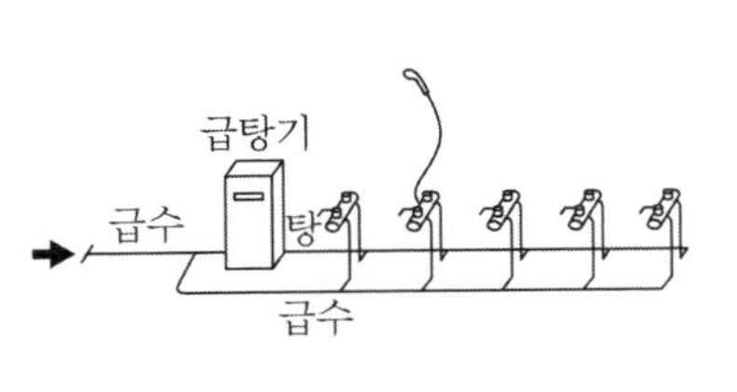

〈그림 3-16〉 선분기 방식

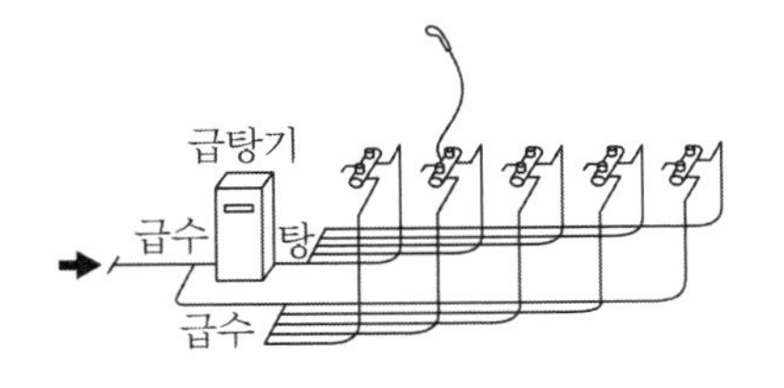

〈그림 3-17〉 헤더 방식

〈표 3-11〉 선분기 방식과 헤더 방식의 특징

항 목	선분기 방식	헤더 방식
탕을 기다리는 시간	• 한 계통마다 관로의 보유수량이 많아서 탕을 기다리는 시간이 오래 걸릴 수 있다.	• 한 계통마다 관로의 보유수량이 적어 탕을 기다리는 시간을 단축할 수 있다.
배관재료의 시공방법	• 배관의 이음부분이 많게 된다.	• 지관을 소구경의 배관으로 할 수 있다. • 관이음의 사용이 적어진다.
	• 관이음 시공부가 많아서, 시공에 인건비가 많이 든다.	• 헤더로부터의 지관 도중에는 관이음을 사용할 필요가 없다. • 현장에서의 시공이 용이하다.
배관의 보수	• 배관의 교체 및 보수가 곤란하다.	• 슬리브 공법을 채용하면 배관의 교환이 용이하다.
열신축 대책	• 급탕본관의 직선배관부에는 일반적으로 신축대책이 필요하다. • 분기부의 응력집중 대책이 필요하다.	• 지관의 신축이음은 필요 없다. 단, 금속관에서 배관길이가 긴 경우에는 대책이 필요하며, 수지관인 경우에는 필요 없다.
공기정체에 대한 대책	• 소량 사용할 때에 본관의 유속이 늦어 공기정체가 발생하기 쉽기 때문에 공기빼기밸브, 경사배관 등의 대책이 필요하다.	• 지관을 소구경으로 배관하면 유속이 빠르게 되어, 일반적으로 공기 정체가 발생하지 않는다.
손실열량	• 관의 표면적이 크고, 단열을 하지 않는 경우 손실열량이 크다.	• 관의 표면적이 작고, 이중관 공법을 채용하면 공기층을 갖기 때문에 손실열량은 작다.

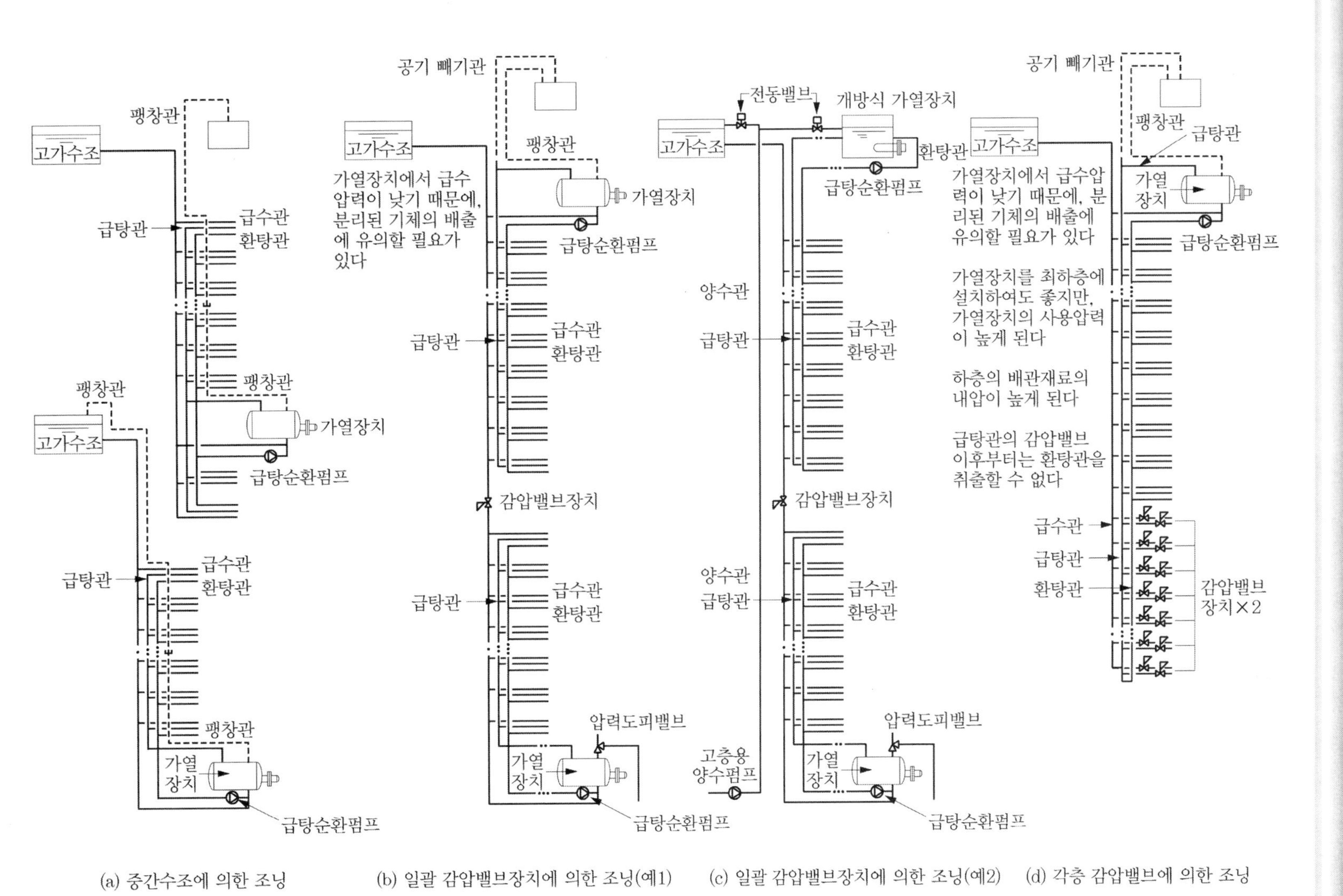

〈그림 3-18〉 급탕설비의 조닝의 예

3 고층건물에서의 급탕방식

급탕의 필요압력 혹은 최고압력에 관해서는 급수압력과 동일하지만, 냉온수 혼합수전이나 샤워 등과 같이 물과 탕을 혼합하는 기구에 있어서는 급수압력과 급탕압력은 가능한 한 같게 하는 것이 좋다. 고층건물에서 수압을 일정하게 유지하는 방법에는 <그림 3-18>에 나타낸 바와 같이 급수설비와 동일하게

(1) 계통별로 조닝하는 방법
(2) 감압밸브를 설치하는 방법

의 2가지가 있다. (2)의 경우[<그림 3-18>의 (d)], 감압밸브는 각 지관에 설치하여야 하며, 순환계통에 설치해서는 안 된다. 또한 밸브의 부착위치에 따라서는 공기가 정체하기 쉽고 워터해머 발생의 원인이 되기 때문에 시공시에도 주의해야 한다. 또한 초고층 건물인 경우에는 <그림 3-19>에 나타내었듯이, 가열장치의 설치위치에 따른 집중식과 분산식이 있다.

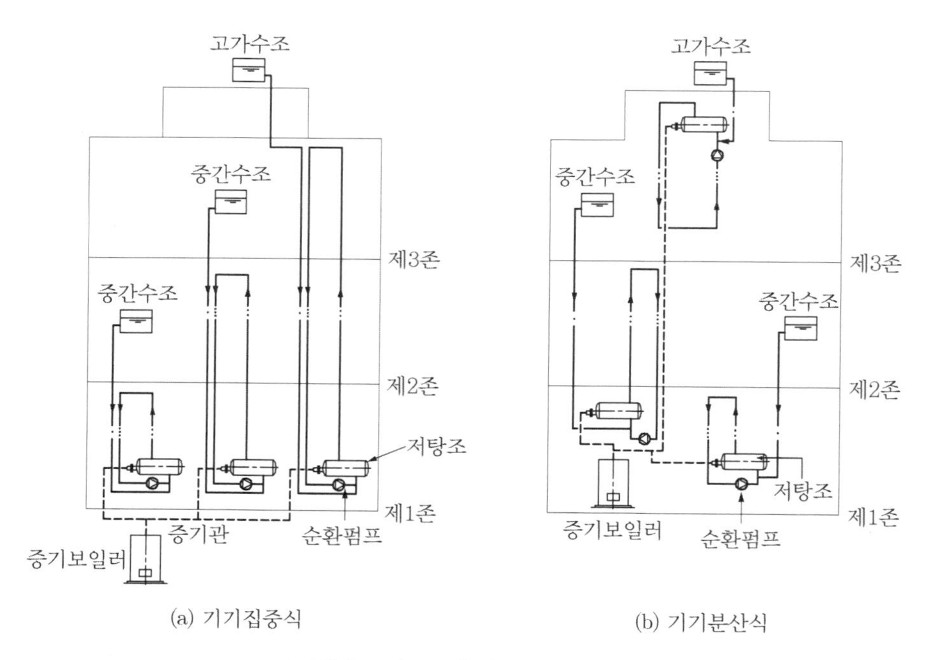

〈그림 3-19〉 고층건물의 급탕방식

집중식은 유지관리측면에서는 용이하지만 상층계통의 저탕조에 높은 압력이 걸리며, 배관길이도 길게 되기 때문에 설비비가 많이 든다. 또한 순환펌프의 설치위치에 따라 압입 양정이 높아지게 되기 때문에, 기종 선정에 상당히 주의해야 한다. 분산식은 각 계통의 상부측은 하부 부근에 기기를 설치하기 때문에 기기에 과대한 압력이 걸리지 않으며, 배관길이도 짧게 된다.

<표 3－12> 및 <표 3－13>에 국내의 (초)고층 건물의 급탕설비설계의 예를 비교하여 나타내었다(<표 2－12> 및 <표 2－13> 참조).

〈표 3-12〉 국내 (초)고층 건물의 급탕설비설계 사례 비교(1)*

건물명	L·G TWIN 빌딩							한국종합무역센타 사무동							쌍용증권사옥						
급탕방식	저 탕 식							저 탕 식							순간탕비식(지역온수)						
급탕조 용량선정 방식	위생기구수에 의한 방법							위생기구수에 의한 방법							위생기구수에 의한 방법						
배관재질 및 밸브 사용 구분	• 급탕관 : 동관(L TYPE) (KS D 5301) • 밸브류 : 급수관과 동일[1]							• 급탕관 : 동관(L TYPE) (KS D 5301) • 밸브류 : 급수관과 동일[1]							• 급탕관 : 동관(L TYPE) (KS D 5301) • 밸브류 : 급수관과 동일[1]						
급탕공급 구역별 개요	구역	저탕조 위치 (F)	공급 구역 (F)	공급 층수	용량 $[m^3]$	급탕 압력원	공급 방향	구역	저탕조 위치 (F)	공급 구역 (F)	공급 층수	용량 $[m^3]$	급탕 압력원	공급 방향	구역	열교환기 위치 (F)	공급 구역 (F)	공급 층수	용량 $[m^3]$	급탕 압력원	공급 방향
	1	B3	B3 ~ 12	9	4.53	고가수조	↑	1	B2	B2 ~9	11	1.75×2대	고가수조	↑	1	B2	B7~ 3	10	–	펌프	↑↓
	2	31	13~ 27	14	2.34	고가수조	↓	2	11	10~ 20	10	1.75×2대	고가수조	↑	2	B2	4~ 16	12	–	펌프	↑
	3	31	28~ 33	5	1.75	고가수조	↑	3	22	21~ 33	12	1.75×2대	고가수조	↑	3	B2	17~ 30	13	–	펌프	↑
	(1개동)							4	35	34~ 42	12	1.1×2대	고가수조	↑	4	B2	13 (주방)	1	–	펌프	↑
								5	44	43~ 50	7	1.1×2대	고가수조	↑							
								6	53	51~ 54	3	1.6×2대	고가수조	↑↓							

*공기조화·냉동공학회지(Vol. 24, No. 5, pp. 544, 1995)
1) <표 2－12> 참조

〈표 3-13〉 국내 (초)고층 건물의 급탕설비 설계 사례 비교(2)*

건물명	송도 G-Tower	청라 더샵 레이크 파크	동북아트레이드 타워
급탕방식	순간가열	순간가열	• 업무 : 순간가열 • 호텔 : 저탕식
급탕열원	지역난방 열원 이용	지역난방 열원 이용	지역난방 열원 이용
공급온도	공급 55℃, 회수 15℃	공급 55℃, 회수 15℃	공급 55℃, 회수 15℃
급탕량 산정방법	기구수에 의한 방법	기구수에 의한 방법	기구수에 의한 방법
조닝	급수조닝과 동일 • B2 기계실에 지하2층~13층용 열교환기를 설치하여 공급 • 16F 중간기계실에 14층~33층용 열교환기를 설치하여 공급	급수조닝과 동일 • B1 기계실에 1층~15층용 열교환기, 16층~30층용 열교환기를 설치하여 각 존으로 공급 • 30F 중간기계실에 31층~44층용 열교환기, 45층~58층용 열교환기를 설치하여 각 존으로 공급	급수조닝과 동일 • B3 기계실에 지하3층~13층용 열교환기, 14층~25층용 열교환기를 설치하여 각존으로 공급 • 34F 중간기계실에서 26~33층용 열교환기 및 34~37층용, 38~50층용 51~60층용, 61~68층용 열교환기(+저탕조)를 설치하여 각 존으로 공급(단, 호텔 주방은 별도 열교환기와 저탕조를 두어 공급)

* <표 2-13> 참조

3.6 가열장치

급탕설비의 가열장치를 분류하면, 물을 가열하면서 탕을 사용하는 순간식(瞬間式)과 탕 사용의 피크를 대비하여 탕을 저장해두는 저탕식(貯湯式)으로 나눌 수 있다. 순간식 가열장치로서는 가스순간 온수기, 관류식 보일러, 열교환기, 진공식 혹은 대기압식 온수기 등이 있다. 저탕식의 가열장치로서는 저탕형 보일러나 가열코일부착 저탕조가 있다. 또한 가열방식에 따라 분류하면, 보일러, 가스온수기, 전기온수기, 태양열온수기 등의 직접가열장치, 가열코일부착 저탕조나 열교환기 등의 간접가열장치, 그리고 증기사일렌서, 기수혼합밸브 등의 열매혼합가열장치가 사용된다.

일반적으로 중앙식 급탕방식에는 기름, 가스 등을 열원으로 하는 급탕보일러 등 직접가열장치 및 증기나 온수 등을 열원으로 하는 간접 가열장치로서 저탕식의 것을 많이 사용하며(<그림 3-11> 및 <그림 3-12> 참조), 국소식 급탕방식에는 가스온수기나 전기온수기 등 직접가열장치를 사용하는 경우가 많다.

가열장치는 급탕설비의 양부(良否)를 결정하는 중요한 부분이기 때문에, 계획시 모든 면에서 검토를 하여 결정하여야 한다.

1 급탕 보일러

(1) 저탕식 급탕보일러

내부에 다량의 탕을 보유하기 때문에 단시간에 다량의 급탕이 가능하며, 비교적 설치면적도 적고, 설치도 용이하며, 가격도 싸지만, 구조상 저탕량에 제약이 따르기 때문에 주로 중소 규모의 설비에 적합하다. 일반적으로 강판제를 많이 사용하지만, 주철제와 비교하면 내구성은 떨어진다. 보일러에 가해지는 수압에 따라 저압형(수두압 100 kPa 이하)과 중압형(수두압 300 kPa 이하)이 있다.

(2) 간접가열식 급탕보일러

보일러 내부에 열교환기를 삽입하여 보일러용수(증기 또는 온수)에 의해 간접적으로 가열하기 때문에 보일러용수의 수질관리가 용이하여 보일러의 부식이 적고, 사용압력은 열교환기의 내압압력까지 사용할 수 있기 때문에 높은 곳까지 급탕할 수 있다. 일반적으로는 저탕조와 조합하여 사용하는 경우가 많으며, 강판제와 주철제가 있다. 또한 보일러용수를 대기압으로 한 개방형과 밀폐형이 있다. 개방형은 유자격자를 필요로 하지 않기 때문에 중소규모의 설비에 사용하는 경우가 많다.

(3) 진공온수기

통 내부를 진공(저압)으로 하여 부압의 증기(負壓蒸氣)에 의해 가열하기 때문에 안전성이 높고 개방형 보일러와 같이 유자격자를 필요로 하지 않기 때문에 중소규모에서부터 대규모의 설비에까지 사용하고 있다.

(4) 소형급탕기

보통 등유를 열원으로 하여 가정용 급탕 설비에 이용하는 경우가 많으며, 내부 코일내의 물을 가열하여 순간적으로 데워 급탕한다.

(5) 관류보일러

내압성이 뛰어나지만 부식하기 쉽기 때문에 수질에 주의해야 한다.

(6) 2관식보일러

난방, 급탕 겸용 보일러라고도 하며, 보일러에 열교환기를 부설하여 보일러수에 의해 가열하는 간접가열식 보일러이다. 열교환기를 수질에 따라 선정함으로써 내구성이 뛰어난 급탕가열기로 사용할 수 있다. 열교환기를 보일러 내부에 설치하는 것과 외부에 설치하는 것이 있다.

2 저탕조

저탕조(貯湯槽)에는 직접가열식과 간접가열식이 있다.

직접가열식은 보일러와 저탕조를 직결하여 물을 직접 가열하고 또한 순환시키면서 가열한다. 이 형식은 자연순환을 보다 좋게 하기 위해 저탕조를 보일러보다 높은 위치에 설치하는 것이 바람직하다. 또한 경우에 따라서는 순환력을 증대시키기 위해 펌프를 사용한다.

간접가열식은 증기, 고온수 및 온수를 열원으로하여 탱크내의 가열장치(가열코일)를 통해 가열하는 것이다. 간접가열의 저탕조에는 탱크 내부의 탕의 온도를 균일하게 하기 위하여 유동선회장치(순환펌프)를 설치하며, 또한 연속 출탕(出湯)이 가능한 저탕조도 있다. 코일은 헤어핀 형의 코일이 있다. 부속품으로는 안전밸브 혹은 팽창관, 압력계, 온도계 등이 필요하다. 형상은 거의 대부분이 원통형으로서, 입형 및 횡형이 있다. <그림 3-20>에는 저탕조의 예를 나타내었다.

저탕조에 사용하는 재료는 강판제나 스테인리스제를 많이 사용하고 있다. 강판을 사용하는 경우에는 내부를 에폭시 수지 코팅이나 시멘트 라이닝 등으로 방청처리할 필요가 있다. 그러나 이들 처리를 하더라도 정기적인 점검을 소홀히 해서는 안 된다.

스테인리스강은 강판에 비해 내구성이 뛰어나다고는 할 수 있지만, 방식상 완전한 것은 아니다. 성형 가공시의 잔류응력으로 인한 응력부식 균열이나 공식(孔食), 극간 부식 등이 발생한다. 스테인리스강은 녹이 나지 않는 재료가 아닌 녹이 발생하기 어려운 재료라는 점을 염두에 두고 방식 대책을 강구해야 한다. 또한 스테인리스강에 녹이 발생하면 수리가 상당히 곤란하다는 점에도 주의해야 한다.

스레인리스 피복강(stainless-clad steel)은 강판과 스테인리스강의 합판으로서 스테인리스강 특유의 응력부식 균열이 발생하기 어려운 점과 부식이 발생하여도 수리가 가능하다는 장점이 있지만, 제작에는 고도의 기술이 요구되며, 가공기술에 따라 내구성이 크게 좌우된다.

열악한 부식환경하에 있는 저탕조의 재질로서 현재로서는 완전한 것은 없기 때문에 결국 방식 대책을 충분히 검토하여야만 한다. 현재는 일반적으로 외부전원 방식의 전기방식(電氣防蝕) 등을 사용하는 경우가 많다.

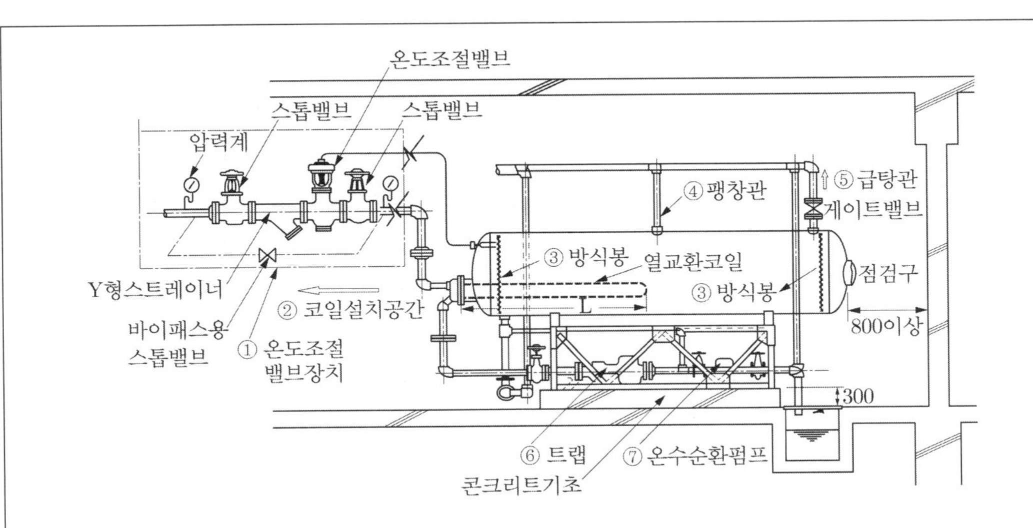

① **온도조절밸브장치**－열원이 증기인가 고온수인가에 따라 장치가 다르다. 사용하는 밸브류는 사용하는 열원의 압력에 충분히 견딜 수 있는 것을 사용할 것. 온도조절방식은 그림 (a), (b)를 참조.

② **코일 설치 공간**－열교환 코일은 점검·수리 등을 위해 인발하기 때문에 저탕조의 전방에 L 이상의 인발(引拔) 스페이스가 필요하다. 이 인발 스페이스는 기계실의 입구를 이용하여도 좋다.

③ **방식봉**－스테인리스강의 응력부식 등 사고방지를 위해 마그네슘이나 알루미늄 희성재(犧性材)를 부착하면 좋다.

④ **팽창관**－탱크 내의 압력상승을 도피시키기 위해 안전밸브나 팽창관을 설치하지만 팽창관에는 절대로 밸브를 설치해서는 안 된다.

⑤ **급탕관**－급탕관은 온수에 의해 부식이 촉진된다. 온수중의 용존산소의 영향을 적게 하기 위해 기수분리기를 주관에 설치하는 경우도 있다. 또한 공기가 정체하지 않는 배관을 할 것.

⑥ **트랩**－증기가열의 경우 응축한 증기를 배출하는 트랩을 설치하지만 제조메이커의 카탈로그를 이용하여 응축수량을 충분히 배출할 수 있는 것을 선택할 것.

⑦ **급탕 순환펌프**－급탕 순환 펌프가 지나치게 크고, 유량, 유속이 크면, 관의 부식을 촉진한다. 시공시에 주의해야 한다. 양정 2～5mAq, 유속 1m/s 미만이 바람직하다. 또한 내식성 있는 펌프를 선정할 것. 설치는 공기 정체가 일어날 수 없는 위치에 설치한다.

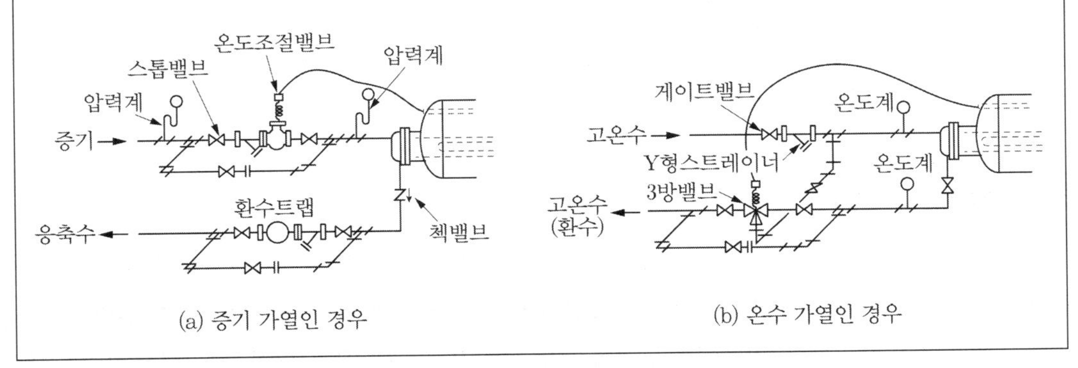

〈그림 3-20〉 저탕조 설치의 예(증기 가열인 경우)

3 열교환기

열교환기(熱交換器, heat exchanger)는 가열 튜브 내에 물을 보내면서 증기 등에 의해 가열하는 것으로서 열효율이 좋고(전열면적이 크다), 소형인 것이 바람직하다. 저탕조는 저탕용량이 많지만, 열교환기는 코일내의 용량뿐이기 때문에 순간식이라고 할 수 있다. 탱크 본체의 재질은 거의 대부분이 강판제이며, 최근에는 스테인리스강도 있는데, 열원이 증기인 경우, 증기압 및 온도에 견딜 수 있는 두께를 필요로 한다. 열교환기 튜브는 일반적으로 쉘 앤드 튜브형(shell and tube)을 이용하며, 가능한 한 열관류율(熱貫流率)이 큰 재질을 사용하고, 스케일 등의 부착에 의한 열효율의 저하를 방지하는 의미에서 관리가 쉽고 청소가 용이한 구조가 바람직하다. 열교환기는 저탕조에 비해 본체가 소형이다. 안전장치로서 가열측, 탱크측 모두 안전밸브, 도피밸브 또는 도피관이 필요하다. <그림 3－12> (c)에는 열교환기의 예를 나타내었다.

4 열매혼합 가열장치

열매혼합 가열장치는 증기와 물을 직접 혼합시켜 탕을 만들기 때문에 공장의 목욕탕 등에서 잘 사용하는 가열방식이다. 혼합장치에는 증기 사일렌서나 기수혼합 밸브가 있으며, 이와 같은 가열 장치를 사용하는 경우에는 화상 등의 위험 방지대책을 충분히 고려할 필요가 있으며, 불특정 다수의 사람이 사용하는 공중목욕탕 등에 사용해서는 안 된다. <그림 3－6>의 (c) 및 (d)에 열매혼합 가열장치의 예를 나타내었다.

3.7 급탕관 재료

1 배관재료의 조건 및 특성

급탕배관재의 요구조건 및 배관재의 특성에 대해서는 2.7절의 급수관 재료를 참조하기 바란다.

2 급탕관의 관재료

급탕관의 목적은 세면용, 목욕용, 주방용에 사용하는 것이 대다수이다. 급탕관 재료의 선정은 급수관 재료의 경우와 동일하지만, 급탕관에서는 온도에 대한 조건을 추가하여야 한다. 일반적으로 온도상승에 따라 관의 부식속도가 빨라지기 때문에 급탕온도는 55~60°C 정도가 바람직하다. 따라서 급탕관 재료로서 고려할 수 있는 것은 다음의 4가지를 들 수 있다.

① 동관
② 일반배관용 스테인리스 강관
③ 폴리부틸렌관

<표 3-14>에는 이들 급탕관재의 특징을 나타내었다.

〈표 3-14〉 급탕배관 재료로서의 특징

관 종류	장점	단점
동관	과거부터 많이 사용하고 있으며, 시공성이 좋다.	침식, 공식, 전식 등이 일어나기 쉽다. 또한 관내유속 및 기수분리에 대한 대책이 필요하다.
일반 배관용 스테인리스 강관	부식에 강하고, 기계적 강도도 크다.	이종관재와의 접합에 주의를 요한다.
폴리부틸렌관	시공성이 좋고, 내식성 및 내열성이 좋다.	접합부에 대한 내용년수(耐用年數)가 명확하지 않고, 내화성이 없다.

3.8 급탕배관의 관경결정 및 순환펌프의 결정

1 급탕배관의 관경 결정

급탕관의 관경은 배관의 각 구간에서의 순간최대급탕량(동시사용유량)을 구하여, 허용마찰손실수두 및 관내유속으로부터 구한다. 관내유속은 동관은 0.4~1.5 m/s, 스테인리스 강관 및 수지관은 0.4~2.0 m/s로 한다.

순간최대 급탕량의 산정에는 다음과 같은 방법이 있다.

(1) 순간최대급탕량의 산정

1) 급수량에 기초한 방법

급수량에 대한 급탕량의 비율은 급탕전이 단독인 경우는 급수량과 동일하며, 냉온수 혼합수전인 경우는 용도별 사용온도로부터 온도비로 분할하여 구하는 것이 좋지만, 일반적으로는 급수량에 대한 급탕량의 비율을 $\frac{3}{4}$으로 하여 구한 <표 2-25>를 기준으로 한다. 그리고 순간 최대 급탕량은 <그림 2-31>의 동시사용 유량선도나 <표 2-26>을 이용하여 구한다.

2) 사용인원수에 의한 방법

<표 3－6>의 건물용도별 1인당 시간최대 급탕량과 사용인원으로부터 시간최대급탕량을 구해, 그것의 1.5～2배를 순간최대 급탕량으로 한다.

3) 설치기구수와 동시사용률에 의한 방법

<표 3－7>을 사용하여 설치기구수와 동시사용률로부터 시간최대 급탕량을 구해 그것의 1.5～2배를 순간최대 급탕량으로 한다.

4) 급탕단위에 의한 방법

급탕단위로부터 순간최대 급탕량을 구할 때, <표 3－15> 및 <그림 3－21>을 사용한다. 즉, <표 3－15>에서 급탕기구의 부하단위로부터 기구의 총 급탕단위를 구하고, <그림 3－21>의 동시사용 유량선도를 이용하여 동시사용 유량(순간최대 급탕량)을 구한다.
또한 숙박시설에서는 통상 3개의 위생기구(욕조, 대변기 및 세면기)가 욕실 내에 설치되는데, 통상 이들 기구는 욕실 내에서 동시사용 하지 않는 것을 고려하여 샤워 혹은 <표 3－15>에 나타낸 욕조의 급탕단위 1.5를 욕실의 급탕단위로 한다.

〈표 3-15〉 각종 건물의 기구별 급탕단위(급탕온도 60℃ 기준)

건물종류 / 기구종류	아파트	클럽	체육관	병원	호텔, 독신자APT	공장	사무소	학교	YMCA
세면기(개인용)	0.75	0.75	0.75	0.75	0.75	0.75	0.75	0.75	0.75
세면기(공중용)		1	1	1	1	1	1	1	1
욕조	1.5	1.5		1.5	1.5				
접시 세척기	1.5	객석수 250에 대해 5단위							
치료용 욕조				5					
주방 싱크	0.75	1.5		3	1.5	3		0.75	3
배식 싱크		2.5		2.5	2.5			2.5	2.5
청소 싱크	1.5	2.5		2.5	2.5	2.5	2.5	2.5	2.5
샤워	1.5	1.5	1.5	1.5	1.5	3.5		1.5	1.5

㈜ 설비의 주된 목적이 체육관이나 공장의 교대시에 사용하는 샤워인 경우에는 설계유량은 이 급탕단위에 의하지 않고 동시사용률을 100%로 하여 구한다.

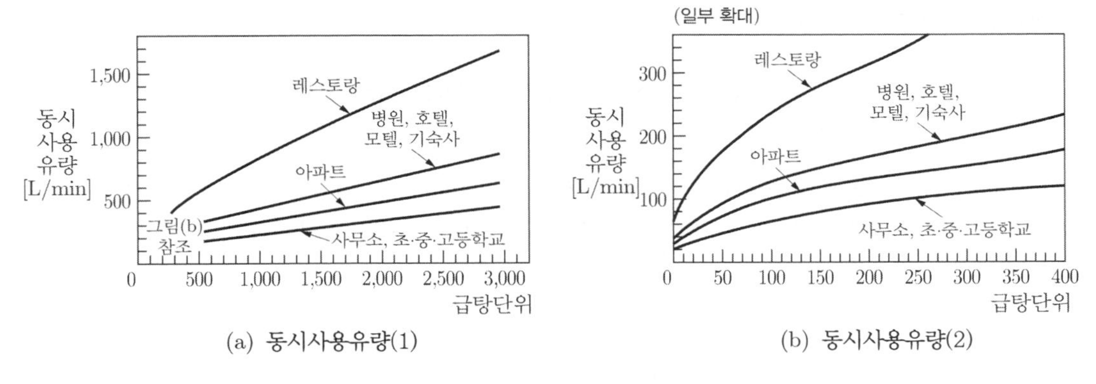

(a) 동시사용유량(1) (b) 동시사용유량(2)

〈그림 3-21〉 급탕단위에 의한 동시사용유량

(2) 급탕관경의 산정

급탕배관의 관경은 급수관경의 결정법과 똑같이 주관, 지관마다의 순간최대유량(동시사용유량)과 배관마찰저항선도(유량선도)를 이용하여 결정한다. 여기서 주의하여야 할 것은 배관재를 동관으로 하는 경우, 배관의 관내유속을 빠르게 하면 물리적인 부식(침식)을 받기 쉽기 때문에 관내유속은 1.5 m/s 이하로 하는 것이 바람직하며, 관경을 결정할 때 반드시 유속을 검토하여야 한다.

(3) 환탕관의 관경 결정

환탕관의 관경은 급탕관과 환탕관으로부터의 열손실과 급탕관과 환탕관 간의 온도차로 부터 구해지는 순환수량에 의해 구한다. 그러나 순환관로의 열손실은 환탕관경이 결정되지 않으면 구할 수 없기 때문에, 일반적으로 <표 3-16>을 이용하는 개략적인 방법에 의해 환탕관의 관경을 결정하고 있으며, 필요에 따라 순환수량 및 순환펌프 결정 후, 유속을 검토하여 유속이 한계유속 이내가 되도록 환탕관경을 다시 조정한다. 특히 배관에 동관을 사용하는 경우는 반드시 유속이 1.5 m/s 이하가 되도록 주의하여야 한다.

〈표 3-16〉 환탕관의 관경

급탕관경[DN]	20~32	40	50	65 이상
환탕관경[DN]	20	25	32	40

예제 3.8

〈그림 3-22〉에 나타낸 기숙사의 급탕관 AB구간의 관경을 결정하시오. [배관은 동관(L 타입)을 사용하는 것으로 한다. 또한 세면기의 최저필요수압은 55 kPa로 한다]

풀이 저탕조 출구 A점에서의 정수압은 $P = H \times 9.8 = 23 \times 9.8 = 225.4$ kPa, B점에서의 필요압력(B－h간의 정수압)은 세면기의 최저 필요 수압을 55 kPa이라고 하면, 다음과 같다.

$$P_f + P' = (3\ \text{m} \times 4 + 1.5) \times 9.8 + 55 = 187.3\ \text{kPa}$$

AB간의 배관길이는 (1＋10) m, 그리고 관이음 및 밸브류의 상당 관길이를 직관길이와 같다고 가정하면, 허용마찰손실압력은 다음과 같이 계산할 수 있다.

$$i = \frac{P - P_f - P'}{l + l'} = \frac{225.4 - 187.3}{11 + 11} = 1.73\ \text{kPa/m}$$

AB간의 유량 : 1 FU×24개 ＝ 24 FU(<표 3－15> 참조)
<그림 3－21>의 (b)로부터 순간최대 유량은 70 L/min이다.
동관의 유량선도(<그림 2－33>)를 이용하여 i＝1.73 kPa 이하에서, 또한 유속을 1.5 m/s 이하로 하면 관경은 DN 32로 한다.
환탕관의 관경은 <표 3－16>으로부터 DN 20으로 한다.
나머지 구간의 관경은 그림에 나타내었다.

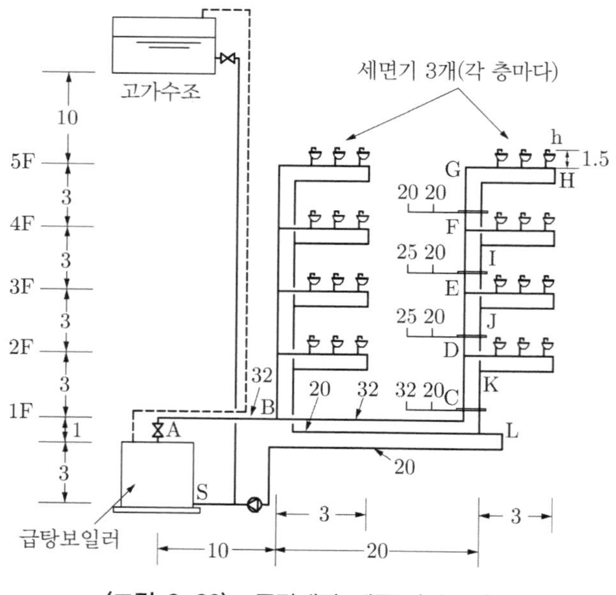

〈그림 3-22〉 급탕배관 계통도(기숙사)

2 순환펌프의 결정

순환펌프를 결정하기 위해서는 먼저 배관이나 기기로부터의 열손실을 산정하고, 급탕관과 환탕관 간의 온도차에 의해 순환탕량을 구한 후, 그 순환량과 관경에 의해 배관의 마찰손실을 구하여 펌프를 선정한다.

(1) 순환관로로부터의 열손실

배관 및 기기로부터의 열손실은 관 재질, 관경, 보온재의 종류 및 두께, 관내온도, 주위온도 등에 따라 다르다. 배관 전체로부터의 열손실을 구하기 위해서는 각 관경마다 그 배관길이를 구하고 각각에 대한 열손실을 구하여 합산하면 된다.

배관으로부터의 열손실은 보온재의 종류나 두께에 따라 다르다. 배관으로부터의 열손실 Q_p는 다음 식 (3－9)로부터 구할 수 있다. 이때 배관 두께는 무시하였으며, 또한 배관 내면측의 열전달 효과도 무시하였다. 즉 관내 유량이 어느 범위 이상이 되면, 금속관벽의 열저항이 매우 적어져 생략할 수 있으므로 다음과 같이 된다.

$$Q_p = \frac{(t_o - t_r)}{\dfrac{1}{A_i \alpha_i} + \dfrac{\ln(r_i/r_p)}{2\pi \lambda l} + \dfrac{1}{A_p \alpha_p}} = \frac{2\pi (t_o - t_r)}{\dfrac{1}{\lambda}\ln\dfrac{d_i}{d_p} + \dfrac{2}{d_i \alpha_i}} \quad \cdots\cdots (3-9)$$

여기서, Q_p : 단위길이당 열손실, W/m

t_o : 배관의 표면 온도, ℃

t_r : 배관의 주위 온도, ℃

α_i : 보온을 하지 않은 배관 또는 보온재 외표면의 표면열전달계수, W/(m²·℃)

α_p : 배관 내표면의 표면열전달계수, W/(m²·℃)

d_p, r_p, A_p : 배관의 외경[m], 반경 [m] 및 표면적[m²]

d_i, r_i, A_i : 보온재의 외경[m], 반경 [m] 및 표면적[m²]

l : 배관길이, m(=1 m)

λ : 보온재의 열전도율, W/(m·℃)

기기류에서의 열손실 Q_M은 평판형인 경우 다음 식 (3－10)으로부터 구한다. 단 원통형의 비교적 가느다란 온수보일러나 저탕조는 관으로 가정하여 식 (3－9)를 사용하여 산정하여도 된다.

$$Q_M = \frac{(t_o - t_r)}{\dfrac{1}{\alpha_i} + \dfrac{x}{\lambda}} \quad \cdots\cdots (3-10)$$

여기서, Q_M : 단위면적당 열손실, W/m²

x : 보온재의 두께, m

배관, 기기로부터의 열손실은 보온재의 종류, 두께, 급탕온도와 관 주위 온도와의 차 등에 의해서 달라지며 식 (3−9)에 의해서 계산하여야 하지만, 일반적으로는 <표 3−17>의 수치를 이용한다.

이 표의 열손실량 값은 보온재의 열전도율은 0.045 W/(m·℃), 외표면 열전달 계수가 10 W/(m²·℃)일 때, 관 내외의 온도차 1℃당 열손실량을 나타낸 것이다. 배관으로부터의 열손실을 계산하기 위해서는 환탕관의 관경을 알 필요가 있지만, 일반적으로는 <표 3−16>에 의해 가정하고 순환펌프의 양정이 과대하게 되는 경우에는 관경을 크게 하여 조정하는 방법을 취하고 있다.

실제로 배관 전체의 열손실을 관경별로 구하는 것은 번거롭기 때문에 전체 배관길이를 대략적으로 구해, 그 중에서 가장 긴 관경을 평균관경으로 하여 배관 전체의 열손실로 한다. 또한 이 값의 20% 정도를 밸브나 순환펌프로부터의 열손실로 예상하여, 이들 합계를 배관 전체의 열손실로 취하는 개략적인 방법도 있다. 또한 가열장치 본체로부터의 열손실을 더한 총합이 시스템 전체의 열손실이다.

〈표 3−17〉 배관의 열손실 W/(m·℃)

종류 \ 관경[DN]	15	20	25	30	32	40	50	60	65	75	80	100	125	150
보온을 한 동관	0.2	0.24	0.28	−	0.32	0.36	0.43	−	0.44	−	0.51	0.63	0.75	0.77
보온을 한 스테인리스 강관	0.2	0.24	0.28	0.31	−	0.37	0.4	0.41	−	0.49	0.55	0.68	0.8	0.81
보온을 하지 않은 동관	0.5	0.7	0.9	−	1.1	1.3	1.7	−	2.09	−	2.49	3.29	4.09	4.89
보온을 하지 않은 스테인리스 강관	0.5	0.7	0.9	1.07	−	1.34	1.53	1.9	−	2.4	2.8	3.59	4.39	5.19

㈜ 외표면 열전달 계수는 10 W/(m²·℃), 보온재의 열전도율은 0.045 W/(m·℃), 배관 보온재의 두께는 DN 15~50은 20 mm, DN 60~125는 25 mm, DN 150은 30 mm로 하였다.

(2) 급탕 순환펌프의 순환수량

급탕순환펌프의 수량은 순환관로의 열손실 및 환탕관과의 온도차로부터 식 (3−11)과 같이 구한다.

$$W = \frac{3{,}600\ \mathrm{J/(W \cdot h)} \times \sum H_L\ [\mathrm{W}]}{4{,}186\ \mathrm{J/(kg \cdot ℃)} \times \Delta t\ [℃] \times 1\ \mathrm{kg/L} \times 60\ \mathrm{min/h}} = \frac{0.86 \sum H_L}{60 \Delta t} \quad \cdots\cdots (3-11)$$

여기서, W : 순환수량, L/min

$\sum H_L$: 배관, 밸브, 펌프 등의 순환관로로부터의 열손실 합계, W

Δt : 급탕온도와 환탕온도와의 허용온도차 강하(일반적으로 5℃), ℃

(3) 급탕 순환펌프 양정의 결정

급탕 순환펌프의 양정은 순환수량, 급탕관 및 환탕관의 관경과 길이로부터 순환관로가 가장 긴 계통의 마찰손실을 구하여 결정한다. 순환관로가 가장 긴 계통의 마찰손실은 유량, 관경 및 길이가 다른 배관의 각 부분의 마찰손실을 구하고, 그것을 합계하여 구하지만, 실제의 배관은 분기가 많아 번잡하기 때문에 간편법으로서 식 (3−12)를 사용한다.

$$H = 0.01\left(\frac{L}{2} + l\right) \qquad (3-12)$$

여기서, H : 순환펌프의 양정, m
L : 급탕주관의 길이, m
l : 환탕주관의 길이, m

이 식은 관로의 단위길이당 마찰손실을 급탕주관에서는 5 mmAq/m, 환탕관에서는 10 mmAq/m로 한 것인데, 급탕관에서의 손실수두는 무시할 수 있는 경우도 많다. 그리고 순환펌프의 양정은 2~3 m 정도가 바람직하며, 과대하게 되지 않도록 한다.

순환펌프의 용량이 과대하면 환탕관에서의 유속이 빠르게 되거나 또는 급수와 급탕간의 압력차가 크게 된다.

예제 3.9

〈그림 3−22〉에서 순환펌프의 순환수량과 양정을 구하시오. [단, 급탕온도는 60℃, 환탕온도는 55℃, 배관주위온도는 22℃로 하며, 배관은 동관(L 타입)을 사용하는 것으로 한다. 또한 기기 등으로부터의 손실열량은 배관으로부터의 열손실의 30%를 고려하며, 관이음 및 밸브 등의 상당관길이는 직관길이와 같은 것으로 한다]

풀이 ① 순환펌프의 순환수량

배관 전체의 길이 및 손실열량은 <표 3−18>과 같이 된다.

〈표 3−18〉 배관으로부터의 손실열량

관경[DN]	직관의 길이[m]	단위길이당 손실열량[W/(m·℃)]	손실열량[W/℃]
32	32	0.32	10.24
25	12	0.28	3.36
20	167	0.24	40.08
합계			53.68

기기 등으로부터의 손실열량을 배관으로부터의 손실열량의 30%, 주위온도를 22°C 라고 하면, 전체손실열량은 다음과 같이 된다.

$$H_L = 53.68 \text{ W/℃} \times (60-22) \text{℃} \times 1.3 = 2651.8 \text{ W}$$

따라서 순환펌프의 순환수량은 다음과 같이 된다.

$$W = \frac{0.86 \sum H_L}{60 \Delta t} = \frac{0.86 \times 2651.8}{60 \times (60-55)} \fallingdotseq 7.6 \text{ L/min}$$

② 순환펌프의 양정

순환수는 각 계통에 균등하게 흐르게 분배한다. 그리고 가장 멀리 위치한 기구를 거쳐 급탕 보일러에 돌아오는 관로 AHS에 있어서 마찰손실수두는 각 구간마다 관경과 순환수량에 의해 <그림 2-33>의 유량선도를 사용하면, <표 3-19>와 같이 구해진다. 관이음 및 밸브류의 손실수두를 직관의 손실수두와 같다고 하면, 전마찰 손실수두는 $507.6 + 507.6 = 1{,}015.2 \text{ mm} \fallingdotseq 1 \text{ m}$로 되며, 이것이 순환펌프의 양정이 된다. 또한 앞에서 가정한 환탕관의 관경에 대해서도 문제가 없음을 알 수 있다.

〈표 3-19〉 배관의 마찰손실수두

구간	관경 [DN]	직관 길이 [m]	순환 수량 [L/min]	동수구배 [mmAq/m]	마찰손실 [mmAq]	구간	관경 [DN]	직관 길이 [m]	순환 수량 [L/min]	동수구배 [mmAq/m]	마찰손실 [mmAq]
A−B	32	11	7.6	neg	neg	H−I	20	6	0.95	neg	neg
B−C	32	15	3.8	〃	〃	I−J	20	3	1.9	1.1	3.3
C−D	32	3	3.8	〃	〃	J−K	20	3	2.85	2.3	6.9
D−E	25	3	2.85	〃	〃	K−L	20	3	3.8	4.1	12.3
E−F	25	3	1.9	〃	〃	L−S	20	33	7.6	14.7	485.1
F−G	20	3	0.95	〃	〃	합계					507.6
G−H	20	3	0.95	〃	〃						

3.9 가열장치의 용량

1 순간식 가열장치의 용량

저탕조를 설치하지 않고 순간식 가열장치를 사용하는 경우의 가열장치의 능력은 식 (3−13)과 같이 피크시의 급탕량(순간최대 급탕량)을 급수온도로부터 급탕온도까지 높일 수 있는 능력을 가져야 한다.

$$H \geq \frac{\rho Q c(t_h - t_c)}{60} \quad \cdots\cdots (3-13)$$

여기서, H : 가열장치의 가열능력, kW　　ρ : 물의 밀도, kg/L
c : 물의 비열, kJ/(kg·℃)　　Q : 순간최대급탕량, L/min
t_h : 급탕온도, ℃　　t_c : 급수온도, ℃

예제 3.10

세면기 1개, 욕조 1개, 샤워 1개, 주방 싱크가 1개 설치되어 있는 아파트에 순간식 가열장치에 의한 급탕설비를 설계하는 경우, 가열장치의 능력을 구하시오. (단, 급수온도는 5°C, 급탕온도는 60°C, 물과 탕의 밀도는 모두 1 kg/L로 한다)

풀이 <표 3-15>로부터 급탕단위는 다음과 같이 된다.

세면기	1개	×	0.75 FU/개	=	0.75 FU
욕조	1개	×	1.5 FU/개	=	1.5 FU
샤워	1개	×	1.5 FU/개	=	1.5 FU
싱크	1개	×	0.7 5FU/개	=	0.75 FU
계					4.5 FU

따라서 순간급탕량은 <그림 3-21>로부터 30 L/min으로 되며, 가열장치의 가열능력은 다음과 같이 된다.

$$H \geq \frac{\rho Q c(t_h - t_c)}{60} = \frac{1 \times 30 \times 4.186 \times (60-5)}{60} = 115.1 \text{ kW}$$

2 저탕식 가열장치의 용량

가열기의 능력과 저탕량 간에는 상관관계가 있으며, 가열기의 능력을 크게 하면 저탕량은 작게 되고, 그 역도 성립한다. 일반적으로는 탕 사용자가 비교적 일정하고, 사용량도 안정되어 있는 주택, 아파트, 시티 호텔, 병원 등의 경우에는 저탕량을 작게 하고, 사용자수가 불안정하고 단시간에 탕의 사용이 집중하는 학교, 체육시설, 공장 등의 경우에는 저탕량을 크게 하는 경우가 많다. 그러나 저탕량을 크게 하는 것은 방열에 의한 에너지의 손실도 크므로 에너지 절약의 관점에서 저탕량은 작게 하는 편이 좋으며, 특히 사용량의 변동이 극심한 레저 호텔이나 사무소 등에서는 가열기 능력을 크게 하고 저탕량을 작게 하는 것이 에너지 손실이 적고 경제적이다.

또한 공장 등에서 증기 등의 열원을 풍부하게 얻을 수 있는 경우에는 가열기의 능력을 크게 하는 것이 좋다.

가열기의 능력과 저탕량을 결정하는 데에는 시간최대 급탕량과 피크로드(시간최대급탕량)의 계속시간을 알아야 하며, 저탕조와 가열기 능력간의 관계는 다음 식 (3-14) 또는 (3-15)로 표시된다. 그리고 저탕조의 유효저탕량을 시간최대급탕량으로 하여 가열능력을 산출한다.

$$V\rho_{h1}c_{h1}t_{h1} - V\rho_{h2}c_{h2}t_{h2} + HT \geq \frac{1}{2}QT\rho_{h1}c_{h1}t_{h1} + \frac{1}{2}QT\rho_{h2}c_{h2}t_{h2} - QT\rho_c c_c t_c \qquad (3-14)$$

여기서, t_c : 급수온도, ℃

t_{h1} : 피크 개시 때의 저탕조 내의 급탕온도(일반적으로 60℃), ℃

t_{h2} : 피크 종료 후의 저탕조 내의 급탕온도(일반적으로 55℃), ℃

V : 저탕조 내의 유효저탕량(일반적으로 저탕조 용량의 70% 정도), L

H : 가열능력, kJ/h(≒0.278W)

ρ_c : 급수의 밀도, kg/L

ρ_{h1} : 피크 개시 때의 저탕조 내의 급탕온도에서의 탕의 밀도, kg/L

ρ_{h2} : 피크 종료 후의 저탕조 내의 급탕온도에서의 탕의 밀도, kg/L

c_c : 급수의 비열, kJ/(kg·℃)

c_{h1} : 피크 개시 때의 저탕조 내의 급탕온도에서의 탕의 비열, kJ/(kg·℃)

c_{h2} : 피크 종료 후의 저탕조 내의 급탕온도에서의 탕의 비열, kJ/(kg·℃)

Q : 피크시 급탕량(시간최대 급탕량), L/h

T : 피크의 계속시간, h

그리고 $\rho_c = \rho_{h1} = \rho_{h2} = 1\,\text{kg/L}$, $c_c = c_{h1} = c_{h2} = 4.186\,\text{kJ/(kg·℃)}$로 하면 식 (3-14)는 다음과 같이 된다.

$$4.186(t_{h1} - t_{h2})V + HT \geq 4.186\left\{\frac{(t_{h1} + t_{h2})}{2} - t_c\right\}QT \qquad (3-15)$$

이 관계를 <그림 3-23>에 나타내었다. 그림 중 최저필요가열능력은 가열장치내의 물의 온도를 어느 정도 시간으로 급수온도로부터 급탕온도로 상승시키는가에 따라 결정한다. 가열장치의 능력은 이 그림의 요구 성능곡선을 만족하는 가열능력과 저탕용량과의 조합이 되는 것을 사용하면 좋다. <그림 3-23>에서 가열코일 설치 저탕조를 사용하는 경우, 저탕조는 주문제작이 가능하기 때문에 그림에 나타낸 가열장치의 요구성능선 상의 점(H_1, V_1)을 만족하는 제품을 얻을 수 있다.

또한 저탕용량을 갖지 않는 혹은 저탕용량이 작은 가열장치와 저탕조의 조합인 경우에는 <그림 3-24>에 나타낸 것과 같이 부족분의 저탕량을 갖는 코일 없는 저탕조를 설치하면 좋다.

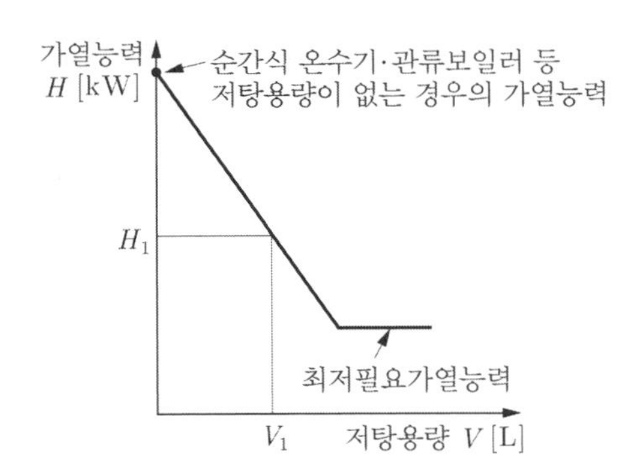

〈그림 3-23〉 가열장치의 가열능력과 저탕용량과의 관계

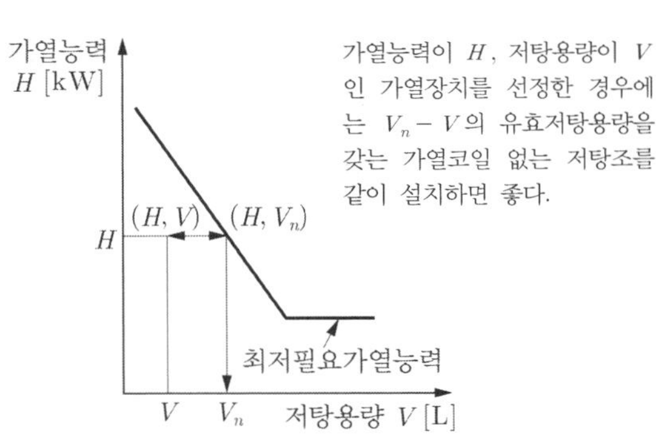

〈그림 3-24〉 가열능력이 결정된 경우 저탕용량을 구하는 법

예제 3.11

예제 3-6의 비즈니스 호텔의 객실계통의 저탕조 용량과 가열기의 가열능력을 구하시오. (단, 급탕온도는 55℃ 이상을 유지하고 급수온도는 5℃로 한다. 시간최대 급탕량의 계속시간은 2시간으로 한다)

풀이 예제 3-6에서 시간최대 급탕량은 4,000 L/h이다. 시간최대 급탕량을 저탕하는 것으로 하여 유효 저탕량을 저탕조 용량의 70%로 하면 저탕조 용량은 다음과 같다.

저탕조 용량 4,000/0.7 ≒ 5,700 L

가열기 능력은 식 (3-15)로부터

$$4.186\times(60-55)\times4{,}000+H\times2 \geq 4.186\times\left(\frac{60+55}{2}-5\right)\times4{,}000\times2$$

$$H \geq \frac{1{,}758{,}120-83{,}720}{2} = 837{,}200\ \text{kJ/h} = 232{,}741\ \text{W} = 232.7\ \text{kW}$$

∴ 가열능력은 240 kW로 된다.

예제 3.12

2,000명이 근무할 것으로 예상되는 사무소 건물에 저탕용량을 갖는 중앙식 급탕설비를 설치하는 경우, 년간 급탕사용량, 급탕설비를 위한 년간 에너지 사용량 및 가열장치의 가열능력과 저탕용량을 구하시오. (단, 년간 평균급수온도는 15℃, 가열장치의 용량을 구할 때의 급수온도는 5℃, 저탕온도는 60℃로 한다)

풀이 ① 년간 급탕사용량

1인당 년간 평균 1일당 급탕사용량을 9 L/(c·d), 1년간 근무일수를 250일/년으로 하면, 년간 급탕사용량(Q_y)는 다음과 같이 구해진다.

$$Q_y = 9\ \text{L}/(\text{인}\cdot\text{일})\times2{,}000\text{인}\times250\text{일}/\text{년} = 4{,}500\ \text{m}^3/\text{년}$$

② 급탕설비를 위한 년간 에너지 사용량(E_y)는 순환펌프의 동력과 배관으로부터의 손실 에너지를 가열하기 위한 에너지의 15%라고 보면 다음과 같이 구해진다.

$$E_y = 4{,}500\ \text{m}^3/\text{년} \times 1{,}000\ \text{kg/m}^3 \times (60-15)℃ \times 4.186\ \text{kJ/(kg·℃)} \times 1.15 = 975\ \text{GJ/년}$$

③ 1인당 시간최대 급탕량을 2 L/(c·h)라고 하면, 시간최대 급탕량 Q는 다음과 같이 된다.

$$Q = 2\ \text{L/(인·h)} \times 2{,}000\text{인} = 4{,}000\ \text{L/h}$$

가열장치의 유효저탕량을 V, 가열능력을 H라고 하고, $t_c = 5℃$, $t_{h1} = 60℃$, $t_{h2} = 55℃$, $Q = 4{,}000$ L/h, $T = 2$ h를 식 (3-15)에 대입하면, 다음과 같이 된다.

$$20.93V + 2H \geq 1{,}758{,}120$$

이 식을 만족하는 유효저탕량과 가열능력을 갖는 가열장치를 선택하면 된다.
예를 들면, 232.6 kW의 가열능력을 갖는 진공식 온수발생기를 사용하는 경우의 저탕조의 유효저탕량 V는 1 kW = 3.6×10^3 kJ/h이므로

$$20.93V + 2 \times 232.6 \times 3.6 \times 10^3 \geq 1{,}758{,}120$$

$$V \geq 4{,}000\ \text{L}$$

로 된다.

$\therefore$ 저탕조 용량은 $\dfrac{4{,}000}{0.7}$ L ≒ 5,600 L = 2,850 L × 2기로 한다.

3 간접가열장치에서의 전열관의 길이

간접 가열장치의 열원으로서는 증기나 온수 또는 고온수(가열 용기 내를 가압하여 비등점을 높게 하여 100°C 이상으로 만든 온수)를 사용한다. 간접 가열장치에는 저탕식과 순간식(열교환기)이 있으며, 저탕식의 경우에는 저탕탱크 내에 삽입한 전열관(가열코일)의 내부에 열원을 보내어 가열하고, 순간식의 경우는 코일 내에 물을 보내고 코일 외측의 열원에 의해 가열한다. 따라서 순간식의 경우에는 피크시의 최대급탕량에 의해 가열장치가 결정되기 때문에, 탕의 사용자를 충분히 검토하여 피크시의 최대유량을 파악하는 것이 매우 중요하다.

가열코일의 길이는 다음 식에 의해서 구해진다.

$$S = \frac{H}{\dfrac{K(\Delta t_1 - \Delta t_2)}{\ln \dfrac{\Delta t_1}{\Delta t_2}}} \quad \cdots\cdots (3-16)$$

$$L = Sl(1+\alpha) \quad \cdots\cdots (3-17)$$

여기서, L : 전열관의 길이, m

S : 전열면적, m^2

H : 가열장치의 가열능력, W

K : 전열관의 열관류율(<표 3-20>), W/(m^2·℃)

Δt_1 : 열매가 증기인 경우는 $t_s - t_c$, 열매가 온수인 경우는 $t_{hs} - t_c$, ℃

Δt_2 : 열매가 증기인 경우는 $t_s - t_h$, 열매가 온수인 경우는 $t_{hr} - t_h$, ℃

t_h : 급탕온도, ℃

t_c : 급수온도, ℃

t_s : 열매가 증기인 경우, 증기의 온도(<표 3-3> 참조), ℃

t_{hs} : 열매가 온수인 경우, 전열관 입구의 열매의 공급온도, ℃

t_{hr} : 열매가 온수인 경우, 전열관 출구의 열매의 환수온도, ℃

l : 전열면적 1 m^2당 전열관의 길이(<표 3-21>), m/m^2

α : 스케일 부착 등에 대한 여유율(0.3 정도)

〈표 3-20〉 전열관의 열관류율 W/(m^2·℃)

열원의 종류 \ 관의 재질	동관	스테인리스 강관
증기	1,280	1,050
350 K 정도의 온수	870	560
420 K 정도의 온수	–	700

〈표 3-21〉 전열면적 1m^2당 전열관의 길이와 전열관의 최소두께

외경, mm	전열면적 1 m^2당 전열관의 길이[m/m^2]	최소두께[mm]	
		동관	스테인리스 강관
15.9	20.0	1.2	1.2
19.0	16.7	1.2	1.2
25.4	12.5	1.6	1.2
31.8	10.0	–	1.6
38.1	8.3	–	2.0

예제 3.13

필요가열능력이 232,600 W인 경우, 게이지압력 200 kPa의 증기를 열원으로 하는 저탕조의 전열관의 길이와, 증기소비량을 구하시오. 또한 열원을 80℃ 온수로 한 경우에 대해서도 전열관의 길이를 구하시오. (전열관에는 외경 25.4 mm의 동관을 사용한다. 그리고 열원을 온수로 한 경우 코일 입출구 온도차는 10℃로 한다)

풀이 ① 열원이 증기인 경우

<표 3−3>에서 게이지압력 200 kPa의 증기의 온도는 약 134℃이므로, 식 (3−17)에 $H = 232{,}600\ \text{W}$, $K = 1{,}280\ \text{W}/(\text{m}^2\cdot℃)$, $t_h = 60℃$, $t_c = 5℃$, $t_s = 134℃$, $\Delta t_1 = 134 - 5 = 129℃$, $\Delta t_2 = 134 - 60 = 74℃$, $l = 12.5\ \text{m}/\text{m}^2$, $\alpha = 0.3$을 대입하면 다음과 같이 된다.

$$L = \frac{232{,}600}{\dfrac{1{,}280 \times (129 - 74)}{\ln \dfrac{129}{74}}} \times 12.5 \times 1.3 \fallingdotseq 30\ \text{m}$$

증기량은 가열량($H = 232{,}600\ \text{W} = 232.6\ \text{kW}$)을 응축잠열($\gamma = 2{,}163\ \text{kJ/kg}$)로 나누어 구한다.

$$M = \frac{H}{\gamma} = \frac{232.6}{2{,}163} \fallingdotseq 0.108\ \text{kg/s}$$

② 열원이 80℃ 온수인 경우

식 (3−17)에 $H = 232{,}600\ \text{W}$, $K = 870\ \text{W}/(\text{m}^2\cdot℃)$, $t_h = 60℃$, $t_c = 5℃$, $t_{hs} = 80℃$, $t_{hr} = 70℃$, $\Delta t_1 = 80 - 5 = 75℃$, $\Delta t_2 = 70 - 60 = 10℃$, $l = 12.5\ \text{m}/\text{m}^2$, $\alpha = 0.3$을 대입하면 다음과 같이 된다.

$$L = \frac{232{,}600}{\dfrac{870 \times (75 - 10)}{\ln \dfrac{75}{10}}} \times 12.5 \times 1.3 \fallingdotseq 135\ \text{m}$$

4 연료(열원)의 소비량 산정

평가대상 시간 또는 기간에 있어서 연료 혹은 열매의 소비량 산정은 물과 탕의 밀도를 1 kg/L, 비열을 4,186 J/(kg·℃)라고 하면, 다음 식 (3−18)로부터 구한다.

$$F = \frac{4{,}186\,Q(t_h - t_c)}{HE} \qquad \cdots\cdots (3-18)$$

여기서, F : 평가대상 기간 중의 연료 혹은 열매의 소비량(단위는 <표 3−22>)

Q : 평가대상 기간 중의 급탕량, L
t_h : 급탕온도, ℃
t_c : 평가대상기간중의 평균급수온도, ℃
H : 연료 혹은 열매의 발열량(<표 3-22>)
E : 가열장치의 효율(<표 3-23>)

〈표 3-22〉 열원의 발열량

열원	발열량
도시가스	43.5 MJ/Nm^3
액화석유가스(LPG)	50.2 MJ/Nm^3
등유	37.5 MJ/L
B−C유	41.4 MJ/L
전력	3.6 MJ/kWh
증기	증기의 응축 잠열량(<표 3-3>)

〈표 3-23〉 급탕용 가열장치의 효율

가열장치	효율	비고
진공온수보일러	85～92	평균 90% 정도
무압식 온수보일러	82～91	평균 87% 정도
잠열회수형 급탕보일러	100～108	평균 105% 정도
일반급탕보일러	80～90	평균 85% 정도
가스순간온수기	83～90	평균 86% 정도

㈜ 전기식 가열장치의 효율은 90～95%이다.

예제 3.14

매시 150 L의 급탕을 필요로 하는 건물에서 전기온수기를 사용하였을 경우, 필요전력량은 몇 kW인가? (단, 급수온도는 10°C, 급탕온도는 60°C로 하며, 가열기의 효율은 95%이다)

풀이 식 (3−18)에서 $H = 3.6$ MJ/kWh $= 3,600,000$ J/kWh, $E = 95\%$이므로

$$F = \frac{4,186\,Q(t_h - t_c)}{HE} = \frac{4,186 \times 150 \times (60 - 10)}{3,600,000 \times 0.95} = 9.18 \text{ kW}$$

예제 3.15

급탕보일러를 사용하여 매시 500 L의 급탕을 공급하려고 한다. 필요한 도시가스용량을 구하시오. (단, 급수온도는 10°C, 급탕온도는 60°C로 하며, 급탕보일러의 효율은 85%이다)

풀이 식 (3-18)에서 $H = 43.5\ \text{MJ/Nm}^3 = 4{,}350{,}000\ \text{J/Nm}^3$, $E = 85\%$ 이므로

$$F = \frac{4{,}186\,Q(t_h - t_c)}{HE} = \frac{4{,}186 \times 500 \times (60-10)}{43{,}500{,}000 \times 0.85} = 2.83\ \text{m}^3/\text{h}$$

3.10 급탕설비의 안전장치

급탕설비의 안전장치에는

① 급탕온도를 일정하게 유지하고, 온도의 이상상승(異常上昇)을 막기 위한 열원 제어장치
② 보일러, 저탕조 등 밀폐 가열장치 내의 압력상승을 도피시키기 위한 팽창관이나 안전밸브
③ 저탕조 내의 온도가 100°C를 넘지 않도록 설치하는 용해전(溶解栓)
④ 급탕배관의 온도변화에 따른 신축을 흡수하는 신축이음

등이 있다.

1 열원제어장치

증기 등에 의해 저탕조나 열교환기 내의 물을 가열하는 경우, 급탕온도를 일정하게 유지하기 위하여 탱크 내의 수온에 따라 열원의 공급을 컨트롤하는 장치가 필요하며, 온도조절밸브나 삽입형 서모스탯(thermo-stat)에 연동시킨 전동(電動) 2방 밸브나 3방 밸브를 사용하고 있다.

<그림 3-25>에는 저탕조의 열원제어에 대해 나타내었다.

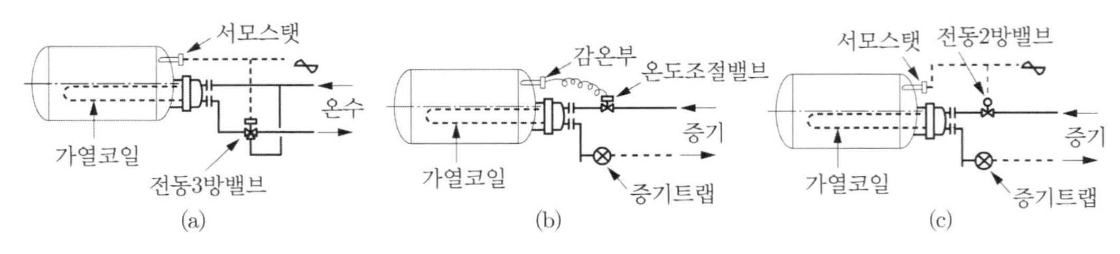

〈그림 3-25〉 저탕조 열원제어

2 팽창관, 안전밸브

물은 가열하면 팽창하고, 비압축성이기 때문에 보일러, 급탕탱크 등 밀폐가열장치 내의 압력은 상승하며, 압력을 다른 곳으로 도피시키지 않는 한 용기가 파괴될 때까지 압력상승이 계속된다. 이 압력을 도피시킬 목적으로 설치하는 것이 팽창관(도피관의 일종)이나 안전밸브이다. 팽창관은 가열장치로부터 배관을 입상하여 고가수조나 팽창탱크에 개방하는 것으로서 팽창관으로부터 탕이 탱크 내로 흘러 곤란하게 되지 않도록 가열장치의 최고온도에서의 물의 팽창분만큼 탱크수면으로부터 상부로 관을 입상할 필요가 있다. 이 팽창관의 입상높이는, 급탕장치 최저부에서 급수압력과 급탕압력이 같고, 즉 $\rho_c gh = \rho_h g(h+H)$이므로 다음 식과 같이 된다(<그림 3-26> 참조).

$$H \geq \left(\frac{\rho_c}{\rho_h} - 1\right)h \quad \cdots\cdots (3-19)$$

여기서, H : 탱크 수면으로부터 팽창관의 입상높이, m
h : 탱크 수면으로부터의 정수두, m
ρ_c : 물의 밀도, kg/L
ρ_h : 탕의 밀도, kg/L

안전밸브는 보일러나 저탕조 등의 압력용기의 내부압력이 용기의 최고사용압력을 넘는 경우, 압력을 도피시키기 위해 탕을 배출하여 용기내의 압력을 떨어뜨리는 장치이다. 수도직결방식이나 압력수조방식 등의 급수방식의 건물에서 팽창관을 설치하기가 어려운 경우 등에 이용하며, 또한 이와 같은 경우에 밀폐탱크 내의 기체를 압축시켜 팽창량을 흡수하는 밀폐형 팽창탱크(<그림 3-27>)도 사용된다.

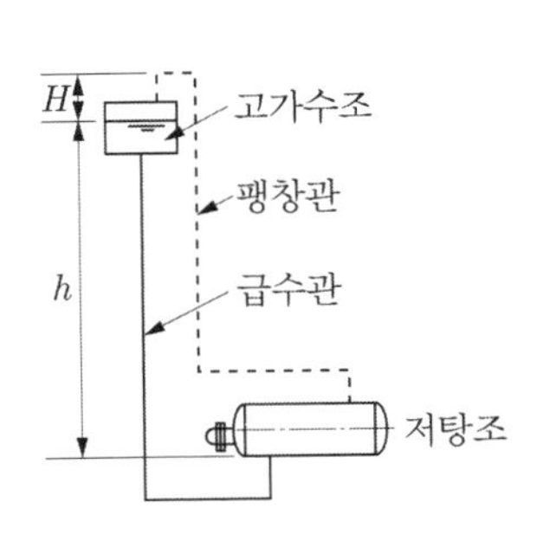

〈그림 3-26〉 팽창관

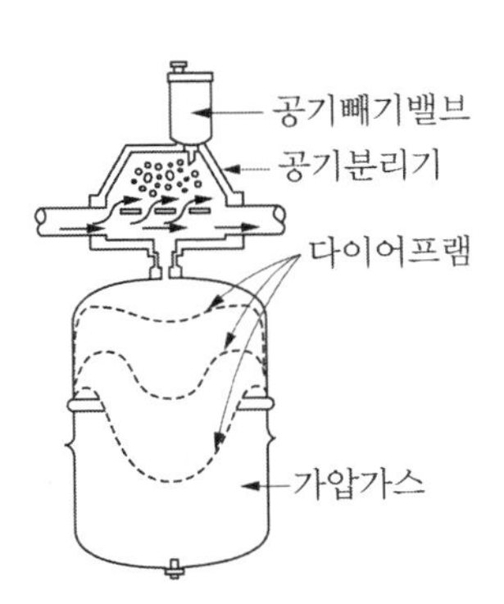

〈그림 3-27〉 밀폐형 팽창탱크

3 팽창탱크

팽창탱크는 대기에 개방한 개방형 팽창탱크와 개방하지 않은 밀폐형 팽창탱크가 있다. 팽창탱크의 크기는 급탕계통 내의 전수량(全水量)으로부터 계산한 값에 약간의 여유를 고려하여 설계한다. 또한 팽창탱크의 용량은 물의 보급수 탱크로도 겸용(<그림 3-26> 참조)하기 때문에 탕의 소비를 충분히 고려한 보급능력을 갖게 한다.

(1) 개방형 팽창탱크 용량

개방형 팽창탱크는 팽창수량을 간접적으로 받는 용기로서 일반적으로 보급수 탱크를 겸하고 있다. 탱크의 유효용량은 시간평균탕량의 20분 내지 1시간 정도로 하거나 혹은 팽창량의 1.5~2배 정도로 결정한다.

급탕시스템 내의 팽창량은 다음 식에 의해서 구한다.

$$\Delta V = \left(\frac{\rho_c}{\rho_h} - 1\right)v \quad \cdots\cdots (3-20)$$

여기서, ΔV : 탕의 팽창량, L
v : 급탕설비의 전수량, L
ρ_c : 가열전의 물의 밀도, kg/L
ρ_h : 가열후의 물의 밀도, kg/L

(2) 밀폐형 팽창탱크 용량

밀폐형 팽창탱크(<그림 3-27> 참조)의 용량은 식 (3-21)에 의해 구한다.

$$P_o V = P_1 (V - \Delta V_1) = P_2 (V - \Delta V_1 - \Delta V)$$

$$\therefore \ \Delta V_1 = \left(1 - \frac{P_o}{P_1}\right) V = \left(1 - \frac{P_o}{P_2}\right) V - \Delta V$$

따라서

$$V = \frac{P_1 P_2}{(P_2 - P_1) P_o} \Delta V = \frac{\Delta V}{\frac{P_0}{P_1} - \frac{P_0}{P_2}} \quad \cdots\cdots (3-21)$$

여기서, V : 팽창탱크의 용량, L
ΔV : 탕의 팽창량, L
ΔV_1 : 수압에 의한 공기압축량, L
P_0 : 밀폐식 팽창탱크의 초기 봉입 절대압력, kPa
P_1 : 팽창탱크 설치위치에서의 가열전의 절대압력, kPa
P_2 : 급탕장치의 허용압력, kPa

예제 3.16

절대압력 300 kPa의 정수두가 걸리는 위치에 설치하는 밀폐식 팽창탱크의 용량을 구하시오.
(단, 급수온도 5℃, 급탕온도 60℃, 가열전 급탕설비의 전수량은 2,000 L, 급수와 급탕의 압력차는 50 kPa, 팽창탱크의 초기 봉입 절대압력은 300 kPa이다)

풀이 5℃일 때의 밀도는 $\rho_c = 1$ kg/L

60℃일 때의 밀도는 $\rho_h = 0.9831$ kg/L이다.

$$\Delta V = \left(\frac{1}{0.9831} - 1\right) \times 2{,}000 = 34.4 \text{ L}$$

$$P_0 = 300 \text{ kPa}, \ P_1 = 300 \text{ kPa}$$

$P_2 = 300 + 50 = 350$ kPa로부터

$$V = \frac{34.4}{(300/300) - (300/350)} \fallingdotseq 240 \text{ L}$$

개방식 팽창탱크는 고가수조 급수방식과 같이 항상 일정한 정수두가 유지되고 있는 경우에 적합하지만, 펌프직송방식과 같이 토출압력이 건물의 최고 위치에서의 정수두를 초과하는 경우가 많은 급수방식에서는 밀폐식 팽창탱크를 사용한다. 또한 고가수조방식에 있어서도 한냉지 등 팽창탱크가 동결할 위험이 있는 경우에는 밀폐식 팽창탱크를 사용한다.

(3) 팽창탱크 및 도피관(팽창관 포함)에 대한 유의사항

① 도피관의 구경은 보급수관보다 1~2 사이즈 아래의 것으로 하며, <표 3-24>에 따른다.
② 도피관은 팽창탱크 수면보다 높게 입상하며, 그 높이는 식 (3-19)에 의해 구한다.
③ 도피관에는 밸브류를 설치하지 않는다.
④ 도피관의 배수는 간접배수로 한다.
⑤ 팽창관의 취출은 보일러에서는 급탕주관의 제1밸브로부터 보일러 측에, 저탕조에서는 탱크로부터 급탕관과 별도의 계통으로 단독으로 입상한다.

〈표 3-24〉 강판제 온수보일러에 설치하는 도피관의 최소관경

보일러 전열면적 [m^2]	관경 [DN]
10 미만	25 이상
10 이상 15 미만	32
15 이상 20 미만	40
20 이상	50

4 용해전

소형 보일러(급탕보일러)에 직결한 가열코일이 없는 저탕조나 온수헤더 등에 설치하여 탱크 내의 수온이 100℃ 이상으로 상승하지 않도록 한 것으로서, 95℃ 정도에서 용해탈락(溶解脫落)하는 금속전(金屬栓)이다. 일반적으로 1개의 용기에 2개의 용해전(溶解栓)을 설치한다. <그림 3-28>에 용해전과 안전밸브를 나타내었다. 진공식 온수기를 열원으로 하는 경우에는 100℃를 넘는 경우가 없으므로 필요하지 않다.

5 배관의 신축에 대한 안전장치

급탕배관에 탕을 통하는 것에 의해서 배관은 팽창하며, 3.1절에서 언급하였듯이 동관은 온도차 40°C로써 100 m당 68.4 mm 팽창한다(예제 3-3 참조). 급탕배관의 직관부에는 이 팽창량을 흡수하기 위해 신축이음쇠나 신축곡관을 사용한다. <그림 3-29>에 신축이음쇠에 대해 나타내었다.

슬리브 및 벨로즈형 신축이음쇠에는 단식(單式)과 복식(複式)이 있으며(부록 Ⅱ장 <그림 Ⅱ-24> 참조), 관의 팽창량에 따라 어느 쪽을 사용할 것인가를 결정한다. 신축곡관은 고장도 없어서 신축흡수재로서는 가장 적합하지만 설치 스페이스를 크게 필요로 하기 때문에 일반 건물에서는 그다지 사용하지 않는다. 수평주관으로부터의 분기부 등에는 <그림 3-29>에 나타낸 바와 같은 엘보를 3개 이상 사용한 스위블 신축이음쇠를 형성하여 신축을 흡수시킨다.

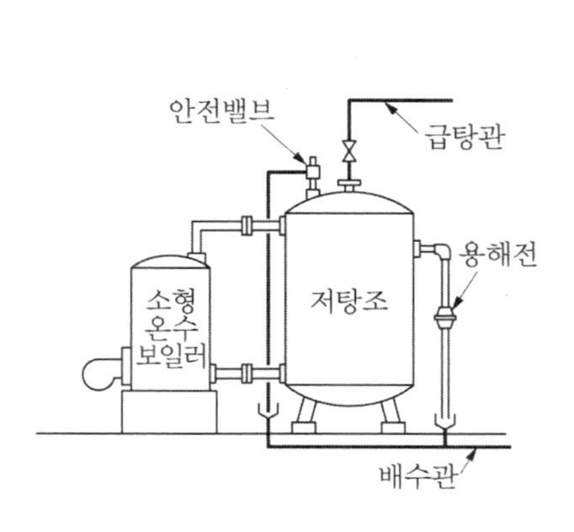

〈그림 3-28〉 용해전 및 안전밸브

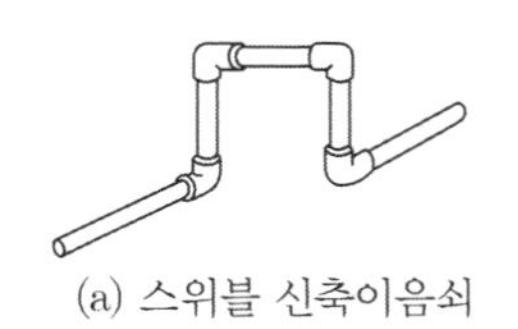

(a) 스위블 신축이음쇠

R
R
R
2R
T 4R T
T 4R T
T 2.28R T

(b) 신축곡관의 종류(루프형)

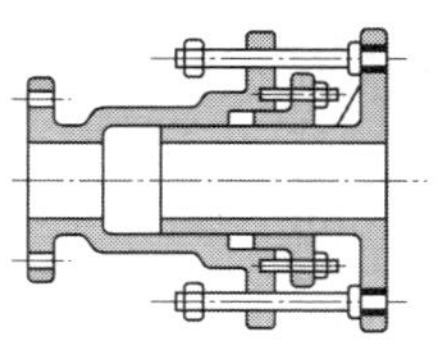

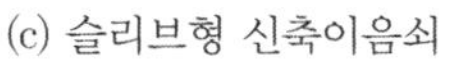

(c) 슬리브형 신축이음쇠

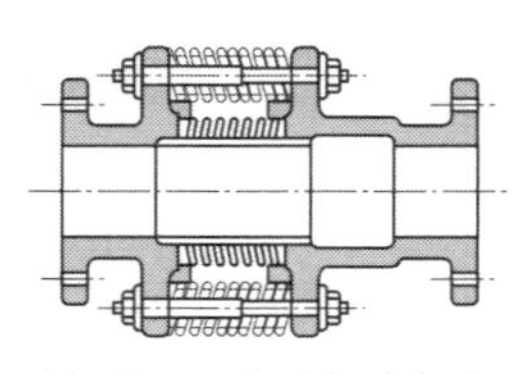

(d) 벨로즈형 신축이음쇠

〈그림 3-29〉 각종 신축이음쇠

3.11 태양열 이용 급탕시스템

화석연료의 고갈 및 이들 연료의 연소에 의한 지구온난화(地球溫暖化) 등을 방지하기 위한 대체에너지의 하나로서 태양열의 이용이 확대되고 있다. 현재 우리나라에서는 태양열을 이용한 여러 설비 중에서도 급탕설비가 주로 널리 보급되고 있다.

태양열 급탕설비가 태양열 이용 냉난방 시스템보다 유리한 점은 다음과 같다.

① 급탕부하는 연간 비교적 안정되어 있으며, 태양열 설비의 초기 설비비의 회수에 유리하다.
② 시스템이 비교적 단순하고, 설비비가 적게 든다.
③ 급탕용수 자체가 축열매체(蓄熱媒體)가 되며, 이용온도차도 커서 축열비용이 싸다.

현재 일반적으로 사용하고 있는 태양열 이용 급탕시스템으로는 <그림 3－30>에 나타낸 것들이 있다. 이들 중 주택용으로 널리 이용하고 있는 것은 일몰 후에도 보온 효과가 있는 저탕부를 갖는 자연순환형 온수기이다. 주택용 태양열 온수기는 일반적으로 욕조나 주방싱크 등에 직접 급탕하는 형식으로 사용하는 것이 많다.

<그림 3－30>에서 강제순환식은 그림과 같이 급탕보일러와 조합하여 호텔이나 병원 등 대규모 급탕설비에 사용하고 있으며, 한냉지 등에서는 부동액을 사용한 시스템을 사용한다.

ΔT_C : 차온서모스탯　T : 온도검출단　B : 보조가열장치　EXT : 팽창수조

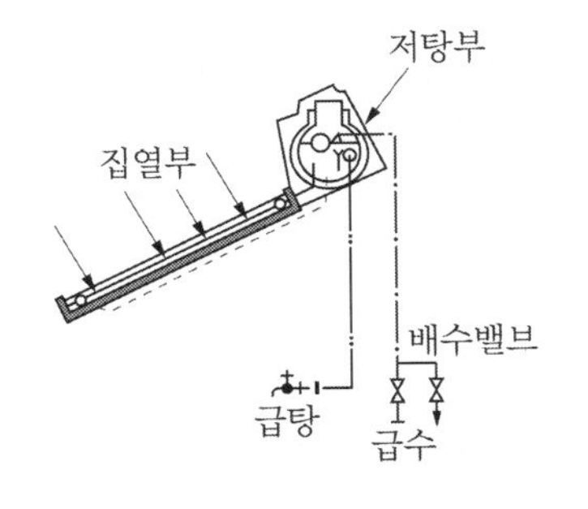

(a) 자연 순환형 태양열 온수기

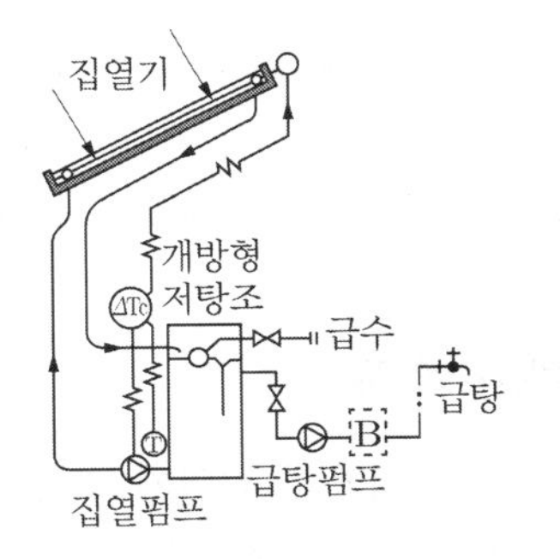

(b) 강제순환식 태양열 급탕시스템 (직접집열방식)

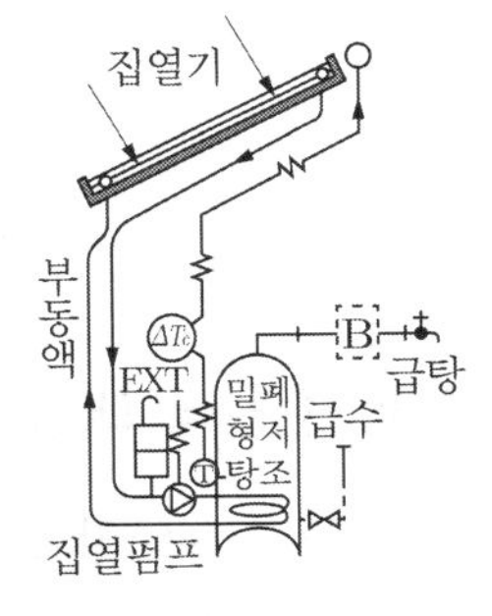

(c) 강제순환식 태양열 급탕시스템 (간접집열방식)

〈그림 3-30〉 태양열 급탕시스템의 종류

1 자연 순환형 태양열 온수기

전술한 바와 같이 주택용 등 소규모 태양열 급탕시스템에는 자연순환형을 많이 이용하고 있다. 이 형식의 것은 저탕부가 대기개방식으로서 최근에는 집열기 3~4 m^2, 저탕량 250~300 L의 것이 많고 집열면적당 저탕량은 70~80 L/m^2 정도로 되어 있다.

태양열 온수기는 일반적으로 남향으로 옥상에 15~35°의 각도로 지붕 기울기에 맞추어 설치하는 경우가 많다. 이 각도의 범위에서는 연간 집열량은 거의 변하지 않기 때문에 시공이 용이하거나 설치의 확실성을 중시하는 것에 따른다. 설치할 때는 급탕공급개소에 대한 수압의 확보가 가능하거나 동결방지를 위해 온수기로의 급수, 급탕관 내의 물이 완전히 배수되도록 위치를 선정해야 한다. <그림 3-31>에 배관의 예를 나타내었다.

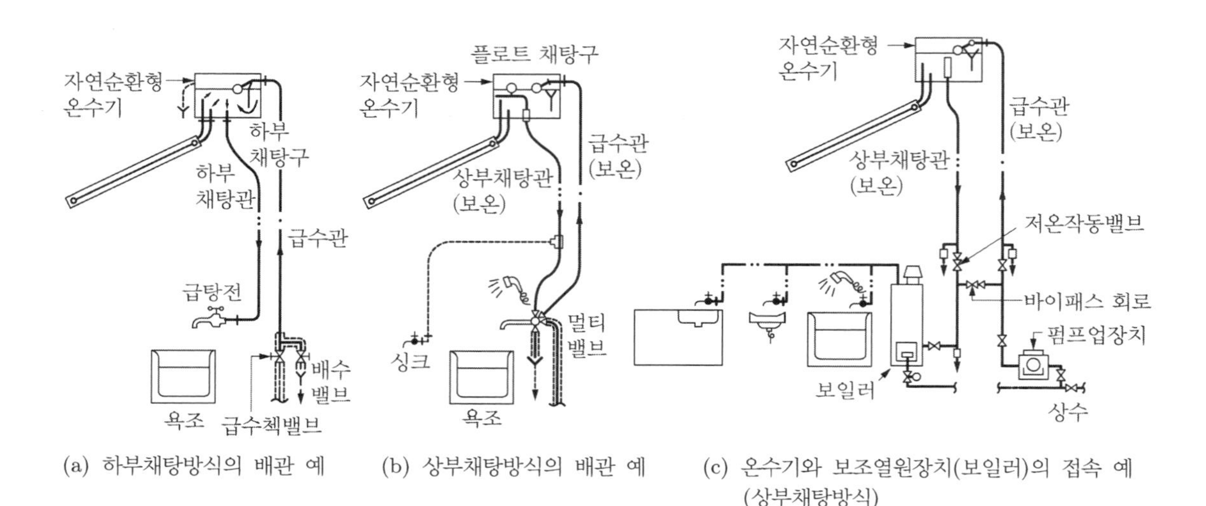

(a) 하부채탕방식의 배관 예 (b) 상부채탕방식의 배관 예 (c) 온수기와 보조열원장치(보일러)의 접속 예 (상부채탕방식)

〈그림 3-31〉 자연순환형 태양열 온수기의 배관방식

2 강제 순환식 태양열 급탕시스템

강제 순환식 태양열 급탕시스템은 태양열 집열기, 저탕조, 집열펌프, 차온 서모스탯, 보조열원장치로 구성되며, 집열부에 부동액을 사용하는 간접 집열식과 물을 직접 집열부에 순환시키는 직접집열식이 있다. 간접집열식은 동결의 염려가 없으며, 수도직결도 가능하지만 집열효율은 직접식에 비해 떨어지며, 설비비도 비싸다. 직접집열식은 집열효율도 높고 가격도 싸지만 동결방지에 충분히 유의할 필요가 있으며, 일반적으로는 운전 정지시에 집열부의 물을 빼는 방식을 채용하고 있다.

강제 순환식의 설계는 일반적으로 각 메이커의 표준적인 설계방법에 따라 부하에 적합한 집열면적이나 저탕용량을 결정하지만, 대규모 시스템의 경우에는 경제성 평가를 해야만 한다.

<그림 3-32>에는 공동주택의 태양열 급탕시스템의 예를 나타내었다.

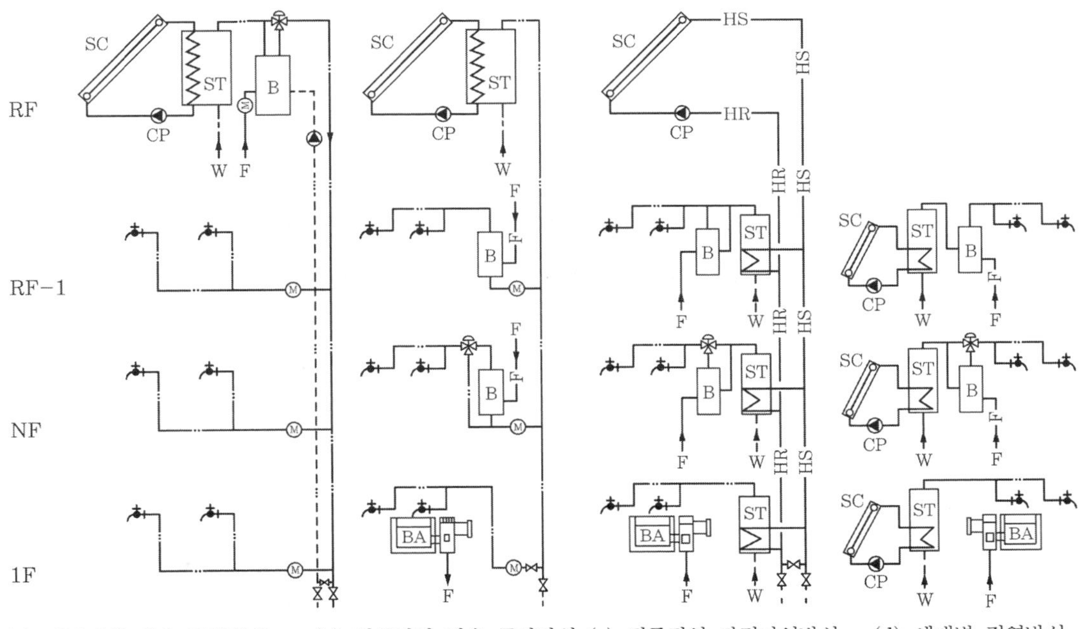

(a) 집중집열 정온 급탕방식 (집중 보조 보일러)
(b) 집중집열 변온 급탕방식 (세대별 보조 보일러)
(c) 집중집열 간접가열방식 (세대별 보조보일러·저탕조)
(d) 세대별 집열방식 (베란다 설치)

SC : 태양열 집열기 ST : 저탕조 B : 보조보일러 CP : 집열펌프 W : 급수
BA : 욕조 F : 보조열원(가스, 전기) M : 양수기(온수용, 물용)

〈그림 3-32〉 공동주택용 태양열 급탕시스템

3.12 급탕설비에서의 에너지 절약

1 적절한 급탕온도의 결정

급탕온도를 높이면 배관 열손실은 증가하나 급탕량이 감소하여 배관경이 작게 되고 순환동력 또한 감소한다. 그래서 3.3절 2 항에서 설명한 바와 같이 급탕온도는 사용온도보다 높은 55~60℃로 공급하여, 사용자가 사용개소에서 온수와 물을 혼합하여 적당한 온도로 만들어 사용한다. 또한 영업용의 접시세척기와 같이(80℃ 이상의 온수가 필요) 일반적인 급탕온도보다도 높은 온도를 필요로 하는 경우에는 사용장소 또는 사용기기에 부스터 히터를 설치하여 사용한다.

순환식 급탕설비의 급탕온도는 샤워 등으로부터 발생하는 에어러졸이 폐에 들어가 일으키는 레지오넬라증(재향군인병)의 원인균인 레지오넬라속균의 번식을 피하기 위하여 55℃ 이하로 공급하지 않는 것이 좋다.

2 사용수량의 감소

절수형 위생 기구의 사용 등에 따라 물 사용량이 감소하면, 양수할 유량이 감소하여 펌프동력이 감소한다. 또한 물 사용량이 감소하면 급탕 관경이 줄어들어 배관을 통한 열손실이 감소하여 위생기구의 물 사용량 감소에 따른 에너지 절약이 이루어진다.

위생기구의 사용유량은 위생기구의 설계와 수압에 따라 변화한다. 따라서 급탕용 위생기구에 절수설비의 사용, 정유량 밸브의 사용, 적정 수압에 의한 공급, 급수와 급탕 수도꼭지를 독립하여 설치하지 않고 혼합수전을 설치하여 탕의 소비를 줄인다.

3 경제적인 보온두께

경제적인 단열두께는 연간 에너지 비용과 단열비용의 최저 합계를 나타내는 두께를 의미한다. 단열은 열손실 감소에 따른 에너지절약은 물론 화상으로부터 인체의 보호, 소음 감소, 결로 조절에 있어서 유리한 면이 있다.

4 급탕설비의 개선

(1) 건축주의 관점

① 급수설비 점검과 수전을 포함한 모든 누수부분의 보수
② 온수제어장치의 점검과 진단. 정상이 아닐 경우 보수 또는 교체
③ 급탕탱크, 파이프 단열부위 점검과 필요시 보수 또는 교체

(2) 위생설비 설계자의 관점

① 급탕관과 급탕탱크에 단열재의 양을 증가
② 급탕수전 선택 시 스프레이 타입이나 흐름을 제한 할 수 있는 장치를 고려
③ 스프링 작동장치, 자동지수, 온수나 적당한 급탕수전 장치의 고려
④ 수압이 276 kPa을 초과하면 온수를 사용하는 수전설비그룹에 감압밸브 사용
⑤ 에너지의 효율적 방법으로 최저 급탕온도를 적용한 급탕시스템을 설계. 이보다 높은 온도의 급탕을 필요로 하는 주방과 같은 장소에는 보조 급탕장치를 고려한다.
⑥ 전기의 최대 부하시 건물에 전기가 가중되는 것을 피하기 위하여 사용률을 제한하는 에너지 관리시스템에 전기온수가열기와 순환펌프 연결.

⑦ 건물 내에 재실자가 없을 때, 환수와 강제순환펌프 설비의 차단을 고려.
⑧ 가능한 한 사용자 가까이에 온수기를 설치
⑨ 예열에 폐열을 사용

5 비사용시의 손실

건물의 비 상주 시간동안 급탕온수기와 순환시스템의 자동 차단을 통해 설비의 에너지 소비를 상당량 줄일 수 있다.

6 폐열의 이용

공조, 냉동, 세탁소, 생산공정으로부터의 폐열을 급탕에 이용할 수 있다.

① 공조 및 상업용 냉동기로부터의 폐열
② 스팀 응축수로부터 재생된 열
③ 열병합 발전으로부터 재생된 열
④ 히트펌프와 열회수 시스템
⑤ 세탁과 같은 작업에서 버려지는 물로부터의 열

7 유틸리티 비용의 절감

① 사용 시간대의 이동 – 물을 가열 순환시키는 데 사용하는 동력을 전력 피크 사용대를 피해 사용
② 고효율 장비의 채택

8 대체 가능한 에너지원의 이용

① 태양 에너지의 이용
② 지열 에너지의 이용
③ 고체 폐기물 처리시의 가스의 이용

3.13 급탕배관의 설계 및 시공상의 주의점

1 급탕배관 설계 및 시공상의 주의점

(1) 일반사항

제2장 2.10절의 1 항에 따른다.

(2) 급탕배관

1) 배관은 균등한 구배를 둔다. 역구배나 공기 정체가 일어나기 쉬운 배관 등 탕수(湯水)의 순환을 방해하는 것은 피한다. 상향배관인 경우, 급탕관은 상향구배, 환탕관은 하향구배로 하며, 하향배관의 경우는 급탕관 및 환탕관 모두 하향구배로 한다. 구배는 원칙적으로 중력순환식의 경우는 $\frac{1}{150}$, 강제순환식은 $\frac{1}{200}$로 한다.

2) 배관에는 관의 신축을 방해받지 않도록 반드시 신축이음쇠를 설치하며, 그 신축기점에는 고정물을 설치한다. 또한 관의 신축을 고려하여 다음과 같이 한다.
   ① 배관의 굽힘부분에는 스위블 이음으로 접합한다.
   ② 건물의 벽관통부분의 배관에는 슬리브를 끼운다.
   ③ 배관중간에 신축이음을 설치한다.
   ④ 순환펌프는 보수관리가 편리한 곳에 설치하고, 가죽 등을 사용하지 말고 내열성 재료를 선택하여 시공한다.
   ⑤ 급탕밸브나 플랜지 등의 패킹은 고무, 가죽 등을 사용하지 말고 내열성 재료를 선택하여 시공한다.
   ⑥ 배관에 신축이음을 사용할 때는 배관을 고정한다.
   ⑦ 동관을 지지할 때에는 석면 등의 보호재를 사용하여 고정한다.

3) 온도강하 및 급탕수전에서의 온도 불균형이 없고 수시로 원하는 온도의 탕을 얻을 수 있도록 원칙적으로는 복관식으로 한다. 단, 지관에서의 배관길이가 짧은 것은 단관식으로 하여도 좋다.

4) 이종금속 배관재의 접속시에는 전식(電蝕) 방지 이음쇠를 사용한다.

5) 순환식 배관에서 탕의 순환을 방해하는 공기가 정체하지 않도록 다음을 고려한다.
   ① 수평관에는 일정한 구배를 둔다.
   ② 수평관 도중에 요철(凹凸)부를 만들지 않도록 한다. 어쩔 수 없이 철(凸)부로 되는 경우에는 철(凸)부 최상부에 공기빼기 밸브를 설치한다.

③ 급탕관의 최상부에는 반드시 공기빼기 장치(밸브 또는 관)를 설치한다.

6) 중앙식 급탕설비는 원칙적으로 강제순환방식으로 한다.

7) 주관으로부터 지관을 분기하는 경우는 주관의 T이음쇠로부터 직선으로 취출하는 것을 피하고 엘보 변환으로 하여 관의 팽창에 의한 응력이 접속부에 집중하는 것을 방지한다.

8) 수도꼭지와 같은 위생기구의 급탕은 위생기구의 좌측에 설치하여야 한다.

9) 급탕용 수조의 급수관에는 급탕이 급수관으로 역류하지 않도록 첵밸브를 설치한다.

10) 매설배관은 피하도록 한다.

2 급탕배관의 검사 및 시험

제2장 급수설비의 2.10절에 따른다.

03 연습문제

01 3,000명을 수용할 것으로 예상되는 사무소 건물의 급탕설비에 대해서 다음 조건하에서 ① 저탕조 용량이 4,000 L인 경우의 가열 능력[kW], ② 저탕조 용량이 8,000 L인 경우의 가열능력[kW]을 구하시오.

조건

① 1인당 시간최대급탕량은 2 L/h이다.
② 급탕온도는 55°C 이상을 유지하고, 급수온도는 5°C로 한다.
③ 피크 로드의 계속 시간은 2 h으로 한다.

02 <그림 3-33>과 같은 중앙식 급탕설비에서 다음 조건하에서 ① 배관계로부터의 열손실 [W], ② 순환펌프 수량[L/min]을 구하시오.

조건

① 구간마다의 배관길이 및 단위길이당 열손실은 다음과 같다.

구간	AB	BC	CD	DE	EF	FG	GH	BG	CF
배관길이[m]	50	10	10	20	10	10	20	20	20
단위길이당 열손실[W/(m·℃)]	0.441	0.36	0.36	0.36	0.349	0.349	0.349	0.36	0.36

② 탱크 및 배관의 내부온도는 60°C이며, 주위온도는 10°C로 한다.
③ 급탕관 및 환탕관 내의 온도차는 5°C로 한다.
④ 배관 이외의 펌프나 밸브 등에서의 열손실은 배관으로부터의 손실열량의 20%로 한다.

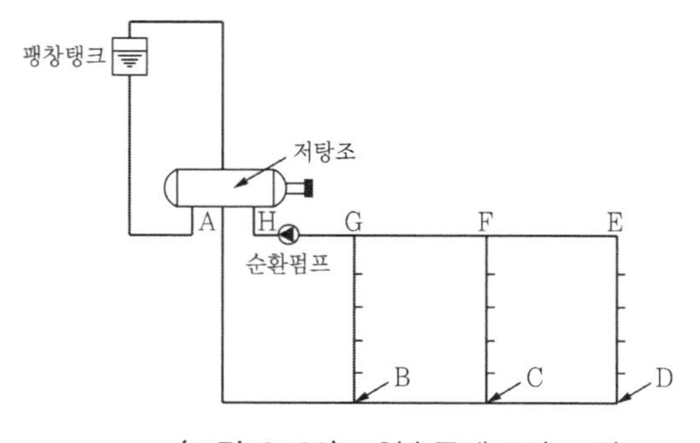

〈그림 3-33〉 연습문제 2의 그림

03 연면적 10,000 m^2인 사무소 건물의 급탕설비에서 다음 조건하에서 계산한 저탕조의 용량[L]을 구하시오.

조건

① 유효면적은 연면적의 70%이며, 유효면적당 인원은 0.2인/m^2으로 한다.
② 1인당 시간최대급탕량은 2 L/h이다.
③ 급탕온도는 55°C 이상을 유지하고, 급수온도는 5°C로 한다.
④ 피크 로드의 계속시간은 2시간으로 한다.
⑤ 가열기 능력은 164,000 W로 한다.
⑥ 물의 비열은 4.186 kJ/kg·℃, 밀도는 1 kg/L로 한다.

04 간접가열식 저탕조에서 1,000 L의 물을 25 mm의 동관 코일을 사용하여 1시간 내에 5°C에서 60°C까지 가열하는 경우, 다음 조건하에서 ① 동관 코일의 길이[m], ② 필요 증기량[kg/h]을 구하시오.

조건

① 동관 코일 25mm의 내측 표면적은 0.08 m^2/m으로 한다.
② 동관 코일의 열관류율은 1,280 W/(m^2·℃)이다.
③ 공급 증기는 온도 111°C, 증기의 잠열은 2,226 kJ/kg으로 한다.
④ 코일의 길이는 장래 스케일 부착에 따른 능력 저하를 고려하여, 30%의 할증률을 고려한다.

05 전기온수기를 이용한 급탕설비에서 ① 시간최대 급탕량[L/h], ② 전기 히터의 최소 필요용량[kW]을 다음 조건하에서 구하시오.

조건

① 기구의 종류, 기구 개수 및 기구 1개당 소요 급탕량(60°C에 대해서)은 다음과 같다.
- 세면기 : 8개, 7.6 L/(기구1개·h)
- 샤워기 : 4개, 110 L/(기구1개·h)

② 동시사용률은 30%로, 저탕용량 계수는 2로 한다.
③ 온수기의 저탕온도는 85°C, 급수온도는 5°C로 한다.
④ 유효저탕용량은 90%, 전기 히터의 용량은 90%이다.
⑤ 필요 저탕량이 나오는 시간은 2 h로 한다.
⑥ 물의 비열은 4.186 kJ/kg·℃, 밀도는 1 kg/L로 한다.

06 예제 3-8에 나타낸 <그림 3-22>에서 급탕관(BC, CD, DE, EF, FG 및 GH 구간)과 환탕관(HI, IJ, JK, KL 및 LS 구간)의 관경을 구하시오. [단, 배관 재질은 동관(L 타입)으로 한다]

07 다음 조건하에서 구한 팽창수량[L]과 밀폐형 팽창탱크의 용량[L]을 구하시오.

> **조건**
> ① 저탕조 용량은 1,000 L 크기의 2개로 하며, 배관 내의 보유수량은 500 L이다.
> ② 급탕온도는 60°C, 급수온도는 5°C이며, 이 온도에서의 탕 및 물의 밀도는 각각 0.9831 kg/L, 1 kg/L이다.
> ③ 팽창탱크 위치에서의 초기압력은 200 kPa(G), 최대허용압력은 400 kPa(G)로 한다.
> ④ 밀폐형 팽창탱크의 초기 봉입 절대압력은 101.3 kPa이다.

08 중앙식 급탕방식에서 직접 가열식과 간접가열방식의 장단점을 비교하여 설명하시오.

09 급탕배관 방식 중 리버스리턴방식에 대해 설명하시오.

10 기존 건물에 설치되어 있는 급탕 보일러의 종류 및 용량을 조사하고, 보일러 주위의 배관도를 그리시오.

11 급탕배관 보온재의 종류를 조사하여 쓰시오.

12 기존 건물에 설치되어 있는 태양열 급탕시스템을 조사하여 개략도를 그리시오.

13 다음을 설명하시오.

① 복관식
② 저탕조
③ 사이렌서
④ 팽창관
⑤ 밀폐식 팽창탱크

Chapter

04 배수·통기 설비

4.1 배수의 종류와 배수방식

건물로부터의 배수(排水, drain)는 <표 4−1>에 나타낸 바와 같이 생활배수, 우수 및 특수배수로 구분할 수 있으며, 생활배수는 인간의 일상생활로 인하여 발생하는 것으로서 대소변기로부터의 배수 등 인간의 분뇨를 포함하는 오수(汚水)와 세면실, 주방, 욕실 등으로부터 발생하는 잡배수로 분류한다. 우수는 강우에 의한 배수이지만 건물의 지하층, 외벽 등으로부터 건물 내로 침투해 들어오는 용수(湧水)를 포함하는 경우도 있다. 그 외의 배수에는 공장 등으로부터의 공장배수, 연구소의 실험실 등으로부터의 실험연구 배수, 병원 등으로부터의 병원배수, 축사나 동물사육 시설 등으로부터의 동물배수, 방사성 물질을 포함한 방사성 배수 등 여러 가지의 것이 있다. 그 수질도 각양각색이며, 일반적으로 배수처리를 하지 않고 방류할 수 있는 경우는 많지 않다.

〈표 4−1〉 배수의 종류

구분		내용
생활배수	오 수	인간의 일반생활에서 발생하는 배수 중 분뇨를 포함한 배수
	잡배수	인간의 일반생활에서 발생하는 배수 중 상기 이외의 배수
우 수		우수배수로서 깨끗한 용수를 포함
특수배수	공장 배수	공장의 제조과정에서 원료나 제조에 필요한 물질을 포함한 배수
	연구소 배수	연구과정에서 약품 등을 포함한 배수
	병원 배수	치료, 연구에서 약품 등을 포함한 배수
	동물 배수	축사, 동물사 등으로부터 동물의 분뇨 등을 포함한 배수
	방사성 배수	원자력시설, 의료시설, 연구시설 등으로부터의 방사성물질을 포함한 배수

건물로부터 발생하는 배수를 어떤 계통으로 나누어 배수할 것인 가는 공공하수도의 유무, 공공하수도의 배수방식, 방류처의 배출수의 수질기준 등에 따라 다르다. 배수를 공공하수도에 방류하는 경우에는 하수도법의 적용을 받고, 방류할 수 있는 공공하수도가 없는 경우에는 공공

수역(公共水域)[1]에 방류하게 되지만, 그 경우에는 각 지방자치단체의 공해방지 조례 혹은 수질 및 수생태계 보전에 관한 법률에 기초한 조례의 적용을 받는다.

<표 4-2>에 나타낸 바와 같이 하수도법에서는 하수도법에서 말하는 오수와 우수를 한 계통으로 하여 배출하는 방식을 합류식(合流式), 별도의 계통으로 배출하는 방식을 분류식(分流式)이라고 하지만, 급배수설비에서는 오수와 잡배수를 하나의 계통으로 배출하는 방식을 합류식, 별도의 계통으로 배출하는 방식을 분류식이라고 한다.

건물로부터 발생하는 배수의 배출방식을 <그림 4-1>에 나타내었는데, 합류식인 경우에도 건물 내에서는 오수와 잡배수를 별도의 계통으로 하는 경우도 있다.

<표 4-3>에는 각종 배수시스템을 분류하여 나타내었다.

〈표 4-2〉 부지 내외에서의 합류식과 분류식의 차이

방식	건물·부지 내 설비	하수도
합류식	오수+잡배수	오수+잡배수+우수
분류식	오수	오수+잡배수
	잡배수	우수

㈜ 1) 여기서 말하는 오수는 대소변기에서 배출하는 배수로 설비에서 일반적으로 사용하고 있는 용어이다.
2) 하수도법에서 말하는 오수는 사람의 생활이나 경제활동으로 인하여 액체성 또는 고체성의 물질이 섞이어 오염된 물을 말하는 것으로서 상기의 오수 및 잡배수를 말한다.

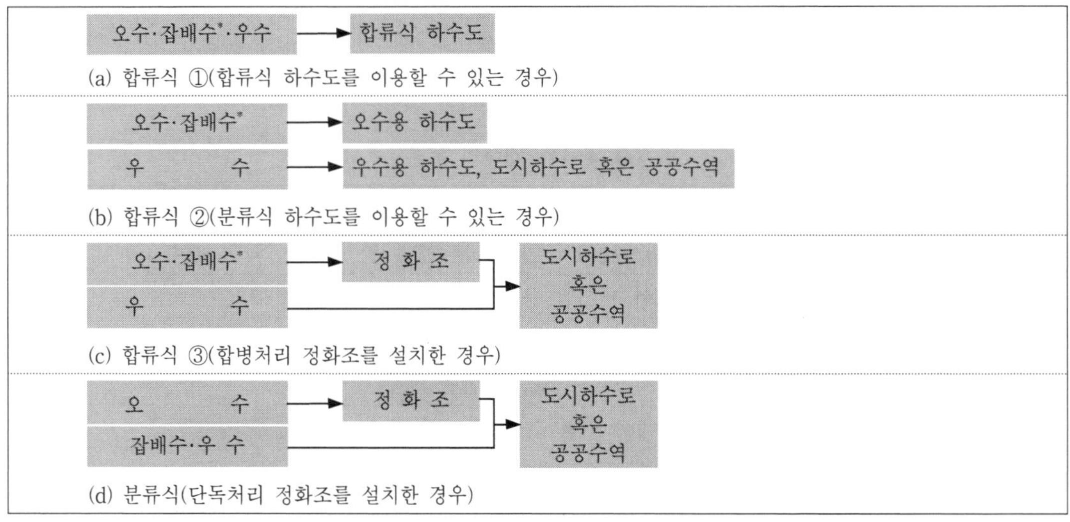

* 잡배수를 종말처리장을 갖춘 하수도에 방류하는 경우에는 일반적으로 허용수질 이내로 되지만, 대규모 영업용 주방 등이 있는 경우에는 normal hexan 유출물질량이 허용농도를 넘기 때문에 이것을 제거하기 위한 시설을 설치해야 한다.

〈그림 4-1〉 배수배출방식

1) 수질 및 수생태계 보전에 관한 법률에서는 공공수역을 "하천, 호소(湖沼), 항만, 연안해역, 그 밖에 공공용에 사용되는 수역(水域)과 이에 접속하여 공공용에 사용되는 환경부령으로 정하는 수로(水路)를 말한다"라고 정의하고 있다.

〈표 4-3〉 배수시스템의 구분

구 분	배수시스템
옥내외의 구분	• 옥내배수 및 부지배수 • 옥내배수와 부지배수계통의 구분의 경계는 건물외벽으로부터 1 m인 곳
지상과 지하의 구분	• 지상배수 및 지하배수 • 지상과 지하배수의 기준은 단순히 지면(地面)이 아닌 하수도 등의 방류레벨을 의미한다.
반송방식에 의한 구분	• 중력식 배수 및 기계식 배수 • 중력식은 자연유하식이라고도 하며, 펌프 등의 기계에 의한 기계배수식에는 압송방식과 진공방식이 있다. 일반적으로 압송방식을 채용하며, 이것은 배수조에 배수를 모아 오수펌프에 의해 지상까지 압송하여 중력식의 배수계통으로 유도하는 방식이다.
배수종류에 의한 구분	• 오수, 잡배수, 특수배수 및 우수배수 • <표 4-1> 참조
배수종류에 따른 배수방식의 구분	• 합류식과 분류식 • <표 4-2> 참조
기구용도에 의한 구분	• 세면기 배수, 화장실 배수, 욕실 배수 등
배수와 통기의 구분	• 배수계통과 통기계통

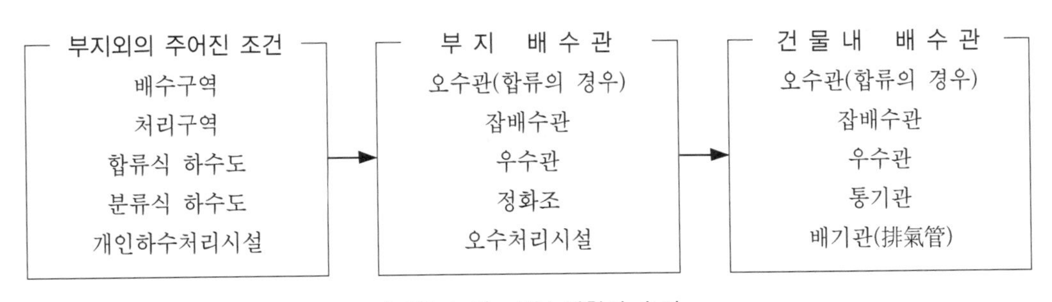

〈그림 4-2〉 배수계획의 순서

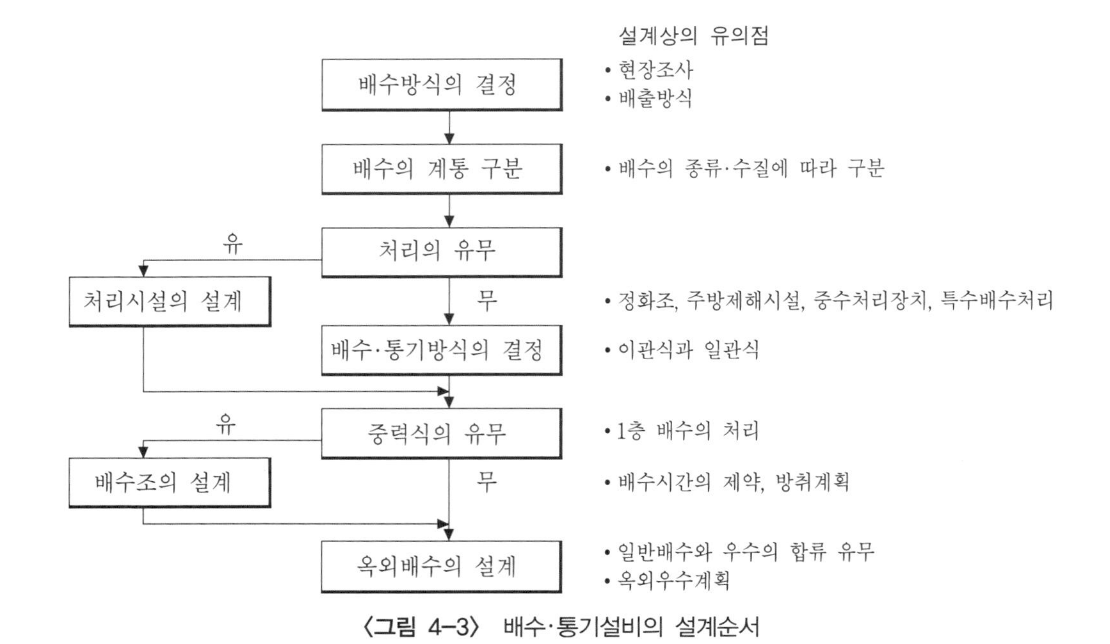

〈그림 4-3〉 배수·통기설비의 설계순서

4.2 배수·통기설비의 계획 및 설계

배수·통기설비의 계획순서를 <그림 4-2>에, 설계순서를 <그림 4-3>에 나타낸다.

배수·통기설비의 설계에서는 배수·통기관내의 흐름, 트랩의 봉수파괴 원인과 그 방지법을 알고 있느냐에 따라 적절한 설비를 설계할 수 있다. 먼저, 부지와 하수도의 상황을 조사하여, 가능한 한 중력식으로 배출할 수 있도록 검토한다. 다음에 건물의 용도 및 규모 등에 따라 적절한 배수·통기방식을 선정하여 실내의 환경을 위생적으로 확보하는 것이 중요하다. 또한 배수의 배출에 있어서는 건설장소, 배수의 수질 및 하수도의 종류 등에 따라 각종 법적규제가 있으므로 충분히 조사하여야 한다.

건물의 주어진 조건으로부터 환경보전에 대한 대책, 시공 및 보수성, 공사비 등의 계획방침을 확인하여, 설계계산서 및 도면의 작성, 기기용량 및 관경의 결정을 하여 설계도서를 완성한다.

4.3 배수관 내의 배수의 흐름

배수관 내의 흐름은 간헐적으로 배수되는 물과 공기가 혼합된 극히 불규칙한 흐름으로서, 경우에 따라서는 오물, 휴지 등의 고형물을 포함하고 있다. 따라서 현재 많이 이용하고 있는 배수 시스템에서의 배수관내의 흐름은 급수·급탕관내의 흐름과는 상당히 다른 양상을 갖는다. 그 차이를 요약하면 다음과 같다.

① 현재의 배수시스템에서는 하수도에 직접 배수하기가 불가능한 화장실 등의 배수를 배수조(배수탱크)에 모은 후 펌프로 압송시켜 하수도에 배출시키는 경우를 제외하고는 기계력을 사용하지 않는 중력작용만으로 배수하는 중력식 배수가 주류를 이루고 있다.

② 급수·급탕관 내의 흐름은 관내가 항상 물이나 탕으로 충만되어 흐르는데 반해, 배수관에서는 트랩의 봉수를 보호하지 않으면 안되기 때문에 일부를 제외하고는 관내가 충만되지 않는 흐름이 원칙으로 되어 있다.

③ 배수수평관에서는 상층부가 공기로 되어 있고, 물과 공기가 접하는 면(자유표면)을 갖는 흐름이다. 수리학(水理學) 분야에서는 이와 같은 흐름을 개수로 흐름(open channel flow)이라고 하며, 관내가 충만되어 흐르는 경우의 관로(管路)흐름(pipe flow)과 구별한다.

④ 배수수직관에서는 공기와 물이 혼재하며 흐르기 때문에, 기액이상류(氣液二相流, two-phase flow)라고 한다. 물의 유량에 따라 크게 변화하며, 유량이 작은 경우에는 물이 관벽을 따라 흐르는 환상류(環狀流)로 되며, 극단적으로 많게 되면 수중의 비교적 큰 공기포(空氣泡)가 물과 함께 흐르는 것과 같이 보이는 흐름(slug流)으로 된다.

이와 같이 배수관 내의 흐름은 급수·급탕관 내의 흐름과는 다르며, 또한 상당히 복잡하다. 위생기구로부터의 배수는 <그림 4-4>와 같이 기구배수관 → 배수수평지관 → 배수수직관 → 배수수평주관 → 부지배수관을 거쳐 방류처로 흐른다. 배수관 내에는 배수와 배수에 의한 공기가 흐르게 되지만, 그들의 흐름 상태는 배수관의 부위, 구배, 관경 및 배수량 등에 따라 달라지며, 상당히 복잡하다. 배수관 각 부에 있어서 배수의 유동 특성은 다음과 같다.

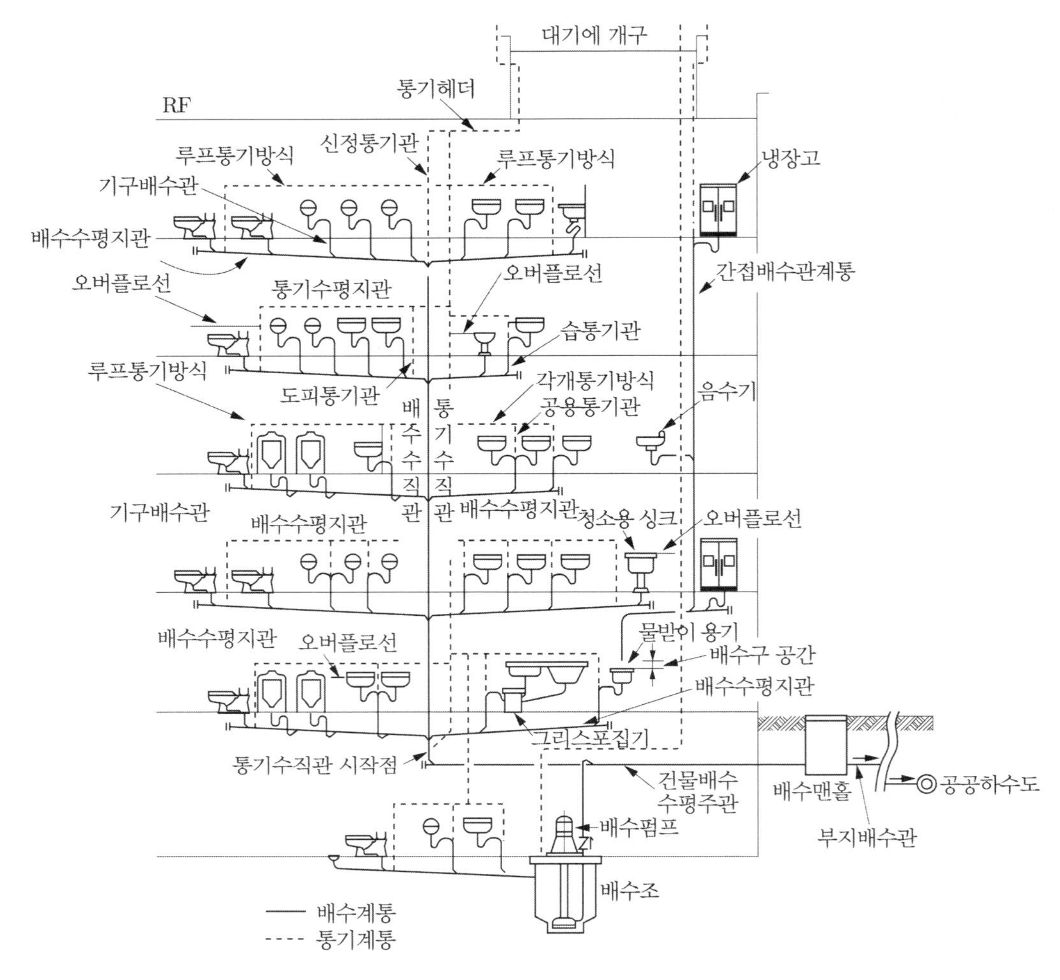

〈그림 4-4〉 배수·통기 시스템

(1) 위생기구로부터의 배수

배수관의 부하는 위생기구의 배수에 의해 일어나기 때문에 위생기구의 배수 특성을 아는 것이 중요하다. <그림 4-5>에 위생기구의 배수 특성의 예를 나타내었다.

세면기는 모아씻기형인 경우는 유량도 많아서, 기구 트랩 및 기구 배수관은 배수 직후부터 배수종료 직전까지 만류상태(滿流狀態)로 흐른다. 대변기는 1회당 사용수량비율에 따라 피크 유량이 큼을 알 수 있다. 그 특성은 대변기의 기능, 세정방식 등에 따라 다르다.

번 호	위 생 기 구	기 구
①	서양식 사이펀 변기	세정밸브
②	서양식 탱크밀결 사이펀 제트 변기	세정용 탱크(용량 15 L)
③	서양식 세락식 변기	세정밸브
④	서양식 탱크밀결 세락식 변기	세정용 탱크(용량 12 L)
⑤	벽걸이형 스톨 소변기(대)	세정밸브
⑥	세면기(대)	(용량 8L)
⑦	세면기(대)	흘려 씻는 경우

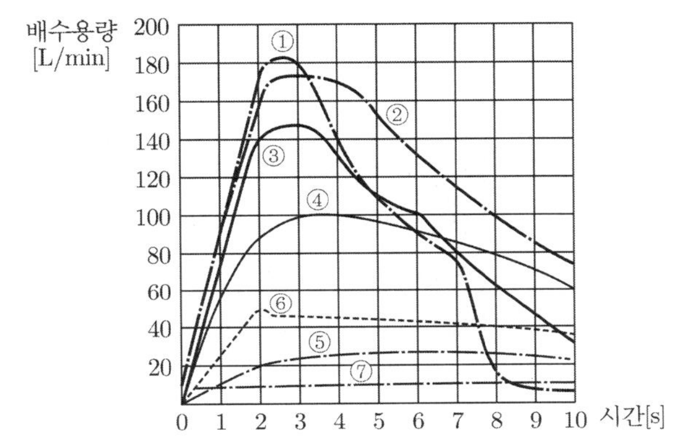

〈그림 4–5〉 각종 위생기구의 배수 특성의 예(일본의 T사 자료에서)

(2) 기구 배수관

기구 배수관(器具排水管, fixture drain) 내의 배수의 흐름상태는 기구로부터 배수시키는 방법에 따라 달라진다. <그림 4−6>에서와 같이 세면기를 예로 들어 보면, 세면기에 물을 담지 않고 수전으로부터 나오는 물로 손을 씻는 경우(흘려 씻는 경우, washing with running water)는 그 물이 기구로부터 조용하게 배수되어 가지만, 세면기 배수구의 뚜껑을 막고(pop-up을 당기고) 물을 담은 후(모아씻는 경우, washing in filled water) 손을 씻고 마개를 뽑아 배수시키면 기구로부터의 배수가 기구배수관 내에 정수두(静水頭)를 갖고 만류상태로 흐르게 된다. 또한 기구배수 중에서 대변기로부터의 배수량은 순간적으로 180 L/min을 넘는 경우가 있으며(<그림 4−5> 참조), 배수관 내의 유수면은 심하게 파동을 일으키며, 그 파의 정점은 관 상단에까지 도달하게 되고 어느 정도의 길이까지 만류를 일으키며, 물의 피스톤을 형성한다. 이러한 현상이 비록 단시간 내에 일어날지라도, 이와 같은 상황이 계속되면 상류측은 부압(負壓), 하류측은 정압(正壓)으로 된다. 따라서 관내 공기압력을 대기압 가까이 유지하기 위해서 부압측에는 공기를 도입하고, 정압측의 공기는 도피시키기 위한 역할을 하는 통기관을 설치할 필요가 있다.

<그림 4−6>에는 세면기의 기구 배수관 내의 흐름상태를 나타내었다.

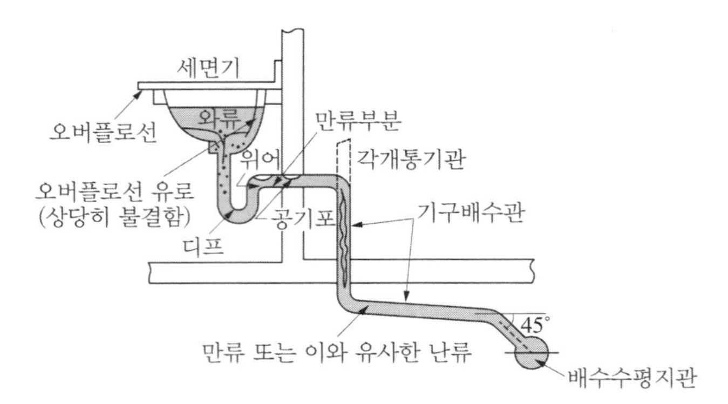

〈그림 4-6〉 세면기의 기구배수관 내 흐름 상태

(3) 배수수평지관

각종 기구 배수관으로부터의 배수를 모아 배수수직관으로 인도하는 관이 배수수평지관(排水水平枝管, horizontal fixture branch)이지만, 기구 배수관에서의 흐름이 배수수평지관에 들어가면 관과의 마찰 때문에 다소 평균화된다. 배수수평지관의 구배가 완만할수록 이와 같은 평균화는 명확해진다. 또한 배수수평지관에 굴곡부가 있거나 다른 기구 배수관으로부터의 배수와 만나도 평균화는 이루어진다.

(4) 배수수직관

배수수평지관으로부터 배수수직관(排水垂直管, drainage stack)에 배수가 유입하면 배수량이 적을 때에는 배수는 수직관 관벽을 따라 지그재그로 강하한다. 배수량이 증가하면 배수수평지관으로부터의 배수는 배수수직관의 접속부에서는 <그림 4-7>에 표시한 바와 같이 배수수직관의 반대측 벽면에 충돌하며, 순간적으로 접속부를 물로 가득 채우게 된다. 그 후, 이 배수는 배수수직관 내를 관벽을 따라 환상(물테)에 가까운 상태로 하강한다. 환상에 가까운 상태라고 할지라도 관중심부에서도 배수는 떨어지게 된다.

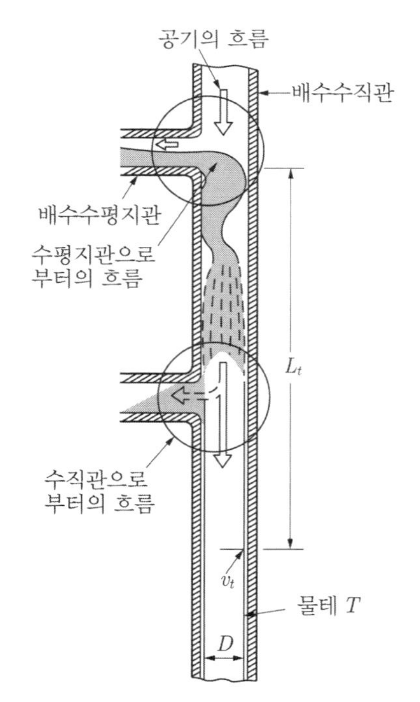

〈그림 4-7〉 배수수직관 내의 흐름

배수수직관 내를 하강하는 배수는 처음에는 중력에 의해 점차 그 유속이 증가하여 어느 정도까지는 유속이 증가하지만 관벽 및 관내의 공기와의 마찰로 인한 저항을 받고, 결국에는 관내벽 및 공기와의 마찰저항과 평형되는 유속, 즉 거의 일정한 유속으로 된다. 이 유속을 종국유속(終局流速, 종속도, terminal velocity)이라고 한다. 그리고 배수가 수직관에 유입하고 나서 종국유속이 되기까지 유하(流下)한

거리를 종국길이라고 한다.

종국유속과 종국길이의 값은 배수수평지관과 배수수직관의 접속부의 형상, 배수수직관의 종류 및 배수량 등에 따라 달라지지만, 일반적으로 종국유속은 약 5~12 m/s 정도, 종국길이는 3~7.5 m 정도이며, 가는 관일수록 종국길이는 짧다.

이와 같은 사실은 와일리(Wyly)와 이튼(Eaton)의 실험식인 식 (4-1) 및 식 (4-2)의 종국유속 및 종국길이에 관한 식으로부터 알 수 있다.

$$v_t = 0.635 \cdot \left(\frac{Q}{D}\right)^{\left(\frac{2}{5}\right)} \quad \cdots\cdots (4-1)$$

$$L_t = 0.14441 \cdot v_t^2 \quad \cdots\cdots (4-2)$$

여기서, v_t : 종국유속, m/s　　　Q : 배수 유량, L/s

D : 수직관의 직경, m　　　L_t : 종국길이, m

예를 들면, 유량 10 L/s, 수직관의 관경을 100 mm라고 하면, 식 (4-1) 및 식 (4-2)로부터 종국유속 및 종국길이는 각각 약 4 m/s 및 2.32 m로 된다. 즉, 종국길이는 약 1개층에 해당하는 길이이다. 그러나 실제로 배수수평지관으로부터 배수수직관에 유입하는 배수는 허용 유량치 부근에서는 일반적으로 환상류로 되지 않고 환상 분무류나 슬러그류로 되며, 실측에 의하면 신정통기방식의 경우 3.2~9.3 m/s 정도의 중력낙하에 가까운 속도로 유하한다고 보고되고 있기도 하다.

배수수직관의 허용 유량은 종국유속으로 흐르는 수직관에서 단면적의 충수율(유수부 단면적/배관 단면적)로 나타낸 다음과 같은 실험식을 사용한다.

$$Q_p = \left(\frac{635\pi\alpha}{4}\right)^{5/3} D^{8/3} \quad \cdots\cdots (4-3)$$

여기서, Q_p : 충수율 α에서의 배수수직관 유량, L/s

α : 배수수직관의 충수율

D : 관 내경, m

일반적으로 수직관의 충수율이 30%를 넘으면 소음, 진동 및 압력변동이 현저해지기 때문에 허용유량은 충수율 30% 정도를 한도로 하고 있다.

그런데 배수관의 허용유량은 배수관경 및 통기방식에 따라 다르기 때문에 일본의 정상유량법에서는 <표 4-5>에 나타낸 배수수직관내 허용유량 Q_p는 통기수직관을 설치한 배수수직관(각개 또는 루프 통기방식)에서 간헐적인 기구배수를 받는 경우에 대해 나타낸 것으로서 충수율을 $\alpha = 0.3$으로 하여 나타낸 것이다. 연속배수(정유량 배수)를 받는 경우는 $\alpha = 0.25$로 한다. 또한 신정통기방식의 경우는 <표 4-6>의 허용유량 Q_p는 기구배수에 대해 $\alpha = 0.18$로 한 경우를 나타낸 것이다. 연속배수에 대해서는 $\alpha = 0.2$로 한다.

배수수직관 내를 유하하는 배수는 배수수평지관과의 접속부에서 만수(滿水)로 되어 하강하거나 공기를 동반하여 유하하기 때문에 배수수직관 내의 압력은 상부에는 부압(負壓), 하부에는 정압(正壓)이 발생한다(<그림 4-11> 또는 <그림 4-19> 참조). 상부의 부압은 배수수평지관으로부터의 배수가 있는 층보다 2층정도 하부에서 최대로 되며, 정압은 4.6절에서 설명하겠지만 통기관을 설치하지 않는 한 최하부에서 최대로 된다.

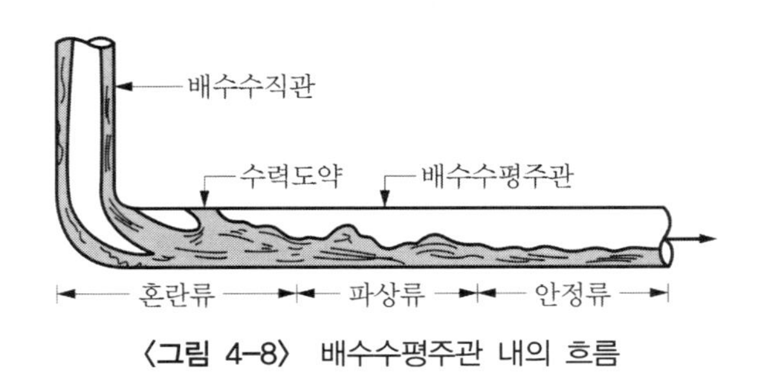

〈그림 4-8〉 배수수평주관 내의 흐름

(5) 배수수평주관

배수수직관으로부터 배수수평주관(排水水平主管, house drain)으로 배수가 옮겨가는 경우, 굴곡부에서는 원심력에 의해 외측(外側)의 배수는 관벽으로 힘이 작용하면서 흐른다. 또한 배수수직관 내의 유속은 앞에 설명한 바와 같이 상당히 빠르지만 배수수평주관 내에서는 이 유속이 유지될 수 없기 때문에 급격히 유속이 떨어지게 되어 후속되는 배수가 있는 경우에는 유속이 떨어진 배수의 정체로 인하여 <그림 4-8>과 같이 수력도약현상(도수현상, hydraulic jump)을 일으키게 된다.

배수수직관이 위치한 부분부터 수력도약현상을 일으키는 위치까지의 거리는 배수량, 배수수직관과 배수수평주관의 접속부의 형상 등에 따라 다르지만, 일반적으로 배수수직관 관경의 10배 이내의 거리에서 일어나게 된다. 수력도약현상을 일으킨 후의 배수는 파상(波狀)으로 흘러가게 되며, 이와 같은 파상형태의 흐름(파상류)은 마찰저항의 영향을 받아 유속이 점차 감소하여, 수십 미터(m) 유하하는 사이에 평균화 즉 안정류(安定流)의 상태로 된다.

수평주관의 관경이 수직관의 관경보다 큰 경우 및 수평주관의 구배가 비교적 큰 경우에는 수력도약 현상은 발생하지 않는다.

(6) 부지배수관

부지배수관은 배수수평주관의 건물 외벽으로부터 1 m 이상, 혹은 옥외에서 배수수평주관의 배수를 모으는 배관이다. 부지 배수관내의 배수의 상태는 배수수평주관보다 평균화된 흐름이 된다.

(7) 배수관의 구배 및 유량

배수관의 구배가 완만하여 유속이 느리게 되면 유수(流水)에 의한 자정작용이 약해지며, 오물이나 스케일이 부착하기 쉽게 되기 때문에 최소 유속은 0.6 m/s로 한다. 또한 구배를 크게 하여 유속을 빠르게 하면 유수깊이가 낮고, 오물을 반송하기 위한 능력이 약해진다. 또한 관로의 수류(水流)에 의한 파손 등도 고려하여 한계유속은 1.5 m/s 정도로 하고 있다. <표 4-4>에는 배수 수평관의 최소구배를 나타내었으며, 이것은 만류시의 유속값인 <표 4-5> 및 <표 4-6>을 근거로 하여 나타낸 것이다.

〈표 4-4〉 배수 수평관의 구배

관 경[DN]	구 배
65 이하	최소 1/50
80, 100	최소 1/100
125	최소 1/150
150 이상	최소 1/200

배수수평관의 허용유량은 만류(滿流), 비압송(非壓送)으로 하고, 일정한 단면형상과 구배를 갖는 수로에서 유속이 일정한 흐름(uniform flow)인 개수로 정상류에서의 마닝(Manning)의 공식, 식 (4-4)를 적용한다.

$$Q = W_A \cdot v = W_A \cdot \left(\frac{1}{n}\right) \cdot R^{\frac{2}{3}} \cdot I^{\frac{1}{2}} \quad \cdots\cdots (4-4)$$

여기서, Q : 유량, m^3/s

W_A : 유수(流水)의 단면적(<그림 4-9> 참조), m^2

v : 관내 평균유속, m/s

n : 조도(粗度)계수(관 종류에 따라 다르나 0.01~0.015 정도이며, 주철관인 경우는 0.012)

R : 수력반경(유수단면적/접수길이$= W_A / W_P$, <그림 4-9> 참조), m

I : 관의 구배

<표 4-5> 및 <표 4-6>은 최소유속 0.6 m/s, 한계유속 1.5 m/s로 억제하면서 만류, 비압송식으로 한 각개통기 또는 루프통기방식 및 신정통기방식의 허용유량(Q)과 유속(v)을 나타낸 것이다.

〈표 4-5〉 배수수평관의 허용유량 및 유속(각개 또는 루프 통기방식) L/s

배수관경 D[DN]	수평지관·수평주관										수직관 Q_p
	I=1/25		I=1/50		I=1/100		I=1/150		I=1/200		
	Q	v	Q	v	Q	v	Q	v	Q	v	
30	0.45	0.64	–	–	–	–	–	–	–	–	0.36
40	0.97	0.77	0.69	0.55	–	–	–	–	–	–	0.78
50	1.76	0.90	1.25	0.63	–	–	–	–	–	–	1.41
65	3.50	1.10	2.50	0.76	–	–	–	–	–	–	2.80
80	5.20	1.18	3.70	0.83	2.62	0.59	–	–	–	–	4.20
100	11.2	1.43	7.90	1.00	5.60	0.71	–	–	–	–	9.00
125	–	–	14.3	1.17	10.1	0.83	8.30	0.68	–	–	16.3
150	–	–	23.3	1.32	16.5	0.93	13.5	0.76	11.7	0.66	26.5
200	–	–	–	–	35.5	1.13	29.0	0.92	25.6	0.80	57.1
250	–	–	–	–	64.4	1.31	52.6	1.10	45.6	0.93	104
300	–	–	–	–	105	1.49	85.5	1.21	74.1	1.00	169

㈜ 1) 공란은 유속 v가 0.6 m/s 미만 혹은 1.5 m/s 이상인 경우
2) Q 및 Q_p는 허용유량(L/s)으로서 기구배수부하를 전제로 하며, v는 유속(m/s)이다.

〈표 4-6〉 배수수평관의 허용유량 및 유속(신정통기방식인 경우) L/s

배수관경 D[DN]	수평지관·수평주관										수직관 Q_p
	I=1/25		I=1/50		I=1/100		I=1/150		I=1/200		
	Q	v	Q	v	Q	v	Q	v	Q	v	
30	0.23	0.64	–	–	–	–	–	–	–	–	0.16
40	0.49	0.77	0.35	0.55	–	–	–	–	–	–	0.34
50	0.88	0.90	0.63	0.63	–	–	–	–	–	–	0.61
65	1.8	1.10	1.25	0.76	–	–	–	–	–	–	1.2
75	2.6	1.18	1.85	0.83	1.31	0.59	–	–	–	–	1.8
100	5.6	1.43	3.95	1.00	2.80	0.71	–	–	–	–	3.9
125	–	–	7.15	1.17	5.1	0.83	4.2	0.68	–	–	7.0
150	–	–	11.7	1.32	8.3	0.93	6.8	0.76	5.9	0.66	11.4
200	–	–	–	–	17.8	1.13	14.5	0.92	12.6	0.80	24.6
250	–	–	–	–	32.2	1.31	26.3	1.10	22.8	0.93	44.6
300	–	–	–	–	53.0	1.48	42.8	1.21	37.1	1.00	72.6

㈜ 1) 공란은 유속 v가 0.6 m/s 미만 혹은 1.5 m/s 이상인 경우
2) Q 및 Q_p는 허용유량(L/s)으로서 기구배수부하를 전제로 하며, v는 유속(m/s)이다.

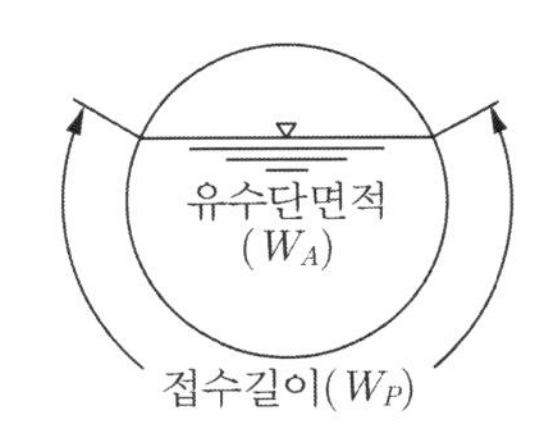

[그림 4-9] 유수단면적과 접수길이

(8) 배수관의 옵셋

배관경로를 평행이동할 목적으로 엘보 또는 밴드 등의 관 이음쇠로 구성한 이동 부분을 옵셋(offset)이라고 한다. 그 각도는 보통 45°, 90°가 많지만 특별히 정해진 것은 아니다. 수직관의 옵셋은 그것이 수직에 대해 45° 이내의 방향변환을 하는 경우, 그 관은 수직관으로 생각하여도 된다. <그림 4-10>에는 옵셋의 종류를 나타내었다.

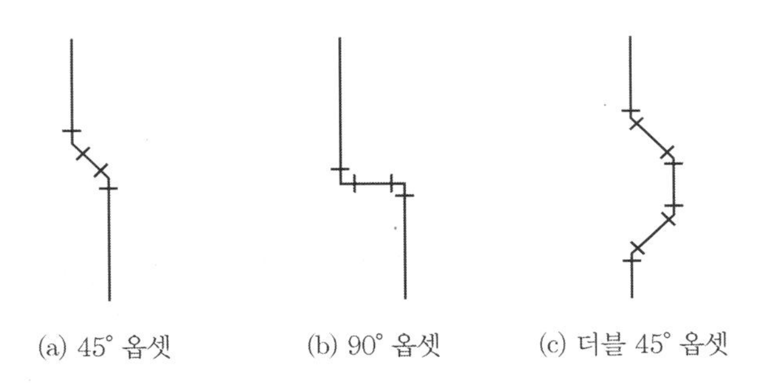

〈그림 4-10〉 옵셋의 종류

4.4 배수통기관 내의 공기의 흐름

통기관 내에서 일어나는 공기의 흐름은 배수관 내를 유하하는 배수가 구동력이 되어 일어난다. <그림 4-11>에 루프통기방식의 배수수직관과 통기배관 내에서의 물과 공기의 흐름의 한 예를 나타내었다. 배수수직관을 유하한 배수에 의해 신정통기관으로부터 흡인된 공기는 상층부의 부압영역에서는 통기수직관으로부터 배수수평지관에 공급되는 방향으로, 그리고 하층부나 정압영역에서는 통기수직관으로 공기가 도피되는 방향으로 유동하여 관내의 압력을 완화한다. 이들 공기의 흐름방향과 통기유량은 배관 각 부위에 발생하는 통기저항이나 배수의 상황에 따라 결정되기 때문에 통기유량이나 흐름의 방향은 복잡하게 변화한다. 배수수직관 정부(頂部)의 신정통기관으로부터 유입한 공기량은 각 장소에서 급배기되지만 신정통기관부로부터 유입한 통기유량과 배수수평주관으로부터 배기된 통기유량은 정상상태에서는 똑같다고 볼 수 있다.

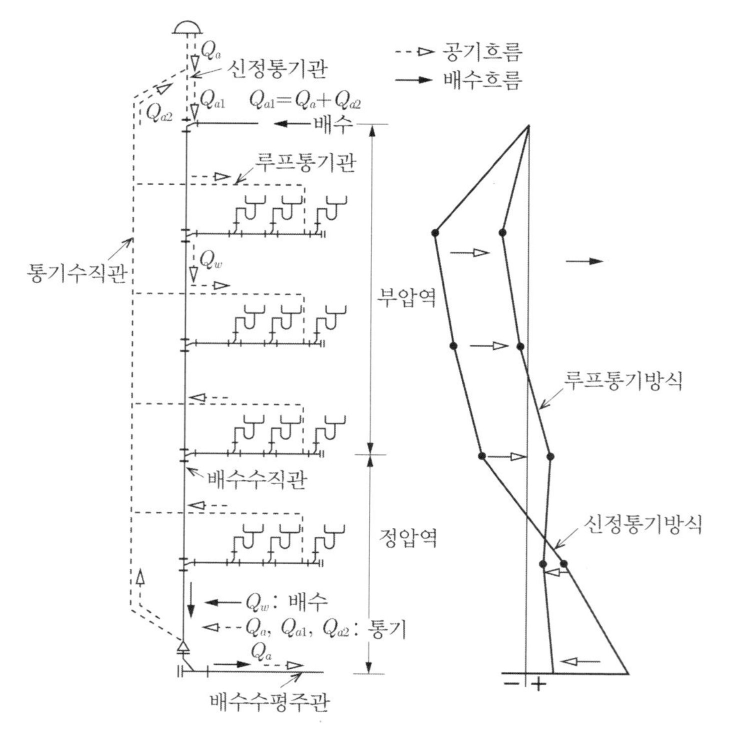

〈그림 4-11〉 루프통기방식의 통기 흐름과 관내 압력

4.5 배수 트랩

1 트랩의 필요성

건물 내의 배수는 공공하수도, 오수처리시설 혹은 공공수역(公共水域)으로 배출되지만, 위생기구로부터의 배수를 배관에 의해 직접 이들 방류처에 접속하면, 배수관내 및 하수관 혹은 오수처리시설로부터의 하수가스, 해충, 세균 등이 실내로 침입하고, 취기(악취)를 실내에 발산하여 실내가 비위생적인 상태로 되거나 또는 하수가스 중에 포함되어 있는 메탄가스의 농도가 높은 경우에는 폭발 등의 위험도 있게 된다.

또한 배수관내에 배수가 흐르지 않는 경우나, 흐른다고 할지라도 소량인 경우에는 배수관내에 상승기류(上昇氣流)가 일어나기 때문에 어떠한 대책을 세우지 않으면 하수가스 등이 실내로 쉽게 침입해 들어온다. 그런데 배수는 흐르지만 공기는 차단한다고 하는 상반된 기능을 가질 수 있는 것으로서 트랩(trap)이 거의 2세기 전부터 사용하고 있다.

초기의 트랩은 밸브·볼 등의 동작에 의한 기계식(機械式)과 물을 단순히 저유(貯溜)시키는 수봉식(水封式)의 2가지 형태가 있었지만, 기계식의 경우는 오동작·내구성의 문제로 인해 현재는 더 이상 사용하지 않고 수봉식만을 사용하고 있다. 수봉식이라는 것은 배수관 도중에 요부(凹部)를 설치하여, 여기에 배수의 일부를 체류시켜 하수가스 등의 실내 침입을 방지하는 수봉식 배수트랩을 말한다.

배수트랩은 단순히 트랩이라고도 한다. 위생기구 또는 배수계통중의 장치로서 그 내부에 봉수부를 갖고 배수의 흐름에 지장을 주지 않으면서 배수관 중의 공기가 배수구를 통해 실내로 침입하여 오는 것을 저지할 수 있는 것을 말한다.

또한 배수관내는 오염되어 있기 때문에 트랩은 기구에 가능한 한 근접하여 설치하는 쪽이 좋다. 또 트랩의 설치에 관한 규정은 "건축물의 설비기준 등에 관한 규칙"에 주어져 있다.

2 트랩의 봉수와 구비조건

트랩에는 각종 형상의 것이 있으며, <그림 4-12>에는 P트랩의 구조 및 트랩 각부의 명칭을 나타내었다. 하수가스 등의 실내 침입을 방지하기 위해 트랩 내에 체류시킨 물을 봉수(封水, seal water)라고 하며, 디프(top deep)로부터 위어(crown weir)까지의 봉수깊이를 유효봉수깊이(seal depth)라고 한다. 이와 같이 부르는 이유는 디프보다 낮은 위치에 수면이 존재하면 하수가스 등의 실내 침입을 방지할 수 없기 때문이다.

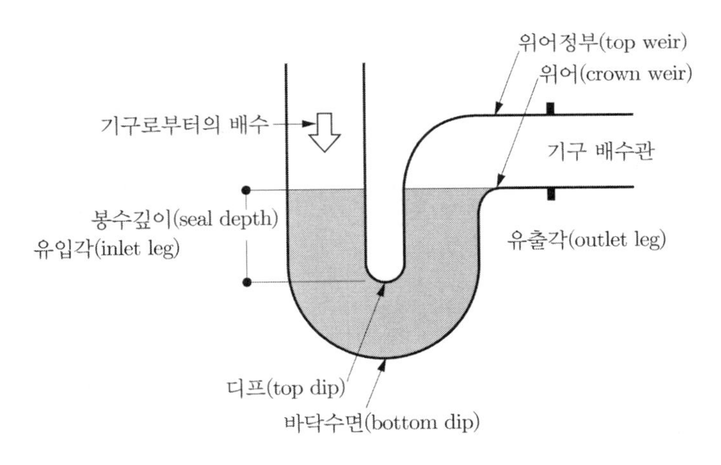

〈그림 4-12〉 트랩 각부의 명칭

트랩의 유효봉수깊이는 세계 각국이 약간 다르지만, 일반적으로 50 mm 이상 100 mm 이하로 정해져 있다. 봉수깊이를 구성하는 부분 중, 기구측 부위를 유입각(流入脚), 기구 배수관측 부위를 유출각(流出脚)이라고 한다. 여기서 유효봉수깊이가 너무 낮으면 봉수를 손실하기 쉽고, 또 이것을 너무 깊게 하면 유수(流水)의 저항이 증가하여 통수능력이 감소하며 그에 따라 자정작용(自淨作用)이 없어진다.

트랩을 설치하였어도 봉수를 유지할 수 없는 것은 의미가 없으며, 트랩이 구비해야 할 조건은 다음과 같다.

① 유효 봉수깊이(50 mm 이상 100 mm 이하)를 가질 것
② 가동부분(可動部分)에서 봉수를 형성하지 않을 것
③ 가능한 한 구조가 간단할 것
④ 배수시에 자기세정(自己洗淨)이 가능할 것

3 트랩의 종류

트랩을 기능적으로 구분하면 사이펀식과 비사이펀식으로 나눌 수 있다.

사이펀 트랩으로는 트랩의 형상에 따라 P, S 및 U트랩이 있으며, 자기 사이펀 현상에 의해 봉수손실을 일으키기 쉽다. 비사이펀식 트랩으로는 드럼 트랩·벨 트랩·보틀 트랩 등이 있으며, 자기 사이펀 현상이 일어나기 어렵고, 또한 각 단면적비도 일반적으로 크기 때문에 자기 사이펀 및 유도 사이펀 작용에 대해서도 내압성능이 높은 트랩이다<그림 4-13>. 특수한 형태로서 맨홀형 트랩과 기구내장 트랩이 있다. 또한 사용용도에 따라 기구에 사용하는 트랩을 기구트랩, 바닥배수에 사용하는 트랩을 바닥배수 트랩이라고 한다.

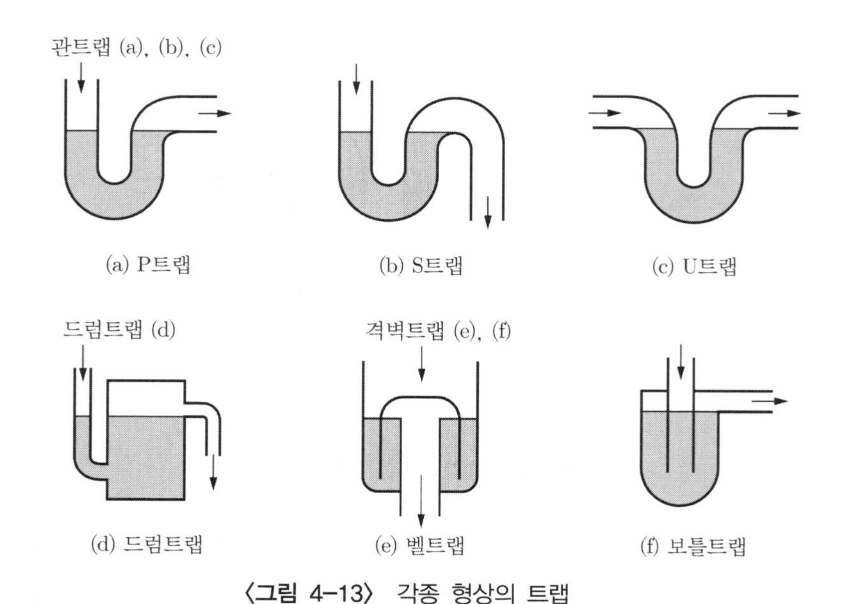

〈그림 4-13〉 각종 형상의 트랩

(1) 사이펀식 트랩

사이펀식은 관 트랩이라고도 하며, 배수가 통수로를 만류상태로 유하하여 자기사이펀 작용이 일어나기 쉬운 트랩으로서 배수와 배수 중에 포함되어 있는 고형물을 동시에 배출시킬 수 있는 이점이 있다. 위생기구에 설치하는 트랩으로서 일반적으로 P트랩을 사용한다. S트랩은 배수관이 바닥에 설치되는 경우에 제한적으로 사용하지만, 자기사이펀에 의한 봉수파괴가 일어나기 쉽기 때문에 특수한 경우를 제외하고는 사용하지 않는다. U트랩은 배수 수평관의 도중에 설치하는 것으로서, 우수관과 부지배수관 사이 등에 설치한다.

(2) 드럼 트랩

<그림 4-13>의 (d)에 나타낸 바와 같이 봉수부가 드럼(drum) 형태로 되어 있으며, 각 단면적비(유출각 단면적/유입각 단면적)가 크고, 봉수가 잘 파괴하지 않는 구조이다. 드럼트랩의 몸통 내경은 배수관경의 2.5배를 표준으로 하고, 스트레이너를 설치하는 경우 유효면적은 유입관의 단면적 이상으로 한다. 드럼트랩은 관 트랩보다 봉수부에 다량의 물을 채울 수 있는 구조로 되어있기 때문에 봉수가 파괴되기 어려운 특징이 있다. 또 드럼트랩은 그 목적에 따라서는 스트레이너 설치에 의해 소형의 포집기 역할도 한다.

(3) 격벽트랩

<그림 4-13>의 (e) 및 (f)의 벨트랩 및 보틀트랩은 유출입각의 분리가 1매의 격벽으로 구성되기 때문에 격벽트랩이라고도 부른다. 벨트랩은 봉수를 구성하고 있는 부분이 벨(bell) 모양을 하고 있는 트랩으로서 바닥배수, 싱크 등에 사용하지만 벨 모양의 것을 들어올리면 트랩으로서의 기능을 잃는 결점이 있다. 즉 벨 모양의 것이 가동부분이 되기 때문에 바람직한 형태의 트랩은 아니다.

보틀트랩은 P형·S형·U형 등의 사이펀식 트랩과 비교해서 트랩의 자동세척작용이 뒤떨어지거나 격벽트랩이 된다고 하는 이유로 그다지 사용하지 않는다. 그러나 자기사이펀이나 봉수파괴가 일어나기 어렵고 또 청소하기 쉬운 등의 뛰어난 면도 많아 미국에서는 금지하고 있지만 영국·유럽에서는 부식하지 않는 플라스틱 재질을 사용하여 세면기나 벽걸이형 소변기의 배수트랩으로서 많이 이용하고 있다.

(4) 바닥배수트랩

바닥배수 트랩은 바닥배수를 받는 배수구와 트랩이 하나로 되어 있는 트랩으로서 화장실, 욕실 등의 바닥에 설치하는 트랩이다. <그림 4-14>는 바닥배수 트랩을 나타낸 것이다. 바닥배수트랩은 내열·내수·내노화성의 재질로 하고 또한 분리할 수 있는 스트레이너를 설치하여야 한다. 스트레이너의 개구유효면적은 유출측 배관의 단면적 이상으로 하여야 한다. 바닥배수트랩으로 흐르는 배수는 그 용도·목적에 따른 것 이외의 것도 흘려보내기 때문에 내구성을 고려한 재질로 하여야 한다. 또 스트레이너는 청소를 위해 분리가 가능하고 유입수의 흐름을 저해하지 않도록 그 개구유효면적을 트랩 유출측 배관의 단면적 이상으로 할 필요가 있다. 바닥배수트랩의 구경은 그 사용 목적에 적합한 크기로 해야 하며 바닥배수트랩은 극히 제한적으로 설치하며 더욱이 증발의 위험성이 있는 경우에는 원칙으로 봉수 보급수장치(<그림 4-25> 참조)를 설치하도록 한다.

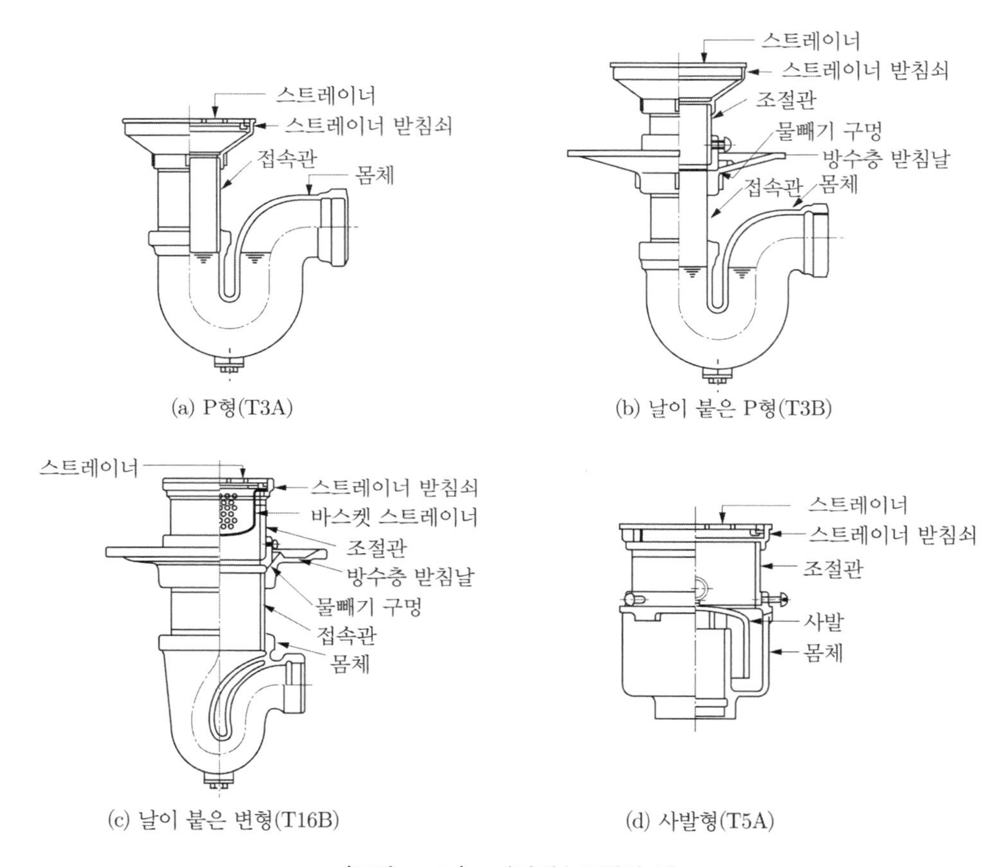

〈그림 4-14〉 바닥배수트랩의 예

(5) 기구내장트랩

대변기, 소변기 등의 위생기구 본체와 트랩이 일체로 되어 있는 것으로서, 각 기구에 적합한 형상 및 구조를 가진 트랩을 말한다. <그림 4-15>는 기구내장트랩의 예이다. 그리고 트랩이 내장되어 있는 대변기의 유효 봉수깊이는 <그림 5-3>과 <표 4-7>과 같다.

〈표 4-7〉 대변기의 유효봉수깊이

대변기의 세정 방식	유효봉수 깊이
씻겨내리는 식(세락식)	50 mm 이상
사이펀식	65 mm 이상
사이펀제트식	75 mm 이상

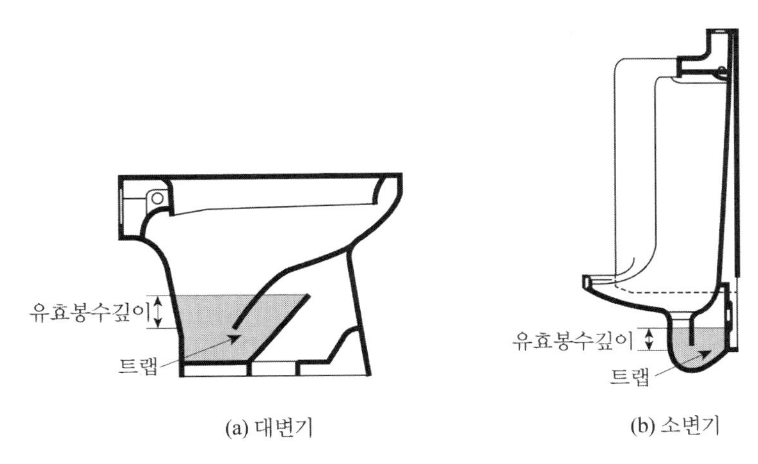

(a) 대변기 (b) 소변기

〈그림 4-15〉 기구내장트랩의 예

(6) 맨홀형 트랩

우수 배수나 기계식 배수 등 비교적 깨끗한 잡배수를 배출하는 경우, 트랩의 설치가 곤란하거나 또는 배수중의 고형물이 하수관에 유출하지 못하도록 포집할 필요가 있는 경우에 맨홀형 트랩을 설치한다. 우수를 배출시키는 경우에서는 일반적으로 배수의 유출 측을 수몰시켜 하수관으로부터의 취기의 침입을 방지한다.

4 금지 트랩

트랩의 중요성을 인식함에 따라 그동안 각종 형식의 것이 등장해 왔다. 그러나 이들 중에는 트랩으로서의 성능에 문제가 있기 때문에 사용하지 않는 쪽이 좋은 것이 있다. 그 주된 것을 다음에 열거한다.

(1) 수봉식 이외의 트랩

중력식 배수방식에서 하수가스 침입방지 장치로서 가장 안전하고 신뢰성이 높은 것이 수봉식 트랩이다. 배수 및 통기설비의 방식이나 기준들은 수봉식 트랩 사용을 전제로 하여 정해진 것이다.

(2) 2중 트랩

<그림 4-16>에 나타내었듯이 하나의 배수관 즉, 기구 배수구로부터 흐름 말단까지의 배수로 상에 직렬로 2개 이상의 트랩을 설치하는 것을 2중 트랩이라고 한다. 2중 트랩 상태가 되면 2개의 트랩 사이의 배수관 내 공기가 밀폐되는 폐쇄상태가 된다. 밀폐된 공기는 배수계통 내에 기압변화가 일어나도 배출이나 보급이 되지 않고 감금된 상태로 되어, 기구로부터의 배수는 이 공기 때문에 흐름이 나빠질 뿐만 아니라 트랩의 봉수를 유지할 수도 없게 된다.

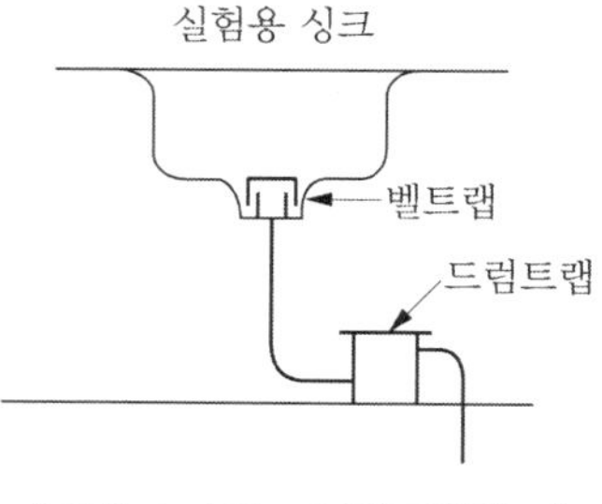

〈그림 4-16〉 이중트랩의 예

(3) 가동부분이 있는 것

유수의 힘으로 가동부분이 열리고 유수가 끝나면 자동으로 닫히게 되는 구조의 것은 막히기 쉽고 성능이 불안전하다.

(4) 격벽트랩

격벽에 의해 트랩을 형성하고 있는 구조의 것은 만일 격벽에 구멍이 뚫려서 하수가스가 통과할 우려가 있고 쉽게 발견할 수 없다. 단, 플라스틱, 유리 또는 내식성 재질로 만들어진 것은 제외한다. 보틀트랩은 격벽트랩이지만, 플라스틱 재질로 만들어진 것은 유럽에서 세면기 트랩으로도 사용한다.

(5) 정부(頂部)통기 트랩

기구 트랩의 위어 상부에 통기관 접속구를 가진 것으로, 기구의 배수가 일시적으로 통기관 내로 상승할 가능성이 있고, 그 배수가 빠졌을 때 이물질이 부착하는데 이것이 반복되면 점차 관경을 축소시켜 통기의 기능을 저해할 우려가 있다(<그림 4-46> 참조).

(6) 내부 치수가 동일한 S트랩

금지되지는 않았지만 좋지 못한 설치 예로서, 용기에 모아 씻는 상태로서 사용하는 세면기 배수관에서의 S트랩(<그림 4-17>)을 들 수 있다. 그 이유는 4.7절에서 설명할 자기사이펀 작용에 의한 봉수파괴 때문이다.

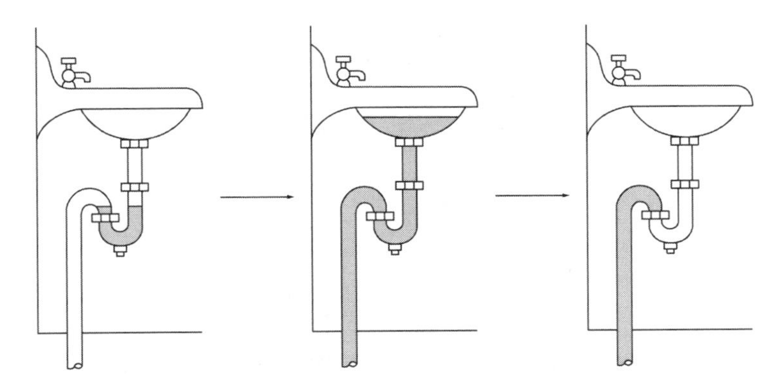

〈그림 4-17〉 S트랩 사용으로 인한 봉수파괴현상(자기사이펀 작용)

(7) 물을 거의 사용하지 않는 바닥 배수트랩

좋지 못한 예로, 물을 거의 사용하지 않는 화장실 등의 바닥배수 트랩 등을 들 수 있는데, 그 이유는 4.7절에서 설명할 증발작용에 의한 봉수파괴 때문이다. 즉, 물이 거의 흐르지 않는 곳에 설치하는 트랩의 봉수는 증발에 의해 봉수가 없어지기 때문에 이러한 곳에 트랩을 설치할 때는 트랩 봉수 보급 장치 등에 의해 자동적으로 봉수를 보급할 수 있게끔 하여야 한다.

트랩의 봉수파괴에 대해서는 4.7절에서 상세히 설명한다.

5 트랩의 설치

(1) 트랩은 정해진 봉수깊이 및 봉수면을 갖도록 설치하고 필요한 경우 봉수의 동결방지를 고려해야 하며, 실내에 하수가스가 침입하는 것을 봉수에 의해 방지하기 때문에 바르게 설치할 필요가 있다. 한랭지에서 사용하는 경우 난방설비가 충분하지 않은 장소에서는 봉수가 동결할 우려가 있다. 그 대책으로서 트랩을 지중(동결깊이 이하)에 매설하는 방법을 채택하지만, 지역에 따라서 동결깊이가 다르기 때문에 충분히 주의할 필요가 있다.

(2) 트랩은 위생기구에 될 수 있는 한 접근시켜 설치하는데, 그것은 트랩이 위생기구로부터 너무 멀리 떨어지면 트랩내의 유속이 감소됨으로써 트랩의 자정작용이 감퇴되어 배관폐쇄의 원인이 되기 때문이다.

또한 기구배수구에서 트랩까지의 수직거리는 600 mm를 넘어서는 안 된다. 기구배수구에서 트랩위어까지의 수직거리가 길면 배수시 유속이 빠르게 되고 그 때문에 트랩의 봉수를 흡인하는 경우가 있다. 따라서 수직거리는 트랩기능에 지장이 생기지 않는 600 mm까지로 하여야 한다(<그림 4-18> 참조). 다만, 한랭지와 같이 동결문제가 있고 어쩔 수 없이 지중에 트랩을 매설해야 하는 경우는 제한하지 않는다.

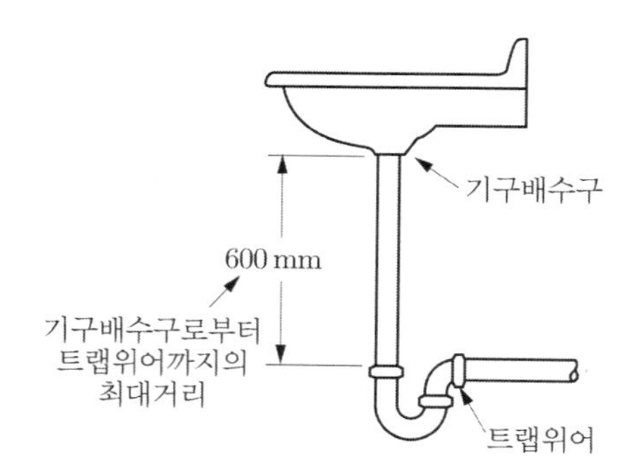

〈그림 4-18〉 기구배수구에서 트랩위어까지의 수직거리

4.6 배수관 내의 공기의 유동특성

1 관내의 압력변동과 트랩의 봉수

배수관 내는 보통 대기압이지만 관내에 배수가 흘러 들어오면 관내의 공기는 압박을 받거나 유인되어 관내는 정압(正壓) 또는 부압(負壓)의 압력변동을 일으킨다. 배수관내가 과도한 정압이 되면 트랩내의 봉수를 실내로 취출시키게 되며, 부압으로 되면 배수관내로 유인되게 된다. 문제가 되는 것은 정압·부압의 한계로서, 트랩의 봉수깊이는 50 mm 이상으로 규정되어 있기 때문에 압력변동이 ±50 mm 이상 되어서는 안 된다. 그러나 50 mm는 정적(靜的)인 압력에 대응하는 한계로서, 배수계통 내에 일어날 수 있는 기압변화는 동적(動的)인 영향을 고려한 한계치 이내로 해야 한다.

2 배수·통기관 내의 공기의 유동특성

배수관 내의 물·공기의 유동 및 통기관내의 공기의 유동에 대해서는 아직까지 해명되지 않은 부분이 많다. 따라서 트랩의 봉수손실과 관계가 깊고 배수관내의 공기의 압력에 대해서도 명확하지 않은 점은 많지만, 가장 단순한 통기방식인 신정 통기방식인 경우(4.13절 참조)의 배수수직관 내의 공기압력분포에 대해 살펴보기로 한다.

신정통기방식의 배수수직관 내의 압력분포는 <그림 4-19>와 같다. 물이 배수수평지관으로부터 유입하는 위치보다 높은 곳에서는 공기만의 흐름으로서 마찰저항 및 국부저항에 의한 압력손실만이 일어나기 때문에 통기유량(通氣流量), 관단면적 등을 알면 쉽게 계산할 수 있다. 그러나 배수수평지관으로부터 물이 유입되는 위치인 A부분 이후의 관내압력분포는 쉽게 계산할 수가 없다. 그림과 같이 A, B, C 세부분으로 나누어서 이들 부분의 압력분포에 대해 살펴보기로 한다.

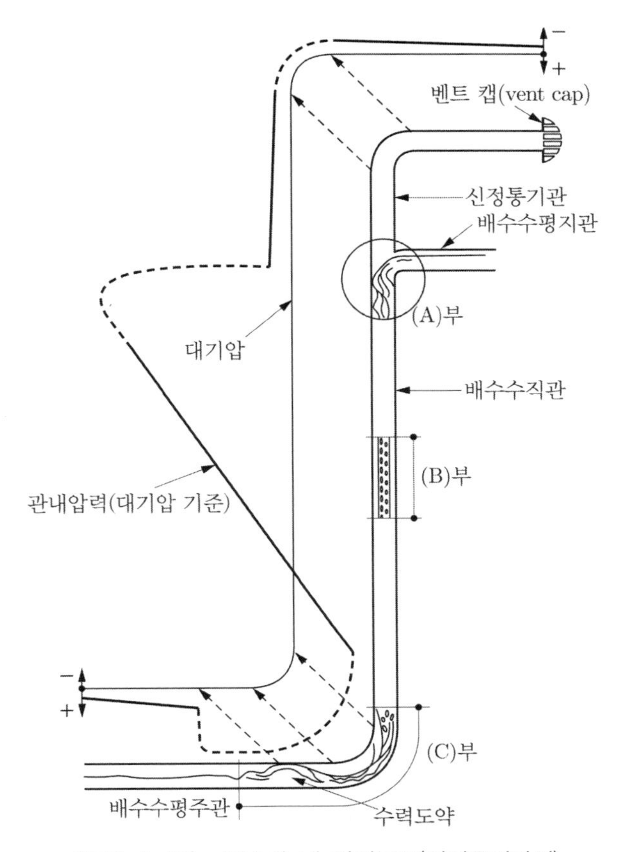

〈그림 4-19〉 배수관 내 압력분포(신정통기방식)

(1) A 부분

배수수평지관으로부터 배수수직관 내로 물이 관단면을 가로 막는 형태로 유입되며, 또한 수직관 내를 잠시 동안 상당히 혼란된 상태로 흐르게 되는 부분으로서, 다음과 같이 설명할 수 있다.

① 물이 윗 쪽의 공기 흐름을 막기 때문에 압력이 급격히 내려간다. 이와 같은 압력강하의 크기는 배수 유량이 증대하는데 따라 크게 되지만, 유량에 비례하지는 않고 유량이 어느 값을 넘으면 압력강하가 급격히 크게 된다.

② 배수수평지관들로부터 수직관 내로 배수가 유입되는 경우, 상하(上下) 근접하여 유입되는 경우와 상하 떨어진 곳으로부터 유입하는 경우를 비교해 보면, 두 경우에서 유량의 합은 같을지라도 상하 근접하여 유입하는 경우가 아래쪽 유입구 밑쪽으로 큰 압력강하를 일으킨다.

③ 또한 상하 떨어진 장소로부터 유입하는 경우, 유량의 합은 같을지라도 유입 지관수가 많을수록 배수수직관내의 압력강하는 작게 일어난다.

(2) B 부분

배수관 내의 물의 흐름 양상이 거의 일정하다고 볼 수 있는 부분이다. 이 부분에서는 압력분포가 거의 직선적으로 된다.

(3) C 부분

배수수직관 내를 급속하게 낙하해온 물이 배수수평주관으로 유입되면서 방향전환을 함과 동시에 급격히 감속(減速)되기 때문에 흐름은 상당히 흐트러지며, 또한 수평관의 수면에서 수력도약을 일으키는 부분이다. 이 부분에 대해서는 다음과 같은 내용이 확인되고 있다.

① 통기관으로부터 들어온 공기는 수력도약 때문에 저항을 받아 압력이 상승한다. 이 압력상승의 크기는 배수 유량의 증가에 따라 크게 되지만, 유량에는 비례하지 않고 어느 유량을 넘으면 급속하게 크게 된다. A 부분에서 설명한 ①과 여기서 설명한 것으로부터 B 부분의 높이 방향의 압력구배도 배수유량에 비례하지 않음을 알 수 있다.

② 물에 합성세제가 포함되면 수력도약 외에 세제포(洗劑泡)가 저항으로 가해져 동일한 유량에서도 압력상승의 크기는 크게 된다. 또한 세제포는 비중이 작기 때문에 배수수직관 내를 역류하려고 하는 현상도 일으키며, 심한 경우에는 하층에 있는 배수트랩으로부터 포(泡)가 취출되는 경우도 있다(4.14절 참조).

③ 수력도약이 시작되는 장소로부터 하류에서는 수면 윗부분이 공기의 유통부분으로 확보되기 때문에 배수관 말단부가 수몰해가는 경우를 제외하고는 압력은 작게 된다.

④ 배수수평주관의 굴곡부가 수력도약이 시작되는 위치보다 상류에 있는 경우에는 압력상승은 보다 크게 된다. 그리고 충분히 떨어진 하류에서는 일반적으로 이 만큼 문제는 일어나지 않는다.

따라서 이상으로부터

① 배수수직관과 수평주관의 관이음쇠에는 굴곡이 큰 것과 작은 것이 있지만, 가능한 한 자연스럽게 흐를 수 있게끔 굴곡(곡률반경)이 큰 관이음쇠를 사용하는 편이 좋을 것

② 신정통기방식의 배수수평주관의 관경은 적어도 배수수직관보다 한 사이즈 큰 것을 이용할 것

③ 배수수평주관의 굴곡은 배수수직관의 시작부(즉, 접속부)에는 설치하지 않을 것. 특히 신정통기방식의 경우는 적어도 시작부로부터 3 m 이상 떨어뜨릴 것

④ 배수관 말단이 수몰할 염려가 있는 경우에는 신정통기방식으로만 해서는 안 될 것

⑤ 신정통기방식의 경우 적어도 1층 부분의 배수수평지관은 배수수직관에 접속하지 말고 수력도약이 시작하는 곳보다 충분히 떨어진 하류의 배수수평주관에 접속할 것

등이 요구된다.

4.7 트랩의 봉수파괴 원인과 통기관의 목적

수봉식 트랩의 공기 차단기능은 봉수(封水)에 있다. 기구로부터 배수가 유입되면 배수중의 일부가 봉수로 되어 트랩에 고이게 되며, 또한 다음 번 배수에 의해 봉수는 치환된다. 배수의 이용이라고 하는 극히 단순한 방법으로 봉수는 유지되지만, 또 한편으로는 각종 원인에 의해 봉수는 손실된다.

봉수손실은 결국 봉수파괴에 이르게 되며, 여기서 봉수파괴라는 것은 봉수의 수면이 디프의 레벨보다 낮아져서 공기가 통과할 수 있게 되는 상태를 말한다. 그런데 봉수의 변동 도중에 공기가 순간적으로 통과하는 경우가 있지만(순간봉수파괴), 이것은 일반적으로 봉수파괴로서 취급하지 않는다. 봉수가 파괴되면 트랩은 그 기능을 상실하여 더 이상 트랩으로 간주할 수 없기 때문에, 항상 봉수를 유지하는 것이 배수시스템의 새로운 과제가 되고 있다.

보통 화장실 등에서 악취가 나는 경우가 있는데, 이것의 원인은 후술하는 증발에 의한 바닥배수트랩의 봉수파괴에 의한 경우가 대부분이다. 그렇다고 방취제나 방향제 등을 사용하는 것은 미봉책일 뿐이므로 정상적인 트랩의 상태로 환원시켜 악취의 침입을 저지하는 것이 확실한 방책이다.

1 봉수파괴 현상과 그 대책

트랩의 봉수는 각종 현상에 의해 손실되며, 특히 4.6절에서 배수수직관 내의 압력변동에 대해 살펴보았듯이, 배수로 인한 수직관내의 압력변동은 봉수손실에 큰 영향을 미친다. 이하에 봉수손실현상 및 대책에 대해 설명한다.

(1) 유도사이펀 작용

1) 현상

<그림 4−19>를 보면, 일반적으로 배수수직관의 상·중층부에서는 압력이 부압으로, 그리고 저층부분에서는 정압으로 된다. 이때 배수수직관 내가 부압으로 되는 곳에 배수수평지관이 접속되어 있으면 배수수평지관 내의 공기는 수직관쪽으로 유인되며, 따라서 봉수가 이동하여 손실되는 현상을 유도사이펀 작용(誘導사이펀 作用, induced siphonage)이라고 한다(<그림 4−20> 참조).

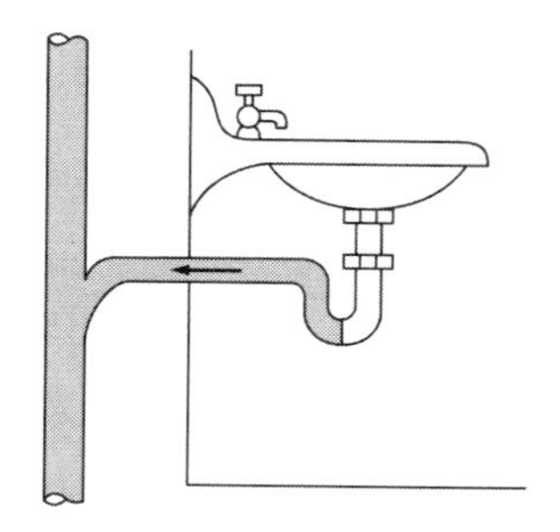

〈그림 4-20〉 유도사이펀 작용에 의한 봉수손실
(수직관 내가 부압으로 되는 경우)

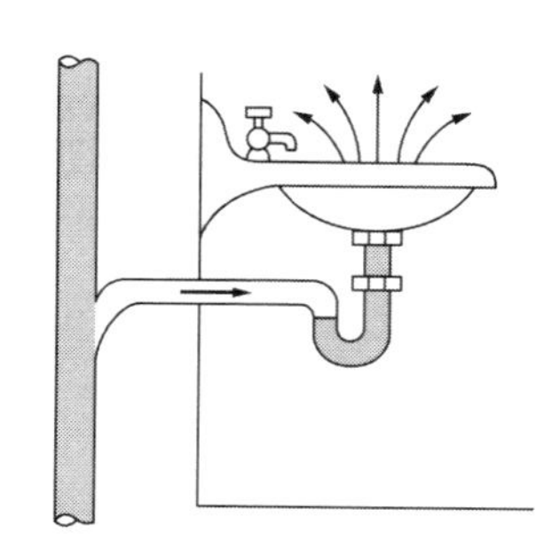

〈그림 4-21〉 유도사이펀 작용(분출작용)에 의한 봉수손실
(수직관 내가 정압으로 되는 경우)

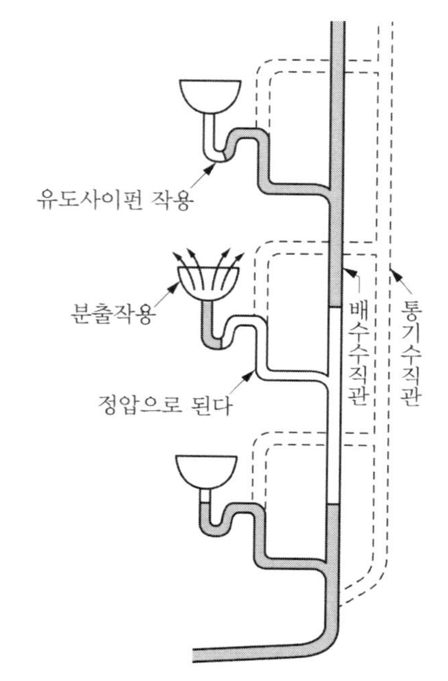

〈그림 4-22〉 분출작용에 의한 봉수 손실

또한 수직관 내가 정압이 되면, 기구 배수관을 통해 트랩 내의 물이 위생기구쪽으로 분출한다. 이것을 분출작용(噴出作用)이라고 한다(<그림 4-21> 참조). 또한 기구사용빈도가 많아져서 수직관 하부의 만류상태의 배수가 미처 배수되기도 전에 상부 수평지관으로부터 배수가 유입되면 두 배수간에 존재하는 공기는 정압으로 되며, 이곳에 수평지관이 연결되어 있으면 봉수는 분출작용을 일으킨다(<그림 4-22> 참조). 그런데, 이와 같은 작용으로 인해 기구 등으로 분출된 물은 다시 모아져서 봉수로 되기 때문에 직접적인 봉수손실현상이라고는 말할 수 없지만 단기적으로는 하수 가스를 침입시키고, 또한 기구 주위를 더럽히기 때문에 반드시 피해야만 한다. 특히, 세탁 배수에서는 세제포에 의해 생각지 않았던 오손(汚損)이 생기기 때문에 주의를 요한다.

배수는 항상 일어나며, 이때 배수되지 않은 트랩 모두에 유도 사이펀 작용이 일어날 가능성이 있다. 즉, 관내 압력변동 발생상황은 배수시스템 전체의 구성과 관계가 있기 때문에 다른 봉수손실현상에 비해 가장 중요시되고 있다.

2) 대책

유도사이펀 작용의 대책으로는 2가지를 생각할 수 있다.
관내압력이 트랩의 봉수에 작용하여 봉수손실을 가져오기 때문에, 첫번째 방법으로는 봉수손실의 원인이 되는 관내 압력변동을 작게 완화시키는 방법과 두번째로는 트랩의 관내압력에 저항하는 성능(이것을 봉수강도라고 함)을 강화시키는 방법을 들 수 있다.

① 관내 압력의 완화

관내 압력을 완화시키는 방법으로는 통기관의 사용, 배수관경의 확대 및 배수관이음의 개량을 들 수 있다. 통기관의 사용에 대해서는 배수관로의 필요로 하는 곳에 통기관을 접속하여 관내의 공기를 자유롭게 유통시켜 관내 압력의 편중현상을 없애는 것이다. 접속위치나 관로형태에 따라 각종 통기방식이 있지만, 현재의 중력식 배수시스템에는 반드시 통기관이 부설되어 있다.
배수관경의 확대에 대해서는 배수관 자체를 큰 직경으로 하여 관내 공기의 유통 단면적을 증대시켜 과대한 압력의 발생을 미연에 방지하는 방법이다. 관경을 증대시키는 것은 스페이스, 시공성 및 경제성 등의 관점에서는 불리하기 때문에 무조건 크게 하는 것은 현명한 방법은 아니다. 임의의 배수관 관경에 있어서 배수유량이 많게 되면, 배수의 점유단면적이 많게 되고 상대적으로 공기의 유통단면적이 감소한다. 그래서 배수의 관 점유단면적의 비율[이것을 충수율(充水率, water fullness ratio)이라고 함]을 설정하여 배수유량에 상응하는 관경을 산정하는 방법을 생각할 수 있다. 이와 같은 방법으로 배수관의 관경 산정방법이 있다. 통기관에도 관경결정법이 준비되어 있다.
배수관 이음의 개량에 대해서는 특수형상의 배수이음을 이용하여, 관내압력이 과대하게 발생하지 않도록 배수·공기의 흐름방식을 변화시키는 것이다. 소벤트, 섹스티아 등의 특수 배수이음이 개발되어 있다. 특수이음쇠에 대해서는 4.13절 5항을 참조하기 바란다.

② 트랩의 성능향상

트랩의 성능향상법으로는 봉수깊이 또는 각단면적비(유입각 평균단면적에 대한 유출각 평균단면적의 비)를 크게 하는 것이 유리하다.
봉수깊이에 대해서는 일반적으로 봉수깊이를 깊게 하는 것은 쉽지만, 바닥배수트랩인 경우에는 바닥내나 바닥 밑에 설치하므로 봉수깊이를 깊게 하는 것이 어렵기 때문에 최소 봉수깊이 정도를 갖게 하는 것이 일반적이다. 또한 봉수깊이가 깊을수록 배수 혼입물이

트랩 내에 축적될 위험성이 증대하므로 트랩의 자정작용(自淨作用)이 떨어지게 된다. 이와 같은 관점에서 최대봉수깊이를 규정하고 있는 것이다.
각 단면적비는 봉수강도에 큰 영향을 미치지만, 현재는 이에 대한 규정은 없다. 양 각이 동일 관경을 갖는 경우의 값을 1로 기준으로 하여, 그것보다 작은 트랩은 봉수깊이를 깊게 하는 등의 배려가 필요하다.
이상의 것을 간단히 요약하면, 먼저 최소봉수깊이와 표준 각 단면적비로부터 봉수강도를 가장 약하게 상정하여 그 트랩이 봉수파괴가 일어나지 않도록 통기관을 부설함과 동시에 배수부하에 따라 적당한 관경을 채용하고, 경우에 따라서는 특수이음쇠도 사용하여 관내 압력의 완화를 꾀하는 것이다. 유도사이펀 작용에 의한 봉수손실과 방지대책에 대해서는 <그림 4－23>에 정리하여 나타내었다.

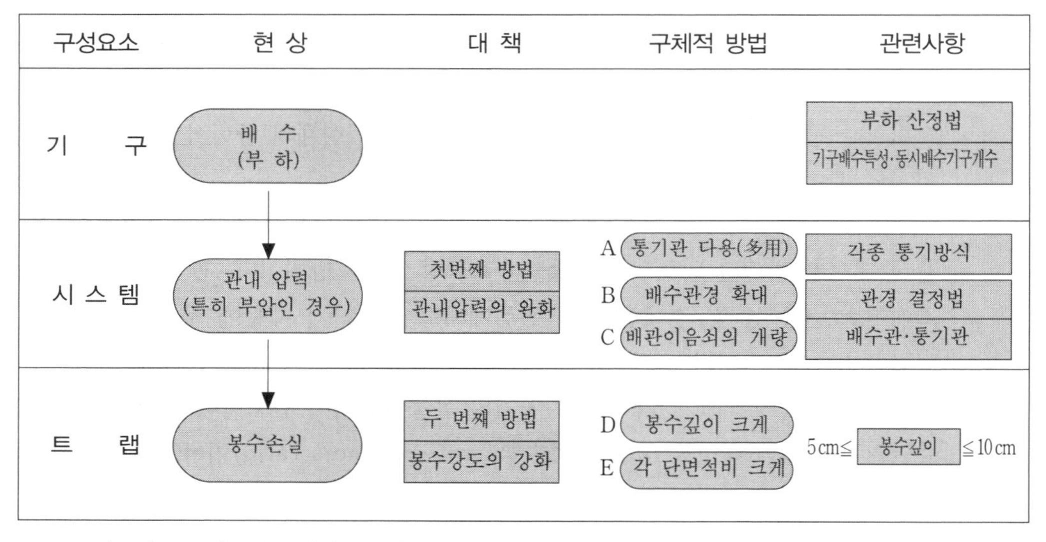

〈그림 4-23〉 유도사이펀 작용에 의한 봉수파괴 방지대책(수직관 내가 부압인 경우)

(2) 자기사이펀 작용

1) 현상

예를 들어, 컵 속에 구부러진 스트로(straw)를 꽂아놓은 상태에서 입으로 빨았다 놓으면, 물은 계속하여 흐르게 된다. 이것이 사이펀 현상이다. 구부러진 스트로를 사이펀 관이라고 하지만, 그 내부가 부압이 됨으로써 물은 일단 위로 오르고 나서 흘러내리게 된다.
또한 수전으로부터 흘러내리는 물에 구부러진 스트로를 설치한 후 수전을 닫으면, 구부러진 구간(트랩의 봉수부에 해당)에 잔류하는 물은 지나치게 작게 된다. 이와 같이 자기 배수(自己排水)의 결과, 당연히 잔류해야할 봉수가 작게 되는 현상을 자기사이펀 작용(自己사이펀

作用, self－siphonage)이라고 한다. <그림 4－24>에는 P트랩과 보틀트랩에서의 자기사이펀 작용의 예를 나타낸 것이다. 또한 앞에서의 <그림 4－17>은 S트랩에서의 자기사이펀 현상을 나타낸 것이다.

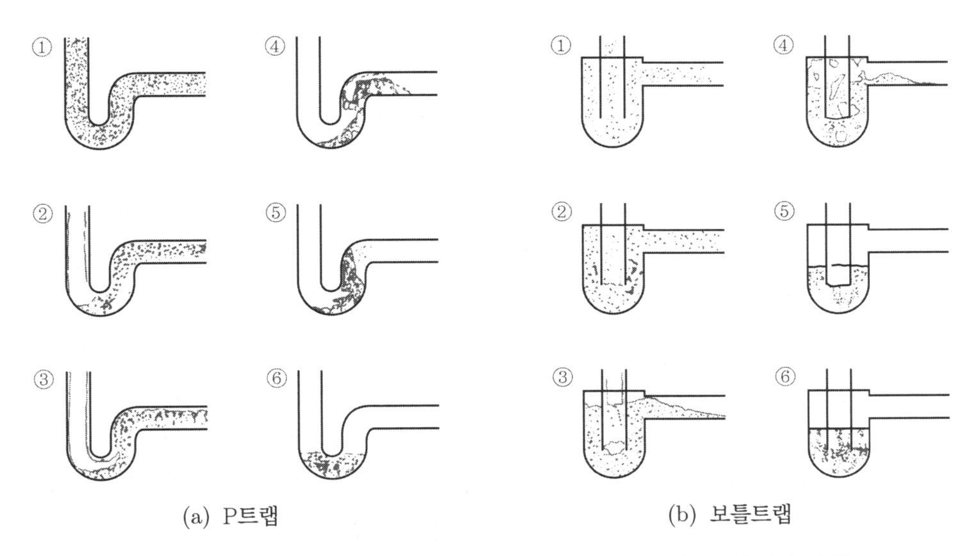

〈그림 4-24〉 세면기 배수에서 트랩 내의 유동상태의 변화(자기사이펀 작용)

자기사이펀 작용은 배수가 있으면 항상 발생할 가능성이 있다. 그러나 다음의 두 조건에 의해 자기사이펀 작용을 고려하지 않아도 되는 기구를 한정할 수 있다.

첫째는 사이펀 현상의 성립조건의 하나인 만류(滿流), 연속류(連續流)로 되지 않는 경우이다. 기구의 사용형태는 흘려씻는 것과 모아씻는 것으로 대별된다. 즉, 세면기에서 수전을 사용할 때, 세면기의 마개를 열었는가, 닫았는가로 생각하면 된다. 흘려씻는 경우는 배수유량이 비교적 적기 때문에 사이펀 관로를 구성하는 트랩·기구배수관은 배수기간중에 있어서 만류·연속류로 되지 않는다. 따라서 배수유량이 많은 모아 씻는 사용형태를 갖는 기구가 문제가 된다.

두번째는 후미류(後尾流)의 효과이다. 예를 들면, 욕조배수에서는 배수종료시에 욕조바닥에 남아있던 물이 트랩에 졸졸 흘러 들어가게 된다. 이 끝을 잡아당기려고 하는 최후의 배수를 후미류(後尾流)라고 하며, 그 유량은 기구의 바닥이 넓고, 또 바닥구배가 작을수록 많게 된다. 자기사이펀 작용에 의해 일단 트랩내의 봉수가 없어져도 후미류의 유량이 충분하면 다시 봉수가 된다. 그래서 모아씻는 사용형태이며 또한 후미류의 유량이 작은 세면기, 수세기, 화장실 배수 등이 고려의 대상으로 된다. 또한 사이펀식 대변기 등에서는 자기사이펀 작용을 적극적으로 이용하여 오물을 배출하고 있지만, 이 때 일어나는 봉수손실은 바로 보급수에 의해서 보충되는 구조로 되어 있기 때문에 문제는 없다.

2) 대책

자기사이펀 작용은 사이펀 현상을 일으키는 조건인 만류·연속류를 비만류 또는 비연속류화하면 효과적으로 방지할 수 있다.
예를 들면, 구부러진 스트로의 정부(頂部)에 미리 작은 구멍을 뚫어 손가락으로 막고 사이펀 현상이 일어난 후에 손가락을 띄면 흐름은 멈춘다. 이것은 구멍으로 공기가 들어가서 비연속체화된 결과이다. 똑같이 통기관을 기구배수관에 접속하여 공기를 유입시키면, 자기사이펀 작용을 막을 수 있다. 이와 같이 각 트랩마다 설치한 통기관을 각개 통기관이라고 하며, 미국에서 채용되고 있다. 각개통기관에 대해서는 4.13절에서 다시 설명한다.
각개통기관을 사용하지 않고서도 자기사이펀 작용을 방지할 수 있는 방법이 있다. <그림 4-24>의 (b)는 유럽에서 세면기 트랩에 많이 사용하고 있는 보틀트랩의 예이지만, 잔류봉수깊이는 충분히 확보되고 있다. 그 이유는 각 단면적비가 큰 것과 흐름방향이 급변화하는 것에 의해 일종의 비만류인 기포류(氣泡流)가 발생하였기 때문이다.
주방에서 많이 이용하는 벨 트랩은 보틀트랩과 같이 격벽트랩의 일종이지만, 그 각 단면적비가 큰 경우 보틀트랩과 똑같이 봉수가 충분히 잔류하는 것을 확인할 수 있다.
자기사이펀 작용이 일어날 수 있는 기구에만 각 단면적비가 큰 트랩을 설치하면 좋다.

(3) 증발현상

1) 현상

봉수는 유입각과 유출각 양측으로부터 항상 증발하고 있다.
배수관에 연결되어 있는 유출각 측은 젖어있기 때문에 그 증발량은 유입측에 비해 적다. 유입각 측에서의 증발에는 주로 기온, 습도, 기류속도 등의 공기조건과 기구배수구로부터 봉수면까지의 거리 등과 같은 구조조건이 관계된다. 습도가 낮고 기류가 빠를수록, 또한 그 거리가 짧을수록 단위시간당 증발량은 증가한다. 일반적으로 비공조(非空調)보다 공조된 실내 쪽이 증발에 대한 공기조건이 심해서, 그 증발손실은 공조시에 0.7 mm/day, 비공조시에 0.2~0.6 mm/day 정도라고 하는 실험 예가 있지만, 조건에 따라서는 더욱 클 수도 있다. 예를 들어, 실내에 물을 넣은 컵을 1개월 정도 방치하여 보면 증발손실을 무시할 수 없음을 알 수 있을 것이다.

2) 대책

증발이 문제가 되는 것은 장기간(수 주(週)정도) 동안 트랩으로의 배수가 없는 경우이다. 흔히 있는 예로는, 화장실에서 물청소를 고려하여 바닥배수트랩을 설치하였지만, 실제로는 걸레청소(마포질)를 하여 트랩으로 배수의 공급이 없는 채로 방치되어 봉수파괴되는 사례이다. 정기적으로 트랩에 물을 보급하면 해결되지만 중요한 것은 트랩에 대한 인식이다. 장기간 부재중인 경우에는 유입각측의 배수관을 마개나 테이프 등으로 막는 것이 유효하다. 또한 사용빈도가 적은 트랩을 설치하는 경우는 <그림 4-25>와 같은 트랩 봉수 보급수 장치(trap seal primer)를 도입하여 설치하거나 봉수깊이가 큰 트랩을 설치하는 등의 고려가 필요하다.

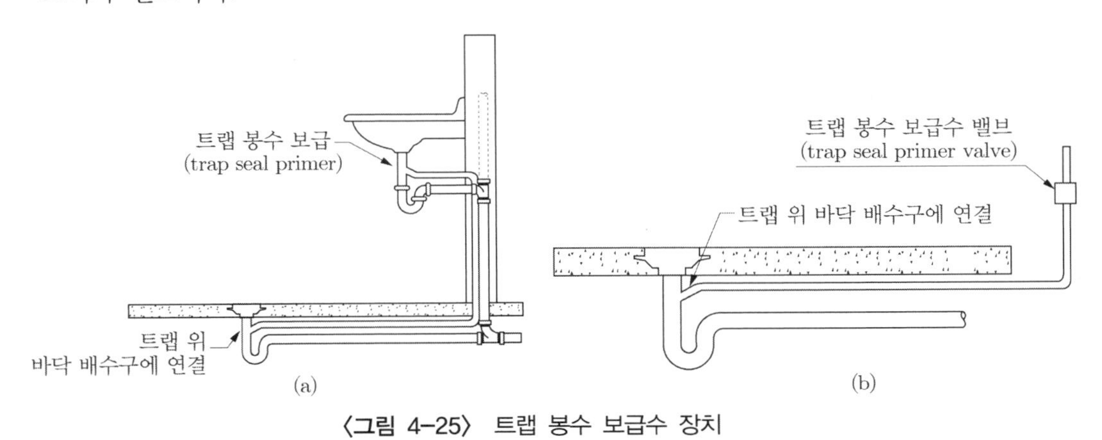

〈그림 4-25〉 트랩 봉수 보급수 장치

(4) 모세관 현상

1) 현상

<그림 4-26>과 같이 S트랩이나 벨트랩의 위어부에 실이 걸려 부착한 경우, 모세관 현상에 의해 봉수가 손실한다. 그 손실 상황에는 트랩의 형상, 구경, 봉수상태, 실의 종류, 갯수 및 부착상태 등이 관계된다. 예를 들면, 구경 25 mm의 트랩에 아크릴실이 부착한 경우, 1개인 경우 약 14시간, 3개인 경우 약 6시간만에 봉수파괴가 된다는 실험을 한 예도 있다.

2) 대책

모세관 현상에 대해서는 특별한 대책은 없다. 단, 트랩 제품에는 실 등이 위어부에 걸리지 않도록 내표면을 매끄럽게 가공할 것과 내부식성이 요구된다.

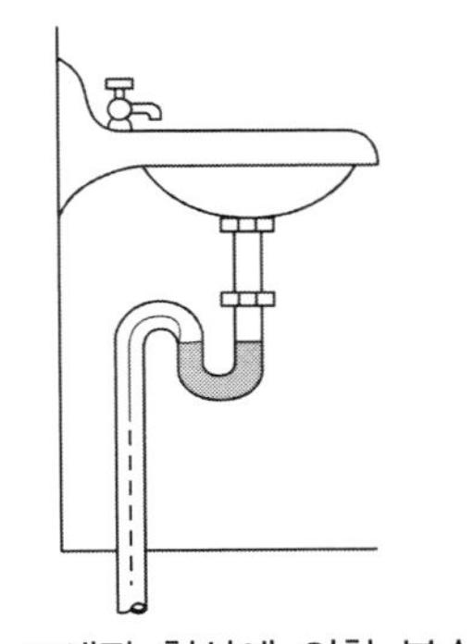

〈그림 4-26〉 모세관 현상에 의한 봉수파괴

2 통기관의 목적

배수관 내에 물이 흐를 때, 관내의 공기는 물의 흐름에 의해 압축 혹은 흡인되어 정압 또는 부압으로 변동한다. 이 변동폭이 어느 한도를 넘으면 트랩의 봉수를 파괴시킨다. 따라서 관내의 필요한 곳을 대기에 개방하여 압력변동을 피하거나 또는 공기를 관내에 보급하여 대기압 가까이 유지하여야만 한다. 이 배수관과 대기를 연결하는 역할을 하는 것이 통기관(通氣管, vent pipe)이며, 아울러 배수관 내의 환기도 행한다. 또한 배수관 내에서는 공기의 순환이 불충분한 부분이 있으면 세균이 성장하는데 좋은 조건이 되어 점액을 만들게 되어 상당히 비위생적으로 된다.

즉, 통기관의 목적은

① 배수계통 내의 배수 및 공기의 흐름을 원활히 한다.
② 사이펀 작용 및 배압에 의해서 트랩봉수가 파괴되는 것을 방지한다.
③ 배수관 계통의 환기를 도모하여 관내를 청결하게 유지한다.

이들 통기 목적 중에서 트랩의 봉수보호가 가장 중요하다. 결국 통기관은 배수트랩의 봉수부에 가해지는 배수관내의 압력과 대기압과의 차에 의해서 배수트랩의 봉수가 파괴되지 않도록 설치할 필요가 있다.

4.8 포집기의 목적과 종류

1 포집기의 목적

포집기(捕集器, intercepter)는 배수 중에 포함되어 그대로 배수관을 통해 흘렀을 때, 배수관을 막히게 하거나 인화의 위험성 등이 있는 물질 또는 귀금속 부스러기 등 회수하여야만 하는 물질을 물리적으로 분리, 수거하는 것이 목적이지만, 배수처리장치는 아니다.

포집기에는 분리·수집하는 물질에 따라 여러 종류가 있다.

포집기에는 트랩의 기능을 갖고 있는 것이 많지만, 트랩의 기능을 갖고 있지 않는 포집기를 사용하는 경우에는 포집기 직후에 트랩을 설치해야 한다. 또한 밀폐된 뚜껑을 사용하는 포집기는 적절한 통기(通氣)를 할 수 있는 구조로 한다.

2 포집기의 종류

(1) 그리스 포집기

호텔의 주방이나 레스토랑의 주방 등에서 배출되는 세정 배수 중에는 유지분(油脂分)이 포함되어 있으며, 이것은 온도가 높을 때는 배수와 함께 흐르지만, 흐르는 도중에 배수의 온도가 떨어져 고형화되고 관벽에 부착하여 배수관을 막히게 하기 때문에, 그리스 포집기(grease intercepter)에 의해 유지분을 포집하여야 한다.

그리스 포집기의 구조는 유입하는 배수의 속도를 늦추기 위해 여러 장의 격벽을 설치하여 유지분을 상부로 부상(浮上) 고형화 시킴과 동시에 물보다 비중이 무거운 것을 바닥에 침전시키는 것으로서, 배수가 포집기내에 유입될 때 크기가 큰 혼합물을 걸러내기 위한 스트레이너를 갖고 있는 것도 많다. <그림 4-27>에 그리스 포집기의 제품 예를 나타내었으며, <표 4-8>에 그리스 포집기의 용량산출 예를 나타내었다.

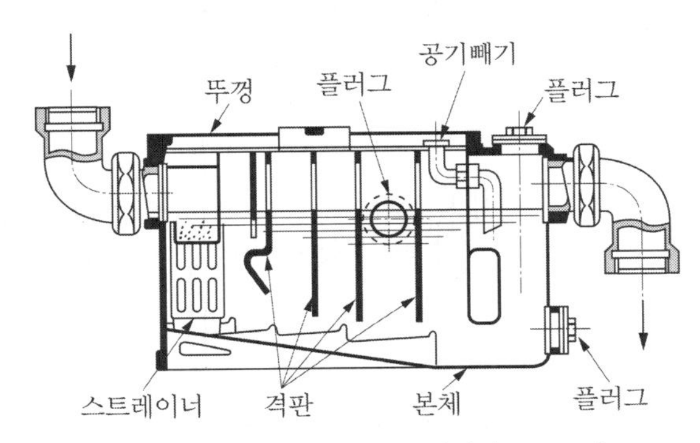

〈그림 4-27〉 그리스 포집기의 구조 예

〈표 4-8〉 그리스 포집기의 용량

그리스 포집기의 실용량	(A+B) [L]
A(그리스 포집량)[L]	(식사 한 끼당 포집량 : 1.5~5.0)[g/식] × (비체적, 0.001)[L/g] × (식사수)[식/일] × (청소주기 : 7정도)[일]
B(그리스 분리조)[L]	(유입수량)[L/min] × (저류시간 : 구조 및 효율에 따라 1~3)[min]

(2) 오일(가솔린) 포집기

가솔린 등을 포함한 배수를 흐르게 하면, 인화하여 폭발 등의 사고를 일으킬 가능성이 있기 때문에, 이와 같은 배수가 발생하는 주차장, 주유소, 자동차 수리공장 등에서의 바닥배수는 오일 포집기(oil intercepter)를 설치하여 가솔린 등을 제거하여야 한다. 오일 포집기의 구조는

① 오일을 유효하게 분리할 수 있을 것
② 유입관 바닥으로부터 600 mm 이상의 깊이를 가질 것
③ 휘발면적이 가능한 한 클 것
④ 통기관의 설치구를 가지고 있을 것
⑤ 토사(土砂)가 유입할 염려가 있는 경우에는 흙받이가 있을 것

등이 필요하다.

또한 오일포집기의 통기관은 내부에 휘발한 인화성 또는 폭발성의 가스로 가득 차기 때문에, 다른 계통의 통기관과 접속하지 말고 단독으로 대기중에 개구(開口)하여야 한다. <그림 4-28>에 오일포집기의 예를 나타내었는데, 그리스 포집기와 동시에 현장에서 만드는 경우도 있다.

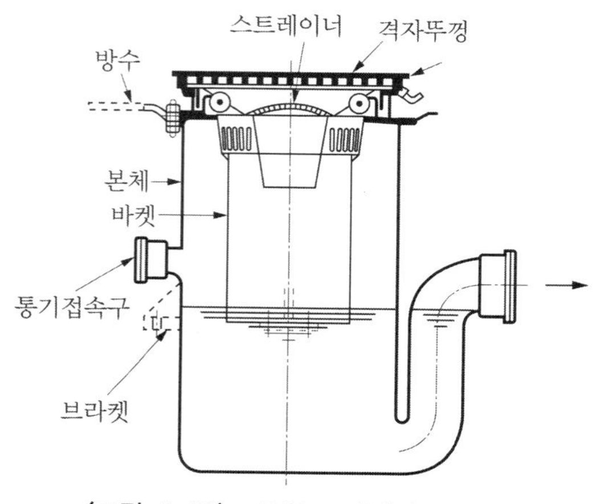

〈그림 4-28〉 오일 포집기의 구조 예

또한 <표 4-9>에는 오일포집기의 용량산출 예를 나타내었다.

〈표 4-9〉 오일 포집기의 실용량

오일 포집기의 실용량	(A+B) [L]
A(유분리조)[L]	(세차수량)[L/min] × (저류시간 : 구조 및 효율에 따라 1~3)[min]
B(토사량)[L]	(토사량, 0.5~2.0)[L/대] × (세차댓수)[대/일] × (청소주기)[일]

(3) **헤어 포집기**(hair intercepter)

미용실, 이발소 등에서 사용하는 세발기나 세면기로부터의 배수 중에 포함되는 모발, 화장용 점토, 섬유 부스러기 등을 유효하게 분리할 수 있는 구조의 것으로서, <그림 4-29>에 그 예

를 나타내었다. 상기의 용도 외에 수영장 풀(pool)의 순환계통에 설치하는 헤어 캣처(hair catcher)라고 부르는 것도 있다.

(4) 석고 포집기(플라스터 포집기, plaster intercepter)

치과병원이나 외과병원의 기공실, 기브스(gips)실 등으로부터 배출되는 배수 중에 포함된 플라스터를 분리하기 위한 것이지만, 치과용 금은 부스러기나 실험대로부터의 수은 등을 회수해야 하는 포집에도 이용한다.

<그림 4−30>은 그 예이다.

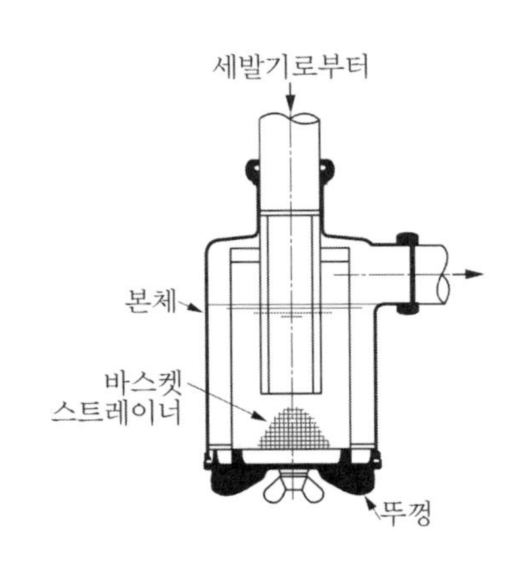

〈그림 4-29〉 헤어 포집기의 구조 예

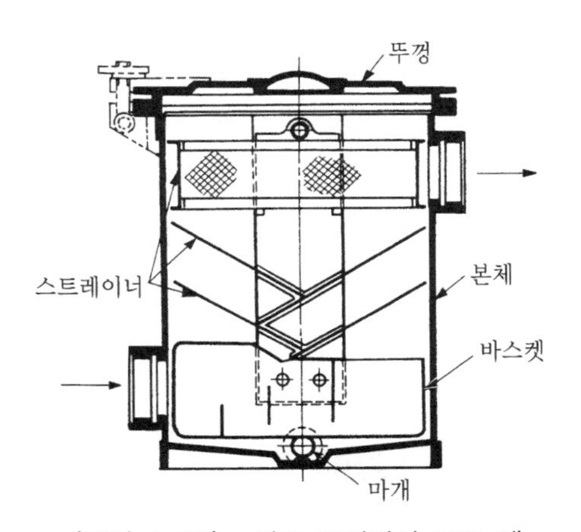

〈그림 4-30〉 석고 포집기의 구조 예

(5) 세탁장 포집기

런드리 포집기(laundry intercepter)라고도 하며, 영업용 세탁장으로부터의 배수 중에 포함된 섬유부스러기, 단추 등을 포집하기 위한 13 mm 메쉬(mesh) 이하의 금속제의 바구니(basket) 등의 포집장치를 설치한 것이다.

(6) 모래 포집기(sand intercepter)

배수 중에 포함되어 있는 토사, 시멘트 및 이외의 무거운 물질을 포집하는 것으로, 해수풀(pool), 주차장, 건축공사현장 등으로부터의 배수계통에 설치되는 것이 많다. 바닥부에 설치하는 흙받이 통의 깊이는 150 mm 이상으로 하여야 한다.

(7) 이 외의 포집기

상기의 것 이외로는 유리조각을 포집하는 포집기나 도살장으로부터 털, 내장 등을 포집하는 포집기 등이 있다.

3 포집기 설치상의 유의점

① 사용목적에 적합한 포집기를 설치한다.

② 포집기의 설치위치는 유지관리가 쉽고, 유해물질을 배출할 위험성이 있는 임의의 기구 또는 장치에 가능한 한 가깝게 설치하는 것이 요망된다.

③ 포집기의 구조는 보수·점검이 쉽고, 그리스, 가솔린, 토사 등을 유효하게 저지·분리할 수 있는 것으로서, 분리를 필요로 하는 것 이외의 배수를 유입시켜는 안 된다.

④ 포집기에 밀폐뚜껑을 사용하는 경우에는 통기를 시켜야 한다.

⑤ 포집기의 재료는 주철제, 스테인리스제, FRP제 등의 불침투성의 내식재료로 한다.

⑥ 포집기는 원칙적으로 트랩기능을 갖는 것으로 한다. 그런데 이것에 배수트랩을 또 설치한다면 2중 트랩이 될 위험성이 있기 때문에 충분히 주의하여야만 한다. 또한 트랩기능을 갖지 않는 포집기를 사용하면 유출관측으로부터의 가스가 실내에 침투할 위험성이 있기 때문에 그 계통의 가까운 하류측에 트랩을 설치하여야 한다.

⑦ 트랩의 봉수깊이는 50 mm 이상으로 한다.

4.9 간접배수

세면기나 욕조 혹은 대변기 등의 기구의 배수관을 직접 배수관에 접속하여 배수하는 것을 직접배수(直接排水)라고 하지만, 직접배수의 경우는 배수관이 막히거나 기구의 트랩 봉수가 파괴되는 등의 트러블이 발생하였을 때, 배수관의 오수나 하수가스 등이 그 기구로 역류하게 되면 보건위생상 위험하게 된다. 물론 이와 같은 비위생적인 일이 일어나지 않도록 여러 가지로 고려하고 있지만, 특히 식품을 취급하는 기기류나 의료용 기기 등에서는 절대로 이와 같은 보건위생상 위험한 일이 일어나서는 안 된다.

직접배수에 의한 사고를 방지하기 위해서는 기구배수관을 일단 대기에 개방한 후, 배수 본관에 배수를 인도해야 한다. 이와 같이 하면 배수관(배수본관)에서 만약 역류가 일어나더라도 그 개구부에서 오수 등은 오버 플로 되기 때문에 기구배수관에는 유입되지 않는다. 이와 같이 기구배수관과 배수관을 직접 연결하지 않고 일단 공간을 둔 후, 일반배수관에 설치한 물받이용기에 배수하는 방식을 간접배수(間接排水, indirect waste)라고 한다(<그림 4-4> 참조).

기구배수관의 말단과 배수관의 물받이 용기 상단의 오버플로선에 설치한 공간(수직거리)을 배수구 공간(排水口空間, air gap for indirect waste)이라고 한다. 배수구 공간은 배수관경의 2배 이상이 필요하며, 음료용 저수조 등의 간접배수관의 배수구 공간은 최소 150 mm 이상으로 해야 한다. 간접배수로 해야 할 기구 혹은 기기를 <표 4-10>에, 그리고 배수구 공간의 치수를 <표 4－11>에 나타내었다. 또한 간접배수의 요령을 <그림 4－31>에, 간접배수 배관방식을 <그림 4－32>에 나타내었다.

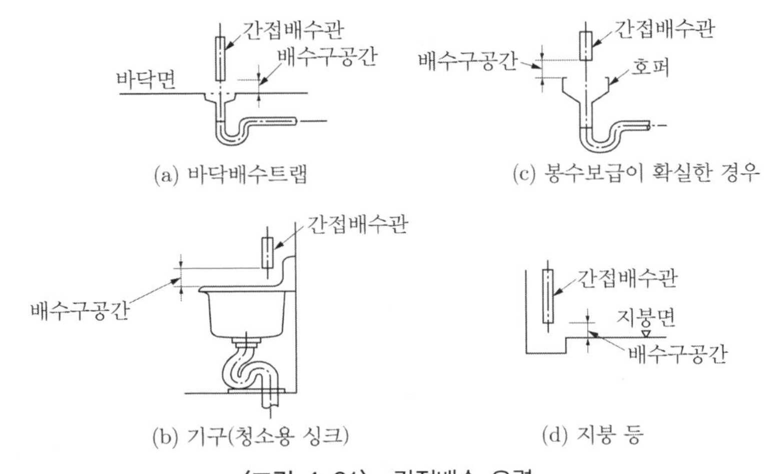

〈그림 4-31〉 간접배수 요령

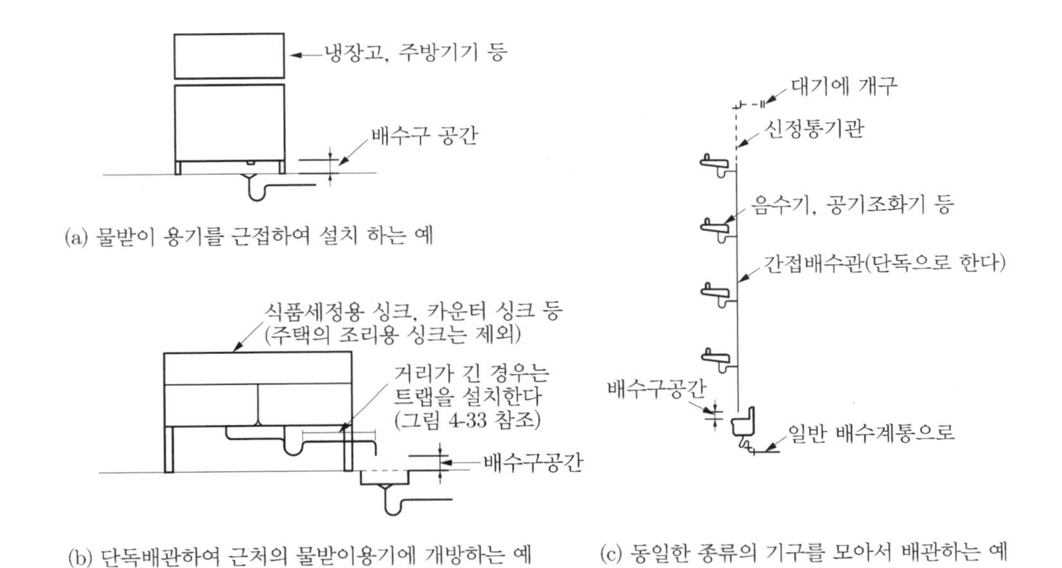

〈그림 4-32〉 간접배수 배관방법

또한 수평 측정된 배관길이가 760 mm를 초과하거나 전체 배관길이가 1,300 mm를 초과하는 모든 간접배수 배관은 <그림 4－33>과 같이 트랩을 설치하여야 한다.

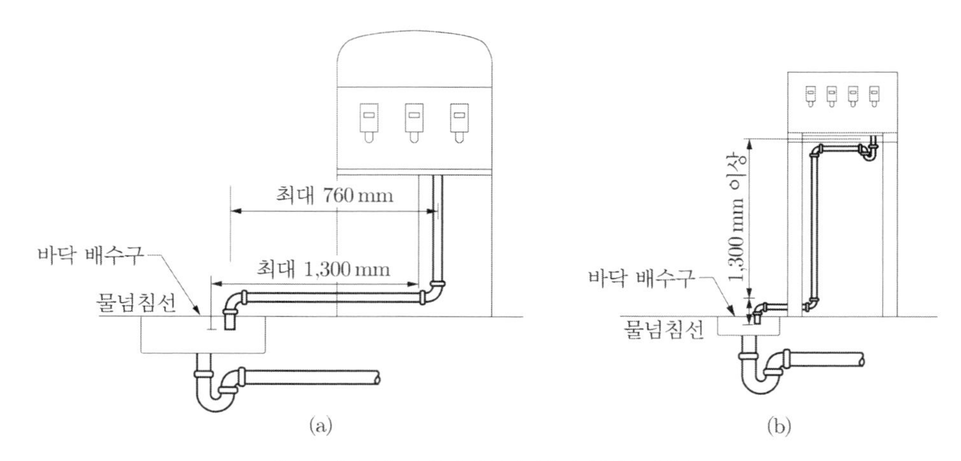

〈그림 4-33〉 간접배수관 내 트랩의 설치

〈표 4-10〉 간접배수로 해야 하는 기구

구 분	기구·기기의 종류		배관방법(〈그림 4-32〉) (a)	(b)	(c)
서비스용 기기	냉장관계	냉장고, 냉동고, 쇼케이스 등의 식품냉장·냉동기기	○		
	주방관계	제빙기, 식기세척기, 소독기	○		
		식품세정용 싱크, 카운터 싱크		○	
	세탁관계	세탁기, 탈수기 등	○		
	음수기	음수기		○	○
		음료용 냉수기	○		
의료·연구용 기기	증류수장치, 멸균수장치, 멸균기, 소독기, 세정장치 등의 의료연구용 기기		○		
수영용 풀(pool)	풀 자체의 배수, 오버플로 구로부터의 배수, 풀 사이드로부터의 배수 및 여과기의 역세수 등		○		
분수	분수 자체의 배수, 오버플로, 여과기의 역세수 등		○		
배관·장치의 배수	각종 탱크·팽창탱크 등의 오버플로 및 배수 상수·급탕 및 음료용 냉수펌프의 배수 도피밸브의 배수 냉동기, 냉각탑 및 냉매·열매로서 물을 사용하는 장치의 배수 상수용 수처리 장치		○		
	공기조화용 기기 소화전·스프링클러 계통 등의 물빼기		○		○
증기계통·온수계통의 배수	보일러		○		○
	열교환기 및 급탕용 탱크로부터의 배수		○		

〈표 4-11〉 배수구 공간의 치수

간접배수관의 관경[DN]	배수구 공간[mm]
25 이하	최소 50
30~50	최소 100
65 이상	최소 150

㈜ 각종 음료용 저수조 등의 간접배수관의 배수구 공간은 상기 표에 의하지 않고 최소 150 mm로 한다.

4.10 청소구의 설치

배수관 내에는 스케일 부착 및 이물질 투입에 의해 관 폐쇄가 일어날 가능성이 있다. 따라서 적절한 주기로 관내를 점검하고 청소할 필요가 있으며, 또한 관폐쇄가 발생하였을 때 그 사고를 보수하기 위해서도 배수관에 청소구(C.O, clean out)를 설치하여야 한다. <그림 4-34>의 (a)에 청소구의 예를 나타내었으며, (b)와 같이 대소변기와 같은 위생기구도 청소구로 간주할 수 있다.

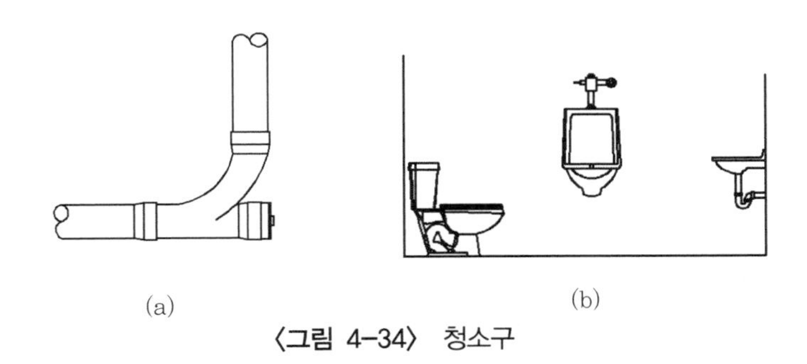

(a) (b)

〈그림 4-34〉 청소구

(1) 청소구의 설치장소

<그림 4-35>에 나타낸 바와 같이 다음의 위치에 원칙적으로 청소구를 설치한다.

① 배수수평주관 및 배수수평지관의 기점(起點)

② 길이가 긴 배수수평주관의 도중(배수관경이 DN 100 이하인 경우 15 m 이내, DN 100을 넘는 경우 30 m 이내)

③ 배수관이 45° 이상의 각도로 방향을 바꾸는 곳. 배관에 둘 이상의 방향전환이 있는 경우에도 배수관 길이가 12 m 이내인 경우에는 하나의 청소구만 설치하여도 된다(<그림 4-36> 참조).

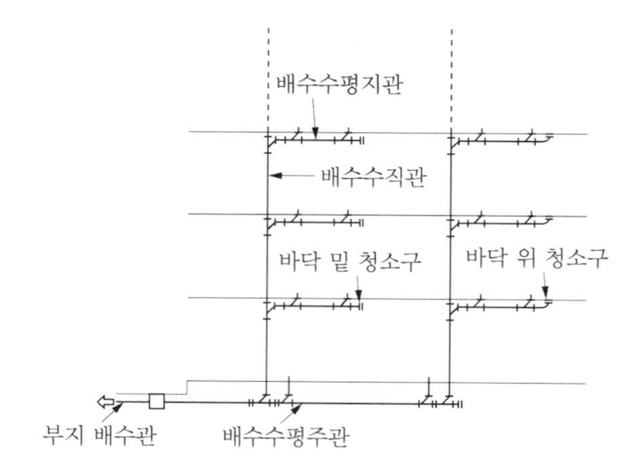

(a) 배수수평지관 · 배수수직관 · 배수수평주관

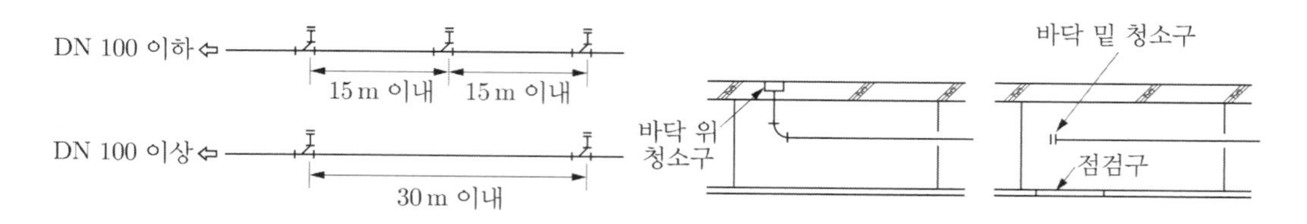

(b) 배관길이가 긴 횡주(橫走) 배수관

(c) 천정내 배관

〈그림 4-35〉 청소구의 설치장소

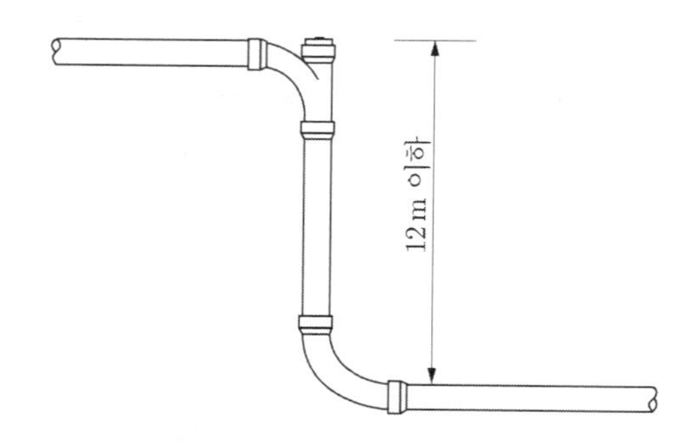

〈그림 4-36〉 둘 이상의 방향전환이 있는 경우

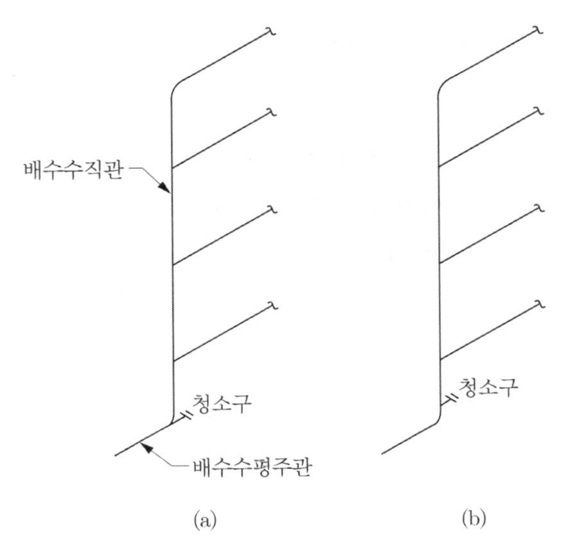

〈그림 4-37〉 배수수직관의 최하부

④ 배수수직관의 최하부(<그림 4-37> 참조)

⑤ 건물 배수수평주관과 부지배수관의 연결점 부근. 그러나 건물배수수평주관과 부지배수관의 연결점으로부터 배관길이 3 m 이내에 DN 80 이상의 오수 수직관에 청소구가 있으면 건물배수수평주관과 부지배수관의 연결점에는 청소구가 필요 없다.

⑥ 부지배수관에는 청소구의 입구 상류에서 30 m 이내마다 청소구를 설치하여야 한다. DN 200 이상의 부지배수관에는 건물배수수평주관과 부지배수관의 연결점에서 60 m 이내에 맨홀을 설치하여야 하며, 맨홀과 맨홀간의 간격은 최대 120 m 이내로 한다(<그림 4-38> 참조).

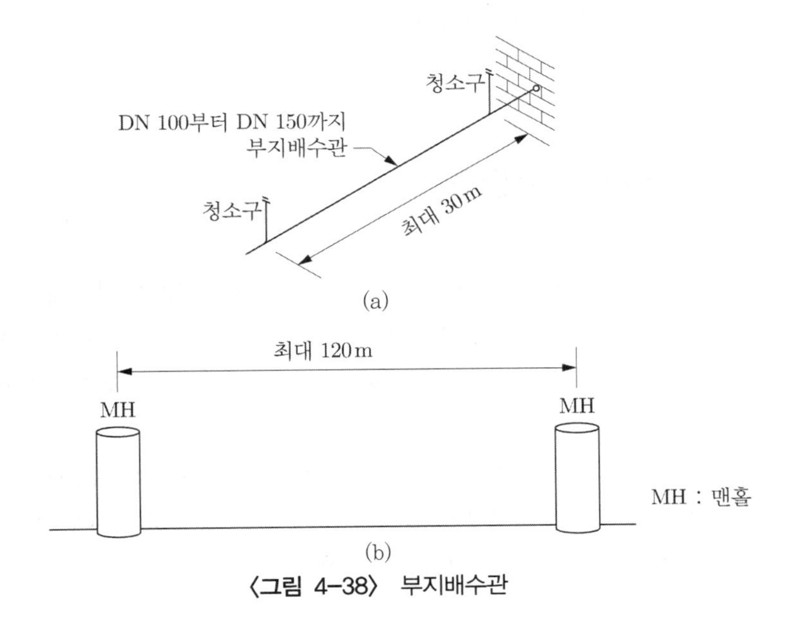

〈그림 4-38〉 부지배수관

⑦ 각종 트랩 및 기타 필요에 따라 배수수직관의 도중에 설치한다.

(2) 은폐 배관

은폐 배관이나 바닥 밑 배관 또는 높이나 공간이 0.6 m 이하의 좁은 공간에 설치하는 청소구는 마감 벽이나 바닥 또는 지면까지 연장하여 올리거나 건물 외부까지 연장시켜야 한다. 청소구 플러그는 시멘트나 플라스터 또는 기타 영구적인 마감재로 막지 않아야 한다. 청소구를 은폐하거나 차가 다니는 지역의 청소구나 청소구 덮개 판 또는 점검구는 이 목적에 적합한 것이어야 한다.

(3) 개구부 방향

모든 청소구는 배수관의 흐름 방향이나 그 직각방향에서 청소하고 열 수 있게 설치하여야 한다.

(4) 최소 크기

DN 100 이하의 배관에는 관경과 같은 크기의 청소구를 설치하여야 한다. DN 125 이상의 배관에는 DN 100 이상 크기의 청소구를 설치하여야 한다.

(5) 공간

DN 150 이하의 청소구에는 450 mm 이상의 청소 작업용 공간을 두어야 한다. DN 200 이상의 청소구에는 900 mm 이상의 청소 작업용 공간을 두어야 한다.

(6) 점검구

모든 청소구에는 점검구를 설치하여야 한다.

4.11 배수조와 배수펌프

지하실이 있는 건축물에서 지하부분과 같이 공공하수도보다 낮은 위치에 설치되어 있는 위생기구 등의 설비로부터의 배수는 자연유하에 의해 배출할 수 없기 때문에, 일단 건물의 최하부에 설치되어 있는 탱크에 모은 후 펌프에 의해 공공하수도 등으로 배출시킨다(<그림 4-4> 참조).

이와 같이 배수펌프에 의해 배출하기 위해 설치된 탱크를 배수조(배수탱크, 배수 pit)라고 한다. 또한, 이 경우와 같이 지하실로부터 높은 위치에 있는 공공하수도에 펌프와 같은 기계력으로 배수하는 방법을 기계식 배수방식이라고도 한다.

1 배수조(배수탱크)

배수조는 저류(貯溜)하는 배수의 종류에 따라 다음과 같이 분류한다.

1) **오수조** : 수세식 변소 등의 대소변을 포함한 배수를 모아 두기 위한 탱크를 말한다.
2) **잡배수조** : 주방 그 외의 시설로부터 배출된 대소변을 포함하지 않는 배수를 모아두기 위한 탱크를 말한다.
3) **합병조**(合併槽) : 오수 및 잡배수를 함께 모아두기 위한 탱크를 말한다.
4) 그 외 : 우수를 모아 두기 위한 우수조와 용수(湧水)를 위한 용수조가 있다.

합류식 하수도로 되어 있는 지역에서는 배수를 모아 그대로 하수도로 방류하여도 좋기 때문에 1층 이상의 오수, 잡배수, 우수 등을 모두 중력식 배수방식에 의해 하수도로 직접 방류하고, 지하실에서 발생하는 오수, 잡배수, 용수를 저류하는 오수조를 하나만 설치하여도 좋다.

분류식 하수도로 되어 있는 지역에서는 오수 및 잡배수와 용수 및 우수의 두 계통으로 나누어 전자는 오수용 하수도로, 후자는 우수용 하수도로 방류하여야만 한다. 따라서 1층 이상에서는 중력식 배수방식으로, 지하실에서 발생하는 배수는 오수조와 용수조(우수조)의 두 개로 나누어 저류하고 각각의 펌프로 배수한다.

공공하수도가 없는 지역에서는 우수는 그대로 방류하지만, 오수 및 잡배수는 모두 소정의 수질까지 정화처리하여 공공수역으로 방류한다. 따라서 건물 내에서 발생하는 모든 오수, 잡배수는 오수조에 저류하여 처리한 후 펌프로 방류한다. 이 경우의 오수조를 정화조(淨化槽)라고 한다.

배수조는 일반적으로 건물 지하실의 최하부의 이중 슬래브의 공간을 이용(<그림 4-39>)하기 때문에 구조상 철근콘크리트조, 방수몰탈마감으로 되어 있다. 그러나 특수한 경우에는 내부에 방식라이닝을 한 철판제, FRP제 등도 있다. 그리고 배수조에는 점검용 맨홀, 배수펌프, 펌프의 자동발정(發停)이나 만수시의 경보를 위한 자동제어장치, 탱크 내에 공기를 출입시키기 위해 지상 4 m 이상으로 입상개구하는 관경 50 mm 이상의 통기관 등이 부속 설치되며, 탱크의

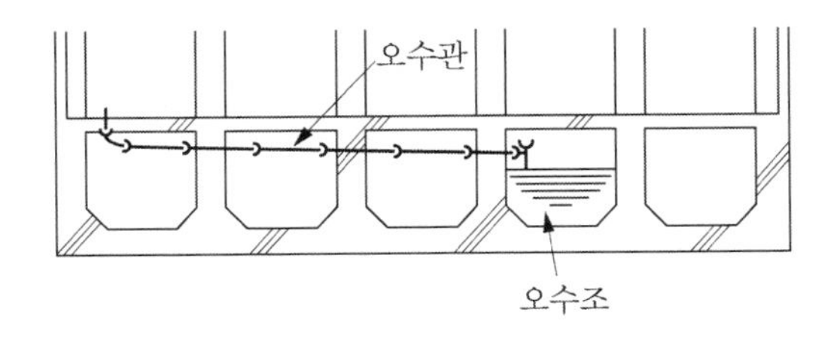

(a) 2중 슬래브의 높이가 충분한 경우

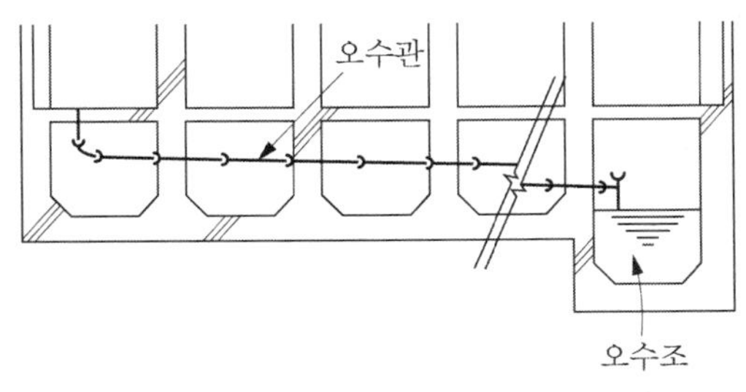

(b) 2중 슬래브의 높이가 불충분한 경우

〈그림 4-39〉 2중 슬래브를 이용한 오수조

바닥부는 펌프를 배치할 피트쪽으로 $\frac{1}{15} \sim \frac{1}{10}$ 정도의 구배를 둔다. <그림 4－40>에는 배수조의 기본 구조 예를 나타내었다.

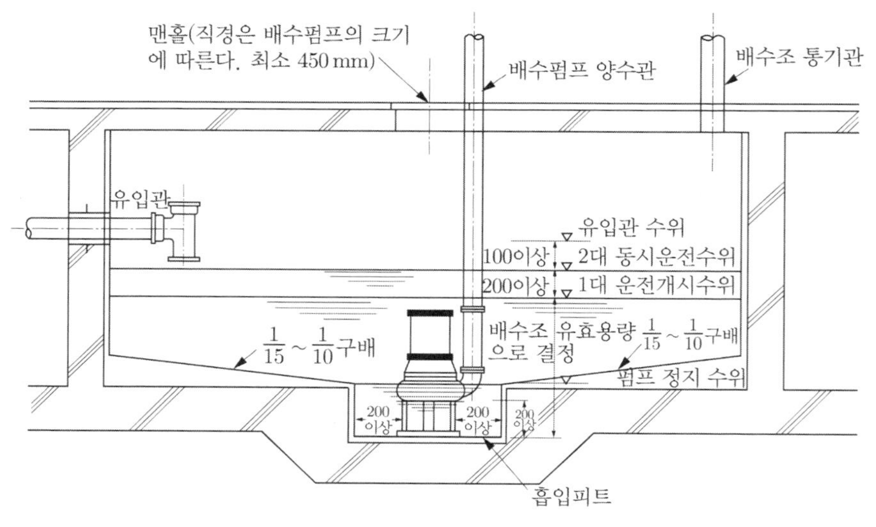

〈그림 4-40〉 배수조의 구조

2 배수펌프

배수펌프는 건물 지하부분의 잡배수, 오수 등을 또는 정화조의 방류수를 부지배수관의 높이까지 배출하기 위하여 이용한다. 배수펌프는 평상시의 최대배수량을 충분히 배수할 수 있는 용량의 것을 2대 설치하여 1대씩 상호 자동운전되도록 하며, 화재발생시에 소화설비의 방수에 의한 경우 등과 같이 비상시에 최대예상배수량을 상회하는 배수량이 배수조에 유입한 경우는 2대 동시운전이 가능하게 한다. 배수펌프는 예비용을 포함해 2대 설치하는 것이 원칙이지만, 1대만 항상 가동하고 나머지 1대는 정지시켜두면 안 된다. 그 이유는 예비용을 장기간 가동하지 않으면 펌프나 모터의 샤프트가 녹이 슬어 버려 상시 가동용 펌프가 고장이 났을 때, 가동하지 않을 수도 있다. 따라서 2대를 설치하더라도 반드시 상호 교대운전시키는 것이 필요하다.

배수펌프는 배출하는 것에 따라 오수용(잡배수용)과 오물용으로 분류된다.

① **오수용 펌프**

오수용 펌프는 정화조 등에서 처리된 오수나 고형물을 포함하지 않는 잡배수의 압송에 사용하는 원심펌프로서, 잡배수용 펌프라고 부르는 경우도 있다.

② **오물펌프**

오물펌프는 오물이 혼입된 오수를 그대로 압상하는 펌프로서, 클로레스(clogless)식, 또는 브레이드레스(bladeless)식의 펌프를 이용한다. 클로레스식 펌프는 고형물을 다량으로 반출하기 위해 날개(blade)의 매수를 1~2매로 하여 통로를 넓혀, 고형물이 막히지 않도록 하였다. 블레이드레스형은 선회하는 날개(vane wheel)가 없고, 넓은 구부러진 통로가 날개의 역할을 한다. 이 펌프는 상당히 큰 고형물이나 천조각을 통과시킬 수가 있다. 고형물의 통로에 장애물이 없기 때문에 (유로가) 막힐 염려는 없지만 효율은 클로레스식에 비해 낮다.

<그림 4-41>에는 오물 및 오수펌프를 나타내었다.

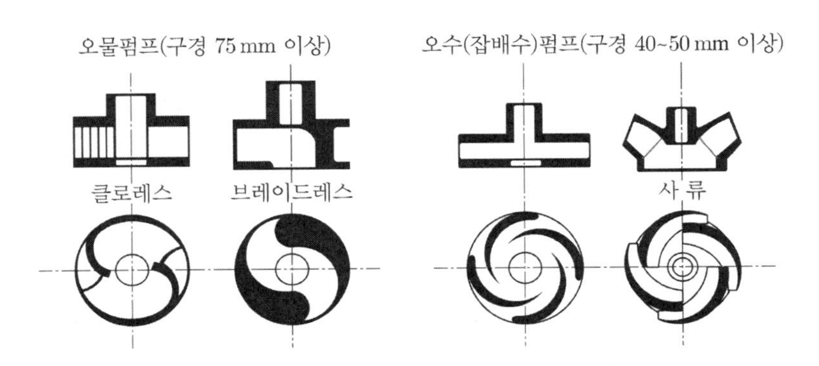

〈그림 4-41〉 배수펌프의 회전차의 형상

배수펌프는 형식에 따라 다음과 같이 분류할 수도 있다.

① **수중(水中)펌프**

수중모터펌프 또는 수중전동 펌프라고도 하며, 펌프와 구동용 모터가 일체로 되어 있는 수중에서 사용하는 펌프이다(<그림 8-34> 및 <그림 8-35> 참조). 탱크 내에 설치하기 때문에 스페이스가 절약되지만 유지관리상 끌어올릴(인양 할)수 있도록 배려하여야 한다. 펌프 본체를 탈착(脫着)식으로 하여 끌어올릴 수 있는 구조의 것도 있다. 최근에는 다른 형식에 비해 유지관리가 쉽고 고장이 적기 때문에 가장 많이 이용하고 있다.

② **입형(立型)펌프**

전동기는 탱크 바깥의 상층부에 설치하며, 펌프는 조내형과 조외형이 있다(<그림 8-32> 참조). 유지관리는 용이하지만, 회전축이 길기 때문에 고장나기 쉬운 결점이 있다.

③ **횡형(橫型)펌프**

펌프·전동기 모두 조 바깥에 설치되어 관리하기가 용이하지만, 압입식이기 때문에 배수조의 측면에 설치하여야 한다. 즉, 설치위치에 제약이 따른다(<그림 8-33> 참조).

3 배수조 및 배수펌프의 용량

배수조는 원칙적으로 가능한 한 작게 하여 부패에 따른 악취의 방지를 꾀한다. 그러나 지나치게 작으면 배수펌프의 기동·정지가 빈번하게 되어 좋지 못하며, 최대로 하더라도 24시간 이상 저류하지 않는 용량으로 한다. <표 4-12>에는 배수조 및 펌프의 용량을 나타내었다.

〈표 4-12〉 배수조 및 배수펌프의 용량

배수량의 조건	배수펌프의 용량	배수조의 용량
시간 최대 유입량을 산정할 수 있는 경우	시간 최대 유입량의 1.2배	최대 유입량의 15~60분
유입량이 소량인 경우	최소용량은 펌프의 구경에 따른다.	배수량의 5~10분
일정량이 연속적으로 유입하는 경우	시간평균 유입량의 1.2~1.5배	배수량의 10~20분

4 배수펌프의 선정

배수에는 고형물이 포함되어 있으며 이들은 펌프로서 확실히 배출하기 위해 <표 4-13>과 같은 종류와 최소구경 이상의 펌프를 선정한다. 최소구경으로부터 표준배출량이 정해지기 때문에 용량결정의 목표로 된다.

〈표 4-13〉 배수펌프의 선정기준

펌프의 종류	통과 고형물의 크기[mm]	용도, 배출량 등
오물펌프	• 구경의 50% 정도 이하로 한다.	• 화장실, 주방배수 등의 배제에 사용하며, 80 mm 이상으로 한다. • 80 mm의 배출량은 200~1,000 L/min, 표준배출량은 500 L/min
잡배수펌프	• 구경의 30% 정도 이하로 한다. • 스트레이너 부착	• 주방배수를 제외한 잡배수의 배출에 사용, 50 mm 이상으로 하는 것이 바람직하다. • 50 mm의 배수량은 100~300 L/min, 표준배출량 200 L/min
오수펌프	• 5 mm 정도 이하로 한다. • 스트레이너 부착	• 용수, 정화조 배수, 우수 등의 배출에 사용하며, 40 mm 이상으로 하는 것이 바람직하다. • 40 mm의 배수량은 100~200 L/min, 표준배출량은 120 L/min

5 방취 대책

(1) 악취의 발생 원인

배수는 장시간 체류(12시간 이상)하면 침전물이 혐기성분해(嫌氣性分解)하여 황화수소(黃化水素) 등의 악취가스가 발생한다. 악취를 피하기 위해서는 황화수소의 공기중 농도는 10 mg/L 이내, 수중 농도는 2 mg/L 이내로 하는 것이 바람직하다.

(2) 방취 대책

방취(防臭) 대책으로서 먼저 오수와 주방배수는 함께 하지 않도록 하며, 더욱이 수조의 구조·용량 등의 배려에 의한 방법과 폭기에 의한 방법이 있으며 구체적인 방법은 다음과 같다.

① 배수조의 용량

배수조는 가능한 한 작게 하고, 수위와 타이머 제어의 병용에 의해 저류시간(貯留時間)을 짧게 한다.

② 배수조의 구조

배수조의 바닥은 $\frac{1}{15}$ 이상 $\frac{1}{10}$ 이하의 구배를 갖게 하며, 펌프 피트에 오니(汚泥)가 모이는 구조로 한다(<그림 4−40> 참조). 또한 펌프의 흡입 위치를 낮게 하고, 오니 등이 남지 않도록 한다.

③ 배수조의 청소

정기점검, 청소를 수개월마다 한다.

④ 산기관(散氣管)에 의한 폭기

배수조 전체가 폭기될 수 있도록 산기관을 설치한다. 수심은 2 m 정도로 하고, 교반(攪拌)하는 경우 탱크 내가 과대한 정압(正壓)이 되지 않도록 도피관을 설치한다.

⑤ 폭기 교반장치에 위한 폭기

수중펌프, 이젝터 및 공기흡입관으로 이루어진 장치를 조내(槽內)에 설치하여 물의 교반이 충분히 이루어질 수 있도록 적절한 위치에 설치한다. 수조 상부의 공기를 흡입하는 방식은 기압의 변동이 없게끔 하는 것이 바람직하다.

수조의 구조 및 용량 등의 배려에 의한 방법은 저류시간의 단축을 꾀하고, 폭기에 의한 방법은 배수를 호기성(好氣性)으로 유지하여 악취의 발생을 방지한다. 방류처의 규제에 의해 저류조(貯留槽)를 설치할 때는 후자에 의한 방법을 따른다.

(3) 빌딩피트의 문제

빌딩이 밀집한 도심지에서 발생하는 악취가 새로운 환경문제로서 대두되고 있는데, 이와 같이 빌딩가의 악취에 관한 문제를 빌딩피트 문제라고 부르고 있다.

악취의 주된 발생원인을 보면 다음과 같다.

① 수세식 화장실로부터의 오수를 주방 등으로부터의 잡배수와 함께 저류(貯留)하는 합병조로부터는 악취가 발생하기 쉽다.

② 탱크 내에서의 배수의 저류시간이 길게 되면, 취기(臭氣)가 강하게 된다.

③ 배수조의 바닥면이 수평하거나, 배수펌프의 정지수위가 높으면, 배수 후에도 다량의 오니(汚泥)가 저류(貯溜)하게 되며 악취의 원인이 된다.

④ 배수조 및 부속설비의 정기적인 청소가 이루어지고 있지 않는 경우에도 악취가 발생한다.

4.12 특수배수

(1) 배수 온도

배수관에 증기관을 직접 연결하지 않아야 하며, 60℃ 이상의 물을 배수관에 직접 배수시키지 않아야 한다. 이러한 고온 배수는 간접배수 물받이 용기에 배수시켜야 한다.

(2) 부식성 배수 처리장치

배수관에 해롭거나 유독가스를 발생시키거나 배수처리과정을 방해하는 부식성 액체나 폐산 또는 기타 유해화학물질은 승인된 처리장치로 완전하게 처리한 후 일반 위생 배수관에 배출시켜야 한다.

(3) 설계

화학 배수관과 통기관은 일반 위생 배관과 완전히 분리하여야 한다. 배출기준에 적합하게 처리하지 않은 화학 배수는 일반 위생 배수관에 배출하지 않아야 한다.

4.13 통기방식

4.7절에서 통기관의 필요성에 대해 언급하였듯이, 배수설비에 있어서는 배수관뿐만 아니라 통기관에 대해서도 함께 고려하여야 한다. 그리고 본 절의 내용을 공부하는 데는 <그림 4-4>를 참고하기 바란다.

1 일반사항

(1) 트랩의 봉수에 250 Pa 이상의 기압차가 생기지 않도록 배수배관에 공기를 흡입하거나 방출하는 통기관을 설치하여야 한다. <그림 4-42> 및 <그림 4-43>에 트랩에 부압과 정압이 발생하였을 때의 개념도를 나타내었다.

(2) 통기관은 배수배관의 통기 외의 다른 목적으로는 사용하지 않아야 한다.

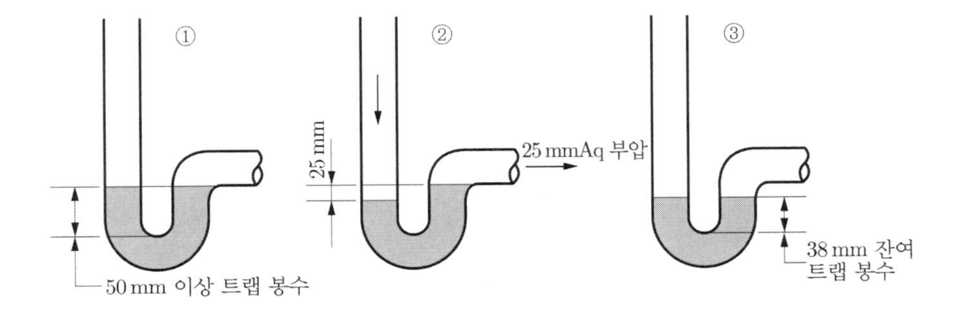

㈜ ① 정지상태의 50 mm 봉수 트랩
② 배수관에 25 mm 흡입력이 작용할 때의 트랩
③ 12.5 mm의 봉수 손실이 있는 정지 상태의 트랩.
트랩의 봉수가 25 mm로 줄어들 때까지 25 mm 흡입력이 작용하면 트랩에서 봉수가 흘러넘쳐 감소된다. 처음 50 mm 트랩의 봉수는 25 mm 흡인력에 견디어 최소 25 mm 봉수를 유지하게 된다.

〈그림 4-42〉 트랩의 봉수(25 mm의 부압작용)

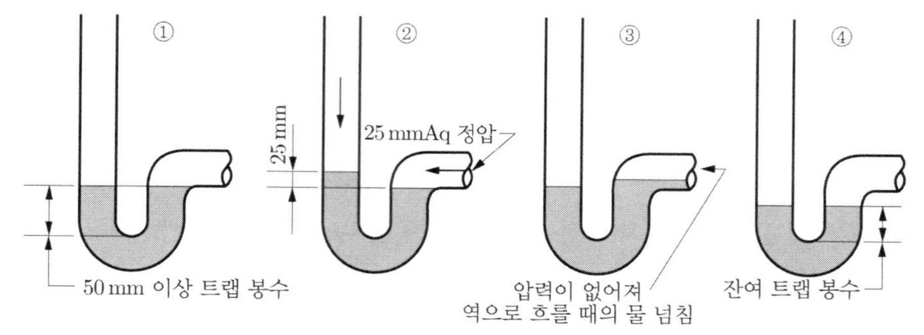

㈜ ① 정지 상태의 50 mm 봉수 트랩
② 배수관에 25 mm 정압이 작용할 때의 트랩
③ 압력이 제거되었을 때, 트랩의 높이가 같아지려는 힘 때문에 물이 약간 넘쳐 흐른다.
④ 25 mm의 정압이 생겨 트랩의 봉수가 25 mm로 줄어들 때까지 트랩의 봉수는 계속 넘쳐 감소된다.
처음 50 mm 트랩의 봉수는 25 mm 정압에 견디어 최소 25 mm의 트랩 봉수를 유지하게 된다.

〈그림 4-43〉 트랩의 봉수(25 mm의 정압작용)

2 통기방식

통기방식(通氣方式)을 분류하면 다음과 같다.

① 루프통기방식
② 각개통기방식
③ 신정통기방식
④ 기타

①, ②, ③의 통기방식이 대표적 통기방식이며, 기타 방식은 부분적인 방식으로서 결합통기방식, 공용통기방식, 습통기방식, 도피통기방식 등이 있다. 그런데 건축물의 통기방식은 상기의 방식 중 어느 한 방식만을 채택하는 경우는 거의 없고, 대부분이 상기 방식들을 조합하여 통기를 하고 있다.

루프 및 각개통기방식은 배수수직관 최하부의 정압을 완화시키기 위해 통기수직관을 갖고 있다. 통기수직관은 배수수직관의 정부(頂部)를 대기에 개구한 신정통기관 혹은 여러 개의 신정통기관을 모아서 연결한 통기헤더에 접속하거나 대기에 개구한다. 통기수직관을 설치하는 것만으로도 4.6절 2항에서 언급한 배수수직관 최하부의 정압을 완화시키는 데는 기여하지만, 배수수직관 상층부의 부압은 그다지 완화시키지 못한다. 유도사이펀 작용에 의한 봉수손실이 크거나 봉수가 파괴되는 것은 배수관의 형상에도 물론 관계가 있지만 배수수직관이 부압이 되는 상층부에서 많이 일어나기 때문에, 배수수평지관에는 각개통기관 또는 루프통기관을 설치하여 트랩의 봉수를 보호할 필요가 있다.

(1) 루프 통기방식(loop vent system)

회로통기방식(回路通氣方式, circuit vent system)이라고도 하며, 통기수직관을 설치한 배수·통기계통에 이용하며, 2개 이상의 기구트랩에 공통으로 하나의 통기관을 설치하는 경제적인 방식으로서, 가장 일반적으로 사용하는 방식이지만, 트랩의 봉수파괴를 방지할 수 있는 구조여야 한다. 일반적으로 배수수평지관의 최상류(最上流) 기구의 하류측으로부터 통기관을 입상하여 통기수평지관으로 하며, 그 말단을 통기수직관에 접속하는 방식이다.

그러나 세면기와 같이 물을 받아서 사용함으로써 자기사이펀 작용을 일으키기 쉬운 트랩에는 각개통기관을 설치할 필요가 있다.

(2) 각개통기방식(individual vent system)

루프 통기방식과 똑같이 통기수직관을 설치한 배수·통기계통에 이용한다. 각 기구의 트랩마다 통기관을 설치하고 각각을 통기 수평지관에 연결하고 그 지관의 말단을 통기수직관 또는 신정통기관에 접속한다. 트랩마다 통기하기 때문에 가장 안정도가 높은 방식으로서, 자기사이펀 작용의 방지에도 효과가 있다. 그러나 경제성이나 건물의 구조 등 때문에 모두 적용하기는 어려운 점이 있다. 그러나 트랩 봉수의 완전보호나 기압의 변동이 크고 그 영향을 받기 쉬운 초고층 건물의 기구군(器具群) 또는 동시사용률이 높은 일련의 기구에 대해서는 각개통기방식을 사용하여야 한다.

(3) 신정 통기방식(stack vent system)

배수수직관의 상부를 연장하여 신정통기관으로 사용하는 방식으로서 대기 중에 개구(開口)하여야만 한다. 신정 통기방식은 통기수직관을 설치하지 않는 신정통기관만에 의한 통기방식이다. 신정 통기방식은 배수수평주관 또는 부지배수관이 만류(滿流)로 되는 경우에는 채용해서는 안된다. 즉, 신정 통기방식을 채용하는 경우는 배수수직관 내에 과대한 압력변동이 일어나지 않도록 배수수직관경을 크게 하여야 한다. 또한 배수수직관에는 원칙적으로 옵셋을 설치해서는 안 된다.

이 방식은 주로 아파트, 호텔 등의 욕실 기구군 및 주방 등을 대상으로 한 것으로서 모든 기구를 1개의 배수수직관의 주위에 가능한 한 가깝게 배치하여야 한다.

각 기구 배수관의 길이는 최대라도 1.5 m를 넘지 않도록 하고 각각 단독으로 배수수직관에 연결하며, 또한 오배수 통합 배수수직관에 접속하는 기구도 세면기를 최상류로 하고 대변기로부터의 배수만을 최하류로 하며 그 외의 기구배수관은 중간위치에 연결하도록 한다.

3 통기관의 종류

통기관에는 다음과 같은 종류가 있다(<그림 4-4> 참조).

① **각개통기관**(各個通氣管, individual vent pipe, revent pipe) : 1개의 기구트랩을 통기하기 위하여 설치하는 통기관으로서, 트랩 하류로부터 취출하여 그 기구보다도 위에서 통기계통에 접속하거나 또는 대기 중에 개구하도록 설치한 통기관을 말한다.

② **루프통기관**(loop vent pipe) **및 회로통기관**(circuit vent pipe) : 2개 이상인 기구트랩의 봉수를 보호하기 위하여 설치하는 통기관을 말한다. 일반적으로 배수수평지관에 최대 8개까지의 위생기구가 설치될 때, 이들 기구 모두의 트랩 보호를 위해 배수수평지관과 통기수직관 사이에 하나의 통기관 만을 사용하여 연결하는 것을 회로통기관(circuit vent), 그리고 최상층 배수수평지관에서 배수수평지관과 신정통기관 사이에 연결하는 통기관을 루프통기관(loop vent)이라고 한다. 하지만 우리나라에서는 이들을 구별하지 않고 배수수평지관과 통기관 사이에 하나의 통기관을 설치할 때를 루프 또는 회로 통기관이라고 혼용하여 사용한다. 그리고 통기관의 취출 위치는 최상류의 기구배수관이 배수수평지관에 접속한 직후의 하류측에서 입상하여 통기수직관 또는 신정통기관에 접속한다.

③ **신정통기관**(伸頂通氣管, stack vent pipe) : 최상부 배수수평관이 배수수직관에 접속된 위치보다도 더욱 위로 배수수직관을 끌어올려 대기 중에 개구하여 통기관으로 사용하는 부분을 말한다.

④ **도피통기관**(逃避通氣管, relief vent pipe) : 배수·통기 양 계통간의 공기의 유통을 원활히 하기 위하여 설치하는 통기관을 말한다. 고층건물이나 기구수가 많은 건물에서 수직관까지의 거리가 긴 경우, 루프통기의 효과를 높이는 의미에서 채용되는 통기로서(<그림 4-49> 참조), 배수수평지관의 하류측의 관내 기압이 높게 될 위험을 방지한다. 또한 배수수직관이 옵셋되는 경우에도 이용한다(<그림 4-66> 참조).

⑤ **결합통기관**(結合通氣管, yoke vent pipe) : <그림 4-44>의 (a)와 같이 배수수직관 내의 압력변화를 방지 또는 완화하기 위하여, 배수수직관으로부터 분기·입상하여 통기수직관에 접속하는 도피통기관을 말한다. 고층 건축물에 있어서는 배수수직관 내에 큰 정압이 발생할 가능성이 있기 때문에, 최상층으로부터 10층 이내마다 결합통기관을 설치한다.

⑥ **습통기관**(濕通氣管, wet vent pipe) : 통기의 목적 외에 배수관으로도 이용되는 부분을 습통기관이라고 한다(<그림 4-44>의 (b) 참조). 이것은 대변기를 제외한 기구에서 기구의 동시사용률이 높지 않은 경우에 배관을 절약할 목적으로 2개 이상의 트랩을 보호하는 것으로서 미국에서는 2층 이하의 주택에서 설치된다.

⑦ **공용통기관**(共用通氣管, common vent pipe) : <그림 4-44>의 (c)와 같이 기구가 반대방향(즉 좌우분기) 또는 병렬로 설치된 기구배수관의 교점에 접속하여 입상하며, 그 양

기구의 트랩 봉수를 보호하기 위한 1개의 통기관을 말한다. 이것은 통기효과를 떨어뜨리지 않으면서도 설비비용을 절약할 수 있다.

⑧ **반송통기관**(返送通氣管, return vent pipe) : <그림 4－44>의 (d)와 같이 각개통기관을 다른 통기관에 접속하기가 불가능하고 또한 대기 중에 개구하기도 불가능한 경우 등에 기구의 오버플로 구보다 높은 위치(150 mm 이상)에 한번 입상하고, 그 후 다시 입하하는 통기관으로서, 그 기구배수관이 다른 배수관과 합쳐지기 직전의 수평배관부에 접속하거나 또는 바닥 밑으로 수평배관하여 통기수직관에 접속하는 통기관을 말한다.

⑨ **통기 헤더**(vent header) : 신정통기관이나 통기수직관들을 상부에서 한 곳에 모아 대기 중에 개구하기 위해 설치하는 관을 말한다.

⑩ **통기수직관**(vent stack) : 통기수직관은 배수수직관에 병설하여 설치하며, 루프통기관이나 각개통기관을 연결하여 급기나 배기를 하는 수직 주관을 말한다. 브랜치 간격이 5개 이상인 배수수직관에서 루프통기방식 또는 각개통기방식으로 하는 경우에는 통기수직관을 설치하여야 한다. 그러나 신정통기방식만으로 하는 경우에는 예외이다.

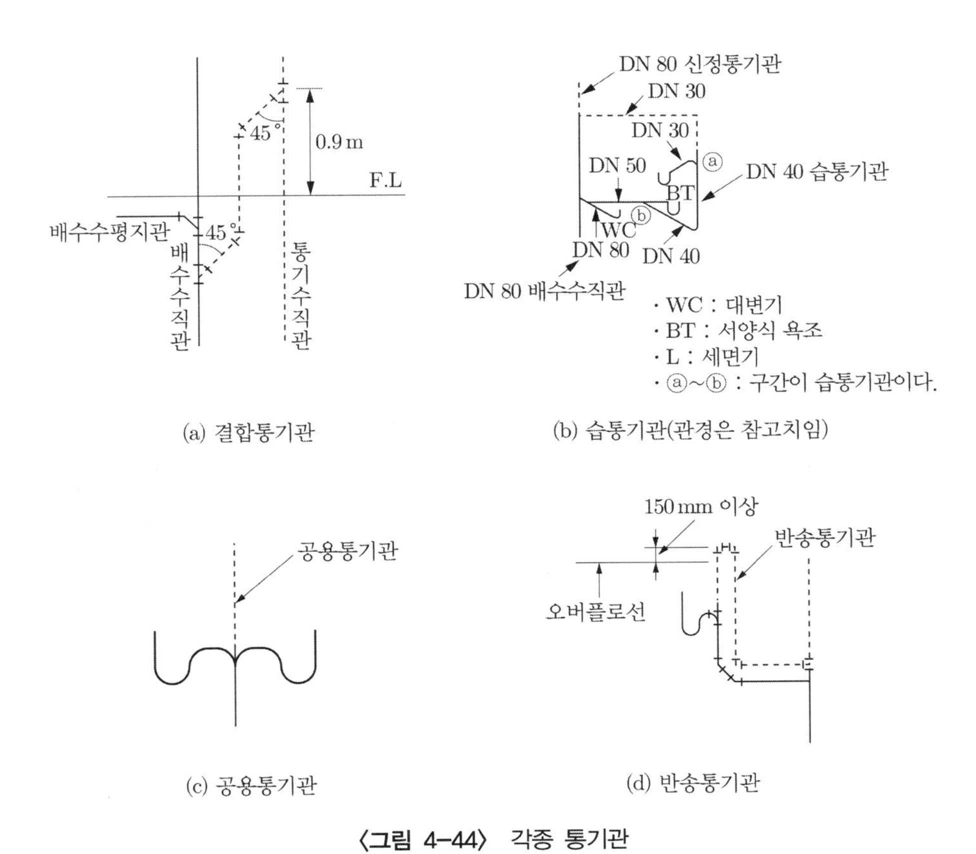

(a) 결합통기관

(b) 습통기관(관경은 참고치임)

(c) 공용통기관

(d) 반송통기관

〈그림 4-44〉 각종 통기관

4 각 통기방식마다 유의해야 할 사항

(1) 각개통기방식

1) 트랩위어로부터 통기관까지의 거리

각 기구의 트랩의 봉수를 보호하기 위해서 트랩위어로부터 통기 접속위치까지의 기구 배수관의 길이는 <표 4-14>에 나타낸 거리(<그림 4-45> 참조) 이내로, 또한 배수관 구배는 $\frac{1}{50} \sim \frac{1}{100}$로 한다. 그 이유는 다음과 같다. 각개통기방식은 유도사이펀작용에 대한 봉수손실의 보호에도 확실한 효과가 있어서 트랩의 봉수 보호대책으로서는 완전한 방식이다. 따라서 각개통기관을 부착하는 방법에 따라 자기사이펀작용을 방지할 수 없어서는 안된다. 그런데 트랩 위어에서 하류의 기구배수관이 수평관인 경우는 기구배수관의 정부(頂部)가 트랩 유출구 관바닥에서 그 기구배수관경 이상인 위치까지 수평으로 배관하면 기구배수관 중의 배수 흐름에 의한 자기사이펀작용에 의해 봉수손실이 현저하게 증가하기 때문에 기구배수관의 허용낙차 내(<표 4-14>)에 각개통기관을 설치할 필요가 있다.

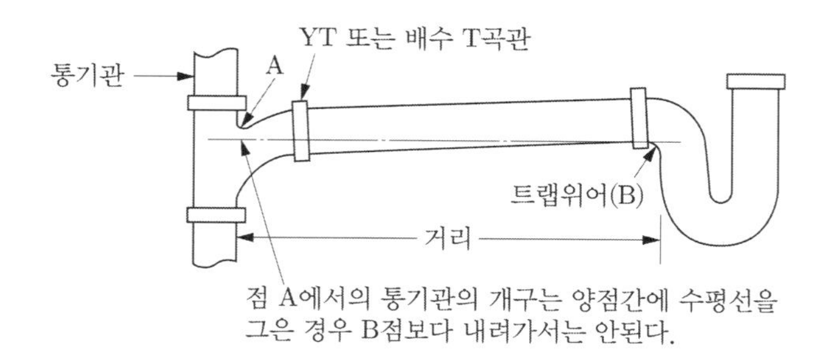

〈그림 4-45〉 트랩위어와 통기관 간의 거리

〈표 4-14〉 트랩위어로부터 통기관까지의 거리

트랩 관 지름[DN]	기울기	트랩과의 거리[m]
32	1/50	1.5
40	1/50	1.8
50	1/50	2.4
80	1/100	3.6
100	1/100	4.8

2) 통기취출위치

기구 트랩위어로부터 관경의 2배 이상 떨어진 위치에서 취출한다(<그림 4-46> 참조). 그 이유는 트랩위어에 상당히 가까운 위치에 통기관을 설치하면[정부(頂部)통기 또는

crown 통기라고 함] 배수할 때마다 배수가 통기관 내로 유입하여 통기관의 벽면에 스케일 등이 부착하여 단기간 내에 통기관을 막히게 할 염려가 있기 때문이다.

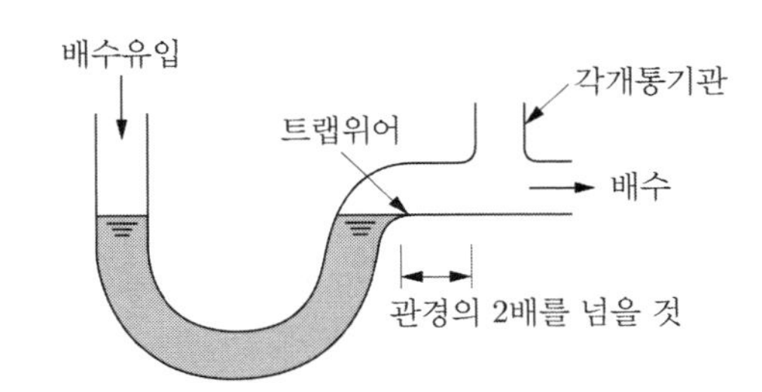

㈜ 관경 2배 이내에 통기개구부가 있으면 정부통기라고 한다.

〈그림 4-46〉 각개통기관의 취출 위치

3) 통기 접속장소의 위치

대변기, 그 외 이것과 유사한 기구류를 제외하고, 통기 접속장소는 트랩위어보다 높은 위치에서 접속한다. 다시 말하면, <그림 4-45>에서 A점이 B점의 수평선보다 위에 있어야 한다. 그 이유는 2)항과 마찬가지로 배수가 일시적으로 각개통기관 내에 유입되는 것을 막기 위해서이다.

4) 높이가 다른 기구배수관

기구배수관이 수직관에 접속하는 위치의 높이가 다른 경우, 최고 위치에서 수직관에 접속되는 기구배수관 이외에는 특별한 경우가 아니면 통기관을 설치한다. 그 이유는 최고 위치에 있는 기구가 배수되면 수직관의 상부는 부압으로 되기 때문에, 이 기구 바로 밑에서 수직관에 접속되는 기구배수관에는 통기관을 설치해야 한다(<그림 4-47>의 (a) 참조).
그러나 수직관의 관경을 1 사이즈 크게 하는 경우에는 낮은 쪽 대변기의 기구배수관에 통기관을 설치할 필요는 없다(<그림 4-47>의 (b) 참조).

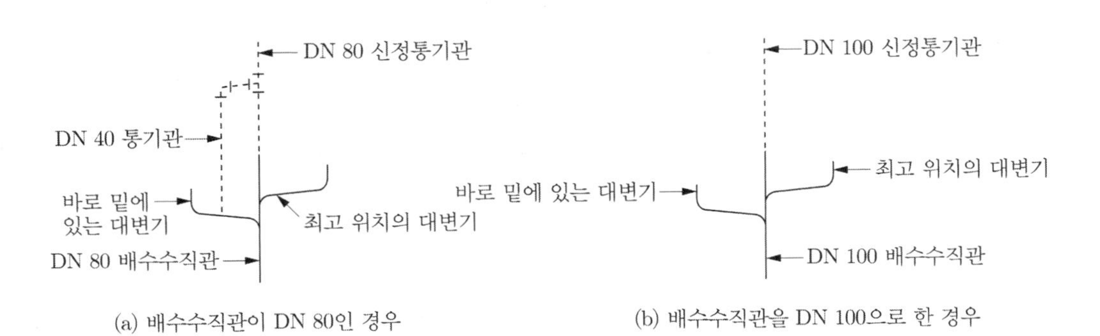

〈그림 4-47〉 높이가 다른 기구배수관의 접속 예

5) 공용통기

① 기구가 반대방향 또는 병렬로 된 2개의 기구의 기구배수관이 동일한 높이에서 접속되고, 또한 트랩과 통기관과의 거리가 <표 4－14>에 적합할 때는 공용통기로 하여도 좋으며, 두 기구배수관의 연결점이나 연결점 하류에 통기관을 연결하여야 한다.

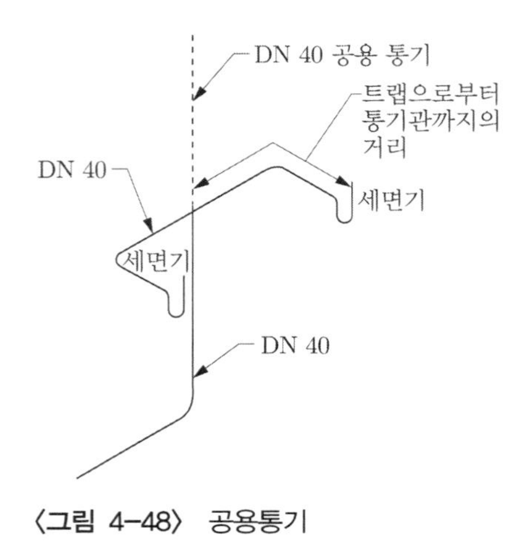

〈그림 4-48〉 공용통기

② 동일한 층에서 반대방향 또는 병렬로 된 2개의 기구배수관이 하나의 배수관에 다른 높이로 접속되어 공용통기로 하는 경우, 배수수직관의 관경은 상부기구의 기구배수관의 관경보다 1 사이즈 크게 하며, 또한 하부의 기구배수관 관경보다 작게 되지 않도록 한다. 그 이유는 상부 기구의 배수에 의해 아래쪽 기구의 트랩에서 역류(逆流) 및 흡인(吸引) 등이 일어나는 것을 방지하기 위해서이다

6) 습통기

습통기관에 흐를 수 있는 부하유량은 그 습통기관을 배수관으로 간주한 경우의 $\frac{1}{2}$로 한다. 단, 오배수 통합배관방식에서 대변기로부터의 배수를 습통기관에 흐르게 해서는 안 된다. 그 이유는, 습통기관은 배수관으로도 이용하기 때문에, 배수시 만류상태로 되면 통기단면이 없어지기 때문에, 바닥배수나 싱크류와 같이 각개통기관을 설치하기 어려운 배수관에 한정하여 이용한다. 그리고 배수 중 통기성능을 고려하여 1 사이즈 큰 관경을 선택하기 때문에 부하유량은 약 $\frac{1}{2}$ 정도로 된다. 또한 대변기와 같이 순간배수유량이 크고, 고형물이 포함되고 만류상태가 예상되는 배수관은 습통기관으로 이용해서는 안 된다.

7) 반송통기

각개통기관을 대기 중에 개구할 수 없는 경우, 또는 다른 통기관에 접속할 수 없는 경우에는 반송통기로 하여도 좋지만, 그 배수관은 배수관이 필요한 관경보다도 1 사이즈 큰 관경으로 한다.

(2) 루프 통기방식(회로통기방식)

1) 루프통기의 허용

배수수평지관의 최대 8개까지의 기구를 루프통기로 할 수 있다. 최하류 기구배수관과 최상류 기구배수관 사이에 연결되는 배수수평지관은 통기관으로 간주하여야 한다.

2) 통기관 취출위치

최상류의 기구배수관을 배수수평지관에 접속한 직후의 하류측으로 한다. 그 이유는 만약 통기를 우선시하여 최상류 기구배수관보다 상류에서 루프통기관을 취출하면, 배수의 흐름이 없는 배수수평지관이 일부 존재하게 된다. 이 때 최상류 기구로 부터 배수가 역류하는 때에는 배수 후에 고형물 등이 체류하게 되고, 결국에는 배수관이 막히어 통기기능을 저해할 염려가 있기 때문이다. 따라서 루프통기관의 취출위치는 최상류 기구의 배수에 의해 언제나 세정될 수 있도록 <그림 4-49>와 같이 취출하여야 한다.

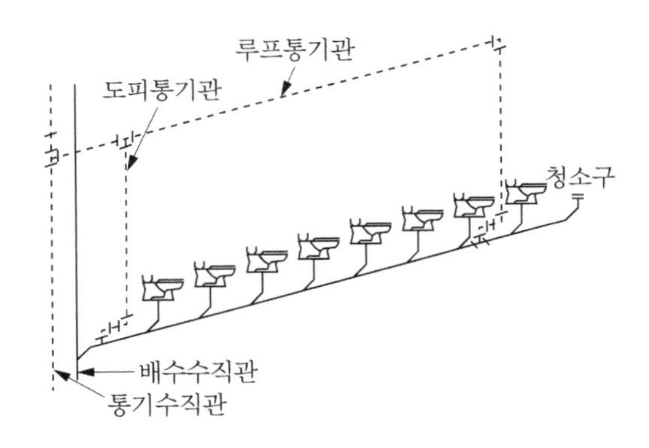

〈그림 4-49〉 루프통기관과 도피통기관의 취출 예

3) 통기관의 설치방법

통기관은 통기수직관 또는 신정통기관에 접속하든가 혹은 단독으로 대기 중에 개구한다. 배수수평지관이 다시 한번 분기되는 배수수평지관이 있는 경우는 분기된 배수수평지관마다 통기관을 설치한다(<그림 4-62> 참조).

4) 배수수평지관의 기울기와 관경

배수수평지관의 통기 단면의 기울기는 1/12 이하로 하여야 한다. 배수수평지관의 관경은 지관의 총 배수부하로 선정하여야 한다.

5) 배수수평지관의 도피통기

① 단층건물 및 다층건물의 각 층(최상층 제외)의 대변기 및 이것과 유사한 기구가 8개 이상 있는 배수수평지관 또는 4개 이상의 대변기가 연결되는 배수수평지관에는 루프통기관을 설치하는 이외에, 그 최하류의 기구배수관이 접속된 직후의 배수수평지관의 하류측에 <그림 4-49>와 같이 도피통기관을 설치한다. 그 이유는 최상층을 제외한 각 층의 배수수평지관의 흐름은 배수수직관 내의 배수흐름과 합류(合流)하기 때문에, 상기 조건하에 있는 각 층의 배수수평지관 내의 각 기구의 동시사용에 의해서 상당히 큰 배수유량이 흐르게 되며, 또한 이것이 배수수직관 내의 유량과 접속부위에서 만나게 될 때, 접속부위의 허용유량을 넘어 배수수평지관이 만류 상태로 되어 루프통기관이 제 기능을 하지 못할 가능성이 있기 때문이다.

② 단층건물 및 다층건물의 각 층(최상층 제외)의 대변기, 청소용 싱크의 S트랩, 샤워, 바닥배수 등의 바닥면에 설치하는 기구와 세면기 및 이와 유사한 기구가 혼재하는 배수수평지관에는 ①항과 같이 도피통기관을 설치한다. 그 이유는 바닥면에 가까운 낮은 위치에 설치된 기구와 바닥면으로부터 어느 정도 높은 위치로부터 배수되는 세면기나 싱크 등의 기구가 혼재하는 경우는, 낮은 위치에 설치된 기구로부터의 배수의 취출(吹出)을 예방하기 위해 기구수의 많고 적음에 관계없이 도피통기관을 설치한다.

③ 세면기 또는 이것과 유사한 기구로부터의 배수가 ①의 배수수평지관의 상류에 배수될 때는, 각각의 입상지관에 대해서는 각개통기로 하는 것이 바람직하다. 그 이유는 ①과 같은 배수부하 상황인 수평지관의 상류에 세면기가 있는 경우는 합류부의 허용유량을 넘는 경우 배수수평지관이 만류로 되고, 배수가 줄어드는 과정에서 배수수평지관 상류부가 감압되어, 이 부분에 접속되어 있는 기구트랩에 강력한 흡인작용이 일어나 봉수가 파괴되기 때문에 각개통기관을 설치할 필요가 있다.

(3) 신정 통기방식

1) 신정통기관

배수수직관에는 신정 통기관을 설치하여야 한다. 신정통기를 하는 배수수직관은 수직관에 배수하는 모든 기구의 통기관으로 간주하여야 한다. 신정 통기관의 관경은 배수수직관의 관경 크기 이상이어야 한다. 신정 통기관은 옵셋을 하여도 되며, 가장 높은 기구의 물넘침선 위로 150 mm 이상 높게 하여야 한다. 신정통기관은 다른 신정 통기관과 통기 수직관에 연결하여도 된다.

배수수평주관 또는 부지배수관이 만류로 되는 경우에는 신정통기방식으로만 해서는 바람직하지 않다.

2) 배수수직관 설치

배수수직관은 수직으로 하고, 최 하부 기구배수관 연결과 최 상부 기구배수관 연결 사이에는 수평과 수직 옵셋을 하지 않아야 한다. 기구배수관은 각각 배수수직관에 연결하여야 한다. 잡배수수직관에 대변기나 소변기의 배수를 배수하지 않아야 한다. 즉, 신정통기방식만으로 하는 경우 오배수 통합배관은 허용되지 않는다.

(4) 결합통기방식

1) 결합통기관의 설치

브랜치 간격이 11 이상인 건물의 오수와 배수수직관에는 최 상부 층에서 시작하여 매 10개의 간격마다 결합통기관을 설치하여야 한다. 그 이유는 배수수직관이 길면 통기수직관도 당연히 길어지기 때문에, 배관길이에 따른 통기저항도 증대하여 배수가 종국속도에 도달한 후에도 배수수직관 내의 정압은 하부로 갈수록 계속 증가된다. 따라서 시간적으로나 부위적으로 변동하고 있는 배수수직관 내의 압력을 완화시키기 위해서, 거의 동일한 높이의 배수수직관과 통기수직관을 접속하여 관내 압력이 높은 쪽에서 낮은 쪽으로 통기하는, 즉 상호압력차를 완화시키기 위하여 결합통기관을 브랜치간격 10개 이내마다 설치한다.

2) 크기와 연결

결합통기관의 관경은 연결하는 통기수직관의 관경과 같게 하여야 한다. 배수수직관과 결합통기관의 접속방법은 <그림 4-44>의 (a)에 나타낸 바와 같이, 결합통기관의 하단이 그 층의 배수수평지관이 배수수직관과 접속하는 부분보다 아래쪽으로 되도록 하고, Y관을 이용하여 배수수직관으로부터 분기하여 입상한다. 또한 통기수직관과의 접속은 그 층의 바닥면으로부터 0.9 m 위쪽의 위치에서 Y관을 이용하여 접속한다. 그 이유는 결합통기관은 통기수직관 내에 배수가 유하하지 못하도록 배수수직관으로부터 Y관을 이용하여 상향으로 취출하며, 배수수직관이 폐쇄되는 경우에도 통기수직관 내로 배수가 유입하는 것을 방지하기 위해, 그 층의 바닥면으로부터 0.9 m 이상 높은 곳에서 통기수직관에 접속한다.

5 특수통기방식

현재 일반적으로 이용하고 있는 배수·통기 시스템은 루프 통기방식에 의한 것이 대부분이다. 그러나 이 방식은 배관의 구성이 복잡한 단점이 있으며, 또한 신정통기방식으로만 한 경우에는 배수수직관이 통기수직관의 역할도 동시에 하여야 하기 때문에, 관내 압력변동이 커져서 트랩의 봉수파괴의 원인이 되기도 한다. 이것에 대해서 물을 사용하는 곳(예를 들면, 화장실, 욕실, 주방 등)이 한 곳에 집중되어 있고, 각 층의 평면이 거의 같으며, 또한 파이프 샤프트(즉, 배수수직관)까지의 거리가 비교적 짧은 아파트, 호텔 등과 같은 곳에서는 통기수직관이 없는 배수방식인 소벤트 시스템, 섹스티어 시스템 등과 같은 신정통기방식을 변형한 것을 사용하고 있다. 이와 같은 방식에서의 통기관은 신정 통기관만으로 하며, 배수수평지관과 배수수직관과의 접속부에 특수이음쇠를 설치한다고 하여 특수 통기방식이라고 한다. 즉, 특수 통기방식이란 <그림 4−19>에서 신정 통기방식만에 의한 배수수직관 내의 압력상태를 살펴보았듯이, 물의 흐름이 혼란해지고 압력변동이 큰 배수수평지관의 접속부와 수직관 하부에 특수이음쇠를 설치하여 물과 공기의 흐름을 제어하고, 워터 플러그의 형성을 방지하여 공기코어를 확보하는 방식을 말한다(<그림 4−50> 참조).

이 방식은 주로 유럽에서 발달한 방식으로서 각개 또는 루프통기관을 설치하지 않는 방식이기 때문에 자기사이펀 작용 등과 같은 염려가 있으므로, 실제 적용시에는 충분히 검토한 후에 채택하여야 한다.

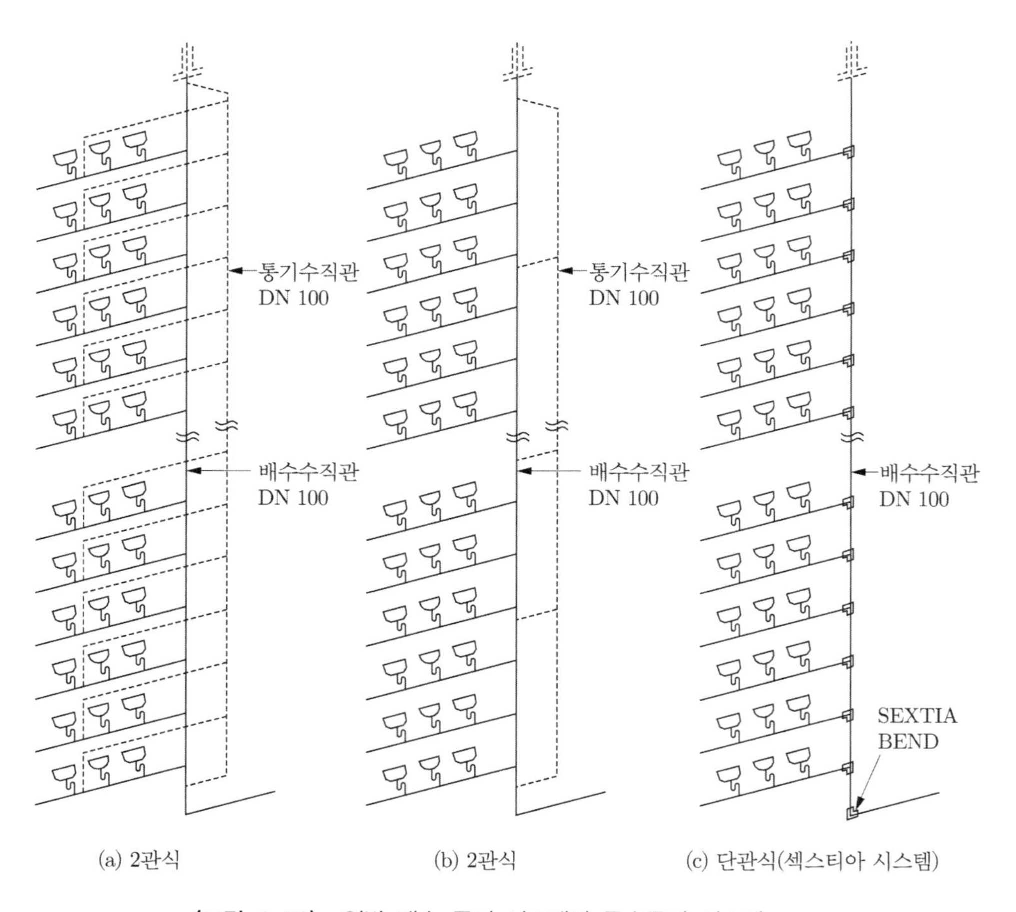

〈그림 4−50〉 일반 배수·통기 시스템과 특수통기 시스템

(1) 소벤트 시스템(Sovent system)

이 방식은 스위스의 프리츠 소머(Fritz Sommer)가 1961년에 개발한 것이다. 소벤트 방식에 사용하는 부속에는 현재 2종류의 형태가 있으나 여기서는 프리츠 소머가 설계한 것을 설명한다.

이 방식은 <그림 4-51>과 같이 배수수직관, 각 층에 설치하는 소벤트 통기이음쇠, 배수수평지관 및 배수수직관 하부에 설치하는 공기분리 이음쇠(소벤트 45°×2 곡관)로 구성된다. 그러나 소벤트 통기이음쇠를 사용하지 않는 층에는 반드시 S자형의 옵셋을 설치하여 배수의 유속을 감소시켜야 한다. 이 방식의 특징은 소벤트 통기이음쇠는 수직관 내에서 물과 공기를 제어하고, 또한 배수수평지관에서 유입되는 배수와 공기를 수직관에서 효과적으로 섞는 역할을 하며, 공기분리이음쇠는 배수가 배수수평주관에 원활하게 유입하도록 공기와 물을 분리하는 작용을 함으로써 배수수직관 내의 공기코어의 연속성을 확보하는데 있다.

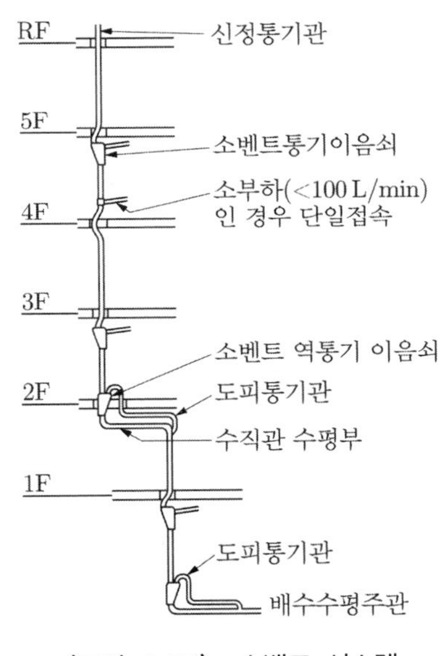

〈그림 4-51〉 소벤트 시스템

<그림 4-52>에는 소벤트 통기이음쇠와 공기분리이음쇠를 나타내었다.

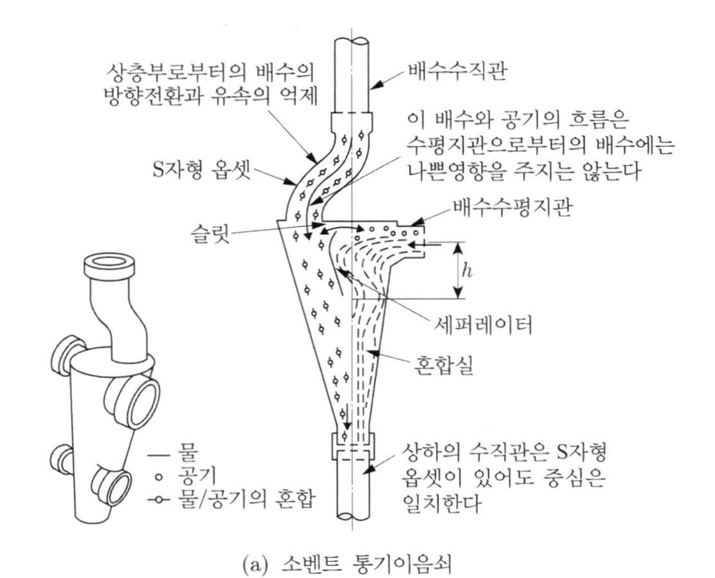

(a) 소벤트 통기이음쇠

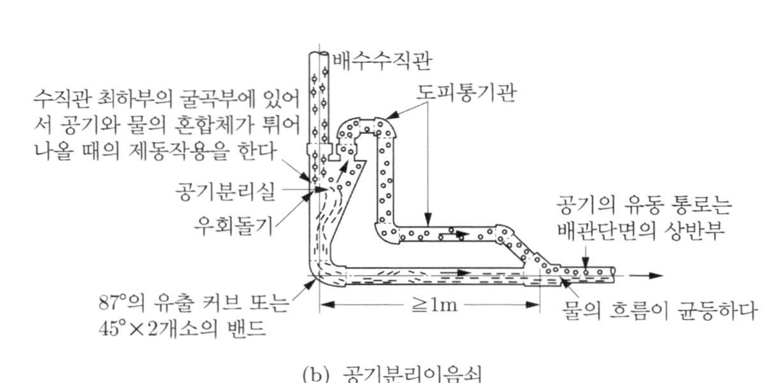

(b) 공기분리이음쇠

〈그림 4-52〉 소벤트 통기이음쇠와 공기분리이음쇠

(2) **섹스티아 시스템**(Sextia system)

이 방식은 프랑스의 레그(R. Legg), 리차드(G. G. Richard) 및 루브(M. Louve)에 의해 1967년경에 개발된 것이다. 이 방식은 <그림 4-53>과 같이 배수수직관의 각 층 합류개소(배수수평지관이 배수수직관에 접속되는 부분)에 설치하는 섹스티아 이음쇠(branchments sextia), 배수수평지관 및 배수수직관 하부에 설치하는 섹스티아 밴드관(coude $\frac{1}{8}$sextia)로 구성된다. 이 방식의 특징은 섹스티아 이음쇠는 수평지관에서 유입하는 배수에 선회력(旋回力)을 주어 관내 통기를 위한 공기 코어를 유지하도록 하고, 섹스티아 밴드관은 수직관을 낙하해 온 수류(水流)에 선회력을 주어 수평주관에 공기코어를 연장시키도록 고안된 것이다. <그림 4-54>에는 아파트에 설치된 섹스티아를 나타낸 것이고, <그림 4-55>는 섹스티아 이음쇠를 나타낸 것이다. 섹스티아 밴드관에 대해서는 <그림 4-53>을 참조하기 바란다.

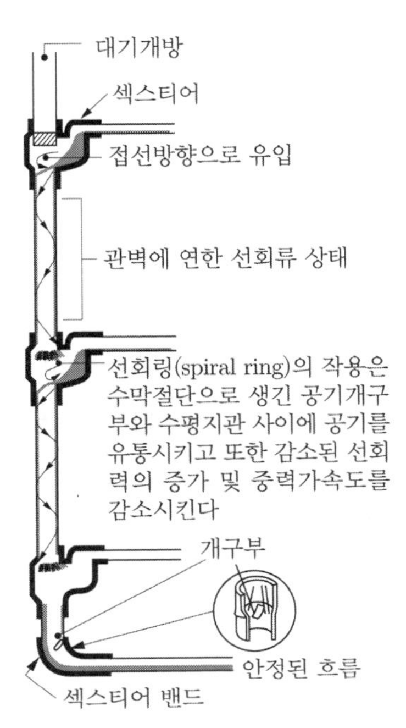

〈그림 4-53〉 섹스티아 시스템
(S사 카탈로그에서)

〈그림 4-54〉 아파트에서의 섹스티아 시공 예
(S사 카탈로그에서)

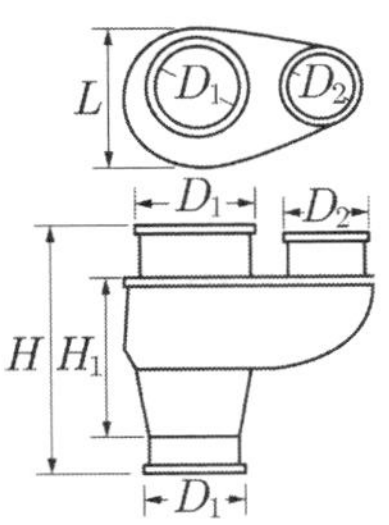

〈그림 4-55〉 섹스티아 이음쇠의 한 예
(S사 카탈로그에서)

6 통기밸브

통기밸브(air admittance valve)는 1975년 스웨덴에서 개발된, 대기의 흡입만 가능한 구조로서, 옥외에 통기관의 개구부를 설치하지 않아도 된다. 통기밸브는 <그림 4-56>에 나타낸 바와 같이 실(seal)부에 고무를 사용하는데, 고무 실에 먼지 등이 부착하면 배수관내의 악취가 실내로 누출할 위험이 있기 때문에 유의하여야 한다. 또한 정압(正壓)의 완화에는 유효하지 않기 때문에 사용시 충분한 검토가 필요하다.

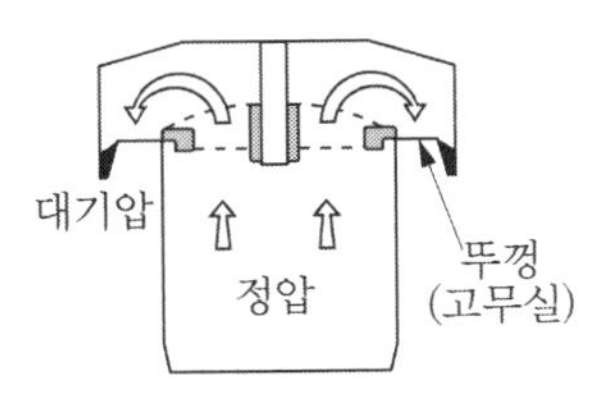

(a) 닫힘(통기관내 정압시)

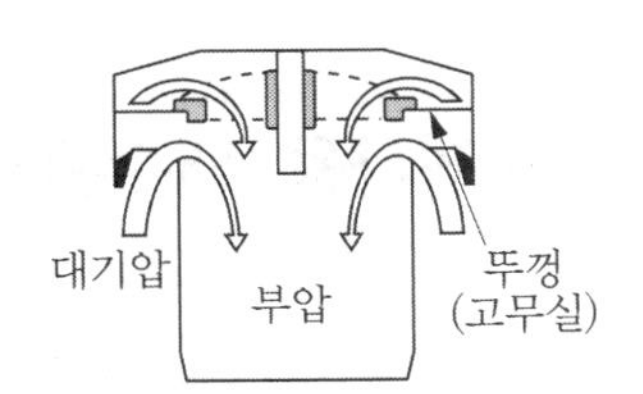

(b) 열림(통기관내 부압시)

〈그림 4-56〉 통기밸브의 작동

(1) 설치장소

① 배수수직관 상부의 신정통기관 정부(頂部)
② 배수수평지관의 루프 통기관 정부 및 각개통기관 정부
③ 하층부의 정압완화를 위해 도피통기관을 배수수직관 하부로부터 설치한 배수시스템의 신정통기관 정부

(2) 위치

각개용 통기밸브와 지관용 통기밸브는 배수수평지관이나 통기하는 기구배수관 위로 100 mm 이상 높게 설치하여야 한다. 수직관용 통기밸브는 통기하는 최고 높은 기구의 물넘침선 위로 150 mm 이상 높게 설치하여야 한다. 통기밸브는 최대 허용 통기 배관길이 안에 설치하여야 한다. 통기밸브는 보온재 위로 150 mm 이상 높게 설치하여야 한다.

(3) 점검구와 환기

통기밸브는 점검·보수·교환이 가능하고, 또한 통기밸브에 공기가 들어갈 수 있도록 통기유량을 확보할 수 있는 위치에 설치한다(파이프 샤프트나 천장 등에 설치하는 경우에는 450×450 이상의 점검구를 설치한다).

(4) 크기

통기밸브는 밸브를 연결하는 통기관의 관경 규격에 따라야 한다.

(5) 통기관 설치

각 위생배관 계통은 하나 이상의 신정통기관이나 통기수직관을 개방된 대기로 인출하여야 한다.

(6) 설치 금지

급기나 환기로 이용하는 공간에는 통기밸브를 설치하지 않아야 한다.

4.14 세제사용 배수관의 통기

전기세탁기의 배수에서는 합성세제 거품이 원인이 되어 배수기능에 지장을 초래하는 경우가 있다. 특히 아파트와 같은 공동주택에서 트랩의 봉수로부터 거품이 취출하는 현상이 종종 일어난다. 세제를 포함한 배수가 5~6층 이상의 고층부로부터 흘러내리면, 관내를 유하함에 따라 물과 공기가 혼합하여 거품의 생성이 촉진되고, 물과 공기가 함께 흘러내리게 된다. 배수가 배수수평주관에 유입되어 수력도약현상을 일으키게 되는 곳을 지나게 되면, 물은 거품보다 무겁

기 때문에 거품 밑으로 물은 흘러가 버린다. 따라서 굴곡부 등의 저항이 큰 부분에서는 거품만이 남게 되고 상당히 긴 거품들이 사라지지 않고 배관 내에 충만하게 된다. 이와 같은 현상이 일어나는 곳에 다시 한 번 세제를 포함한 배수가 유하하게 되면, 거품은 그 충만된 부분으로부터 배수수평 주관 내를 따라 상류측으로 서서히 충만해 간다. 통기수직관이 있는 경우에는 배수수직관 최하부의 공기는 통기수직관으로 유입되기 때문에 거품도 함께 통기관내에 침입한다. 통기수직관내가 거품으로 충만하게 되면, 공기의 도피처가 없어지는 결과를 초래하므로 통기의 기능을 다하지 못하게 되고 트랩의 봉수를 파괴하게 되어, 결국 거품이 취출하게 된다. 통기수직관이 없는 신정통기방식의 경우에는 거품이 배수수평주관 내에 충만하면, 곧 이 현상이 일어난다. 배수수평주관에 굴곡부가 없는 경우에는 거품과 물이 함께 유하하기 때문에 배수수평주관 내에 거품이 충만되게 되는 경우는 비교적 적다.

일반적으로 거품이 형성되는 부분은 <그림 4-57>에 나타낸 바와 같이 배수수직관은 하부에서 상부로 관경의 40배 이상 높이까지, 수평관은 굴곡부에서 하류로 관경의 10배까지 거품이 형성된다.

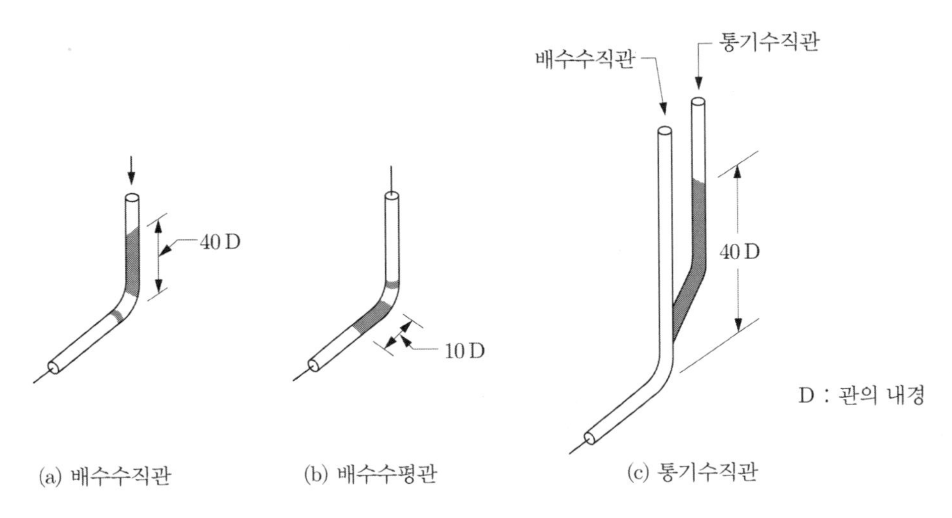

〈그림 4-57〉 배수관 및 통기관내의 세제 거품 형성 위치

이와 같은 현상을 방지하기 위해서는 기구배수관과 배수수평지관을 거품의 취출이 일어나기 쉽다고 생각되는 배수수직관에는 접속하지 않거나, 배수지관을 세제거품 압력이 걸리는 배수관에 연결하는 경우, 배수수평지관에 세제거품 도피용 통기관을 설치하여야 한다(<그림 4-58> 참조). 또한 <표 4-15>에 나타낸 바와 같이 세제거품 도피용 통기관은 DN 50 이상으로 하며 배수지관보다 한 단계 이상 작지 않게 한다. 도피통기는 세제 거품 압력이 걸리는 부분과 지관의 첫 번째 기구 트랩 사이에서 연결한다.

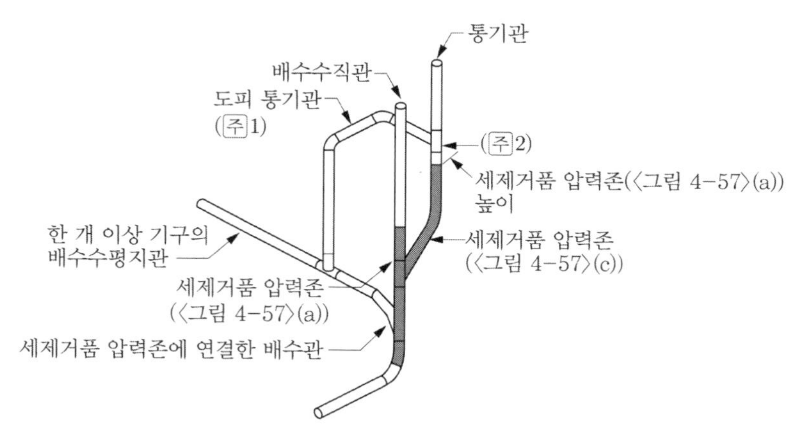

주 1. 도피통기관의 관경은 <표 4-15>에 따른다.
2. 도피통기관을 통기수직관에 접속할 때 세제거품 압력존 위에서 접속한다.

〈그림 4-58〉 배수수직관 내 세제거품에 대한 도피통기

〈표 4-15〉 세제거품 도피용 통기관

배수관[DN]	도피 통기관[DN]	배수관[DN]	도피 통기관[DN]
40	50	125	100
50	50	150	125
80	50	200	150
100	80		

4.15 배수·통기관 재료

1 배관재료의 조건

배수관의 재질은 제2장 2.7절에서 기술한 요구조건 외에 다음과 같은 것이 요구된다.

① 차음성(遮音性)이 우수할 것

② 내화성(耐火性)이 뛰어날 것

2 관재료의 선정

배수관재료서 많이 사용하고 있는 관재질의 특성을 <표 4-16>에 나타내었다. 배수관을 선정하는데 있어서, 첫 번째 조건은 내식성을 들 수 있으며, 그 다음은 가격, 강도, 시공성의 순으

로 생각할 수 있다. 통기관의 재료에 대해서는 제2장 2.7절의 <표 2-17>을 참조하기 바란다.

〈표 4-16〉 배수관 재료의 성능

항목	배수용 주철관	배관용 탄소강강관(백관)	경질 염화비닐관
내식성	일반적으로 내식성이 뛰어나다. 부식감량은 적다.	pH 6~12의 범위에서는 양호하다.	압출성형품으로서 관두께는 균일하며, 내식성이 뛰어남
내압축성	양호	강알칼리에 약하다.	양호
차음성	상당히 좋다.	차음성을 기대할 수 없다.	차음성을 기대할 수 없다.
개요	관두께도 있고 내구성도 있지만, 중량이 큰 것이 단점이다.	시공성 등 뛰어난 점이 많지만, 내식성에 다소 어려운 점이 있다.	경량이고 내식성도 있으며 가격도 싸지만, 지지, 충격에 약한 단점이 있다.

4.16 배수관 및 통기관의 관경 결정

1 배수관의 관경 결정

(1) 기구배수부하단위법

배수관경을 결정하는 대표적인 방법은 미국의 NPC(National Plumbing Code)에 의한 기구배수부하단위법(器具排水負荷單位法)과 일본 SHASE에서 개발한 방법인 정상유량법(定常流量法)이 있으며, 현재 실무에서는 대부분 기구배수부하단위법에 의한 방법을 사용하고 있다.

<표 4-17>에는 각각의 특징을 나타내었다. 그러나 여기서는 기구배수부하단위법에 대해서만 설명한다.

정상유량법에 대해서는 부록 Ⅲ장을 참조하기 바란다.

〈표 4-17〉 기구배수부하단위법과 정상유량법의 비교

구분	기구배수부하단위법	정상유량법
방법	• 접속기구의 기구배수부하 단위수를 가산하여 표로부터 관경을 산출한다.	• 기구배수량과 기구평균 배수간격으로부터 정상유량을 구해, 기구평균 배수유량을 파라미터로 하여 관경, 부하유량을 구한다.
장점	• 간편하다.	• 실제 배수부하에 가까운 적절한 관경을 얻을 수 있다. • 배수부하량도 산정할 수 있다.
단점	• 배수부하를 산정할 수 없다. • 배수 수평관의 구배가 심하다.	• 정상유량의 산출 등 약간 복잡하다. • 설계자의 판단에 따라 결정되는 부분이 많다.
사용상황	• 실무적으로는 대부분 이 방법을 사용한다.	

기구배수부하단위법은 부하발생원인 기구에 대해서 기구단위의 개념을 도입하고 있다. 기구배수에 의한 부하의 크기를 나타낸 기구배수부하단위수와 기구의 동시사용률로부터 배수부하를 구해 배수관의 허용유량으로부터 관경을 결정한다. NPC에서는 허용유량을 직접 표시하지 않고 기구배수부하단위수로부터 직접 관경을 구하는 방법을 사용하고 있다.

이 방법은 기구 1회당 배수량·배수시간을 고려하지 않고 또한 설치장소·사용자수에 따른 이용 빈도도 충분히 고려하고 있지 않기 때문에 배수관의 배수부하를 나타내는 방법으로서는 충분치 못하지만, 간편하여 일반건물의 배수통기관경결정에 널리 이용하고 있다.

1) 기구배수부하단위

배수관경을 결정할 때는 최대배수시 유량을 구하여 적절한 관경을 구하여야만 한다. 그러나 위생기구의 종류, 기구 개수, 사용빈도 및 동시사용률을 정확히 예측하여 계산한다는 것은 대단히 어렵고, 또한 상당히 번거롭다. 따라서 급수설비의 기구급수부하단위에 의한 방법과 같이 기구배수부하단위를 정해 이것에 의해 배수관경을 결정하게 된다.

기구배수부하단위(DFU, Fixture units for drain)란 표준기구로서 구경 30 mm의 트랩을 갖는 세면기의 최대배수시의 유량 28.5 L/min을 기준 단위 1로 하고, 각종 기구의 유량비율을 이것과 비교하여 나타낸 것을 기구배수단위라고 하며, 여기에 기구를 사용하는 사람의 종류, 배수 빈도수, 동시사용률을 고려한 배수의 단위를 기구배수 부하단위라고 말한다. 그리고 그 값은 0.5의 배수로 표시한다.

NPC에 의한 기구배수부하단위에서는 설치장소·사용자수에 따른 이용빈도를 충분히 고려하지 못하였다고 언급하였지만, 이것을 고려하여 NSPC에서는 <표 4－18>과 같은 건물 용도별 각종 기구의 기구배수부하단위를 사용하고 있다.

〈표 4-18〉 건물용도별 각종 위생기구의 기구배수부하단위(DFU)

위생기구	일반 건물	다중 이용시설	공동주택(3호 이상 주거단위)	단독 주택	최소 트랩 구경 [mm]
욕조 또는 샤워부착 욕조(40 mm 트랩)			2.0	2.0	40
비데(30 mm 트랩)			1.0	1.0	30
세탁기(가정용 50 mm 배수관)	3.0		3.0	3.0	50
접시세척기(가정용, 별도 배수관)	2.0		2.0	2.0	40
음수기 또는 냉각기	0.5				30
디스포저(상업용, 50 mm 트랩)	3.0				50
바닥배수구, 비상용	0.0				50
가정용 주방싱크(40 mm 트랩)	2.0			2.0	40
가정용 주방싱크(디스포저 포함)	2.0		2.0	2.0	40
가정용 주방싱크(식기세척기 포함)	3.0		3.0	3.0	40
가정용 주방싱크(디스포저, 식기세척기 포함)	3.0		3.0	3.0	40
세탁싱크(1~2개 조합, 40 mm 배수)	2.0		2.0	2.0	40
세탁싱크(세탁기 배수 포함)	2.0		2.0	2.0	50
세면기(30 mm 배수)	1.0	1.0	1.0	1.0	30
청소싱크(80 mm 트랩)	3.0				80
샤워부스(50 mm 트랩)	2.0		2.0	2.0	50
연립 샤워(연속사용, 헤드 1개당)	5.0				
싱크(40 mm 트랩)	2.0		2.0	2.0	40
싱크(50 mm 트랩)	3.0		3.0	3.0	50
싱크(80 mm 트랩)	5.0				80
소변기(4 L/회)	4.0	5.0			40
소변기(4 L/회 이상)	5.0	6.0			50
세정기(40 mm 트랩)	2.0				40
세정기(50 mm 트랩)	3.0				50
세정싱크(수도꼭지 1개당)	2.0				40
대변기(6 L/회, 세정탱크)	4.0	6.0	3.0	3.0	80
대변기(6 L/회, 세정밸브)	4.0	6.0	3.0	3.0	80
대변기(13 L/회, 세정탱크)	6.0	8.0	4.0	4.0	80
대변기(13 L/회, 세정밸브)	6.0	8.0	4.0	4.0	80
월풀 욕조 또는 샤워 부착 욕조			2.0	2.0	40

〈표 4-18〉 건물용도별 각종 위생기구의 기구배수부하단위(DFU)(계속)

위생기구			일반 건물	다중 이용시설	공동주택(3호 이상 주거단위)	단독 주택	최소 트랩 구경 [mm]
주택	6 L/회 세정탱크 대변기 사용 욕실그룹	1/2 욕실 또는 파우더 룸			2.0	3.0	
		1 욕실 그룹			3.0	5.0	
		1 1/2 욕실 그룹			3.5	6.0	
		2 욕실 그룹			4.5	7.0	
		2 1/2 욕실 그룹			5	8.0	
		3 욕실 그룹			5.5	9.0	
		1/2 욕실 추가마다			0.5	0.5	
		1 욕실 추가마다			1	1.0	
	13 L/회 세정탱크 대변기 사용 욕실그룹	1/2 욕실 또는 파우더 룸			2.0	3.0	
		1 욕실 그룹			4.0	6.0	
		1 1/2 욕실 그룹			5.5	8.0	
		2 욕실 그룹			6.5	10.0	
		2 1/2 욕실 그룹			7.5	11.0	
		3 욕실 그룹			8	12.0	
		1/2 욕실 추가마다			0.5	0.5	
		1 욕실 추가마다			1	1.0	
	욕실(6 L/회 세정밸브 대변기)				3.0	5.0	
	욕실(13 L/회 세정밸브 대변기)				4.0	6.0	

주 1. 1 욕실그룹은 대변기 1개와 세면기 2개까지 그리고 욕조 1개나 욕조/샤워 조합 또는 1 샤워 부스로 구성
2. 1/2 욕실이나 파우더 룸은 대변기 1개와 세면기 1개로 구성
3. 일반건물은 업무용, 상업용, 산업용 건물과 호텔, 모텔 등의 공용부분에 적용
4. 위생기구가 아닌 것으로 배수관에 배수하는 경우에는 3.8 LPM당 2 DFU를 적용한다.

〈표 4-19〉 표준 기구 이외의 위생기구의 기구배수부하단위(〈표 4-18〉에 없는 기구)

기구배수관이나 트랩의 크기[mm]	기구배수부하단위 값[DFU]
30	1
40	2
50	3
65	4
80	5
100	6

2) 〈표 4 - 18〉에 없는 기구

<표 4-18>에 없는 기구는 <표 4-19>에 따른 기구 배수관에 기초한 기구배수부하단위로 한다. 표에 없는 기구의 최소 트랩 구경은 30 mm 이상으로 하여야 한다.

3) 연속 흐름의 DFU값

연속적으로 흐르는 배수관의 기구배수부하단위 값은 3.8 L/min당 2 DFU로 계산한다.

4) 간접배수 물받이 용기에 대한 값

간접배수 물받이 용기의 기구배수부하단위는 물받이 용기에 배수하는 기구들의 기구배수부하단위 값의 합으로 하며, <표 4-18>이나 <표 4-19>의 간접배수 물받이 용기용으로 주어진 기구배수부하단위 값 이상으로 하여야 한다.

그리고 바닥배수구와 바닥싱크와 같은 배수 물받이 용기가 냉동 냉장 쇼케이스와 얼음통, 냉각기 및 냉장고의 청수만 받는 경우에는 물받이 용기의 기구배수부하단위 값을 1/2로 하여야 한다.

(2) 배수관경 결정시의 기본 원칙

1) 배수관의 최소관경(이 때의 관경은 내경을 기준으로 함)

배수관의 최소관경은 30 mm로 하며, 동시에 <표 4-18>에 나타낸 최소 트랩구경 이상으로 한다.

2) 지중매설 배수관의 관경

지중(地中) 또는 지계층(地階層)의 바닥 밑에 매설하는 배수관의 관경은 DN 50 이상으로 하는 것이 바람직하다.

3) 관경의 축소금지

배수관은 수직관, 수평관 어느 경우라도 배수가 흐르는 방향으로 관경을 축소하지 않는다.

4) 배수수직관의 관경

배수수직관은 어느 층에 있어서나 최하부의 가장 큰 배수부하를 담당하는 부분과 동일한 관경으로 한다. 즉, 부하가 적은 층의 배관이라고 해서 작게 해서는 안 된다.

5) 배수수직관의 옵셋 배관

배수수직관에 대해서 45° 미만인 옵셋의 관경은 수직한 수직관으로 보아 관경을 결정하여도 되지만, 45° 이상인 옵셋 배관은 다음에 따른다.

① 옵셋부로부터 상부 수직관의 관경은 그 옵셋 상부의 부하유량에 의해 결정한다. 일반적

으로 수직관으로 결정한다.

② 옵셋 관경은 배수수평주관으로 간주하여 관경을 결정한다.

③ 옵셋부로부터 하부의 수직관의 관경은 옵셋의 관경과 수직관 전체에 대한 부하유량에 의해 정해진 관경과 비교하여 큰 쪽의 관경으로 한다.

(3) 배수관 관경 결정

1) 각 위생기구의 기구배수부하단위수를 <표 4-18> 또는 <표 4-19>로부터 구한다.
2) 각 구간마다 기구배수부하단위수를 누계한다.
3) 배수수평지관의 관경은 배수수평지관이 담당하는 DFU의 합계 값에서 <표 4-20>의 Ⅰ란을 이용하여 결정한다.
4) 배수수직관의 관경은 배수수직관이 담당하는 DFU의 합계 값에서 <표 4-20>의 Ⅱ, Ⅲ 및 Ⅳ란을 이용하여 결정한다.
   ① 3층 이하인 건물의 경우, Ⅱ란을 이용하여 결정한다.
   ② 4층 이상인 건물의 경우, 그 배수수직관이 담당하는 DFU의 합계 값에서 Ⅲ란을 이용하여 관경을 결정하고, 그 후 배수수직관이 담당하는 1 층분 또는 1 브랜치 간격분의 최대 DFU의 값을 Ⅳ란을 이용하여 결정하여, 큰 쪽의 관경을 선정한다.

〈표 4-20〉 배수수평지관과 수직관의 관경

관경 [DN]	Ⅰ	Ⅱ	Ⅲ	Ⅳ
	허용최대 기구배수부하단위 수[DFU]			
	배수수평지관에 대한 합계	수직관		
		3층 건물 또는 브랜치 간격 3 이하의 1개 수직관 합계	4층 이상인 건물	
			1 수직관 합계	1 브랜치 간격의 합계
40	3	4	8	2
50	6	10	24	6
65	12	20	42	9
80	20	48	72	20
100	160	240	500	90
125	360	540	1,100	200
150	620	960	1,900	350
200	1,400	2,200	3,600	600
250	2,500	3,800	5,600	1,000
300	3,900	6,000	8,400	1,500

5) 배수수평주관의 관경은 수평주관의 구배와 배수수평주관이 담당하는 DFU의 합계값으로부터 <표 4−21>을 이용하여 선정한다. 여기서 수평주관의 구배가 관경결정의 요인이 되는 이유는 배관구배에 따라 유량이 달라지기 때문이다.
그리고 펌프류 등으로부터의 배수를 배수수평주관 등에 합류시키는 경우에는 배수량 3.8 L/min마다 기구배수부하단위수를 2로 환산하여 누계하여 관경을 상기와 같은 방법으로 구한다.
6) 선정한 관경이 (2)항에 표시한 배수관의 최소관경보다 작으면 (2)항에 따른다.

〈표 4−21〉 배수수평주관과 부지배수관의 관경

관경 [DN]	배수수평주관 및 부지배수관에 연결된 허용 최대 기구배수부하단위 수[DFU]			
	배관 구배			
	1/200	1/100	1/50	1/25
32	−	−	1	1
40	−	−	3	3
50	−	−	21	26
65	−	−	24	31
80	−	36	42	50
100	−	180	216	250
125	−	390	480	575
150	−	700	840	1,000
200	1,400	1,600	1,920	2,300
250	2,500	2,900	3,500	4,200
300	3,900	4,600	5,600	6,700
375	7,000	8,300	10,000	12,000

[참고] 브랜치 간격(branch interval)

배수수직관에 접속하고 있는 각 층의 배수수평지관 또는 배수수평지관 사이의 수직거리가 2.5 m를 넘는 배수수직관의 구간을 말한다.

배수수평지관 등은 각 층마다 배수수직관에 접속되어 있기 때문에, 인접 층의 배수수평지관 간의 수직거리는 거의 그 층고(層高)와 같게 된다. 층고는 보통 2.5 m 이상이기 때문에 브랜치 간격도 2.5 m 이상인 것이 보통이다. <그림 4-59>에서 구간 a, b는 각각 1개의 브랜치 간격이라고 할 수 있다. 그러나 중간층이 있거나, 또는 어떠한 이유로 인하여 그림 중 ※과 같은 위치에서 배수수직관에 합류하는 배수수평지관이 있으면, c가 2.5 m 이하이기 때문에 c구간은 브랜치 간격이라고 할 수 없다. 따라서 2.5 m를 넘는 다음 구간까지, 즉 e를 브랜치 간격이라고 한다. <그림 4-60>에는 브랜치 간격을 계산하는 예를 나타내었다.

브랜치 간격을 2.5 m 이상으로 한 이유는 배수수평지관에서 배수수직관으로 배수가 유입될 때 일어나는 난류상태가 정상상태로 되려면 약 2.5 m의 거리를 필요로 하며, 다음의 수평지관에서 배수가 유입하더라도 수직관 내의 기압변화를 어느 정도 이하로 유지할 수 있는 수직관경이 필요하게 된다. 1브랜치 간격 내에 2개 이상의 수평지관이 있는 경우 그 브랜치 간격 내에 있는 전체 수평지관의 배수량 합계가 부하로 된다.

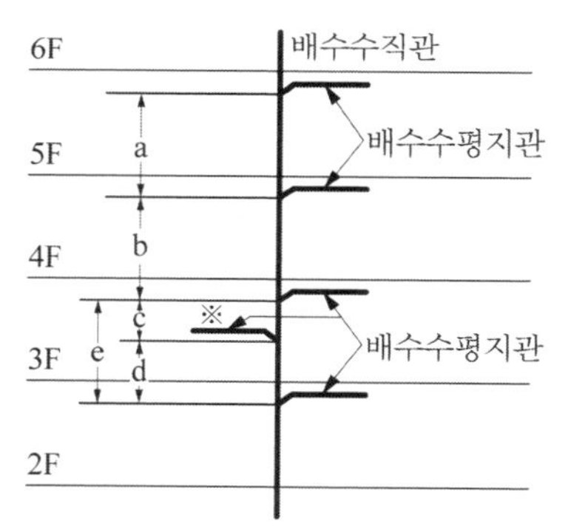

㈜ a, b, e는 각각 2.5 m를 넘는 구간, c, d는 2.5 m 이내인 구간

〈그림 4-59〉 브랜치 간격

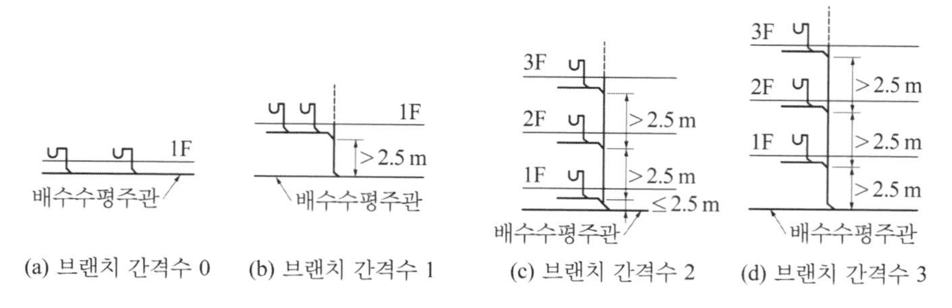

(a) 브랜치 간격수 0 (b) 브랜치 간격수 1 (c) 브랜치 간격수 2 (d) 브랜치 간격수 3

〈그림 4-60〉 브랜치 간격 세는 법

예제 4.1

〈그림 4-61〉에 나타낸 배수관 ⓐ~ⓔ의 관경을 각각 결정하라.

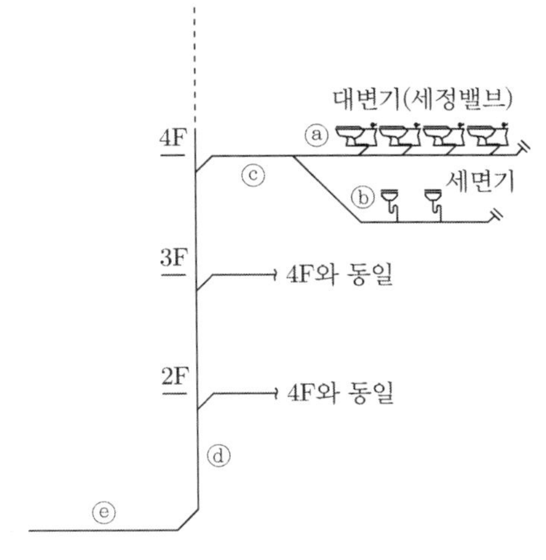

〈그림 4-61〉 예제 4-1의 그림

조건

① 사무소 건물의 여자화장실 계통이다.
② 대변기(세정밸브식)는 절수형(6 L/회)이다.
③ 배수수평지관의 구배는 $\frac{1}{50}$, 배수수평주관의 구배는 $\frac{1}{100}$로 한다.
④ 2층과 3층의 위생기구의 배치는 4층과 동일하다.
⑤ 오배수 통합배관으로 한다.

풀이

배수관 명칭 및 구간	배수수평지관			배수수직관	배수수평주관
	ⓐ	ⓑ	ⓒ	ⓓ	ⓔ
기구명	대변기	세면기			
트랩 구경[mm]	80	30			
기구배수부하단위	4	1			
기구개수	4	2			
기구배수 부하단위의 합계	16	2	18	18×3 = 54	54
관경[DN]	80	40	80	100	100
수정 관경[DN]					
구배	1/50	1/50	1/50		1/100

예제 4.2

〈그림 4-62〉에 나타낸 사무소건물 화장실의 배수관경을 구하시오.

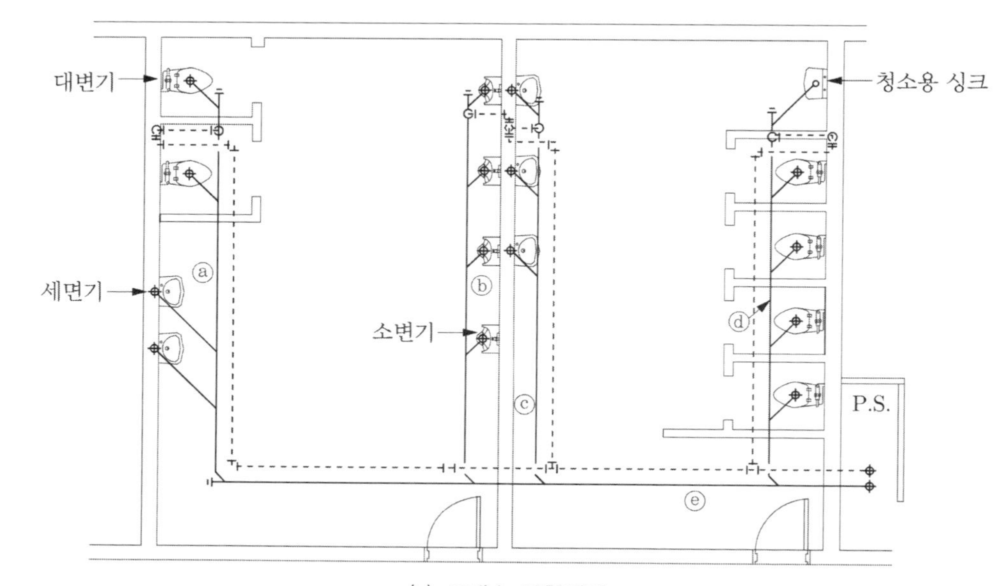

(a) 오배수 통합배관

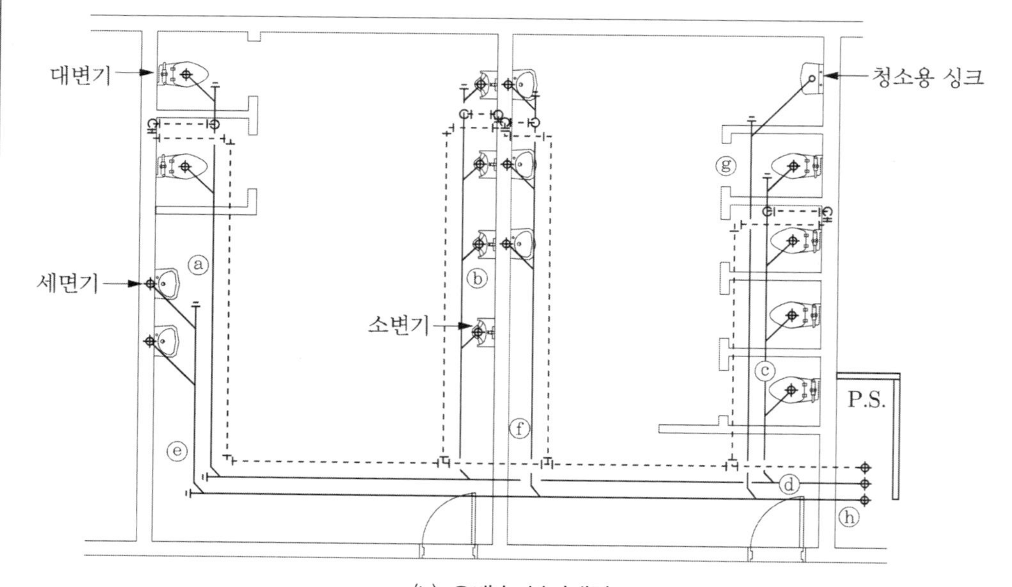

(b) 오배수 분리배관

〈그림 4-62〉 예제 4-2의 그림

조건

① 대변기는 세정밸브식 절수형(6 L/회)이다.
② 소변기의 세정량은 4 L/회이다.
③ 청소용 싱크의 트랩구경은 80 mm로 한다.
④ 그림(a)는 오배수 통합배관, 그림(b)는 오배수 분리배관으로 한다.

풀이 기구배수부하단위는 <표 4－18>을, 관경은 <표 4－20>으로부터 구하면, 다음 표와 같이 된다.

1) 그림 (a) 오배수 통합배관

구간	기구	기구배수부하단위	부하단위 합계	관경[DN]	비 고
ⓐ	대변기 2개 세면기 2개	4 × 2 = 8 1 × 2 = 2	10	80	대변기 트랩 최소구경 80 mm
ⓑ	소변기 4개	4 × 4 = 16	16	80	
ⓒ	세면기 3개	1 × 3 = 3	3	40	
ⓓ	청소싱크 1개 대변기 4개	3 × 1 = 3 4 × 4 = 16	19	80	
ⓔ	ⓐ ~ ⓓ까지의 합계		48	100	

2) 그림 (b) 오배수 분리배관

구간	기구	기구배수부하단위	부하단위 합계	관경[DN]	비고
ⓐ	대변기 2개	4 × 2 = 8	8	80	대변기 트랩 최소구경 80 mm
ⓑ	소변기 4개	4 × 4 = 16	16	80	
ⓒ	대변기 4개	4 × 4 = 16	16	80	
ⓓ	ⓐ~ⓒ의 합계		40	100	
ⓔ	세면기 2개	1 × 2 = 2	2	40	
ⓕ	세면기 3개	1 × 3 = 3	3	40	
ⓖ	청소싱크 1개	3 × 1 = 3	3	80	청소용 싱크 트랩구경 80mm
ⓗ	ⓔ~ⓖ의 합계		8	80	청소용 싱크 트랩구경 80mm

예제 4.3

배수수직관의 계통이 〈그림 4-63〉과 같고, 수직관에 접속되는 각 층의 배수수평지관(2층~8층)에는 예제 4-2(a)에 나타낸 화장실의 배수만이 유입될 때, 구간 ⓐ~ⓕ의 관경을 구하시오.
(단, 1층의 배수는 단독으로 옥외에 배수한다)

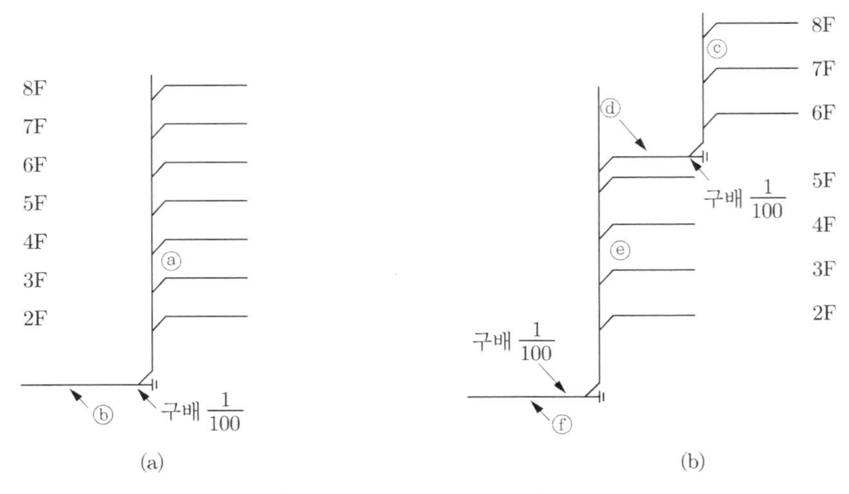

〈그림 4-63〉 예제 4-3의 그림

풀이 기구배수 부하단위는 <표 4-18>을, 관경은 <표 4-20>과 <표 4-21>로부터 구하면, 다음 표와 같이 된다.

구 간	기 구	기구배수 부하단위	부하단위 합계	관경[DN] (수정 관경)	비 고
ⓐ	대변기 6개 세면기 5개 소변기 4개 청소싱크 1개	4 × 6=24 1 × 5=5 4 × 4=16 3 ×1 =3	48 × 7=336	100	
ⓑ	〃	〃	48 × 7=336	125	
ⓒ	〃	〃	48 × 3=144	100	
ⓓ	〃	〃	48 × 3=144	100	45°를 넘는 옵셋이므로 배수수평주관으로 간주
ⓔ	〃	〃	48 × 7=336	100	
ⓕ	〃	〃	48 × 7=336	125	

2 통기관의 관경 결정

(1) 통기관의 관경 결정방법

통기관의 관경 결정방법에는 기구배수부하단위법과 정상유량법이 있는데, 기구배수부하단위법은 기구배수부하단위수와 통기관의 길이로부터 직접 통기관경을 구하는 방법으로서, 여기서는 기구배수부하단위법에 대해서만 설명한다.

정상유량법에 대해서는 부록 Ⅲ장을 참조하기 바란다.

(2) 통기관 관경 결정시의 기본 원칙

① 통기관의 최소관경은 DN 30으로 한다.

② 신정통기관의 관경은 배수수직관의 관경보다 작게 해서는 안 된다.

③ 루프통기관의 관경은 배수수평지관과 통기 수직관 중 작은 쪽 관경의 $\frac{1}{2}$ 이상으로 한다.

④ 배수수평지관의 도피통기관의 관경은 그것을 접속하는 배수수평지관의 관경의 $\frac{1}{2}$ 이상으로 한다.

⑤ 각개통기관의 관경은 그것이 접속되는 배수관 관경의 $\frac{1}{2}$ 이상으로 한다.

⑥ 습통기관의 관경은 그 관에 흐를 수 있는 부하유량이 그 습통기관을 배수관으로 간주한 경우의 $\frac{1}{2}$로 한다.

⑦ 반송통기관의 관경은 ⑤에 따른다.

⑧ 배수수직관의 옵셋부의 도피통기관 관경은 통기수직관과 배수수직관 중 작은 쪽의 관경 이상으로 한다.

⑨ 결합통기관의 관경은 통기수직관과 배수수직관 중 작은 쪽 관경 이상으로 한다.

⑩ 건물의 배수탱크에 설치하는 통기관의 관경은 DN 50 이상으로 한다.

(3) 신정통기관과 통기수직관의 관경 결정

통기관의 관경을 결정할 때, 배관 길이가 관경결정의 하나의 요인이 된다. 그 이유는 배관길이가 길어질수록 배관 내의 마찰저항이 커지기 때문이다. 즉, 통기관의 목적 중의 하나가 관내 압력의 완화에 있기 때문에, 동일한 기구 배수부하단위에 있어서도 배관길이가 긴 쪽의 관경을 크게 하여 공기의 출입을 신속하게 하여야 하기 때문이다.

<표 4－22>에는 신정 통기관 및 통기수직관의 관경과 배관길이와의 관계를 나타내었다.

신정통기관, 통기 수직관 및 주관(통기헤더)의 관경 결정순서는 다음과 같다.

① 각 구간의 기구배수 부하단위수(DFU)의 누계를 구한다.

② 각 구간의 직관길이를 구한다.

③ 기구배수 부하단위수와 직관길이 및 오수 또는 잡배수관의 관경으로부터 <표 4－22>를 이용하여 관경을 선정한다. 그리고 어떠한 경우에도 관경이 담당 배수관 관경의 $\frac{1}{2}$보다 크고 30 mm 이상이어야 한다.

〈표 4-22〉 통기 수직관의 관경과 배관길이

오배수 수직관 관경[DN]	총 기구배수 부하단위[DFU]	통기관의 관경[DN]										
		30	40	50	65	80	100	125	150	200	250	300
		통기관의 허용최대거리[m][a]										
30	2	9										
40	8	15	46	–	–	–	–	–	–	–	–	–
40	10	9	30									
50	12	9	23	61								
50	20	8	15	46		–	–	–	–	–	–	–
65	42		9	30	91							
80	10		13	46	110	317						
80	21	–	10	34	82	247	–	–	–	–	–	–
80	53		8	29	70	207						
80	102		8	26	64	189						
100	43	–		11	26	76	299	–	–	–	–	–
100	140			8	20	61	229					
100	320			7	17	52	195					
100	540	–	–	6	15	46	177		–	–	–	–
125	190				9	25	98	302				
125	490				6	19	76	232				
125	940	–	–	–	5	16	64	204	–	–	–	–
125	1,400				5	15	58	180				
150	500					10	40	122	305			
150	1,100	–	–	–	–	8	30	94	238	–	–	–
150	2,000					7	26	79	201			
150	2,900					6	23	73	183			
200	1,800	–	–	–	–		9	29	73	287	–	–
200	3,400						7	22	58	222		
200	5,600						6	19	49	186		
200	7,600	–	–	–	–	–	5	17	43	171		–
250	4,000							9	24	94	293	
250	7,200							7	18	73	226	
250	11,000	–	–	–	–	–	–	6	16	61	192	–
250	15,000							5	14	55	174	
300	7,300								9	37	116	287
300	13,000	–	–	–	–	–	–	–	7	29	91	219
300	20,000								6	24	76	186
300	26,000								5	22	70	152
375	15,000	–	–	–	–	–	–	–		12	40	94
375	25,000									9	29	73
375	38,000	–	–	–	–	–	–	–	–	8	25	61
375	50,000									7	23	55

a. 배관길이는 통기관 연결점에서 대기까지 측정한 길이로 하여야 한다.

(4) 각개통기관 및 루프통기관의 관경결정

(2)항의 최소 관경에 따르며, 또한 각개통기관의 관경은 <표 4-23>, 루프통기관의 관경은 <표 4-24>에 의해서 구해도 좋다.

(5) 통기관의 길이

통기관경을 구할 때 필요한 통기관의 길이는 다음에 따른다.

① 통기관의 길이는 실제 길이로 하며, 국부손실은 계산하지 않는다.

② 각개통기관과 통기지관, 루프 및 도피통기관의 배관길이는 배수계통의 가장 먼 통기관 연결점에서 통기수직관이나 신정통기관 또는 건물 외부의 통기구까지 측정한 거리로 한다.

③ 통기수직관의 길이는 배수수직관 또는 배수수평주관과의 접속부로부터 단독으로 대기에 개구하는 경우는 통기수직관의 말단까지, 2개 이상의 통기관이 접속되어 1개로 되어 대기에 개방되는 경우는 통기수직관이 신정통기관에 접속될 때까지의 길이에 그 접속점으로부터 대기중으로 개구할 때까지의 신정통기관의 길이를 더한 값으로 한다.

④ 통기헤더를 포함한 통기관의 길이는 배수수직관의 아래 쪽 시작부의 교점으로부터 대기에 개구한 통기관 말단까지 길이가 가장 긴 통기관의 거리로 한다.

〈표 4-23〉 각개통기방식인 경우의 통기 수평지관의 배관길이[1)]

배수수평지관의 근사관경[DN]	배수 수평 지관의 구배	허용 최대 배관길이[m] 통기관의 관경[DN]							
		32	40	50	65	80	100	125	150
30	1/50	※							
40	1/50	※	※						
50	1/100	※	※	※					
50	1/50	※	※	※					
65	1/100	※	※	※	※				
65	1/50	265	※	※	※				
80	1/100	218	※	※	※	※			
80	1/50	111	234	※	※	※			
100	1/100	44	120	※	※	※	※		
100	1/50	23	49	198	※	※	※		
125	1/100		31	117	279	※	※	※	
125	1/50		16	53	136	※	※	※	
150	1/100		12	41	106	※	※	※	※
150	1/50			20	51	※	※	※	※

※ 330 m 이상

1) National Plumbing Code Handbook

〈표 4-24〉 루프통기관의 관경※

배수관의 근사 관경[DN]	기구배수 부하단위수 (이 표의 수치 이하일 것)	루프통기관의 근사관경[DN]					
		40	50	65	80	100	125
		허용 최대 수평배관거리(이 표의 수치 이하일 것)[m]					
40	10	6					
50	12	4.5	12				
50	20	3	9				
80	10		6	12	30		
80	30			12	30		
80	60			4.8	24		
100	100		2.1	6	15.6	60	
100	200		1.8	5.4	15	54	
100	500			4.2	10.8	42	
125	200				4.8	21	60
125	1,100				3	12	42

※ National Plumbing Code Handbook

예제 4.4

〈그림 4-64〉에 나타낸 화장실의 통기관의 구경을 구하시오.
(단, 조건은 예제 4-2와 동일하다. 또한 통기관의 길이는 풀이의 표에 나타내었다)

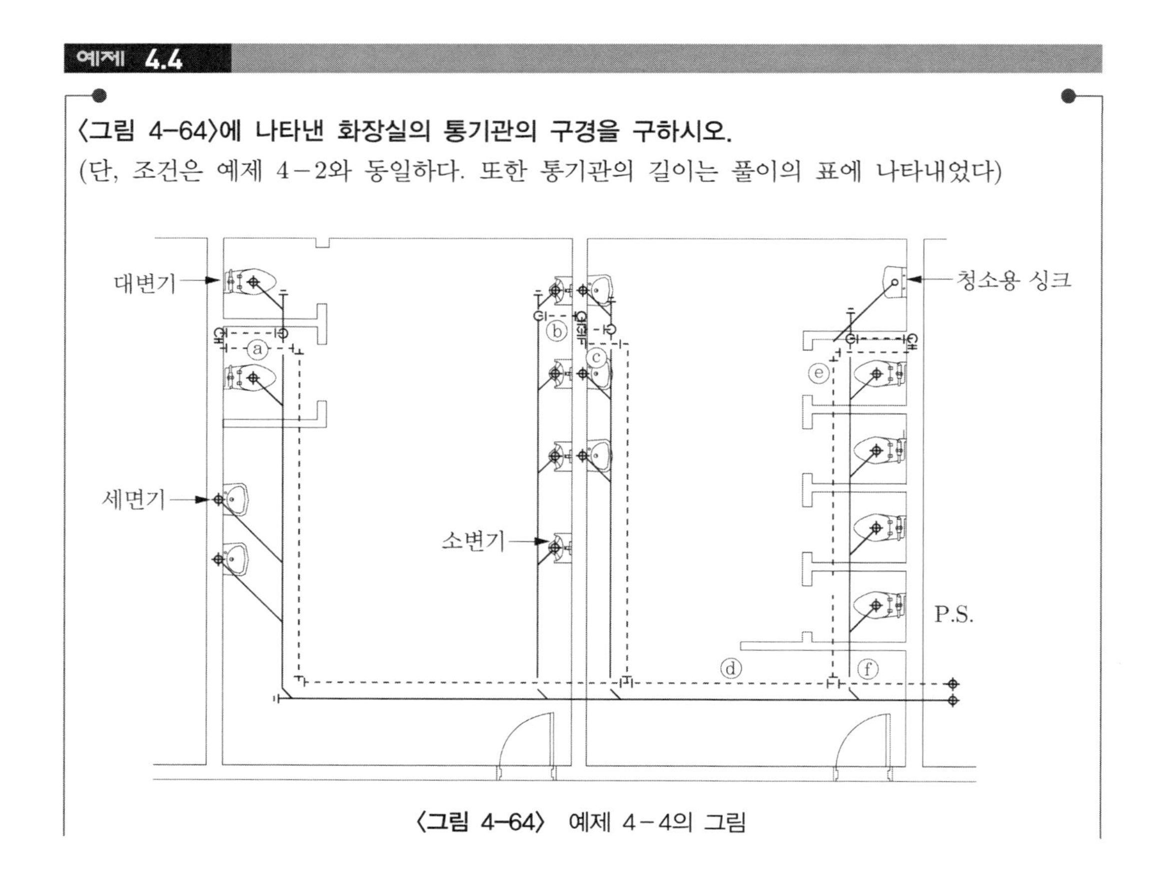

〈그림 4-64〉 예제 4-4의 그림

풀이 <표 4－22>를 이용하여 구하면 다음 표와 같이 된다.

구 간	배수관경 [DN]	기구배수 부하단위	통기관의 길이 [m]	통기관의 관경 [DN]	비 고
ⓐ	80	10	10	65	
ⓑ	80	16	10	65	
ⓒ	40	3	10	40	
ⓓ	80	29	12	65	
ⓔ	80	19	10	65	
ⓕ	80	48	4	65	

예제 4.5

배수 및 통기 수직관의 계통이 〈그림 4-65〉와 같고, 각 층(2층~8층)에는 예제 4.4에 나타낸 화장실만이 설치될 때, 구간 ⓐ 및 ⓑ의 관경을 구하시오. (단, 1층의 배수는 단독으로 옥외에 배수한다)

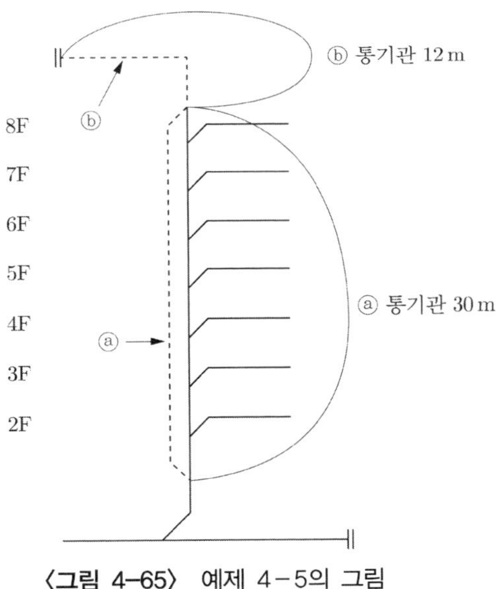

〈그림 4-65〉 예제 4－5의 그림

풀이 1) 구간 ⓐ의 통기관 관경

기구배수 부하단위는 $48 \times 7 = 336$, 통기 수직관의 길이는 30 m, 배수관의 관경은 DN 100이므로, <표 4－22>로부터 DN 80으로 된다.

2) 구간 ⓑ의 통기관 관경

기구배수부하단위는 336, 통기관의 길이는 $30 + 12 = 42$ m이므로 <표 4－22>로부터 DN 80이 되지만, 이 통기관은 신정통기관이므로 배수수직관보다 작게 해서는 안되므로 DN 100으로 한다.

4.17 배수 및 통기배관의 설계 및 시공상의 주의점

1 배수배관

(1) 배수관의 종류

배수관을 기능, 구조로부터

① 일반 배수관
② 간접 배수관
③ 우수 배수관

으로 분류할 수 있다. 트랩을 설치하는 일반 배수관 및 간접 배수관에는 통기관을 설치하여 트랩의 봉수를 보호한다.

(2) 일반 배수관의 주의점

배수의 원활한 흐름을 유지하고, 청소·점검 등이 용이하도록 배수관을 다음과 같이 하여야 한다.

1) 배수수평관의 구배

배수수평관에는 배수와 그것에 포함되어 있는 고형물(固形物)을 신속하게 배출하기 위하여, <표 4-4>와 같이 구배를 두어야 한다.

2) 적절한 관이음쇠의 사용

배수관에는 배수용의 관이음쇠를 이용한다. 배수관 이음쇠는 관내면이 매끄럽고, 또한 수평관에는 구배를 둘 수 있는 구조로 되어 있어야 한다.

3) 흐름의 정체가 있는 배관의 금지

막힘, 정체에 따른 부패를 방지하기 위하여 흐름의 정체가 일어날 수 있는 배관을 하여서는 안 된다.

4) 배수수직관에서 관경의 축소 금지

배수수직관의 관경은 최하부부터 최상부까지 동일하게 한다.

5) 배수수평지관의 배수수평주관에의 연결

배수수평지관을 배수수평주관에 연결할 때는 배수수직관 접속부에서 하류로 배수수직관 관경의 10배 이상 떨어진 수평주관에 연결하여야 한다.

6) 옵셋부의 배수수평지관의 접속

배수수직관의 45°를 넘는 옵셋부에 배수수평지관을 연결할 때는 옵셋부의 상부 또는 하부의 600 mm 이내에서 접속해서는 안된다. 그 이유는 45°를 넘는 옵셋 부분은 배수의 흐름이 상당히 혼란스럽고 관내의 압력변동도 크기 때문에, 그 근방에 수평지관을 접속하면 배수의 합류(合流) 장해를 일으켜 배수수평관의 체류나 관내압력의 이상변동에 의해 그 층의 트랩봉수를 파괴하는 등, 악영향을 미치게 되기 때문이다. 그리고 이 경우에 600 mm 이후에 배수수평지관을 접속하더라도 <그림 4－66>의 (a) 또는 (b)와 같이 통기관을 접속하여야만 한다.

또한 <그림 4－67>과 같이 45° 이내의 옵셋 부분에 대해서도 옵셋 상부 또는 하부 600 mm 이내에 배수수평지관의 접속을 금하고 있지만, <그림 4－66>과 같이 규정된 통기관을 설치하는 경우에는 배수수평지관의 접속을 허용하고 있다.

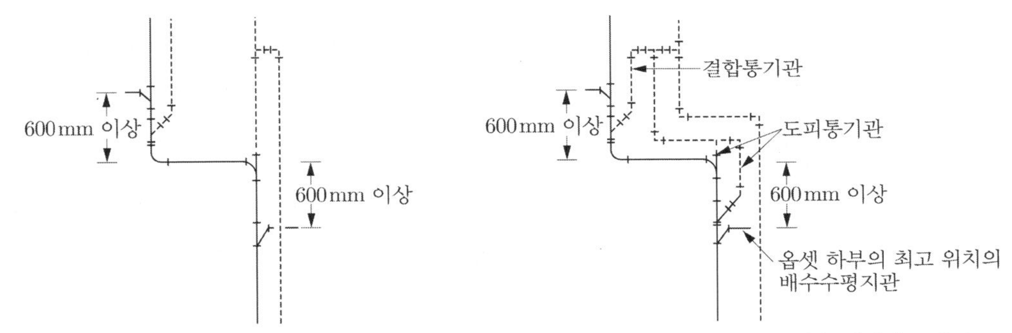

(a) 옵셋부의 상부와 하부를 단독으로 통기하는 방법　(b) 옵셋부에 도피통기관과 결합통기관을 설치하는 방법

〈그림 4-66〉 45°를 넘는 옵셋부의 배수수평지관 접속 및 통기 방법

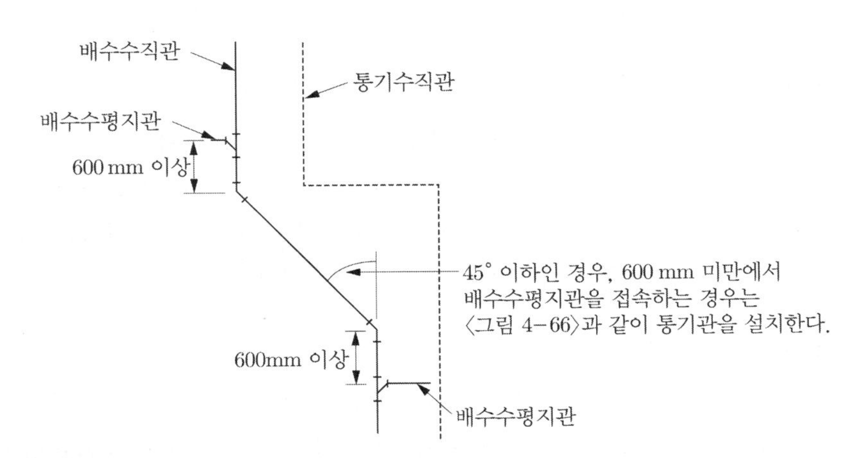

〈그림 4-67〉 45° 이내의 옵셋부의 배수수평지관 접속 및 통기 방법

7) 청소구(C.O, clean out)의 설치

4.10절을 참조하기 바란다.

8) 위생기구 증설용 배수관

장래의 위생기구 증설용 배수관은 캡이나 플러그로 마감한다.

(3) 간접 배수관

4.9절을 참조하기 바란다.

(4) 우수 배수관

4.18절을 참조하기 바란다.

2 통기배관

각 건물 배수관의 통기계통은 하나 이상의 통기관을 건물 밖으로 인출하여야 한다. 통기배관에 있어서는 통기의 목적을 만족시키고, 또한 위생상의 관점에서 통기관을 설치하여야 한다.

(1) 간접배수 및 특수배수

간접배수계통 및 특수배수계통의 통기관은 다른 통기계통에 접속하지 말고 단독으로 대기 중에 개구한다. 또한 이들 배수계통이 2개 이상인 경우에는 그 종류가 다르면 별도의 계통으로 한다(<그림 4-4> 참조).

(2) 각개통기방식 및 루프통기방식

모든 각개 통기관과 통기지관 및 루프통기관은 통기수직관이나 신정 통기관 또는 통기밸브에 연결하거나 대기로 인출하여야 한다(<그림 4-4> 참조).

(3) 배수수직관의 상부

배수수직관의 상부는 연장하여 신정통기관으로 사용하며, 대기 중에 개구한다(<그림 4-4> 참조). 신정 통기관의 관경은 배수수직관의 관경 크기 이상이어야 한다. 신정 통기관은 옵셋을 하여도 되며, 가장 높은 기구의 물 넘침선 위로 150 mm 이상 높게 하여야 한다. 신정통기관은 다른 신정 통기관과 통기 수직관에 연결하여도 된다.

(4) 통기수직관의 상부

통기수직관의 상부는 관경을 축소하지 말고 연장하여야 하며, 그 위쪽 끝은 단독으로 대기 중에 개구하거나, 또는 최고 위치에 있는 기구의 오버플로선보다 150 mm 이상 높은 위치에서 신정통기관에 접속한다(<그림 4-68> 참조).

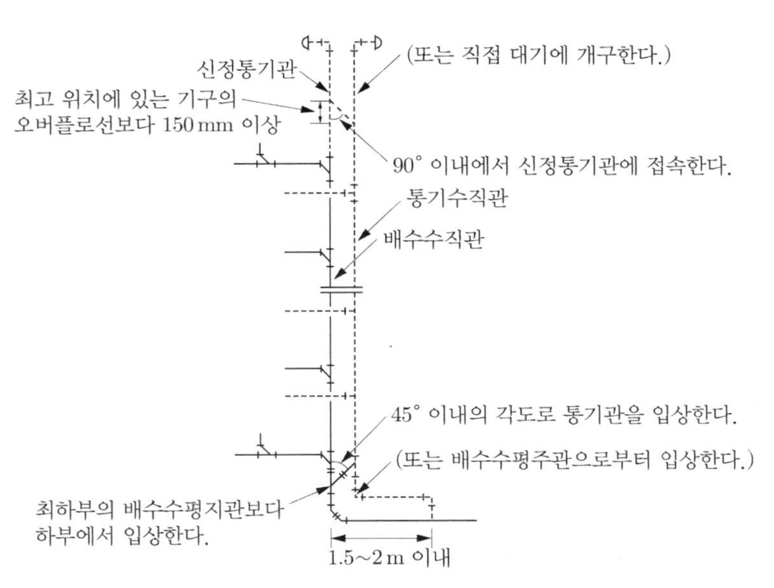

〈그림 4-68〉 배수 및 통기 수직관의 설치

(5) 통기수직관의 하부

통기수직관의 하부는 관경을 축소하지 말고, 최저위치에 있는 배수수평지관보다 낮은 위치에서 배수수직관에 접속하거나 또는 배수수평주관에 접속한다. 배수수평주관에 접속할 경우 배수수직관 접속부에서 하류로 배수수직관 관 지름의 10배 이내의 거리에서 연결하여야 한다(<그림 4-68> 참조).

(6) 통기구

통기구는 통기관의 대기 개구부에 설치하여, 통기관내의 공기의 유출입을 원활히 하는 것이 목적이다. 이를 위해 공기의 흐름이 방해받지 않는 형상이나 크기가 되어야 하며, 또한 해충이나 새 등이 관내에 출입할 수 없는 구조로 하여야 한다.

1) 지붕 위 연장

비바람을 막는 용도의 지붕 밖으로 인출하는 개방통기관은 지붕위로 150 mm 이상 되게 마감하여야 하고, 그 외의 지붕을 외부 기후 보호 이외의 목적으로 사용하는 경우(예를 들면 옥상을 정원, 운동장 및 건조장 등으로 사용하는 경우)에는 통기구를 지붕위로 2 m 이상 인출하여야 한다.

2) 서리 막힘

외기설계온도 97.5% 값이 영하 18℃ 이하인 경우에 지붕이나 벽을 관통하여 연장하는 모든 통기관은 DN 80 이상이어야 한다. 지붕 아래나 벽 안쪽으로 300 mm 이상 지점에서 통기관을 확관하여야 한다.

3) 사용 금지

통기구는 통기구 이외의 다른 목적으로 사용하지 않아야 한다.

4) 통기구의 위치

배수시스템의 외부에 개방되는 통기구는 그 건물이나 인접 건물의 문, 개폐 창문, 공기 흡입구에 인접하지 않아야 하며, 모든 통기구는 개구부 위로 900 mm 이상 높게 설치하거나, 개구부에서 수평으로 3 m 이상 떨어져 설치하여야 한다(<그림 4-69> 참조).

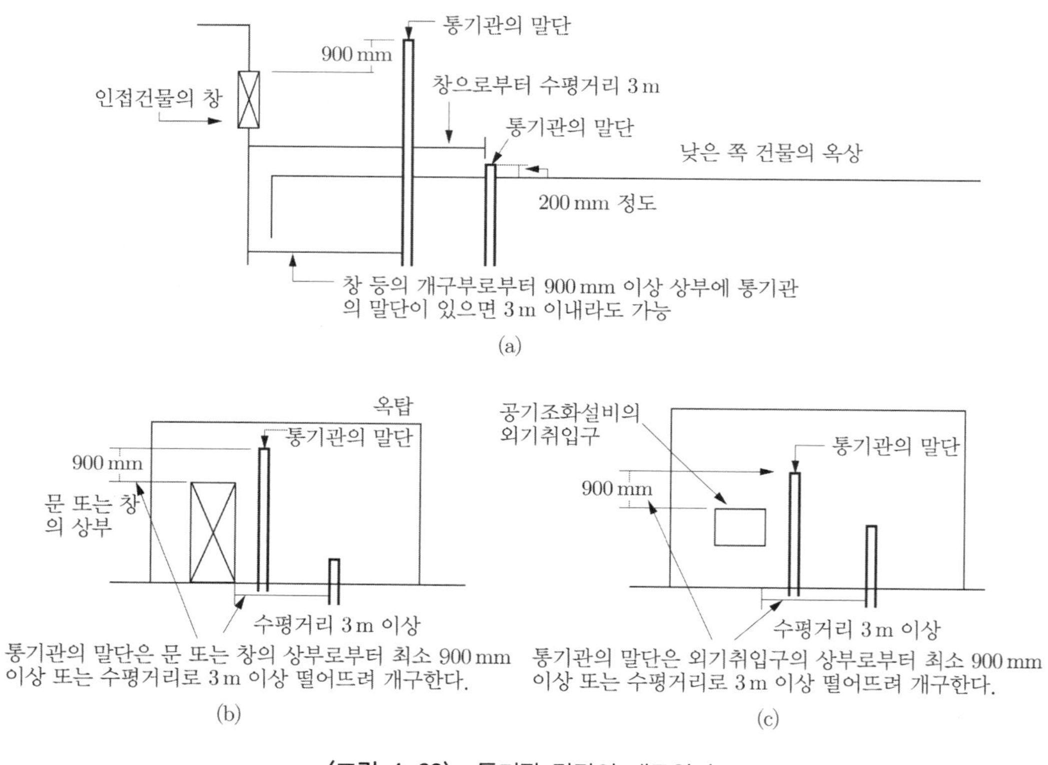

〈그림 4-69〉 통기관 말단의 개구위치

5) 외벽 관통 연장

벽 관통 외부 인출 통기구는 지면 위로 3 m 이상 되게 설치하여야 한다. 통기구를 구조의 처마 밑에 설치하지 않아야 한다. 측벽 통기구는 새나 쥐가 통기관의 개구부로 들어오거나 막지 못하게 보호하여야 한다.

6) 건물 외부 연장 통기관

외기설계온도(97.5% 값)가 영하 18°C보다 낮은 경우, 건물 외부에 설치하는 통기관은 결빙이 생기지 않도록 단열재 등으로 보호하여야 한다.

(7) 통기관의 구배

모든 통기관은 관내의 물방울이 자연유하(自然流下)에 의해서 흐를 수 있도록 구배를 주어 배수관에 연결하여야 하며, 역구배가 되지 않도록 배수관에 접속한다.

(8) 통기관의 취출 방법

배수 수평관으로부터 통기관을 취출할 때는 배수관의 수직 중심선 상부로부터 수직 또는 수직으로부터 45° 이내의 각도로 한다(<그림 4-70> 참조).

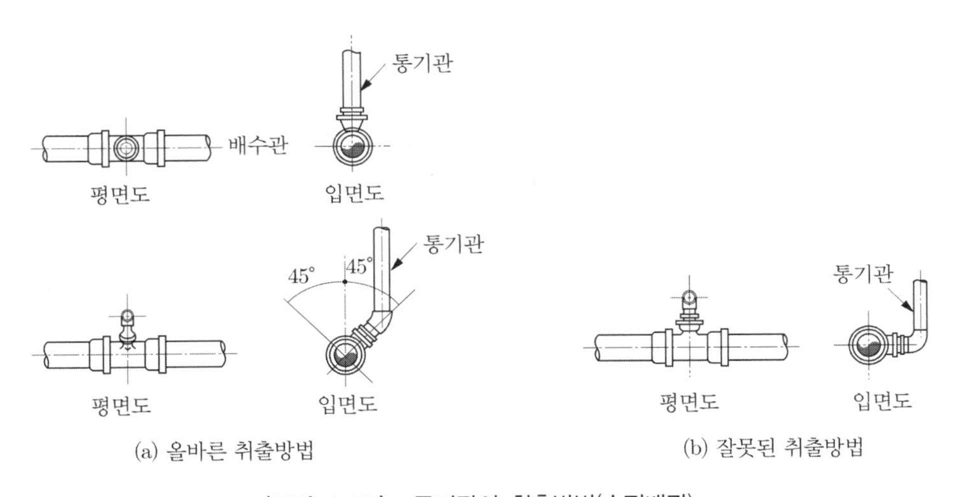

〈그림 4-70〉 통기관의 취출방법(수평배관)

(9) 수직 통기관

모든 건 통기관은 가장 높은 트랩 또는 통기 트랩이 달린 기구의 물 넘침선 위로 150 mm 이상의 지점까지 수직으로 세워야 한다(<그림 4-71> 참조).

(10) 기구 위 통기관 연결높이

통기관과 통기수직관이나 신정통기관은 통기관이 담당하는 가장 높은 기구의 물 넘침선 위로 150 mm 이상 지점에서 연결하여야 한다. 통기 지관이나 도피 통기관 또는 루프 통기관을 구성하는 수평 통기관은 가장 높은 기구의 물 넘침선 위로 150 mm 이상 지점에 위치하여야 한다(<그림 4-72> 참조).

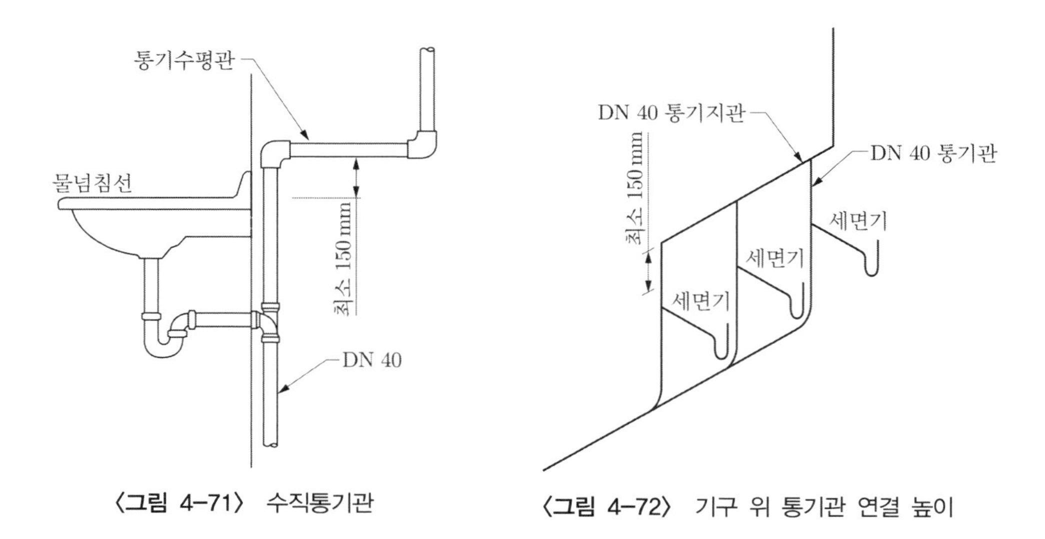

〈그림 4-71〉 수직통기관 〈그림 4-72〉 기구 위 통기관 연결 높이

(11) 통기수평관의 위치

<그림 4-73>과 같이 수평통기관은 그 층의 최고 위치에 있는 위생기구의 오버플로 면으로부터 적어도 150 mm 이상 높은 위치에서에서 수평 배관한다. 그리고 어쩔 수 없이 이 이하의 높이, 즉 바닥 밑에서 수평 배관해야 되는 경우(<그림 4-74>)라도 다른 통기지관 혹은 통기수직관에 접속하는 높이는 150 mm 이상으로 해야 한다. 또한 이 경우에 바닥 밑 통기수평관은 가능한 한 급구배를 취하도록 한다.

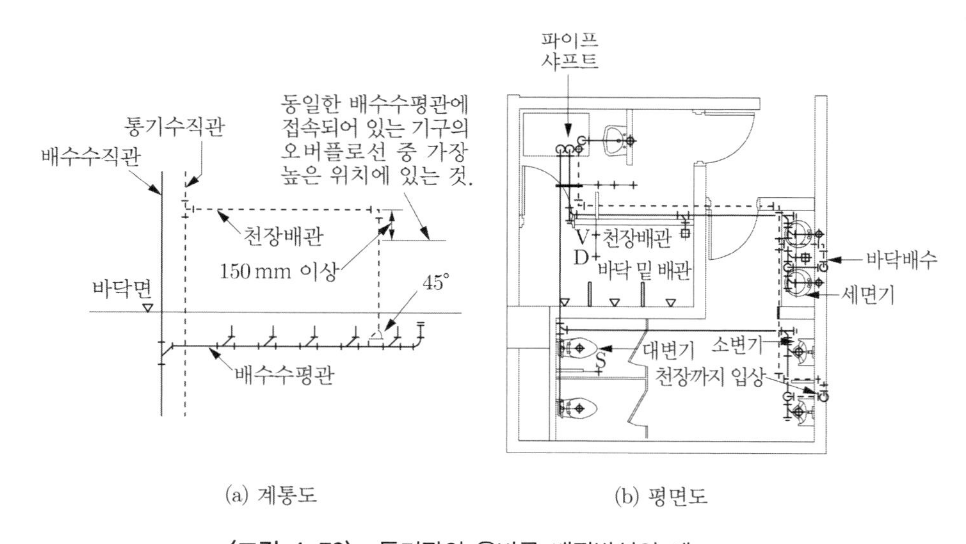

(a) 계통도 (b) 평면도

〈그림 4-73〉 통기관의 올바른 배관방식의 예

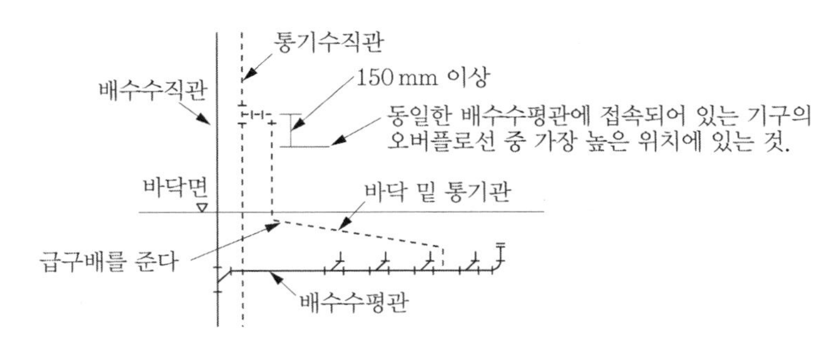

〈그림 4-74〉 어쩔 수 없는 경우의 바닥 밑 통기배관

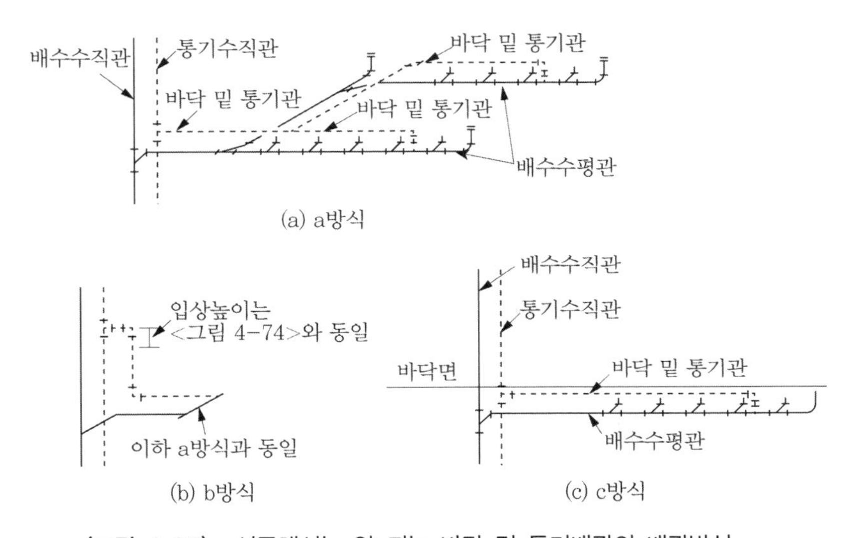

〈그림 4-75〉 시공해서는 안 되는 바닥 밑 통기배관의 배관방식

<그림 4-75>는 좋지 못한 통기배관의 시공 예이다. (a) 및 (b) 방식은 바닥 밑에서 통기관끼리 접속하지만 한쪽의 배수관이 막힌 경우, 오수가 통기관 내에 유입하고 또한 다른 배수관내에도 유입되어 배관이 막힌 사고를 늦게 발견할 위험성이 있다. 또한 (a), (b) 및 (c)의 각 방식 모두 배수관이 막힌 경우, 오수가 통기관 내에 유입하여 통기관을 막히게 할 위험성이 있기 때문에 채용해서는 안 되는 방식이다.

(12) 배수수직관의 옵셋부의 통기

1) 옵셋부에서는 배수의 흐름이 복잡하고, 압력변동이 크게 발생하기 쉽기 때문에, 옵셋 위로 5 이상의 브랜치 간격이 있는 경우에는 배수수직관의 수평 옵셋에 통기를 한다. 배수수직관의 상부구간과 하부구간에서 통기하여 옵셋이 통기되도록 한다. 통기는 다음과 같은 통기방식을 취한다.

<그림 4-66>과 같이 배수수직관의 옵셋에서 수직에 대해 45°를 넘는 경우는 다음의 ①, ②에 적합한 통기관을 설치한다. 다만 최저부의 배수수평지관보다 하부의 옵셋인 경우는 제외한다.

① 배수수직관의 옵셋 상부와 하부로 분할하여 통기를 하는 경우는, 각각 단독인 배수수직관으로서 통기관을 설치한다.

② 옵셋 하부의 배수수직관의 입상 연장부분 또는 옵셋 하부의 배수수직관에 접속되는 최고 위치에 있는 배수수평지관보다 윗쪽 부분에는 도피통기관을 설치하고, 옵셋 상부 부분에는 결합통기관을 설치한다.

2) <그림 4-67>에서와 같이 수직에 대해서 45° 이하인 옵셋에서는 옵셋의 상부보다 위쪽 또는 하부보다 아래쪽에 각각 600 mm 이내에서 배수수평지관을 접속하는 경우도 상기 1)에 의한 통기관을 설치한다.

(13) 위생 기구 증설용 통기관

장래 기구증설을 위해 배수관을 가설치 하는 경우, 통기관용 가설치 연결배관을 설치한다. 통기관의 관 지름은 담당 가설치 배수관 관 지름의 1/2 이상으로 한다. 가설치 통기관은 통기 시스템에 연결하여야 한다.

(14) 외벽면을 관통하는 통기관의 말단은 통기기능을 저해하지 않는 구조로 한다.

(15) 통기관의 말단을 깃대 또는 TV안테나 또는 그와 유사한 목적으로 사용해서는 안 된다.

4.18 우수배수

건물의 옥상이나 부지에 내린 우수(빗물)는 신속히 배출하여 건물이나 부지에 손해를 주지 않도록 하여야 한다.

1 건물의 우수배수

건물에 내린 우수는 <그림 4-76>과 같이 루프 드레인(roof drain), 우수 수직관, 우수 수평주관, 트랩 등을 통과하여 하수도 또는 하천에 방류된다.

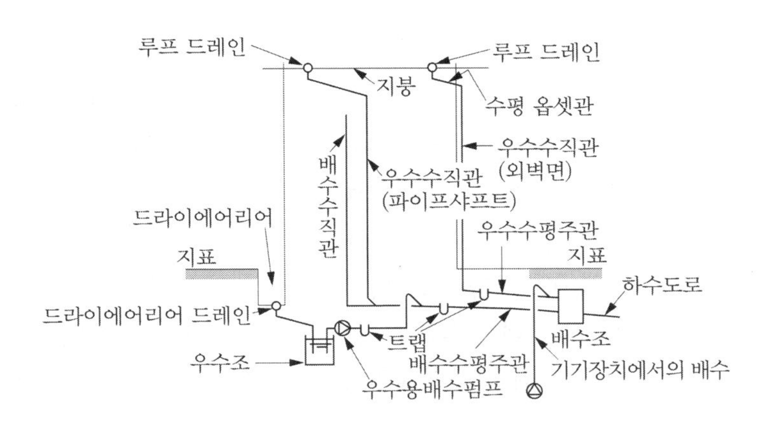

〈그림 4-76〉 우수배수 계통도

(1) 루프 드레인

루프 드레인은 옥상에 내린 우수를 신속히 배출하기 위하여 설치한다. 또한 발코니 및 드라이어에리어(dry area) 등에도 루프 드레인을 설치한다. 루프 드레인은 지붕과의 방수조합이 간단·확실하고 토사나 먼지가 흘러 들어와 모여도, 우수배수에 지장이 없는 구조로 충분한 통수면적(通水面積)을 가져야만 한다. 루프 드레인의 스트레이너에는 평형(平型), 입형(立型), L형, 중계형 등이 있으며, 지붕의 용도, 구조 및 설치 위치 등에 의해 적절한 것을 선택한다.

<그림 4-77>에는 평지붕용 루프 드레인(KS F 4522)을 나타내었다.

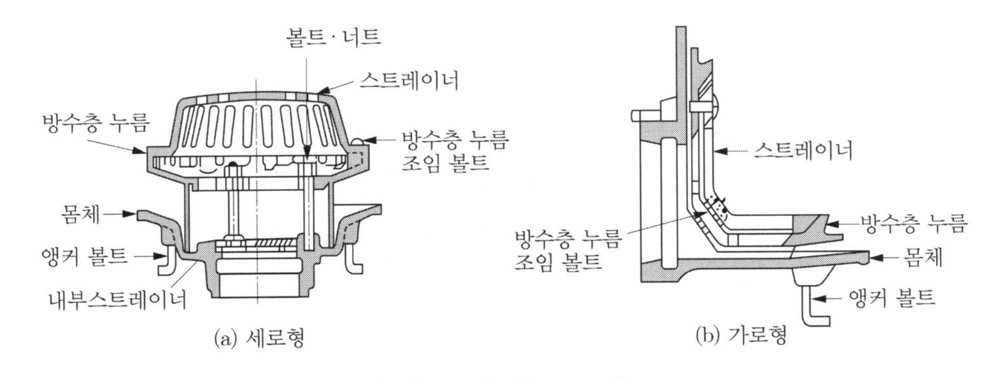

〈그림 4-77〉 루프 드레인

<그림 4-76>에서 루프 드레인과 우수 수직관의 연결은 수평 옵셋 배관을 하는데, 그 이유는 우수 수직관을 직접 루프 드레인에 접속하면 기온의 변화나 건축 구조 등의 변형으로 인하여 방수층이나 비막이가 파손되는 것을 방지하기 위한 것이다. 또한 마찬가지 원인에 의하여 우수 수직관에 신축이 발생하여 루프 드레인에 영향을 미치지 않게 하기 위하여 신축이음, 슬리브 등을 설치한다.

(2) 우수 수직관

우수 수직관은 <그림 4−76>에서와 같이 건축물 내의 파이프 샤프트 내에 배관하는 경우와 외벽면을 따라 배관하는 경우가 있으며, 절대로 콘크리트 내 등에 매설배관해서는 안 된다. 그 이유는 보수, 점검 등이 어렵기 때문이다. 또한 우수 수직관은 우수만의 전용관으로 설치하고, 오수배수관 혹은 통기관과 겸용 또는 접속해서는 안 된다. 이것은 우수 수직관에 오수관이나 일반 배수관을 연결하였을 때, 수직관이 막힌 경우에 우수가 배수기구로 넘쳐 나오거나 기구트랩의 봉수를 파괴할 수 있기 때문이다. 그리고 우수 수직관과 통기관을 접속하면, 강우시에 통기관내의 공기의 유통을 방해하여 관내의 압력상승을 초래하게 되기 때문이다.

(3) 우수수평주관

우수수평주관은 원칙적으로 단독으로 옥외우수관 또는 옥외배수관에 접속한다. 다만 부득이 한 경우, 옥내에서 합류식 배수수평주관에 접속하는 경우는 Y자관을 수평으로 사용함과 동시에 배수수직관의 접속점으로부터 적어도 3m 하류에서 접속하는 것이 바람직한데, 그 이유는 강우시에 일반배수계통의 기압변동을 완화시키기 위한 것이다(<그림 4−78> 참고).

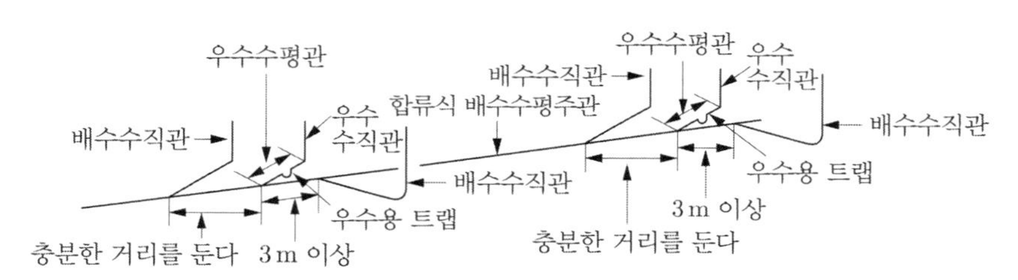

(a) 우수관마다 우수용 트랩을 설치하여 접속하는 방법

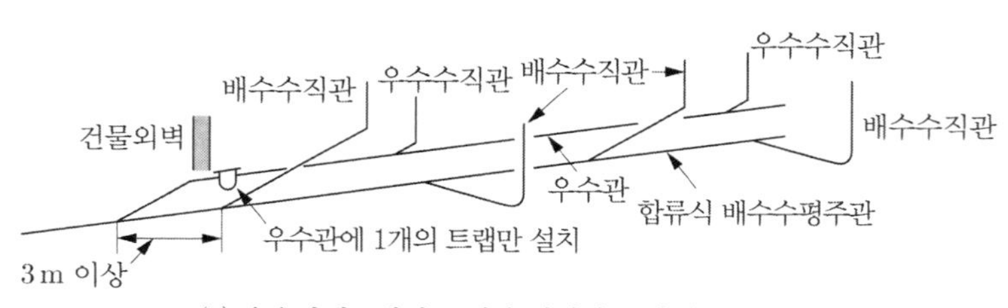

(b) 우수관에 1개의 트랩만 설치하는 방법

〈그림 4-78〉 옥내에서 우수관을 배수관에 접속하는 경우

(4) 트랩

우수배수관(우수 수직관 제외)을 오수배수를 위한 배관설비에 연결하는 경우는, 우수배수관에 배수트랩을 설치하여야 한다. 그 방법은 우수관마다 배수트랩을 설치하는 경우[<그림 4−78>의 (a)]와 우수관만을 모은 후 한 곳에 배수트랩을 설치하는 경우[<그림 4−78>의 (b)]가 있다. 우수용 배수트랩에는 일반적으로 U트랩과 트랩 챔버(trap chamber)가 있으며,

옥내용은 U트랩을, 옥외용은 U트랩 또는 트랩 챔버가 이용된다.

U트랩을 이용하는 경우, 배수트랩의 구경은 여기에 연결하는 관경과 동일한 관경으로 한다. 또한 우수용 배수트랩에는 점검이 용이하고 청소가 쉬운 곳에 청소구를 설치한다(<그림 4－79> 참조). <그림 4－80>에는 우수배수관을 오수배수관에 접속하기 직전에 설치하는 트랩 챔버의 예를 나타내었다.

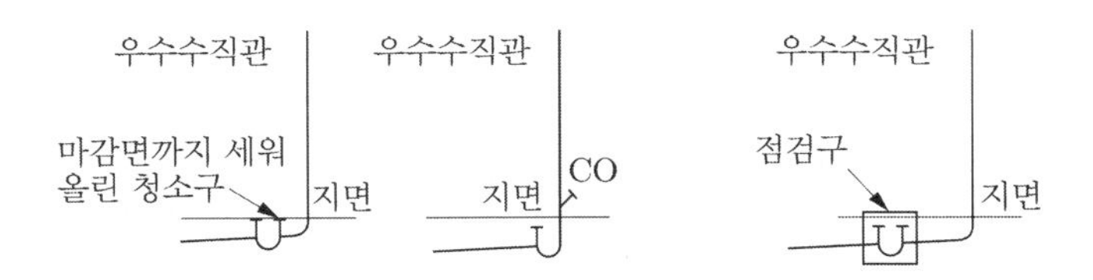

〈그림 4-79〉 우수용 배수트랩(U트랩)의 설치위치의 예

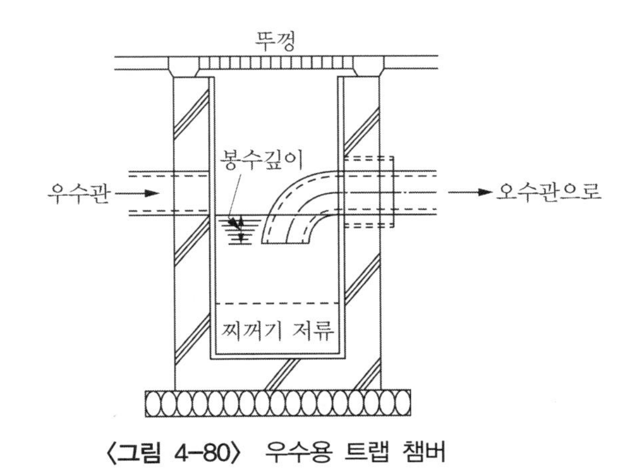

〈그림 4-80〉 우수용 트랩 챔버

(5) 우수용 배수조 및 펌프

<그림 4－76>에 나타내었듯이 드라이 에어리어의 우수나 건물의 용수(湧水)가 자연구배 상태로는 공공 하수도 등에 배출되지 못하는 경우, 우수 배수조(배수탱크)에 모은 후 펌프로 배출한다. 이 경우, 펌프의 용량은 우수만을 취급하는 경우는 1시간 최대강우량의 1.2배 정도, 용수만을 취급하는 경우는 장래의 변동을 고려하여 실측치(實測値)의 2배 정도로 한다. 우수 배수조의 유효용량은 펌프용량의 10분간 이상으로 한다.

2 부지의 우수배수

부지에 내린 우수는 지대가 낮은 인근지역이나 도로 등에 유출되지 않도록 한다. 또한 부지의 우수배수는 부지의 사용에 지장을 주거나 축대가 붕괴되는 것을 방지하기 위해서도 신속히 제거해야 한다.

3 우수 배수관경의 결정

(1) 관경 결정시 기초사항

건물에 내린 우수는 신속히 배출하여야 하기 때문에, 우수관의 관경결정은 각 지방의 최대 강우량과 지붕면적에 의해 구한다. <표 4-25>에 우리나라 주요지역의 강우량을 나타내었다.

〈표 4-25〉 우리나라 각 지역의 시간당 최대 강우량

지명	강우량 [mm/h]	연월일	지명	강우량 [mm/h]	연월일	지명	강우량 [mm/h]	연월일	지명	강우량 [mm/h]	연월일
속초	56.8	1986 8 21	충주	56.5	1988 8 6	통영	64.0	2002 8 15	천안	90	1976 8 14
철원	69.5	2003 8 6	서산	63.0	2010 8 18	목포	48.4	1933 8 17	부여	116	1999 9 10
동두천	86.0	1998 8 6	울진	42.0	1975 8 13	여수	70.3	1993 8 21	금산	75	1977 8 8
문산	52.5	2010 8 5	청주	64	2005 8 19	진도	57.0	2008 8 22	부안	82.5	1983 8 18
대관령	67.5	2002 8 31	대전	65.1	1998 8 10	제주	100.2	1986 8 18	정읍	81.5	2005 9 1
춘천	55.6	1970 8 15	안동	65.5	2010 8 13	서귀포	60.0	1985 8 9	남원	68	1988 7 14
백령도	59.5	2009 8 26	상주	45.0	2010 8 31	진주	80	1970 8 7	순천	14.5	1998 7 31
강릉	100.5	2002 8 31	포항	89.5	2005 8 25	강화	123.5	1998 8 6	장흥	95.5	2000 8 4
동해	57.0	2002 8 31	군산	64.0	2010 8 13	양평	76.5	1998 8 8	영주	86	1978 8 16
서울	118.6	1942 8 5	대구	76.8	1939 8 13	이천	57	1990 8 8	구미	47.5	2004 8 4
인천	103.3	1953 8 13	전주	109.6	1951 5 26	인제	86	1998 8 6	밀양	70	1998 9 30
원주	79.5	1976 8 13	울산	76.7	1993 8 21	홍천	74	2002 8 26	거제	96.5	2001 7 5
울릉도	73.0	1978 8 3	마산	86.6	1999 7 30	태백	57.5	1999 8 2	남해	112.5	1993 8 21
수원	64.2	1986 8 11	광주	86.5	2008 8 8	제천	92.5	2007 8 5			
영월	76.0	2007 8 5	부산	106.0	2008 8 13	보은	95	1998 8 12			

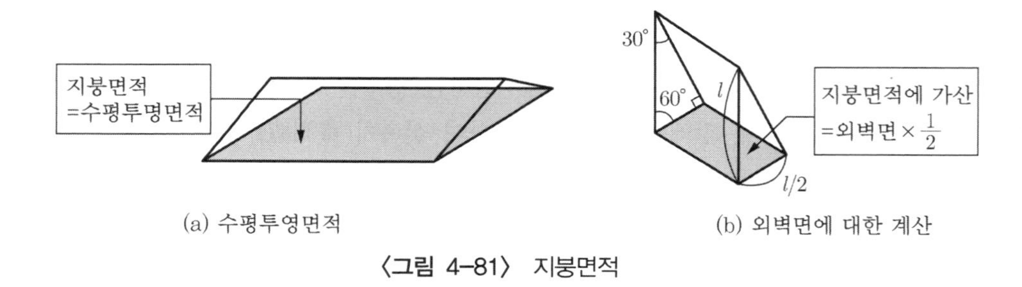

(a) 수평투영면적 (b) 외벽면에 대한 계산

〈그림 4-81〉 지붕면적

① 지붕면적은 단순한 지붕면적이 아니고, <그림 4-81>과 같이 수평한 투영면적으로 환산하여 구한다. 수직외벽면에 있어서의 수평투영면적은 수직면에 대하여 30°의 각도로 비가 내리는 것으로 하여, 수직외벽면의 50%를 수평투영면적으로 구한다. 즉, 옥탑층의 외

벽면은 그 면적의 $\frac{1}{2}$을 지붕면적에 가산하며, 또한 드라이 에어리어의 강우면적은 드라이 에어리어의 면적에 옥상까지 비에 젖는 외벽면의 $\frac{1}{2}$을 가산하여 구한다.

② 계산에 이용하는 최대 강우량은 실정에 맞는 값을 사용하여야 하겠지만, 관경의 결정은 일반적으로 강우량 100 mm/h일 때 허용지붕면적을 기초로 하고 있다(<표 4－26> 및 <표 4－27>).

〈표 4-26〉 우수 수직관의 관경

(a) 원형관

(강우량 100 mm/h)

관경[DN]	허용 최대 지붕면적[m^2]
50	67
80	204
100	427
125	804
150	1,254
200	2,694

㈜ 1) 지붕면적은 수평투영 면적으로 한다.
2) 허용 최대 지붕면적은 강우량 100 mm/h를 기초로 하여 산출한 것이다. 따라서 그 이외의 강우량에 대하여는 표의 값에 $\left(\frac{100}{\text{해당지역의 최대강우량}}\right)$을 곱해서 산출한다.

(b) 사각형 관

(강우량 100 mm/h)

우수 수직관의 크기 폭×길이[mm][a]	허용 최대 지붕면적[m^2]
45 × 65	79
50 × 75	129
70 × 100	298
75 × 100	307
90 × 100	369
90 × 125	495
95 × 120	510
95 × 130	593
90 × 150	645
100 × 150	766
150 × 150	1,029
200 × 200	2,334

㈜ a) 크기는 사각 배관의 개구부의 공칭 가로 × 세로를 나타낸다.
1) 지붕면적은 수평투영 면적으로 한다.
2) 허용 최대 지붕면적은 강우량 100 mm/h를 기초로 하여 산출한 것이다. 따라서 그 이외의 강우량에 대하여는 표의 값에 $\left(\frac{100}{\text{해당지역의 최대강우량}}\right)$을 곱해서 산출한다.

〈표 4-27〉 우수 수평관의 관경 (강우량 100 mm/h)

우수 수평관의 관경 [DN]	허용 최대 지붕면적[m^2]		
	배관구배		
	1/25	1/50	1/100
80	153	108	76
100	349	246	167
125	621	438	310
150	994	701	497
200	2,137	1,514	1,068
250	3,846	2,713	1,923
300	6,187	4,366	3,094
375	11,055	7,804	5,063

주 1) 지붕면적은 수평투영 면적으로 한다.
2) 허용 최대 지붕면적은 강우량 100 mm/h를 기초로 하여 산출한 것이다. 따라서 그 이외의 강우량에 대하여는 표의 값에 $(\frac{100}{\text{해당지역의 최대강우량}})$을 곱해서 산출한다.

최대강우량이 100 mm/h가 아닌 경우에 대해서는 다음 식으로부터 100 mm/h일 때의 지붕면적으로 환산하여 관경을 구한다.

$$(100\text{ mm/h 이외인 경우의 지붕면적}) \times \frac{\text{해당 지역의 최대강우량[mm/h]}}{100\text{ mm/h}} \cdots\cdots\cdots (4-5)$$

(2) 우수 수직관의 관경 결정

우수 수직관의 관경 결정은 <표 4-26>으로부터 구한다. <표 4-26>에서 관경은 최대강우량 100 mm/h일 때 유수단면적이 배관단면적의 35%가 되도록 하여 구한 값이다. 최대강우량이 100 mm/h가 아닌 경우에는 식 (4-5)를 이용하여 환산 지붕면적을 구하고, <표 4-26>으로부터 관경을 구한다.

(3) 우수수평관의 관경 결정

우수수평지관 및 우수 수평주관은 허용최대 지붕면적과 배관구배를 이용하여 <표 4-27>에서 구한다. <표 4-27>에서 관경은 최대강우량 100 mm/h일 때의 값이다. 최대강우량이 100 mm/h가 아닌 경우에는 식 (4-5)를 이용하여 환산 지붕면적을 구하여, <표 4-27>로부터 관경을 구한다.

(4) 연속적 배수를 받아들이는 우수수평관의 관경 결정

<그림 4-76>에서와 같이 펌프, 공기조화기, 각종 장치 등에서의 연속적 또는 간헐적으로 배수를 받아들이는 우수수평관 및 우수수평주관의 관경은 그 배수량을 지붕면적으로 환산하여

우수관의 지붕면적에 가산하고, <표 4-27>을 이용하여 관경을 구한다. 배수의 환산값은 다음과 같이 하여 구한다.

① 최대강우량이 100 mm/h인 경우에는 식 (4-6)과 같이 연속적 또는 간헐적으로 받아들이는 배수량 3.8 L/min을 2.23 m^{2}으로 환산한다.

$$\text{환산지붕면적}[\mathrm{m}^2] = \frac{2.23\ \mathrm{m}^2 \times \text{배수량}[\mathrm{L/min}]}{3.8\ \mathrm{L/min}} \quad \cdots\cdots (4-6)$$

② 최대강우량이 100 mm/h가 아닌 경우에는 식 (4-7)에서 2.23 m^{2}을 보정하여 식 (4-6)에서 환산지붕면적을 구한다.

$$2.23\ \mathrm{m}^2\text{의 보정값}[\mathrm{m}^2] = 2.23\ \mathrm{m}^2 \times \frac{100}{\text{해당지역의 최대강우량}} \quad \cdots\cdots (4-7)$$

(5) 합류식 배수수평주관의 관경

우수수평관 또는 우수 수평주관이 합류하는 배수수평주관 또는 부지배수관의 경우에는 우수관의 지붕면적을 기구배수 부하단위수(DFU)로 환산하여 배수관에 가산하고, <표 4-21>을 이용하여 배수수평주관 또는 부지배수관의 관경을 구할 수 있다. 우수관의 지붕면적을 기구배수 부하단위수(DFU′)로의 환산은 다음과 같이 한다. 또한 <표 4-28>에도 나타내었다.

〈표 4-28〉 지붕면적 ↔ 기구배수부하단위수의 환산

<table>
<tr><td rowspan="3">기구배수부하단위법</td><td colspan="2">강우량 100 mm/h에 있어서 지붕면적 93 m^{2}까지는 그것에 상당하는 기구배수부하단위는 256으로 하며, 93 m^{2}를 넘는 경우는 초과분에 대해 0.36 m^{2}마다 1기구배수부하단위로 한다.</td></tr>
<tr><td>지붕면적 → 기구배수부하단위수로의 환산</td><td>기구배수부하단위수 → 지붕면적으로의 환산</td></tr>
<tr><td>$A \times \frac{h}{100} \leq 93$의 경우에는
$DFU' = 256$
$A \times \frac{h}{100} > 93$의 경우에는
$DFU' = 256 + \left(A \times \frac{h}{100} - 93\right)/0.36$
$DFU + DFU'$ 하여 <표 4-21>로부터 구한다.</td><td>$DFU \leqq 256$의 경우에는 $A' = 93$
$A' = 93$
$DFU > 256$의 경우에는
$A' = 93 + 0.36(DFU - 256)$
$\left(A \times \frac{h}{100}\right) + A'$ 하여 <표 4-27>로부터 구한다.</td></tr>
<tr><td colspan="3">A : 지붕면적, m^2
DFU : 기구배수부하단위수, DFU
h : 그 지역의 최대 강우량, mm/h
93의 단위 : m^2
256의 단위 : DFU
A' : 기구배수부하단위를 환산한 지붕면적, m^2
DFU' : 지붕면적을 환산한 기구배수부하단위수, DFU
0.36의 단위 : m^2/DFU
100의 단위 : mm/h</td></tr>
</table>

㈜ 본 표는 강우량 100 mm/h로 환산하여 계산하는 법이다.

① 최대강우량이 100 mm/h인 경우에는 지붕면적 93 m^2까지를 환산기구배수 부하단위수(DFU') 256으로 한다.

$$\text{지붕면적 } 93\ m^2 \text{ 이하일 때 환산 } DFU' = 256 \quad \cdots\cdots (4-8)$$

② 최대강우량이 100 mm/h이고, 지붕면적이 93 m^2 이상인 경우에는 0.36 m^2 초과할 때마다 기구배수 부하단위수(DFU')를 1씩 가산한다.

$$\text{지붕면적 } 93\ m^2 \text{ 이상일 때 환산 } DFU' = 256 + \frac{\text{지붕면적}[m^2] - 93\ m^2}{0.36\ m^2} \quad (4-9)$$

③ 최대강우량이 100 mm/h이 아닌 경우에는 93 m^2 및 0.36 m^2를 식 (4-10) 및 (4-11)과 같이 보정한 후, 식 (4-8) 또는 식 (4-9)를 이용하여 환산 DFU'를 구한다.

$$93\ m^2\text{의 보정값}[m^2] = \frac{93\ m^2 \times 100}{\text{그 지역의 최대강우량}} \quad \cdots\cdots (4-10)$$

$$0.36\ m^2\text{의 보정값}[m^2] = \frac{0.36\ m^2 \times 100}{\text{그 지역의 최대강우량}} \quad \cdots\cdots (4-11)$$

또한 기구배수부하단위수를 지붕면적으로 환산하는 경우도 있으며, 이들 관계를 <표 4-28>에 나타내었다.

예제 4.6

〈그림 4-82〉에 나타낸 우수배수계통을 갖는 건물이 있다. 다음 조건하에서 우수관 ⓐ~ⓓ의 관경을 결정하시오.

조건

① 최대강우량은 120 mm/h이다.
② 옥상의 루프드레인은 집수면적(集水面積)을 동일하게 나누어 갖는 것으로 한다.

풀이 루프드레인 ①이 담당하는 면적은 $20 \times 60 \times \frac{1}{3} = 400\ m^2$이다.

최대강우량은 120 mm/h이기 때문에, 강우량 100 mm/h로 환산한 경우의 지붕면적은 $400\ m^2 \times \frac{120}{100} = 480\ m^2$으로 된다. 수직관 ⓐ의 관경은 <표 4-26>으로부터 DN 125가 된다.

수평주관 ⓑ의 관경은 <표 4-27>로부터 DN 150으로 된다. 루프드레인 ②가 담당하는 면적은 $(20 \times 60 + 20 \times 60 \times \frac{1}{2}) \times \frac{1}{3} = 600\ m^2$이다.

최대강우량은 120 mm/h이기 때문에, 강우량 100 mm/h로 환산한 경우의 지붕면적은 $600\ m^2 \times 1.2 = 720\ m^2$가 되며, 수직관 ⓒ의 관경은 <표 4-26>으로부터 DN 125가 된다. 또한 수평주관 ⓓ의 관경은 <표 4-27>로부터 DN 200으로 된다.

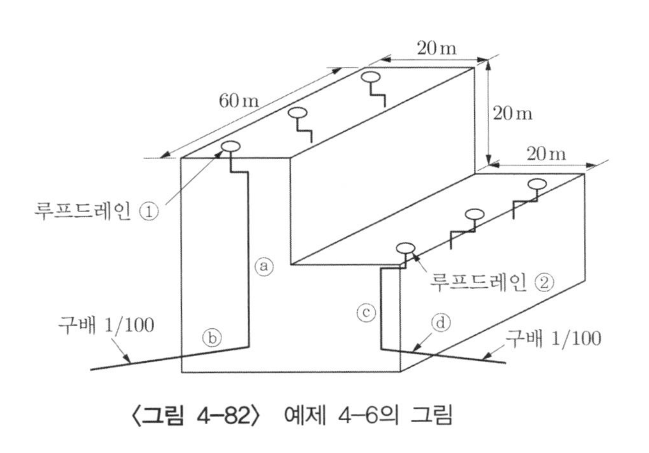

〈그림 4-82〉 예제 4-6의 그림

4.19 배수 및 통기배관의 검사 및 시험

건물 내에서 위생적인 환경을 유지하기 위해서는 사용한 물은 신속히 건물 밖으로 배출하여야만 한다. 건물 내의 배수계통에서의 시공시 부주의 및 시공이 불완전한 경우에 발생하는 하자로는, 배관이나 이음부 등에서의 누수나 관의 막힘에 따른 역류, 역구배 등의 배관 형태에 따른 역류 및 이것으로 인한 취기나 이음쇠부의 불완전 접합 등에 의한 배수관에서의 취기 등이 가장 많다. 건물 인도 후에 발생하는 누수는 급수계통의 누수와 같은 형태로 건물이나 비품 등에 막대한 손상을 줄 뿐만 아니라 비위생적이며, 또한 취기도 발생시켜 인체에도 악영향을 미치는 결과가 된다. 따라서 이와 같은 사태를 방지하기 위해서는 건물 내 오수·잡배수·통기관의 배관공사 일부 또는 전부를 완료한 때에는 만수시험 또는 기압시험을 하며, 또 위생기구 등의 설치가 완료된 후에는 모든 트랩에 물을 채운 후, 오수, 잡배수, 통기배관계통에 연기시험 또는 박하시험을 한다. 또 오수, 잡배수, 통기배관 계통의 전부를 완료하고, 또 연기시험 또는 박하시험도 완료한 후에는 통수시험을 하여야 한다.

(1) 만수시험

배수, 통기계통에서 실시하고 있는 만수시험은 배수관에서의 누수 및 통기관에서의 취기의 누설방지를 목적으로 하며, 배관공사의 일부 또는 모든 것을 완료한 시점에서 기구를 설치하기 전에 하는 시험으로서 다음과 같이 하며, <그림 4-83>에 시험방법을 예시하였다.

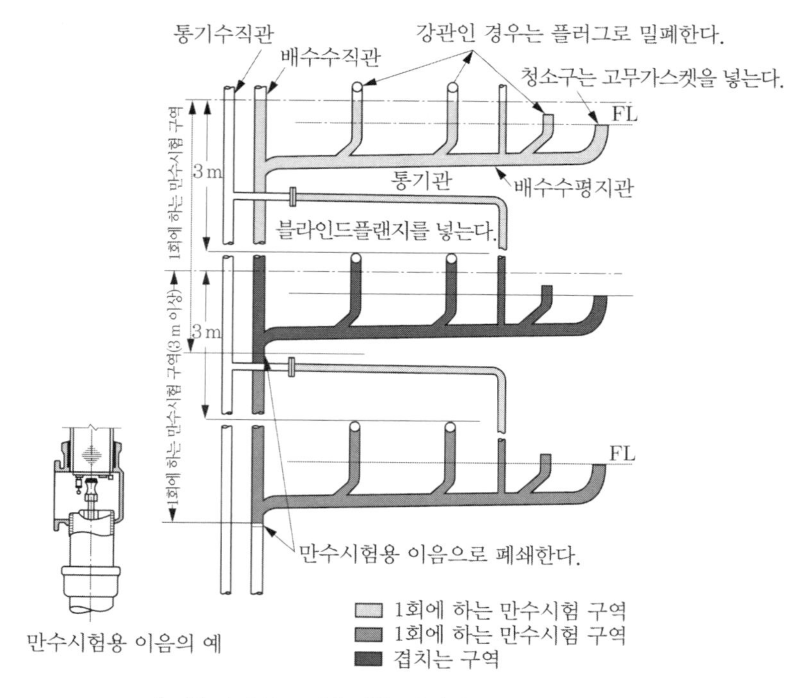

〈그림 4-83〉 만수시험 방법의 요령도

① 시험을 시작할 때는 물막음 부속과 물막음 플러그 등이 필요하기 때문에 배관 시공시에 시험구획을 계획하고, 배수수직관에는 만수시험용의 부속을, 통기관에는 플랜지를 설치하여 둘 필요가 있다.

② 시험 대상부분의 최고위치의 개구부를 제외한 기타 개구부는 밀폐한 후, 관내의 누수의 유무를 검사하여야 한다.

③ 시험수두는 최소 30 kPa로 하며, 유지시간은 최소 30분으로 한다.

④ 부분시험의 경우에는 계통 중 최고위치로부터 3 m까지 배관을 연장 설치하여, 배관의 어느 부분도 30 kPa 미만의 수두가 되지 않도록 한다. 부분시험의 최고 개구부 이하 3 m까지는 그 다음 상위 부분시험 대상에 포함시켜 최소 30 kPa의 수두를 유지하여 재시험을 한다.

⑤ 누수의 유무를 검사하여 누수가 있으면 그 부분을 고치고 나서 다시 검사한다.

(2) 기압시험

기압시험은 배수 및 통기계통에서 만수시험을 할 수 없는 경우에 공기압에 의해 하는 시험으로서, 만수시험과 같이 배수관에서의 누수 및 통기관에서의 취기누설방지를 목적으로 하고 있으나, 시험시에 누수 개소의 발견은 비눗물을 도포하여 발포의 유무를 조사하기 때문에 만수시험보다도 상당한 노력을 필요로 한다. 시험방법은 다음과 같다.

공기압축기 또는 시험기를 배수관의 적절한 개소에 접속하고, 개구부를 모두 밀폐한 후, 배관 내에 공기압을 걸어 공기의 누설 유무를 검사해야 한다. 이때의 시험압력은 최소 35 kPa 또는 250 mmHg로 하고, 그 유지시간은 최소 15분으로 하여야 한다.

(3) 연기시험

위생기구 등의 설치가 완료된 후에는 연기시험 또는 박하시험을 할 필요가 있다. 이것은 전에 시험완료한 통수시험으로는 확인하기 어려운 부분 및 배수관의 기구접속부나 통기관의 누설, 트랩의 봉수성능을 최종적으로 확인하는 시험이다.

시험 실시상의 문제점으로서는 누설점검에 많은 인원을 필요로 하는 점, 누설이 많은 경우에는 유효하지만 누설이 적은 경우에는 발견이 어려운 점, 실시 시기에 대한 건축과의 공정적인 문제점, 건물 규모와 발연통의 개수가 불명확한 점, 그리고 다소 비용이 드는 점 등을 들 수 있다. <그림 4-84>에는 연기 시험방법을 예시하였다.

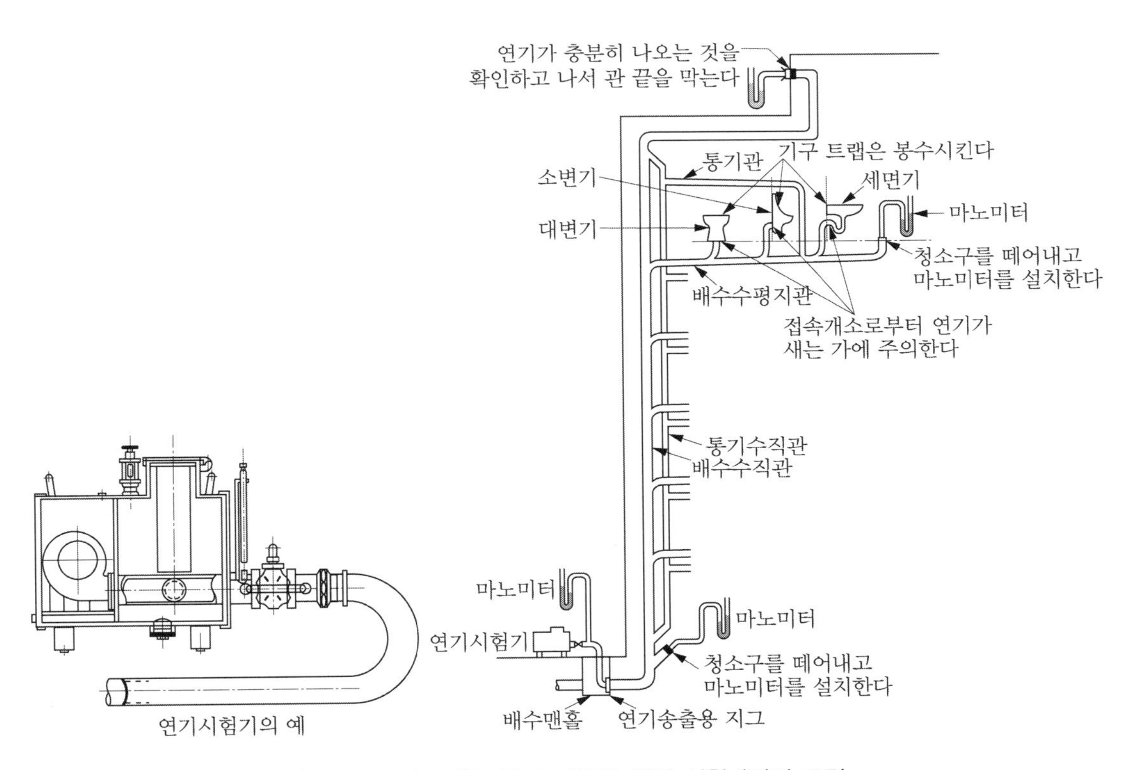

〈그림 4-84〉 배수·통기 계통의 연기 시험방법의 요령

① 시험 대상 부분의 모든 트랩을 봉수한 후, 1개 또는 여러 개의 연기발생기를 사용하여 그 계통에 자극성이 짙은 연기를 송입하여, 연기가 계통 내에 충분히 퍼지고 수직관 정부(頂部)의 통기구에서 연기가 상승하는 것을 확인한 후, 그들 통기구를 밀폐하고 시험수두를 높여서 연기가 새는가를 검사하여야 한다.

② 시험수두는 최소 250 Pa로 하고, 그 유지시간은 원칙으로 최소 15분으로 한다.

(4) 박하시험

박하시험은 연기시험과 동등한 시험이지만, 연기 대신에 박하유를 이용하는 시험이다. 따라서 중요한 시험이지만, 시험을 하고 있는 사람의 후각을 마비시킬 우려가 있기 때문에 누설에 대한 판단이 어렵고, 특히 누설부분을 발견하는 것은 더 어렵다.

① 시험 대상 부분의 모든 트랩에 봉수를 채운 후, 수직관 7.5 m에 대해서 박하유 50 g을 4 L 이상의 온수에 용해시켜, 그 용액을 수직관 최상부의 통기구에서 주입한 후 그 통기구를 밀폐하여 박하가 새는가를 검사하여야 한다.

② 시험수두는 최소 250 Pa로 하고, 그 유지시간은 원칙으로서 최소 15분으로 한다.

(5) 건물 내 우수계통의 시험

건물 내 우수배관공사의 일부 또는 전부가 완료하였을 때에는 만수시험 또는 기압시험을, 또 배관계통의 전부를 완료한 후에는 통수시험을 실시하여야 한다.

① **만수시험 또는 기압시험** : 만수시험은 (1)항에, 기압시험은 (2)항에 따른다.

② **통수시험** : 루프드레인으로 물을 넣어 계통의 이상 유무를 검사한다.

04 연습문제

01 배수관에 트랩을 설치하는 이유를 설명하시오.

02 트랩의 봉수파괴 발생원인과 대책에 대해 설명하시오.

03 배수 수평관에는 구배를 두어야 하는데, 그 구배는 관경에 따라 최대값과 최소값이 존재한다. 그 이유를 설명하시오.

04 기구 트랩의 각개 통기는 그 기구 배수관중의 동수구배선보다 높은 위치에서 입상시켜야 한다. 그 이유를 설명하고 정확한 배관 방법을 도시하시오.

05 루프 통기방식으로 배관할 때의 유의 사항에 대해 설명하시오.

06 <그림 4−85>에 나타낸 배수·통기시스템에서 통기관 ⓐ~ⓔ의 명칭을 쓰시오.

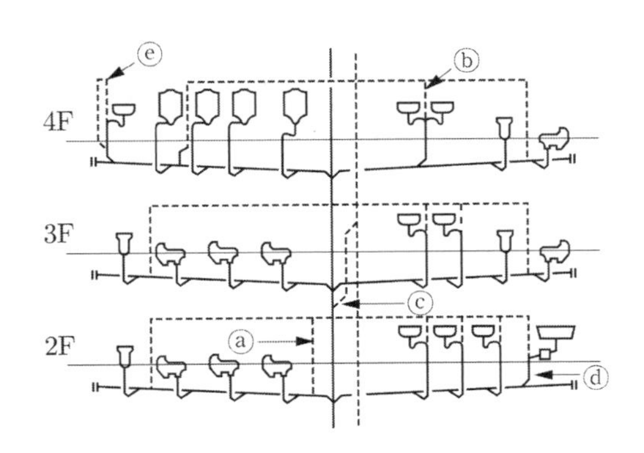

〈그림 4−85〉 연습문제 6의 그림

07 <그림 4−86>에 나타낸 배수통기시스템에서 배수관 A 및 B의 최소관경을 다음 조건하에서 구하시오.

조건

① 오배수 통합배관으로 한다.
② 대변기는 절수형 세정밸브식(6 L/회)이다.
③ 소변기는 세정유량 4 L/회로 각개세정방식으로 한다.

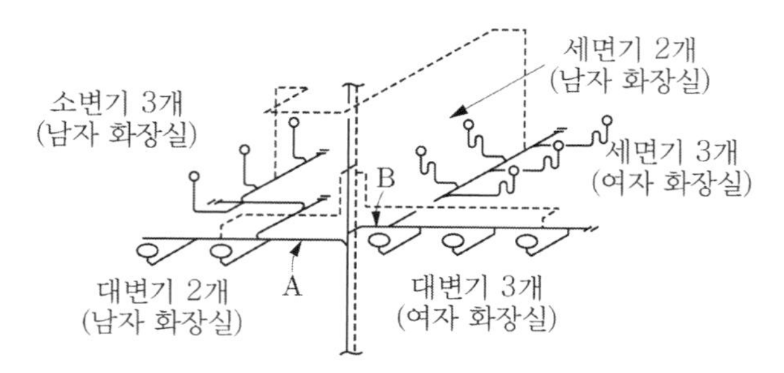

〈그림 4−86〉 연습문제 7의 그림

08 사무소 건물(10층)의 각 층에 <그림 4−87>에 나타낸 화장실이 있는 경우, 배수수평지관 및 배수수직관의 관경을 구하시오. 또한 <그림 4−87>에 나타낸 화장실의 루프통기관경을 구하시오.

조건

① 대변기의 세정방식은 6 L 절수형 세정밸브식으로 한다.
② 소변기는 대형 벽걸이 스톨형으로서 각개세정방식으로 한다.
③ 청소 싱크의 트랩구경은 80 mm로 한다.
④ 배수관의 구배는 $\frac{1}{50}$로 한다.

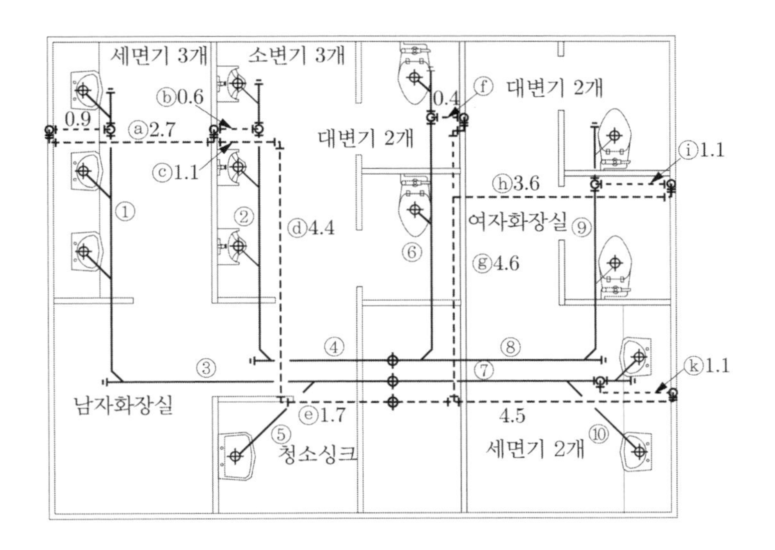

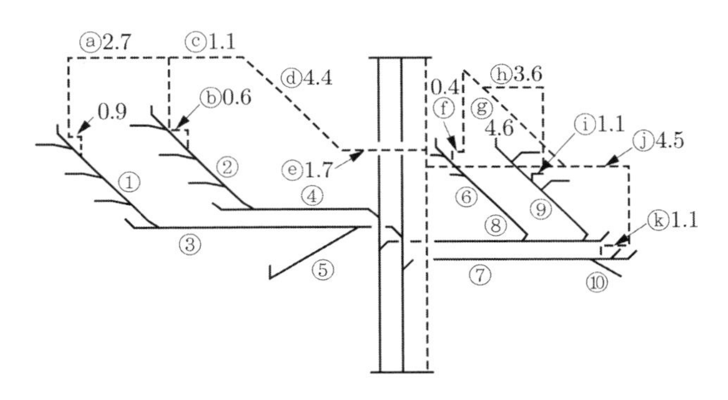

〈그림 4-87〉 연습문제 8의 그림

09 다음을 간단히 설명하시오.

① 배수수평주관에서의 수력도약

② 배수수직관에서 종국유속 및 종국길이

③ 배수구 공간

④ 트랩의 유도사이펀 작용

⑤ 브랜치 간격

⑥ 기구배수부하단위

⑦ 옵셋

⑧ 청소구(C.O)의 설치 위치

Chapter

05 위생기구설비

5.1 위생기구의 분류

위생기구(衛生器具, plumbing fixture)는 <표 5−1>과 같이 분류할 수 있다.

〈표 5−1〉 위생기구 등의 분류

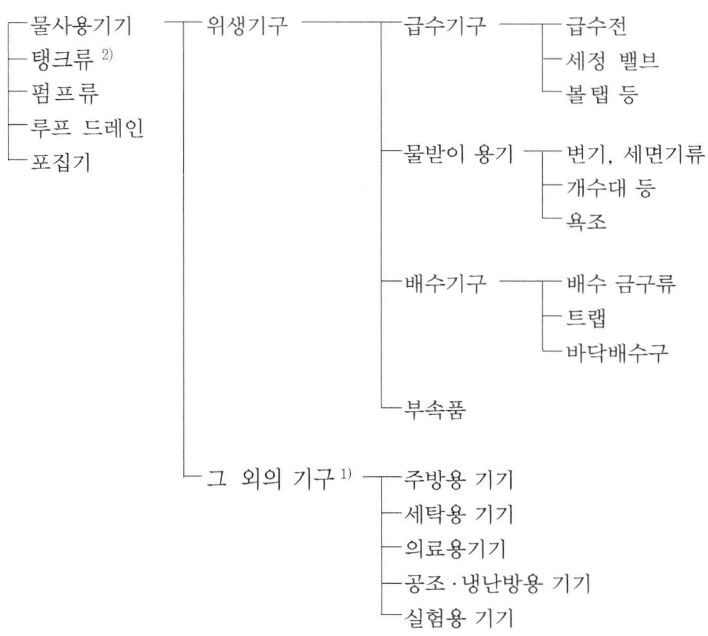

주 1) 각각의 특정 목적에 사용하는 기구를 말하며 급수전·세면기 등이 그 근처에 독립하여 설치하는 경우는 여기에 포함되지 않는다.

2) 급배수설비에서 상수·잡용수·배수 등을 저장하기 위해 설치하는 탱크류를 말한다. 저수탱크·고가탱크·저탕탱크·배수탱크·용수탱크 및 변기에 부속하는 로 탱크·하이 탱크 등이 있다. 단, 탱크를 수조로 바꿔 읽어도 좋다.

여기서 위생기구는 물을 공급하기 위해, 액체 혹은 세정해야 할 오물을 받아들이기 위해, 또한 그것을 배출하기 위해 설치하는 급수기구·물받이 용기·배수기구 및 부속품을 말하는 것으로 정의된다. 급수기구는 물 및 탕을 공급하기 위해 설치한 급수전(給水栓)·세정밸브·볼탭 등의 기구, 물받이 용기는 사용하고자 하는 물, 혹은 사용한 물을 일시 저류(貯溜)하거나 또는 이들을 배수 계통으로 유도하기 위하여 이용하는 세면기, 변기, 욕조 등의 기구 및 용기, 그리고 배수기구는 물받이 용기의 배수구와 배수관을 접속하는 금구류(金具類), 트랩, 바닥 배수구를 말한다. 또한 부속품으로는 실제로 물을 사용하지는 않지만 위생기구의 일부로서 이용하는 거울, 비누받침, 화장지 홀더 등을 말한다.

화장실, 주방, 욕실 등에서 위생기구를 조합하여 설치하는 경우에는 위생기구설비(衛生器具設備, plumbing fixture facilities)라고 한다. 결국 위생기구는 물이나 탕 등의 액체를 받아 배수관까지 유도하여 일련의 기능을 갖춘 하나의 기구를 말하며, 위생기구설비는 그것들을 결합하여 전체가 가능하도록 하나의 시스템을 구성하는 것으로 볼 수가 있다. 따라서 위생기구설비의 목적은 이들 위생기구를 적절히 조합하여 급수기구로부터 물받이 용기를 거쳐 배수기구에 이르기까지, 사용자의 편리성, 위생성을 확보함과 동시에 충분한 기능을 발휘할 수 있도록 건축과 인간과의 조화를 꾀하는데 있다고 할 수 있다.

5.2 위생기구설비의 기본원칙

위생기구의 기본원칙은 첫째 위생기구로서 구비하여야 할 성능에 대한 것과, 둘째로는 사용목적에 맞는 적절한 설비를 하는데 있다.

1 위생기구의 성능

위생기구로써 구비해야 할 성능조건은 다음과 같다.

(1) 위생상의 기능

① 흡수성(吸收性)이 적을 것
② 항상 청결을 유지할 수 있을 것
③ 필요하고도 충분한 물이나 탕을 공급할 수 있는 것
④ 사용하고 난 물이나 오염된 물을 신속히 배출할 수 있는 것

상기의 어느 항목이나 위생기구가 건물 내부환경의 청정도(清淨度)를 유지하기 위한 중요한 조건이 된다.

(2) 환경적 성능

① 사용하기 쉬운 위치에 있을 것

② 안전을 확보할 공간이 있고, 위험이 없는 장소에 있을 것

③ 형상, 색채 및 발생음 등은 쾌적성을 유지할 수 있는 상태에 있을 것

상기의 항목은 이용자가 위생기구를 쾌적하고 안전하게 사용하기 위한 조건이라고 말할 수 있다. 상기 항목 중에서 가장 어려운 것은 ①항이다. 그것은 그 기구를 사용하는 사람(어른인가, 어린이인가?, 남자인가, 여자인가?)과 동선(動線)과의 조화 등 때때로 서로 상반되는 조건을 충분히 고려해야만 하기 때문이다.

위생기구에는 이외에도 내구성, 시공성, 기능성 등이 요구되지만, 최근에는 인테리어 측면이나 기구사용의 편리성 등도 점차 중시되고 있다.

2 위생기구의 설치개수

건물에 설치할 적절한 위생기구 수는 건물 거주자가 사용상의 불편함이 없도록 건축계획 시 고려하여 설치한다. 위생기구의 최소 설치 개수는 법규 등에서 규정할 경우, 그것에 따라야 한다. <표 5-2>에는 법규에 규정되어 있는 화장실 대소변기의 필요개수에 대한 몇 가지 예를 나타내었다. 법규에 규정되어 있지 않은 경우에는 <표 5-3>을 참조한다.

〈표 5-2〉 법규에 의한 화장실 대소변기의 필요 개수

법규명	건축물의 종류	내용
공중화장실 등에 관한 법률 시행령	공중화장실	여성화장실의 대변기 수는 남성화장실의 대·소변기 수의 합 이상이 되도록 설치하여야 한다.
	대통령령으로 정하는 장소 또는 시설에 설치하는 공중화장실	여성화장실의 대변기 수가 남성화장실 대·소변기 수의 1.5배 이상이 되도록 설치하여야 한다.
여객자동차터미널 구조 및 설비기준에 관한 규칙	터미널 화장실	1. 남녀용으로 구분하여야 한다. 2. 대변소는 단위정류장소 2개에 대하여 1개 이상의 비율에 따라 도자기제 대변기를 설치하되, 남자용 1개에 대하여 여자용 2개의 비율로 한다. 3. 남자용소변소는 1인의 점용폭을 0.6 m 이상으로 하고, 개별로 구획하여 도자기제소변기를 설치하되, 그 수는 남자용 대변소의 2배 이상으로 하여야 한다. 4. 10개 이상의 대변기를 설치하는 경우에는 건축물의 설비기준등에관한규칙 제15조 각호에서 정하는 바에 따라 지체부자유자용 화장실 또는 대변기를 1개 이상 설치하여야 한다.
학교보건법 시행규칙	학교	화장실은 남자용과 여자용으로 구분하여 설치하되, 학생 및 교직원이 쉽고 편리하게 이용할 수 있도록 필요한 면적과 변기수를 확보할 것
특수학교시설·설비기준령	학교	화장실 : 대변기는 2학급당 1개 이상, 소변기는 필요한 적정 수
장애인·노인·임산부 등의 편의증진보장에 관한 법률 시행령	공원, 공공건물 및 공중이용시설	장애인용 대변기는 남자용 및 여자용 각 1개 이상을 설치
	공동주택	장애인전용주택의 화장실 및 욕실은 장애인등이 편리하게 이용할 수 있도록 구조, 바닥의 재질 및 마감과 부착물 등을 고려하여 설치할 수 있다.
영유아 보육법 시행규칙	어린이집	화장실은 수세식 유아용 변기를 설치하여야 한다.
아동복지법 시행규칙	아동복지시설	변기 수는 아동 5명당 1개 이상 설치

〈표 5-3〉 최소 필요 위생기구수

번호	분류	거주형태	용도	대변기 (소변기는 주(1) 참조)		세면기		욕조/샤워	음수기[e]	기타
				남	여	남	여			
1	문화/집회/운동시설	A-1[d]	극장, 공연예술극장, 영화관	1/125	1/65	1/200		–	1/500	청소싱크 1
		A-2[d]	나이트클럽, 바, 선술집, 댄스 홀, 기타 유사건물	1/40	1/40	1/75		–	1/500	청소싱크 1
			레스토랑, 연회장, 푸드코트	1/75	1/75	1/200		–	1/500	청소싱크 1
		A-3[d]	고정좌석이 아닌 강당, 미술관, 전시장, 박물관, 강의실, 도서관, 아케이드, 체육관	1/125	1/65	1/200		–	1/500	청소싱크 1
			여객 터미널, 교통 시설	1/500	1/500	1/750		–	1/1,000	청소싱크 1
			예배당, 기타 종교시설	1/150	1/75	1/200		–	1/1,000	청소싱크 1
		A-4	경기장, 스케이트장, 수영장, 테니스장	1,500명까지 1/75, 1,500명 초과 1/120	1,520명까지 1/40, 1,520명 초과 1/60	1/200	1/150	–	1/1,000	청소싱크 1
		A-5	경기장, 놀이공원, 야외 스포츠 행사와 활동용 관람석	1,500명까지 1/75, 1,500명 초과 1/120	1,520명까지 1/40, 1,520명 초과 1/60	1/200	1/150	–	1/1,000	청소싱크 1
2	업무시설	B	사업의 거래, 전문 서비스, 상품유통서비스, 오피스 빌딩, 은행, 조명산업 및 이와 유사한 용도와 관련된 건물	50명까지 1/25 50명 초과 1/50		80명까지 1/40, 80명 초과 1/80		–	1/100	청소싱크[f] 1
3	교육시설	E	교육시설	1/50		1/50		–	1/100	청소싱크 1
4	공장	F-1 과 F-2	거주자가 제품이나 물질을 제조나 조립 또는 생산에 종사하는 건물	1/100		1/100			1/400	청소싱크 1
5	의료/교정시설	I-1	병동	1/10		1/10		1/8	1/100	청소싱크 1
		I-2	외래 병원	1/실[c]		1/실[c]		1/15	1/100	층당 청소싱크 1
			병동 외의 직원[b]	1/25		1/35		–	1/100	–
			병동 외의 방문자	1/75		1/100		–	1/500	–
		I-3	교도소	1/수용실		1/수용실		1/15	1/100	청소싱크 1
			소년원, 구치소, 교정시설[b]	1/15		1/15		1/15	1/100	청소싱크 1
			직원[b]	1/25		1/35		–	1/100	–
		I-4	성인주간보호시설과 탁아시설	1/15		1/15		1	1/100	청소싱크 1
6	판매시설	M	소매상점, 주유소, 상점, 매장, 시장, 쇼핑센터	1/500		1/750		–	1/1,000	청소싱크[f] 1
7	주거/숙박시설	R-1	호텔, 모텔, 단기숙박시설	1/침실		1/침실		1/침실	–	청소싱크 1
		R-2	기숙사, 클럽회관	1/10		1/10		1/8	1/100	청소싱크 1
		R-2	공동주택	1/가구		1/가구		1/가구	–	가구당 주방싱크 1, 세탁기 1
		R-3	16인 이하의 생활시설	1/10		1/10		1/8	1/100	청소싱크 1
		R-3	단독 주택	1/가구		1/가구		1/가구	–	가구당 주방싱크 1, 세탁기 1
		R-4	16인 이하의 생활 시설	1/10		1/10		1/8	1/100	청소싱크 1
8	창고시설	S-1 S-2	제품창고, 창고 및 운송 창고시설, 저/중 위험물	1/100		1/100			1/1,000	청소싱크 1

주 a. 표의 위생기구는 표시한 사람 수에 필요한 최소 수인 한 개의 기구나 표시한 사람 수의 비율을 기본으로 한다.
b. 직원용 화장실과 입원환자나 요양환자 화장실은 분리하여야 한다.
c. 각 환자의 침상에서 직접출입이 가능하고 사생활보호가 가능한 2인 이하의 병실에만 대변기 1개와 세면기 1개가 있는 개인 화장실을 설치할 수 있다.
d. 계절에 따른 야외 좌석과 연회 지역의 인원부하를 고려하여 시설의 필요 최소 수량을 정하여야 한다.
e. 사용자가 15인 이하인 경우 음수대를 설치하지 않아도 된다.
f. 15인 이하의 업무시설과 상업시설에는 청소 싱크를 설치하지 않아도 된다.
(1) 강당과 교육시설에서 욕실이나 화장실에 필요한 대변기의 2/3 이상을 소변기로 대체하지 않아야 한다. 다른 모든 시설은 필요 대변기의 50% 이상을 소변기로 대체하지 않아야 한다.
(2) 기구수 산정은 총 거주자 수를 반으로 나누어 남녀 거주자 수를 구한다. 표의 남녀 사용자 수에 위생기구비율이나 각 기구 형식의 비율을 적용하여 필요한 위생기구 수를 구한다. 표의 위생기구 비율을 적용하여 나온 소수는 정수로 반올림 한다. 다용도 거주자를 포함하여 계산할 때는 각 거주자에 대한 분수를 합산한 후 소수점 이하는 정수로 반올림한다. 그러나 남녀 비율이 50%가 아닌 승인된 통계자료가 있는 경우에는 총 거주자수를 절반으로 나누어 계산하지 않아도 된다.

3 위생기구의 설치

위생기구를 제대로 설치하지 않으면, 누수와 사용수명의 단축을 초래한다. 따라서 위생기구를 설치하는 경우, 소정의 위치에 앵커나 플러그 등을 사용하여 견고하게 설치할 필요가 있다. 특히 동양식 대변기, 스톨형 소변기, 욕조 등과 같이 위생기구의 일부를 콘크리트 내에 매입하는 경우는 콘크리트 또는 몰탈의 수축에 의해 위생기구가 파손하지 않도록 콘크리트와 도기간의 접촉면에는 아스팔트 등의 완충제를 사용하여 양생(養生)하여야만 한다. 위생기구 각각의 설치에 대해서는 후술한다.

위생기구의 표준적인 설치 높이는 <표 5−4>에 나타내었다.

〈표 5-4〉 위생기구의 설치높이*

(a) 일반기구 및 샤워

기 구 명 칭	설치높이[mm]	적 요
동양식 변기	300	상, 하 바닥면의 높이 차
벽걸이 소변기	530	바닥면에서 립(lip) 상단까지
벽걸이 스톨소변기	530	바닥면에서 립(lip) 상단까지
세면기	720~800	바닥면에서 물넘침수위까지
수세기	760	바닥면에서 물넘침수위까지
주방용 싱크	800~850	바닥면에서 물넘침수위까지
세탁용 싱크	800~850	바닥면에서 물넘침수위까지
혼용 싱크	800~850	바닥면에서 물넘침수위까지
음수기(경사각 분수식)	760	바닥면에서 물넘침수위까지
실험용 싱크(화학용 싱크)	760	바닥면에서 물넘침수위까지
샤워(고정식)	1,000	바닥면에서 혼합밸브 또는 샤워밸브 설치 중심까지
	2,100	바닥면에서 샤워헤드 설치위치 중심까지
핸드샤워	850	바닥면에서 혼합밸브 또는 샤워헤드 설치입구 중심까지
	1,650	바닥면에서 샤워헤드 설치 훅 중심까지
세척용 하이탱크(줄당김식)	1,600 이상	바닥면에서 탱크 하단까지
세척용 하이탱크(소변기용)	1,850 이상	바닥면에서 탱크 하단까지
세척용 로 탱크	동양식 변기 500	바닥면에서 탱크 바닥까지
	서양식 변기 550	바닥면에서 탱크 바닥까지(일체형은 제외)
세척밸브(대변기용)	최소 150	변기 윗면에서 세척밸브 하단까지(세척밸브의 하부에 진공 브레이커를 설치하는 경우는 그 하단까지)
세척밸브(소변기용)	최소 75	변기급수구에서 세척밸브 하단까지

(b) 단독 수도꼭지

기 구 명 칭	설치높이[mm]	적 요
싱크 실험실용 수도꼭지		토수구 공간을 충분히 확보할 수 있는 높이 토수구 공간을 충분히 확보할 수 있는 높이
욕조용 토수구 욕실용 수도꼭지 수세기, 세면기 살수꼭지		토수구 공간을 충분히 확보할 수 있는 높이 사용하는 용기 상단에 토수구 공간을 확보할 수 있는 높이 토수구 공간을 충분히 확보할 수 있는 높이 사용하는 용기 상단에 토수구 공간을 확보할 수 있는 높이

(c) 기구 장비품

기 구 명 칭	설치높이[mm]	적 요
거울 화장캐비넷 화장선반	1,400~1,500(일반용) 1,200~1,300(유아용) 최소 1,050 최소 1,050	바닥면에서 거울 중심까지 바닥면에서 캐비넷 하단까지 바닥면에서 선반 상면까지
휴지걸이 수건걸이 비누갑 물비눗병(벽붙임용)	동양식 대변기 665 서양식 대변기 1,100(일반용) 560(유아용) 1,300(일반용) 800(유아용) 세면용 1,000 목욕용 700 900	바닥면에서 휴지걸이 중심까지 바닥면에서 휴지걸이 중심까지 바닥면에서 타올봉 중심까지 바닥면에서 중심까지 바닥면에서 중심까지 바닥면에서 비눗병 중심까지

(d) 신체장애자용 위생기구의 표준 설치거리(차의자용)

기 구 명 칭	설치높이[mm]	적 요
세면기 세척밸브(대변기용)	760~780 750~1,000 (원격조작세척밸브)	바닥면에서 상단까지 바닥면에서 레버식 조작밸브 중심까지
휴지걸이 화장경 난간	650~900 1,110~1,250 대변기용 650~700 소변기용 1,180 세면기용 740~780	바닥면에서 휴지걸이 중심까지 바닥면에서 거울 하단까지 바닥면에서 난간 중심까지 바닥면에서 난간 중심까지 바닥면에서 난간 중심까지

* 건축기계설비공사 표준시방서(KCS), 2016

5.3 위생기구의 재질

위생기구는 물이나 탕의 공급, 일시저류 및 배출기능을 위생적으로 할 수 있도록 다음과 같은 조건을 만족해야만 한다.

① 흡수성이 적을 것
② 내식성, 내마모성 및 내노화성(耐老化性)이 뛰어날 것
③ 항상 청결을 유지할 수 있도록 표면이 매끄럽고 아름다울 것
④ 인체에 유해한 물질이나 성분이 용출(溶出)하지 않을 것
⑤ 각종 형상 및 크기로 제작하기가 쉬울 것

현재 일반적으로 사용하고 있는 재질로는 도기, 법랑철기, 스테인리스강, 플라스틱류, 동 및 동합금(청동, 황동), 유리, 인조석, 고무 또는 합성고무 등이 있으며, 특히 물받이 용기는 도기를, 급수기구로서는 동합금을 가장 많이 이용하고 있다.

1 도기

위생도기(衛生陶器, sanitary ware)라고도 한다. 도기는 기구의 재질로서 각종 위생적인 조건을 갖추고 있기 때문에 현재 각종 기구로 제작되어 광범위하게 사용하고 있다.

위생도기는 품질로서 다음과 같은 장점이 있다.

① 강도가 커서 내구력이 있다.
② 산, 알칼리에 침식하지 않는다.
③ 오물이 부착하기 어려우며, 청소가 용이하다.
④ 오수, 악취를 흡수하지 않는다.
⑤ 복잡한 구조의 것을 일체화(一体化)하여 제작할 수 있다.
⑥ 가격이 비교적 싸다.

2 스테인리스제

스테인리스 강판으로 만들며, 욕조, 싱크, 특수용도의 변기, 특수용도의 세면기나 수세기가 있다. 스테인리스 강판제품의 특징은 다음과 같다.

① 가공성이 좋다.
② 내식성이 좋다.

③ 경량이다.
④ 치수의 정밀도가 높다.
⑤ 충격에 깨지지 않는다.

반면, 단점으로서는 표면에 흠집이 나기 쉽고, 복잡한 형상을 제작하기 어렵다.

3 법랑철기

강판 또는 주철의 표면에 유리질의 유약을 발라 소성(燒成)한 것이다. 제품으로서는 욕조, 세면기, 싱크 등이 있다. 이것의 특징은 다음과 같다.

① 흡수성이 없어서 오수를 흡수하지 않는다.
② 표면이 매끄러워 더러움을 잘 타지 않는다. 또한 청소하기가 쉽다.
③ 경도와 내마모성이 커서 손상이 잘 되지 않는다.
④ 도기에 비해 파손되지 않는다.

반면에 단점으로서는

① 충격이 가해졌을 때 법랑이 박리(剝離)된다.
② 가요산이나 강알칼리는 법랑층의 표면을 거칠게 변화시키기 쉽다.
③ 히트 쇼크(heat shock)을 일으키기 쉬우며, 또한 백화현상(白化現象)을 일으킬 수 있다.
④ 복잡한 형상의 것은 제작하기 어렵다.
⑤ 주철제의 것은 중량이 무겁다.

4 플라스틱

플라스틱 제품은 최근 건축설비에도 광범위하게 사용하고 있다. 대표적인 것은 욕조 및 위생설비 유닛이다. 세면기에 사용하는 경우도 있지만, 오손(汚損)하기 쉽다. 또한 변기의 시트(sheet)나 변기 뚜껑의 대부분이 플라스틱이며, 급수, 배수기구 및 부속품에도 사용하고 있다.

또한 플라스틱 욕조로서 FRP라고 부르는 유리섬유강화 플라스틱 욕조(glassfiber reinforced plastic bathtubs)를 사용하고 있다.

플라스틱 제품의 장점은 다음과 같다.

① 형상을 비교적 자유롭게 제작할 수 있다.
② 가공성이 좋고 대량생산이 가능하다.
③ 촉감이 부드럽다.
④ 경량이다.

단점으로는

① 표면 경도가 작아 취급시 흠이 생길 수 있다.
② 경년변화(經年變化)로 변색한다.
③ 정전기 등의 발생 때문에 더러움을 타기 쉽다.
④ 내산성(耐酸性) 및 내약품성(耐藥品性)이 그다지 높지 않다.
⑤ 열에 약하다.

5.4 위생기구의 종류

1 대변기의 종류 및 세정방식

(1) 형식에 따른 분류

대변기(大便器, closet)는 형식적으로 동양식과 서양식 대변기로 분류되며, <그림 5−1> 및 <그림 5−2>에 이들을 나타내었다. 그런데 일반적으로 서양식 변기를 주로 사용하는데, 그 이유는 다음과 같다.

① 설치공사가 바닥 위에서 이루어지기 때문에 간단하며, 공사상의 실수가 있는 경우나 파손된 경우 등의 보수점검이나 재시공이 간단하다.
② 변기에 걸터앉아서 사용하는 방식이기 때문에 편안한 자세로 사용할 수 있다.
③ 동양식 변기에 비해서 유수면(溜水面)이 넓고 수심(水深)이 깊기 때문에 냄새의 발산이 적고 오물의 부착이 적다.

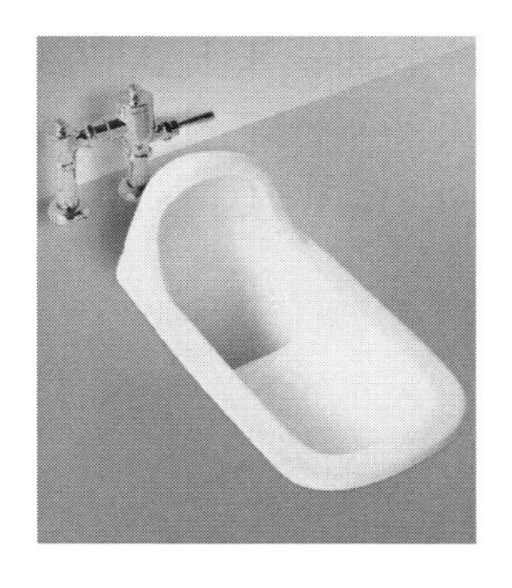

〈그림 5−1〉 동양식 씻겨 나오는 변기

(a)

배수로 내경
유수면
봉수

(b)

〈그림 5−2〉 서양식 사이펀 변기

(2) 구조(세정방식)에 따른 분류

대변기를 구조적으로 분류하면 <그림 5-3>과 같으며, 일반적으로 배수트랩을 내장하고 있다.

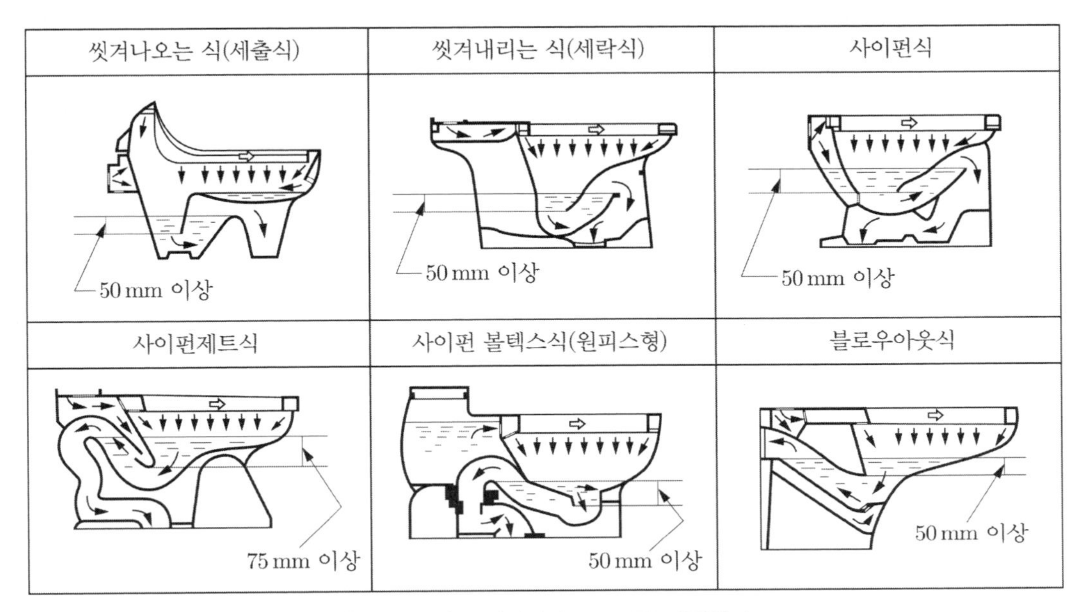

〈그림 5-3〉 대변기의 구조 및 세정원리

1) 유수작용(流水作用)에 의한 것

세정시 유수면(溜水面)의 수위의 높이에 따른 물의 낙차(落差)를 이용하는 것에 의해 오수를 밀어내어 씻는 방식이다. 유수작용을 이용하는 방식에는 씻겨 나오는 식과 씻겨 내리는 식이 있다.

① **씻겨 나오는 식**(洗出式, wash out type) : 변기 바닥의 수심이 얕은 유수면에 오물을 일시적으로 받아 놓은 후, 수세(水勢)에 의해 트랩측으로 유출시키고 물의 낙차를 이용하여 오물을 배출하는 방식이다. 유수부의 수심이 얕아서 오물이 대기중에 노출되므로 냄새가 발산하기 쉽고 오물의 부착도 쉽다. 일반적으로 <그림 5-1>과 같이 동양식 변기에 많이 사용하는 형식이다.

② **씻겨 내리는 식**(洗落式, wash down type) : 오물을 직접 트랩 내의 유수(溜水)중에 낙하시켜 물의 낙차에 의해 오물을 배출하는 방식이다. 오물은 유수중에 매몰하기 때문에 냄새의 발산은 비교적 적지만 유수면이 비교적 좁아서 오물이 부착하기 쉽다. 서양식 변기에 많은 형식이지만 잘 사용하지 않는다.

2) 사이펀 작용에 의한 것

① **사이펀식**(siphon type) : 오물을 트랩내의 유수(溜水) 중에 낙하시키고 굴곡진 배수로를 이용하여 사이펀 작용을 일으켜 오물을 배출하는 방식이다. 즉, 유수(流水)가 트랩을 만수(滿水)시키고 굴곡진 배수로의 저항에 의하여 사이펀 작용을 일으켜 오물을 흡입·배출하는 방식이다. 사이펀식은 배수로(排水路)를 굴곡지게 함으로써 세정시에 배수로 부분을 만수시킨다. 세정수는 수압보다는 수량(水量)을 필요로 하며, 세정시의 소음은 작다. 씻겨 나오는 식(세출식)과 비교하여 보면, 세출식보다 배출능력이 좋기 때문에 건조면은 작고 유수면은 넓게 할 수가 있기 때문에 오물이 부착하기 어렵다. 이 방식은 우리나라에서 많이 채용하고 있다.

② **사이펀 제트식**(siphon jet type) : 오물을 트랩 유수(溜水)중에 낙하시키고 굴곡진 배수로의 저항과 제트 구멍으로부터 분출하는 수세(水勢)를 이용하여 배수로 내를 강제적이고 신속하게 만수시켜 사이펀 작용을 일으켜 흡인·배출시키는 방식이다. 사이펀식과 같은 세정기능을 갖는 점 외에도 유효 봉수깊이를 가장 깊게 할 수가 있다. 우리나라에서도 현재 이 방식을 채택하는 경우가 증가하고 있다.

③ **사이펀 볼텍스식**(siphon vortex type) : 사이펀 작용에 물의 회전운동을 주어 와류작용을 가한 것이다. 유수면이 넓고, 취기의 발산 및 오물의 부착이 적으며, 또한 세정시에 공기가 혼입하지 않기 때문에 세정음이 아주 조용한 소음형(消音形)이다. 이 방식은 다른 형식의 대변기에 비해서 로 탱크(low tank)의 위치를 낮게 할 수 있기 때문에, 변기와 로 탱크를 하나로 성형시킨 원피스 변기(one-peice water closet)로 만들 수 있다. 최근 호텔의 객실 등에 많이 이용한다. <그림 5-4>에는 원피스 대변기를 나타내었다.

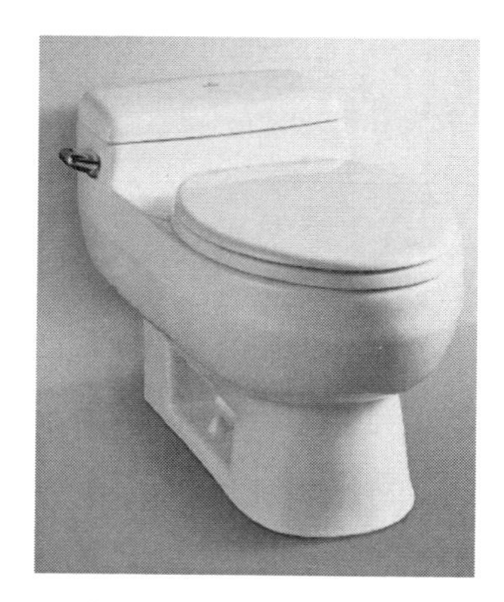

〈그림 5-4〉 원피스 변기

3) 블로우 아웃(blow out type) 작용에 의한 것

분수구(噴水口)로부터 높은 압력으로 물을 뿜어 내어 그 작용으로 유수(溜水)를 배수관으로 유인하여 오물을 날려 보내는 방식이다. 배수로가 크고 굴곡도 작아져서 막힐 염려가 적다. 2단 제트를 채택하면 세정력은 커진다. 그러나 높은 급수압력을 필요로 하기 때문에 급수기구로서 플러시 밸브(세정밸브)를 사용하여야 하며, 세정음도 약간 큰 단점이 있어서, 주택이나 호텔 등에서의 사용은 바람직하지 않다. 이 형식의 변기는 배수구 위치가 높아서 배관 유닛용으로 사용하면 편리하다.

(3) 대변기의 급수방식

대변기 세정수의 급수방식은 탱크식과 플러시 밸브(洗淨밸브, flush valve)식의 2종류로 분류되며, 탱크식은 다시 로 탱크(low tank)식과 하이 탱크(high tank)식으로 분류된다.

1) 로 탱크식(low tank system)

대변기보다 약간 높은 위치에 탱크, 즉, 로 탱크를 설치하여 여기에 일정량의 물을 저장하고 용변 후에는 레버 핸들(lever handle)을 조작하여 대변기에 세정수를 공급하여 세정함과 동시에 볼탭(ball tap)에 의해 로 탱크 내에 급수하는 방식이다. 이 방식은 세정의 경우에는 탱크로의 급수압력에 관계없이 대변기로의 공급수량이나 압력이 일정하며, 양호한 세정효과와 소음이 적은 점, 그리고 볼탭은 급수 인입관경이 DN 15~20이고, 탱크로의 급수압력은 30 kPa 정도면 되기 때문에, 급수압력이 낮은 우리나라에 적합한 급수방식으로서 일반 주택을 중심으로 널리 채용하고 있다. 또한 호텔의 객실용 혹은 아파트 등에서도 널리 사용하고 있다.

2) 하이 탱크식(high tank system)

바닥으로부터 1.6 m 이상 높은 위치에 탱크를 설치하고, 볼 탭을 통하여 공급한 일정량의 물을 저장하고 있다가 핸들 또는 레버의 조작에 의해 낙차에 의한 수압으로 대변기를 세척하는 방식이다. 이 방식은 화장실 면적을 다소 넓게 사용할 수 있는 장점이 있지만, 수압이 낮은 경우에는 탱크를 만수하는데 시간이 걸리며, 또한 로 탱크에 비해서 낙차가 크기 때문에 세정소음이 크고, 설치 및 보수 작업이 불편하기 때문에 공중 화장실 등 일부를 제외하고 최근에는 거의 사용하지 않는다.

3) 플러시 밸브식(세정밸브, flush valve system)

급수관에 직접 연결하여 핸들을 누르면 급수관으로부터 일정량의 물을 방출하여 변기를 세정하는 방식으로서, 어떤 형식의 변기에라도 적용할 수 있다[<그림 5-1>은 동양식 변기에 적용한 예이다]. 그러나 이 방식은 급수관경이 DN 25 이상 필요하고, 최저 필요 수압이 70 kPa 이상 확보할 수 있는 경우에 사용 가능하며, 또한 세정음은 유수음도 포함하기 때문에 소음이 크고, 단시간에 다량의 물을 필요로 하기 때문에 주변의 수전에 큰 영향이 미치는 문제점들이 있어서 일반 가정용으로는 거의 사용하지 않는다. 사무실, 학교, 공장, 극장, 백화점 등 사용빈도가 많거나 일시적으로 많은 사람들이 연속하여 사용하는 경우 등에 사용한다. 이 방식은 대변기의 연속사용이 가능하고, 플러시 밸브의 설치 장소를 필요로 하지 않기 때문에 화장실 내를 넓게 사용할 수 있다는 이점이 있다. 그러나 수압이 70 kPa 미만인 경우에는 로 탱크방식을 이용하여야 한다.

4) 플러시 밸브와 진공 브레이커(vacuum breaker)의 조합

대변기 세정밸브는 일반적으로 플러시 밸브 또는 세정밸브라고 말하며, 필요수압은 70 kPa 이상으로 일반적으로 핸들 또는 버튼 조작(누르면 열림)에 의해 6~15 L 정도의 물을 유출하며, 핸들이 자동적으로 천천히 닫히게 되어 있다. 플러시 밸브의 2차측(하류측)에는 <그림 5-5>와 같이 진공 브레이커를 설치하는 것을 원칙으로 하고 있다. 플러시 밸브의 작동원리는 사용하지 않을 때는 피스톤 밸브가 압력실의 수압으로 밸브를 닫고 있지만, 용변후 세정수가 나오도록 핸들을 아래로 누르면, 릴리프 밸브가 닫혀 압력실내의 물이 압출되어 피스톤 밸브가 위로 올라가며, 결국 밸브가 완전히 열려 세정수가 유출하게 된다. 핸들로부터 손을 떼면 릴리프 밸브는 닫히고, 세정수는 피스톤 밸브의 작은 구멍으로부터 서서히 압력실로 유입되기 때문에, 피스톤 밸브가 천천히 아래로 눌리어져 약 10초 후에 닫히게 된다. 세정수량은 토수량 조절나사를 드라이버로 돌려 막으면 피스톤 밸브의 양정이 짧게 되어 밸브가 빨리 복귀하게 되고, 결국 세정수의 유출량을 적게 할 수 있다. 그러나 위생상, 그리고 배수관의 보전상 1회에 6~15 L의 물을 유출시키는 것이 표준이다.

진공 브레이커는 단수 또는 그 외의 원인으로 인하여 급수관 내가 진공(부압)상태로 되었을 때, <그림 5-6>과 같이 자동적으로 공기를 흡입함으로써 대기압을 유지하여 토수(吐水)한 물이나 이미 사용한 물의 역사이펀 작용에 의해 상수계통(급수관)으로 역류하는 것을 방지하기 위한 기구를 말한다. 진공 브레이커에는 일반적으로 평소에 압력이 걸리지 않는

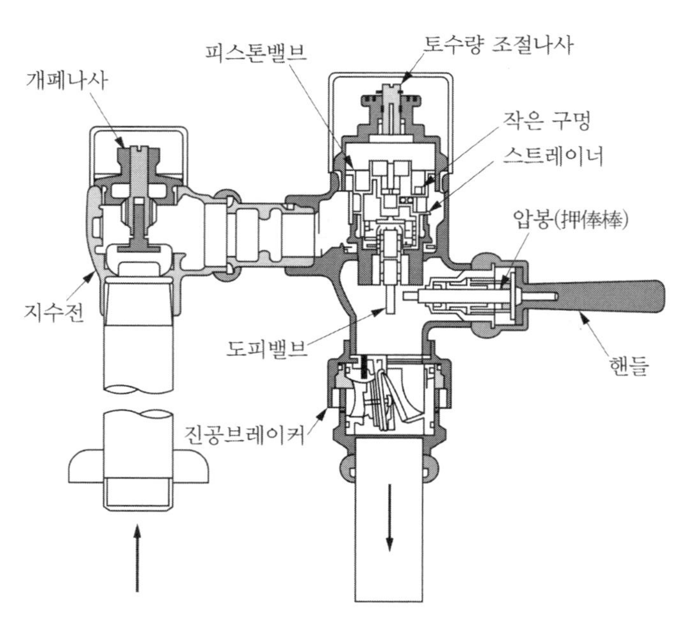

〈그림 5-5〉 대변기용 세정밸브

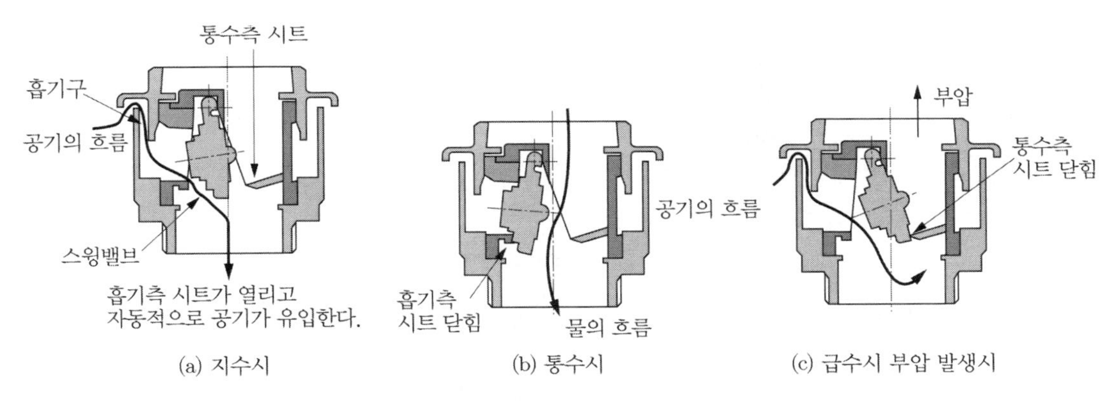

〈그림 5-6〉 진공 브레이커의 단면도 예

부분에 설치하는 대기압식 진공 브레이커와 급수계통의 압력이 항상 걸려 있는 부분에 설치하는 압력식 진공 브레이커가 있다. 플러시 밸브의 경우, 평소에는 압력이 걸려 있지 않기 때문에 대기압식 진공 브레이커를 설치한다. 또한 플러시 밸브나 진공 브레이커의 수리나 점검시, 급수관의 물을 닫을 수 있도록 플러시 밸브의 상류측에는 스톱 밸브를 설치한다.

(4) 절수형 대변기

5.6절에 나타낸 바와 같이 수자원의 절약, 즉 에너지 절약의 관점에서 1회당 사용수량이 6 L 이하인 대변기를 절수형 대변기라고 한다. 절수형 대변기를 설치하는 경우, 배수관경, 배관길이, 배관구배 등에 유의하여야 한다. 그리고 절수형으로서 일반 주택, 아파트 및 호텔의 객실 등에서는 대변기 하나만 설치하여 대변기와 소변기로 사용하기 때문에, 소변을 세정할 때도 탱크 내의 물을 모두 사용하는 점에 착안하여, <그림 5-7>과 같은 대변기를 사용하여 대·소변의 세정시 레버를 분리하여 조작하거나 하나의 레버를 구별(상·하 방향으로 작동)하여 대·소변을 분리·작동시키는 제품도 나와 있다.

또한 <그림 5-8>과 같이 로 탱크로의 급수시 물탱크 뚜껑을 수세기로 개발하여 용변 후 제자리에서 손을 씻을 수 있고, 사용한 물은 다시 탱크에 저장되도록 하는 수세기가 부착되어 있는 로 탱크도 있다.

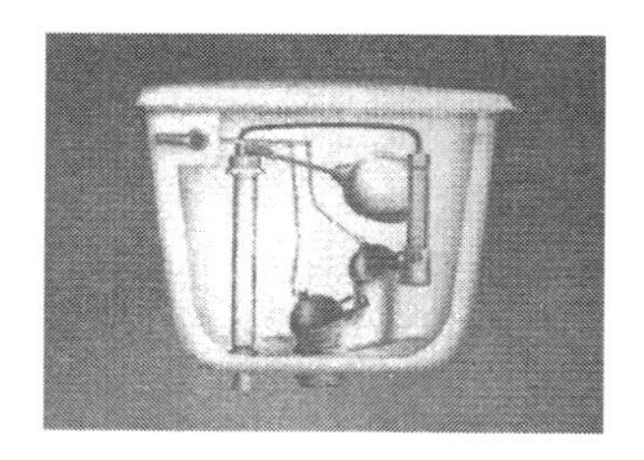

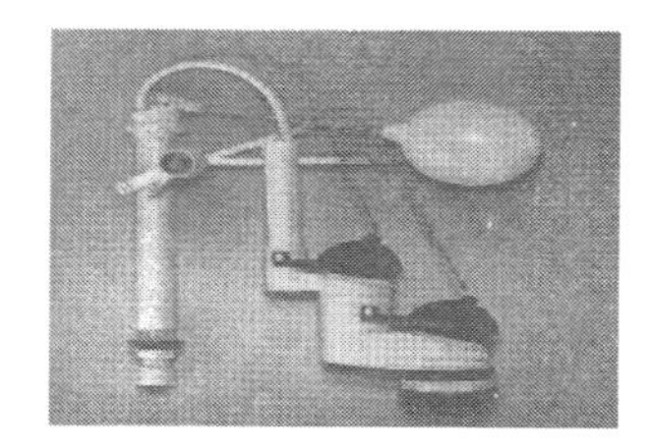

〈그림 5-7〉 절수식 로 탱크의 예

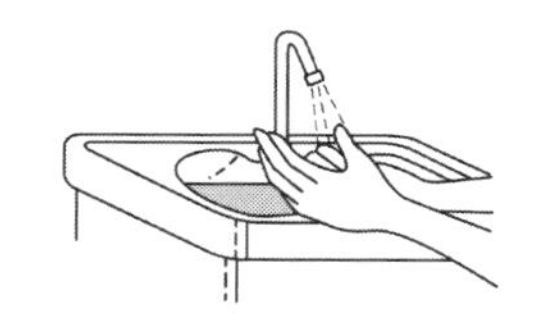

〈그림 5-8〉 수세기가 부착된 서양식 탱크 밀결형 대변기

(5) 비데

여성의 생리시나 용변 후에 사용하는 것이 비데(bidet)이다. 구미(歐美)에서는 욕실 내에 변기나 욕조와 함께 도기형태로 설치하며, 이와 같은 비데를 <그림 5-9>에 나타내었다. 또한 위생기구의 다기능화가 요구되면서 최근 널리 보급되고 있는 것이 온수세정변기로서, 우리나라를 비롯한 아시아에서는 이것을 비데라고 부르고 있다. 이것은 항문세척이나 비데 및 난방시트(sheet) 기능을 겸비한 대변기용 변기시트로서 <그림 5-10>에 나타내었다.

〈그림 5-9〉 비데

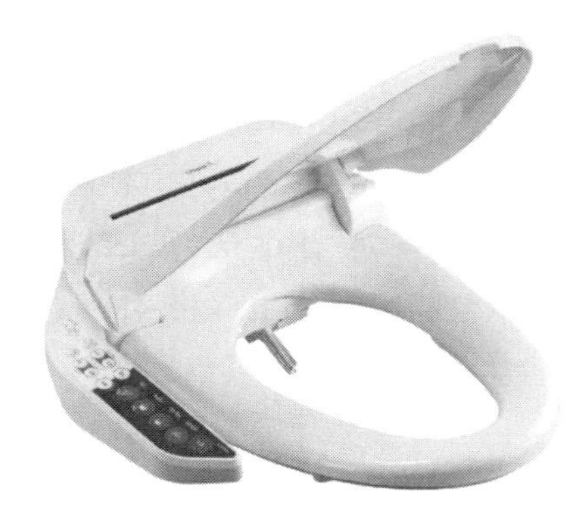

〈그림 5-10〉 온수세정변기(비데)

(6) 대변기의 설치

동양식 대변기의 설치방법을 <그림 5－11>에, 서양식 대변기의 설치방법을 <그림 5－12>에 나타내었다.

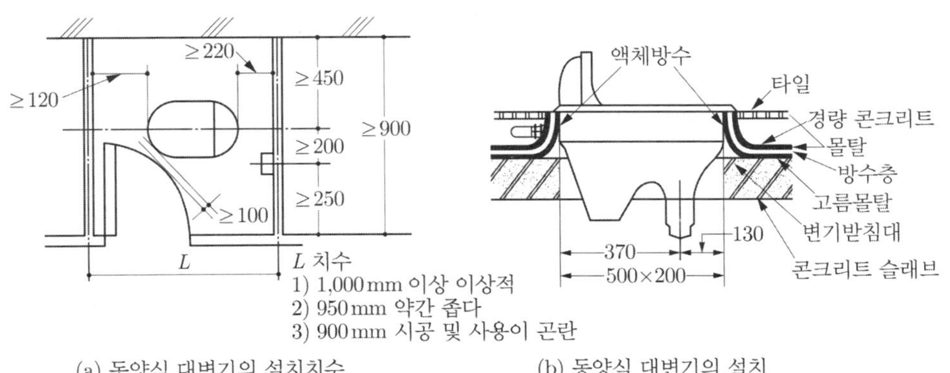

(a) 동양식 대변기의 설치치수　　(b) 동양식 대변기의 설치

〈그림 5-11〉 동양식 대변기의 설치 예

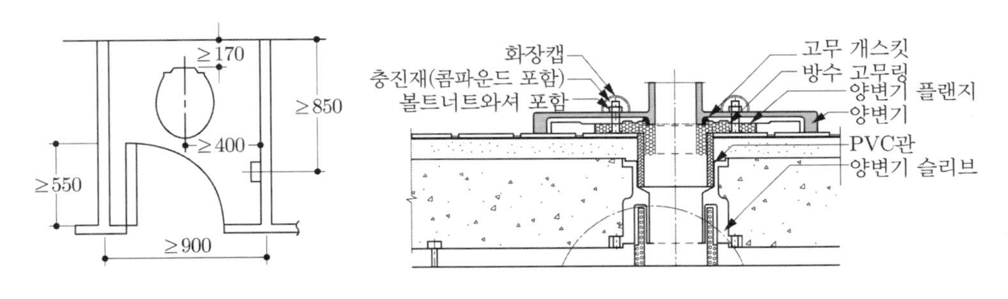

(a) 서양식 대변기의 설치 치수(세정밸브식)　　(b) 서양식 대변기의 설치(PVC관 접속)

〈그림 5-12〉 서양식 대변기의 설치 예

1) 동양식 대변기의 설치(콘크리트 바닥의 경우)

① 설치순서

㉮ 대변기를 설치하고자 하는 위치에 대변기의 바깥둘레보다 약간 작은(약 500×200) 4각 구멍을 콘크리트 슬래브를 칠 때 미리 뚫어 놓는다. 이때 슬래브 두께는 120 mm 이상 되어야 한다.

㉯ 대변기를 콘크리트 슬래브에 받칠 수 있는 받침대를 준비하고, 대변기 외측의 콘크리트 슬래브 또는 마감재료와 접촉되는 부분에는 탄력성이 있는 방수성 물질(액체방수 등)을 두께 3 mm 이상으로 도장해 놓는다.

㉰ 슬래브 밑에 배수관을 설치한다.

㉣ 대변기에 스퍼드를 부착하여 고무패킹이 탄력성을 잃지 않을 정도로 적당히 조임너트를 조여 준다. 급수관이 매립되는 경우에는 배관 부속의 콘크리트 및 마감재 접촉 부위에 탄력성이 있는 방수성 물질을 도장한다.

㉤ 슬래브 구멍에 받침대를 올려놓고 몰탈로 고정시킨 후 대변기를 설치한다.

㉥ 대변기에 급, 배수관을 설치한 후, 통수시험을 하여 배관 접속부의 누설여부를 확인한다.

㉦ 슬래브 바닥에 몰탈로 균일하게 깔아주고 몰탈 윗면을 방수층(아스팔트)으로 밀봉하여 대변기 하단부까지 밀착시킨다.

㉧ 방수층 윗면에 다시 몰탈로 깔아주고 그 위에 1 : 10 정도의 경량 콘크리트로 양생한 후 마감재로 시공한다.

② 급수관은 대변기 정면에서 보아 수평 또는 아랫방향으로 기울기를 주어야 하며 대변기 쪽으로 역기울기가 되어서는 안 된다.

2) 서양식 대변기의 설치

① **바닥배수형 양변기의 설치**

㉮ 콘크리트 슬래브에 몰탈을 바르고 약 10mm 두께의 방수층을 바닥과 배수관의 마감재료와 접촉되는 부분까지도 밀착시켜 시공한다. 이때 배수관은 마감면보다 20 mm 이상되도록 유지시킨다.

㉯ 방수층 윗면에 1 : 10 정도의 경량 콘크리트로 양생한 후 마감재로 시공한다.

㉰ 고정용 바닥플랜지를 배수관에 끼워 대변기 중심선상에 맞춘 후 목나사로 고정시킨다.

㉱ 바닥플랜지의 테이퍼면과 일치되게 배수관을 확관시켜 밀착시킨다.

㉲ 바닥플랜지에 볼트를 끼워 대변기를 가설하여 대변기 부착나사 위치를 정한다.

㉳ 대변기 배수구의 테이퍼 면에 먼지나 이물질을 제거하고 고무링을 변기에 움직이지 않게 고정시킨 후 대변기를 설치한다.

② **벽배수형 양변기의 설치**

㉮ 벽플랜지의 설치방법은 ①에 준한다.

㉯ 변기의 하단은 반드시 벽면에 밀착시켜, 변기에 걸리는 하중을 윗면의 고정볼트와 변기하단에서 지지도록 하여야 한다.

㉰ 벽면이 고르지 않을 경우에는 변기 하단부에 견고한 재료를 삽입하여 벽면과 밀착되도록 하여야 한다.

㉱ 조립식 패널이나 목조건물일 경우에는 변기의 하중을 받을 수 있도록 보강재로 보강하여야 한다.

㉮ 배수관은 반드시 하향 방향으로 1/50 이상 기울기를 주어야 한다.

3) 대변기 세척장치의 설치

① **세정밸브**

㉮ 급수관에 세정밸브를 설치하기 전에 통수를 하여 배관 내에 있던 오물이나 이물질을 제거한다.

㉯ 급수관에 세정밸브를 설치하여 대변기의 스퍼드에 세척관을 접속시킨다. 이때 세정밸브의 수평도와 직각도가 맞아야 한다.

㉰ 벽 또는 바닥 내에 설치하는 경우 보수점검이 용이하도록 점검구를 설치하여야 한다.

② **로 탱크(동양식 대변기)**

㉮ 설치 전에 급수관에 통수를 하여 배관 내에 있던 오물이나 이물질을 제거하여야 한다.

㉯ 소정의 위치에 고정나사로 로 탱크의 흔들림이 없이 고정하여야 한다.

㉰ 로 탱크의 볼탭을 급수관의 지수전에 접속하고 세척관은 대변기의 스퍼드에 접속한다.

③ **로 탱크(서양식 대변기)**

㉮ 설치 전 급수관에 통수를 하여 배관 내에 있던 오물이나 이물질을 제거하여야 한다.

㉯ 탱크 설치볼트로 로 탱크를 대변기에 밀결 접속을 하여 누수나 흔들림이 없어야 한다.

㉰ 로 탱크 볼탭을 급수관의 지수꼭지에 접속을 한 후 0.75 MPa 이상의 수압을 가했을 때 연결부에서 누수가 없어야 한다.

2 소변기

(1) 소변기의 종류

소변기(小便器, urinal)는 벽걸이형, 스톨형(stool) 및 벽걸이 스톨형의 3종류로 구분된다. <그림 5-13>에 각각의 예를 나타내었다.

(a) 벽걸이 소변기

(b) 트랩 탈착식 벽걸이 스톨 소변기

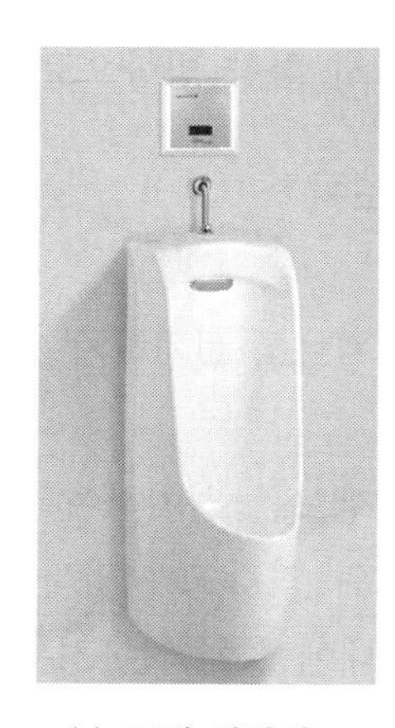
(c) 트랩 탈착식 스톨 소변기

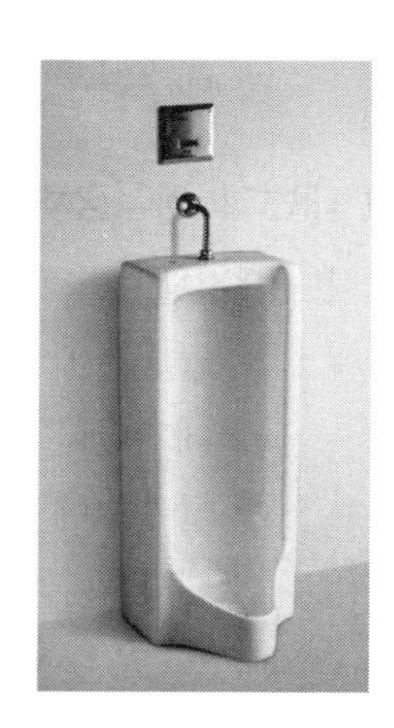
(d) 스톨 소변기 (트랩 없음)

〈그림 5-13〉 각종 소변기

1) 벽걸이형 소변기

벽걸이형은 벽면에 설치하여 사용하는 소형의 소변기이다. 가격이 싸기 때문에 주로 주택용으로 사용해 왔지만, 설치높이에 따라서는 어린이가 사용하기가 어려우며, 또한 낮은 위치에 설치하면 성인이 사용하기가 불편한 단점이 있다.

2) 벽걸이 스톨형 소변기

벽걸이 스톨형은 스톨 소변기의 높이를 짧게 하여 벽걸이형으로 벽면에 설치하여 사용하며, 스톨 소변기가 지닌 고급스러움이 있다. 일반적으로 트랩을 내장한다.

3) 스톨형 소변기

스톨형은 바닥에 설치하기 때문에 벽체에 하중이 걸리지 않으며, 대형이고 고급스러움이 있다. 또한 소변받이가 낮아서 키에 관계없이 어른이나 어린이 모두 사용할 수 있다. 또한 트랩을 내장한 소변기, 트랩 착탈식(着脫式) 소변기, 트랩이 없는 소변기가 있다. 트랩착탈식 소변기는 트랩에 걸린 이물질을 간단히 제거할 수 있기 때문에 불특정 다수의 사람이 사용하거나 이물질로 막히기 쉬운 역사(驛舍), 지하가, 학교, 백화점 등 공중화장실 등에 주로 사용된다.

(2) 소변기의 세정방식

소변기의 세정에 필요한 1회당 수량은 벽걸이 및 벽걸이 스톨형 소변기는 약 4 L, 그 외의 소변기에서는 6 L로서 이 수량을 10~15초간 급수할 필요가 있다. 이 범위를 넘으면 물의 힘이 지나치게 강하게 되어 물이 튀기게 되며, 너무 적으면 완전히 세정하지 못하고 악취의 발산이나 트랩내의 배수관이 막히게 되는 원인이 된다. 세정방식에는 세정수전방식, 수동세정밸방식, 등간격 자동세정방식, 감지자동 세정방식 등이 있다.

1) 세정수전방식

수전의 핸들을 사용자가 직접 개폐하여 급수하는 것으로서, 수전으로서의 급수압력은 30kPa 이상이 필요하며, 가정용 소변기에 주로 사용하는 완전 수동제어방식이다. 그러나 수전 작동 후, 어느 정도 유량이 흘러야 4 L 정도인지 확인할 방법이 없는 등 불편한 점이 있다. 따라서 최근에는 거의 사용하지 않고 있다.

2) 수동 세정밸브방식

수전 대신에 소변기용 플러시밸브를 이용하는 방식으로서, 통상 버튼을 누르는 방식이다. 소변기 세정밸브는 버튼을 누르면 일정시간 내에 일정량의 물이 유출한 후, 자동적으로 밸브를 닫는 방식으로 1회당 토수량은 4～6 L, 70 kPa 이상의 수압이 필요하다. 소변기 플러시 밸브의 원리나 구조는 대변기 세정밸브의 구조와 동일하다. 수동 세정밸브 방식은 세정수전방식과 똑같이 소변 후 세정을 잊어버리거나 혹은 고의로 세정을 하지 않는 등 버튼을 누르지 않는 경우가 많으며, 또한 사용 후 세정이 확실하지 않고 비위생적이며, 트랩이나 배수관이 막히기 쉬운 점 등 때문에 소변기수가 3～4개 이하인 화장실 밖에는 사용하지 않는다.

3) 등간격 자동세정방식

등간격 자동세정방식이라는 것은 화장실(소변기)의 사용상태 등에 관계없이 일정한 시간마다 소변기를 자동으로 세정하는 방식으로서 백화점, 역사, 영화관 등 불특정 다수의 사람이 사용하는 화장실이나 공중화장실에 채용된다. 그 이유는 사용자가 세정조작을 하지 않아도 세정을 확실하게 할 수 있기 때문이다. 그러나 세정간격이 상당히 길게 되면 악취의 발산뿐만이 아니고 배수불량 등의 원인이 될 수 있기 때문에 화장실 사용빈도에도 관계가 있겠지만 3～10분 간격 정도가 바람직하다. 이 방식에는 자동 사이펀식과 자동 플러시 밸브식으로 분류할 수 있다.

① **자동사이펀 세정방식** : 2～5개의 소변기 군(群)의 높은 위치에 자동사이펀 장치(<그림 5－14>)를 갖춘 하이탱크를 배치하고, 일정한 간격으로 각 소변기에 급수세정하는 방식(<그림 5－15>)이다. 자동 사이펀 장치라고 하는 것은 탱크내의 저수위가 일정 높이가 되면, U자관에 의해 사이펀 현상을 일으켜 탱크내의 물을 낙차에 의해 각 소변기에 토수(吐水)시키고 탱크 내가 비게 되면 공기를 흡입하여 사이펀을 종료하는 사이클을 반복하게 된다. 세정간격은 자동사이펀의 작동수위가 일정하기 때문에 작동수위에

도달하는 시간, 즉, 탱크로의 급수량은 증감시킴으로써 조정할 수 있다. 자동 사이펀식은 하이 탱크를 높은 위치에 설치하고 급수배관이나 세정관도 복잡해지는 단점은 있지만, 탱크로의 급수압은 저압이라도 관계없으며, 급수관경은 DN 15~20 정도면 된다. 이 방식은 종업(終業) 후나 휴일, 즉 화장실을 사용하지 않는 시간대에는 하이 탱크로의 급수관의 지수전(止水栓)을 닫아야만 한다.

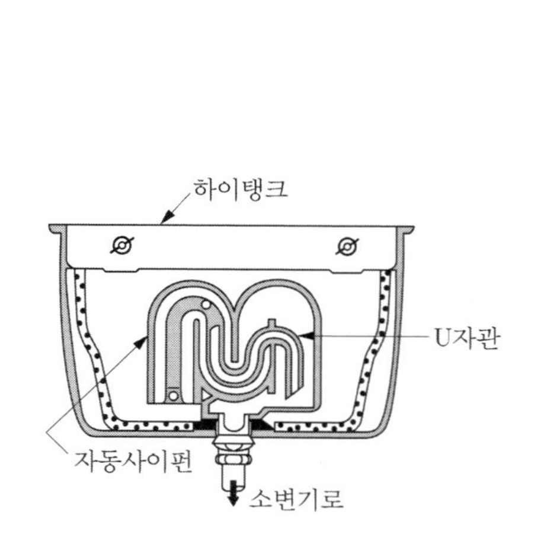

〈그림 5-14〉 자동사이펀 장치

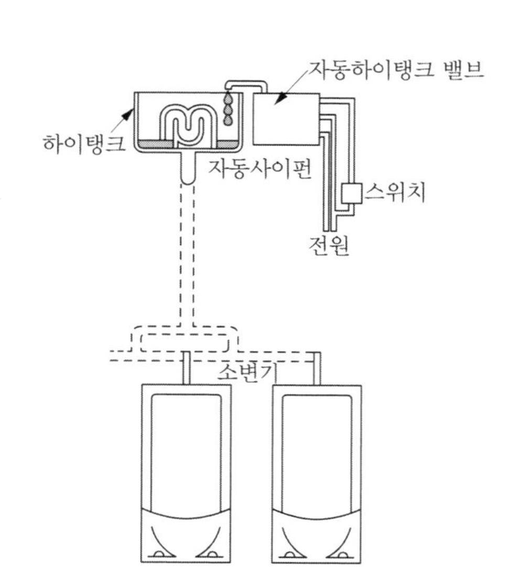

〈그림 5-15〉 자동사이펀 세정방식의 예

② **자동 플러시 밸브 세정방식** : 플러시 밸브에 솔레노이드와 타이머를 갖추고, 타이머에 의해 일정간격으로 솔레노이드에 1초 동안마다 통전하여 그 자력으로 플러시 밸브를 열고 토수를 개시하며, 토수후에는 플러시 밸브의 자폐(自閉)기능에 의해 밸브를 닫도록 한 것이다. 세정간격은 3~15분의 범위내에서 자유롭게 조정할 수 있게 되어 있다. 이 방식은 급수관의 급수압은 70~700 kPa 정도 필요로 하며, 급수관의 관경도 DN 25 이상 필요하지만, 소형이기 때문에 설치 공간도 거의 필요 없으며, 급수배관도 단순하게 되는 이점이 있다. 물론 이 방식의 플러시 밸브의 구조원리는 수동세정밸브방식에서의 소변기 세정밸브와 똑같다.

4) 감지자동 세정방식

이 방식은 자동제어에 의해 상태를 감지하는 센서(검출부)로 소변기 사용을 감지하고, 즉, 소변기를 사용할 때마다 자동적으로 소변기에 토수하는 시스템으로써, 사용하지 않는 한 세정하지 않는다는 위생적인 효과와 동시에 절수효과도 얻을 수 있는 합리적인 소변기 세정방식이다. 이 방식은 개별 세정방식과 일괄 세정방식으로 분류할 수 있다.

① **개별세정방식** : 적외선 감지 자동세정방식이라고도 하며, <그림 5－16>과 같이 적외선 센서에 의해 소변기 사용자를 감지하고, 그 신호에 따라 플러시 밸브를 열어 세정하는 적외선 감지 플러시 밸브(감지 플러시 밸브)를 소변기마다 설치하여, 개별적으로 사용할 때마다 자동세정하는 방식이다. 감지 플러시 밸브는 사용자를 감지하는 적외선 센서와 컨트롤러, 플러시 밸브로 구성되며, 사용자가 소변기 앞에 서면 적외선의 반사를 감지하여 약 5초 경과한 후에 그 반사가 없게 되는데 따라 사용자가 사용한 것으로 감지하여 플러시 밸브를 열어 세정한다. 이 방식은 소변기마다 감지 플러시 밸브를 설치하기 때문에 설비비가 높지만, 사용한 소변기만을 확실하게 자동세정하므로 위생적이고 절수효과도 뛰어나며, 또한 사용수량도 간단하게 조절할 수 있으므로 현재 소변기 세정시스템의 주류를 이루고 있다. 전기 및 건전지식이 있다. 이 방식 외에도 염분 농도 감지식이 있는데, 염분농도 감지식은 배뇨중의 염분을 감지하여 세정밸브를 전기적으로 작동하는 방식이다.

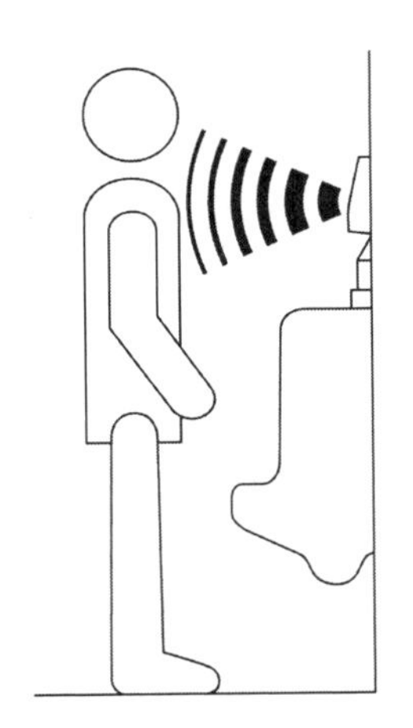

〈그림 5–16〉 개별감지 세정방식

② **일괄세정방식** : 연립 감지 자동세정방식이라고도 하며, <그림 5－17>과 같이 여러 개의 소변기가 연립하여 설치되어 있는 경우, 소변기를 사용한 사람수를 센서로서 감지하고 이 신호에 따라 소변기군(群)의 상부에 설치된 자동 플러시 밸브를 열어서 소변기 전체를 자동적으로 세정하는 시스템이다. 여기서 사용하는 센서는 인체로부터의 열선에 의해 사람의 유무를 감지하며, 비교적 넓은 각도의 범위 내에서도 감지가 가능하다. 그리고 센서는 소변기 사용자(세면기나 대변기 사용자는 제외)를 감지할 수 있는 천장 또는 높은 위치의 벽면에 설치한다. 세정간격은 사용자수와 시간으로 설정할 수 있으며, 설정된 사용자수에 미치지 못하더라도 설정된 시간이 되면 세정되게 할 수도 있다. 설정

인원수를 많게 하면 세정간격이 길어져 악취의 발산이 강하게 되어 비위생적이기 때문에, 1~20분 범위 내에서 세정간격을 설정하는 것이 좋다.

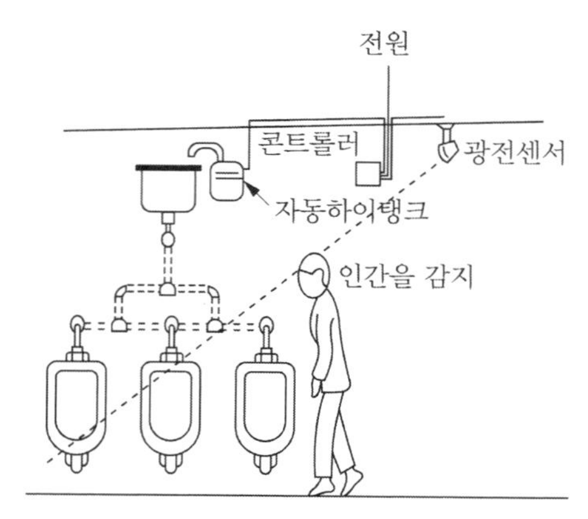

〈그림 5-17〉 일괄감지 세정방식의 일례

(4) 소변기의 설치

소변기의 설치방법을 <그림 5-18>에 나타내었으며, 소변기의 설치는 다음과 같이 한다.

1) 소변기 또는 벽걸이 스톨 소변기의 설치

소정의 위치에 수평 또는 정확한 높이에 설치한다. 배수관과의 접속은 강관용 등의 소변기용 벽플랜지를 사용하여 조임 볼트로 완전하게 접속한다.

2) 스톨 소변기의 설치(트랩 있는 스톨 소변기)

① 소변기에 트랩이 형성되어 있으므로 별도의 트랩을 설치할 필요가 없다.
② 배수관은 미리 바닥면보다 높게 하고 이물질이 관속에 들어가지 않도록 관끝을 막아야 한다.
③ 바닥마감 후 고정용 플랜지를 배수관에 끼워 소변기의 중심선상에 위치를 맞춘 후 앵커볼트로 견고하게 고정하여야 한다.
④ 배수관 확관시 플랜지의 테이퍼면과 일치하게 밀착시켜야 한다.
⑤ 소변기 배수구의 패킹과 배수관의 확관면과 안착시킨 후 고정볼트로 좌우 균일하게 조여 주어야 한다.

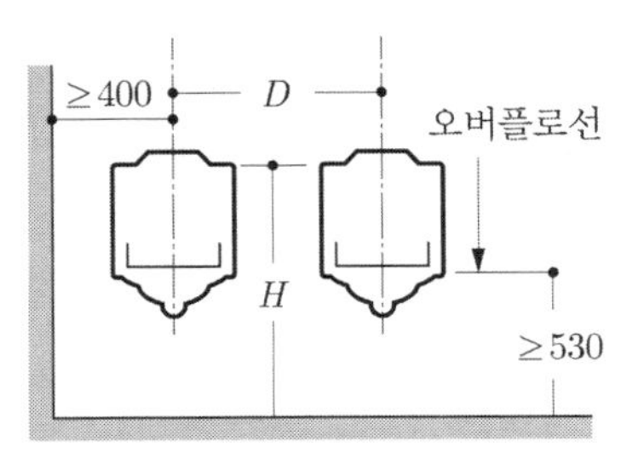

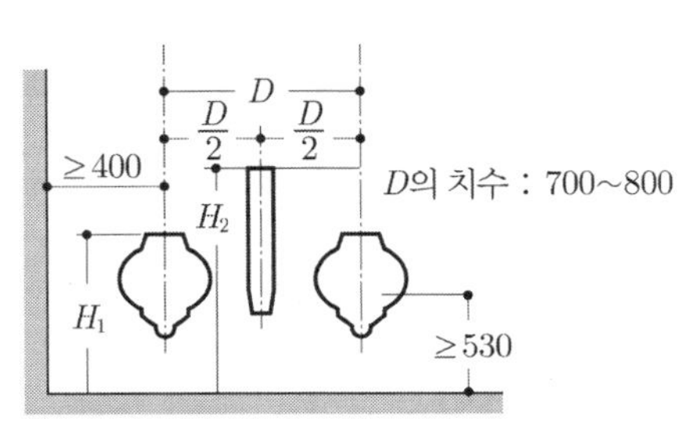

소변기의 설치 치수

〈그림 5-18〉 소변기의 설치 예

3) 스톨 소변기의 설치(트랩 없는 스톨 소변기)

① 소변기에 트랩장치가 없으므로 트랩이 형성되어 있는 배수관을 사용하여야 한다.

② 배수관은 미리 바닥 마감면보다 높이 올려놓고 이물질이 들어가지 않도록 관끝을 막아야 한다.

③ 바닥마감 후 소변기가 소정의 위치에 놓여 있는가를 확인하고, 소변기가 바닥에 설치되도록 배수금구의 위치에 맞추어 배수관을 접속하여야 한다.

④ 배수금구와 소변기 사이에 퍼티와 같은 접합제로 충진하여 배수관에 연결하여야 한다.

⑤ 물 빠짐 기울기를 주기 위해서 녹슬지 않는 견고한 재료로 고이고 백시멘트로 마감하여야 한다.

4) 소변기 세척장치의 설치

① **세정밸브**

세정밸브의 설치 및 세정관의 접속은 대변기의 세정밸브 설치에 준한다.

② **자동 세정탱크**

㉮ 설치 위치 및 높이에 미리 견고하게 묻어둔 지지볼트에 탱크를 고정한다. 세정관은 각 소변 급수구와 스퍼드를 이용하여 접속한다.

㉯ 세정관이 노출배관인 경우에는 지지쇠붙이 때문에 입상관은 벽면에 수직하게 수평관은 역 기울기가 되지 않도록 하고 또는 은폐배관의 경우는 관의 종류에 따라 관 외면에 방식도장 또는 방로 피복을 한다.

5) 벽 배수형 소변기의 설치

① **강관 또는 염화비닐 배수관의 경우**

㉮ 배수관 나사 끝이 벽 마감면과 동일하게 배관하여야 한다.

㉯ 벽의 구멍은 배관과의 틈새가 5 mm 정도이고 깊이는 30 mm 이상 확보하여야 한다.

㉰ 배수관 나사에 실링제를 도포하여 플랜지를 도기 중심선상에 맞추어 고정하여야 한다.
㉱ 플랜지 홈에 패킹을 안착시킨 후 소변기 고정 볼트로 균일하게 조여 주어야 한다.

3 세면기, 수세기 및 싱크

(1) 세면기

세면기(lavatory)란 용기 내에 물이나 탕을 받아놓고 얼굴이나 손을 씻을 목적으로 설치하는 물받이 용기를 말한다. 세면기에는 급수기구로서 급수전만을 설치하는 경우, 별도의 급수전과 급탕전이 설치되는 경우, 그리고 냉온수 혼합수전(이하 혼합수전이라고 함)이 있으며, 이 급수전 아랫쪽에는 급수량의 최대급수량을 일정한 한도로 조절하거나 급수전의 수리를 위한 세면기용 지수전(止水栓)을 설치한다.

세면기에는 배수금구로서 十자형의 스트레이너나 배수전이 부속되며, 또한 기구트랩의 유입측에 접속되는 오버플로 장치가 내장된다.

(a) 평면붙임 받침대 있는 세면기

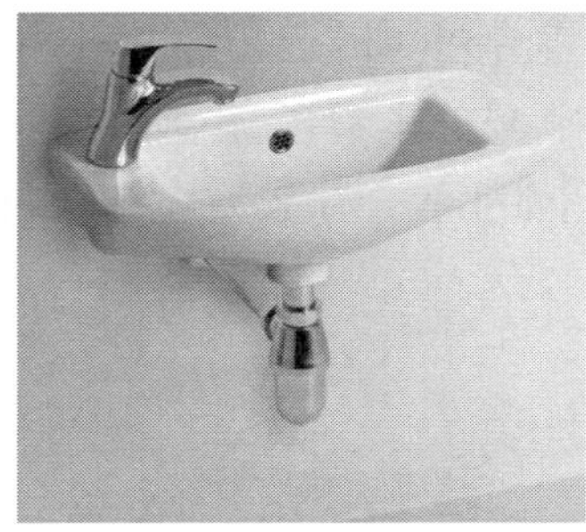
(b) 평면붙임 세면기

(c) 카운터 세면기(프레임식)

(d) 카운터용 타원형 세면기
(오버카운터식)

(f) 카운터 세면기
(언더카운터식)

〈그림 5-19〉 세면기의 종류

세면기에는 벽걸이형, 스탠드형 및 카운터형으로 나눌 수 있으며, 형상이나 설치 방법에 따라 각형(角形), 둥근형, 타원형, 나사못 고정식, 브래킷식, 백행거식, 카운터식 등이 있다. <그림 5-19>에는 세면기의 종류를, <그림 5-20>에는 세면기의 설치방법을 나타내었다.

1) **벽걸이형 세면기** : 벽면에 직접 설치하는 타입으로서 과거부터 일반적으로 보급되고 있는 형식으로 설치방법에는 다음의 두 가지가 있다.

   ① **브래킷**(bracket)**식 세면기** : <그림 5-20>과 같이 벽면에 고정한 브래킷 철물 위에 세면기를 얹어 놓고 고정하는 방식이지만, 결점이 많기 때문에 그다지 사용하지 않는다.

   ② **백행거**(back-hanger)**식 세면기** : 세면기의 뒷부분을 행거 철물 위에 걸쳐 고정하는 방식으로서, 행거가 보이지 않고 청소하기도 쉬워 청결성을 갖는다.

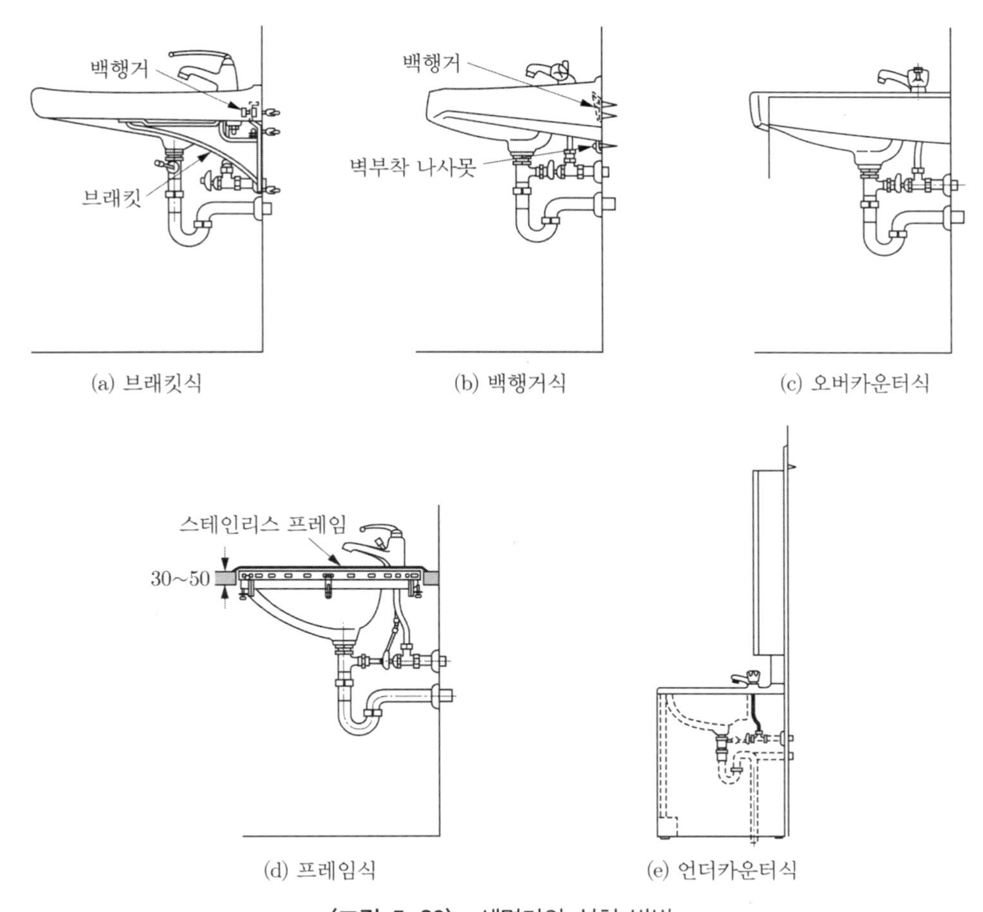

〈그림 5-20〉 세면기의 설치 방법

2) 카운터(counter) 세면기 : 호텔용이나 주택용으로 널리 사용하고 있다.

① **오버 카운터식** : 카운터의 홈에 세면기를 끼워 넣고 세면기의 림을 카운터 위에 얹어 고정하는 방식이다.

② **프레임식** : 프레임에 걸은 지지철물(금구)을 밑에서부터 카운터의 밑면에 고정하여 세면기를 카운터에 고정하는 방식으로 카운터의 윗면과 세면기의 윗면이 일치하기 때문에 보기가 좋고 청소가 용이하며, 카운터 재질에 제약이 없기 때문에 널리 보급되고 있다.

③ **언더 카운터식** : 브래킷 등으로 세면기를 고정하는 방식으로, 카운터의 홈부분(도려낸 부분)의 단면이 보이기 때문에 카운터는 대리석, 인조대리석 등으로 제한되며, 특히 카운터와의 접속부가 냉온수와 접하기 때문에 실링(sealing)을 확실히 해야 한다. 카운터 밑에 세면기를 설치한다.

(2) 수세기

수세기는 소형의 세면기로 생각하면 되며, 손을 씻을 목적으로 설치하는 것으로서 오버플로 구가 없다.

(3) 싱크

싱크(sink)에는 청소용, 실험실용 등이 있으며, <그림 5－21>에 청소용 싱크를 나타내었다.

〈그림 5-21〉 청소용 싱크

4 욕조

형상이나 재질이 가장 다양한 물받이 용기가 욕조(浴槽, bathtub)이다. 욕조의 재질로서는 법랑(주물, 강판), FRP, 스테인리스 제 등이 있지만, 가장 많이 사용하고 있는 것은 FRP제이다. 주물제 법랑은 고급스럽게 느껴지고 내구성도 뛰어나기 때문에 고급 주택용에 많이 사용한다. 그 외의 재질로서는 인조대리석 욕조가 있으며, 이것은 천연 대리석에 못지 않은 고급욕조로서 투명감이 있는 질감(質感)이 특징이다.

설치면에서 보면 바닥 위에 고정하는 방식과 바닥 매입형으로 분류할 수 있다.

5.5 금구와 위생기구 부속품

금구(金具)는 위생기구에 설치하는 수전과 배수기구를 말한다. 위생기구 부속품에는 화장거울, 화장대, 비누 받침, 서양식 대변기의 시트(seet)와 뚜껑 등이 있으며, 다양한 재질의 것을 사용한다.

(1) 급수기구

급수전(給水栓, faucet)이 대표적이며, 이것은 급수관에 설치하는 밸브의 총칭으로서, 특히 배관말단에 설치하여 흐름을 개폐하는 기능을 갖는 것을 수전이라고 한다. 크게 분류하면, 분수전(分水栓), 지수전(止水栓), 급수전(給水栓; 수도꼭지), 볼탭, 세정밸브 등으로 분류되며, 여기서 급수전은 단독수전, 냉온수 혼합수전, 샤워식 냉온수 수전으로 분류할 수 있다.

<그림 5-22>에 각종 수전을 나타내었다.

<표 5-5>에는 혼합수전의 용도별 종류에 대해 나타내었다.

〈표 5-5〉 혼합수전의 용도별 종류

용도	냉온수 혼합수전
주방용	싱글 레버형, 2밸브형
세면실용	싱글 레버형, 2밸브형
욕실용	믹싱형, 써모믹싱형, 2밸브형

주방용에는 <그림 5-22>에 나타낸 바와 같이 2밸브형[그림 중 (e)]과 싱글 레버형[그림 중 (f), (g)]의 2종류가 있다. 2가지 모두 주방에서 탕과 물을 사용하는 것이 편리하게 끔 고안된 것이지만, 최근에는 조작하기 쉬운 싱글 레버형을 많이 사용한다. 그러나 싱글 레버형 혼합수전은 메이커에 따라 조작방법이 다른 점(레버를 밑으로 했을 때 열리는 것과 위로 하였을 열리는 것)과 수전 고장시 부품(예를 들면, 패킹에 상당하는 디스크)의 교환이 종래의 수전에 비해 사용자측에서 쉽게 교환할 수 없는 등 문제점이 많은 것도 확인되고 있다. 욕실용에는

<그림 5-22>에 나타낸 바와 같이 샤워 세트가 부착된 것이 많으며, 2밸브형, 믹싱형 및 써모 믹싱형의 3종류가 있다. 욕실에서의 샤워는 인간의 몸에 직접 냉온수가 접촉하기 때문에 정밀한 온도조절을 필요로 한다. 따라서 최근에는 온도조정이 용이한 써모 믹싱형을 사용하는 예가 많다.

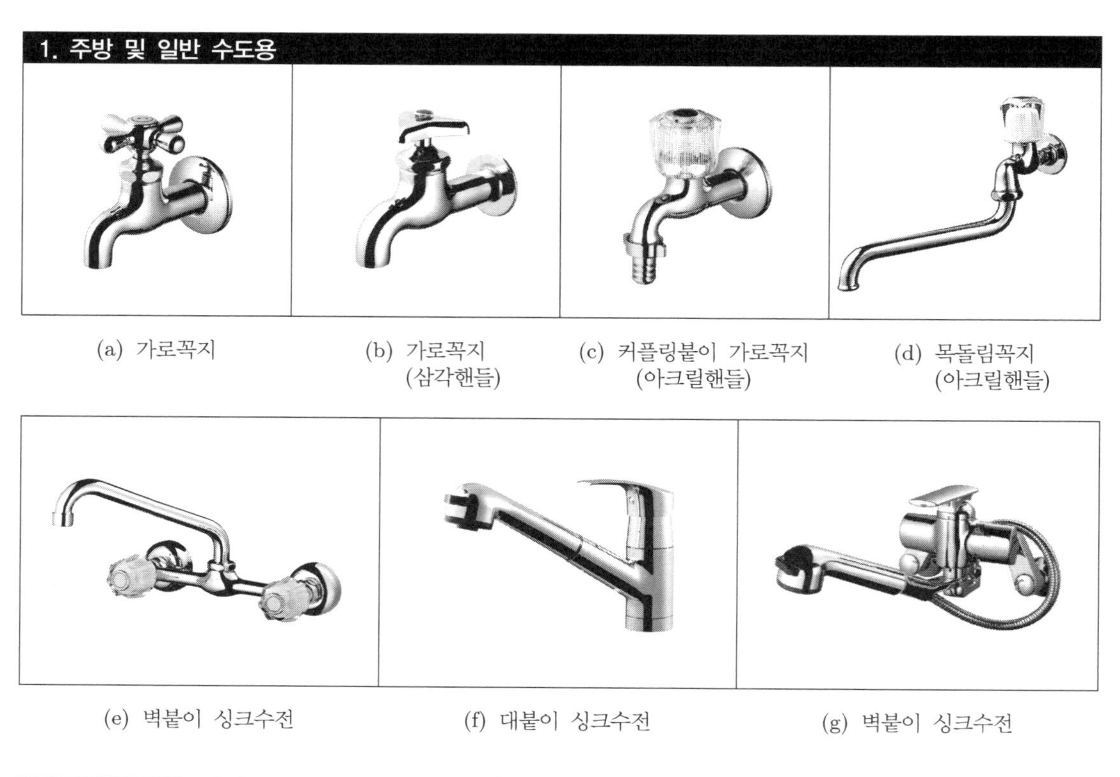

(a) 가로꼭지　(b) 가로꼭지 (삼각핸들)　(c) 커플링붙이 가로꼭지 (아크릴핸들)　(d) 목돌림꼭지 (아크릴핸들)

(e) 벽붙이 싱크수전　(f) 대붙이 싱크수전　(g) 벽붙이 싱크수전

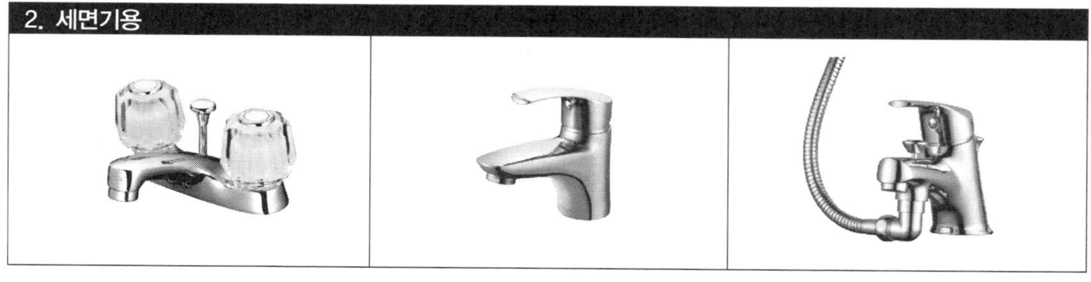

(a) 세면수전　(b) 세면수전　(c) 세면기 겸용 샤워 수전

〈그림 5-22〉 각종 수전

3. 욕실용

(a) 욕조수전 (b) 욕조수전 (c) 자동온도조절 욕조수전 (d) 샤워 헤드 (e) 해바라기 샤워 헤드

4. 실험실용

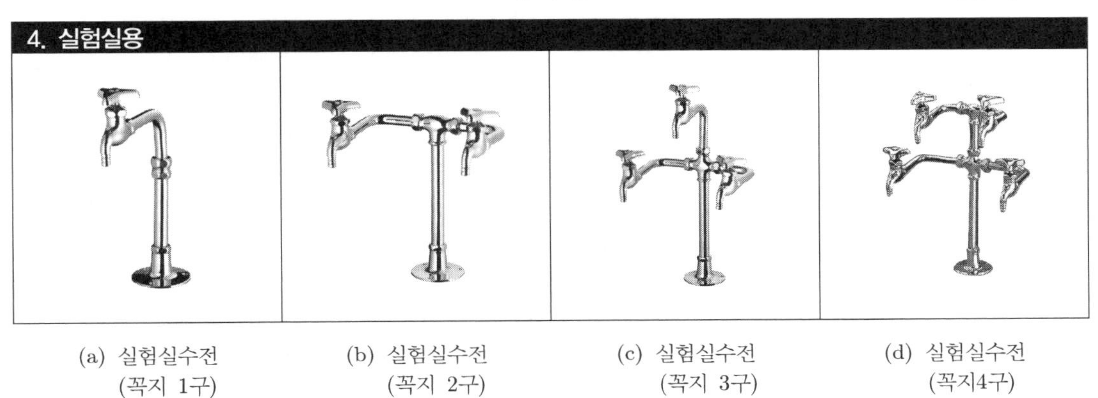

(a) 실험실수전 (꼭지 1구) (b) 실험실수전 (꼭지 2구) (c) 실험실수전 (꼭지 3구) (d) 실험실수전 (꼭지4구)

〈그림 5-22〉 각종 수전(계속)

(2) 배수기구

배수기구(排水器具, 배수 관이음, drain fitting)는 물받이 용기의 배수구 및 배수관에 접속하며, 용기 배수구 및 배수관과 접속하는 기구의 총칭으로서 배수금구(金具)류, 트랩(제4장 참조) 및 바닥배수구로 분류된다. 배수금구류는 변기, 세면기 등의 물받이 용기에 직접 접속되는 금구를 말한다. 바닥 배수구는 항상 바닥에 물이 흐르는 욕실 등과 같은 곳에 설치되는 배수기구를 말한다.

5.6 절수설비와 절수기기

절수설비(節水設備)란 별도의 부속이나 기기를 추가로 장착하지 아니하고도 일반 제품에 비하여 물을 적게 사용하도록 생산된 수도꼭지 및 변기를 말한다. 그리고 절수기기란 물을 적게 사용하기 위하여 수도꼭지 및 변기 등에 추가로 장착하는 기기를 말한다.

절수설비 및 절수기기의 종류 및 기준을 <표 5-6>에 나타내었다.

〈표 5-6〉 절수설비 및 절수기기의 기준

위생기구	기준
수도꼭지	1) 공급수압 98 kPa에서 최대토수유량이 1분당 6.0 L 이하인 것. 단, 공중용 화장실에 설치하는 수도꼭지는 1분당 5 L 이하인 것이어야 한다. 2) 샤워헤드 방향은 공급수압 98 kPa에서 최대토수유량이 1분당 7.5 L 이하인 것
변기	1) 대변기는 사용수량이 6 L 이하인 것 2) 대·소변 구분형 대변기는 대변용은 사용수량이 6 L 이하이고 소변용은 사용수량이 4 L 이하인 것. 이 경우 소변용으로 사용되는 물은 세척 성능을 제외한다. 3) 소변기는 물을 사용하지 아니하거나 1회 사용수량이 2 L 이하인 것

[비고]

1. 최대공급수압이 98 kPa 미만인 지점에 설치되는 수도꼭지는 위 기준의 공급수압 조건은 적용하지 아니한다. 이 경우 최대공급수압이란 수도꼭지 직전의 위치에서의 수압을 말한다.
2. "토수량"이란 일정 시간 동안 수도꼭지를 통하여 배출되는 물의 총량[L]을 말한다.
3. "토수유량"이란 수도꼭지를 통하여 배출되는 단위시간당 물의 양[L/min]을 말한다. 단, 토수가 시작된 이후 시간 경과에 따라 토수유량이 달라지는 경우에는 토수가 시작되어 토수가 그칠 때까지의 토수량을 토수유량으로 환산하여 적용한다.
4. "최대토수유량"이란 수도꼭지의 핸들이나 레버를 완전히 열었을 때 배출되는 단위시간당 물의 양[L/min]을 말한다. 단, 온·냉수 혼합 수도꼭지의 경우 온수 쪽 또는 냉수 쪽 어느 한 쪽을 완전히 열었을 때의 토수유량을 최대토수유량으로 본다.
5. "세정밸브"란 물탱크가 없는 양변기에 설치하는 수세밸브를 말한다.
6. "사용수량"이란 수도관으로부터 물이 공급되는 상황에서 수세핸들을 작동시켜 변기를 세척할 때 가장 많은 양의 물이 나올 수 있는 상태로 설치되어 나오는 1회분 물의 양을 말하며, 변기 세척 후 물 탱크 외의 부분을 다시 채우는 보충수를 포함한다.

5.7 위생설비 유닛

화장실이나 욕실 등은 시공상 좁은 공간에 많은 종류의 위생기구가 집중되며, 동시에 작업이 어렵기 때문에 현장 작업시 중요한 포인트가 된다. 또한 건물이 대형화, 고층 건물화하면서 설계·시공의 합리화, 공기(工期)의 단축, 공정의 단순화, 시공 정밀도의 향상, 비숙련공의 노동력과 노무비의 절감, 설비의 경량화 및 생산성의 향상으로 인한 대량생산이 요구된다. 이때 물 주위의 부분, 즉, 화장실, 욕실, 주방 등에 대해서 건축 내장재를 보강재로 갖춘 설비기구와 배관설비를 조합한 설비 유닛(equipment unit)이 개발되어 실용화되고 있다. 대량생산에 따른 획열성에서 오는 불만족도는 변화(variation)에 의해 보강하는 방향으로 해소하며, 가격의 저렴화 및 현장작업의 간략화, 시공정밀도의 향상에 따른 품질관리를 하는 것 등에 유익하다. <표 5-7>에는 유닛화의 이점을 나타내었다.

〈표 5-7〉 유닛화의 이점

항 목	내 용
공기의 단축	화장실, 욕실 등은 여러 종류의 작업이 순서대로 이루어지기 때문에 공기의 단축이 어렵지만, 유닛화 함으로써 현장에서의 작업공정이 적어지고, 또한 작업량도 감소하기 때문에 공기를 단축할 수 있다.
품질의 향상	공장에서 제작하기 때문에, 기계나 숙련공에 의해 작업이 이루어져서 시공정밀도가 좋고 일정 수준의 품질을 유지한다. 또한 품질 체크도 쉽기 때문에 품질향상을 이룩할 수 있다.
비용 절감	공장에서 대량생산하기 때문에 재료의 낭비가 적어지며, 또한 공장 및 현장의 총공사비(노무비)도 절감되기 때문에 비용절감을 꾀할 수 있다.
안전성의 향상	공장에서의 작업이 많고, 현장에서의 작업이 적어지기 때문에 현장에서의 작업의 안정성을 향상시킬 수 있다.
현장작업 스페이스의 절감	현장에서의 가공이나 작업이 적어지기 때문에 자재 적치장이나 가공장소 등의 스페이스를 절감할 수 있다.
보수, 갱신의 용이성	배관, 위생기구, 설치부가 일체화(一体化)되어 있고, 또한 분해가 가능하기 때문에 보수, 갱신 등이 쉽다.

위생설비 유닛의 요구조건으로서는 다음과 같은 것을 들 수 있다.

1) 경량이고 운반에 편리한 형상이며, 견고할 것
2) 현장에서 조립과 설치가 간단할 것

3) 대량 생산성이 높고 제작공정이 단순할 것
4) 현장에서의 작업을 최소한으로 할 것
5) 방수 끝내기가 필요한 경우는 완전할 것
6) 배관이 방수를 관통하지 않고 바닥위에서 처리할 수 있을 것
7) 본관과의 배관접속이 쉽고, 유닛 내부의 배관도 복잡하지 않을 것

설비 유닛은 키친 유닛, 새니터리 유닛, 냉난방 유닛, 배관 유닛, 토일레트 유닛, 부재(시스템 키친, 세면화장대) 등으로 분류할 수 있다.

그 중에서 급배수·위생설비에 관계되는 유닛을 <표 5−8>에 나타내었다.

〈표 5-8〉 급배수·위생설비의 유닛의 종류

종류		구성	주된 대상 건물
새니터리 유닛	복합 유닛 (bathroom 유닛)	욕실(욕조, 대변기, 세면기)	호텔, 공동주택, 병원 등
	단체 유닛	욕실 유닛 화장실 유닛 세면실 유닛	공동주택, 단독주택, 병원 등
토일레트 유닛		대변기 유닛 소변기 유닛 세면기 유닛 청소싱크 유닛	고층건물, 사무소 빌딩, 학교 등
기타	세면화장대	세면기+급탕기	공동주택, 단독주택 등
배관 유닛		배관+배관 지지부	고층건물, 호텔, 공동주택 등

1 새니터리 유닛(sanitary unit)

(1) 시공형태에 따른 분류

시공형태로 분류하면, 녹다운 방식(knock−down type unit)과 큐빅 방식(cubic type unit) 방식이 있다.

녹다운 방식은 <그림 5−23>과 같이 방수, 배관, 기구 설비 등의 기능이 집중되는 실(室)의 중간 아랫 부분(즉, 바닥을 포함한 하부(下部)부분)과 벽, 천장의 패널을 현장에서 조립하는 패널 타입(panel type)이 대부분이다. 이 방식은 큐빅 방식에 비해 운반 및 반입은 쉬우나 현장 작업량이 많고 시간이 많이 소요된다.

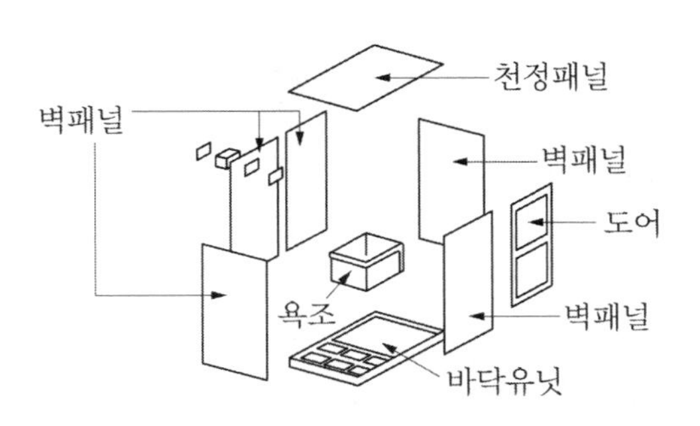

〈그림 5-23〉 녹다운 방식

큐빅 방식은 <그림 5-24>와 같이 공장에서 제작 및 조립을 하여 그대로 반입·설치하는 방식이다. 설치 후는 전기나 급배수 등의 접속만 한다. 이 유닛은 내부에 위생기구, 배관 등 모든 설비가 내장되어 있기 때문에 작업량이 매우 적고 방수처리가 완벽하지만, 부피가 크기 때문에 운반 및 반입에 어려움이 있다.

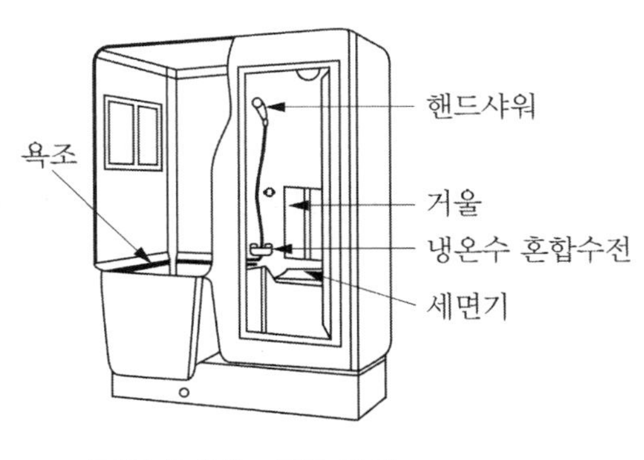

〈그림 5-24〉 큐빅 방식

(2) 용도에 따른 분류

1) 복합 유닛(bathroom unit)

일반적으로 UBR(unit bath room)이라고 하며, 욕조 외에 대변기 및 세면기를 설치한 서양식 욕실이다. 녹 다운 방식(판넬 조립형)의 것이 수송, 반입 및 설치가 용이한 점 때문에 많다. <그림 5-25>에 UBR의 예를 나타내었다.

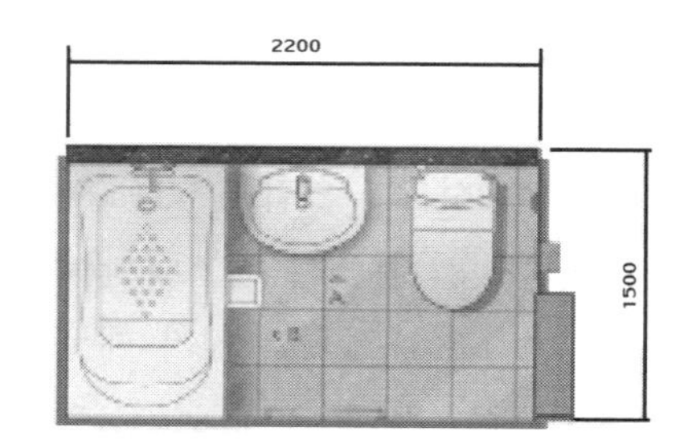

〈그림 5-25〉 UBR의 예

2) 단체(單体) 유닛

단체 유닛에는 욕실 유닛, 화장실 유닛(lavatory room unit), 세면실 유닛, 샤워실 유닛 등이 있다. 또한 이들을 조합하여 설치하는 경우도 있다. 욕실 유닛은 공동주택, 단독 주택 등에서 많이 사용한다.

2 토일레트 유닛

토일레트 유닛은 유닛 토일레트(unit toilet)라고도 하며, 급·배수배관을 프레임으로 지지하고, 표면에 장식용 판재를 붙이고 위생기구를 설치한 것이다. 대변기 유닛, 소변기 유닛, 청소 싱크 유닛, 장애자용 유닛 등이 있다. 각각의 기구 갯수에 따라 단식, 2연식, 3연식, 4연식 등이 있으며, 화장실의 설계에 따라 조합하여 배치한다. 그리고 최근 들어 화장실을 방수하지 않고, 또한 배관을 바닥 위에서 처리할 수 있는 점 때문에 고층 건물 등에 많이 이용하고 있다.

<그림 5-26>에 토일레트 유닛의 예를 나타내었다.

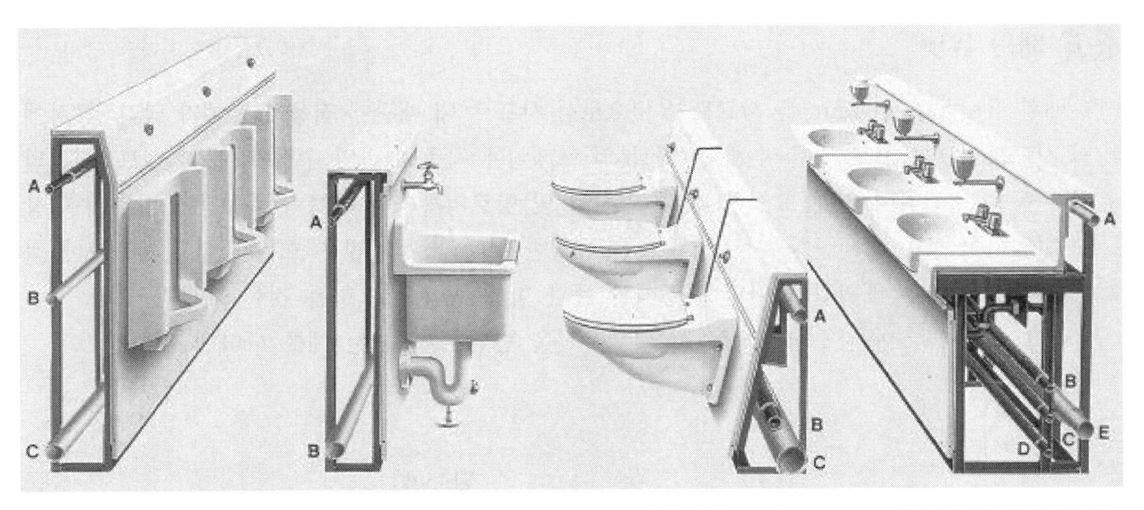

소변기 유닛 ⬆	⬆ 싱크 유닛	대변기 유닛 ⬆	⬆ 세면기 유닛
A : 급수관 B : 통기관 C : 오수관	A : 급수관 B : 잡배수관	A : 통기관 B : 급수관 C : 오수관	A : 통기관 D : 환탕관 B : 급수관 E : 잡배수관 C : 급탕관

(a) 토일레트 유닛의 종류

(b) 신체장애자용 토일레트 유닛의 설치 예

〈그림 5-26〉 토일레트 유닛

3 배관 유닛

배관 유닛(piping unit)은 샤프트 유닛으로서 샤프트 내 배관에 적용하는 예가 많다. 공장에서 샤프트의 형상으로 만든 수개 층(層)분의 프레임에 각종 배관의 수직관, 분기 밸브, 지관의 일부 등을 조립하여 지지·고정한 후, 수압시험 및 방로피복까지 하여 건축공정에 맞추어 현장에 반입하여 양중·설치한다. 샤프트 유닛은 동일한 형태의 수가 많은 호텔 객실용 샤프트에 적용하지만, 급배수 배관만이 아닌 공조배관 등과 함께 공용으로 하는 것이 효과가 크다.

<그림 5−27>에는 크레인으로 샤프트 유닛을 반입, 설치하는 예를 나타낸 것이다.

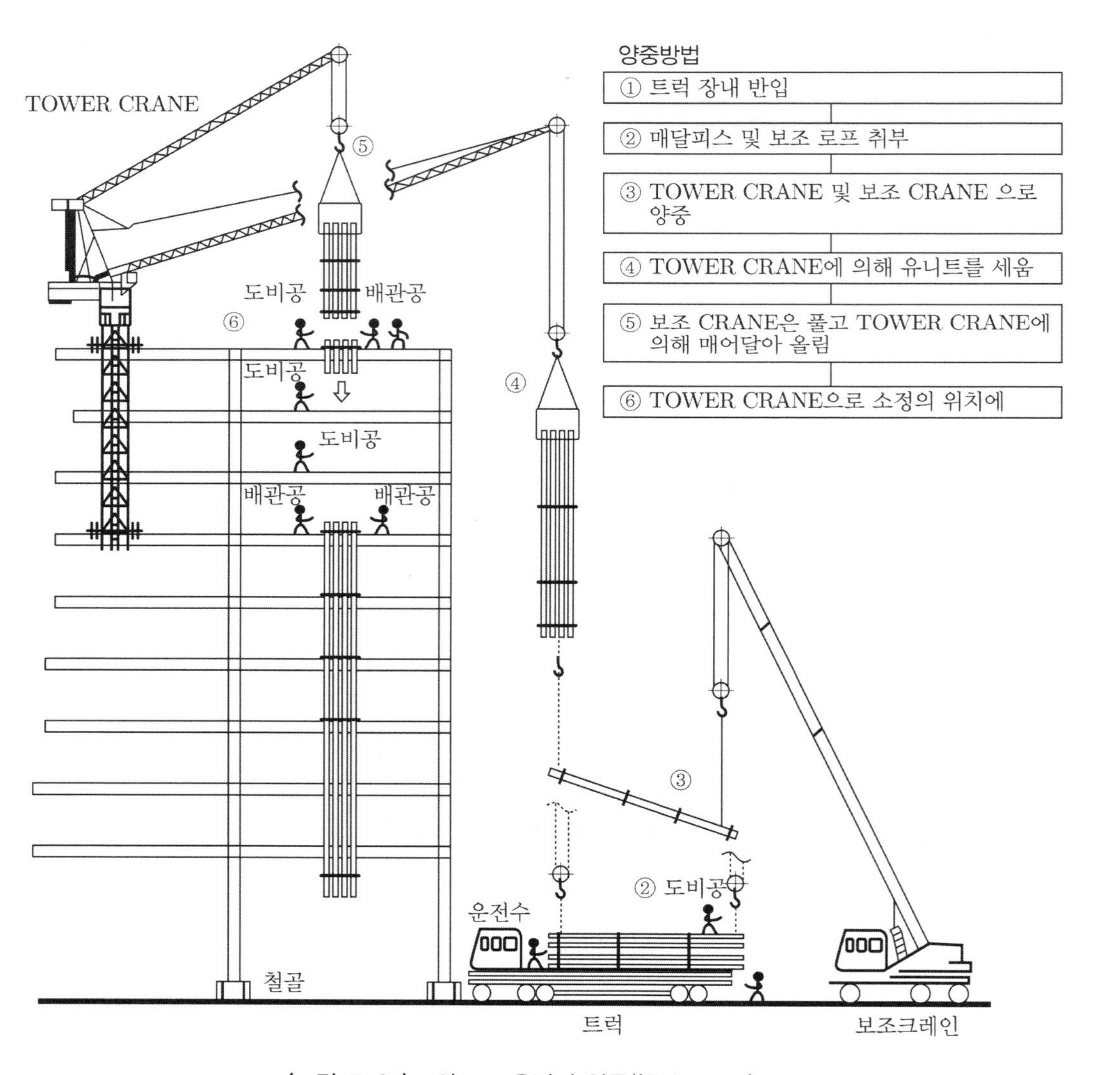

〈그림 5-27〉 샤프트 유닛의 양중(楊重, lifting)

5.8 위생기구 공사

1 건축공정과 위생기구 공사

위생기구는 일상생활에서 가장 많이 사용하는 기구로, 자재 선정에서부터 공사 및 유지관리 부분의 용이성까지 면밀하게 검토하여야 하며, 파손 및 흠집이 생기지 않도록 주의해서 취급하여야 한다. 또한 위생기구 공사는 정확하고 미려한 시공을 위하여 건축공사의 공정과 함께 공사 계획을 세워야 한다. <그림 5－28>에 위생기구 공사와 건축공사의 공정관계를 나타내었다.

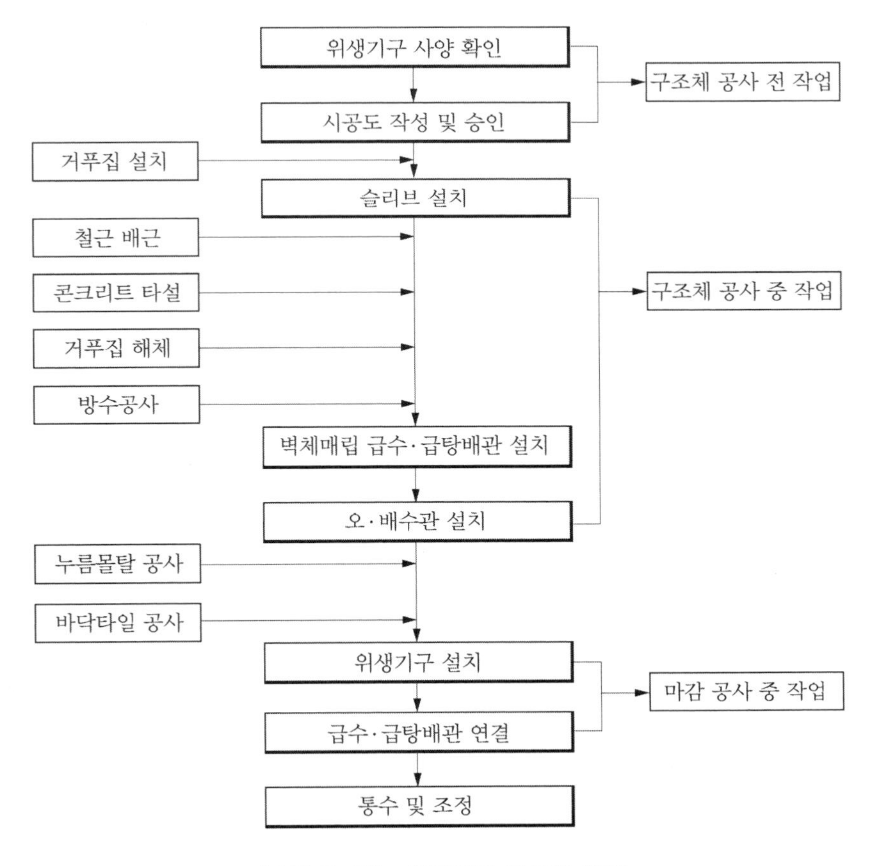

〈그림 5-28〉 위생기구 공사의 공정

(1) 구조체 공사 전 작업

1) 위생기구의 사양 확인

설계도면에 표시된 각종 위생기구에 대한 제조업체의 사양을 확인하고, 급수, 급탕 및 배수구의 접속 위치, 규격과 부속철물의 설치방법, 위치 등을 확인한다.

2) 시공도면의 작성 및 승인

시공도면에는 구조체의 구조, 규격, 벽체 및 바닥의 마감 상세, 타일 나누기 도면 등을 검토하여야 하며, 특히 급수·급탕, 오·배수 배관용 관통 슬리브의 위치 등은 구조체로부터 이격거리가 정확히 표시되어 시공에 착오가 없도록 작성하여야 하며 필요시 감리자의 승인을 받는다.

(2) 구조체 공사 중 작업

1) 바닥 슬래브 타설 전 강관제(<그림 5−29> 강관제 슬리브), 합성수지제 또는 PVC제 성형제품(<그림 5−30> PVC제 슬리브)의 위생기구용 슬리브를 시공도면에 명시된 정확한 위치에 설치한다.

2) 각종 슬리브는 건축 거푸집 또는 철근에 견고하게 고정하여 콘크리트 타설시 이완되거나 탈락되지 않도록 하여야 한다.

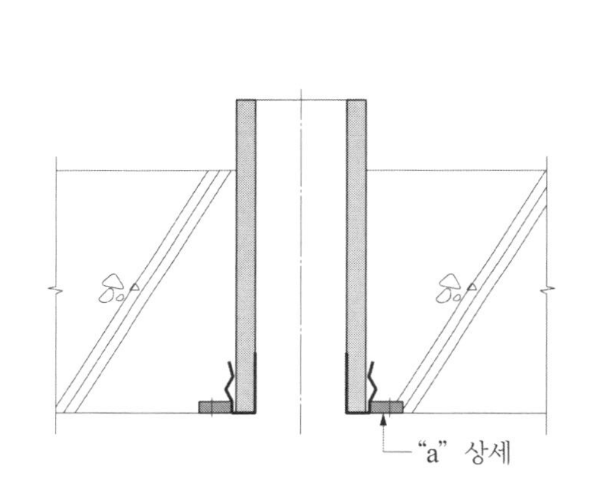

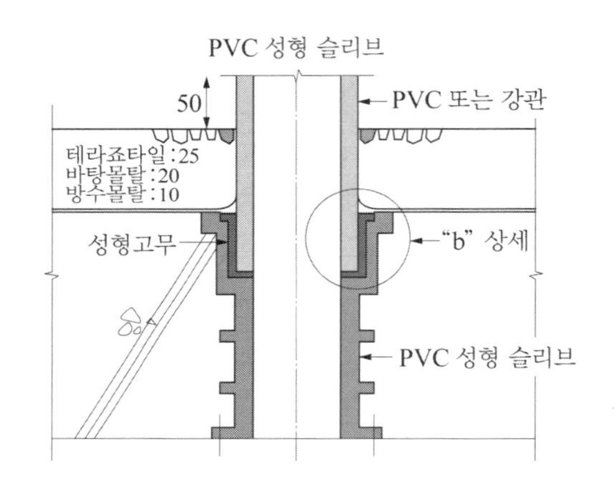

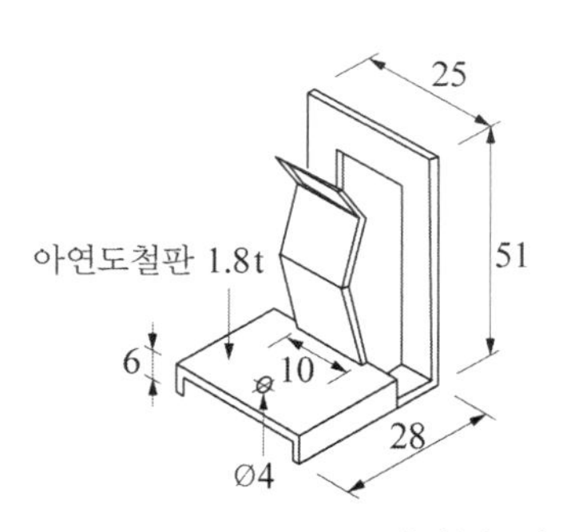

슬리브 규격	받침대 설치개수
50 이하	2개
60∼100	3개
125 이상	4개

"a" 상세(관통슬리브 받침대)

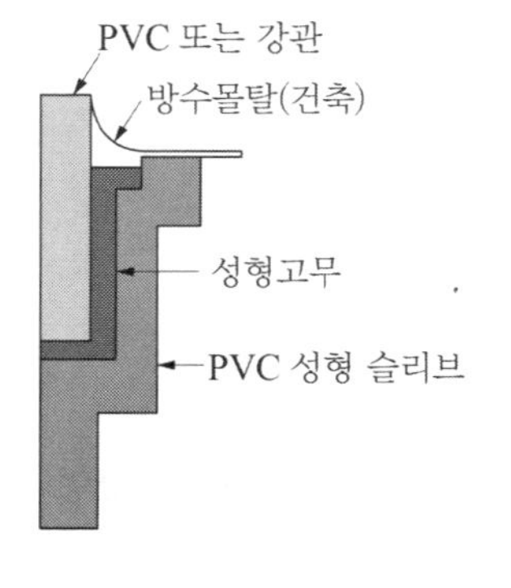

"b" 상세

〈그림 5-29〉 강관제 슬리브

〈그림 5-30〉 PVC제 슬리브

3) 콘크리트 타설 시에는 반드시 입회하여 각종 위생기구용 슬리브가 제 위치에 고정되어 있는지 확인하여야 한다.
4) 대변기, 세면기, 욕조 등 위생기구의 급수·급탕 등 벽체 매립배관은 건축 방수공사 전에 위생기구에서 필요로 하는 위치까지 인출, 시공한 후 수전류 체결 부위는 캡으로 마감하여야 한다.
5) 위생기구 오·배수 배관용 슬리브는 건축 방수공사 전에 마감면 상단 적당한 높이까지 인출하여 이물질이 들어가지 않도록 밀봉한다.

(3) 마감 공사 중 작업

1) 건축 타일 마감 작업이 완료되면 타일면 상부로 노출된 오·배수관을 절단한 후 위생기구 조립용 플랜지를 삽입하고 볼트와 너트를 체결한다.
2) 바닥 또는 벽체의 타일면과 위생기구와의 틈새는 크랙방지용 혼화제를 혼합한 백시멘트 또는 실리콘으로 마감한다.
3) 대변기 하부는 플랜지가 충분한 깊이로 삽입되어 대변기를 견고하게 고정하여야 한다.
4) 세면기 설치용 벽체 브래킷은 타일이 손상되지 않도록 반드시 드릴을 사용하여 구멍을 뚫고 PVC앵커를 고정시킨 후 부식이 발생하지 않도록 스테인리스제 나사못으로 견고하게 고정하여야 한다.

2 기구 설치 시 주의사항

위생기구 중에는 도기를 많이 사용하기 때문에 도기의 성질을 잘 이해하여 설치하여야만 한다. 여기서는 도기의 설치 시 주의하여야 할 일반적인 사항에 대하여 설명한다.

① **도기의 체결** : 도기를 볼트로 체결하는 경우에는 힘이 균일하게 가해지도록 하여야 한다. 또한, 도기가 파손되지 않도록 체결강도에도 주의하여야 한다.
② **급배수 금구와 도기의 체결** : 관의 진동 및 신축 등에 의해 도기가 파손되지 않도록 반드시 고무 패킹을 끼우고 나서 체결한다.
③ **도기의 일부를 콘크리트 내에 매입하는 경우** : 콘크리트 또는 몰탈과 도기의 접촉면에는 완충제로서 아스팔트 등을 감아 직접 밀착되지 않도록 한다.
④ **기구의 양생** : 설치된 기구는 파손이나 더러워지지 않도록 충분히 양생하여야 한다. 특히, 마감 전에 설치하는 동양식 대변기나 욕조는 충분히 주의하여야 한다.
⑤ 위생기구는 공사 완료 전까지 위생기구의 오염이나 훼손을 방지하기 위하여 비닐 등으로 보호조치를 하여야 한다. 특히 욕조는 표면에 흠집이 발생할 우려가 높으므로 반드시 보호조치를 하여야 한다.

05 연습문제

01 위생기구를 분류하시오.

02 위생기구가 갖추어야 할 조건을 설명하시오.

03 위생도기의 장·단점을 기술하시오.

04 대변기를 구조에 따라 분류 설명하시오.

05 세정밸브식 대변기는 일반 주택에 거의 설치하지 않는다. 그 이유를 설명하시오.

06 세정밸브식 대변기에 진공 브레이커를 설치하는 이유를 설명하시오.

07 각종 대변기의 유효봉수 깊이는 얼마인지 설명하시오.

08 국내 메이커의 각종 대변기 및 소변기의 사용수량을 조사하시오.

09 소변기의 세정방식을 분류하고 설명하시오.

10 설비 유닛의 목적, 이점 및 종류에 대해 설명하시오.

Chapter

06 오수처리설비

6.1 오수정화의 원리와 오수처리의 개요

1 자정작용과 오수처리시설

오수라는 것은 일반적으로 더러워진 물을 말한다. 4장의 배수·통기 설비에서는 오수를 분뇨를 포함한 배수만으로 한정하였다. 그러나 하수도법에서는 오수(汚水, sanitary sewage)를 사람의 생활이나 경제활동으로 인하여 액체성 또는 고체성의 물질이 섞이어 오염된 물을 말하는 것으로서, 사람의 일상생활과 관련하여 수세식 화장실·목욕탕·주방 등에서 배출되는 것으로, 즉 좁은 의미의 오수(수세식 화장실에서 배출되는 분뇨를 포함한 오수)와 잡배수를 합하여 오수라고 정의하고 있다. 하수도법에서의 하수는 상기의 오수와 건물·도로 그 밖의 시설물의 부지로부터 하수도로 유입되는 빗물·지하수를 말한다 라고 정의하고 있다.

결국, 오수는 물과 불순물(더러운 물질)로 이루어진 것을 말한다. 최근 수역(水域, 하천, 바다, 기타의 공유수면)에 방류하는 물(放流水)에 의한 수질오염이 문제가 되고 있기 때문에 불순물이라고 하는 것보다는 오염물질(汚染物質, 수질 및 수생태계 보전에 관한 법률에서는 수질오염물질로 정의됨)이라고 하는 용어를 사용하고 있다.

우리가 일상생활을 함으로써 배출하는 오수를 하천에 방류하면, 그 하천의 수질은 나빠진다. 그러나 그 물이 어느 정도의 거리를 흘러가는 도중에 하천의 수질은 다시 좋게 된다. 이것은 하천이 자연적으로 오수를 정화하는 힘을 갖고 있기 때문이며, 이 현상을 하천의 자연정화 작용(自然淨化作用), 즉 자정작용(自淨作用, self-purification)이라고 한다. 자정작용의 기구(機構)는 하천의 물이나 바닥에 있는 각종 생물에 의해 오수에 포함되어 있는 주로 부패하기 쉬운 유기물(有機物)이 분해하여, 오염물질의 일부는 생물체(生物體)로 되거나 또는 분해(分解)가스로서 대기 중에 발산하여 하천의 수질악화를 방지하게 된다. 그러나 하천내로 상당히 많은 오염물질이 유입하면, 자정작용의 허용한계를 넘어 버려 오수를 깨끗하게 하는 힘이 없어지므로 오염된 하천으로 변하게 된다. 자정작용을 주로 일으키는 것은 눈에 보이지 않는 작은 생물,

즉 미생물의 활동에 의한 것이지만 미생물은 하천 내의 물 및 흙속 등 여러 곳에서 폐기물 중의 유기물을 분해하여 준다. <그림 6－1>은 이와 같은 미생물에 의한 유기물의 분해와 최종 생산물인 무기물로부터 태양에너지를 이용하여 유기물을 만들어 내는 유기생산자(有機生産者)로서의 식물, 그리고 그것을 소비하는 인간을 포함한 동물, 그 배설물이나 사체(死體)가 된 유기물을 분해하는 미생물로 이어지는 순환을 나타낸 것으로서, 이것은 지구 규모의 넓은 의미의 자정작용이라고 할 수 있다.

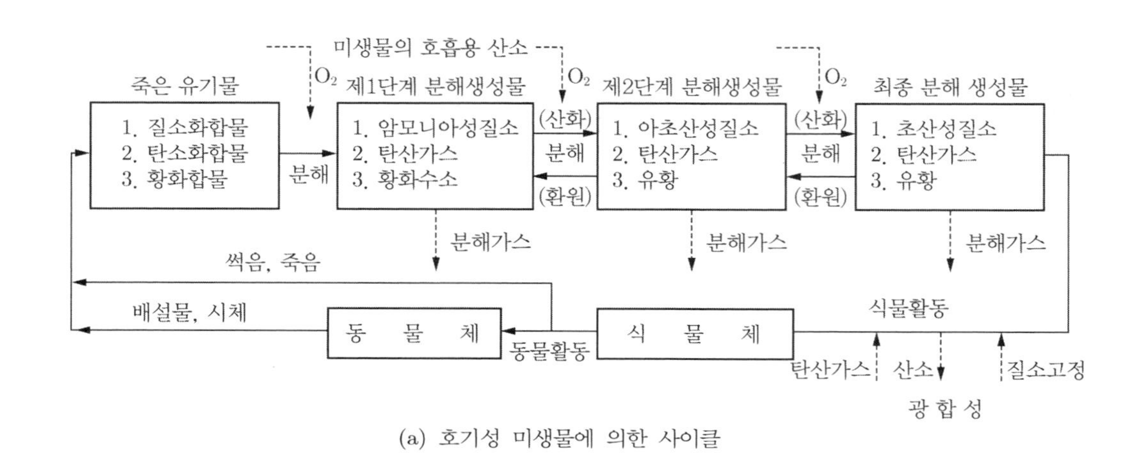

(a) 호기성 미생물에 의한 사이클

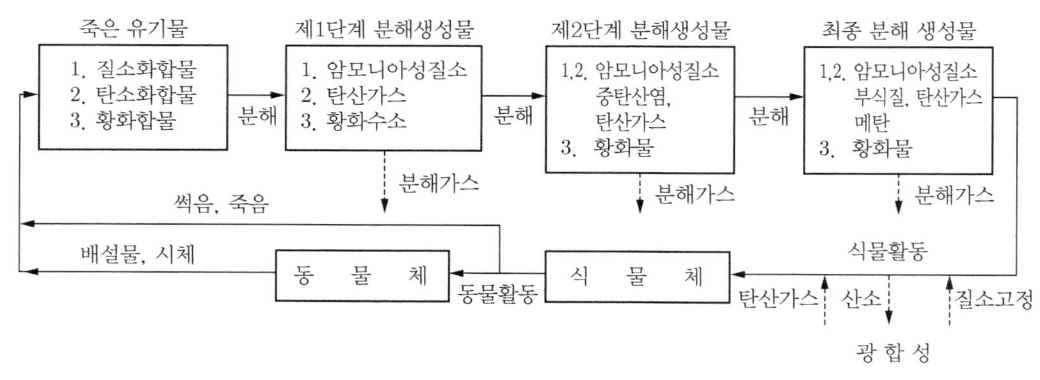

(b) 혐기성 미생물에 의한 사이클

〈그림 6-1〉 미생물에 의한 유기물의 분해와 순환

이와 같은 순환 중에서, 주로 미생물이 담당하는 부분을 인공적으로 행하고 여기에 물리적인 작용이나 화학적인 작용을 조합하여 오수 중의 오염물질을 제거하고 병원균 등의 유해한 것도 제거하여 위생상 안전하게 하는 것을 오수처리(汚水處理, sanitary sewage treatment)라고 한다. 오수처리는 공공 하수관로가 있는 경우에는 각 건물에서의 오수를 하수관로에 배출하여 공공하수처리시설에서 처리한 후 배출하면, 처리수준을 높일 수 있기 때문에 선진국에서는 각 건물별로 처리하지 않고 공공하수처리시설을 이용한다. 그러나 우리나라는 낮은 하수도 보급률과 높은 정화조의 보급률로 인하여 생활계 오수에 의한 수질악화가 심해지고 있는 실정이기 때문에, 공공하수처리시설의 신설 및 기존 시설의 용량증대가 요망되고 있는 실정이다. 따라서 수역의 수질오염을 줄이기 위한 방법의 하나로서, 공공하수처리시설이 설치되지 않은 지역에 각 건물별로 설치하는 개인하수처리시설(건물·시설 등에서 발생하는 오수를 침전·분해 등의 방법으로 처리하는 시설)로부터 방류되는 방류수의 수질기준을 보다 엄격히 규제하고 있다(<표 6-5> 참조).

그런데 오수를 배출하는 건물이나 시설에 단독 또는 공동으로 건물별로 설치하는 개인하수처리시설에는 <표 6-1>에 나타낸 바와 같이 오수처리시설과 정화조가 있다.

<표 6-2>에는 개인하수처리시설의 설치기준을 나타내었다.

〈표 6-1〉 개인하수처리시설의 설치기준

하수처리 구역 밖	(1) 1일 오수 발생량이 2 m^3를 초과하는 건물·시설 등(이하 "건물 등"이라 한다)을 설치하려는 자는 오수처리시설(개인하수처리시설로서 건물 등에서 발생하는 오수를 처리하기 위한 시설을 말한다)을 설치할 것 (2) 1일 오수 발생량 2 m^3 이하인 건물 등을 설치하려는 자는 정화조(개인하수처리시설로서 건물 등에 설치한 수세식 변기에서 발생하는 오수를 처리하기 위한 시설을 말한다)를 설치할 것 (3) 「환경정책기본법」 제38조제1항에 따른 특별대책지역 또는 「한강수계 상수원수질개선 및 주민지원 등에 관한 법률」 제4조제1항, 「낙동강수계물관리 및 주민지원 등에 관한 법률」 제4조제1항, 「금강수계물관리 및 주민지원 등에 관한 법률」 제4조제1항 및 「영산강·섬진강 수계 물관리 및 주민지원 등에 관한 법률」 제4조제1항에 따른 수변구역에서 수세식 변기를 설치하거나 1일 오수 발생량이 1 m^3를 초과하는 건물 등을 설치하려는 자는 오수처리시설을 설치하여야 한다.
하수처리구역 안 (합류식 하수관로 설치지역만 해당)	수세식 변기를 설치하려는 자는 정화조를 설치할 것

㈜ "하수처리구역"이라 함은 하수를 공공하수처리시설에 유입하여 처리할 수 있는 지역을 말함.

〈표 6-2〉 개인하수처리시설의 설치기준

1. 개인하수처리시설의 규모는 처리대상 오수를 모두 처리할 수 있는 규모 이상이어야 한다. 2. 정화조는 하수도법 제52조제3항에 따라 환경부령으로 정하는 구조 및 규격기준에 맞아야 한다. 3. 시설물의 윗부분이 밀폐된 경우에는 뚜껑(오수처리시설의 경우 직경 60 cm 이상, 정화조의 경우 처리대상 인원이 10명 이하는 45 cm 이상, 20명 이하는 50 cm 이상, 30명 이하는 55 cm 이상, 31명 이상은 60 cm 이상)을 설치하되, 뚜껑은 밀폐할 수 있어야 하며, 잠금장치를 설치하거나 뚜껑 밑에 격자형의 철망 등을 설치하는 등 안전하게 설치하여야 한다. 4. 시설물은 구조적으로 안정되어야 하고 천정·바닥 및 벽은 방수되어야 한다. 5. 시설물은 부식 또는 변형이 되지 아니하여야 한다. 6. 시설물은 발생가스를 배출할 수 있는 배출장치를 갖추어야 하되, 배출장치는 이물질이 유입되지 아니하는 구조로 하며, 방충망을 설치하여야 한다. 7. 오수처리시설은 유입량을 24시간 균등 배분할 수 있고 12시간 이상 저류(貯留)할 수 있는 유량조정조를 설치하여야 한다. 단, 1일 처리용량이 100 m^3 이상인 경우에는 10시간 이상 저류할 수 있는 유량조정조를 설치하여야 한다. 8. 시설물에는 악취를 방지할 수 있는 시설을 설치하여야 한다. 단, 하수처리구역(합류식하수관로 설치지역만 해당한다)에 설치된 1일 처리대상인원 1천명 이상인 정화조의 경우에는 배수설비[방류조(放流槽) 또는 배수조(排水槽)를 말한다]에 공기공급장치 등 물에 녹아있는 악취물질을 제거하는 시설을 추가로 설치하여야 한다. 9. 시설물은 기계류로 인하여 발생되는 소음 및 진동이 생활환경에 지장이 없는 수준이어야 한다. 10. 오수배관은 폐쇄, 역류 및 누수를 방지할 수 있는 구조이어야 한다. 11. 시설물은 방류수수질검사를 위하여 시료를 채취할 수 있는 구조이어야 한다. 12. 콘크리트 외의 재질로 시설물을 제작·설치하는 경우에는 다음 각 목의 요건을 만족하여야 한다. 가. 지반 및 시설물 윗부분의 하중 등을 고려하여 시설물이 내려앉거나 변형 또는 손괴되지 아니하도록 콘크리트로 바닥에 대한 기초공사를 하여야 하고, 시설물의 상부 또는 측면의 하중으로 인하여 시설물의 보강이 필요한 경우에는 콘크리트 등으로 해당 시설물의 상부 또는 측면에 슬래브 및 보호벽 등을 설치하여야 한다. 나. 시설물을 원형으로 제작하는 경우에는 시설물이 수평을 유지할 수 있어야 한다. 13. 개인하수처리시설의 운영 중 일정기간 동안 오수발생량이 현저히 감소할 것으로 예상되는 학교·연수원 등에 개인하수처리시설을 설치하는 경우 오수가 적게 발생하는 기간에도 개인하수처리시설이 적정하게 운영될 수 있도록 계열화하여야 한다.

2 오수처리의 개요

오수처리는 자정작용을 인공적으로 행하는 것이지만, 1항에서 설명한 바와 같이 미생물에 의한 정화가 주가 되는 처리를 생물화학적 처리(生物化學的 處理, biological treatment process) 또는 생물처리라고 한다. 생물화학적 처리를 주로 담당하는 미생물에는 산소가 존재하는 곳에서 생육(生育)하는 호기성 생물(好氣性 生物, aerobic microorganism)과 산소가 존재하지 않는 곳에서 생육하는 혐기성 생물(嫌氣性 生物, anaerobic microorganism)이 있지만, <그림 6-2>에 나타낸 바와 같이 오수정화시설에 의한 오수처리의 공정에서는 호기성 생물에 의한 정화가 주가 되며, 침전오니에 포함된 부패하기 쉬운 유기물을 분해하는 데에는 혐기성 생물이 주가 된다.

오수처리의 처리단계로서는 침전을 주로 한 물리적인 처리를 1차처리(一次處理, primary treatment)라고 하며, 침전으로 제거할 수 없는 오염물질을 생물처리에 의해 제거하는 공정을 2차처리(二次處理, secondary treatment)라고 한다. 그리고 2차처리에서 제거되지 않은 것을 처리하는 것을 3차처리(三次處理, tertiary treatment)라고 한다.

<표 6-3>에는 오수처리시설과 정화조의 처리방법을 나타내었다.

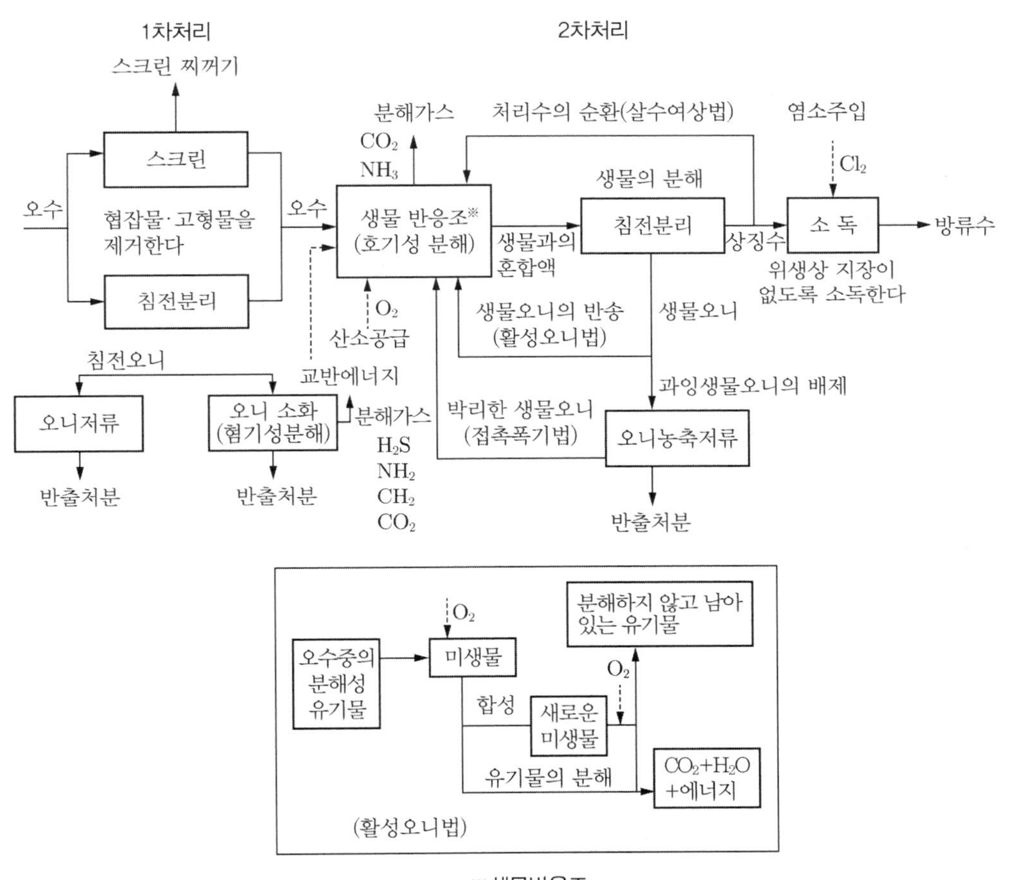

〈그림 6-2〉 오수처리시설에서의 오수처리 공정

〈표 6-3〉 오수처리방법의 종류

(a) 오수처리시설

처리방법	처리방법의 예	
① 호기성 생물학적 방법 ② 혐기성 생물학적 방법 ③ 물리·화학적 방법 ④ 제①호~제③호의 방법을 조합한 방법	장기간 폭기방법 접촉산화방법 살수여상방법 혐기여상접촉폭기방법 현수미생물접촉법	표준활성오니방법 접촉안정방법 회전원판접촉방법 분리접촉폭기방법

(b) 정화조

처리방법	시설구성
부패탱크 방법	침전실 → 소화실
폭기 방법	부패실 → 폭기실 → 최종침전실
접촉폭기 방법	부패실 → 접촉폭기실 → 최종침전실
살수여상 방법	부패실 → 살수여상실
변형접촉폭기 방법	침전분리실 → 폭기실 → 최종침전실 → 여재층
산화형혐기성 방법	부패실 → 침전실 → 산화실 → 최종침전실
토양침투처리 방법(2차 처리장치에 한함)	부패실(1차 처리장치) → 토양침투지(2차 처리장치)
무희석 가열식 부패탱크 방법	부패실 → 혼합장치 → 가열장치 → 송풍장치

(1) 생물화학적 처리

호기성 생물에 의한 처리 방식을 대별하면, 생물막법(生物膜法, biological film process)과 활성오니법(活性汚泥法, activated sludge process)으로 분류할 수 있다. 그리고, 생물막법에는 살수여상방식(撒水濾床方式, trickling filter process), 회전원판접촉방식(回轉圓板接觸方式, rotating biological contactor process) 및 접촉산화방식(接觸酸化方式 : contact oxidation process)을, 활성오니법에는 장기간폭기방식(長期間曝氣方式, extended aeration process)과 표준활성오니방식(標準活性汚泥方式, conventional activated sludge process)을 대표적으로 들 수 있다. 다음에는 생물막법과 활성오니법에 대해 간단히 설명한다.

1) 생물막법

<그림 6-3>의 (a)와 같이 높게 쌓아 올린 쇄석(碎石)의 표면에 오수를 살수하면, 오수는 쇄석표면을 거쳐 밑으로 떨어진다. 이와 같이 오수를 쇄석에 살수하면 오수에 포함되어 있는 생물이 쇄석의 표면에 부착하고, 그 환경에 적합한 것이 번식하여 막(膜)을 만든다. 이 막을 생물막이라고 한다.

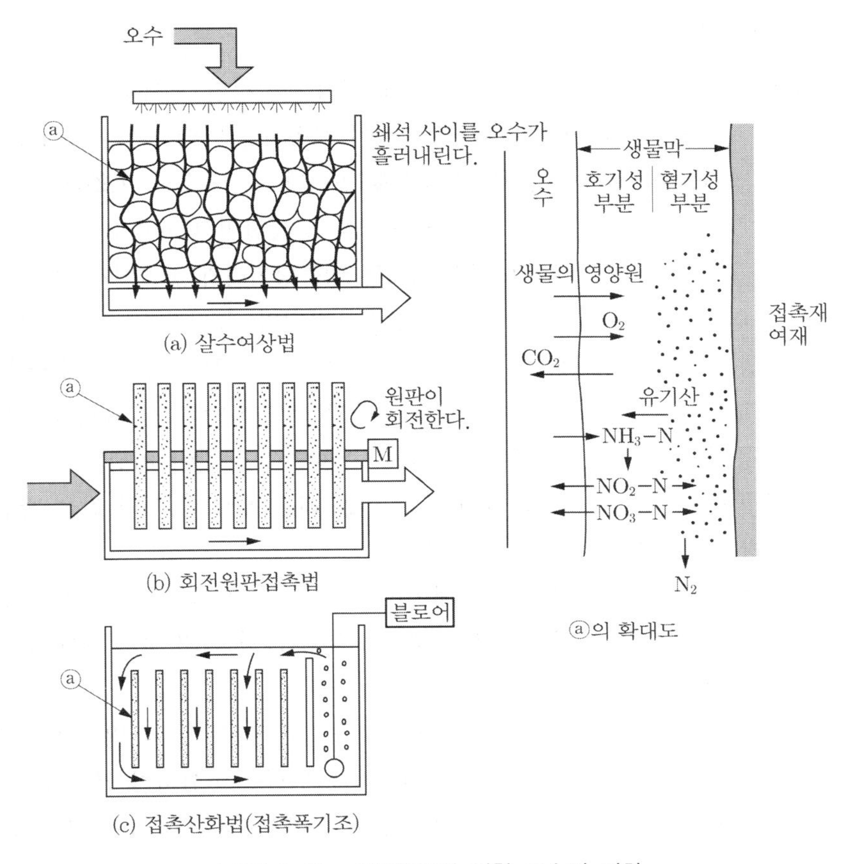

〈그림 6-3〉 생물막법에 의한 오수의 정화

오수가 쇄석의 표면을 유하(流下)하는 시간은 불과 몇 분밖에 안되어 흘러 내려가 버리지만, 흡착한 유기물은 미생물이 시간을 갖고 분해하여 간다. 쇄석 사이에는 공기가 있기 때문에 산소의 존재하에서 생육하는 소위 호기성 생물이 번식하지만, 생물막이 두꺼워지면 상당량의 산소가 없어지기 때문에 혐기성 부분도 형성되어 산소가 없는 곳에서 생육하는 혐기성 생물도 존재하게 된다. 이와 같이 생물의 담체(擔體)(접촉재, 여재)가 있고, 그 표면에 생물에 의한 막을 형성하고, 그 생물막을 이용하여 오수를 정화하는 방법을 생물막법이라고 한다. 쇄석에 의한 방법은 살수여상법이라고 부르고 있지만, 최근에는 회전원판접촉법과 접촉산화법을 보다 널리 이용하고 있다.

회전원판접촉법은 <그림 6-3>의 (b)와 같이 회전축에 부착된 다수의 회전판이 회전함으로써 오수가 유하하는 조(槽) 내에서 회전판이 물에 잠기거나 공중에 나오거나 하면서 오수를 정화하는 방법이다. 접촉산화법은 <그림 6-3>의 (c)와 같이 접촉재를 조 내에 넣어 놓고 산소를 공급하면서 교반(攪拌)하는 방법이며, 일반적으로 접촉재는 고정되어 있고, 오수가 순환하는 방식이다.

2) 활성오니법(활성 슬러지법)

오수를 조(槽)에 넣어 놓고 공기(산소)를 공급하면서 교반하면, 박테리아가 오수 중의 유기물을 먹으면서 증식하기 시작한다. 그리고 이것이 계속되면 박테리아는 증식을 계속하면서 서로 뭉쳐지게 되고, 그 주위에 원생동물(原生動物)이나 후생동물(後生動物)이 이들 박테리아를 섭식하면서 또한 증식하기 시작한다. 산소를 공급하면서 교반하는 것을 폭기(曝氣, aeration)라고 하며, 폭기가 계속되면 조 내에는 생물덩어리가 만들어지는데, 이것을 플록(flock)이라고 한다. 오수 중의 유기물은 플록에 흡착되며, 폭기를 멈추면 <그림 6－4>의 B와 같이 미생물의 집단인 플록은 바닥으로 침전하여, 깨끗한 상징수(上澄水, clarified supernatant liquid)와 분리된다. 이 상징수를 바깥으로 취출하면서 다시 한 번 오수를 넣고 폭기하면, 동일한 방법으로 오수는 깨끗하게 된다. 이와 같이 미생물 덩어리인 플록을 활성오니(活性汚泥, 활성 슬러지, activated sludge)라고 부르며, 이와 같은 방법으로 오수를 정화하는 방법을 활성 오니법이라고 한다.

활성오니법이나 생물막법은 호기성 생물에 의한 점은 동일하지만, 생물막법은 생물이 부착하고 있는 상태에서, 그리고 활성오니법은 생물을 부유(浮遊)시켜 놓은 상태에서 정화가 이루어지는 점이 다르다.

일반 건물의 오수처리시설이나 도시의 하수처리장과 같이 연속적으로 많은 오수가 유입하는 실제의 오수처리시설에 있어서는 <그림 6－4>의 A와 C를 조합하여 연속적으로 처리하는 예가 많다. 즉, 폭기에서는 오수와 활성오니와의 「혼합」, 생물에 의한 오수 중의 유기물

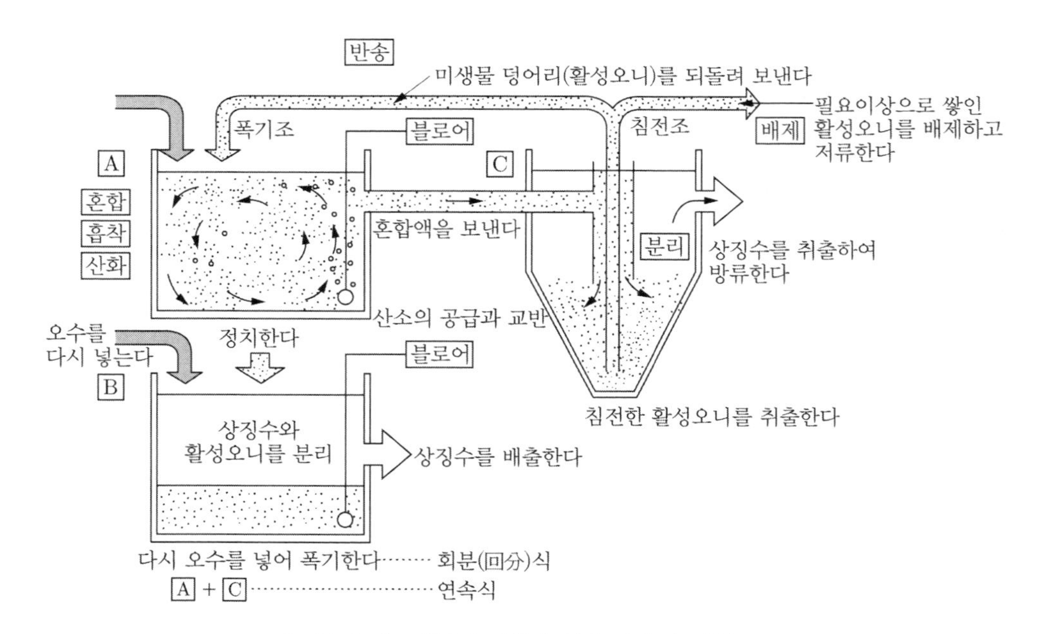

〈그림 6-4〉 활성오니법에 의한 오수의 정화

의 「흡착」 및 「산화」가 이루어지고, 침전조에서는 「분리」가 이루어져, 1사이클을 이루고 있다. 각각 목적한 대로 이루어지는지 아닌지가 유지관리상의 포인트가 된다.

(2) 물리화학적 처리

오수에 포함되어 있는 오염물질을 입자(粒子)로 본 경우, <그림 6-5>에 나타낸 바와 같이 대체로 입자 직경이 $1\mu\left(\frac{1}{1,000}\text{mm}\right)$ 이상인 부분을 부유성(浮遊性, suspended solids), 1μ부터 $1\text{m}\mu\left(\frac{1}{1,000}\mu\right)$의 범위를 콜로이드상(colloidal condition), 그리고 $1\text{m}\mu$ 이하를 용해성(溶解性, dissolved matter)이라고 할 수 있다. 그림 중에는 입자의 제거방법이 기입되어 있지만, 입경 직경이 큰 것은 중력을 사용하여 분리하며, 쉽게 침전되지 않는 콜로이드상의 입자는 응집제를 투여하여 입자와 입자가 들러붙게 하여 플록을 형성시켜 침전하기 쉽게 만들어 분리하고, 더욱 작은 입자는 흡착 혹은 오존 등으로 산화하여 제거할 수 있다.

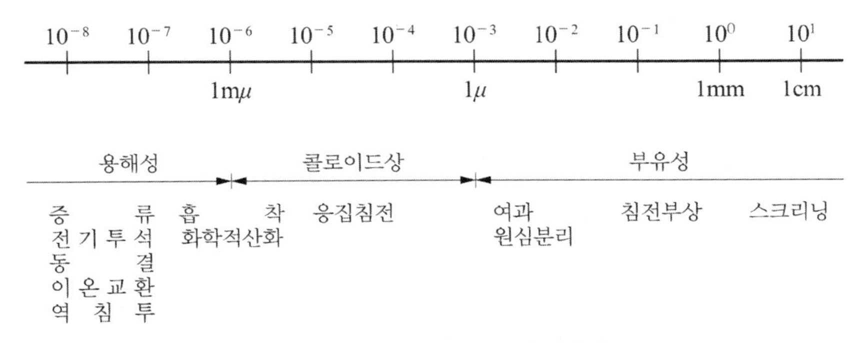

〈그림 6-5〉 입자직경과 제거방법

증류법, 전기투석법, 동결법 등은 극히 미세한 입자를 분리하는 방법으로서, 주로 바닷물을 담수화하여 음료수로 사용하는 경우에 이용한다. 오수처리분야에서는 한 번 처리한 물을 더욱 고도로 정화하여 재이용하는 물리작용과 화학작용을 각각 단독 혹은 조합하여 이용하며, 이와 같이 하는 것을 물리화학적 처리(物理化學的 處理, physical-chemical treatment)라고 부르고 있다. 생물처리는 미생물의 대사작용(代射作用)과 침전 등의 물리작용을 조합하여 이루어지며, 생물에 의한 정화의 부분은 입자직경으로 말하면 용해성이나 콜로이드상의 유기물을 생물에 의해 흡착, 응집, 산화하는 것이다.

물리화학적 처리는 처리시설의 설치면적이 작아지며, 간헐적으로 배출하는 오수도 용이하게 처리할 수 있으며, 생물처리에서도 제거할 수 없었던 인(燐)의 제거율이 높고, 3차처리 혹은 고도처리에 적합하다고 하는 이점은 있지만, 고도의 운전기술, 고가의 처리비용, 오니의 발생량이 많다고 하는 결점이 있다.

<그림 6-6>은 처리 흐름도의 일례이다.

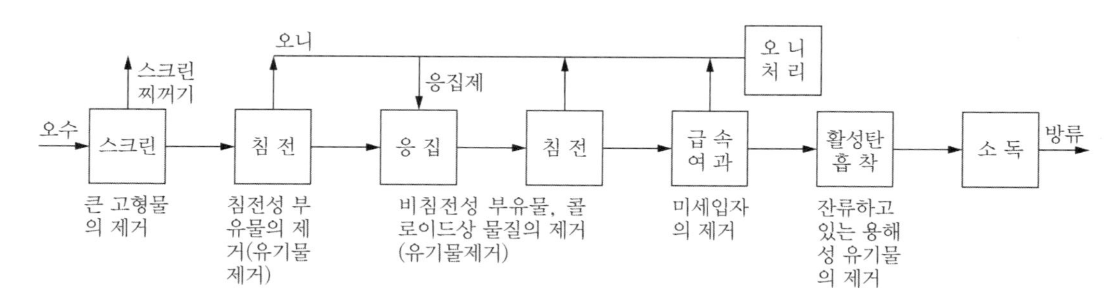

〈그림 6-6〉 물리화학적 처리법에 의한 생활배수 처리의 예

6.2 오수의 양과 수질

1 수질과 관련된 용어

(1) ppm

백만분율(百萬分率, Parts Per Million) 농도를 나타내는 하나의 단위로서 100만분의 1의 양을 1 ppm이라고 한다. 물의 경우, 물 1 L의 중량은 대략 100만 mg이기 때문에 1 mg/L＝1 ppm＝1 g/m^{3}로 생각할 수 있다.

(2) BOD

생물화학적 산소요구량(生物化學的 酸素要求量, Biochemical Oxygen Demand)으로서 오수 중의 분해 가능한 유기물이 용존산소(Dissolved Oxygen)의 존재하에 미생물(호기성 세균)의 작용에 의해 산화분해되어 안정한 물질(가스 및 무기물)로 변해갈 때 소비하는 산소량을 말한다. 즉, 부패성 물질의 양이라고 생각해도 된다.

(3) COD

화학적 산소요구량(化學的 酸素要求量, Chemical Oxygen Demand)으로서, 배수 중에 산화하기 쉬운 유기물이 과망간산 칼륨 등과 같은 산화제에 의해 산화분해될 때 소비하는 산화제의 양에 상당하는 산소량을 나타낸 것이다.

(4) SS

부유물질(浮遊物質, suspended solids)로서 오수 중에 현탁되어 있는 물질을 말한다. 스크린으로 제거할 수 있는 대형의 것은 아니며, 입경이 1 μm 이상인 입자를 말한다. 처리에 의해 생기는 오니량은 부유물의 다소(多少)에 의해 크게 좌우된다.

(5) pH

pH는 수소이온농도[mol/L]의 역수의 상용대수($\log_{10}$)를 말한다. 순수한 물 중의 수소이온 농도는 10^{-7} mol/L이며, pH 7이다. 물 속의 수소이온농도가 이 값보다 증가하면 pH는 7보다 작게 되고(산성), 역으로 수소이온농도가 감소하면 pH는 7보다 크게 된다(알칼리성). 배수기준에서는 5.8~8.5로 규정하고 있다.

(6) 증발 잔유물

부유물과 용해성 물질과의 합계량이다.

(7) 총질소

무기성 및 유기성 질소의 총량을 나타낸 것이다. 무기성 질소로는 암모니아성 질소, 아초산성질소 및 초산성질소를, 유기성 질소로는 단백계질소 등 유기화합물 중의 질소를 나타낸다. 유기성 질소가 산화분해되면 무기성의 암모니아성 질소로 되며, 더욱 분해가 진행되면 아초산성, 초산성으로 변화하기 때문에 질소를 측정하는 것에 의해 분해, 정화(淨化), 안정화의 정도를 알 수가 있다.

(8) 염소이온

수중의 염소이온이며, 소독에 이용하는 분자상태의 염소와는 구별된다. 분뇨 중에는 약 5,500 ppm 정도 포함되어 있으며, 정화과정에 있어서도 변화하기 어려운 성질을 갖고 있다. 정화조에서는 세정수나 희석수에 따라 분뇨 등이 어느 정도로 희석되어 있는가를 알 수 있는 지표가 된다. 또한 지하수나 바닷물의 혼입 등도 추측할 수 있다.

2 오수량과 유량변동

생활배수는 인간의 생활에 관계하여 배출하는 오수이기 때문에, 주택시설로부터 배출하는 오수량이 기본이 된다. 주택에서의 표준 오수량은 <표 6-4>에 나타낸 바와 같이 수세식 화장실 배수(단독오수)로서 1인 1일당 50 L, 잡배수도 포함한 오수(합병오수)로서는 200 L 정도로 하고 있다. 가정에서의 물 사용량은 가족구성, 위생설비, 주방설비, 입욕횟수 등에 따라 가지각색이지만 대체로 1인 1일당 180~250 L 정도이며, 오수정화시설의 설계 오수량으로서는 200~250 L를 취하는 예가 많으며, <표 6-6>에서는 200 L/(c·d)로 하고 있다.

주택, 공동주택에서의 오수량의 조사 예는 많지만, 주택 이외의 용도의 건물에 대해서는 아직 표준화할 수 있을 정도로 충분한 자료가 정리되어 있다고는 할 수 없기 때문에 계획 오수량을 결정할 때에는 계획 급수량 및 과거의 실적이나 조사결과 등을 종합하여 판단할 필요가 있다.

또한 오수는 정량씩 배출되는 것은 아니며, <그림 6-7>에 나타낸 바와 같이 일반적으로 유량변동이 큰 것을 고려해야만 한다. 주택의 경우에는 시간최대오수량과 24시간 평균유량과의 비(피크 계수라고 함)는 2~3 정도이다.

특수한 건축용도의 경우에는 극단적인 유량변동이 있는 것뿐만 아니라 오수를 배출하지 않는 날이나 계절적으로 극히 큰 변동이 있거나 하기 때문에 주의하여야만 한다.

〈표 6-4〉 주택에서의 표준치

항 목	오수량[L/(c·d)]	BOD 부하량[g/c·d)]	평균농도[mg/L]
단독오수	50	13	260
합병오수	200	40	200

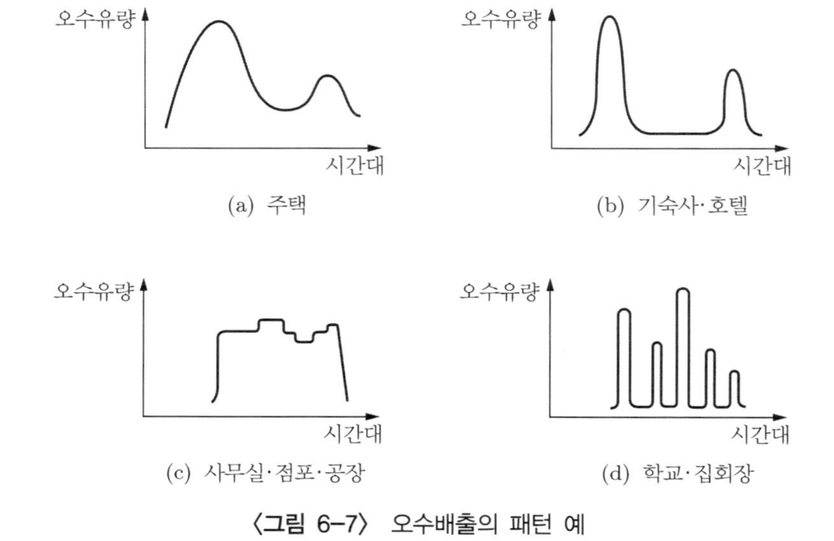

〈그림 6-7〉 오수배출의 패턴 예

3 오수의 수질과 처리수의 수질

생활배수와 같은 유기성(有機性) 오수에 포함된 오염물질의 양과 질에 대한 지표로서 주로 BOD, SS, COD를 이용하며, 이 중에서도 특히 BOD를 대표적으로 이용한다. 오수량에 오염물질의 농도를 곱해서 구한 오염물질량을 오염부하(汚染負荷, pollution loading)라고 한다.

처리대상인원 1인당이라고 하는 경우와 같이, 어느 단위량당 배출하는 오염부하를 오염부하단위(汚染負荷單位, unit pollution loading)라고 부른다.

정화조 구조기준의 기초가 되는 주택에서의 BOD 부하단위는 <표 6-4>와 같이 단독오수, 즉 분뇨는 13 g/(c·d), 잡배수를 포함한 합병오수는 40 g/(c·d)를 표준으로 하고 있다.

오수에 유량변동이 있는 경우, BOD량에도 시간변동이 있다.

또한 처리수의 수질기준(개인하수처리시설의 방류수의 수질기준)은 하수도법 시행규칙에서 <표 6−5>와 같이 규정하고 있다.

〈표 6-5〉 개인하수처리시설의 방류수 수질기준

구분	1일 처리용량	지역	항목	방류수 수질기준
오수처리시설	50 m^3 미만	수변구역	생물화학적 산소요구량[mg/L]	10 이하
			부유물질[mg/L]	10 이하
		특정지역 및 기타지역	생물화학적 산소요구량[mg/L]	20 이하
			부유물질[mg/L]	20 이하
	50 m^3 이상	모든 지역	생물화학적 산소요구량[mg/L]	10 이하
			부유물질[mg/L]	10 이하
			총질소[mg/L]	20 이하
			총인[mg/L]	2 이하
			총대장균군수[개/mL]	3,000 이하
정화조	11인용 이상	수변구역 및 특정지역	생물화학적 산소요구량 제거율[%]	65 이상
			생물화학적 산소요구량[mg/L]	100 이하
		기타지역	생물화학적 산소요구량 제거율[%]	50 이상
토양침투처리방법에 따른 정화조의 방류수 수질기준은 다음과 같다. 가. 1차 처리장치에 의한 부유물질 50% 이상 제거 나. 1차 처리장치를 거쳐 토양침투시킬 때의 방류수의 부유물질 250 mg/L 이하				
골프장과 스키장에 설치된 오수처리시설은 방류수 수질기준 항목 중 생물화학적 산소요구량은 10 mg/L 이하, 부유물질은 10 mg/L 이하로 한다. 단, 숙박시설이 있는 골프장에 설치된 오수처리시설은 방류수 수질기준 항목 중 생물화학적 산소요구량은 5 mg/L 이하, 부유물질은 5 mg/L 이하로 한다.				

㈜ 1. 이 표에서 수변구역은 하수도법 시행령 제4조제3호에 해당하는 구역으로 하고, 특정지역은 하수도법 시행령 제4조 제1호·제2호·제4호·제5호 및 제10호에 해당하는 구역 또는 지역으로 한다.

2. 수변구역 또는 특정지역이 하수도법 시행령 제8조에 따라 고시된 예정하수처리구역이나 「수질 및 수생태계 보전에 관한 법률 시행규칙」 제67조에 따라 고시된 기본계획의 폐수종말처리시설 처리대상지역에 해당되면 그 지역에 설치된 정화조에 대하여는 기타지역의 방류수 수질기준을 적용한다.

3. 특정지역이 수변구역으로 변경된 경우에는 변경 당시 그 지역에 설치된 오수처리시설에 대하여 그 변경일부터 3년까지는 특정지역의 방류수 수질기준을 적용한다.

4. 기타지역이 수변구역이나 특정지역으로 변경된 경우에는 변경 당시 그 지역에 설치된 개인하수처리시설에 대하여 그 변경일부터 3년까지는 기타지역의 방류수 수질기준을 적용한다.

5. 겨울철(12월 1일부터 3월 31일까지)의 총질소와 총인의 방류수 수질기준은 2014년 12월 31일까지 60 mg/L 이하와 8 mg/L 이하를 각각 적용한다.

6. 하나의 건축물에 2개 이상의 오수처리시설을 설치하거나 2개 이상의 오수처리시설이 설치되어 있는 경우에는 그 오수처리시설 처리용량의 합계로 방류수 수질기준을 적용한다.

7. 하수도법 시행령 제8조에 따라 고시된 예정하수처리구역이나 「수질 및 수생태계 보전에 관한 법률 시행규칙」 제67조에 따라 고시된 기본계획의 폐수종말처리시설 처리대상지역에 설치된 오수처리시설에 대하여는 1일 처리용량 50 m^3 미만인 오수처리시설의 방류수 수질기준을 적용한다.

[참고] 단독정화조의 생물화학적 산소요구량 제거율(BOD 제거율) 측정방법

1. 시료는 수세식 화장실에 유입되기 전의 세정수와 정화조의 소독실로 유입되기 전의 유출수를 채취하여야 한다.

2. 생물화학적 산소요구량 제거율[%] 산정방법

① 생물화학적 산소요구량 제거율(BOD 제거율), %

$$\text{BOD 제거율[\%]} = \frac{\text{유입수의 BOD[mg/L]} - \text{유출수의 BOD[mg/L]}}{\text{유입수의 BOD[mg/L]}} \times 100$$

② 유입수의 BOD[mg/L] 산정방법

$$\text{유입수의 BOD[\%]} = \frac{\text{생분뇨의 BOD[mg/L]}}{\text{희석배율}}$$

단, 생분뇨의 BOD는 20,000 mg/L로 한다.

③ 희석배율 산정방법

$$\text{희석배율} = \frac{\text{생분뇨의 염소이온농도}}{\text{유출수의 염소이온농도} - \text{세정수의 염소이온농도}}$$

단, 생분뇨의 염소이온 농도는 5,500 mg/L로 한다.

4 건축물의 용도별 개인하수처리시설의 용량

오수처리시설은 당연히 오수를 처리하는 시설이기 때문에 그 규제는 당연히 처리할 오수량으로 표시하지만, 정화조는 처리대상인원으로 결정한다. 관계 법규에 따르면 오수처리시설의 규모는 오수처리시설을 설치하고자 하는 건물, 기타 시설물에서 발생하는 오수를 모두 처리할 수 있는 규모 이상이어야 하며, 오수발생량의 산정은 환경부장관이 고시하는 건축물의 용도별 오수발생량(<표 6-6>)에 의한다.

정화조의 규모는 처리대상인원을 기준으로 하여 산정한 규모 이상으로 하며, 처리대상인원의 산정은 환경부장관이 고시하는 정화조 처리대상인원 산정기준(<표 6-6>)에 의한다.

<표 6-6>은 건축물의 용도별 오수발생량 및 정화조 처리대상인원 산정기준을 나타낸 것이다.

〈표 6-6〉 건축물의 용도별 오수발생량 및 정화조 처리대상인원 산정기준

분류번호	건축물 용도			오수발생량			정화조 처리대상인원	
				1일 오수발생량	BOD농도[mg/L]	비고	인원산정식	비고
1	주거시설	단독주택, 농업인 주택, 공관		200 L/인	200	농업인주택과 읍·면지역의 1일 오수발생량은 170L/인을 적용한다.	$N=2.0+(R-2)\times0.5$	–
		공동주택	아파트, 연립주택, 다세대주택, 다가구주택	200 L/인	200		$N=2.7+(R-2)\times0.5$	1호가 1거실로 구성되어 있을 때는 2인으로 한다.
		기숙사, 다중주택(원룸)[2], 고시원		7.5 L/m^2	200		$N=0.038A$, 연면적[3] $N=P$(정원이 명확한 경우)	–
2	문화 및 집회시설	집회·공연장	예식장, 공회당, 마을회관, 경로당, 회의장, 교회, 사찰, 성당, 제실, 사당, 장례식장, 극장, 영화관, 연예장, 음악당, 서커스장, 비디오물감상실, 비디오물소극장	12 L/m^2	150	–	$N=0.060A$	–
		기도원, 수도원, 수녀원		7.5 L/m^2	200		$N=0.038A$ $N=P$(정원이 명확한 경우)	–
		경기장	체육관, 운동장, 경마장, 경륜장, 자동차경기장, 경정장	10 L/m^2	260		$N=0.050A$	–
		전시장	박물관, 미술관, 기념관, 동물원, 식물원, 수족관, 과학관, 산업전시장, 박람회장, 모델하우스, 문화관, 체험관	16 L/m^2	150		$N=0.080A$	–
		마권장외발매소, 마권전화투표소		25 L/m^2	150	–	$N=0.125A$	–
3	판매 및 영업시설	시장·상점	도매시장, 마을공동구판장, 소매시장, 표구점, 소매점, 수퍼마켓, 사진관, 의약품판매소, 도료류판매소, 서점, 세탁소, 장의사, 총포판매사, 애완동물점, 자동차영업소, 의료기기판매소	15 L/m^2	250	1.육류, 어류점의 바닥면적 합계가 연면적의 20% 이상을 차지할 경우에 오수발생량은 5L/m^2·일, BOD농도는 50mg/L을 가산한다. 2.세탁소의 영업용 세탁오수를 오수처리시설에 연계 처리할 경우에는 시설별 설치용량을 1일 오수발생량에 추가한다.	$N=0.075A$	–
		이용원, 미용원, 안마시술소, 안마원		15 L/m^2	100	–	$N=0.075A$	–
		찜질방		16 L/m^2	100	목욕장이 있는 경우 목욕장에 대한 오수는 별도 산정한다.	$N=0.080A$	–
		노래연습장		16 L/m^2	150	–	$N=0.080A$	–
		기원, 게임제공업의 시설, 복합유통게임제공업의 시설, 인터넷컴퓨터게임시설 제공업의 시설		25 L/m^2	150	–	$N=0.125A$	–
		백화점, 쇼핑센터, 대형점		20 L/m^2	250	–	$N=0.100A$	–
		여객, 철도시설, 종합여객, 공항, 항만		4 L/m^2	260	–	$N=0.057A$	–
		목욕장[4]		46 L/m^2	100	–	$N=0.230A$	–
		식품 즉석제조 판매점, 제과점		30 L/m^2	130	–	$N=0.150A$	–
		음식점	일반음식점	70 L/m^2	550	중식	$N=0.175A$	–
					330	한식, 분식점		
					200	일식, 호프, 주점, 뷔페		
					150	서양식		

〈표 6-6〉 건축물의 용도별 오수발생량 및 정화조 처리대상인원 산정기준(계속)

분류번호	건축물 용도			오수발생량			정화조 처리대상인원	
				1일 오수발생량	BOD농도[mg/L]	비고	인원산정식	비고
			휴게음식점	35 L/m²	100	찻집, 다방, 커피전문점, 베이커리, 과자점, 아이스크림, 패스트푸드점, 떡집, 피자 등	$N=0.175A$	–
			부대급식시설[5]	30 L/인	330	부대급식시설 유입농도의 경우 한식 농도를 적용한다.	–	–
4	의료시설	종합병원		40 L/m²	300	세탁시설이 있는 경우 오수량은 별도 가산한다.	$N=0.200A$	–
		병원, 치과병원, 한방병원, 정신병원, 요양병원, 격리병원, 산후조리원, 전염병원, 마약진료소	급식시설 있음	30 L/m²	300		$N=0.150A$	–
			급식시설 없음	25 L/m²	150		$N=0.125A$	
		의원, 한의원, 치과의원, 침술원, 접골원, 조산원, 보건소, 진료소, 동물병원	입원시설 있음	18 L/m²	150	동물병원의 경우 입원시설 없음을 적용한다.	$N=0.090A$	–
			입원시설 없음	15 L/m²	150		$N=0.075A$	
5	교육연구 및 복지시설	초등학교, 유치원, 보육시설, 지역아동센터, 아동복지시설, 어린이집, 어린이회관		6 L/m²	100	–	$N=0.050A$ $N=0.25P$	정원이 명확한 경우 정원 산정식 적용 가능
		중학교, 고등학교, 대학, 대학교, 교육원, 전문대학, 직업훈련소	주간	7 L/m²(중학교) 8 L/m²(중학교 이외)	100	–	$N=0.058A$(중학교) $N=0.067A$(중학교 이외) $N=0.33P$	
			주·야간 병설	12 L/m²(중학교) 14 L/m²(중학교 이외)			$N=0.100A$(중학교) $N=0.116A$(중학교 이외) $N=0.33P+0.25P'$	
		연구소, 시험소, 동물검역소		8 L/m²	100	–	$N=0.067A$ $N=0.33P$	
		공공도서관, 독서실, 도서관, 학원		15 L/m²	150		$N=0.075A$	–
		고아원, 일시보호시설, 보호치료시설, 자립지원시설, 노인복지시설, 연수원, 청소년 수련원		9 L/m²	200		$N=0.045A$ $N=P$(정원이 명확한 경우)	–
		유스호스텔		9 L/m²	140	–	$N=0.045A$ $N=P$(정원이 명확한 경우)	
6	운동시설	탁구장, 당구장		15 L/m²	100	샤워시설이 있는 경우 별도(목욕장 용도)로 가산한다.	$N=0.075A$	–
		체육도장, 헬스장, 체력단련장, 에어로빅장, 볼링장, 사격장, 라켓볼장, 스쿼시장, 실내낚시터, 스케이트장, 롤러스케이트장, 썰매장, 수영장		15 L/m²	100		$N=0.075A$	–
		골프연습장, 스크린골프연습장		15 L/m²	100		$N=0.075A$	–
		골프장		30 L/m²	100		$N=0.150A$	–
		물놀이형 시설		40 L/m²	100		$N=0.200A$	–
		테니스장	야간조명시설 있음	3 L/m²	150		$N=0.015A$	–
			야간조명시설 없음	2 L/m²	150		$N=0.010A$	
		게이트볼장	야간조명시설 있음	1 L/m²	150		$N=0.005A$	
			야간조명시설 없음	0.5 L/m²	150		$N=0.003A$	
7	업무시설	일반 사무소	사무소, 신문사, 상담소, 부동산중개업소, 소개소, 출판사, 소방서, 매매장, 통신용시설	15 L/m²	100	–	$N=0.075A$	–
		방문객 많은 사무소	외국공관, 공공청사, 금융업소, 파출소, 동사무소, 우체국, 전신전화국, 방송국, 지역건강보험조합, 지역자치센터, 지구대	15 L/m²	100	–	$N=0.150A$	–
		오피스텔		10 L/m²	200	–	$N=0.050A$	–

〈표 6-6〉 건축물의 용도별 오수발생량 및 정화조 처리대상인원 산정기준(계속)

분류번호	건축물 용도		오수발생량			정화조 처리대상인원	
			1일 오수발생량	BOD농도[mg/L]	비고	인원산정식	비고
8	숙박시설	관광호텔, 호텔, 여관, 여인숙, 모텔	20 L/m²	70	–	$N=0.080A$	–
		농어촌민박시설, 관광펜션	35 L/m²	140	–	$N=0.140A$	–
		가족호텔, 콘도미니엄	20 L/m²	140	–	$N=0.067A$ $N=P$(정원이 명확한 경우)	–
		야영장(캠프장), 자동차 야영장	9 L/m²	320	–	$N=0.045A$ $N=P$(정원이 명확한 경우)	–
9	위락시설	나이트클럽, 카바레	46 L/m²	150	–	$N=0.230A$	–
		단란주점, 유흥주점	46 L/m²	250	–	$N=0.230A$	–
		투전기업소, 카지노업소,	25 L/m²	150	–	$N=0.125A$	–
		무도장, 무도학원, 콜라텍	16 L/m²	150	–	$N=0.080A$	–
10	공업시설	공장, 작업소, 마을공동작업소, 발전소, 정비공장(카센터 포함), 양수장, 정수장, 제조업소, 수리점	5 L/m²	100	–	$N=0.125A$ $N=0.5P$ (정원이 명확한 경우)	–
11	자동차 관련 시설	주유소, 액화석유가스충전소	25 L/m²	260	–	$N=0.500A$	–
		주차장[6], 주기장[7]	25 L/m²	260	–	$N=0.500A$	빌딩형 주차장의 경우 관리사무실 또는 화장실 면적을 적용한다.
12	공공용 시설	교도소, 구치소, 소년원, 보호감호소, 보호관찰소, 갱생 보호소, 소년분류심사원	7.5 L/m²	200	–	$N=0.038A$ $N=P$(정원이 명확한 경우)	–
		촬영소	15 L/m²	100	–	$N=0.075A$	–
		군대숙소	7.5 L/m²	200	–	$N=0.038A$ $N=P$(정원이 명확한 경우)	–
		공중화장실	170 L/m²	260	–	$N=3.400A$	–
13	묘지관련시설	화장시설, 봉안당	16 L/m²	150	–	$N=0.080A$	–
14	관광휴게시설	휴게소	20 L/m²	260	–	$N=0.400A$	–
		관망탑	16 L/m²	150	–	$N=0.080A$	–

㈜ 1) 거실이란, 「건축법」 제2조제1항제6호 규정에 따른 거실이며, 거주, 집무, 작업, 집회 및 오락 기타 이에 속하는 목적을 위해서 계속적으로 사용하는 방을 말한다. 단, 공동주택에 거실과 분리되어 별도 확보된 부엌 및 식당은 제외한다.

2) 다중주택이란, 학생 또는 직장인 등의 다수인이 장기간 거주할 수 있는 구조로 된 주택을 말한다.
3) 연면적이란, 당해 용도로 사용하는 바닥면적(부설주차장을 제외한 공용면적을 포함)의 합계를 말한다.
4) 목욕장이란, 공동탕, 가족탕, 한증막, 사우나탕을 포함한다.
5) 부대급식시설은 문화 및 집회시설, 판매 및 영업시설, 교육연구 및 복지시설, 운동시설, 업무시설, 숙박시설, 위락시설, 공업시설, 자동차관련시설, 묘지관련시설, 관광휴게시설 등의 상주인원에 대한 급식을 제공하는 시설을 말한다.
6) 주차장에서 건축물의 부속주차장은 제외한다.
7) 주기장이란, 「건설기계관리법」 제2조제1항제1호의 규정에 따른 건설기계 등 중기(重機)를 세워 두는 시설을 말한다.
8) A는 연면적[m²], N은 인원[인], P는 정원, R은 1호당 거실의 개수[개]를 의미한다.

예제 6.1

처리대상인원 2,500인, 1인 1일당 오수량 0.2 m^3, 평균 BOD는 200 ppm, BOD 제거율 85%인 오수처리시설에서 유출수의 BOD량을 구하시오.

풀이 유출수의 BOD $= 200 - (200 \times 0.85) = 30$ ppm

1일 오수량 $= 0.2 \times 2{,}500 = 500\ m^3$

유출수의 BOD량 $= 30 \times 500 = 15{,}000$ g/day $= 15$ kg/day

6.3 개인하수처리시설의 구조와 용량

<표 6-3>에서 오수 처리방법을 나타내었지만, 이 중에서 실제로 어떠한 처리방식과 어떤 성능을 갖는 오수처리시설이나 정화조를 설치하여야 하는가에 대해서는 설치하는 구역, 처리대상인원을 시작으로 방류처의 수질기준, 물이용 상황, 입지조건, 건설비와 유지관리비와의 관계, 악취, 소음, 진동, 위생해충에 따른 공해발생의 정도 등을 총합적으로 검토하여 결정할 필요가 있다. <그림 6-8>에는 오수처리시설의 계획 및 설계순서를 나타내었다.

또한, 앞에서도 언급하였듯이 개인하수처리시설에는 수세식 화장실로부터 배출되는 오수만을 처리하는 정화조와 주방배수, 세탁배수, 욕실배수 등의 잡배수도 포함하여 처리하는 오수처리시설이 있다. 이와 같은 정화조 및 오수처리시설은 생활계 배수만을 처리하는 오수처리시설로서 공장폐수, 우수, 그 외 특수한 배수를 처리하는 시설은 아니다. 따라서 분뇨 및 잡배수 이외의 배수를 혼입해서는 안 된다.

다음 <표 6-3>에서 규정하고 있는 처리방식 중 많이 사용하는 대표적인 방법에 대해 정화조와 오수처리시설로 구분하여 각각의 처리공정, 구조 및 용량에 대해 설명한다. 개인하수처리시설의 규모는 <표 6-2>에 나타내었듯이 처리대상 오수를 모두 처리할 수 있는 규모 이상이어야 한다. 또한 개인 하수처리 시설은 <표 6-5>의 오수처리시설이나 정화조의 방류수 수질기준을 지킬 수 있는 처리능력을 갖춘 구조·규격이어야 한다.

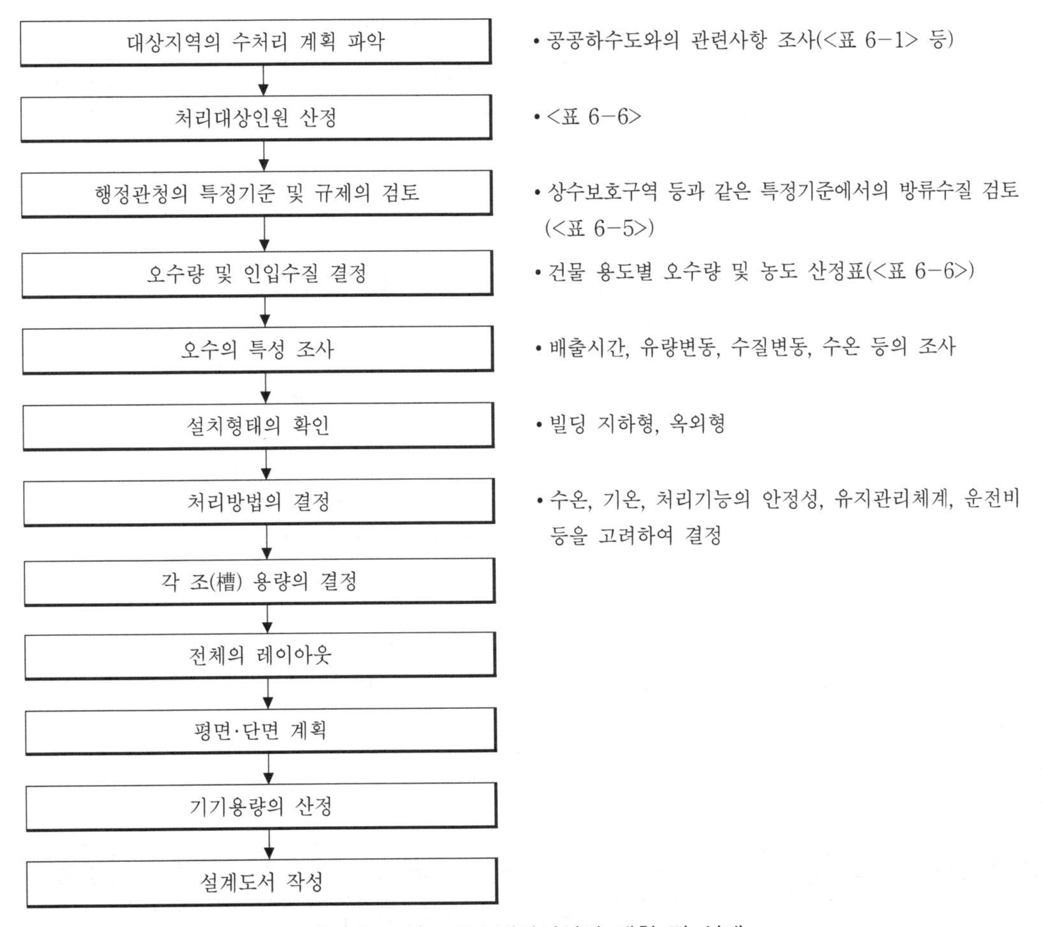

〈그림 6-8〉 오수처리시설의 계획 및 설계

1 정화조의 구조 및 성능기준

<표 6-7>에는 하수도법 시행규칙에서 규정한 정화조의 구조·규격 및 성능기준을 나타내었다. 일반적으로 정화조라고 하면, 방류수의 BOD 제거율이 50% 이상인 성능의 것으로서 접촉폭기방식, 폭기방식 및 살수여상방식 중의 하나가 많이 설치된다. <그림 6-9>에는 이들 방식의 처리 흐름도를 나타내었다. 또한 <그림 6-9>의 살수여상 흐름도 중에서 살수여상이 없이, 즉 침전, 분리, 방류를 하는 정화조, 즉 부패탱크 방식의 정화조를 설치하여도 관계없다. <그림 6-10> ~ <그림 6-12>에는 각각 살수여상방식, 폭기방식 및 접촉폭기방식의 구조예를 나타내었다. 또한 <그림 6-13>은 15인용에서 50인용까지의 크기로 제작되고 있는 FRP 정화조를 나타낸 것이다.

〈표 6-7〉 정화조의 구조·규격 및 성능기준

침전 및 소화실(부패실)의 구조 및 규격	성능기준
(1) 2실 이상 4실 이하로 구분하여 직렬로 연결하여야 한다. (2) 총유효용량은 1.5 m^3 이상으로 하고, 처리대상 인원이 5명을 초과하는 경우에는 5명당 0.5 m^3 이상을 가산한 용량으로 한다. 단, 처리대상 인원이 3명 이하인 경우에는 총유효용량을 1.0 m^3 이상으로 한다. (3) 제1실의 유효용량은 2실형에는 총유효용량의 3분의 2, 3실형 및 4실형에는 2분의 1로 하여야 하고, 최종실에는 여과장치를 설치하되, 그 장치의 아래로부터 오수가 통과하는 구조로 하며, 쇄석층(碎石層) 또는 이에 준하는 여재(濾材) 부분의 부피는 총유효용량의 5% 이상 10% 이하로 하여 이를 해당 유효용량에 가산한다. (4) 각 실의 유효수심은 1 m 이상 2.7 m 이하이어야 하고, 유입관 개구부의 위치는 수면으로부터 유효수심의 3분의 1의 깊이로 하며, 유출관 또는 단층벽 하단 개구부의 위치는 수면으로부터 유효수심의 2분의 1의 깊이로 하거나, 각 실 간 벽의 같은 깊이에 적당한 수의 폭 3cm의 세로구멍을 6cm 간격으로 설치하되, 부상물이나 스컴(scum)의 유출이 방지되는 구조이어야 한다. (5) 제1실의 유입관은 "T"자형 관으로 설치하되, 단층벽이나 "T"자형 관을 설치하는 경우에는 위에서 볼 수 있는 점검뚜껑을 두고, "T"자형 관의 지름은 10 cm 이상이어야 한다. (6) 찌꺼기를 제거할 수 있는 뚜껑을 설치하여야 한다.	생물화학적 산소요구량을 50% 이상 제거할 수 있어야 한다.

구 분	처리방법	적용인원 n(인)	흐 름 도	성 능
정화조	부패탱크 방식 (침전방류)	− 500	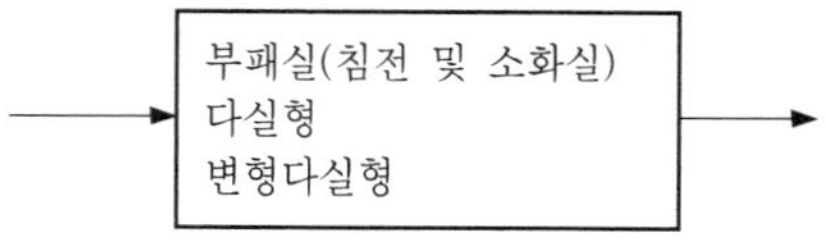 → 부패실(침전 및 소화실) 다실형 변형다실형 →	생물화학적 산소요구량 50% 이상 제거할 수 있어야 함.
	접촉폭기 방식	− 500	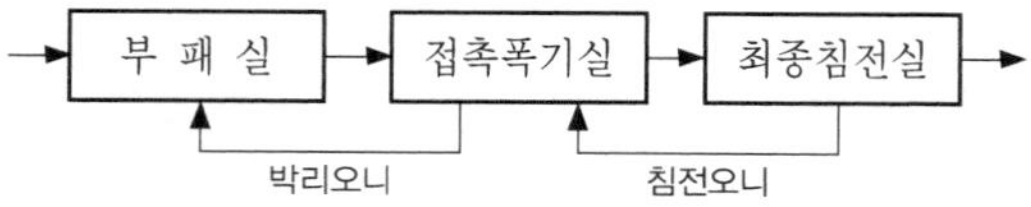 → 부 패 실 → 접촉폭기실 → 최종침전실 → (박리오니, 침전오니)	생물화학적 산소 요구량 65% 이상 제거할 수 있어야 함.
	폭기방식	− 500	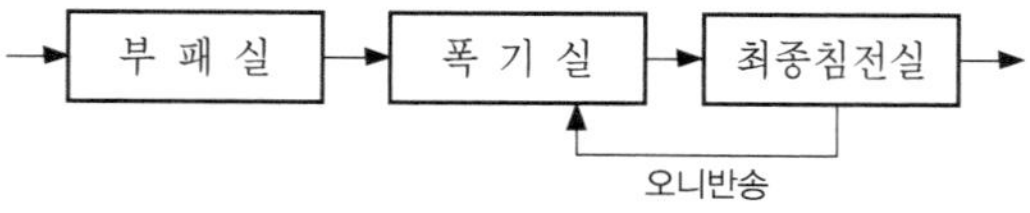 → 부 패 실 → 폭 기 실 → 최종침전실 → (오니반송)	생물화학적 산소 요구량 65% 이상 제거할 수 있어야 함.
	살수여상 방식	− 500	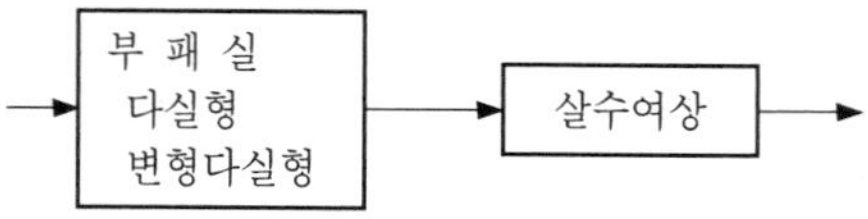 → 부 패 실 다실형 변형다실형 → 살수여상 →	생물화학적 산소 요구량 65% 이상 제거할 수 있어야 함.

〈그림 6-9〉 정화조의 처리방식별 흐름도

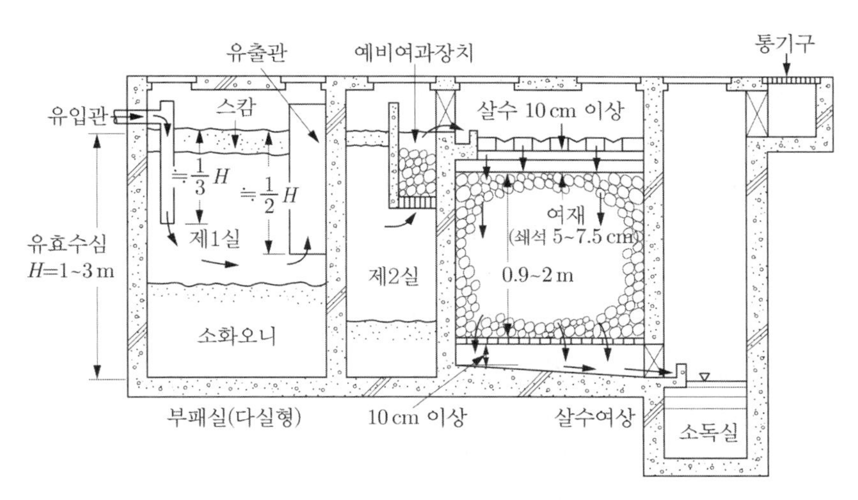

〈그림 6-10〉 살수여상방식의 구조 예

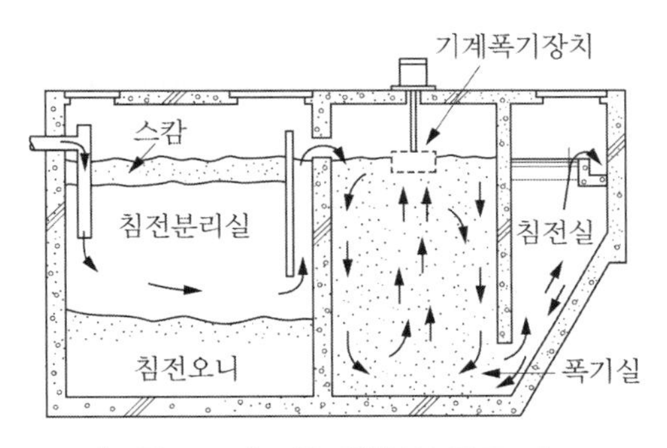

〈그림 6-11〉 폭기방식의 구조 예

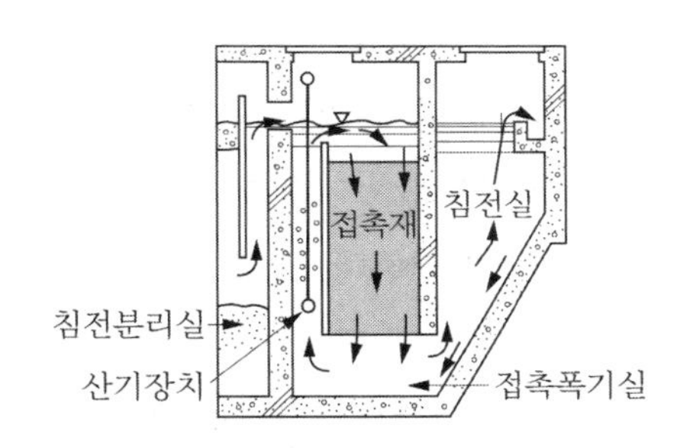

〈그림 6-12〉 접촉폭기방식의 구조 예

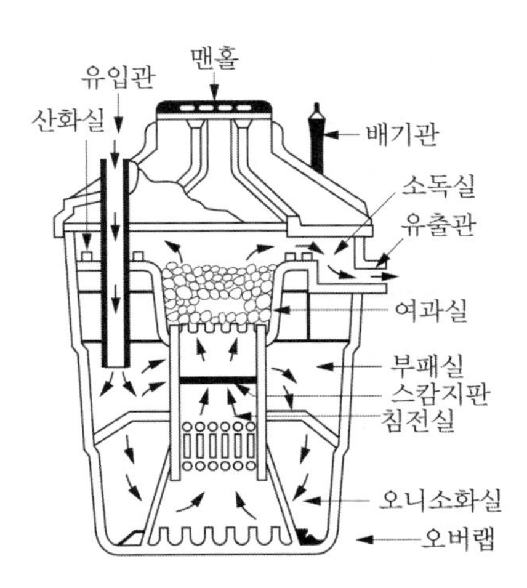

〈그림 6-13〉 FRP 정화조 단면상세도

정화조는 어느 방식에 있어서나 첫 번째 단계로서 오수 중의 고형물을 침전 분리하는 조(槽)가 있다. 이 조를 부패실이라고 하며, 부패실에는 침전분리실과 침전소화실로 구분할 수 있다(이 책에서는 이들을 구분하기 위하여 부패실(침전 및 소화실)과 침전분리실로 구분하여 부르기로 한다). 침전분리실은 고형물을 침전 분리하여 청소할 때까지 저류시켜 놓는 조이지만, 부패실(침전소화실)은 침전 분리한 고형물(침전오니)에 포함되어 있는 부패하기 쉬운 유기물을 혐기성 균의 활동으로 분해하여 부패 가능한 물질을 줄여 안정화함과 동시에 장기간 오니를 저류하여 농축시킴으로써, 반출 처분되는 오니량을 감소시키는 역할도 갖고 있다. 따라서 용량도 침전분리실보다 크게 결정되며, 5인용 조에서는 침전분리실의 2배가 된다.

접촉 폭기방식이나 폭기방식에서는 접촉폭기실 및 폭기실에 폭기장치가 설치되지만, 어느 경우나 실내의 오수를 균등하게 교반하여 용존산소를 0.3 ppm 이상으로 유지할 수 있도록 충분한 산소를 공급할 수 있는 구조로 해야 한다. 폭기장치로서는 소형의 플록으로부터 보내지는 공기를 산기장치(散氣裝置, diffuser)로부터 폭기실 바닥에 취입(吹入)하는 산기식(散氣式)과 폭기실의 수면을 교반(攪拌) 날개(agitating blade)로 교반하는 기계 폭기식이 있지만, 어느 경우에서나 장시간 운전을 하여도 고장이 일어나지 않도록 견고한 구조로 하여야 하며, 또한 소음이 심하게 나지 않는 구조로 하여야 한다.

접촉폭기실에 충진시키는 접촉재를 선정할 때에는 다음의 사항에 유의하여야 한다.

① 재질이 안정하며, 오랜 기간 사용하여도 변형하지 않는 것
② 생물막이 부착하기 쉬운 것
③ 폐쇄가 일어나기 어려운 것
④ 보수점검이나 청소를 용이하게 할 수 있는 것

상기와 같은 조건을 만족하면 어떤 형상의 접촉재라도 관계없겠지만, 일반적으로 이용하고 있는 접촉재의 형상에 대해서는 후술하는 <그림 6-23>에 몇 가지의 예를 나타내었다.

접촉폭기실에는 접촉재로부터 박리한 생물오니를 부패실에 이송할 수 있는 장치를 설치하여야 하지만, 일반적으로 에어 리프트(air lift)의 원리를 응용한 것을 이용한다.

2 오수처리시설의 구조 및 용량

오수처리시설은 화장실에서 배출하는 오수와 잡배수를 함께 처리하는 방식이다. 하수도법 시행규칙에서는 오수처리시설 방류수 수질기준을 지킬 수 있는 처리능력을 갖춘 구조·규격이어야 한다고 규정하고 있다.

<그림 6-14>에는 오수처리시설의 처리방식 중 대표적인 몇 가지의 처리 흐름도를 나타내었다.

구분	처리방법		적용인원, n[인]	흐름도	비고
오수처리시설	생물막법	회전원판접촉방식	1,000인 이하	→ 조목스크린 → 세목스크린 → 유량조정조 → 회전원판접촉조 → 최종침전조 → 소독조 → 최종침전조 ↓오니 → 오니 농축 저류조 오니 농축 저류조 → 탈리액 → 유량조정조	유량조정조를 설치하지 않을 경우 침전분리조를 둔다.
			1,000인 이상	→ 조목스크린 → 세목스크린 → 유량조정조 → 회전원판접촉조 → 최종침전조 → 소독조 → 최종침전조 ↓오니 → 오니 농축조 → 오니 저류조 오니 농축조 → 탈리액 → 유량조정조	
		접촉산화방식	500인 이하	→ 침전분리조 → 접촉폭기조 → 침전조 → 소독조 → 접촉폭기조 → 박리오니 → 침전분리조 침전조 → 오니 → 침전분리조	
			1,000인 이하	→ 조목스크린 → 세목스크린 → 유량조정조 → 접촉폭기조 → 최종침전조 → 소독조 → 접촉폭기조 ↓박리오니, 최종침전조 ↓오니 → 오니 농축 저류조 오니 농축 저류조 → 탈리액 → 유량조정조	
			1,000인 이상	→ 조목스크린 → 세목스크린 → 유량조정조 → 접촉폭기조 → 최종침전조 → 소독조 → 접촉폭기조 ↓박리오니, 최종침전조 ↓오니 → 오니 농축조 → 오니 저류조 오니 농축조 → 탈리액 → 유량조정조	
		살수여상방식	500인 이하	→ 침전분리조 → 펌프조 → 살수여상 → 분수(分水)장치 → 침전조 → 소독조 → 분수장치 → 반송수 → 펌프조 침전조 → 오니 → 침전분리조	
			1,000인 미만	→ 조목스크린 → 미세목스크린 → 유량조정조 → 펌프조 → 살수여상 → 분수장치 → 침전조 → 소독조 → (5mm눈 스크린) 분수장치 → 반송수 → 펌프조 침전조 ↓오니 → 오니 농축 저류조 → 탈리액 → 유량조정조	
			1,000인 이상	→ 조목스크린 → 미세목스크린 → 유량조정조 → 펌프조 → 살수여상 → 분수장치 → 침전조 → 소독조 → (5mm눈 스크린) 분수장치 → 반송수 → 펌프조 침전조 ↓오니 → 오니 농축조 → 오니 저류조 오니 농축조 → 탈리액 → 유량조정조	
	활성오니법	장기간폭기방식	1,000인 이하	→ 조목스크린 → (세목스크린 / 파쇄장치 / 세목스크린) → 유량조정조 → 폭기조 → 침전조 → 소독조 → 침전조 → 반송오니 → 폭기조 침전조 ↓오니 → 오니 농축 저류조 → 탈리액 → 폭기조	
			1,000인 이상	→ 조목스크린 → (세목스크린 / 파쇄장치 / 세목스크린) → 침사조 → 유량조정조 → 폭기조 → 침전조 → 소독조 → 침전조 → 반송오니 → 폭기조 침전조 ↓오니 → 오니 농축조 → 농축 오니 저류조 오니 농축조 → 탈리액 → 폭기조	
		표준활성오니방식		→ 조목스크린 → (세목스크린 / 파쇄장치 / 세목스크린) → 침사조 → 최초침전조 → 유량조정조 → 활성오니조 → 최종침전조 → 소독조 → 최종침전조 → 반송오니 → 활성오니조 최종침전조 ↓오니 → 오니 농축조 → 농축 오니 저류조 오니 농축조 → 탈리액 → 활성오니조	계획오수량이 1,000 m^3/day 이상인 경우에 한함.

〈그림 6-14〉 오수처리시설의 대상인원별 처리방식의 흐름도

여기서는 먼저 각 처리방식에서 공통적으로 필요한 전처리 장치에 대해서 설명하고, 그 다음에 생물막법 및 활성오니법에서 필요한 장치의 구조, 그 다음에 각 처리방식에서 공통적으로 필요한 침전조, 오니농축저류조, 오니 농축조 및 저류조의 구조 및 용량에 대해서 설명한다.

(1) 전처리 장치의 구조와 기능

오수처리시설에는 <그림 6-14>에서도 알 수 있듯이 전처리 장치가 필요하다. 전처리(前處理) 장치는 스크린, 파쇄장치, 침사조, 침전분리조 및 유량조정조가 있다.

1) 스크린

스크린(screen)은 오수 중의 협잡물(挾雜物)이나 크기가 큰 고형물을 제거하는 장치이다. 스크린 눈의 폭은 유효간극에 따라 50 mm 정도의 거친(粗目) 스크린, 20 mm 정도의 가는(細目) 스크린이 있다. 스크린에는 협잡물 등을 제거할 수 있는 장치를 설치하여야 하며, 인력(人力)으로 구동시키는 구조의 것도 좋지만, 일반적으로는 동력을 이용한 자동 스크린을 이용하고 있다. 오수의 유입부에 바 스크린 형식의 거친 스크린을 설치하고, 하부로부터 산기노즐로 폭기하는 것에 의해 협잡물을 배제하는 방식의 스크린은 협잡물을 제거하는 장치가 부착되어 있는 스크린으로 간주된다. 단, 이 경우에는 스크린 찌꺼기의 저류부(貯留部)가 필요하며, 버큠 카로 반출하게 된다.

<그림 6-15> 및 <그림 6-16>은 자동 스크린의 예를 나타낸 것이지만, 이와 같은 구조 외에도 드럼형의 자동 스크린, 진동식 스크린 등이 있다.

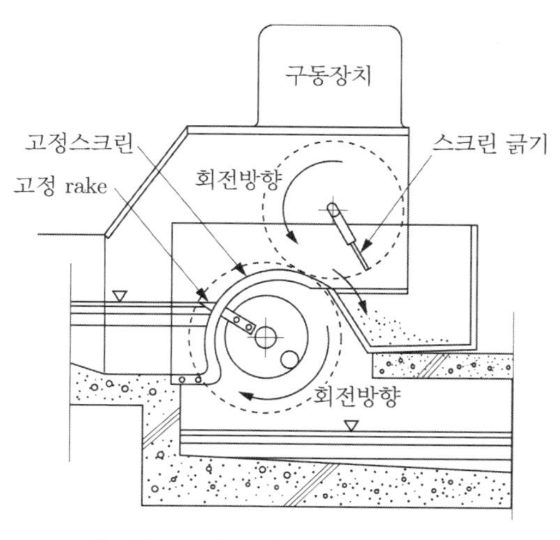

〈그림 6-15〉 자동 스크린의 예(1)

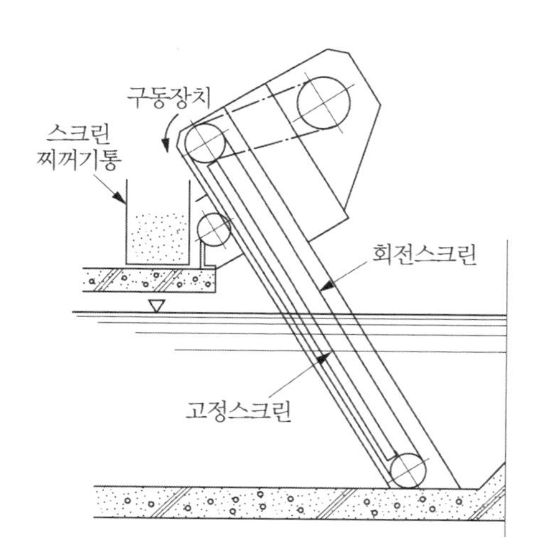

〈그림 6-16〉 자동 스크린의 예(2)

2) 파쇄장치

장기간폭기방식이나 표준활성오니방식과 같이 접촉재, 여과재 등이 없고, 눈막힘을 일으킬 염려가 거의 없는 경우에는 오수 중의 협잡물을 세단(細斷)하여 처리계 내에 넣고 최종적으로 오니와 함께 제거하여도 좋다. 이와 같이 협잡물의 파쇄, 세단을 목적으로 설치하는 것이 파쇄장치이다. 파쇄(破碎)장치(crusher)의 고장시에는 바이패스의 세목 스크린에 의해 협잡물을 제거한다(<그림 6-17> 참조).

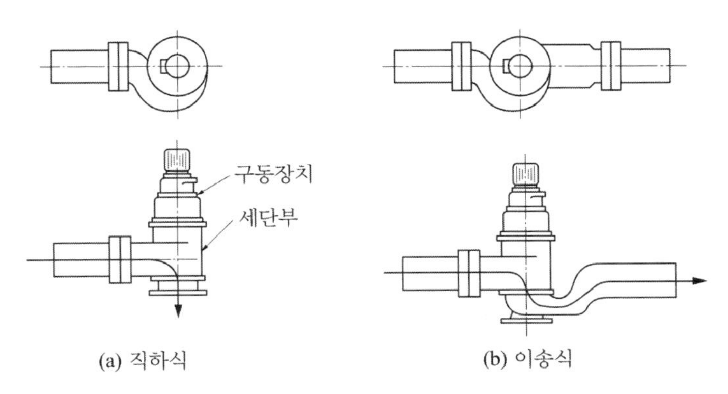

〈그림 6-17〉 파쇄장치의 예

3) 침사조

침사조(沈砂槽, grit chamber)는 오수 중의 모래를 제거하여, 펌프류나 기기류의 마모나, 처리조 내에 모래가 퇴적하여 유효용량을 감소시키는 것을 방지하기 위해 설치하는 장치이다. 침사조에는 <그림 6-18>과 같은 폭기식과 중력 침전식(일반 침전식)이 있으며, 유효용량은 시간최대유량에 대해 각각 $\frac{3}{60}$(즉, 3분간), $\frac{1}{60}$(즉, 1분간)에 상당하는 용량 이상으로 한다.

폭기방식인 경우, 수심(水深)은 통상 1.5~3 m 정도로, 송기량(送氣量)은 시간최대유량 1 m^3에 대해 1.25 m^3/h 정도로 한다.

4) 침전분리조

침전분리조(沈澱分離槽, precipitation seperation tank)는 오수 중의 협잡물이나 침전하기 쉬운 고형물을 침전 분리하는 기능과 침전 분리한 것을 저류(貯留)하여 놓는 기능을 갖고 있다. <그림 6-19>는 침전분리조의 표준적인 구조 예이다. 오수 유입시에 침전오니가 교란하지 않도록 조류판(阻流板) 등을 설치하고 정류(整流)하여, 침전 분리가 유효하게 이루어질 수 있도록 배려할 필요가 있다. 침전분리조의 상부 슬래브에는 점검 및 오니의 청소를 위해 4 m^2에 1개소 정도의 비율로 맨홀을 설치한다.

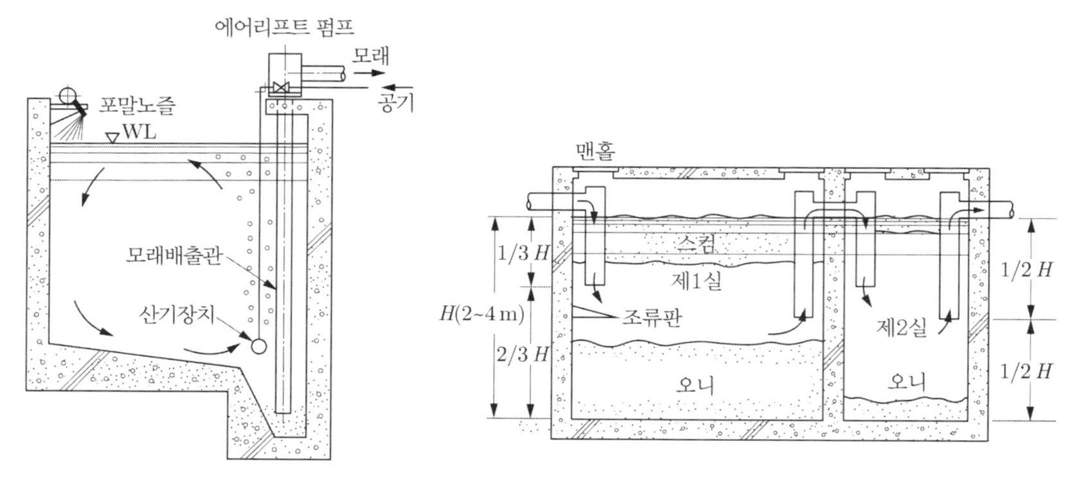

〈그림 6-18〉 폭기식 침사조의 구조 예 〈그림 6-19〉 침전분리실의 구조 예

5) 유량조정조(流量調整槽, flow equalization tank)

유량조정조는 오수의 유량변동이나 수질변동을 완충하여 처리기능의 안정화를 꾀하기 위하여 설치한다. 유량조정에 필요한 용량은 건축 용도에 따라 가지각색이지만, 주택시설에서는 1일평균 오수량의 25% 정도, 즉 24시간 평균유량의 6시간 정도의 용량을 취하면 시간당 처리량의 $\frac{1}{24} \sim \frac{1.5}{24}$ 정도로 조정할 수 있다.

유량조정조에는 오수의 부패방지와 침전물의 퇴적방지를 위한 교반장치와 처리조로 이송하는 오수량을 계량(計量)할 수 있는 장치를 설치해야 한다(<그림 6－20> 참조).

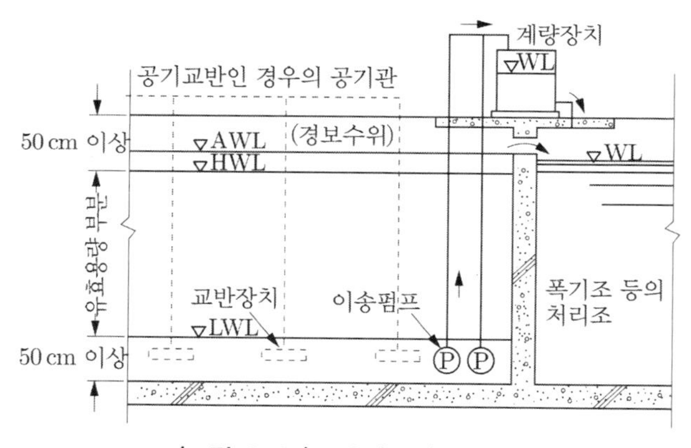

〈그림 6-20〉 유량조정조의 구조 예

(2) 생물막법의 구조와 용량

1) 회전원판접촉조의 구조와 용량

회전원판접촉방식에는 <그림 6－14>에 나타내었듯이 성능과 처리대상인원에 따라 2종류의 흐름도가 있다. 어느 경우에서나 회전원판접촉조의 전 단계로서 오수 중의 협잡물이나 크기가 큰 고형물을 제거하여, 회전원판에 걸리거나 폐쇄하는 등의 트러블이 일어나지 않게 하여야 한다.

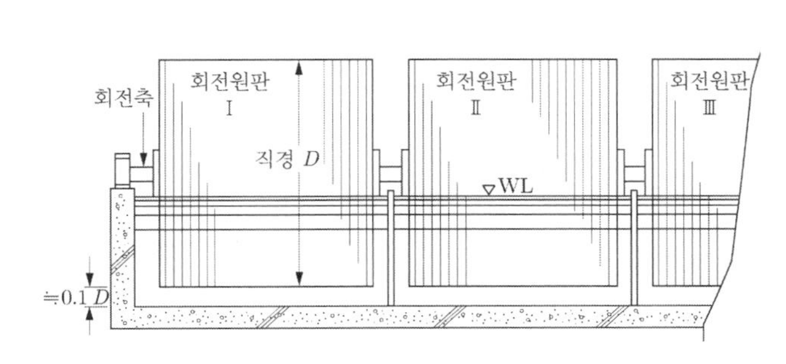

〈그림 6-21〉 회전원판과 접촉조의 구조 예

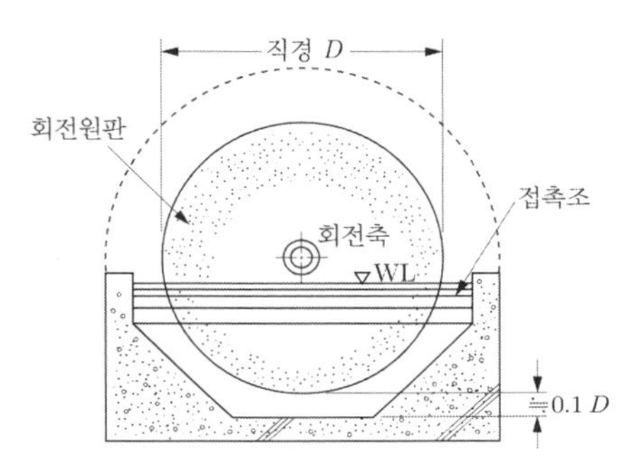

〈그림 6-22〉 회전원판과 접촉조의 단면

회전원판접촉방식은 회전원판접촉조에 유입한 오수가 <그림 6－21> 및 <그림 6－22>에 나타낸 바와 같이 회전원판의 표면에 생성한 생물막과 접촉하면서 유하(流下)하는 사이에 오수중의 유기물이 미생물의 활동에 의해 정화되어 제거된다. 회전원판은 구동장치, 회전축 및 접촉재로 구성되어 있다. 회전축에 고정한 다수의 회전판을 접촉조에 그 면적의 거의 40%를 침적시켜 구동장치에 의해 원주속도 20 m/min이하로 공기와 오수에 상호 접촉시키면서 회전시킨다. 회전판의 표면에 생육(生育)하는 미생물의 호흡에 필요한 산소는 회전판이 공중에 나올 때 받아들인다. 회전축은 다수의 회전판과 일체(一體)로 되어 회전하기 때문에 휘는 것에 대해 주의하여야 한다. 회전판이나 축의 중량 외에, 회전판에 부착하고 있는 생물오니의 중량 등도 포함한 전체의 하중에 대해 충분한 강도를 갖게 하지 않으면, 부분적으로 인장과 압축응력이 반복 작용하여 축이 파손될 염려가 있다.
회전원판의 재질로는 일반적으로 플라스틱을 이용하고 있지만, 필요 조건으로서는

① 장기간 사용하여도 변질하지 않을 것
② 생물막이 부착하기 쉬울 것
③ 생물막에 의해 변형하지 않을 것
④ 장기간 운전에 의해 변형하지 않는 강도가 있을 것

등이 있다. 경질염화비닐, 폴리에틸렌, 고밀도 발포 폴리스티렌 등을 주로 이용하지만, 어느

경우에 있어서나 판의 간격이 일정하지 않으면 판과 판 사이가 막혀 오수 처리를 제대로 하지 못하게 된다. 기준으로서 회전판 상호 간격을 20 mm 이상으로 하는 것은 주로 막히는 것을 방지하기 위한 안전을 고려하였기 때문이다.

회전판의 회전속도를 빠르게 하면 할수록 산소 유입량은 많아지며, 호기성 미생물을 위해서는 좋게 생각되지만, 회전속도가 지나치게 빨라지면 전단력에 의해 생물막이 박리해 버리기 때문에 20 m/min 이하로 하고 있다. 반대로 속도가 지나치게 느리면, 산소가 부족하게 될 위험이 있다.

회전원판접촉조의 기준으로는 <표 6−8>에 나타내었듯이 접촉조에서의 오수 체류시간과 회전원판에 대한 BOD 부하가 중심이 되고 있다.

〈표 6-8〉 회전원판접촉조의 구조

성 능	조의 유효용량	회전판	유량조정조의 유무
방류수의 BOD[ppm]	Q에 대해[m^3]	BOD 부하[$g/m^2 \cdot day$]	
60 이하	$1/4Q$ 이상	15 이하	없음
	$1/6Q$ 이상	15 이하	있음
30 이하	$1/6Q$ 이상	5 이하	있음
20 이하	$1/6Q$ 이상	5 이하	있음

㈜ 1) Q : 1일 평균오수량, m^3/day
2) 3실 이상으로 구분
3) 회전원판 표면적의 약 40%가 오수에 접촉할 것
4) 회전원판 상호간의 간격은 20 mm 이상으로 할 것
5) 회전원판의 원주속도는 20 m/min 이하
6) 조벽, 조바닥과 회전원판 간의 간격은 회전원판 직경의 약 10%로 한다.

유량조정조가 없는 경우에는 조의 유효용량을 $\frac{1}{4}Q$ 이상으로 하고 있는데, 이것은 24시간 평균유량의 6시간분에 상당하며, 시간최대유량이 평균 유량의 3배일지라도 적어도 2시간의 체류시간이 있도록 고려한 것이다. 또한, 접촉조는 3실(室) 이상으로 구분하여 오수의 단락을 방지하여 오수가 회전판에 접촉할 기회를 많게 한다. 회전원판접촉방식의 BOD 부하는 폭기조와 같이 체적에 대해서가 아닌, 회전판의 표면적에 대해서 정해진다. 회전판접촉조 및 회전판을 옥외에 설치하는 경우에는 cover를 설치하고 보온에 유의하며, 비바람이 직접 닿지 않게 할 필요가 있지만, 통기에도 충분히 주의하여 호기적(好氣的)인 분위기가 유지되도록 한다.

2) 접촉폭기조의 구조와 용량

접촉산화방식에는 <그림 6－14>에 나타내었듯이 성능과 처리대상인원에 따라 3종류의 흐름도가 있다. 어느 경우에 있어서나 접촉폭기조의 전단계로서 오수 중의 협잡물이나 크기가 큰 고형물을 제거하여 접촉재에 걸리거나 폐쇄하는 등의 트러블이 일어나지 않도록 한다. 회전원판접촉방식은 오수가 천천히 유하하는 접촉조 내에서, 생물막이 생성되어 있는 상태의 회전판, 즉 접촉재가 움직이면서 공중에 나올 때 산소를 유입한다.

이것에 대해 접촉산화방식은 폭기조 내에 생물막을 생성시키기 위한 접촉재를 고정하여 놓고, 오수를 순환시키는 방식이다. 생물이 필요로 하는 산소는 블로어(blower)로부터의 압축공기를 산기장치(散氣裝置)를 통해 조 바닥부로부터 분출시켜 공급함과 동시에 오수를 교반하여 접촉재와의 접촉이 계속적으로 이루어지게 한다. <그림 6－24>에 접촉폭기조의 구조 예를 나타내었다. 폭기·교반의 방식에는 공기를 송입(送入)하는 산기식과 기계교반방식 혹은 양자의 병용방식 등이 있다. 접촉산화방식의 성능은 접촉재의 형상, 그 접촉제를 충진하는 접촉폭기조의 형상, 접촉·충진시키는 방법, 폭기·교반시키는 방법 등, 여러 가지 요소에 따라 영향을 받기 쉽기 때문에 주의하여야 한다.

일반적으로 활성오니방식은 관리하기가 어렵고, 접촉산화방식과 같은 생물막 방식은 관리가 쉬운 것으로 알고 있지만, 이것은 관리를 잘 할 수만 있으면 활성오니방식은 양호한 처리수를 얻을 수 있으며, 생물막 방식은 관리할 때 컨트롤할 수 있는 부분은 적지만 설계·시공의 단계에서 충분히 부하조건에 맞게 전술한 주의사항을 조심하면 양호한 처리를 할 수 있다는 것으로서, 설계를 잘못하면 관리에서 이를 보완할 수 없는 사태도 있다는 것을 의미한다. 즉, 활성오니방식은 관리 의존성이 높은데 대해, 접촉산화방식은 오히려 구조 의존성이 높다는 것을 의미한다.

〈표 6-9〉 접촉폭기조의 기준

성 능	조의 유효용량	BOD 부하
방류수의 BOD[ppm]	Q에 대해 [m^3]	[kg BOD/m^3·day]
60 이하	$V \geq 2/5Q$ $V_1 \geq 3/5V$	0.5 이하 0.8 이하
30 이하	$V \geq 2/3Q$ $V_1 \geq 3/5V$	0.3 이하 0.5 이하
20 이하	$V \geq 2/3Q$ $V_1 \geq 3/5V$	0.3 이상 0.5 이하

주 1) Q : 1일 평균오수량, m^3/day
2) 2실 이상으로 구분. V_1 : 제1실 용량
3) 유효수심 : 1.5~5 m
4) 접촉재의 충진율 : 55% 이상
5) 용존산소 ≒ 1 ppm

접촉재에 필요한 조건으로서는 다음과 같은 것이 있다.

① 생물막이 두껍게 붙거나 오수의 교반에 의한 강한 수류(水流)가 일어나더라도 변형 또는 파손하지 않는 강도를 가질 것
② 오수의 교반이 균등하게 이루어지고, 오수가 충분히 접촉재 표면과 접촉할 수 있을 것
③ 생물막에 의한 폐쇄가 일어나기 어려울 것
④ 생물막이 부착하기 쉬울 것
⑤ 비표면적 및 공극률이 클 것

<그림 6-23>에는 잘 이용하고 있는 접촉재의 예를 나타내었는데, 여기서도 알 수 있듯이 물의 흐름이 층류상태로 되기 쉬운 것이나 난류상태로 되기 쉬운 것 등 여러 가지가 있다. 또한 동일 접촉재라도 배열에 따라 물의 움직임도 변화한다.
<그림 6-24>는 접촉폭기조의 예이다. 폭기조는 오수의 유입부터 유출까지 물의 흐름방향에 대해서 2실(室) 이상으로 구분하여, 단락(短絡)을 막아 오수가 장시간 접촉재에 접촉할 수 있는 구조로 한다. 접촉재의 충진율은 접촉폭기조의 유효용량의 55% 이상으로 한다. 접촉재로서 비중이 작은 플라스틱을 이용하는 경우에는 생물막에 부착하고 있는 기포 등의 기체에 의한 부력이 작용하기 때문에, 부상방지(浮上防止)의 조치가 필요하다.
접촉재에 부착한 생물막이 점점 두꺼워지면 폐쇄를 일으키지 않도록 조바닥부로부터 공기를 분출시키는 등의 방법으로 박리시키고, 에어 리프트 펌프의 원리를 이용하여 침전분리조, 오니농축저류조 혹은 오니농축조로 배제할 필요가 있다. 이것을 역세장치(逆洗裝置)라고 부른다.

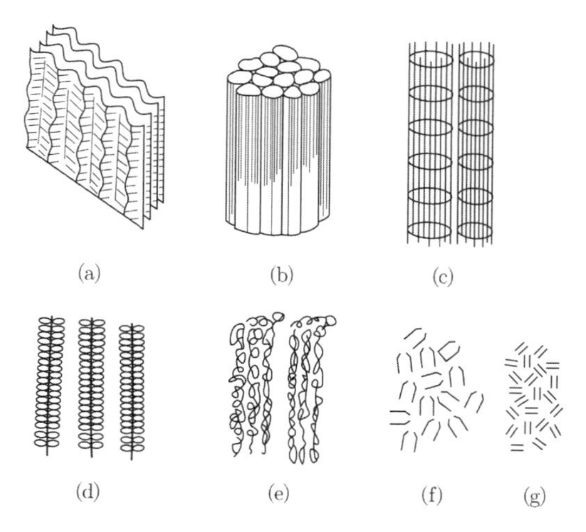

〈그림 6-23〉 접촉재의 예

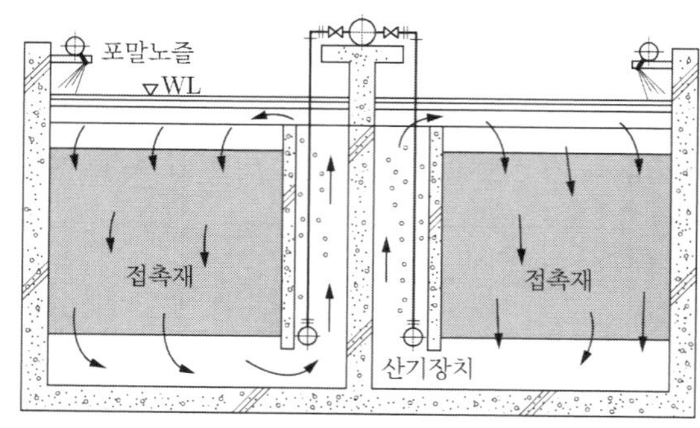

〈그림 6-24〉 접촉폭기조의 구조 예

접촉폭기조의 용존산소는 거의 1 ppm 이상으로 유지할 필요가 있지만, 산기식인 경우의 공기량은 장기간 폭기방식의 공기량을 표준으로 하되 운전실적을 고려하여 접촉산화방식의 필요 폭기량의 산정식을 확립할 필요가 있다.

<표 6-9>에는 접촉폭기조의 기준을 나타내었다.

3) 살수여상의 구조와 용량

살수여상방식에는 <그림 6-14>에 나타내었듯이 성능과 처리대상인원에 따라 3종류의 흐름도가 있다. 어느 경우에 있어서나 살수여상의 전 단계로서 오수 중의 협잡물이나 크기가 큰 고형물을 제거하고, 여재에 걸리거나 폐쇄되지 않도록 한다. 살수여상방식은 호기성 미생물이 생육하는 장소로서 쇄석 혹은 쇄석 이외의 여재를 쌓아 둔 여상을 형성하여 놓고, 여상의 상부로부터 오수를 살수하여 살수된 오수가 여상의 표면을 유하하여 가는 사이에 여재 표면의 생물막에 오수 중의 유기물을 부착시키고 생물의 활동으로 정화하는 방식이다.

<그림 6-25>는 쇄석을 여재로 한 살수여상방식의 구조 예이다.

<그림 6-26>은 쇄석 이외의 여재로서 <그림 6-27>에 나타낸 바와 같이 플라스틱 여재를 이용한 살수여상의 예이다. 어느 경우에 있어서나 살수여상의 공통된 구조에 필요한 것은, 여재를 지지하는 여재받이, 여상표면에 균등하게 살수하는 고정노즐 또는 회전살수기(回轉撒水機), 여재 표면의 생물막에 생육하는 호기성 미생물에게 필요한 산소를 공기로부터 받아들일 수 있는 통기설비 등을 들 수 있다.

여재로서는 직경 5~7.5 cm의 경질쇄석, 또는 이것과 동등한 것 이상으로 호기성 생물막을 형성하기 쉽게 비표면적(比表面積, 1 m^3의 여재가 차지하는 표면적)이 80 m^2 이상, 또한 공극률(空隙率)이 90% 이상인 것을 이용한다.

쇄석을 이용한 살수여상은 오래 전부터 설치하여 왔지만, 쇄석으로서는 화강암, 안산암(安山岩), 석영조면암(石英粗面岩) 등의 경질이고 내구성이 있으며, 표면이 거칠고, 크기가 동일한 여재를 이용한다.

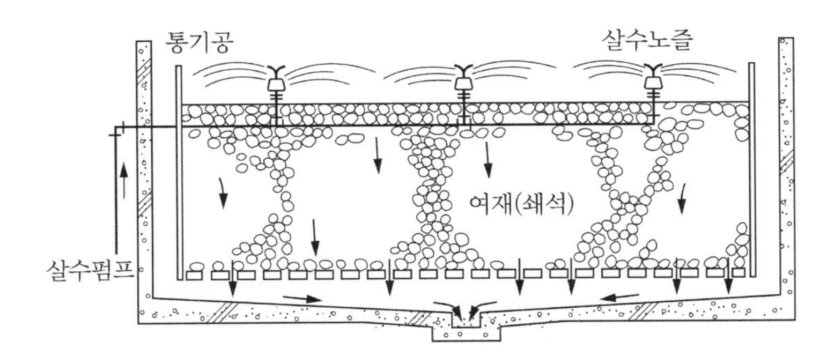

〈그림 6-25〉 쇄석을 여재로 한 살수여상의 구조 예

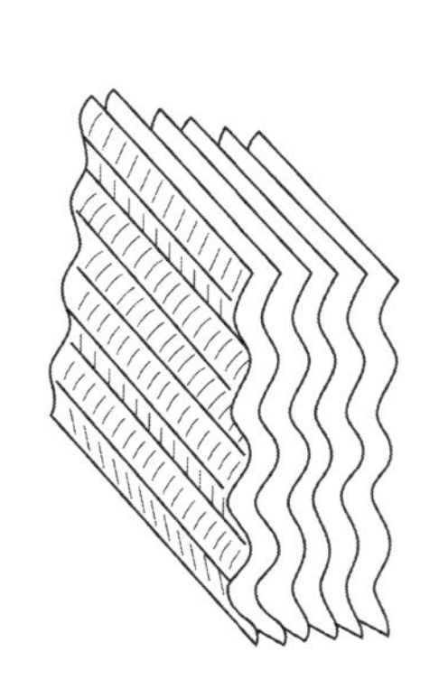

〈그림 6-26〉 플라스틱 여재의 예

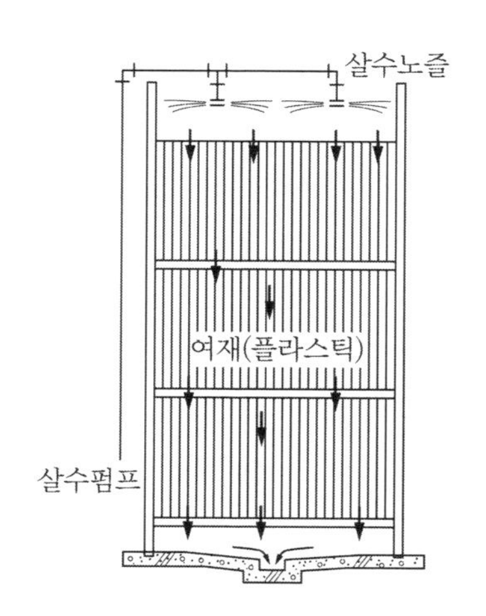

〈그림 6-27〉 플라스틱 여재를 이용한 살수여상의 구조 예

쇄석 이외의 여재로서는 일반적으로 플라스틱제의 여재를 이용하고 있지만, 장기간 사용에 따른 변질 또는 변형하지 않는 것, 높이 쌓아 올린 경우에는 오수와 여재의 자중에 의한 하중에 견딜 수 있는 강도가 있을 것 등의 조건이 요구된다. 여상표면으로의 오수의 살수방식으로서는 유량의 규모가 비교적 적은 경우에는 <그림 6-25>에 나타낸 고정 노즐 방식, 규모가 큰 경우에는 회전살수기를 이용하는 것이 보통이다.

살수 여재 부분의 유효용량은 여재의 BOD 부하로부터 구한다. 쇄석을 이용하는 경우, 쇄석 1 m^3에 대한 1일당 BOD 양으로서 기준에 정해져 있는 값을 이용한다.

여상에 대해서 1일당 어느 정도의 오수를 살수하는가를 살수부하라고 하며, 쇄석의 경우에는 여상 상면(上面)의 표면적에 대한 살수량으로 한다. 1일 살수량을 산출하는 경우, 쇄석 이외의 경우에는 상부(上部) 1 m^2당 여재 표면적에 살수량을 곱해 산출하는 것이 일반적이다. 살수여상방식의 특징으로서는 <그림 6-14>의 흐름도에서 알 수 있듯이 여상유출수의 일부를 반송하여 오수와 함께 순환살수한다. 순환량에 대해서는 1일 평균오수량에 대해서 쇄석의 경우에는 100% 이상, 쇄석 이외의 경우에는 200% 이상을 취한다.

<표 6-10>에 살수여상의 기준을 나타내었다.

(3) 활성오니방식의 구조와 용량

활성오니방식은 회전원판접촉방식, 접촉산화방식 및 살수여상방식과 같은 생물막 방식과는 달리, 정화에 관여하는 미생물을 수중부유(水中浮遊)하는 방식이다. 따라서 생물처리의 중심부가 되는 것은, 부유하고 있는 미생물과 오수가 접촉하여 반응하는 폭기조와 미생물의 집단과 방류되는 물을 잘 분리시키는 침전조이다.

계획 오수량 1,000 m^3/day 이상과 같은 규모가 큰 경우에는 도시하수처리장과 동일한 방식의 표준활성오니방식을 이용하며, 소규모에는 그 변법(變法)인 장기간폭기방식을 이용한다.

〈표 6-10〉 살수여상의 기준

성 능	여재의 BOD 부하	여재깊이	살수량	여재직경	유출수의 반송률
방류수의 BOD[ppm]	[kg/m³·day]	[m]	[m³/m²·day]	[cm]	Q에 대한 %
	[g/m³·day]	[m]	[m³/m²·day]		Q에 대한 %
60 이하	0.7 이하	1.2 이상	10 이상		100% 이상
	8 이하	2.5 이상	0.6 이상	5~7.5	200% 이상
30 이하	0.1 이하	1.2 이상	10 이상		100% 이상
	3 이하	2.5 이상	0.6 이상	5~7.5	200% 이상
20 이하	0.1 이하	1.2 이상	10 이상		100% 이상
	3 이하	2.5 이상	0.6 이상	5~7.5	200% 이상

㊟ 1) Q : 1일 평균오수량, m^3/day

2) 상단 : 쇄석의 경우, 하단 : 쇄석 이외의 경우

3) 살수량은, 쇄석의 경우는 여상의 표면적에 대한 값이며, 쇄석 이외의 여상의 경우는 여재의 표면적에 대한 값이다.

4) 쇄석 이외의 여재의 비표면적은 80 m^2/m^3 이상, 공극률은 90% 이상

5) 쇄석 이외의 경우의 송출수 반송률 200%는 여재깊이가 2.5 m일 때의 비율(%)이다.

〈표 6-11〉 폭기조의 기준

처리방식	성능방류수의 BOD[ppm]	처리대상인원 n[인]	유효용량		유효수심[m]
			BOD 부하 [kg/m³·day]	Q에 대해 [m³]	
장기간 폭기방식	60 이하	201~2,000	0.3 이하	2/3Q 이상	1.5~5
	30 이하	201~500	0.2 이하	2/3Q 이상	1.5~5
		500인을 넘는 부분	0.3 이상	2/3Q 이상	2~5
	20 이하	201~500	0.2 이하	2/3Q 이상	2~5
		500인을 넘는 부분	0.3 이하	2/3Q 이상	
표준활성 오니방식	30 이하	5,001~	0.6 이하	1/3Q 이상	3~5
	20 이하				

㊟ 1) Q : 1일 평균오수량, m^3/day

2) 유효수심이 2~5 m는 501인 이상인 경우

3) 용존산소 ≒ 1 ppm

4) 반송오니의 계량(計量) 장치를 설치한다.

5) 포말장치를 설치한다.

<표 6－11>에 나타낸 폭기조의 기준에서 알 수 있듯이, 표준활성오니방식에 비해 장기간폭기 방식의 부하는 $\frac{1}{2} \sim \frac{1}{3}$로 되어 있다.

이것은 장기간폭기방식에서는 폭기조의 부하를 낮게 하여 용량을 크게 취함으로써, 폭기조 내의 활성오니량(미생물량)을 많게 하여 오수의 유량변동이나 부하변동에 대응함과 동시에, BOD로 표시되는 오수 중의 유기물의 미생물에 의한 흡착·산화 중에서 산화과정을 표준법보다 더욱 진행시켜 과잉 오니량(반송 오니량)을 작게 하는 것을 목적으로 하였기 때문이다. 폭기조에는 폭기장치를 설치하여, 조 내의 오수와 활성오니와 섞은 혼합액을 균등하게 교반하여 용존산소를 거의 1 ppm 이상으로 유지하게 한다.

폭기방식으로서는 <그림 6－28>에 나타낸 기계 폭기방식, <그림 6－29>에 나타낸 산기식 외에 양자를 병용한 것, 또한 수중에 설치한 전동기에 직결한 케이싱, 회전날개 및 산기부로 구성되어 고속수류에서 공기를 불어넣어 미세한 기포를 만들어 산소의 용해효율과 교반효율을 좋게 하는 방식의 것 등 각종 폭기장치가 있다.

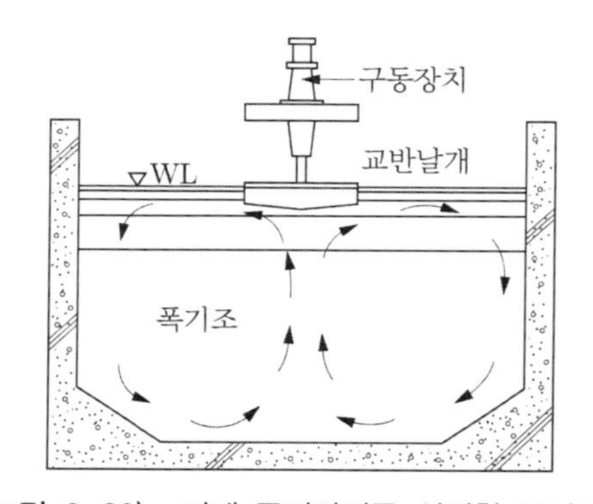

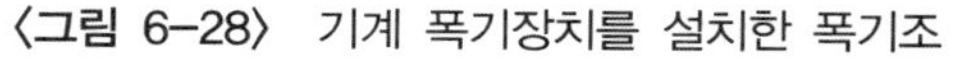
〈그림 6-28〉 기계 폭기장치를 설치한 폭기조

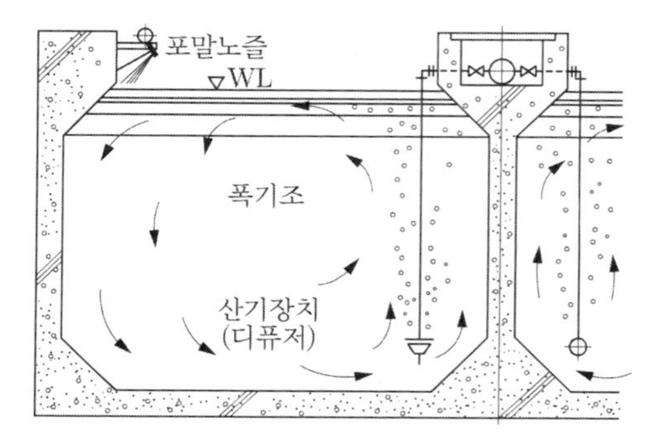

〈그림 6-29〉 산기식(공기취입식)의 폭기조

폭기조의 용존산소를 1 ppm 이상으로 유지하기 위한 폭기량을 결정할 때에는, 활성오니가 호흡하는데 필요한 산소량과 조 내의 액(液)을 교반하는데 필요한 에너지를 고려하여 결정할 필요가 있다. 일반적으로 폭기조의 필요 산소량은 식 (6－1)과 같이 표시한다.

$$O_2 = a \cdot L_r + b \cdot S_a \quad \cdots\cdots (6-1)$$

여기서, O_2 : 필요 산소량, kg·O_2/day

a : BOD 제거에 관계되는 계수, kg·O^2/kgBOD

L_r : 제거 BOD 양, kg/day

b : MLVSS(폭기조 혼합액의 유기성 오니 : Mixed liquor Volatile Suspended Solids)의 산소요구량에 관계되는 계수, kg·O_2/kg·MLVSS·day

S_a : MLVSS, kg

장기간폭기방식에 있어서는 a는 0.5, b는 0.07, MLVSS의 최대농도는 4,500 ppm(4.5 kg/m^3)의 값을 취하는 것이 보통이다. 필요산소량으로부터 산기식인 경우의 공기량을 구하기 위해서는 공기 중에 포함된 산소량을 0.277 kg·O_2/m^{3}로 하고, 산기장치의 산소용해효율 η로부터 산출한다.

$$\text{필요 공기량}\ [\mathrm{m^3/day}] = \frac{O_2[\mathrm{kg \cdot O_2/day}]}{0.227\ \mathrm{kg \cdot O_2/m^3} \times \eta}$$

η의 값은 산기장치의 종료 및 수심에 따라 다르지만, 폭기수심 3 m 전후에서 3~5%, 4 m 전후에서 5~7% 정도의 값을 이용한다. 산기장치의 종류로서는 산기관, 산기노즐, 산기판 등 각종 구조의 것이 있으며, 기포의 크기로 분류하면 미세기포식과 조대기포식(粗大氣泡式)이 있다. 조대기포식은 무폐쇄형(無閉鎖型)이라고 하며, 앞에서의 η값은 이 방식의 경우이다.

(4) 침전조, 오니의 농축조 및 저류조의 구조와 용량

1) 침전조의 구조와 용량

<표 6-12>는 오수처리시설의 처리방식별 기준을 나타낸 것이다. 침전조의 유효용량은 최대 피크유량에 대해서 적어도 1.5시간의 체류시간을 취할 수 있는 용량으로서 유량조정조가 없는 경우에는 2.5×1.5시간=3.75시간≒4시간=1일 평균 오수량의 $\frac{1}{6}$값을 기준으로 하고 있다.

따라서 유량변동이 크고 피크 계수(시간최대유량/24시간평균유량)가 3을 넘는 건축 용도의 오수처리시설에서는 용량을 크게 할 필요성이 생기기 때문에, 처리대상 인원이 201명 이상인 경우에는 유량조정을 하는 것이 기준으로 정해져 있다.

〈표 6-12〉 침전조의 기준

처리방식	유효용량 Q에 대해[m^3]	수면적(水面積)부하 [m^3/m^2·day]	월류(越流)부하 [m^3/m·day]	유량조정조의 유무	오니반송능력 Q에 대해[%]
회전원판 접촉방식	1/6Q 이상	8 이하	30 이하	없음	–
접촉산화방식	1/8Q 이상	12 이하	45 이하	있음	–
살수여상방식		15 이하3)	50 이하3)	있음	–
장기간폭기방식	1/6Q 이상	8 이하	30 이하	있음	200
		15 이하3)	50 이하3)	있음	200
표준활성오니방식	1/8Q 이상	30 이하	50 이하	있음	100

㈜ 1) Q : 1일 평균오수량, m^3/day
2) 최소용량은 3 m^{3}으로 한다.
3) 500인을 넘는 부분에서의 값
4) 유효수심 : ~100인 1 m 이상, 101~500인 1.5 m 이상, 501인~ 2 m 이상
5) 500인 이하인 경우는 평면형상을 원형 또는 정다각형(정삼각형 제외)으로 한다.

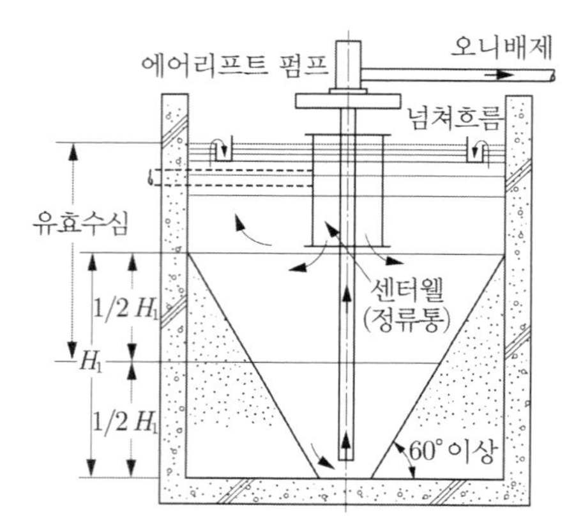

〈그림 6-30〉 호퍼형 침전조의 구조 예

용량이 작은 침전조는 일반적으로 <그림 6-30>과 같이 바닥부를 절구형상으로 만드는 예가 많다. 이와 같은 형상의 침전조를 호퍼(hopper)형 침전조라고 한다.

호퍼형 침전조에서는 호퍼부의 높이의 $\frac{1}{2}$ 이하인 부분은 유효수심에 포함시키지 않으므로 유효용량에도 포함시켜서는 안 된다.

호퍼 바닥부의 치수는, 침전·집적(集積)한 오니를 남김없이 전부 오니 배출관에 의해 조 외부로 빼내어야 하기 때문에, 한 변 또는 직경은 45 cm 이하로 하며, 유효용량이 3 m^3 정도인 경우는 30 cm 이하로 하는 것이 바람직하다. 침전조로의 유입은 중앙부로 하고, 센터 웰(center well) 등에 의해 정류할 수 있도록 하여 주변으로부터 흘러 넘쳐 들어오게 한다. 스컴(scum, 수면에 부상한 유지(油脂)나 고형물의 집합체)을 제거할 수 있는 장치를 설치하여 놓는 것이 유지관리상 바람직하다.

2) 오니의 농축(濃縮) 및 저류(貯留)

오수에 포함되어 있는 고형물은, 처리가 잘되어 방류수가 깨끗하면 할수록 다량의 오니 형태로 정화조 내에 저류하며, 청소시에 버큠 카 등으로 반출·처분된다. 생물처리과정에서 발생한 오니를 과잉오니(excess sludge)라고 하며, 침전분리조의 오니와 함께 처리하며, 때에 따라서는 스크린에서 제거된 스크린 찌꺼기와도 함께 처분한다.

과잉오니의 발생량은 처리방식, 오수의 농도, 설계시의 부하량과 실제의 부하량과의 차이 등의 조건에 따라 각양 각색이지만, 제거한 BOD당 SS 양으로 표시하면 거의 <표 6-13>의 값이 목표로 된다. 과잉오니는 수분의 함유율이 상당히 높기 때문에 가능한 한 농축하여 반출하는 것이 경제적이다. 수분 99%의 오니를 수분 98%로 농축하면 체적은 $\frac{1}{2}$로 되며, 96%로 하면 $\frac{1}{4}$로 된다.

<그림 6－14>의 처리방식의 흐름도에 나타낸 오니농축저류조 및 오니농축조는 이와 같은 목적(즉, 수분제거)을 위해 설치하는 장치이다. <그림 6－31>은 오니농축저류조의 구조 예를 나타낸 것이다.

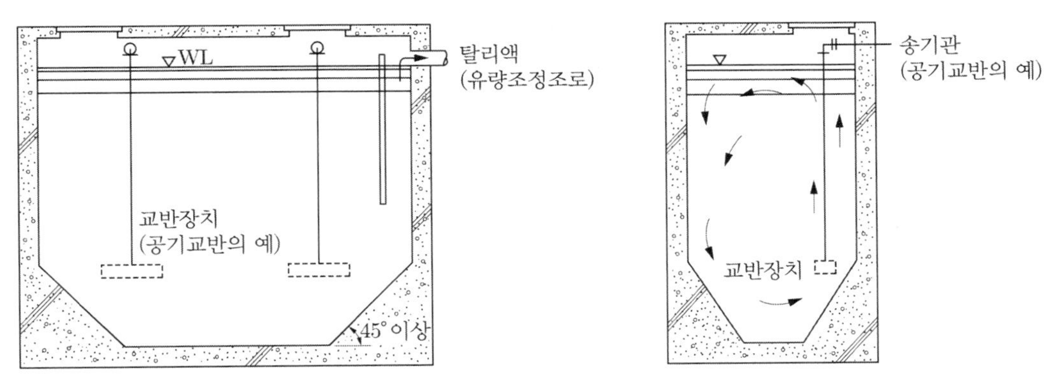

〈그림 6-31〉 오니농축저류조의 구조 예

오니농축저류조는 농축과 저류를 하나의 조에서 할 수 있는 구조로서, 그 용량은 유입오니량 및 농축오니의 반출계획에 맞는 용량으로 할 것으로 규정하고 있으나, 폭기조나 침전조와 같이 용량은 결정되어 있지 않다. 따라서 <표 6－13>을 참조하여 계획 오니량을 산출하고, 반출 계획에 기초하여 10일 정도나 15일 정도의 용량을 취하도록 한다.

1,000인 이상의 규모이면, 오니농축조를 설치하고, 농축오니는 독립된 오니저류조에 저류한다. 농축조의 용량은 계획 오니량의 1～2일분 정도로 하는 것이 보통이며, 저류조의 용량은 반출계획을 고려하여 결정한다. 오니농축조 대신에 기계적인 농축장치를 설치하여도 좋다.

〈표 6-13〉 과잉오니 발생량과 수분(함수율)의 목표치

처 리 방 식		과잉오니발생률 [kgSS/kg제거BOD]	과잉오니의 수분[%]	농축오니의 수분[%]	
				침강농축	기계농축
생물막법	회전원판접촉방식 접촉산화방식 살수여상방식	0.4～0.6	99.0	98.0	95.0～97.0
활성오니법	장기간폭기방식	0.4～0.6	99.1～99.5	98.5	96.0～98.0
	표준활성오니방식	0.75～1.0	99.1～99.5	98.5	96.0～98.0

6.4 3차 처리

침전에 의해 오수 중의 부유물을 제거하는 처리과정을 1차 처리라고 하며, 침전으로 제거할 수 없는 용해성 유기물이나 잘 침전하지 않는 부유물을 생물을 이용하여 제거하는 처리과정, 소위 생물처리에 의한 과정을 2차 처리라고 한다. 3차 처리(三次處理)는 2차 처리에서 제거되지 않고 남은 미세한 부유물, 용해성 잔존 유기물, 분해가 잘되지 않는 유기물, 질소, 인 등을 포함한 영양염류(營養塩類), 착색물질(着色物質) 등을 제거하기 위한 처리를 말한다. 3차 처리의 목적은 공공수역의 수질오염방지, 호수 등의 폐쇄성 수역에서의 부영양화(富營養化)의 방지, 그리고 수질원으로서의 오수의 재이용의 3가지를 들 수 있다.

따라서 3차 처리에 이용하는 처리 프로세스나 단위장치도 무엇을 제거할 것인가에 따라 달라진다. 하천의 수질오염을 방지하여 수질환경기준을 달성하기 위해서는 2차 처리수중의 BOD, COD, SS와 같은 유기성 오염물질의 제거가 주가 되며, 부영양화를 방지하기 위해서는 N(질소), P(인), COD 등의 제거가 중요하며, 생활배수를 수세식 화장실의 세정수 등으로 재이용하는 경우에는 재이용수의 용도에 따라 필요한 수질도 달라지므로 그것에 따라 처리 프로세스도 달라진다.

6.5 오수처리설비의 계획 및 설계상의 유의점

오수처리시설의 계획 및 설계에 대해서는 <그림 6-8>에 나타내었다.

1 오수량과 수질

건축 용도별 배수량, 배수농도는 가지 각색이기 때문에 계획시에 충분히 조사하고 검토하여 설정하는 것이 가장 중요하다. 또한 오수의 배출 특성, 특히 주(週), 월, 계절 단위의 수량변동에 주의하여야 하며, 부하량의 변동에 대응하기 쉬운 시설로 하는 것이 필요하다.

수질에 대해서는 공장폐수, 우수 등의 특수한 배수는 유입하지 않게 하며, 생물에 대해서 유독한 배수는 혼입하지 않게 하여야 하고, 소독약의 혼입량 등에도 유의한다. 또한 유지(油脂)량이 많으면, 생물에 대한 부하가 커지게 되어 산화분해가 충분히 이루어지지 못하기 때문에 주방배수가 다량으로 유입하는 건축 용도에서는 전처리(前處理)로서 유지를 분리하기 위한 설비가 필요하다.

2 설치장소의 조건

설치장소의 조건은 처리 방식의 선정에도 영향을 줄 수 있다. 즉, 부지면적, 지상식인가 지하식인가, 지하식인 경우 빌딩의 지계층인가, 조 상부는 주차장 등으로 이용하는가 등의 조건을 확인하여야 한다. 이들 조건에 따라서 구조, 강도, 부식, 환기, 기기 및 장치의 반출입에 대한 설계상의 유의점에 차이가 있을 수 있다.

3 처리방식의 선정

처리방식의 선정에 있어서는 다음과 같은 사항을 충분히 검토한 후, 종합적으로 평가하여 결정할 필요가 있다.

(1) 기온, 수온, 적설량
(2) 악취, 소음, 진동 등의 공해
(3) 발생오니의 처리 체제
(4) 유지관리 체제
(5) 부하변동에 대한 대응
(6) 건설비, 운전비, 라이프사이클 코스트(LCC)

<표 6-14>에는 오수처리시설로서 많이 설치하는 3가지 방식을 비교(즉, 활성오니법과 생물막법의 비교)하여 나타내었다. 이 표에 의하면, 6.3절의 2항에서 언급한 바와 같이, 활성오니법은 관리 의존성이 높고, 생물막법은 구조 의존성이 높다고 할 수 있다.

4 소음 및 악취에 대한 대책

오수처리시설을 설계하는 경우, 구조기준에 규정되어 있는 조 용량 및 구조 등을 만족함과 동시에 요구되는 성능을 안정적으로 유지하고, 환경조건을 악화시키지 않으며, 주변의 주민이나 유지관리자의 안전성을 확보하기 위한 여러 가지 점에 유의할 필요가 있다. 또한 부지경계 근방에 설치하는 경우 및 부지 내 건물 등에 인접하여 설치하는 경우에는, 특히 소음, 진동 및 악취 대책에 대해 배려할 필요가 있다.

소음 및 악취 대책은 처리방식, 규모 및 설치 조건에 따라 다르겠지만, 일반적으로 주의하여야 할 사항은 다음과 같다.

(1) 소음대책

① 블로어 등을 설치하는 기계실에는 실내 환기용 급배기 부분에 방음 챔버를 설치하고, 또한 기계실 내의 벽, 천장에는 흡음재를 설치한다. 그리고 출입구는 방음문으로 한다.

〈표 6-14〉 오수처리시설 중 설치 예가 많은 처리방식의 비교

항 목	장기간폭기방식	접촉산화방식	회전원판접촉방식
생물량의 조절	부하량에 따라 생물량(활성오니량)의 조정을 자유롭게 할 수 있다.	생물의 부착량은 급격히 늘지 않는다.	좌동
생물관리	정화에 관여하는 미생물을 항상 최적상태로 유지관리하는 기술이 필요함. 폭기량의 조정이 중요하다.	생물막의 박리와 이송이 주된 작업이기 때문에 관리하기는 쉽다.	부하에 따라 생물막을 생성하고, 박리하기 때문에 관리하기 쉽다.
저부하인 경우	활성오니가 생기기 어렵다.	특히 우수한 성능을 발휘한다.	부하에 따라 생물막 두께가 된다.
고부하인 경우	생물량을 늘려 대응할 수 있다.	생물막의 두께가 빨리 두꺼워져서, 접촉재 사이가 폐쇄되어 정화기능을 잃어버릴 위험이 있다.	생물막의 두께가 빨리 두꺼워져서, 회전원판 사이가 폐쇄될 위험이 있기 때문에 자주 점검한다.
유량 변동	생물체가 부유하고 있기 때문에 급격한 유량변동이 있으면 침전조로부터 유출하여 방류수질을 나쁘게 할 위험이 있지만 유량조정조를 설치하면 문제는 없다.	접촉재에 생물이 부착하고 있기 때문에 그다지 영향을 받지 않는다.	회전원판에 생물이 부착하고 있기 때문에 유출하는 것은 없지만, 회전원판접촉조의 용량이 작기 때문에 오수의 체류시간이 짧아지게 된다.
생물의 종류	생물막법보다 미생물의 종류가 적고, 대형 생물이 적다.	생물의 종류가 다양하며, 비교적 대형 생물이 발생하기 때문에 오니발생량은 약간 적어진다.	좌동
수온 저하의 영향	수온이 내려갈수록 생물 활성(活性)은 떨어진다.	활성오니보다 수온저하의 영향을 받지 않는다.	외기온도나 수온에 좌우되는 경우가 많다.
생물 반응조의 동력	폭기조로의 산소공급과 교반을 위한 동력이 필요하다.	좌동. 접촉재의 저항분만큼 동력은 약간 크게 된다.	회전중에 대기 중의 산소를 취입하기 때문에, 회전원판을 회전시키기 위한 동력만큼만 필요로 하므로 그다지 크지 않다.

② 건물 지하층에 오수처리시설을 설치하는 경우, 기계 및 배관 설비의 진동이 벽체를 통하여 전달되어 예상하지 못한 장소에서 소음 문제가 발생할 수도 있으므로, 수중 블로어는 채용하지 않으며, 배관이 벽체를 관통하는 부분에서는 배관재가 직접 벽체에 접촉하지 않도록 한다.

③ 기기의 방진대책을 충분히 검토하여, 기기 선정에 주의한다.

(2) 악취 대책

처리방법에 따라 다르겠지만, 유입부와 오니저류조 등과 같이 악취가 발생할 수 있는 장소가 있기 때문에 유의하여야 한다.

① 침전분리조 등 악취가 발생하는 부분은 기밀구조로 하고 배기설비를 설치한다.

② 오수정화시설의 관리시, 작업 공간 내의 환기를 필요로 하는 경우에는 악취가 문제되지 않는 장소까지 배기 덕트를 설치하여 대기 중에 확산시킨다.

Chapter

07 물 재이용 설비

7.1 개요

물의 재이용이란 빗물(우수), 오수(汚水), 하수처리수, 폐수처리수 및 발전소 온배수를 물 재이용시설을 이용하여 처리하고, 그 처리된 물(이하 "처리수"라 한다)을 생활, 공업, 농업, 조경, 하천 유지 등의 용도로 이용하는 것을 말한다. 또한 물 재이용시설이란 빗물이용시설, 중수도, 하·폐수처리수 재이용시설 및 온배수 재이용시설을 말한다.

건축물 내에서 물과 관련하여 자원 및 에너지 절약과 환경보존을 고려하면, 즉, 물 사용량이 많은 건축물에서는 자원의 유효이용 및 다단계 활용측면에서, 배수의 재이용인 중수도 설비의 설치와 빗물 이용 시설이 필요하리라고 생각한다.

7.2 중수도

1 정의 및 관련법규

중수도란 개별 시설물이나 개발사업 등으로 조성되는 지역에서 발생하는 오수를 공공하수도로 배출하지 않고 재이용할 수 있도록 개별적 또는 지역적으로 처리하는 시설을 말한다. 물의 재이용 촉진 및 지원에 관한 법률 제 9조에서는 물을 효율적으로 이용하기 위하여 일정 규모 이상의 건축물에는 단독 또는 공동으로 물 사용량의 10% 이상을 재이용할 수 있는 중수도를 설치·운영하여야 함(단, 물 사용량의 10% 이상을 하·폐수처리수 재처리수로 공급받거나 빗물을 이용하는 자의 경우에는 그러하지 아니하다)을 규정하고 있으며, <표 7-1>에 의무화 시설물을 나타내었다.

〈표 7-1〉 물의 재이용 촉진 및 지원에 관한 법률에 따른 중수도 설치 의무화 시설물

◇ 숙박업 또는 목욕장업에 사용되는 시설로서 건축 연면적이 6만 m^2 이상인 시설
◇ 1일 폐수배출량이 1,500 m^3 이상인 시설
◇ 건축연면적이 6만 m^2 이상인 시설로서 대통령령이 정하는 종류 및 규모 이상인 시설 1. 유통 산업 발전법 제2조제3호에 따른 대규모 점포 2. 물류정책 기본법 제2조제1항제4호에 따른 물류시설 3. 건축법 시행령 별표 1 제8호에 따른 운수시설 4. 건축법 시행령 별표 1 제14호에 따른 업무시설 5. 건축법 시행령 별표 1 제23호가목에 따른 교정시설 6. 건축법 시행령 별표 1 제24호가목에 따른 방송국 및 같은 호 나목에 따른 전신전화국 7. 그 밖에 물의 재이용을 위하여 특히 필요하다고 인정하여 지방자치단체의 조례로 정하는 시설물

2 중수도의 원수, 용도 및 수질

(1) 중수도 원수

중수도의 원수로서는 세면기 배수, 탕비기 배수, 샤워 및 욕조 배수, 세탁배수, 냉각탑 블로어 수, 주방배수, 오수 등이 고려될 수 있다. 일반적으로 세면기 배수, 탕비기 배수는 수질이 양호하지만, 필요한 중수를 확보하기가 어려운 경우가 많다. 그러나 주방배수나 오수 등은 양적인 문제는 없지만, 오염물질을 많이 포함하고 있기 때문에 수처리 조작이 복잡하고 건설비나 설치스페이스가 많이 증가하게 된다. 냉각탑 블로어 수는 질적이나 양적으로 안정화되어 있지만, 냉방기간 중에만 얻어지게 되는 수원이다. 이와 같은 특성을 충분히 고려하여 원수와 중수의 수량 밸런스를 고려하여 그 건물에 적합한 원수를 선정하여야 한다.

원수의 선택시, 오염도가 비교적 작은 깨끗한 배수를 회수하여 이용하는 것이 좋지만, 또한 수량이 안정화되고 풍부한 원수를 선택할 필요가 있다. 그런데 중수도 시스템에서는 유입되는 원수와 중수의 수량 밸런스를 취하는 것이 중요하다(<그림 7-1> 참조). 즉, $Q_1 \times q_2/q_1 \geq Q_2$ 인 경우는 수량 밸런스가 맞아 최적이다.

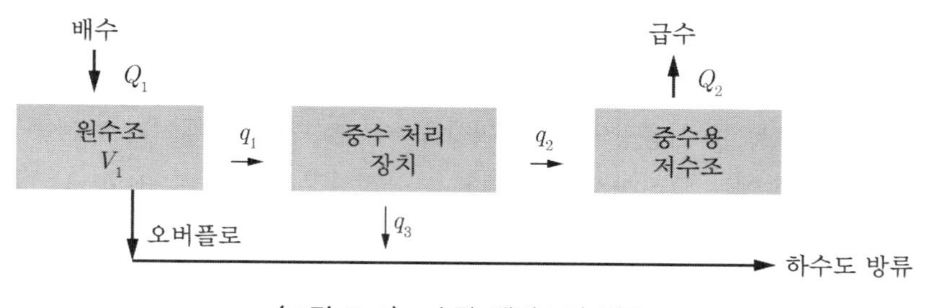

〈그림 7-1〉 수량 밸런스의 검토

그러나 $Q_1 \times q_2 / q_1 < Q_2$인 경우는 생산된 중수에 비해 원수가 부족하며, 이와 같은 상태에서 시스템을 설치하면, 설비의 운전정지 기간이 길게 되어 처리비용에 영향을 미친다. 따라서 부족분은 타 배수원을 고려하던가, 설비를 작게 하고 부족분은 상수 또는 우수나 지하수를 이용하여야 한다.

(2) 중수의 용도 및 수질

중수도는 보건위생상 및 이용상 지장이 없는 용도에 사용하여야 한다. 중수도의 용도로서는 수세식 화장실의 세정수, 잔디밭의 살수용수, 공장 등에서 사용하는 세정수, 세차용수, 냉각용의 보급수 등 각종 용도를 생각할 수 있지만, 가장 많이 이용하는 경우는 수세식 화장실의 세정수를 들 수 있다.

중수를 잡용수로 사용하는 경우, 가장 문제가 되는 것은 원수에 포함되어 있는 병원성 세균, 바이러스와 인체의 접촉, 그리고 이들에 의한 감염의 문제이다. 따라서 중수는 인체와 접촉할 위험이 적은 변기 세척수로 한정하여 이용하는 것이 좋으며, 이 경우 손 세척용 수전이 부착된 변기의 수전이나 비데와 같이 인체와 접촉하거나 접촉할 가능성이 있는 기구에 중수도를 공급하여서는 안 된다.

또한 냉각탑 보급수나 조경용 살수, 세차용수 등 오음(誤飮)이나 비산에 의한 인체접촉, 호흡기 계통에 영향을 미칠 수 있는 용도에 대해서는 오수를 원수로 선정하는 것은 피하고 적절한 살균 소독 등을 하여야 한다. 따라서 중수도 설치 시, 중수의 이용용도를 명확히 하여야 한다. 용도에 따라 수질기준이 다르기 때문이다. 2장의 <표 2-3>에는 중수도의 수질기준을 나타내었다.

3 처리 플로우

중수의 처리 플로우를 결정할 때는, 건물의 규모나 이용형태 등을 충분히 고려하여, 유량 조정조나 생물 처리조 등 단위 처리 조작의 용량을 적절히 결정하여 가동률이 높고 효율이 좋은 시스템을 구축하는 것이 중요하다. <그림 7-2>에는 중수처리공정의 예를 나타내었다.

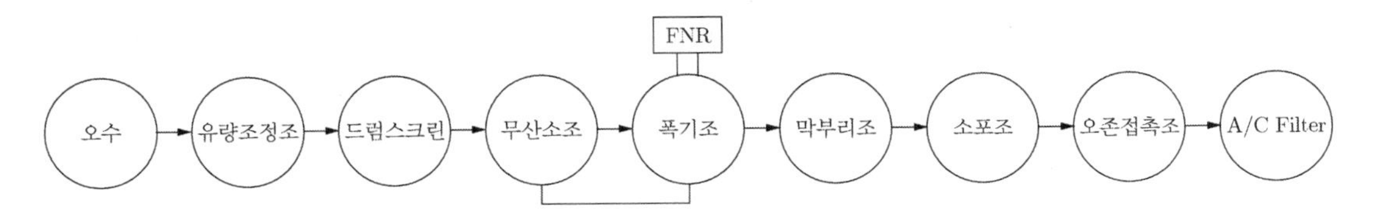

〈그림 7-2〉 중수도 처리 공정의 예

4 중수공급배관

중수도를 공급하기 위한 급수관에 사용하는 배관재료는 음용수 배관재료와 동일하게 내식성 배관재료를 사용하는 것을 원칙으로 하여야 한다. 일반적으로 중수는 수돗물에 비해 배관재료에 대한 부식성이 크기 때문에 배관재의 선정시 내식성에 대해서도 충분한 검토가 필요하다. 또한 음용수 계통과의 오접합을 방지하기 위하여, 중수용 배관은 외관상 음용수 배관과 구분할 수 있는 재질의 관을 선정하는 것을 원칙으로 하여야 한다.

5 중수용 저수조 및 펌프

중수도는 사용한 물을 다시 처리하여 사용하는 것이기 때문에, 원수의 공급 시간과 중수의 이용시간대가 다를 수 있다. 따라서 중수용 저수조의 용량 결정도 중요하다. 저수조의 용량을 작게 하면, 초기투자에 따른 설비부담은 작아지지만, 중수 이용률이 작아질 수 있는 단점이 있다. 그러나 용량을 크게 할수록, 처리수가 유입하는 횟수가 작아지게 되는 단점이 있다. 또한 저수조를 크게 하면, 물이 부패하기 쉽기 때문에 필요 이상으로 크게 하지 않도록 한다.

사용수량에 따른 중수 처리수의 공급이 되지 않는 경우를 고려하여 수돗물을 공급하는 방식의 설계를 하는 경우, 역류에 의한 오염이 발생하지 않도록 토수구 공간, 역류방지기구의 설치 등의 조치를 취하여야 한다. 중수용 공급펌프의 용량 결정시, 음용수용 펌프와 동일하게 결정한다. 일반적으로 이용하는 고가수조식으로 하는 경우의 예를 들어 보면, 고가수조의 용량과 양수펌프의 양수량과는 밀접한 관계가 있으며, 양수펌프의 양수량을 크게 하면 고가수조의 용량을 작게 하는 것이 가능하다. 또한 그 반대의 경우도 성립한다.

7.3 빗물(우수) 이용 설비

1 정의 및 관련법규

빗물이용시설이란 건축물의 지붕면 등에 내린 빗물을 모아 이용할 수 있도록 처리하는 시설을 말한다. <표 7-2>에는 물의 재이용 촉진 및 지원에 관한 법률에 따른 빗물 이용시설의 설치대상을 나타내었다.

〈표 7-2〉 물의 재이용 촉진 및 지원에 관한 법률에 따른 빗물 이용 시설의 설치대상

1. 다음 중 어느 하나에 해당하는 시설물로서 지붕면적이 1,000 m^2 이상인 시설물
   가. 「체육시설의 설치·이용에 관한 법률 시행령」 별표 1에 따른 운동장(지붕이 있는 경우로 한정한다) 또는 체육관
   나. 「건축법 시행령」 별표 1 제14호가목에 따른 공공업무시설(군사·국방시설은 제외한다)
   다. 「공공기관의 운영에 관한 법률」 제4조제1항에 따른 공공기관의 청사
2. 「건축법 시행령」 별표 1 제2호에 따른 아파트, 연립주택, 다세대주택 및 기숙사로서 건축면적이 1만 m^2 이상인 공동주택
3. 「건축법 시행령」 별표 1 제10호가목에 따른 초등학교, 중학교, 고등학교, 전문대학, 대학 및 대학교로서 건축면적이 5,000 m^2 이상인 학교
4. 「체육시설의 설치·이용에 관한 법률 시행령」 별표 1에 따른 골프장으로서 부지면적이 10만 m^2 이상인 골프장
5. 「유통산업발전법」 제2조제3호에 따른 대규모점포

2 빗물이용시설의 시설 및 관리 기준

<표 7-3>에 빗물이용시설의 시설 및 관리 기준을 나타내었다.

〈표 7-3〉 빗물이용시설의 시설 및 관리 기준

1. 물의 재이용 촉진 및 지원에 관한 법률 제8조제2항에 따라 빗물이용시설에는 다음의 시설을 갖추어야 한다.
   ① 지붕(골프장의 경우에는 부지를 말한다)에 떨어지는 빗물을 모을 수 있는 집수시설(集水施設)
   ② 처음 내린 빗물을 배제할 수 있는 장치나 빗물에 섞여 있는 이물질을 제거할 수 있는 여과장치 등 처리시설
   ③ 제②호에 따른 처리시설에서 처리한 빗물을 일정 기간 저장할 수 있는 다음의 요건을 갖춘 빗물저류조(貯溜槽)
      ㉮ 지붕의 빗물 집수 면적에 0.05 m를 곱한 규모 이상의 용량(골프장의 경우 해당 골프장에 집수된 빗물로 연간 물사용량의 40% 이상을 사용할 수 있는 용량을 말한다)일 것
      ㉯ 물이 증발되거나 이물질이 섞이지 아니하고 햇빛을 막을 수 있는 구조일 것
      ㉰ 내부를 청소하기에 적합한 구조일 것
   ④ 처리한 빗물을 화장실 등 사용장소로 운반할 수 있는 펌프·송수관·배수관 등 송수시설 및 배수시설
2. 물의 재이용 촉진 및 지원에 관한 법률 제8조제2항에 따른 빗물이용시설의 관리기준은 다음과 같다.
   ① 음용(飮用) 등 다른 용도에 사용되지 아니하도록 배관의 색을 다르게 하는 등 빗물이용시설임을 분명히 표시할 것
   ② 연 2회 이상 주기적으로 제1항 각 호의 시설에 대한 위생·안전 상태를 점검하고 이물질을 제거하는 등 청소를 할 것
   ③ 빗물사용량, 누수 및 정상가동 점검결과, 청소일시 등에 관한 자료를 기록하고 3년간 보존할 것

3 처리 플로우

빗물이용시설의 처리 플로우를 결정할 때는 우수의 집수량, 사용용도 및 건물의 용도와 특성을 종합적으로 고려하여 결정한다. <그림 7-3>에 처리 플로우의 예를 나타내었다. 이와 같은 처리에서 얻어진 빗물 이용수는 변기세정수, 식재살수, 소화용수 등의 용도로 사용된다.

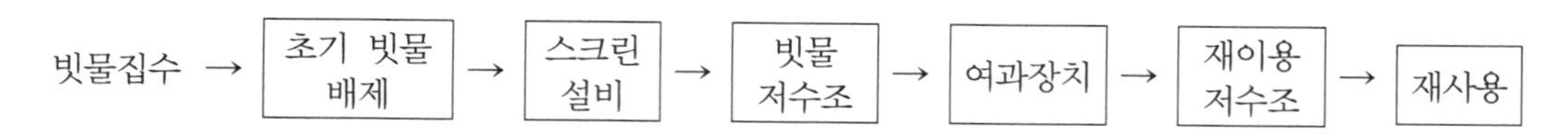

〈그림 7-3〉 빗물이용설비의 처리 플로우 예

Chapter

08 펌프

펌프는 외부로부터 에너지를 공급받아 액체에 에너지를 전달해 주는 기계이다. 건축설비에서 이용하는 펌프는 액체를 낮은 위치에서 높은 위치로 이동시키는 작업을 하는 것과 액체에 운동에너지를 주는 것으로 크게 나눌 수 있다. 펌프의 기계구성을 보면, 크게 펌프부분과 동력부분으로 나눌 수 있다.

펌프부분은 다시 액체를 빨아올리는 기능, 즉 흡상(吸上, 흡입, suction)부분과 액체를 밀어올리는 능력인 토출(吐出, delivery)부분이 있으며, 필요에 따라 이들 능력을 최대한 발휘할 수 있도록 하여 각 방면에서 이용하고 있다.

액체로서 물을 사용하는 경우, 즉 물펌프에서의 흡입작용은 수면에 작용하는 압력(대기압)과 흡입관내의 공기를 빨아냄으로써 생기는 펌프 흡입부의 진공압력과의 압력차에 의해서 물을 빨아올리게 된다. 그러므로 이론적으로 펌프의 최대 흡상능력은 물(수면)에 표준대기압이 작용한다고 가정하였을 때, 펌프의 흡입부분이 절대진공(絶對眞空)인 경우이다. 따라서,

$$1\ \text{atm} = 101.3\ \text{kPa} = 1.033\ \text{at} = 10.33\ \text{mAq}$$

의 관계가 있으므로, 펌프를 사용하여 물을 최대 10.33 m까지는 끌어올릴 수 있다. 즉, 펌프의 설치위치는 수면으로부터 최대 10.33 m 되는 높이까지는 설치할 수 있다는 결론을 얻게 된다.

그러나 실제로는 물을 10 m 정도까지 끌어올리는 것은 불가능하다. 그 이유는 첫째로 건축설비 분야에서 일반적으로 사용하는 펌프의 경우에는 절대진공을 얻거나 유지하기가 쉽지 않다. 물펌프의 경우, 절대진공을 얻을 수 있는 펌프를 제작한다고 할지라도 가격이 상당히 비싸질 것이고, 또한 아주 작은 틈새라도 있으면 공기가 침입하여 진공도는 떨어지게 된다. 두번째로는 흡상관이나 푸트 밸브 등에서의 마찰손실 등이 존재하기 때문이다.

따라서 건축설비분야에서 이용하는 펌프의 경우, 흡상능력은 6～7 m 정도이다. 그러나 일반적으로 펌프의 설치위치는 후술(8.4절)하는 캐비테이션의 방지를 위해 가능한 한 낮게 설치하는 것이 좋다.

그러면 토출능력, 즉 물을 밀어올리는 능력은 어느 정도일까? 이에 대한 답은 펌프의 구조에 따라 그 능력에는 제한이 없다고 할 수 있다.

펌프의 구성 중, 동력 부분은 액체연료 또는 기체연료에 의해 엔진을 이용하는 경우도 있지만, 일반적으로는 전력(電力)을 에너지로 하는 전동기(電動機)를 이용하는 경우가 대부분이다. 전동기는 펌프직송방식에 이용하는 일부의 종류를 제외하고는 정속방식(定速方式)이다. 변속방식(変速方式)에 대해서는 2.5절을 참고하기 바란다.

8.1 펌프의 분류

1 펌프의 분류

구조상으로는 터보형, 용적(容積)형, 특수형의 3종류로 대별되며, 작동원리로는 원심(遠心)식, 왕복동(往復動)식, 회전(回轉)식 등이 대표적이다. <표 8−1>에는 펌프의 구조 및 작동원리에 따라 분류하여 나타내었다.

〈표 8-1〉 펌프의 구조 및 작동원리에 따른 분류

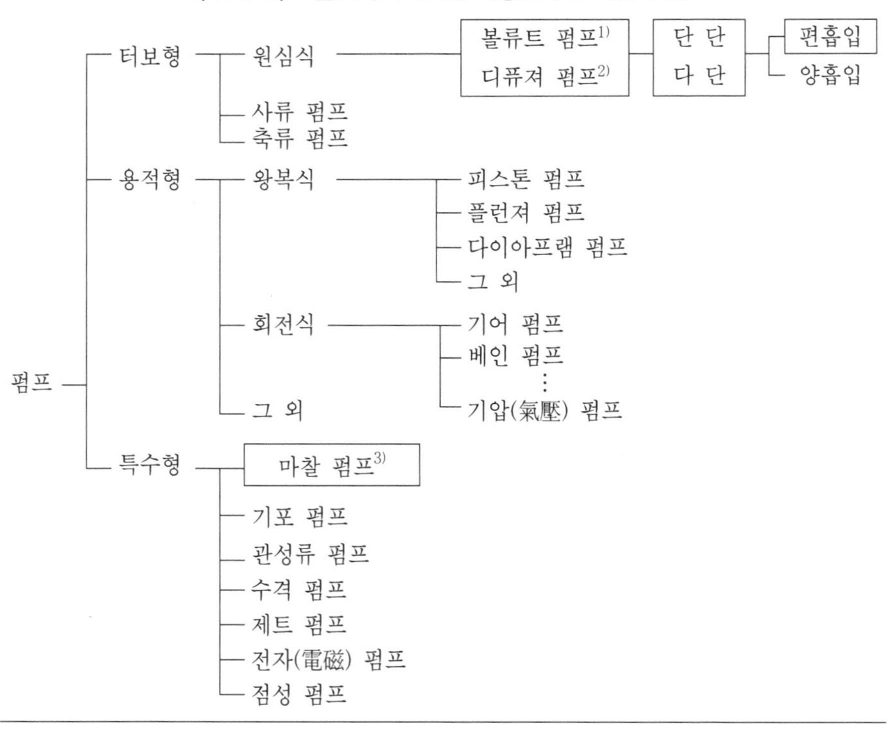

㊟ □ 내는 건축설비 분야에서 주로 사용하는 펌프

1) 단단인 경우, 와권 펌프라고도 함

2) 터빈 펌프

3) 웨스코 펌프

펌프를 용도별로 분류해 보면, 높은 곳으로 물을 퍼 올리기 위한 양수(揚水) 펌프, 급탕설비나 공기조화 설비에서 열의 운반 등을 목적으로 2개 이상의 장치에서 탕이나 물을 순환시키기 위한 순환(循環) 펌프, 급수설비에 이용하는 급수(給水) 펌프, 오수탱크로부터 오수를 배출하기 위한 오수(汚水) 펌프 등으로 분류할 수 있다.

<표 8-2>는 펌프를 용도별로 구분하여 나타낸 것이다.

〈표 8-2〉 펌프의 용도별 구분

설비 구분	용 도	펌프 형식
급수설비	양수 펌프	원심식
	급수 펌프	
	얕은 우물용 펌프	마찰식
	깊은 우물용 펌프	원심식, 마찰식
급탕설비	순환 펌프	원심식
배수설비	오수 펌프	원심식
	잡배수 펌프	
	오물 펌프	
소화설비	소화 펌프	원심식

2 각종 펌프의 구조 및 특징

펌프를 구조에 따라 분류하면 <표 8-1>에도 나타내었듯이, 터보형, 용적형 및 특수형으로 크게 분류할 수 있으며, 급수설비나 급탕설비에서는 터보형 펌프를 주로 이용한다.

(1) 터보형

터보형 펌프는 유체에 에너지를 전해주는 날개(翼, vane)를 갖고 있는 회전체인 회전차(回轉車, impeller)의 회전에 의한 반작용에 의해서 액체에 운동에너지를 주어 이것을 압력으로 변환시키는 형식의 펌프이다.

이 형식의 것은 원심식(遠心式, centrifugal pump), 사류식(斜流式, diagonal flow pump) 및 축류식(軸流式, axial flow pump)으로 구분된다. 원심식 펌프는 <그림 8-1>과 같이 와권실(渦卷室, 渦流室, spiral casing)내에 여러 개의 날개(vane)가 고정된 회전차를 장착하고, 이 와권실내에 물을 충만시킨 후 회전차를 고속 회전시키면, 물은 회전차에 의해 교반(攪拌)되어 에너지를 받게 되고 원심력에 의해서 중심부로부터 외주(外周)를 향해 흐르게 되며, 결국에는 와권실로부터 토출구를 통해 밖으로 나오게 된다. 이 때 중심부에 충만되어 있던 물은 밖으로 흘러나오게 되므로 중심부의 압력은 진공에 가깝게 떨어지며, 흡상관 내의 물이 회전차

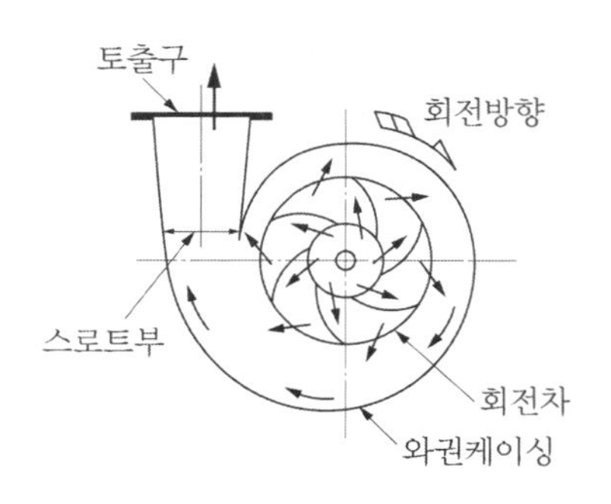

〈그림 8-1〉 볼류트 펌프의 내부흐름

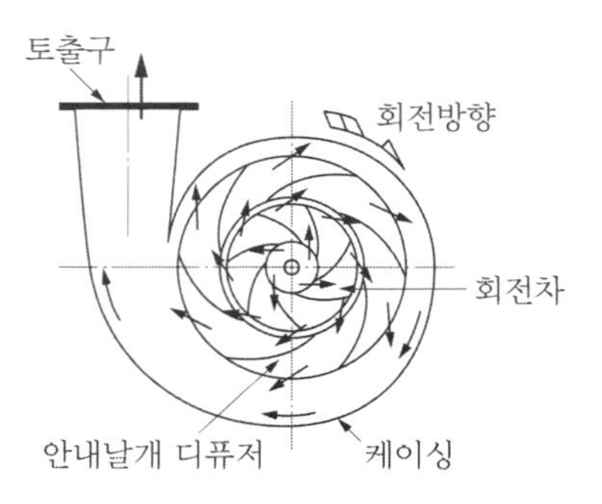

〈그림 8-2〉 디퓨저 펌프의 내부 흐름

중심을 향해 흡입구로부터 유입된다. 따라서 흡상관내에 항상 새로운 물을 보충할 수 있다면, 물은 연속적으로 흡입, 토출한다. 원심식 펌프는 유체의 흐름방향이 회전차(축에 수직하게 설치 됨)의 반경류 방향(radial flow)으로 흐르며, 사류식 펌프는 축과 경사진 회전차 내에서 펌프작용을 하며, 또한 축류형은 축방향 흐름(axial flow)을 갖는다.

건축설비분야에서는 급수, 급탕, 배수 등에 터보형 펌프 중에서 원심식 펌프인 볼류트 펌프와 터빈 펌프를 주로 이용한다.

1) 볼류트 펌프와 디퓨저 펌프

볼류트 펌프(volute pump)는 <그림 8－1>과 같이 와권 케이싱과 회전차(回轉車)로 구성되며, 디퓨저 펌프(diffuser pump, 터빈 펌프라고도 함)는 <그림 8－2>와 같이 회전차 주위에 디퓨저인 안내날개(또는 고정날개)를 갖고 있다. 펌프의 회전차가 회전하면, 물은 원심력에 의해 속도에너지를 받지만, 이 속도에너지를 효율 좋게 압력 에너지로 변환하지 않으면 안된다. 이 압력 에너지로의 변환을 효율 좋게 행하는 것이 디퓨저 펌프의 안내날개이며, 이것으로 고양정(高揚程)이 얻어진다. 특히 디퓨저 펌프는 터빈 펌프(turbine pump)라고도 한다. 그런데, 터빈 펌프는 설계점보다 적은 유량 또는 과대한 유량으로 운전하면, 회전차로부터 나오는 물의 각도와 안내날개의 각도가 합치되지 않아 소음이나 진동의 원인이 되기 때문에 주의하여야 한다.

그러나 볼류트 펌프는 구조상 안내날개를 갖고 있지 않기 때문에 이와 같은 결점이 없고 케이싱도 작겠지만, 터빈 펌프와 같은 고양정은 얻을 수 없다.

펌프의 양정은 이론적으로는 회전차의 외주속도(外周速度)의 2승에 비례하는데, 회전수를 너무 높게 하면, 캐비테이션 발생의 원인이 된다. 따라서, 고양정을 위해서는 단(段)의 수를 증가시키는 방법이 있다.

볼류트 펌프는 <그림 8－3>과 같이 회전차가 1단인 것을 단단형(單段形, single stage), <그림 8－4>와 같이 회전차의 수를 증가시켜 압력을 높일 수 있게 한 다단형(多段形,

multi stage)이 있다. 특히, 단단(單段)형의 것을 단순히 와권(渦卷) 펌프라고도 부르며, 양정이 비교적 낮은 용도에 이용하지만, 최근에는 양정이 수 10 m에 이르는 것도 있다.
또한, 한쪽흡입형(片吸込形, single suction)과 양쪽흡입형(兩吸込形, double suction, <그림 8-5>), 그리고 횡형(橫形), 입형(立形, <그림 8-6>) 및 수중형(水中形) 펌프도 있다. 수중형은 급수용과 배수용이 있으며, 각각 후술한다.
터빈 펌프의 형식 등(단단, 한쪽 흡입, 입형 등)은 볼류트 펌프와 같으며, 고양정을 얻기 위해서 터빈 펌프의 회전차와 안내날개를 수 개의 단으로 병렬로 한 구조가 있는데, 이것이 다단 터빈 펌프이다. <그림 8-7>에 다단 터빈 펌프를 나타내었다.

〈그림 8-3〉 편흡입 단단 볼류트 펌프

〈그림 8-4〉 다단 볼류트 펌프

〈그림 8-5〉 양흡입 단단 볼류트 펌프

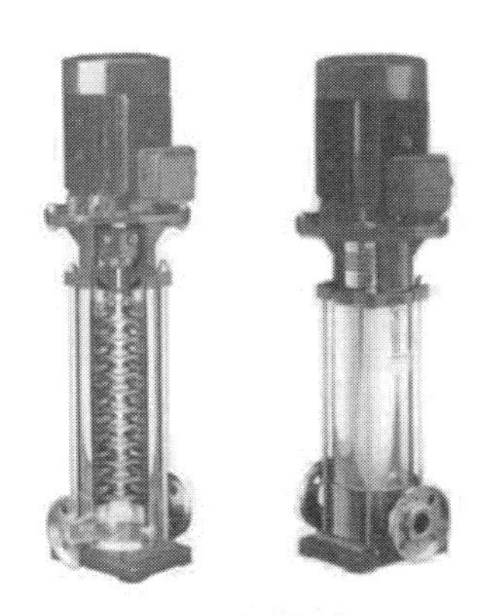

〈그림 8-6〉 입형 다단 펌프

〈그림 8-7〉 다단 터빈 펌프

2) 수중 모터 펌프

깊은 우물용 펌프로서 물 속에 펌프(펌프부분과 모터부분)를 집어 넣고 양수하는 것을 수중 모터 펌프[submergible (motor) pump]라고 한다. 이때 사용하는 펌프부분은 터빈 펌프로 되어 있다. <그림 8-8>에 수중 모터 펌프를 나타내었다.

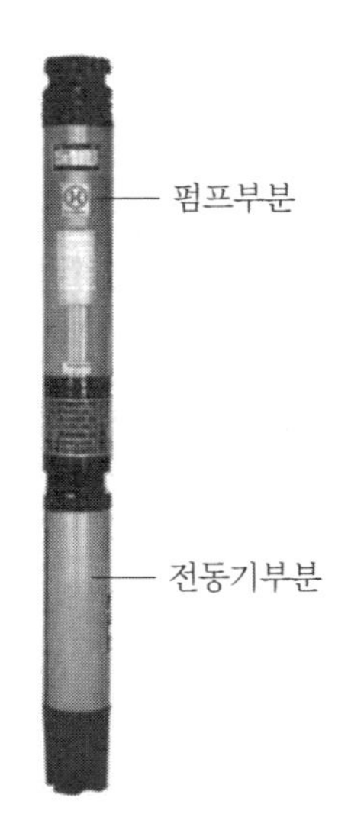

(a) 수중 모터 펌프

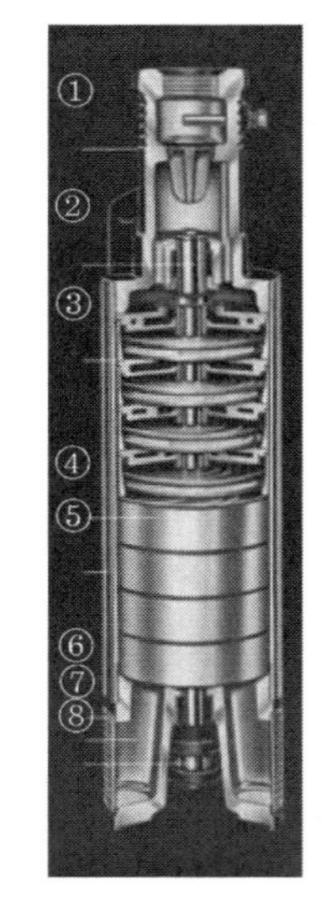

(b) 펌프부분 구조

〈그림 8-8〉 수중 모터 펌프

(2) 용적형

1) 기어 펌프(gear pump)

<그림 8-9>에 나타낸 바와 같이 케이싱 속에 2개의 기어를 맞물려 놓고, 이것을 회전시켜서 2개의 기어 사이에 끼어 있는 액체를 송출한다. 주로 물보다는 점도가 높은 기름용 등에 사용한다.

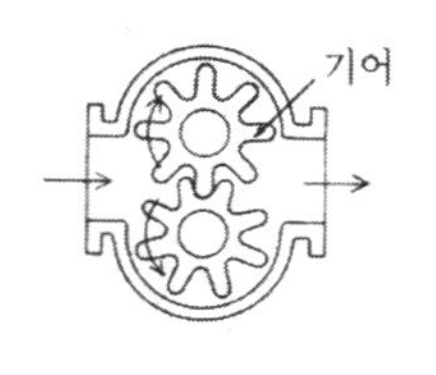

〈그림 8-9〉 기어 펌프

2) 피스톤 펌프(piston pump)

흡상밸브나 토출밸브를 갖추고 피스톤 또는 플런저를 왕복운동시킴으로써 액체를 흡상하는 기구(機構)의 펌프이다.

(3) 특수형

1) 마찰 펌프(friction pump)

<그림 8－10>에 나타낸 바와 같이 원형판의 외주(外周)에 다수의 홈을 만든 회전차가 있으며, 이것을 고속회전시켜 회전차와 케이싱의 주벽(周壁)과 마찰을 일으켜 양수하기 때문에 마찰 펌프라고 한다. 이 외에도 웨스코 펌프(wesco pump) 또는 와류 펌프(渦流 펌프)라고도 한다. 소용량에 비해 비교적 높은 양정이 얻어지기 때문에, 소규모의 건물이나 가정용 펌프로 사용한다.

(a) 마찰 펌프

(b) 펌프 헤드

(c) 회전차

〈그림 8–10〉 마찰(웨스코) 펌프

2) 제트 펌프(jet pump)

증기 또는 물을 고속으로 노즐로부터 분사하면 노즐 주위의 압력이 떨어지는 것을 이용하여 물을 흡상·양수하는 방식으로, 가정용의 깊은 우물용 펌프에 많이 이용한다. <그림 8－11>은 가정용의 제트 펌프를 나타낸 것이다.

(a) 제트 펌프 구조

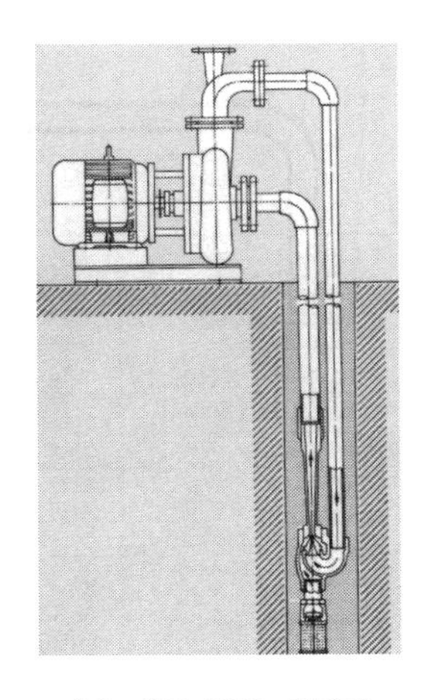

(b) 제트 펌프 배관도

〈그림 8–11〉 제트 펌프 및 배관도

8.2 펌프의 양정 및 축동력

1 양정

펌프의 운전에 의해 물에 주어지는 단위중량당 기계적 에너지인 수두(헤드)값은 그 수주(水柱)의 높이와 일치하며, 이것을 양정(揚程)이라고 한다. 양정에는 다음과 같은 것이 있으며, <그림 8-12>에 다음의 각각을 나타내었다.

① 실양정
② 속도수두
③ 압력수두
④ 관로손실수두
⑤ 전양정

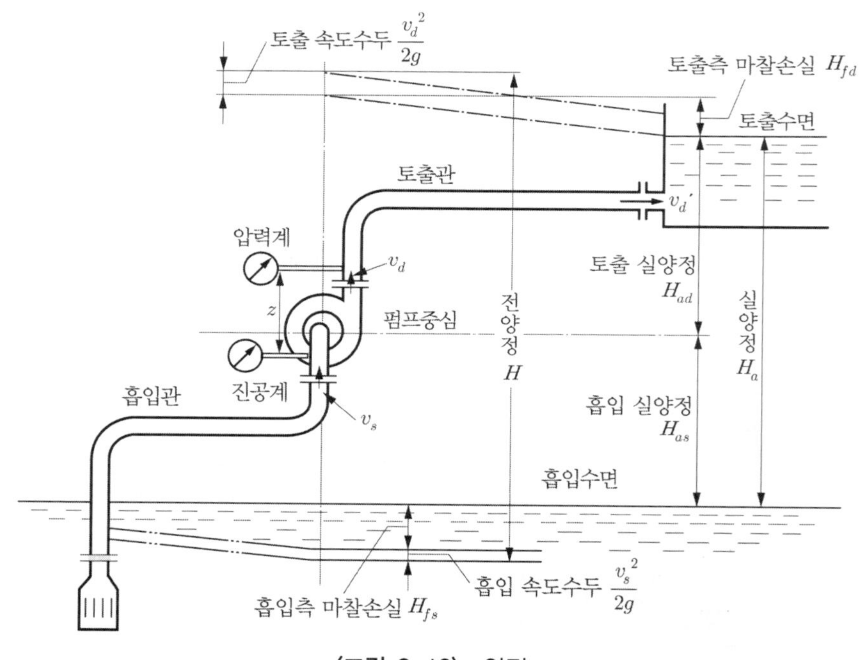

〈그림 8-12〉 양정

(1) 실양정

물을 높은 곳으로 보내는 경우, 흡입수면으로부터 토출수면까지의 수직거리를 실양정(實揚程, actual head)이라고 한다. 흡입수면에서 펌프축 중심까지의 수직거리를 흡입 실양정, 펌프축 중심으로부터 토출수면까지의 수직거리를 토출 실양정이라고 하며, 다음과 같은 관계가 있다.

$$H_a = H_{as} + H_{ad} \qquad (8-1)$$

여기서, H_a : 실양정, m

H_{as} : 흡입 실양정(펌프 중심에 대해 압입은 −, 흡입은 +로 한다), m

H_{ad} : 토출 실양정, m

(2) 속도수두

물이 흐를 때는 유속에 상당하는 에너지가 필요하며, 이 에너지를 속도수두(速度水頭, velocity head)라고 한다. 펌프에서는 토출관과 흡입관 사이의 속도수두차를 속도수두라고 한다.

$$H_v = H_{vd} - H_{vs} = (v_d^2 - v_s^2)/(2g) \qquad (8-2)$$

여기서, H_v : 속도수두, m　　H_{vd} : 토출관 속도수두, m

H_{vs} : 흡입관 속도수두, m　　v : 유속, m/s

g : 중력가속도, m/s^2

윗 식에서 흡입관과 토출관의 관경이 같으면 속도수두차는 0(零)이 되며, 일반적으로는 무시한다.

(3) 압력수두

흡입수면과 토출수면에 작용하는 압력수두(壓力水頭, pressure head)의 차를 말한다. 일반적으로 흡입수면과 토출수면에 동일한 대기압이 작용한다고 보면, 압력수두 H_d의 값은 0(零)이 되어 무시하여도 좋다.(부록 Ⅰ장 Ⅰ.3절 참조)

(4) 관로(管路)의 손실수두

관로 내에 물이 흐를 때, 관마찰에 의한 손실(관마찰손실)이 생기며, 또한 각종 밸브류의 설치, 관경변화, 엘보 및 티와 같은 관이음에 의한 손실(이들을 부차적 손실(또는 국부손실)이라고 함)이 생기며, 이들 관마찰 손실수두(損失水頭, loss head in pipeline)와 부차적 손실수두의 합을 관로의 전손실수두라고 한다.

$$H_f = H_{fs} + H_{fd} \qquad (8-3)$$

여기서, H_f : 관로 내 전손실수두, m　　H_{fs} : 흡입관 내 전손실수두, m

H_{fd} : 토출관 내 전손실수두, m

(5) 전양정

흡입수면으로부터 토출수면까지 거리 H_a만큼 물이 올라가는데 필요한 에너지를 전양정(全揚程, total head) H라고 한다.

$$H = H_a + H_v + H_d + H_f \quad \cdots\cdots (8-4)$$

여기서, H : 전양정, m　　H_a : 실양정, m

H_v : 속도수두(흡수관 및 토출관의 관경이 같으면 0), m

H_d : 압력수두(일반적으로는 0), m　　H_f : 관로의 전손실수두, m

2 펌프의 축동력

펌프를 이용하여 낮은 곳에서 높은 곳으로 물을 끌어올릴 때, 물이 가져야 할 에너지를 전양정이라고 하였다. 그리고 펌프로부터 물이 받아야 할 동력을 수동력(水動力, water power) L_w라고 하며, 다음과 같이 나타낼 수 있다.

$$L_w = \rho g Q H \quad \cdots\cdots (8-5)$$

여기서, L_w : 펌프 수동력, W　　ρ : 물의 밀도(=1,000 kg/m^3)

Q : 펌프의 토출량, m^3/s　　g : 중력가속도(=9.8 m/s^2)

H : 전양정, m

펌프가 물에 L_w만큼의 동력을 전달해주기 위해 필요한 펌프의 축동력(軸動力, shaft power) L_p는 펌프의 효율을 η_p라고 하면, 다음과 같은 관계가 있다.

$$L_p = L_w / \eta_p \quad \cdots\cdots (8-6)$$

여기서, L_p : 펌프 축동력, W

η : 펌프 효율

또한 펌프가 L_p의 축동력을 내기 위해서 동력부분(전동기)에서 필요한 동력을 L_m이라고 하면, 다음과 같이 나타낼 수 있다.

$$L_m = (1+\alpha) L_p / \eta_t \quad \cdots\cdots (8-7)$$

여기서, L_m : 전동기 동력, W

α : 여유율(전동기의 경우는 0.1~0.2)

η_t : 전달효율(전동기 직결의 경우 1)

물의 밀도 및 중력가속도 값을 식 (8-7)에 대입하고 토출량을 L/min으로 표시하고, 전동기 동력 L_m을 kW로 하면, 식 (8-7)은 다음과 같이 된다.

$$L_m = \frac{0.163\,QH}{\eta_p \cdot \eta_t}(1+\alpha) \times 10^{-3}$$

예제 8.1

〈그림 8-13〉과 같은 양수 펌프계에서 1,000 L/min의 유량을 보내려고 할 때, 이 펌프의 전양정은 몇 m로 하면 되겠는가? (단, 관마찰손실계수는 0.03, 그리고 국부손실수두의 값은 마찰손실수두의 40%로 한다. 또한 흡입관 및 토출관의 내경은 100 mm로 한다)

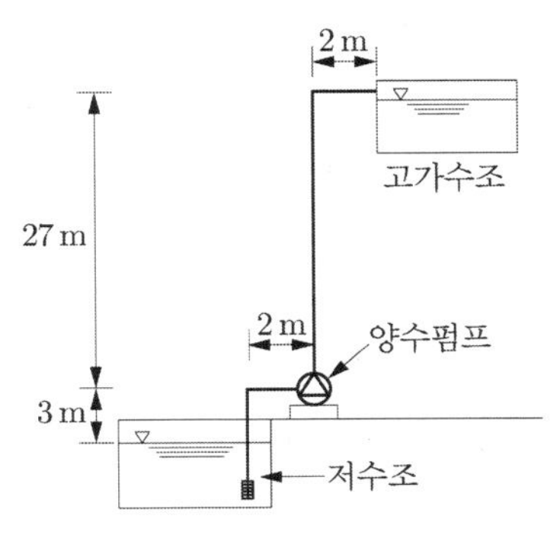

〈그림 8-13〉 예제 8-1 그림

풀이 유량은 $Q = 1{,}000\ \text{L/min} = \dfrac{1}{60}\ \text{m}^3/\text{s}$이므로, 흡입관 및 토출관 내의 평균유속은

$v_s = v_d = 4Q/(\pi d^2) = (4\times 1)/(\pi\times 0.1^2\times 60) = 2.12\ \text{m/s}$

흡입관의 전마찰손실수두 H_{fs}는

$$H_{fs} = 0.03\times\frac{3+2}{0.1}\frac{2.12^2}{2\times 9.8}\times(1+0.4) = 0.48\ \text{m}$$

토출관의 전마찰손실수두 H_{fd}는

$$H_{fd} = 0.03\times\frac{27+2}{0.1}\frac{2.12^2}{2\times 9.8}\times(1+0.4) = 2.79\ \text{m}$$

따라서 관로의 전손실수두 H_f는

$$H_f = H_{fs} + H_{fd} = 0.48 + 2.79 = 3.27\ \text{m}$$

흡입수면과 토출수면에 작용하는 압력이 대기압이므로 $H_d = 0$, 또한 $v_s = v_d$이므로 $H_v = 0$이 된다. 따라서 전양정 H는

$$H = H_a + H_v + H_d + H_f = (3+27) + 0 + 0 + 3.27 = 33.27\ \text{m}$$

예제 8.2

〈그림 8-14〉와 같은 급수설비에서 양수 펌프의 양수량이 1,100 L/min일 때, 양수 펌프의 최저 필요 양정[mAq]을 구하시오. (단, 저수조의 수위는 펌프중심으로부터 1 m 위에서 항상 일정하며, 또한 양수관의 마찰손실수두는 50 mmAq/m, 양수관의 토출압력은 9.8 kPa이며, 관이음 및 밸브류의 상당관길이는 배관길이의 50%로 한다)

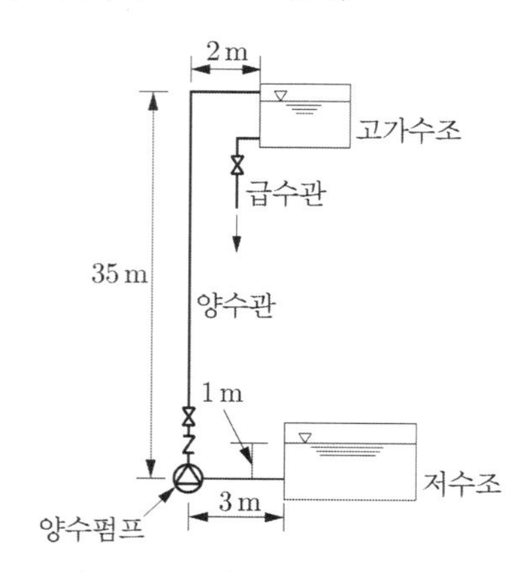

〈그림 8-14〉 예제 8-2 그림

풀이 9.8 kPa = 1 mAq

양수 펌프의 양정 H는

H = 실양정(토출양정 − 압입양정) + 배관의 마찰손실수두 + 토출수두

$= (35-1)+(2+35+3)\times 0.05\times(1+0.5)+1$

$= 38$ mAq

예제 8.3

예제 8-2에서 펌프의 효율이 60%일 때 수동력[kW], 축동력[kW] 및 전동기의 필요 동력[kW]을 구하라.

풀이 $Q = 1{,}100\ \mathrm{L/min} = \dfrac{1.1}{60}\ \mathrm{m^3/s}$이므로

$$L_w = \rho g Q H = 1{,}000\times 9.8\times\frac{1.1}{60}\times 38 = 6.827\times 10^3\ \mathrm{W} \fallingdotseq 6.83\ \mathrm{kW}$$

$$L_p = \frac{L_w}{\eta_p} = \frac{6.83}{0.6} = 11.38\ \mathrm{kW}$$

전동기의 필요동력은 여유율 10%, 전달효율을 1이라고 하면,

$$L_m = (1+\alpha)L_p/\eta_t = 1.1\times 11.38 = 12.5\ \mathrm{kW}$$

8.3 펌프 특성

1 비속도

터보형 펌프의 특성을 계통적으로 나타내는 지수로서 비속도(比速度, 比較回轉度, η_s, specific speed)라고 하는 기호를 이용한다. 비속도는 다음 식으로 표시된다.

$$\eta_s = n \cdot \frac{Q^{\frac{1}{2}}}{H^{\frac{3}{4}}} \quad \cdots\cdots (8-8)$$

여기서, η_s : 비교 회전도(비속도)

Q : 최고 효율점의 토출량(양흡입의 경우 $\frac{1}{2}Q$), m^3/min

H : 최고 효율점의 전양정(다단 펌프의 경우는 1단 당의 양정), m

n : 펌프의 회전수, rpm

어느 2종류의 터보형 펌프가 있을 때, 비속도 η_s가 동일하다면, 펌프의 크기에 관계없이 각각의 펌프가 갖는 회전차는 모두 상사(相似)이며, 또한 특성도 상사인 것을 의미한다.

<그림 8-15>에 η_s와 펌프 회전차 형상과의 관계를 나타내었는데, 그림으로부터 알 수 있듯이 η_s가 작으면 소유량, 고양정으로 되며, η_s가 크면 대유량, 저양정으로 된다.

회전차의 형식	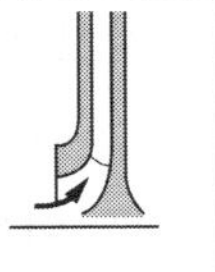	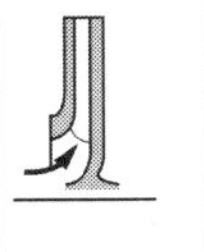	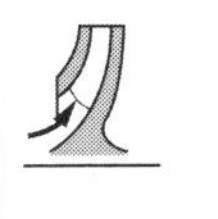				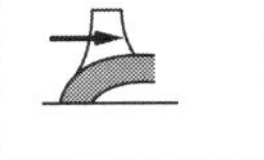
η_s의 범위	80~120	120~250	250~450	450~750	700~1,000	800~1,200	1,200~2,200
잘 사용하는 η_s값	100	150	350	550	880	1,100	1,500
흐름에 의한 분류	반경류형	반경류형	혼류형	혼류형	사류형	사류형	축류형
전양정[m]	30	20	12	10	8	5	3
양수량[m^3/min]	8 이하	10 이하	10~100	10~300	8~200	8~400	8 이상
펌프의 명칭	고양정 원심 펌프	고양정 원심 펌프	중양정 원심 펌프	저양정 원심 펌프	사류 펌프	사류 펌프	축류 펌프
	터빈	터빈 볼류트	볼류트	양흡입 볼류트			

〈그림 8-15〉 각종 펌프의 η_s와 회전차의 형상

다음에 비속도와 펌프특성에 대해 살펴보면, 각종 토출량에 대한 양정과 축동력의 변화로부터 다음과 같은 것을 알 수 있다.

1) η_s가 작은 펌프(터빈 펌프 등)는 양수량이 변화하여도 양정의 변화가 작다.
2) η_s가 큰 저양정 볼류트 펌프는 유량을 줄여감에 따라서 양정이 크게 되며, 유량의 변화에 대해 양정이 크게 변화한다.
3) η_s가 200 부근 이상에서는 토출 밸브를 꼭 막고 운전하였을 경우, 즉 양수량이 0일 때의 양정은 항상 최고양정으로 되며, 우상(右上)의 안정성이 있는 양정곡선(양정곡선이 유량 증가에 따라 증가하는 곡선)으로 된다.
4) 최고양정의 증가비율은 η_s가 증가함에 따라 크게 된다.
5) 따라서 η_s가 작은 펌프는 유량변화가 큰 용도에 적합하다.
6) η_s가 큰 펌프는 양정변화가 큰 용도에 적합하다.
7) 건축설비에서 일반적으로 사용하는 η_s가 650 이하의 와권 펌프에서는 토출량이 작을수록 축동력은 작게 되고, 토출량이 100% 이상에서는 축동력은 과부하(100% 이상)로 되기 쉽다(따라서 와권 펌프의 시험운전시에는 밸브를 닫고 전류계를 읽으면서 밸브를 열어가야 한다).
8) 반대로 η_s가 큰(650 이상) 펌프는 소유량 및 밸브를 닫은 상태의 운전이 불가능하기 때문에 기동시에 밸브가 닫혀 있지는 않은가 주의를 요한다.

2 비속도와 펌프 효율

1) 비속도 η_s가 작을수록 각 토출량간의 차가 좁아지고 효율곡선도 완만하여, 유량 변화에 대해서 효율의 변화가 작다.
2) 반대로 η_s가 크게 되면 효율변화의 비율이 크고, 특히 50% 이하에서는 효율이 나쁘게 된다.

펌프 효율의 좋고 나쁨은 원동기 출력에 관계하는 중요한 요소이지만, 일반적으로는 η_s 및 토출량에 따라 효율이 결정되지만, 토출량 쪽의 영향이 크기 때문에 최고효율의 변화는 토출량에 대해 나타낸다.

3 펌프의 회전수와 특성

동일한 펌프에서는 펌프의 회전수(n)와 토출량(Q), 양정(H), 축동력(L)간에 대략 다음과 같은 관계가 성립한다. 단, 이 관계는 회전수의 변화가 ±20% 이내일 때, 적용 가능하다.

$$\frac{Q_1}{Q_2} = \frac{n_1}{n_2} \quad \cdots\cdots (8-9)$$

$$\frac{H_1}{H_2} = \left(\frac{n_1}{n_2}\right)^2 \quad \cdots\cdots (8-10)$$

$$\frac{L_1}{L_2} = \left(\frac{n_1}{n_2}\right)^3 \quad \cdots\cdots (8-11)$$

즉, Q, H, L은 각각 회전수 n_1, n_2, n_3에 비례하기 때문에 회전수를 증가시키면 증가시킬수록 양정이 높게 된다고 생각되어 지지만, 실제로는 회전수를 상당히 증가시키면 후술하는 캐비테이션 등의 발생에 의해 무리가 생기기 때문에 고양정을 내기 위해서는 회전차의 단수를 증가시킨 다단 펌프로 하고 있다.

예제 8.4

양수량이 1 m³/min, 양정이 100 m인 펌프에서 회전수를 원래보다 20% 증가시켰을 경우, 양수량, 양정 및 축동력은 원래보다 몇 % 변하겠는가?

풀이 회전수는 $n_2 = 1.2n_1$이므로

양수량 $Q_2 = \dfrac{n_2}{n_1} \cdot Q_1 = \dfrac{1.2n_1}{n_1} \times 1 = 1.2\ \mathrm{m^3/min}$(1.2배 증가)

양정 $H_2 = \left(\dfrac{n_2}{n_1}\right)^2 \cdot H_1 = \left(\dfrac{1.2n_1}{n_1}\right)^2 \times 100 = 144\ \mathrm{m}$(1.44배 증가)

축동력 $L_2 = \left(\dfrac{n_2}{n_1}\right)^3 \cdot L_1 = \left(\dfrac{1.2n_1}{n_1}\right)^3 \cdot L_1 = 1.73L_1$(1.73배 증가)

8.4 펌프운전에서 일어나는 현상

1 캐비테이션과 NPSH

(1) 캐비테이션(cavitation) 현상

대기압 이하에서 물은 100°C 이하에서 비등하는 것은 알고 있다.

흐르는 물 내에서도 정압(靜壓)이 그때의 수온에 상당하는 포화증기압 이하인 부분이 발생하면, 그 부분의 물은 증발하여 물로부터 분리하기 때문에 흐르는 물 중에 공동부분(空洞部分)

이 발생한다. 펌프의 내부에 있어서도 흡입양정이 높거나 물의 유속이 국부적으로 빠른 경우 등은 압력이 저하하여 이와 같은 현상이 일어날 때가 있다. 이것이 캐비테이션이라고 하는 현상이다. 캐비테이션이 펌프 내에서 발생하면 펌프의 성능은 저하하고, 소음이나 진동을 일으키며, 압력이 더욱 저하하면 결국에는 양수불능이 된다. 그리고 캐비테이션이 발생하고 있는 상태로 오랜 시간 사용하면 발생부분(주로 회전차의 입구 부분)이 침식한다. 캐비테이션에 의한 펌프의 성능저하는 비속도 η_s에 따라 달라지며, 건축설비에서 일반적으로 사용하는 원심 펌프에서는 양정, 축동력 및 효율이 급격히 저하한다.

캐비테이션 발생에 따라 나타나는 현상으로는

① 초기에는 약간의 기포가 발생하고, 어느 정도 소음이 들리는 정도이다.

② 캐비테이션이 진행하면 기포의 발생과 붕괴가 많아지고, 소음이 발생하며, 펌프의 양수량, 양정 및 효율이 저하되어 간다.

③ 캐비테이션이 심한 경우는 기포가 깨질 때 발생하는 격렬한 충격음이 크게 되고, 펌프 특성에 극단적인 변화가 일어나며, 음향 및 진동으로 펌프의 운전은 불가능하게 된다.

(2) NPSH

전술한 바와 같이 회전차 입구(흡입측)에서 캐비테이션이 발생하는 원인은 흡입수두의 부족에 있다. 펌프를 운전하면, 회전차의 입구에서는 여러 가지 원인에 의해 압력 손실이 생긴다. 이 손실에 의해서 펌프입구의 잔류정압이 양수하는 수온에 상당하는 포화증기압 이하로 되는 경우, 물의 일부가 증발하여 캐비테이션이 발생한다.

따라서 펌프입구에서 캐비테이션을 일으키지 않기 위해서는 그 수온에 상당하는 포화증기압 이하로 되는 부분이 생기지 않게 하여야 한다. 이와 같이 하기 위해서는 펌프를 설치하는 환경조건에 따라 정해지는 압력(유효 흡입수두라고 함) 및 펌프 자신의 내부조건에서 정해지는 압력(펌프의 고유한 값임, 필요 흡입수두라고 함)의 2가지에 대해 생각하여야 한다.

흡입관이 펌프 입구부분에 연결되는 플랜지 면의 전후(또는 압력계의 설치위치)로 나누어 생각하여, 흡입수면으로부터 흡입 플랜지까지의 흡입관의 유효흡입수두(유효 NPSH, Net Positive Suction Head)를 H_{sv}로, 흡입 플랜지 면으로부터 펌프의 회전차 입구까지의 NPSH를 h_{sv}로 표시하면, H_{sv}는 흡수면의 위치나 관로의 저항 등에 관계하는 값이며, h_{sv}는 펌프의 고유의 값으로서 동일한 펌프에서도 회전수나 토출량에 따라 변화하는 값이다. 그리고 이 h_{sv}를 필요흡입수두(필요 NPSH, Required NPSH)라고 한다.

1) 유효흡입수두(유효 NPSH)

펌프를 설치하여 사용할 때, 펌프에 유입하는 물에 외부에서 주어지는 압력(절대압력)으로부터 물의 포화증기압을 뺀 것을 유효NPSH라고 한다. 즉, <그림 8-16>과 같이 설치한

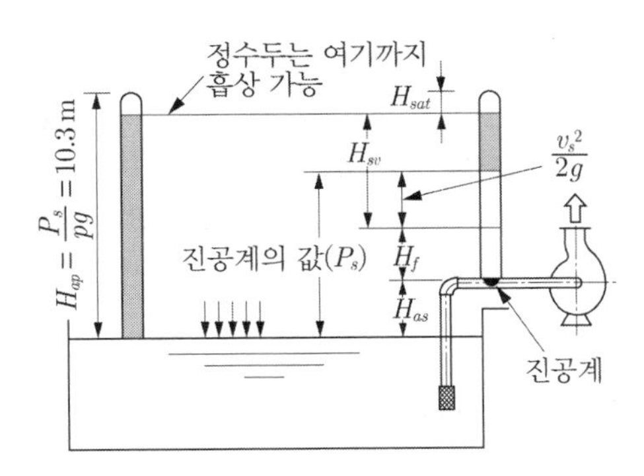

(a) 흡입(흡수면에 대기압 작용)

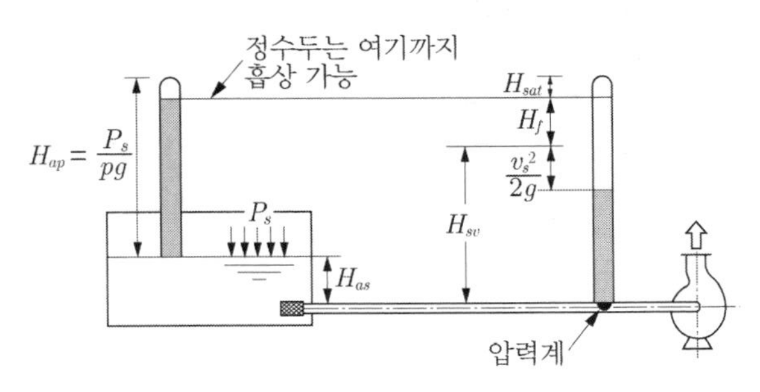

(b) 압입(흡수면에 절대압력 P_s가 작용)

〈그림 8-16〉 개방수조 및 밀폐수조에서의 유효 NPSH

펌프에서 유효 NPSH는 다음과 같다.

$$H_{sv}=H_{ap}+H_{as}-H_{sat}-H_f \quad\cdots\cdots (8-12)$$

여기서, H_{sv} : 유효 NPSH, m

H_{ap} : 흡수면에 작용하는 압력수두(대기압인 경우 10.33 m), m

H_{as} : 흡입 실양정(펌프 중심에 대해 압입(押入)은 +, 흡입은 −로 한다), m

H_{sat} : 수온에 상당하는 포화 증기 압력수두, m

H_f : 흡입관 내의 총손실 수두, m

펌프를 고지대에서 사용할 때, 흡수면에 대기압이 작용하는 경우는 <표 8−3>을 이용하여 대기압을 보정할 필요가 있다.

〈표 8-3〉 고도와 표준 대기압

고도 [m]	0	120	200	300	400	500	800	1,000
기압 [mmHg]	760	751	742	733	725	716	691	674

또한 펌프의 흡입구에 압력계를 설치한 경우는

$$H_{sv}=\left(H_{sg}+H_p+\frac{v_s^2}{2g}\right)+H_{ap}-H_{sat} \quad\cdots\cdots (8-13)$$

여기서, H_{sg} : 압력계 지시값, m

H_p : 압력계로부터 펌프축의 중심까지의 거리, m

v_s : 흡입구에서의 유속, m/s

$\left(H_{sg}+H_p+\frac{v_s^2}{2g}\right)$은 앞 식의 $(H_{as}-H_f)$에 상당함

예제 8.5

〈그림 8-17〉의 (a) 및 (b)의 경우에 대해 각각의 유효 NPSH를 구하시오.
[단, 물의 밀도는 1,000 kg/m^3, 대기압은 760 mmHg, 물의 포화증기압은 2.3324 kPa, 흡입관의 총손실수두는 (a)의 경우는 0.7 m, (b)의 경우는 0.5 m이다]

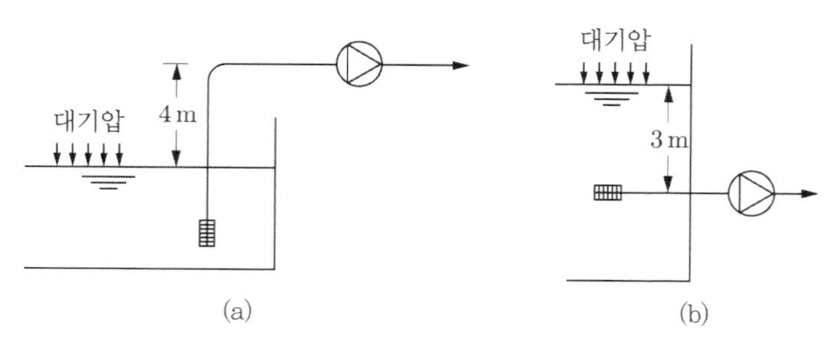

〈그림 8-17〉 대기압이 작용하는 경우

풀이 (a)의 경우

$H_{ap}=10.33$ m, $H_{as}=-4$ m(흡입), $H_{sat}=2.3324\text{ kPa}\times\dfrac{10\text{ mAq}}{98\text{ kPa}}=0.238$ mAq,

$H_f=0.7$ m이므로, 식 (8-12)에서

$$H_{sv}=H_{ap}+H_{as}-H_{sat}-H_f=10.33-4-0.238-0.7=5.392\text{ m}$$

(b)의 경우

$H_{ap}=10.33$ m, $H_{as}=3$ m(압입), $H_{sat}=0.238$ m, $H_f=0.5$ m이므로, 식 (8-12)에서

$$H_{sv}=H_{ap}+H_{as}-H_{sat}-H_f=10.33+3-0.238-0.5=12.592\text{ m}$$

예제 8.6

〈그림 8-18〉의 경우에 대한 유효 NPSH를 구하시오.
(단, 물의 밀도는 1,000 kg/m^3, 물의 포화증기압은 2.3324 kPa, 흡입관의 총손실수두는 0.7 m이고, 밀폐수조 내에 작용하는 절대압력은 196 kPa이다)

풀이 $H_{ap}=196\text{ kPa}\times\dfrac{10\text{ mAq}}{98\text{ kPa}}=20$ mAq, $H_{as}=5$ m(압입),

$H_{sat}=2.3324\text{ kPa}\times\dfrac{10\text{ mAq}}{98\text{ kPa}}=0.238$ mAq, $H_f=0.7$ m이므로, 식 (8-12)에서

$$H_{sv}=H_{ap}+H_{as}-H_{sat}-H_f=20+5-0.238-0.7=24.062\text{ m}$$

예제 8.7

<그림 8-18>의 경우에서 밀폐수조 내에 포화증기압(수온 80° C)이 작용할 때의 유효 NPSH를 구하시오. (단, 물의 밀도는 1,000 kg/m^3, 물의 밀폐수조 내에 작용하는 절대압력과 포화증기압은 모두 47.3242 kPa, 흡입관의 총손실수두는 0.7 m이다)

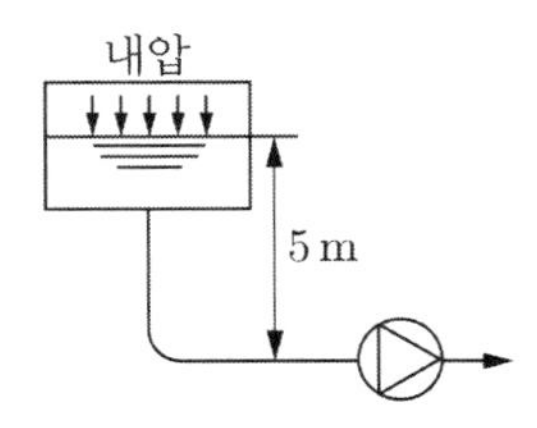

<그림 8-18> 내압이 작용하는 경우

풀이 $H_{ap} = 47.3242\ \text{kPa} \times \dfrac{10\ \text{mAq}}{98\ \text{kPa}} = 4.829\ \text{mAq}$, $H_{as} = 5\ \text{m}$, $H_{sat} = 4.829\ \text{m}$,

$H_f = 0.7\text{m}$이므로, 식 (8-12)에서

$$H_{sv} = H_{ap} + H_{as} - H_{sat} - H_f = 4.829 + 5 - 4.829 - 0.7 = 4.3\ \text{m}$$

2) 필요 NPSH

펌프 내에서 압력이 가장 저하하는 곳은 일반적으로 회전차의 날개입구 전후이며, 펌프의 흡입구로부터 이곳까지 오는 도중에도 압력손실, 유로단면의 축소에 따른 속도수두의 증가 또는 날개의 작용에 따른 국부적인 속도수두의 증가와 같은 압력강하로 인하여 펌프 내에 발생하는 최저압력은 펌프 흡입구의 압력을 중심으로 환산한 압력보다 어느 정도 저하한다. 바꾸어 말하면, 펌프 내의 최저압력을 물의 포화증기압보다 높게 유지하기 위해서는 흡입구에서의 압력은 그 사이에서의 압력강하분만큼 포화증기압보다 높게 유지하여야 한다. 이 압력강하분에 해당하는 압력을 필요 NPSH라고 하며, 이 값은 펌프 고유의 값이다.
따라서 캐비테이션이 발생하지 않을 경우는

$$H_{sv} \geq h_{sv}$$

일 때이다. 여기에 여유율 α(정확히는 토오마 및 카아디널 계수, 일반적으로는 30%를 취함)를 고려하면, 펌프의 설치조건은

$$H_{sv} \geq (1+\alpha)h_{sv} = 1.3h_{sv} \quad \cdots\cdots \quad (8-14)$$

로 된다. <그림 8-19>에서 보면 유량증가와 함께 펌프의 필요 NPSH는 증가하지만, 시스템에 의하여 결정되는 유효 NPSH는 유량에 따라 감소하게 된다. 그리고 그림에서 보면

어느 유량에서 2개의 NPSH곡선이 교차하게 되고, 교점의 좌측이 사용가능한 범위, 우측이 캐비테이션 발생영역으로 사용이 불가능한 범위가 된다. 앞의 예제에서도 알 수 있었듯이, 펌프의 흡입수면이 펌프의 중심보다 높은 위치에 있는 것(즉, 압입의 경우)이 양호한 조건임은 물론이지만, 양수 수온이 높은 경우나 용해기체를 다량으로 포함하는 물, 화학공장의 물, 고지대에서 펌프를 사용하는 경우는 캐비테이션 발생에 주의할 필요가 있다.
급배수 설비에서 펌프를 사용하는 경우, 캐비테이션 발생을 고려할 수 있는 곳은 지하 저수조와 횡형 펌프, 온수가 들어가는 배수조의 배수를 횡형 펌프로서 흡상하는 경우 등이다.

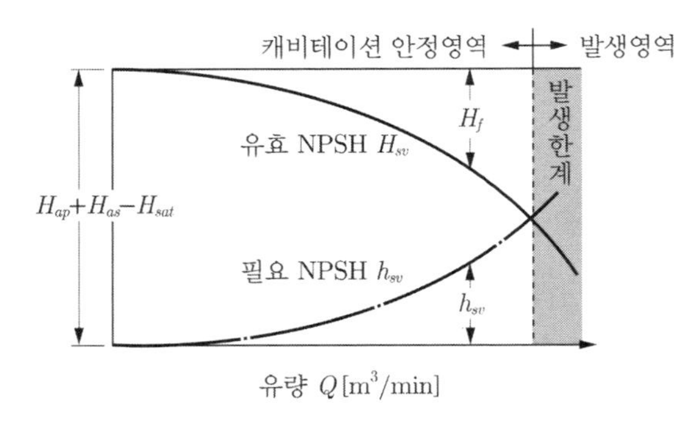

〈그림 8-19〉 캐비테이션 발생 조건

예제 8.8

전양정 25 m, 유량 0.1 m^3/s인 볼류트 펌프의 흡입관의 높이(수조 수면위의 펌프의 최대 설치위치)를 구하라. (단, 펌프의 필요 NPSH는 5 m이며, 또한 수조의 수면에는 대기압 1 atm이 작용하며, 수온에 대한 포화증기압은 2.3324 kPa, 흡입관의 전손실수두는 1.3 m이다)

풀이 $H_{sv} \geq h_{sv}$(여유율 α는 무시)가 되게 흡입관의 높이를 결정한다.

$$H_{sv} = H_{ap} - H_{as} - H_{sat} - H_f \geq h_{sv}$$

(여기서 H_{as}는 흡입인 경우이므로 부호 "−"를 붙였음)

$$H_{sat} = 2.3324\ \mathrm{kPa} \times \frac{10\ \mathrm{mAq}}{98\ \mathrm{kPa}} = 0.238\ \mathrm{mAq}$$이므로

$$H_{as} \leq H_{ap} - H_{sat} - H_f - h_{sv} = 10.3 - 0.238 - 1.3 - 5$$

$$\therefore\ H_{as} \leq 3.762\ \mathrm{m}$$

수면으로부터 펌프의 최대설치 위치는 3.762 m이므로, 캐비테이션을 방지하기 위해서는 수면으로부터 이 높이 이하에 펌프를 설치하여야 한다.

(3) 캐비테이션의 방지

캐비테이션을 방지하기 위한 조건으로서는

① 사용하는 펌프의 성능곡선으로부터 펌프 고유의 NPSH(필요 NPSH)를 확인하여 놓는다.

② 설계상의 펌프 운전범위 내에서 항상 $H_{sv} > h_{sv}$가 되도록 배관계획을 한다.

③ 흡수관을 가능한 한 짧고, 굵게 함과 동시에 관내에 공기가 체류하지 않도록 배관한다.

④ 흡입조건이 나쁜 경우는 η_s를 작게 하기 위해 회전수가 작은 펌프를 사용한다.

⑤ 양정에 필요 이상의 여유를 주지 말 것, 이것은 계획 수량 이상의 수량으로 운전하는 경우가 있을 때, 캐비테이션 발생의 위험이 있다. η_s가 작은 와권 펌프에서는 캐비테이션 방지를 위해 어느 정도 효율을 희생하더라도 그 펌프의 최고 효율점보다 적은 유량의 점에서 운전하는 것에 의해 발생을 방지한다.

2 서징

서징(surging) 현상은 주로 송풍기의 운전에서 일어나는 것으로서 펌프에서는 보통 서징 현상은 잘 일어나지 않는다. 그 이유는 물이 비압축성 유체이기 때문이다. 서징 현상을 일으키는 와권 펌프의 양정곡선은 산형(山形) 특성인 경우이며, 송풍기인 경우도 풍압곡선(風壓曲線)이 산형(山形)인 경우이며, 펌프가 서징을 일으키는 일반적인 조건은 다음 3가지가 전부 갖추어지는 경우라고 말할 수 있다.

① 펌프의 양정곡선이 산형 특성이고, 그 사용범위가 오른쪽으로 증가하는 특성을 갖는 범위에서 사용하는 경우

② 토출배관 중에 수조 또는 공기체류가 있는 경우

③ 토출량을 조절하는 밸브의 위치가 수조 또는 공기체류 등 보다 하류에 있는 경우

서징 현상을 <그림 8-20>과 같은 펌프와 배관계에서 설명하면, 산형 특성의 양정곡선을 갖는 펌프에서 산형의 왼쪽 부분의 범위에서 운전한 경우, 탱크 T 내의 공기는 펌프의 양수량이 증가하면 상승한다. 그러나 이때 펌프의 양정이 상승하는 것은 불가능하기 때문에, 양수량이 감소한다. 다음에 탱크 내의 물이 유출하면 탱크내의 압력이 내려가고, 다시 펌프의 양정·양수량이 증가한다. 이와 같이 펌프의 운전 상태가 계속 동일한 사이클을 반복하는 것이 서징 현상이다. 즉, 펌프운전 중에 압력계기의 눈금이 어떤 주기를 가지고 큰 진폭으로 흔들림과 동시에 토출량도 어떤 범위 내에서 주기적으로 변동하고, 흡입 및 토출배관의 주기적인 진동과 소음을 수반하게 되는 현상이다.

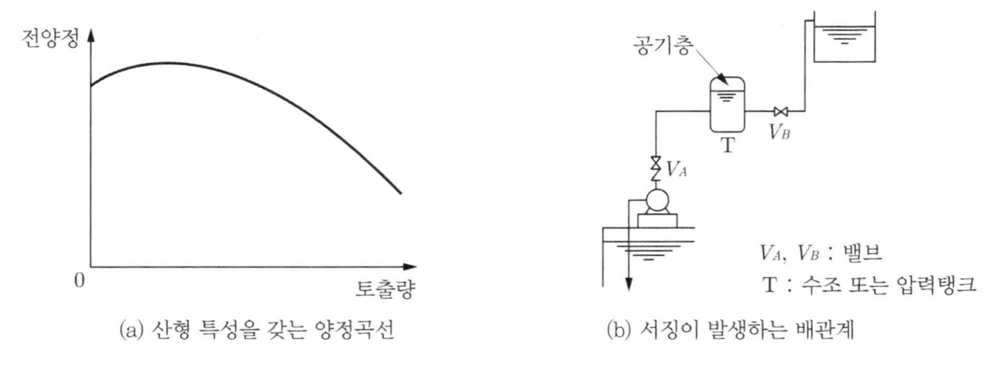

(a) 산형 특성을 갖는 양정곡선

(b) 서징이 발생하는 배관계

〈그림 8-20〉 서징 조건

이와 같은 현상은, 펌프의 유량조정을 밸브 V_B에서 하면 발생한다. 서징 현상은 그림과 같이 반드시 공기체류가 있는 수조가 없더라도 배관도중에 공기체류가 있으면 발생하는 경우도 있다. 따라서 서징 현상이 발생한 경우에는 펌프만이 아닌 펌프가 포함된 배관계 전체에서 원인을 찾아야 한다. 서징도 캐비테이션과 같이 운전중에 진동과 음향을 동반하지만, 캐비테이션은 상당히 주파수가 높은 압력변화이며, 서징은 0.1초부터 수초라고 하는 주기이다.

서징 방지법의 하나는 소유량으로 운전하지 않는 것이며, 이를 위해 펌프의 토출측에 바이패스를 설치하여, 토출수량의 일부를 흡입측으로 되돌려 줌으로써 펌프 운전점을 양정곡선의 꼭지점의 우측으로 이동시킬 수 있다.

8.5 펌프의 성능 곡선

<그림 8-21>은 와권 펌프의 성능곡선이다. 펌프의 회전수를 일정하게 유지하여 운전하고 토출밸브를 조정하여 양수량을 변화시켰을 때, 각각의 조건에서의 전양정, 축동력, 펌프 효율 등을 측정하여, 그 결과를 선도에 표시한 것을 그 펌프의 성능곡선(characteristic curve)이라고 한다. 펌프 메이커에서는 범용품(표준품)인 경우에는 정규 회전수에서의 성능을 시험하고, 그 결과를 작성한 성능곡선도를 준비하고 있기 때문에 빨리 성능을 파악하여 놓을 필요가 있을 것이다. 펌프의 성능을 알지 못하고 운전하게 되면 펌프를 효율 좋게 사용할 수 없으며, 전력을 낭비하거나 수명을 단축하기도 한다.

<그림 8-21>의 성능곡선은 양수량을 가로 축에, 전양정, 효율, 축동력을 세로축에 취해 이들 사이의 관계를 나타낸 것이다. 곡선 ABC는 양수량과 전양정간의 관계를 나타낸 것으로서, A는 토출밸브를 막고 운전한 경우, 즉, 양수량이 0일 때의 양정을 나타내며, B는 최대효율로 운전하고 있을 때의 양정으로서 상용양정(常用揚程)이라고 한다. 펌프에 부착되어 있는 명세표(name plate)에는 보통 이 양정이 기입되어 있다. 펌프는 B점 전후의 양정으로 사용한 경우에 효율이 가장 좋으며, 이에 대응하는 양수량에서의 효율곡선이 최대이다. 이것보다 양수량이 증가하거나 감소하면 효율은 급격히 저하한다. 상용양정 B보다 낮은 양정으로 펌프를 사용하면, 양수량은 증가하고 펌프의 축동력은 증대(동력의 과대소비)한다.

<표 8-4>는 양수량, 양정, 축동력, 효율 등에 대해서 간단히 요약한 것으로서, <그림 8-21>의 성능 곡선과 대조하면서 어느 토수량, 양정에서 운전하는 것이 제일 유효한가 이해하는 것이 좋다.

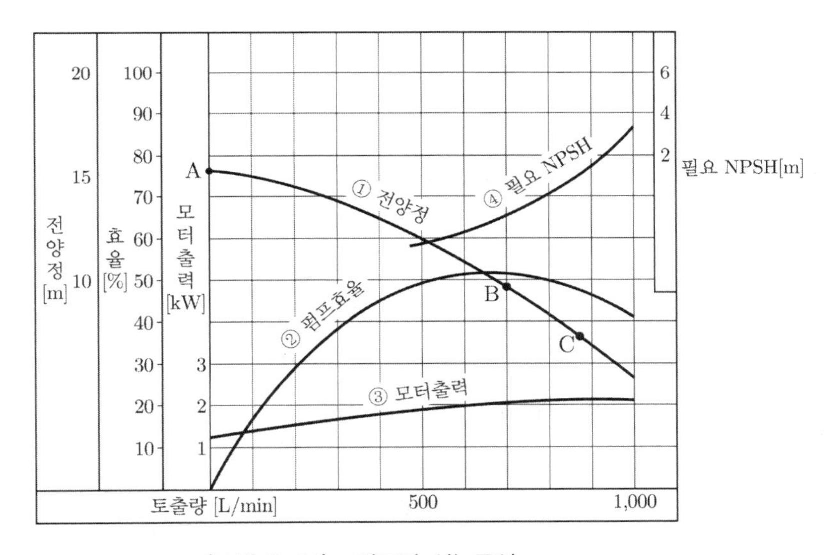

〈그림 8-21〉 펌프의 성능곡선

〈표 8-4〉 와권 펌프의 성능곡선

항 목	표기 내용	비 고
모터 정격	모터의 정격 중 사용전압, 정격전류, 회전속도, 출력, 메이커, 형식이 기입되어 있다.	
토출량	시험시의 매분 토출량이 기입된다.	단위는 m^3/min 또는 L/min으로 표기된다.
전양정	상기의 각 토출량에 대한 전양정(압력)이 기입된다.	전양정=(토출측 압력+흡입측 압력) (m 또는 kPa)
이론 동력 (수동력)	펌프가 물에 전달해야 할 일량을 kW로 나타낸다.	$L_w = 0.163QH \times 10^{-3}$ L_w : 이론 동력, kW ρ : 밀도(물의 경우 1,000 kg/m^3) Q : 토출량, L/min H : 전양정, m
펌프 효율	모터로부터 받은 동력(출력)에 대한 이론동력의 비율을 나타낸다.	$\eta_p = \frac{L_w}{L_p} \times 100$ η_p : 펌프효율, % L_w : 이론동력, kW L_p : 펌프 축동력, kW
모터 출력	모터가 실제로 하는 일량을 나타낸다.	$L_m = \frac{0.163QH}{\eta_p \cdot \eta_t}(1+\alpha) \times 10^{-3}$ L_m : 전동기 동력, kW α : 여유율 η_t : 전달효율
필요 NPSH	Required Net Positive Suction Head의 뜻, 필요흡입수두를 나타낸다.	흡입 전양정[m] = 10.33 m − (1.3× 필요 NPSH)[m] −액체의 증기압[m]
전양정	이 곡선은 토출량에 대한 전양정의 관계를 나타낸다.	이 곡선으로부터 임의의 토출량의 전양정 또는 전양정에 대한 토출량을 읽을 수 있다.
효율	이 곡선은 토출량에 대한 펌프 효율의 관계를 나타낸다.	이 곡선으로부터 토수량 또는 전양정이 몇 가지 있을 때, 가장 효율이 좋은 운전상태를 알 수 있다.
모터 출력	이 곡선은 토출량에 대한 모터 출력의 값을 나타낸다.	이 곡선으로부터 토출량에 대한 모터 출력의 값 및 그 역도 알 수 있다. 토출량을 증대시켜 가면 과부하로 됨을 알 수 있다.

8.6 펌프의 직렬 및 병렬 운전

1 펌프와 관로저항

펌프를 이용하여 물을 흡상하거나 토출시키기 위해서는 배관, 밸브 및 각종 이음쇠 등을 이용한다. 그런데, 물이 이들을 통과할 때는 여러 가지 저항을 일으키며, 이것이 펌프의 양정에 큰 영향을 준다는 것은 이미 알고 있다. 그리고 이와 같은 저항은 유량 또는 유속, 사용하는 관로의 상황 및 액체의 성질(점도 등) 등에 따라 결정된다. 달시－와이스바하(Darcy－Weisbach)의 식과 연속방정식으로부터

$$H_f = \lambda \cdot \frac{(l+l_e)}{d} \cdot \frac{v^2}{2g} = \lambda \cdot \frac{(l+l_e)}{d} \cdot \frac{(Q/A)^2}{2g} \quad \cdots\cdots (8-15)$$

$$H_f \propto Q^2 \quad \cdots\cdots (8-16)$$

로 되므로, 유량과 저항의 관계는 동일 구경의 관에서는 유량 증가의 2승에 비례함을 알 수 있다. 따라서 흡입 및 토출측 모두 높이 차가 없는 경우, 세로축에 손실수두 H_f를, 가로축에 유량 Q를 취하면 <그림 8－22>와 같이 나타낼 수 있다.

그러나 실제로는 흡상양정 및 토출양정이 있는 경우가 대부분이므로 저항곡선을 전양정과 유량에 대해 표시하면 <그림 8－23>과 같이 된다.

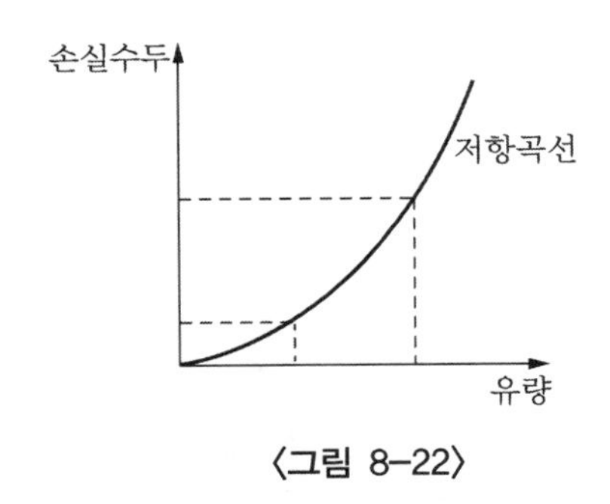

〈그림 8-22〉

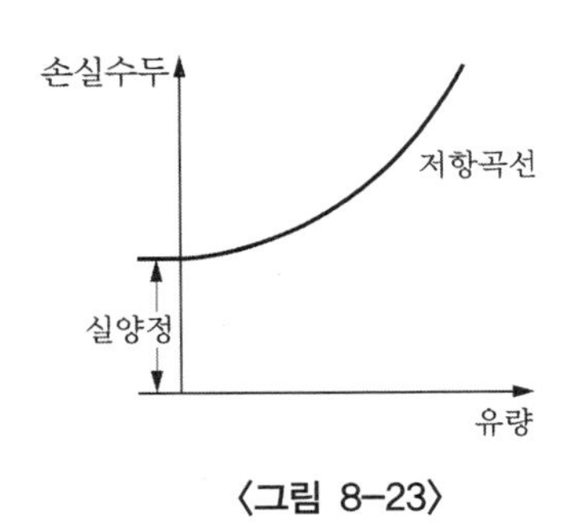

〈그림 8-23〉

(1) 배관도중 관경이 바뀌는 경우의 관로저항

배관도중에 관경이 바뀌는 경우의 관로 저항곡선은 각각의 배관저항의 합이 된다. 이 관계를 <그림 8－24>에 나타내었다.

(2) 배관이 분기되는 경우의 관로저항

배관이 분기되는 경우의 관로 저항곡선은 각각의 저항곡선에 대한 각각의 유량의 합을 취하면 된다. <그림 8-25>에 이 관계를 나타내었다.

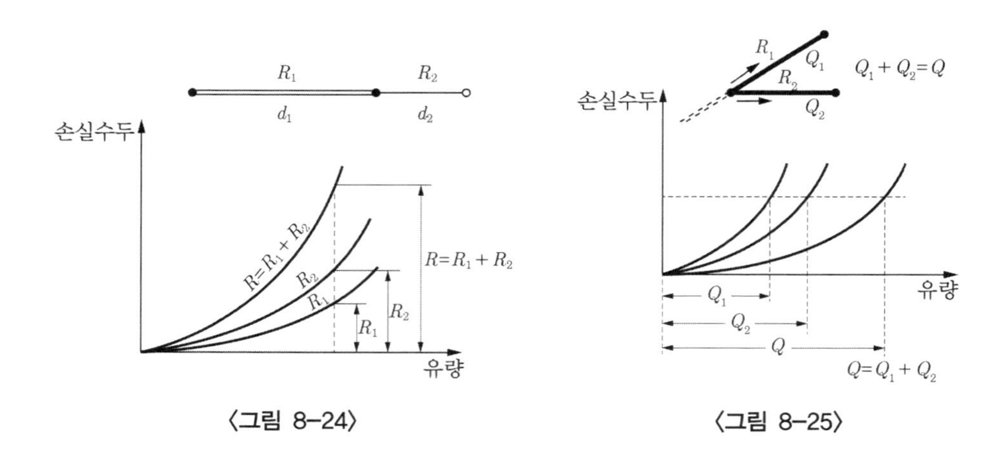

〈그림 8-24〉 〈그림 8-25〉

(3) 펌프의 운전점

<그림 8-26>에서 임의의 실양정을 가진 관로 저항곡선과 유량변화에 따른 전양정 곡선과의 교점 A가 운점점이 된다. 그런데 토출밸브의 개방도를 조절하여 토출량을 조절하는 경우가 많다. 이 때는 관로 저항곡선도 변하게 되며, <그림 8-27>에 이 관계를 나타내었다.

밸브를 완전히 열었을 때(저항 곡선은 R_1)의 교점 A가 얻을 수 있는 최대 유량이다. 그리고, 밸브의 개방도(유량)를 점차 줄여감에 따라 저항곡선은 R_2, R_3로 변화한다. 이때 양정도 점차 증가함을 알 수 있다.

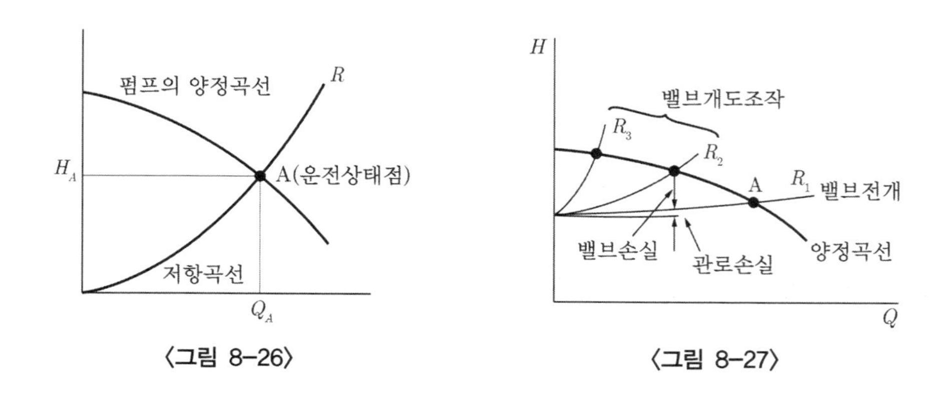

〈그림 8-26〉 〈그림 8-27〉

2 펌프의 직렬 및 병렬 운전

양수량의 변화가 큰 경우, 한 대의 펌프로는 양수량 또는 양정이 부족한 경우 또는 설치 관계상 큰 용량의 펌프를 사용할 수 없는 경우 등에는 두 대 이상의 펌프를 직렬 또는 병렬로 연결하여 사용하며, 수요량에 따라 운전대수를 증감하여 조절하는 방식을 취한다.

(1) 동일한 성능을 갖는 펌프의 직렬 및 병렬 운전

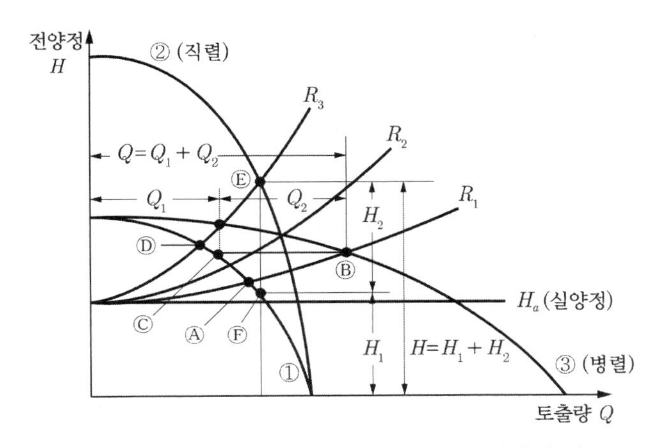

〈그림 8-28〉 동일특성 펌프의 직렬 및 병렬 운전

<그림 8-28>은 동일한 특성을 갖는 펌프를 직렬 및 병렬로 사용하였을 때의 특성곡선이다. 그림에서 ①은 펌프를 단독으로 운전하였을 때의 양정곡선이다. ②는 동일한 성능을 갖는 두 대의 펌프를 직렬운전했을 때의 양정곡선으로서, ①을 세로축 방향으로 두 배 하여 얻은 양정곡선이다. ③은 병렬운전시의 양정곡선이며, ①을 가로축 방향으로 두 배 하면 얻어진다. 그러나 R_1, R_2, R_3로 표시한 저항곡선은 세로축 혹은 가로축과는 보통 평행하지 않으므로, 저항곡선이 R_3인 경우에 직렬운전하면, 운전점은 Ⓓ에서 Ⓔ로 이동하지만 각각의 펌프의 운전점은 Ⓕ가 되고 Ⓔ점의 양정은 Ⓓ점의 두 배가 되지는 않는다. 또 저항곡선이 R_1인 경우에 병렬운전을 하면, 운전점은 Ⓐ에서 Ⓑ로 옮겨져 각각의 펌프의 운전점은 Ⓒ가 되며, 토출량은 Ⓐ점의 두배로 되지는 않는다. 저항곡선이 R_2일 때는 직렬이나 병렬의 토출량은 같지만, 저항곡선이 R_1, R_3으로 되었을 때는 양자에서의 운전점은 달라진다. 토출량을 많이 요구할 때는 저항 R_1에서는 병렬운전이 좋고(이때의 운전점은 Ⓑ가 됨), 저항 R_3에서는 직렬운전이 좋으며, 이때의 운전점은 Ⓔ가 된다. 또한 직렬운전의 두 대째의 펌프는 압입운전이 되므로 펌프 케이싱의 내압, 봉수 등에 대해 유의하여야 한다.

(2) 성능이 다른 펌프의 직렬 및 병렬운전

<그림 8－29>는 특성이 다른 펌프의 병렬운전을 나타낸 것으로서, ①은 소용량 펌프의 양정곡선, ②는 대용량 펌프의 양정곡선, ③은 두 대를 병렬운전하였을 때의 양정곡선이다. 저항곡선이 R_1일 때 병렬의 합성운전점은 Ⓒ가 되며, 각 펌프의 운전점은 Ⓓ 및 Ⓔ이다. 저항이 R_2보다도 크게 되면, ①의 펌프는 양정부족 때문에 양수불능이 되고 첵밸브가 있을 때에는 차단운전상태로 된다. 또 첵밸브가 없는 경우에는 펌프는 정상운전하면서 역류하게 된다. 이와 같은 운전상태는 펌프로서는 좋지 않으므로 병렬운전하는 펌프는 차단양정에 큰 차가 없는 것이 요망된다.

<그림 8－30>은 특성이 다른 두 대의 펌프를 직렬운전했을 때의 특성을 나타낸 것이다. ①은 소용량 펌프의 양정곡선, ②는 대용량 펌프의 양정곡선, ③은 직렬운전한 경우의 양정곡선이다. 저항곡선이 R_1인 경우에, 직렬의 합성운전점은 Ⓒ, 각 펌프의 운전점은 Ⓓ 및 Ⓔ이다.

그리고 저항이 R_2보다도 작아지는 운전은 좋지 않다. 그 이유는 관로저항곡선이 R_2보다 작은 R_3인 경우에는 합성운전점은 A′로 되지만, 작은 펌프의 운전점 C′가 음의 양정이기 때문에 큰 펌프 1대만을 운전하는 편이 발생양정이 B′로 높거나 토출량이 많게 된다. 따라서 이와 같은 경우에는 대용량의 펌프를 1단째로 사용하고 소용량의 펌프는 2단째 펌프로 사용하여야 하지만, 2단째 펌프가 단순한 저항이 되어 1단째 펌프의 양정을 감소시키는 결과로 되므로 이와 같은 범위에서는 ②의 펌프를 단독으로 사용하여야 할 것이다. 또한 역으로 소용량의 펌프를 1단째로 사용하고 대용량의 펌프는 2단째 펌프로 사용하는 경우에는 대용량 펌프의 입구측에서 캐비테이션을 일으킬 수 있다.

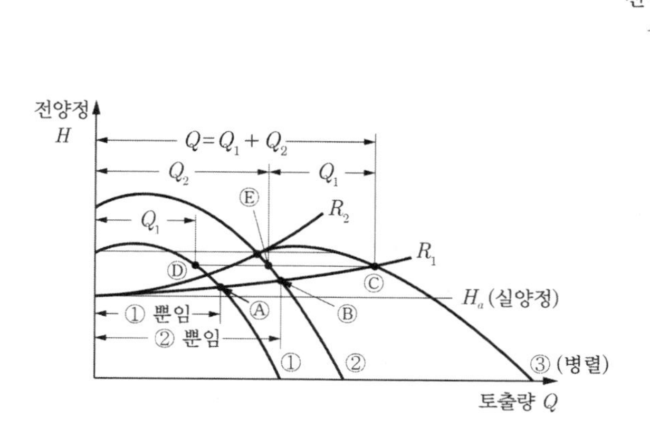

〈그림 8-29〉 특성이 다른 펌프의 병렬운전

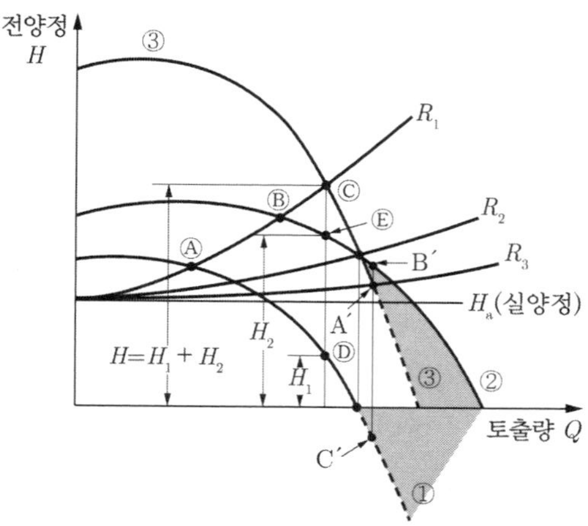

〈그림 8-30〉 특성이 다른 펌프의 직렬운전

8.7 펌프의 선정

1 펌프 선정상의 일반사항

펌프는 그 사용목적에 적합한 것을 선정하여야 하지만, 일반적으로 다음의 사항에 대해서 조사한 후 선정하는 것이 중요하다.

① 양수량, 전양정
② 흡입양정
③ 수온, 비중, 점도, 수질
④ 고형물의 혼합 유무 및 그 성질
⑤ 용도

이 중에서 ① 및 ②항에 대해서는 앞에서 설명하였으며, ③항에서 건축설비용에 사용하는 것은 대부분 상온의 물이며(급탕설비용 제외), ④항에 대해서도 이미 앞에서 설명하였기 때문에 펌프의 선정에 큰 어려움은 없다고 하겠다. 그리고 ⑤ 용도에 대해서는 다음에 나타낸다.

2 용도별 사양

(1) 급수용

급수용 펌프는 일반적으로 원심형의 횡형 볼류트 펌프 또는 디퓨저 펌프를 많이 사용하며, 양정에 따라 단단 또는 다단형을 사용한다. 입형의 것은 <그림 8-6>에 나타낸 바와 같이 횡형에 비해 설치 스페이스 측면에서 유리하며, 수중모터형은 설치 스페이스, 운전시의 소음 및 진동이 작다고 하는 이점이 있다. 수중모터형에는 일반급수용 외에 깊은 우물전용의 것도 있다.

급수용 펌프의 재질은 회전차는 주철제 또는 청동제를 사용하며, 주축(主軸)은 탄소강 또는 스테인리스강을 사용한다. 가정용은 회전차와 케이싱이 청동제로 된 것도 많이 사용한다.

(2) 급탕용

급탕용 펌프는 일반적으로 급수용과 똑같이 원심형의 볼류트 펌프를 이용하며, 그림과 같이 배관 도중에 설치할 수 있는 라인형(<그림 8-31> 참조)을 많이 사용한다.

급탕용 펌프의 재질은 급수용에 따르지만, 회전차, 케이싱이 주철로 된 경우에는 수질에 따라 부식에 의한 녹물이 나오는 경우도 있다. 이것을 방지하기 위해서는 청동이나 스테인리스강 등의 재질을 사용하면 좋다.

(3) 배수용

배수용 펌프는 급수용과 똑같이 원심형의 볼류트 펌프를 많이 이용한다. 형식으로서는 용수나 정화조의 처리수 등을 대상으로 한 오수용, 세면실, 욕실의 배수 등을 대상으로 한 오물용이 있으며, 또한 입형(<그림 8－32>), 횡형(<그림 8－33>) 및 수중형(<그림 8－34>와 <그림 8－35>)으로도 분류된다. 입형은 과거부터 많이 이용하고 있는데, 이것에는 그림에 나타낸 바와 같이 조내형과 조외형이 있다.

〈그림 8-31〉 라인 펌프

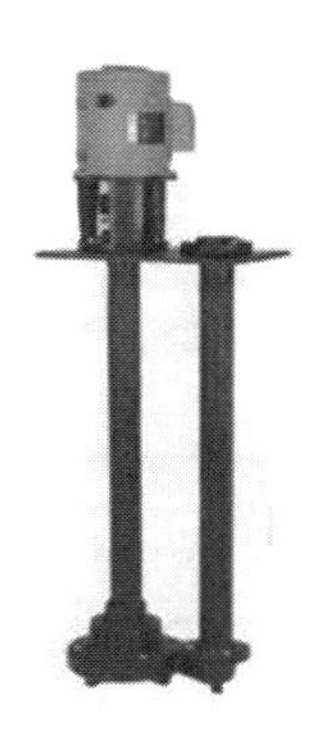

〈그림 8-32〉 입형 볼류트 오수 펌프(조내형)

〈그림 8-33〉 횡형 오수 펌프

회전차 예(1)

회전차 예(2)

〈그림 8-34〉 수중형 오수 펌프(회전차 : non－clog형)

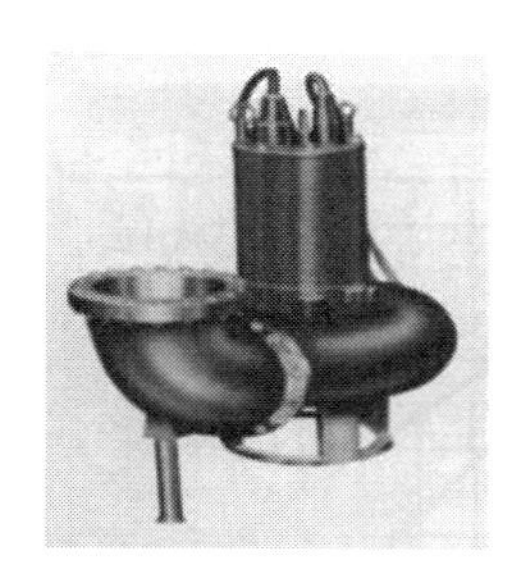

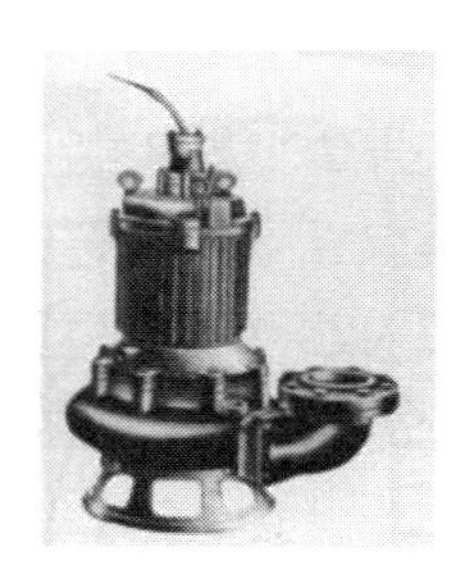

회전차

〈그림 8-35〉 수중형 오수·오물 펌프(회전차 : bladeless형)

조외형은 유지관리는 편리하지만, 펌프 피트의 스페이스를 필요로 한다. 수중형은 배수조 내에 설치하기 때문에 펌프 토출관만이 바닥위에 노출되므로 설치 스페이스를 크게 필요로 하지 않아서 널리 사용하고 있다. 배수용 펌프의 회전차의 형상은 고형물 등을 흡상하기 때문에 급수용과는 다르며, 4장의 <그림 4-41>에 표시한 것과 같이 단순한 구조로 되어 있다.

3 펌프의 형식과 크기 선정

(1) 펌프의 형식과 크기 선정

1 항에서 언급한 펌프선정시의 필요한 사항을 기준으로 하여 다음에는 펌프의 형식이나 크기를 결정한다. 특히 전양정과 배출량이 정해지면 사용펌프의 형식과 크기를 선정해야 한다. 펌프의 형식결정은 전양정과 배출량을 기준으로 하여, <그림 8-36>과 같은 형식 선정표를 사용하여 실시한다.

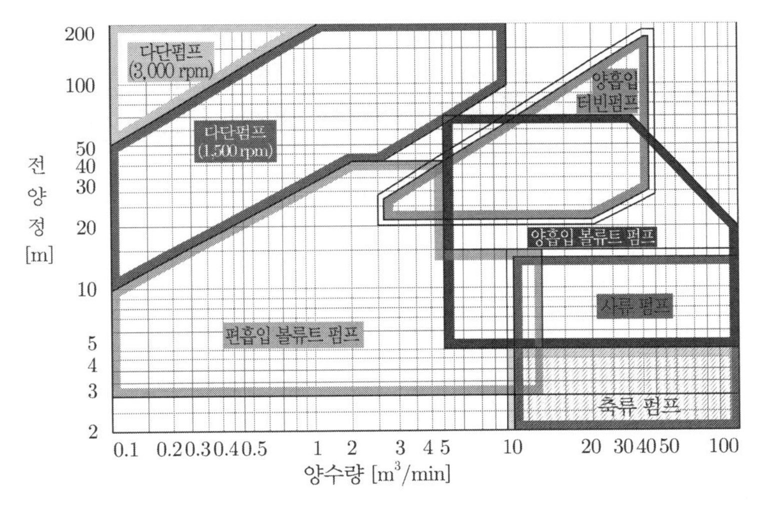

〈그림 8-36〉 펌프의 형식 선정 도표

다음에 펌프의 크기를 결정할 때는 <그림 8-37>과 같은 제조회사의 카탈로그(선정곡선)를 이용하여 선정한다. 이 때 선정상의 주의점을 다음 항에 나타낸다.

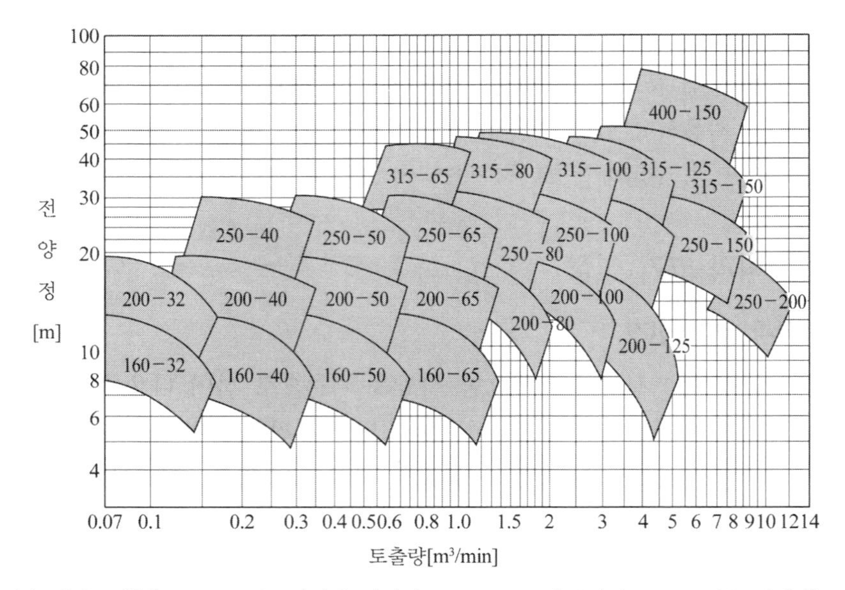

(a) 선정곡선(예 : 160−32는 회전차 외경이 160 mm, 토출구경이 32 mm임을 나타냄)

형 식 Model	흡입구경 Suc	토출구경 Dis	회전수 1750 rpm						
			동력 HP	토출량 Q[m³/min]	전양정 H[m]	토출량 Q[m³/min]	전양정 H[m]	토출량 Q[m³/min]	전양정 H[m]
160−32	40	32	1	0.07	13	0.12	11.5	0.17	8
200			2		20		18		13
160−40	50	40	2	0.15	13	0.25	11.5	0.35	8
200			3		20		18		16
250			5		32		29		26
160−50	65	50	3	0.3	13	0.5	11.5	0.7	8
200			5		20		18		16
250			7½		32		29		26
160−65	80	65	5	0.6	13	1.0	11.5	1.4	8
200			7½		20		18		16
250			15		32		29		26
315			20		47		45	1.2	44
200−80	100	80	10	1.0	19	1.58	17	2.1	12
250			20		32		29		26
315			30		49		46		42
200−100	125	100	20	1.2	19	2.5	17	3.4	12
250			25		32		29		24
315			50		49		46		38
200−125	150	125	20	2.4	18	4.0	15	5.2	8
250			40		31		28		23
315			60		47		44		34
250−150	200	150	60	4	31	6.33	29	9	23
315			100		47		44		32
400			200		80		70		62
250−200	250	200	60	10	17.5	11	16	12	14.5

(b) 선정곡선의 사양

〈그림 8−37〉 편흡입 단단 볼류트 펌프의 선정 곡선 예

(2) 선정곡선을 이용한 펌프의 선정

범용품의 펌프를 선정하는 경우, 메이커의 카탈로그를 이용하여 적당한 것을 결정하고 있지만, 만약 선정을 잘못하게 되면 펌프에 무리가 가거나 모터의 성능이 부족하게 된다.

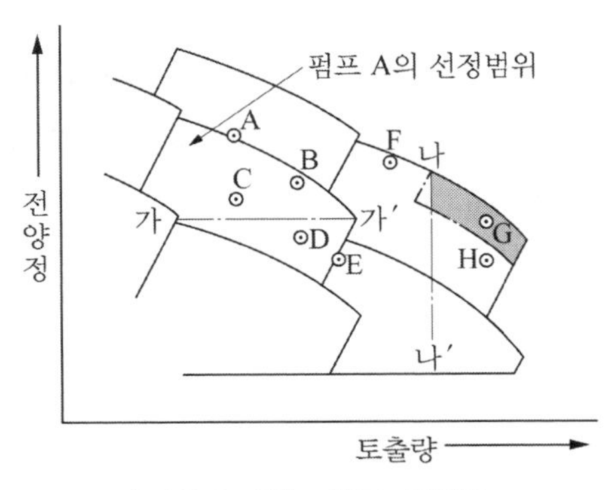

〈그림 8-38〉 펌프 선정도

<그림 8-37>과 같은 펌프의 선정 곡선도를 이용한 선정상의 요령을 <그림 8-38>을 이용하여 설명하면 다음과 같다.

① A점 : 요구점이 선정도의 곡선상에 있는 경우는 기종(機種) A를 그대로 사용할 수 있다.

② B점 : 요구점이 선정도의 곡선내에 있으며, 또한 곡선 가까이 있는 경우는 기종 A를 사용할 수 있다.

③ C 및 D점 : 요구점이 선정도의 곡선내에 있지만 아랫쪽에 있는 경우에는 기종 A가 선정될 수 있지만, 특히 가−가′ 선보다 아래(E점)에 있을 때에는 캐비테이션 등의 문제가 일어날 위험이 있다.

④ E점 : 요구점이 1단 위의 구경(口徑)의 것과 경계선상에 있는 경우는 1단 정도 밑의 구경의 펌프를 사용할 수 있지만 캐비테이션이 발생할 위험이 있다.

⑤ F 및 G, H점 : 다단 와권 펌프 등에서 동일 곡선내에 전동기 출력이 2가지가 있는 경우는 각각의 출력의 전동기를 사용할 수 있지만, H점에 있는 경우는 F점과 동일한 전동기(1단 밑)는 사용할 수 없다. 나−나′ 선 이하의 토출량일 때만 밸브에서 저항을 주어 F점과 동일한 1단 밑의 전동기를 사용할 수 있다.

캐비테이션 발생할 위험이 있는 경우에는 회전차를 수정하여 사용할 수 있지만, 표준품의 경우로서 신규 구입하는 펌프에서는 기종을 바꾸는 편이 좋을 것이다.

8.8 펌프 구경과 배관 계획

1 펌프 구경과 토출 배관경

펌프의 흡입구 구경 d_1[mm]은 일반적으로 흡입배관경과 같으나, 토출구경 d_2[mm]는 토출 배관경 d_3 및 흡입구경과 반드시 같지는 않다. <그림 8-39>의 (a)는 $d_1 = d_2$인 경우이고, 그림 (b)는 $d_1 \neq d_2$인 경우를 나타낸 것이다.

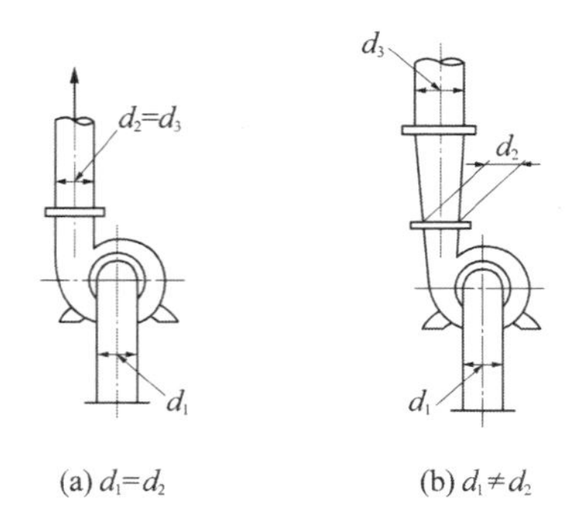

〈그림 8-39〉 펌프의 흡입·토출구경과 토출 배관경

대형 또는 고양정 펌프에서는 <그림 8-39> (b)에서와 같이 d_2를 d_1보다 작게 설계하는 경향이 있는데, 그 이유는 회전차에서 빠른 속도로 유출해 나오는 액체가 갑자기 넓은 디플렉터 부분에 이르게 되면 속도가 떨어지고 와류가 생겨 에너지손실이 커져서 펌프의 효율이 떨어지기 때문에 이것을 방지하기 위해서이다. 이와 같이 펌프 토출구의 치수는 구조면에서 결정되므로 와류실의 출구경은 펌프의 용량과 직접적인 관계가 없다. 따라서 펌프의 용량은 최근에 이르러 흡입구경(d_1)만으로 표시하기도 한다. 아울러 양수량도 흡입구를 기준으로 하여 정하고 있지만, 흡입구경은 양정과는 상관이 없다.

토출 배관경은 토출구경과 맞출 필요는 없고, 필요에 따라 확대관이나 축소관을 사용하여 펌프와 연결하면 된다. 토출 배관경을 결정할 때에는 배관내 흐름속도가 소구경(小口徑)배관에서는 1~2 m/s, 대구경 배관에서는 1.5~3 m/s 정도가 되도록 하는 것이 일반적이다.

따라서 토출배관의 관경은 식 (8-17)로부터 결정할 수 있다.

$$Q = A \cdot v_d = \frac{\pi}{4} d_d^2 \cdot v_d$$

$$d_d = \sqrt{\frac{4Q}{\pi v_d}} \quad \cdots\cdots (8-17)$$

2 흡입배관

흡입관의 배관계획에 있어서는 아래의 점에 주의하여야 한다.

1) <그림 8−40>과 같이 펌프의 흡입관에서 편류(偏流)나 선회류(旋回流)가 생기지 않게 한다.

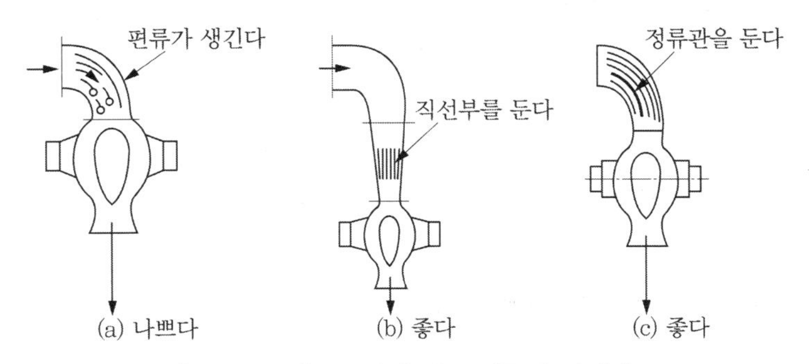

〈그림 8−40〉 곡관에 따른 편류와 방지법

2) 관길이는 가능한 한 짧게, 그리고 곡관의 수도 줄여 손실수두를 적게 한다.
3) 배관은 <그림 8−41>과 같이 공기가 모이지 않는 형태로 하고, 펌프를 향해서 약 $\frac{1}{50}$ 정도의 올림구배가 되도록 한다. 공기가 모이는 부분은 배기할 수 있도록 한다.
4) 관내의 압력은 보통은 대기압 이하가 되므로 공기누설이 없는 관이음을 택한다.

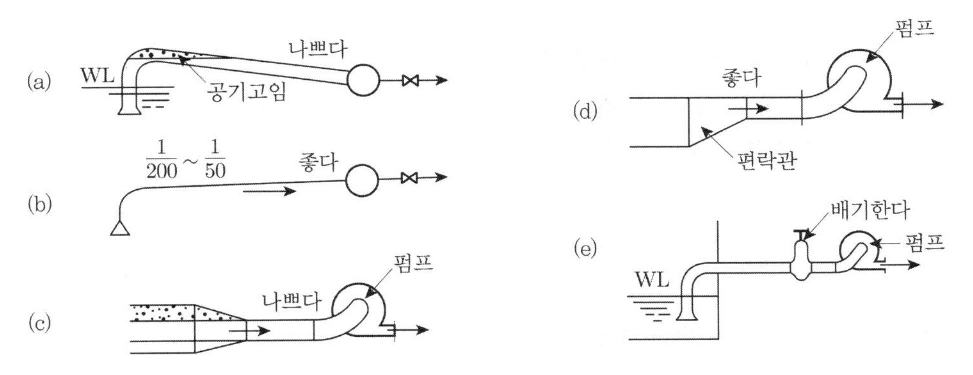

〈그림 8−41〉 펌프 흡입관의 설치 예

3 토출배관

1) 토출 배관 도중에 공기체류가 생기지 않도록 주의한다.
2) 펌프의 토출 구경보다 배관경을 크게 하는 경우, 흡수관에서 설명한 바와 같이 편심관을 사용한다.
3) 토출 배관에는 반드시 첵밸브와 슬루스 밸브(sluice valve)를 부착한다. 그 이유는 원심 펌프인 경우, 실양정의 변화에 따라 수량을 조절하여야 하기 때문이며, 첵밸브는 펌프 정지시에 수격작용이 펌프에 영향을 미치지 않게 하기 위하여 설치한다.

08 연습문제

01 펌프를 흡상하여 설치할 때, 이론적인 최대설치위치는 몇 m인가?

02 볼류트 펌프와 터빈 펌프에 대해 설명하시오.

03 지하의 수조에서 매시간 $27\ m^3$의 물을 고가수조에 양수할 때 유속을 1.5 m/s로 하면 필요한 펌프의 구경은 얼마인가?

04 펌프를 사용하여 지하 3 m에서 지상 17 m의 고가수조에 유량 $180\ m^3/h$로 양수하려고 할 때, 펌프의 수동력은 몇 kW인가?

05 펌프의 실양정이 15 m이고 배관 전체에서 발생하는 마찰손실수두의 합이 실양정의 70% 일 때, 매시 $10\ m^3$의 물을 퍼 올릴 수 있는 펌프의 축동력은 몇 kW인가?
(단, 펌프의 효율은 40%이다)

06 캐비테이션과 유효NPSH에 대하여 설명하시오.

07 동일한 성능을 갖는 펌프 2대를 병렬 운전하였을 때의 특성곡선을 그리고 설명하시오.

08 펌프 흡입관을 설치할 때의 주의사항에 대해 쓰시오.

Appendix

I 유체역학의 기초사항

I.1 유체의 물리적 성질

1 밀도, 비중량, 비체적, 및 비중

단위체적의 유체가 갖는 질량을 밀도(密度, density)라고 하며, ρ라고 한다.

$$\rho = \frac{M}{V} \quad \cdots\cdots (\text{I}-1)$$

여기서, ρ : 액체의 밀도, kg/m^3
M : 액체의 질량, kg
V : 액체의 체적, m^3

일반적으로 중량은 질량 M에 중력가속도 $g = 9.8\,\text{m/s}^2$를 곱하여 $M\,[\text{kg}] \times 9.8\ \text{m/s}^2 = 9.8M\,[\text{N}]$으로 주어진다. 그러나 무게를 측정할 때는 중량 킬로그램 kgf가 일반적으로 사용된다. 이들 간에는 다음의 관계가 성립한다.

$$W[\text{kgf}] = \rho\,[\text{kg/m}^3] \times 9.8\ \text{m/s}^2 \times V[\text{m}^3] = 9.8\rho V\,[\text{N}]$$

따라서 액체의 밀도 ρ는 다음과 같이 된다.

$$\rho\,[\text{kg/m}^3] = \frac{W[\text{kgf}]}{9.8\ \text{m/s}^2 \times V[\text{m}^3]} \quad \cdots\cdots (\text{I}-2)$$

액체의 체적과 질량을 알 수 있을 때는 식 (I−1)을 이용하면 좋다. 예를 들면 체적이 $1\ \text{cm}^3$인 물이 표준대기압에서 4℃일 때, 그 질량은 1 g으로 알려져 있다. 따라서 $1\ \text{m}^3$의 물의 질량은 그 체적이 $1{,}000{,}000\ \text{cm}^3$이기 때문에 1,000,000 g = 1,000 kg으로 된다. 즉 식 (I−1)에서 물의 밀도 ρ_w는 $\rho_w = 1{,}000\ \text{kg/m}^3$로 된다.

물 이외의 액체에 대해서는 비중을 사용한다. 한 물질의 비중(比重, specific gravity)은 표준물질의 밀도에 대한 그 물질의 밀도의 비로 정의하고 s로 표기한다. 보통 표준물질의 밀도로서 4℃의 물의 밀도 1,000 kg/m^3을 택한다.

$$s = \frac{\rho}{\rho_w} = \frac{\gamma}{\gamma_w} \quad \cdots\cdots (I-3)$$

공학 단위계에서는 액체의 단위체적당 중량을 비중량(比重量, specific weight) γ라고 한다.

$$\gamma = \frac{G}{V} \quad \cdots\cdots (I-4)$$

여기서, γ : 액체의 비중량, kgf/m^3
G : 액체의 중량, kgf
V : 액체의 체적, m^3

γ와 ρ 사이에는 다음과 같은 관계가 있다.

$$\gamma = \rho g \quad \cdots\cdots (I-5)$$

여기서, g : 중력가속도이고, $g = 9.8\ m/s^2$로 계산한다.

그리고 액체의 단위 질량당 차지하는 체적을 비체적(比体積, specific volume) v라고 한다.

$$v = \frac{V}{M} \quad \cdots\cdots (I-6)$$

여기서, v : 액체의 비체적, m^3/kg

따라서 비체적과 밀도는 서로 역수의 관계, 즉, $v = 1/\rho$의 관계가 있다.

표준 대기압하의 4℃의 순수한 물은 $\rho = 1,000\ kg/m^3$, $\gamma = 9,800\ N/m^3$, $s = 1$이다. 대기압 (1 atm) 하에서의 순수한 물의 밀도 및 비중량의 온도에 대한 변화를 <표 I−1>에 나타내었다. 실용상으로는 압력·온도에 관계없이 물의 밀도와 비중량은 일정하다고 보아도 지장은 없다.

〈표 I−1〉 물의 온도와 밀도, 비중량간의 관계

온도[℃]	밀도[kg/m^3]	비중량[N/m^3]	온도[℃]	밀도[kg/m^3]	비중량[N/m^3]
0	999.8	9,798	40	992.3	9,723.6
5	1,000	9,800	50	988.1	9,683.4
10	999.8	9,797.1	60	983.1	9,635.4
15	999.1	9,791.2	70	977.7	9,582.4
20	998.3	9,782.4	80	971.7	9,523.6
25	997.1	9,771.6	90	965.1	9,459.9
30	995.7	9,757.9	100	958.1	9,392.3

예제 I.1

수은의 비중이 상온에서 13.6일 때, 이 수은의 비중량은 얼마인가?

풀이 식 (I−3)에서 $\gamma = s \cdot \gamma_w = 13.6 \times 9{,}800 = 133{,}280\ \text{N/m}^3$

2 점성

액체가 운동하고 있을 때는 분자의 혼합 및 분자간의 인력이 유체상호간 또는 유체와 고체의 사이에 발생하여, 운동을 방해하고자 하는 힘이 작용한다. 이러한 성질을 점성(粘性, viscosity) 또는 내부마찰(內部摩擦)이라고 한다.

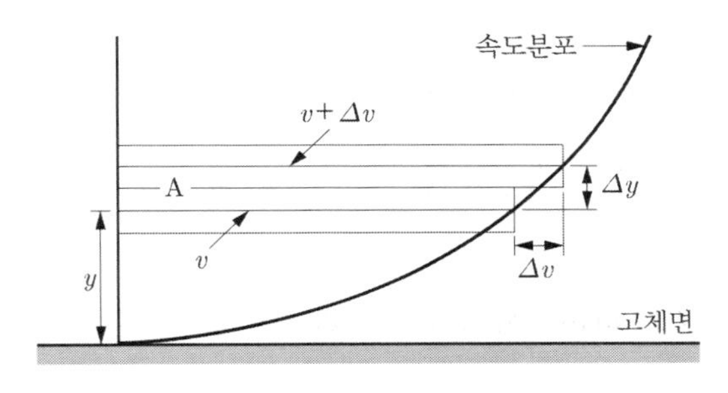

〈그림 I−1〉 점성유체의 마찰응력

<그림 I−1>과 같은 점성유체내의 어느 부분에서, 서로 이웃하는 경계면의 유체에 인력(引力) F가 작용한다고 생각하면, 경계면의 마찰응력(摩擦應力) τ[Pa]는 다음과 같이 나타낼 수 있다.

$$\tau = \frac{F}{A} \qquad \text{(I−7)}$$

그런데, 실험에 의하면 얇은 2개의 층 사이에 Δv의 속도차가 생길 때, 경계면에 작용하는 마찰응력 τ는 경계면과 수직방향의 속도구배 $\left(\frac{\Delta v}{\Delta y}\right)$에 비례한다는 것이 알려져 있다. 즉, 다음과 같이 나타낼 수 있다.

$$\tau = \mu \frac{\Delta v}{\Delta y} \qquad \text{(I−8)}$$

이것을 뉴턴의 점성법칙(Newton's law of viscosity) 이라고 하며, μ를 점도(粘度, viscosity) 또는 점성계수(粘性係數, coefficient of viscosity)라고 한다. 점성계수 μ의 단위는 공학단위로 kg/(m·s)이며, g/(cm·s)을 사용할 때 poise라고 한다. 1 poise의 $\frac{1}{100}$을 1 centi-poise라고 한다.

μ값의 크기는 유체의 종류나 온도에 따라 달라지는데, μ값이 크면 점성의 작용이 큰 것을 나타낸다. 역으로 μ가 작다는 것은 점성의 영향이 작은 것을 나타낸다. 또한 유체의 압력에 따라 다소 변화는 있지만, 압력의 변화가 상당히 크지 않는 한, 압력의 변화는 보통 무시한다. 점성계수 μ의 값은 기체의 경우는 온도의 상승과 함께 증가하지만, 액체에서는 감소한다. 또한 압력이 증가하면 다소 증가한다.

일반적으로 유체의 점성에 대한 영향은 고체벽면 근방에서 현저하게 나타난다. 이 고체 표면 근방의 층을 경계층(境界層 : boundary layer)이라고 한다. 식 (I－8)은 뉴턴에 의해 만들어졌기 때문에, 이 식이 성립하는 유체를 뉴턴 유체(Newtonian fluid)라고 한다.

점성의 영향을 나타내는 마찰응력 τ는 점성계수 μ에 의존하지만, 점성이 유체운동에 미치는 영향은 μ보다는 μ를 유체의 밀도로 나눈 (μ/ρ)로 결정된다. 이 (μ/ρ)를 ν로 표시하고, 동점성계수(動粘性係數, kinematic viscosity)라고 한다. 즉,

$$\nu = \frac{\mu}{\rho} \qquad \text{(I－9)}$$

로 되며, 동점성계수의 단위는 m^2/s이지만, cm^2/s를 사용할 때 stokes라고 한다. 1 stokes의 $\frac{1}{100}$을 1 centi－stokes라고 한다.

<표 I－2>에는 대기압(1 atm) 하에서의 물과 공기에 대한 μ와 ν를 나타내었다.

〈표 I－2〉 물과 공기의 점성계수 및 동점성 계수

온 도	물		공 기	
	$\mu\times10^{-5}$[N·s/m²]	$\nu\times10^{-6}$[m²/s]	$\mu\times10^{-5}$[N·s/m²]	$\nu\times10^{-6}$[m²/s]
0	179.2	1.792	1.717	13.28
10	130.7	1.307	1.763	14.14
20	100.2	1.004	1.810	15.02
30	79.7	0.801	1.857	15.94
40	65.3	0.658	1.903	16.87
50	54.8	0.554	1.989	17.86
60	46.7	0.475	2.036	18.85
70	40.4	0.413	2.083	19.86
80	35.5	0.365	2.129	20.89
90	31.5	0.326	2.174	21.94
100	28.2	0.295	2.218	23.00

3 압축률

길이 l, 단면적 A인 일정한 단면을 갖는 보에 하중 F를 가해 인장(또는 압축)되었을 때, 길이가 Δl만큼 신장(또는 수축)되면, 탄성한계 내에서는

$$\frac{\Delta l}{l} = \frac{1}{E} \cdot \frac{F}{A} \text{ 또는 } \varepsilon = \frac{1}{E} \cdot \sigma \qquad \text{(I-10)}$$

이 성립한다. 즉, 변형률 $\varepsilon(=\Delta l/l)$는 인장(또는 압축)응력 σ에 비례한다. 이것이 후크의 법칙(Hooke's law)이며, 여기서 E를 영률(Young's modulus) 또는 종탄성계수(縱彈性係數)라고 한다.

동일한 개념을 유체에도 적용할 수 있다. 압력이 P이고 체적은 V인 유체에 압력을 ΔP만큼 가했을 때, 체적이 ΔV만큼 감소한다고 하면, 다음과 같은 식이 성립한다.

$$\frac{\Delta V}{V} = \frac{1}{\kappa} \cdot \Delta P \qquad \text{(I-11)}$$

여기서 κ를 체적탄성계수(體積彈性係數, bulk modulus)라고 하며, 단위는 압력과 같이 Pa이다. 그리고 κ의 역수를 β라고 하면,

$$\beta = \frac{(\Delta V/V)}{\Delta P} \qquad \text{(I-12)}$$

로 된다. 여기서, β를 압축률(壓縮率, compressibility)이라고 한다.

물의 압축률은 상당히 작은 값이기 때문에 ΔP는 상당히 크게 된다. 예를 들면, 상온(常溫), 상압(常壓) 하에서 물의 체적을 1% 축소시키기 위해서는 약 200기압이 필요하게 된다. 이와 같이 액체는 기체에 비해 압축하기 어렵기 때문에 비압축성유체(非壓縮性流體, incompressible fluid)라고 하며, 기체와 같이 압축하기 쉬운 유체를 압축성유체(壓縮性流體, compressible fluid)라고 한다.

예제 I.2

물의 체적을 1% 압축하는데 필요한 압력은 몇 Pa인가?
(단, 물의 체적탄성계수는 2.065 GPa이다)

풀이 $\Delta P = \kappa \dfrac{\Delta V}{V} = 2.065 \times 10^9 \times 0.01 = 2.065 \times 10^7$ Pa

4 모세관 현상

<그림 I−2>와 같이 유리관의 한쪽 끝을 물과 수은 속에 넣었을 때, 물인 경우에는 유리관 내의 액면은 자유표면보다 올라가며, 또한 관경이 가늘수록 높이 올라간다. 그러나 수은의 경우에는 관 내의 액면이 자유표면보다 내려가며, 관경이 가늘수록 더 내려가게 된다. 이와 같이 액체 중에 직경이 작은 관을 세웠을 때, 관속의 액면이 관밖의 액면보다 높거나 낮게 되는 현상을 모세관 현상(毛細管現象, capillarity)이라고 한다. 이것은 액체의 응집력과 부착력에 의한 것으로서, 부착력이 응집력보다 크면 관속의 액면은 상승하고, 반대로 부착력이 작으면 하강한다.

(a) 물과 유리　　(b) 수은과 유리

〈그림 I−2〉 응집력과 부착력의 모세관 현상

이와 같은 상승 또는 하강 높이 h[m]는 관의 직경을 d, 액체의 밀도를 ρ, 표면장력을 σ, 액면과 관의 접촉각을 θ라고 하면, 다음과 같은 관계식을 얻을 수 있다.

표면장력에 의한 수직 분력 = 상승된 액체의 무게

$$\pi d\sigma \cdot \cos\theta = \frac{\pi}{4} d^2 \rho g h$$

$$h = 4\sigma \cdot \frac{\cos\theta}{\rho g d} \qquad \cdots\cdots (\text{I}-13)$$

I.2 유체 정역학

유체 정역학(流體靜力學)이란 정지상태 하에 놓여진 유체의 현상을 다루는 학문이다. 유체 정역학에서는 정지유체를 다루므로 유체간의 상대운동이 없고, 따라서 점성은 고려할 필요가 없으며, 유체의 면에 작용하는 압력에 의한 표면력(表面力, surface force)과 중력 등의 체적력(體積力, body force)을 고려하게 된다.

1 압력

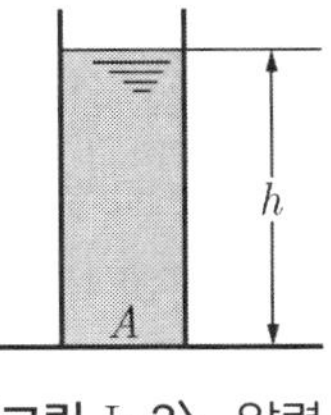

〈그림 I-3〉 압력

정지하고 있는 액체중의 임의의 점에 있어서의 압력은 모든 방향에 동일하게 작용하고, 그 크기는 수면으로부터의 깊이에 비례한다. <그림 I-3>에 표시한 것과 같이, 깊이 h[m], 바닥면적 A[m^2], 액체의 밀도 ρ[kg/m^3]인 물기둥을 생각하면, 이 바닥면에 작용하는 전압력(全壓力, total pressure) F[N]은 물기둥의 무게와 같게 되며,

$$F = \rho g A h \quad \cdots\cdots \text{(I}-14\text{)}$$

로 된다.

또한, 전압력을 바닥면적으로 나눈 값은 단위면적당 작용하는 평균압력을 나타내며, 이것을 압력의 강도 또는 단순히 압력 P[N/m^2]라고 하면,

$$P = \frac{F}{A} = \rho g h \quad \cdots\cdots \text{(I}-15\text{)}$$

로 된다.

예제 I.3

수주(水柱) 25 m의 높이에 상당하는 압력은 몇 kPa인가? 또한 압력 50 kPa에 상당하는 수은주의 높이는 얼마인가? (단, 수은의 비중은 13.6이다)

풀이 1) 식 (I−15)에서

$$P = \rho g h = 1{,}000 \times 9.8 \times 25 = 245{,}000\ \text{N/m}^2 = 245{,}000\ \text{Pa} = 245\ \text{kPa}$$

2) 수은의 밀도는 $\rho = 13.6 \times 1{,}000 = 13{,}600\ \text{kg/m}^3$이므로

$$h = \frac{P}{\rho g} = \frac{50{,}000}{13{,}600 \times 9.8} = 0.375\ \text{mHg} = 375\ \text{mmHg}$$

2 압력의 단위

압력의 단위는 SI단위에서는 Pa로서 나타내며, $1\ \text{N/m}^2 = 1\ \text{Pa}$의 관계가 있다. 이 외에도 압력의 단위로서 kgf/cm^2, mmAq, mAq(水柱 높이), mmHg(수은주 높이), atm, bar 등이 있다. 또한 표준대기압의 압력 760 mmHg를 기준으로 한 표준기압과 1 kgf/cm^{2}의 압력을 기준으로 한 공학기압 등이 있으며, 각각 다음의 관계가 있다.

표준기압 : 1 atm = 760 mmHg = 10.3 mAq = 1.03 kgf/cm^2 = 101.3 kPa = 1.013 bar

공학기압 : 1 at = 1 kgf/cm^2 = 735.5 mmHg = 10 mAq = 98 kPa = 0.98 bar

급배수 위생설비 분야에서 많이 사용하는 것으로서 수주(水柱) 단위라고 하는 mAq, mmAq나 중력단위계의 kgf/m^2, kgf/cm^2이 있다. 여기서 수주 단위를 생각해 보면, 수면으로부터 z[m]의 깊이의 압력은 수면의 대기압을 기준으로 한 게이지 압력으로 나타내면 다음과 같다. 수면으로부터 깊이 z[m]까지의 수직 물기둥의 중량을 바닥 면적 $A[m^2]$으로 나눈 것에 상당한다. 따라서 1 m^2에 깊이 1 mm의 물이 있으면 1,000 cm^3, 즉 1 L로 되며 중량으로는 1 kgf가 된다. 1 kgf의 중량은 9.8 N의 관계로부터 다음과 같이 된다.

$$1\ \text{mmAq} = 1\ \text{kgf/m}^2 = 9.8\ \text{N/m}^2 = 9.8\ \text{Pa}$$

$$1\ \text{mAq} = 1{,}000\ \text{mmAq} = 1{,}000\ \text{kgf/m}^2 = 0.1\ \text{kgf/cm}^2 = 9.8\ \text{kPa}$$

3 절대압력과 게이지 압력

유체의 압력을 표시할 때, 완전진공(完全眞空)을 기준으로 한 절대압력(絶對壓力, absolute pressure) P_a와 그 때의 대기압을 기준으로 한 게이지 압력(gauge pressure) P_g가 있고, 공학 분야에서는 게이지 압력을 자주 사용한다. 게이지 압력은 측정압력이 대기압보다 높은 경우를 정압(正壓), 대기압보다 낮은 경우를 부압(負壓)이라고 한다. 절대압력과 게이지 압력 사이에는 다음과 같은 관계가 있다.

$$P_a = P_0 + P_g \qquad \text{(I-16)}$$

여기서, P_0는 대기압이다. 또한 이들의 관계를 <그림 I-4>에 나타내었다.

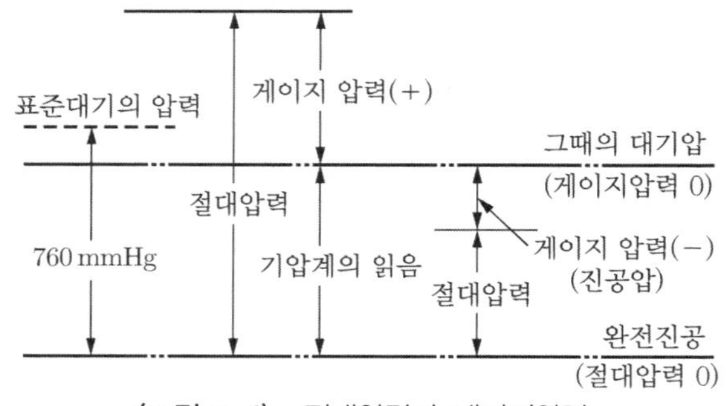

〈그림 I-4〉 절대압력과 게이지압력

예제 I.4

압력탱크 내에 설치되어 있는 압력계가 300 kPa를 지시하고 있다. 이 때의 대기압이 750 mmHg일 때, 절대압력은 몇 kPa인가?

풀이 식 (I-16)에서 $P_a = P_0 + P_g = \dfrac{750}{760} \times 101.3 + 300 \fallingdotseq 400\ \text{kPa}$

4 파스칼의 원리

밀폐된 용기에 넣은 유체의 일부에 압력을 가하면, 이 압력은 모든 방향으로 동일하게 전달되어 벽면에 작용한다. 이것을 파스칼의 원리(Pascal's principle)라고 한다.

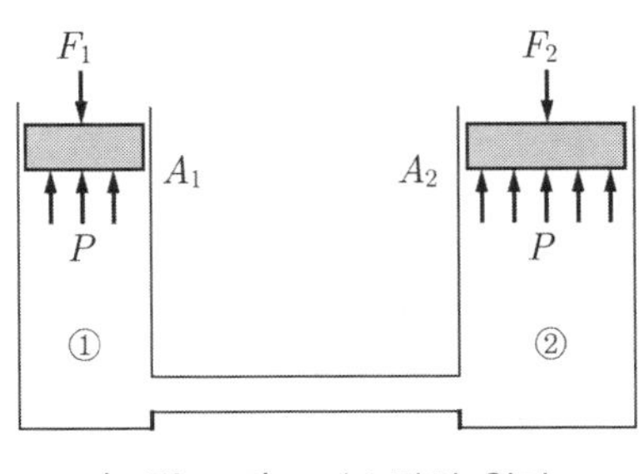

〈그림 I–5〉 파스칼의 원리

<그림 I−5>와 같은 2개의 실린더 ①, ②를 연통관으로 연결하고, 여기에 액체를 채운다. 피스톤의 단면적을 각각 $A_1[\mathrm{m}^2]$, $A_2[\mathrm{m}^2]$로 하고, A_1의 피스톤에 $F_1[\mathrm{N}]$의 힘을 가하면, $P=\dfrac{F_1}{A_1}[\mathrm{N/m^2}]$의 압력이 모든 방향으로 동일하게 작용하므로, A_2의 피스톤에 작용하는 힘 $F_2[\mathrm{N}]$는

$$F_2 = P \cdot A_2 = F_1 \cdot \frac{A_2}{A_1} \quad \cdots\cdots \text{(I−17)}$$

가 된다. 따라서 A_1에 비해서 A_2를 크게 하면, 작은 힘 F_1에서 큰 힘 F_2를 얻을 수 있다.

5 압력의 측정

<그림 I−6>과 같이 용기의 한 점에서 수직으로 세운 액체의 높이 $h[\mathrm{m}]$를 측정함으로써, 용기 내의 압력을 알 수 있다. 이것을 마노미터(manometer)라고 한다. 용기 내 액체의 밀도를 $\rho[\mathrm{kg/m^3}]$, 대기압을 $P_0[\mathrm{Pa}]$라고 하면, 점 A의 절대압력 $P_a[\mathrm{Pa}]$은

$$P_a = P_0 + \rho g h \quad \cdots\cdots \text{(I−18)}$$

로 된다. 또한 게이지 압력 $P_g[\mathrm{Pa}]$에서는

$$P_g = P_a - P_0 = \rho g h \quad \cdots\cdots \text{(I−19)}$$

가 된다.

<그림 I−7>은 마노미터의 액주를 경사시켜 액주의 길이 $L[\mathrm{m}]$를 측정해서 미소 압력을 측정하게 한 것으로 경사 마노미터라고 한다. 이 경우, 점 A의 절대압력 $P_a[\mathrm{Pa}]$는

$$P_a = P_0 + \rho gh = P_0 + \rho gL \cdot \sin\theta \quad \cdots\cdots (\text{I}-20)$$

가 된다. 또 게이지 압력 P_g[Pa]는

$$P_g = P_a - P_0 = \rho gL \cdot \sin\theta \quad \cdots\cdots (\text{I}-21)$$

가 된다.

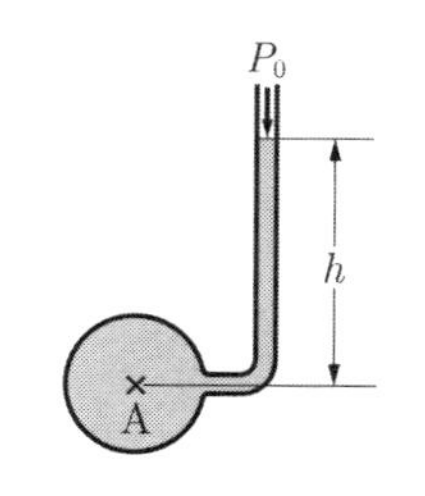

〈그림 I-6〉 마노미터

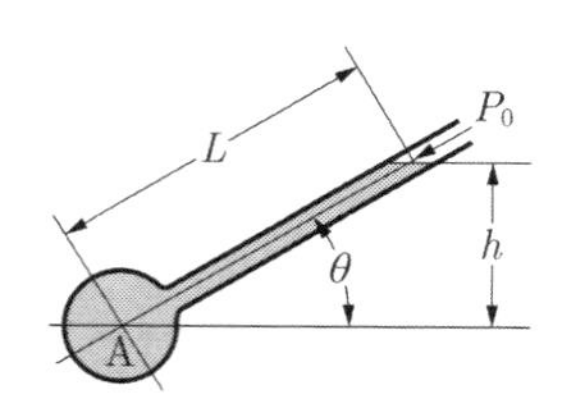

〈그림 I-7〉 경사마노미터

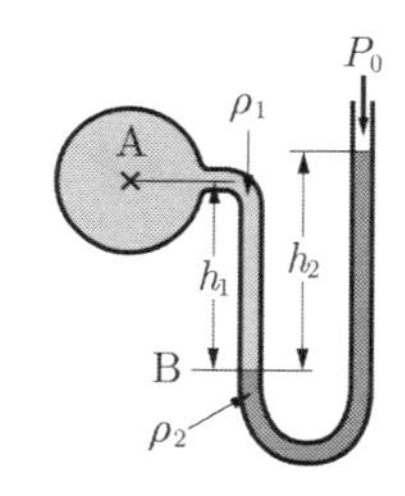

〈그림 I-8〉 U자관 마노미터

용기 내의 압력이 커서 액체가 액주의 높이를 넘을 경우에는 <그림 I-8>과 같이 U자관을 사용하고, U자관 속에는 수은과 같은 비중량이 큰 액체를 넣어서 사용하면 편리하다.

지금 용기 내의 액체의 밀도를 ρ_1[kg/m^3], 마노미터 내 액체의 밀도를 ρ_2[kg/m^3]로 하여, 점 B에서의 힘의 균형을 생각하면 다음과 같다.

$$P_a + \rho_1 gh_1 = P_0 + \rho_2 gh_2 \quad \cdots\cdots (\text{I}-22)$$

따라서 점 A의 절대압력 P_a[Pa]는

$$P_a = P_0 + \rho_2 gh_2 - \rho_1 gh_1 \quad \cdots\cdots (\text{I}-23)$$

가 된다. 또, 게이지 압력 P_g[Pa]는

$$P_g = P_a - P_0 = \rho_2 gh_2 - \rho_1 gh_1 \quad \cdots\cdots (\text{I}-24)$$

가 된다.

<그림 I-9>는 관로 내의 두 점 ①, ②의 압력차를 측정하는 방법으로, 시차 압력계(示差壓力計)라고 한다. 두 점 ①, ②의 압력을 각각 P_1[Pa], P_2[Pa]로 할 때, 앞에서와 똑같이 점 A에서 힘의 균형을 생각하면,

$$P_1 + \rho_2 gh = P_2 + \rho_2 gh_2 + \rho_1 gh_1$$

$$\therefore \; P_1 - P_2 = (\rho_1 - \rho_2)gh_1 \quad \cdots\cdots (\text{I}-25)$$

가 된다.

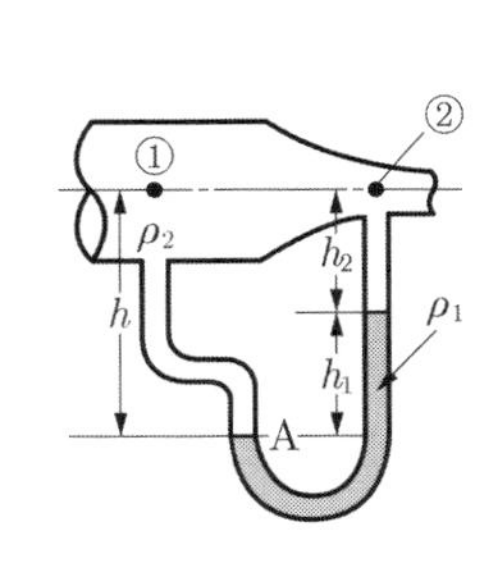

〈그림 I-9〉 시차 압력계

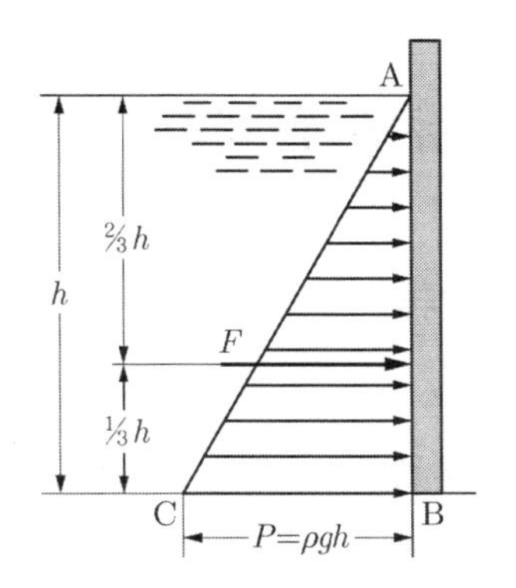

〈그림 I-10〉 벽면에 작용하는 힘

6 벽면에 작용하는 힘

<그림 I−10>은 깊이 h[m]의 수중에 있는 폭 b[m]의 벽면을 표시한 것이다. 식 (I−15)에서 나타낸 것과 같이 압력은 수면에서의 깊이에 비례한다. 따라서 점 A에서의 압력은 0 Pa, 점 B에서는 (ρgh)[Pa]가 된다. 그리고, 수면으로부터 임의의 위치에서의 압력의 세기는 AC를 연결한 선상의 실선의 크기로 표시된다. 벽면 AB 전체에 작용하는 압력의 총합을 전압력(全壓力)이라고 하며, 이것을 F[N]이라고 하면

$$F = \frac{(0+\rho gh)}{2} \cdot hb = \frac{1}{2}\rho gh^2 b \quad \cdots\cdots (I-26)$$

가 된다. 이 전압력을 하나의 합성력으로 바꾸어 놓았을 때의 힘의 작용점을 압력의 중심이라고 한다. 이 경우 압력의 중심은 삼각형 ABC의 중심을 통하는 수평선상에 있다. 따라서 수면에서 $\frac{2}{3}h$에 압력의 중심이 있다.

예제 I.5

고가수조의 크기가 높이 3 m, 폭 2.5 m일 때, 수조의 한 쪽 벽면에 작용하는 전압력과 압력의 중심을 구하시오. (단, 수조 내에는 물이 3 m 높이까지 차있는 것으로 한다)

풀이 1) $F = \frac{1}{2}\rho gh^2 b = \frac{1,000 \times 9.8 \times 3^2 \times 2.5}{2} = 110,250 \text{ N}$

2) 압력의 중심은 $\frac{2}{3}h = \frac{2}{3} \times 3 = 2 \text{ m}$, 그러므로 수면으로부터 2 m인 위치에 있다.

I.3 유체 동력학

1 층류와 난류

유체의 운동은 주로 유체분자의 병진운동(竝進運動)에 의한 유동(流動), 회전운동(回轉運動)에 의한 와동(渦動), 주기운동(周期運動)인 파동(波動)의 3가지로 크게 분류할 수 있다. 보통은 이 3가지가 복합된 복잡한 유체유동을 하게 된다.

유동을 더 분류해 보면, 유체분자가 규칙적으로 층을 이루면서 흐르는 층류(層流, laminar flow)와 유체분자가 불규칙하게 서로 섞이는 혼란된 흐름인 난류(亂流, turbulent flow)로 나뉘어진다.

이와 같은 흐름의 상태를 레이놀즈(Reynolds)는 <그림 I-11>과 같은 장치로 조사하는 실험을 하였다. 먼저, 우측의 콕을 약간 열어놓으면, 나팔상태의 유리관 내의 물은 유속이 낮은 상태에서는 아닐린 용액이 확산하지 않고, <그림 I-12>의 (a)에 표시하는 바와 같이 관의 축에 평행하게 흐른다. 이러한 흐름을 층류라고 한다. 또한 우측의 콕을 열어 어느 정도 유속을 증가시키면, 유리관 내의 아닐린 용액은 <그림 I-12>의 (b)에 표시하는 바와 같이 불규칙한 소용돌이가 되어, 관 전체에 걸쳐서 분산해서 흐른다. 이러한 흐름을 난류라고 한다.

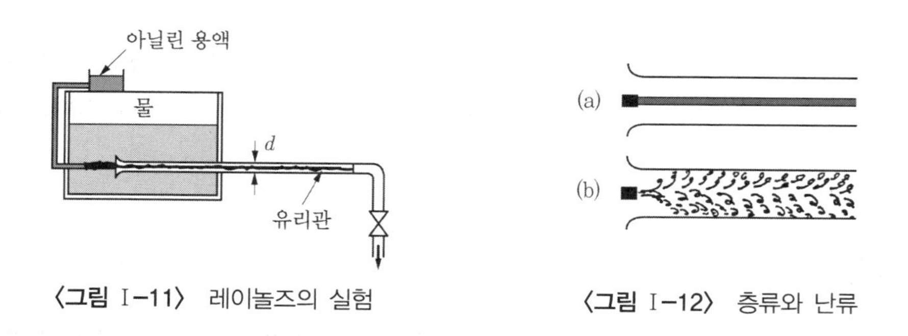

〈그림 I-11〉 레이놀즈의 실험

〈그림 I-12〉 층류와 난류

이와 같은 현상은 유속과 관경이 작을수록 아닐린 용액은 물과 혼합되지 않고 일정하게 축방향으로 흐르며, 유속과 관경이 증대하고 동점성계수를 감소시키면 유체는 관 축에 수직한 속도성분을 갖게 되어 혼합상태로 된다. 레이놀즈는 이 두 가지 흐름의 상태가 Reynolds 수라는 무차원수에 의하여 정해진다는 것을 발견하였다. 즉, 관내의 평균유속을 v[m/s], 내경을 d[m], 유체의 동점성계수를 $\nu[\mathrm{m^2/s}]$라고 하면, 다음과 같은 식이 성립하며, 이 식에 의해 관내의 흐름이 층류인가 난류인가를 판별할 수 있다.

$$Re = \frac{v \cdot d}{\nu} \quad \cdots\cdots (\text{I}-27)$$

이 Re를 레이놀즈 수(Reynolds number)라고 하며, 무차원수이다.

식 (I－27)에서 v 및 d를 각각 대표속도, 대표길이라고 하며, 원관이 아닌 경우의 대표길이는 수력직경(水力直徑, hydraulic diameter) $D_h = 4R_h$으로 한다. 이 때, R_h[m]는 수력반경(水力半徑)으로서 다음과 같이 된다.

$$R_h = \frac{A}{S} \quad \cdots\cdots (\text{I}-28)$$

여기서, A는 단면적[m^2], S는 접수길이[m]이다.

일반적으로 층류에서 난류로 천이할 때의 유속을 임계유속이라고 하며, 이와 같이 천이할 때의 레이놀즈 수를 임계레이놀즈수 Re_c라고 한다. 층류에서 난류로 바뀔 때의 임계레이놀즈수의 상한은 아직 정확하지 않지만, 난류에서 층류로 바뀔 때의 임계레이놀즈수의 하한값은 확정되어 있고, 실험에 의하면 이 값은 2,320으로 이것을 보통 임계 레이놀즈수라고 한다. 그리고 레이놀즈수가 2,320 이하인 흐름에서는 흐름에 난조를 일으켜도 하류에서는 층류로 돌아간다.

Re가 작을 때의 흐름은 층류이고, Re가 크게 되면 난류로 변한다. 이것은 거의 다음과 같이 쓸 수 있다.

층류 : $Re < 2{,}000$

난류 : $Re > 4{,}000$

층류영역에서 난류영역 사이를 천이영역이라고 한다.

예제 I.6

송풍용 사각덕트의 크기가 60 cm × 40 cm인 단면을 가질 때, 이 덕트 내를 동점성계수 0.156×10^{-4} m²/s인 공기가 300 m³/min만큼 송풍될 때의 레이놀즈수는 얼마인가?

풀이 수력반경 $R_h = \dfrac{0.6\times0.4}{0.6\times2+0.4\times2} = 0.12$ m

$$v = \frac{Q}{A} = \frac{300}{(0.6\times0.4)\times60} = 20.8 \text{ m/s}$$

$$\therefore\ Re = \frac{vd}{\nu} = \frac{v(4R_h)}{\nu} = \frac{20.8\times4\times0.12}{0.156\times10^{-4}} = 640{,}000$$

2 정상류와 유선

관내에 유체가 흐를 때, 어느 장소에서의 흐름의 상태(유속, 압력, 밀도, 속도 등)가 시간에 따라 변화하지 않는 흐름을 정상류(定常流, steady flow)라고 하며, 동일 장소에서의 흐름의 상태가 시간에 따라 변화하는 흐름을 비정상류(非定常流, unsteady flow)라고 한다.

또한 어느 순간에 흐름속에서 하나의 곡선을 생각하였을 때, 그 곡선상의 임의의 점에서 그은 접선이 그 때 그점에서의 흐름의 속도방향을 나타낸다면, 그 곡선을 유선(流線, stream line)이라고 한다.

3 연속의 법칙

물과 같이 비압축성인 유체가 관내를 흐르고 있을 때, 이 흐름이 정상류인 경우, 임의의 단면 내를 흐르는 흐름의 상태는 변화하지 않는다.

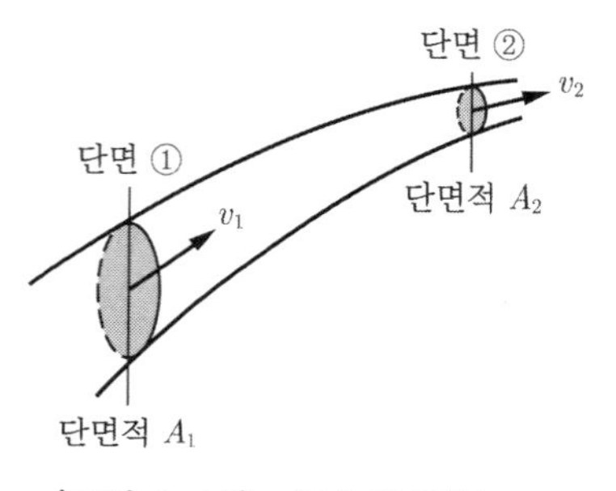

〈그림 Ⅰ-13〉 연속의 법칙

<그림 Ⅰ-13>과 같은 정상류에서 임의의 단면 ① 및 ②에서의 단면적, 평균유속, 밀도가 각각 $A_1[m^2]$, $A_2[m^2]$, $v_1[m/s]$, $v_2[m/s]$, $\rho_1[kg/m^3]$, $\rho_2[kg/m^3]$일 때, 단면 ①에서 단위시간에 유입하는 유체의 질량[kg/s]은 $\rho_1 A_1 v_1$으로 되며, 단면 ②에서는 $\rho_2 A_2 v_2$로 되고, 단위시간에 단위면적을 통과하는 유체의 질량은 같아야 하므로, 다음과 같이 쓸 수 있다.

$$\dot{m} = \rho_1 A_1 v_1 = \rho_2 A_2 v_2 = \text{일정} \quad \cdots\cdots (\text{I}-29)$$

또한 비압축성이므로 $\rho_1 = \rho_2$로 되어, 다음과 같이 $Q[m^3/s]$로도 쓸 수 있다.

$$Q = A_1 v_1 = A_2 v_2 = \text{일정} \quad \cdots\cdots (\text{I}-30)$$

이것은 질량불변의 법칙을 유체의 흐름에 적용한 것으로 연속의 법칙(equation of continuity)이라고 한다. 이 법칙에 의하면 관의 단면적이 큰 곳은 유속이 작고, 역으로 단면적이 작은 곳에서는 유속이 크게 된다.

윗 식 (I−29) 및 식 (I−30)에서 $\dot{m}$를 질량유량(質量流量), Q를 체적유량(體積流量)이라고 한다. 특히 Q는 단위시간에 임의의 단면을 통과하는 유체의 체적을 나타내며, 일반적으로 이것을 유량(流量)이라고 부른다.

그리고 식 (I−29)에서 각 항에 중력가속도 g를 곱하여 $\dot{G}$ [N/s]로 표시하면

$$\dot{G} = \gamma_1 A_1 v_1 = \gamma_2 A_2 v_2 = \text{일정} \quad \cdots\cdots \text{(I−31)}$$

이 되며, $\dot{G}$를 중량유량(重量流量)이라고 한다.

또한, 실제 관로 내의 흐름은 앞에서 설명한 유체의 점성이나 마찰에 의해 내벽에 접하는 곳에서는 유속이 느리고, 중심부에서 최대유속을 나타낸다. 일반적으로 관로 내의 임의의 횡단면에서의 유속은 평균속도로 표시한다.

예제 I.7

내경 50 mm인 관내에 물이 2 m/s의 속도로 흐르고 있을 때, 체적유량[m³/s] 및 중량유량[N/s]을 구하라.

풀이 1) 체적유량 $Q = Av = \frac{\pi}{4}d^2 \cdot v = \frac{\pi}{4}(0.05)^2 \times 2 ≒ 0.0039\ \text{m}^3/\text{s}$

2) 중량유량 $\dot{G} = \gamma Q = 9{,}800 \times 0.0039 = 38.22\ \text{N/s}$

4 전수두

<그림 I−14>와 같은 정상류 내의 점 A가 기준면으로부터의 높이가 z[m], 압력이 P[N/m²], 유속은 v[m/s]라고 할 때, 점 A가 갖는 에너지에 대해 조사해 보자.

중량 W[N]의 물이 점 A에 있을`때, 이 물은 $W \cdot \frac{P}{\rho g}$[N·m]의 압력에너지, $W \cdot z$[N·m]의 위치에너지, $W \cdot \frac{v^2}{2g}$[N·m]의 속도에너지를 갖는다. 지금 단위중량당에 대해서 고려하면, 압력에너지, 위치에너지, 속도에너지는 각각 $\frac{P}{\rho g}$[m], z[m], $\frac{v^2}{2g}$[m]이 되고, 길이의 단위로 표시할 수가 있다. 이 $\frac{P}{\rho g}$을 압력수두(壓力水頭, pressure head), z를 위치수두(位置水頭, potential head), $\frac{v^2}{2g}$를 속도수두(速度水頭, velocity head)라고 한다. 또한 점 A의 단위중량당 유체가 갖는 에너지의 총합을 전수두(全水頭, total head), H[m]라고 하며,

$$H = \frac{P}{\rho g} + z + \frac{v^2}{2g} \quad \cdots\cdots \text{(I−32)}$$

로 표시한다.

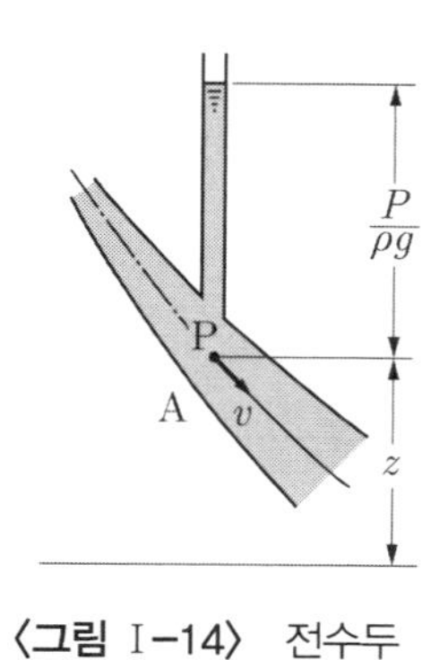

〈그림 Ⅰ-14〉 전수두

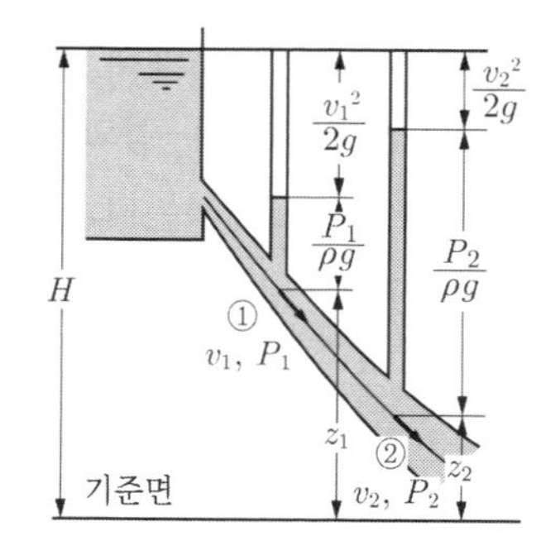

〈그림 Ⅰ-15〉 베르누이의 정리

5 베르누이의 정리

<그림 Ⅰ-15>는 수조의 끝에서 비압축성이고 점성이 없는 유체가 정상류로 유동하고 있는 상태를 나타낸 것이다. 지금 정상류중의 점 ① 및 ②에서의 압력을 각각 $P_1[\mathrm{N/m^2}]$, $P_2[\mathrm{N/m^2}]$, 기준면으로부터의 높이를 $z_1[\mathrm{m}]$, $z_2[\mathrm{m}]$, 유속을 $v_1[\mathrm{m/s}]$, $v_2[\mathrm{m/s}]$라고 할 때, 다음 식이 성립한다.

$$\frac{P_1}{\rho g}+z_1+\frac{v_1^2}{2g}=\frac{P_2}{\rho g}+z_2+\frac{v_2^2}{2g}=H=\text{일정} \quad \cdots\cdots \text{(I}-33)$$

즉, 관로 내의 어느 점에 있어서나 전수두($=H$ [m])는 일정하다는 것을 나타내는 것으로서, 베르누이(Bernoulli)의 정리라고 하며, 에너지 보존의 법칙을 유체의 흐름에 적용한 것으로서 유체가 갖고 있는 운동에너지, 중력에 의한 위치에너지 및 압력에너지의 총합은 흐름 내 어디에서나 일정하다는 것을 나타낸다.

6 전압, 정압, 동압

어느 수평한 관 내에 유체가 흐르고 있을 때, 그 흐름 중에 임의의 물체가 있다고 하면, 그 물체의 정면에서 속도가 영(零)이 되는 한 점이 존재한다. 이 점의 압력을 P_T라고 하고, 물체의 영향을 받지 않는 전방의 압력을 P_s, 속도를 v라고 하면(그림 Ⅰ-16), 베르누이의 정리로부터

$$\frac{P_T}{\rho g}=\frac{P_S}{\rho g}+\frac{v^2}{2g}$$

$$P_T=P_S+\frac{1}{2}\rho v^2 \quad \cdots\cdots \text{(I}-34)$$

여기서, ρ : 유체의 밀도, kg/m^3

g : 중력가속도, m/s^2

이 성립한다. 이 $\frac{1}{2}\rho v^2$은 관내의 물체가 흐름을 막음으로써 압력이 상승한 값을 나타내며, 이것을 동압(動壓, dynamic pressure)이라고 한다. 또한 P_T를 전압(全壓, total pressure), P_S를 정압(靜壓, static pressure)이라고 한다.

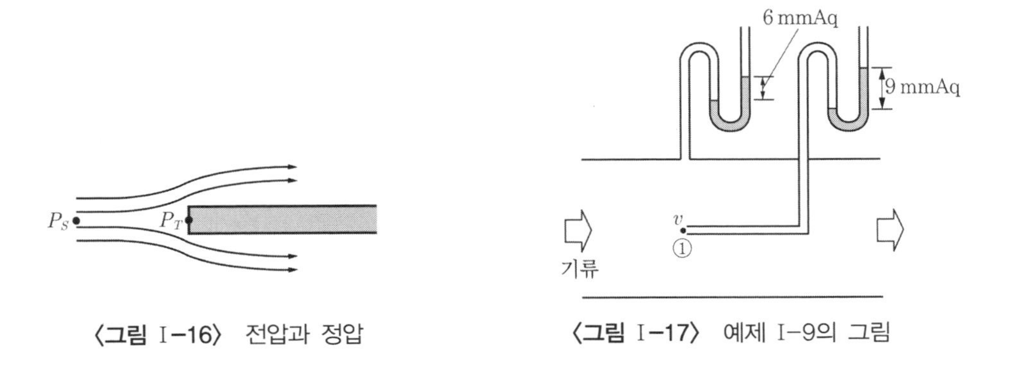

〈그림 I-16〉 전압과 정압

〈그림 I-17〉 예제 I-9의 그림

예제 I.8

〈그림 I-17〉과 같은 덕트에서 점 ①에서의 동압 P_v[Pa]과 평균속도 v[m/s]를 구하시오.
(단, 중력가속도는 9.8 m/s², 공기의 밀도는 1.2 kg/m³이다)

풀이 <그림 I-17>에서 정압 $P_S = 6$ mmAq, 전압 $P_T = 9$ mmAq이므로, 동압은

$$P_v = P_T - P_S = 9 - 6 = 3 \text{ mmAq} = 3 \text{ mmAq} \cdot \frac{98 \text{ kPa}}{10 \text{ mAq}} = 29.4 \text{ Pa}$$이 된다.

그리고 $P_v = \frac{\rho v^2}{2}$에서 $v = \sqrt{\frac{2P_v}{\rho}} = \sqrt{\frac{2 \times 29.4}{1.2}} = 7 \text{ m/s}$

7 베르누이 정리의 응용

(1) 토리첼리의 정리

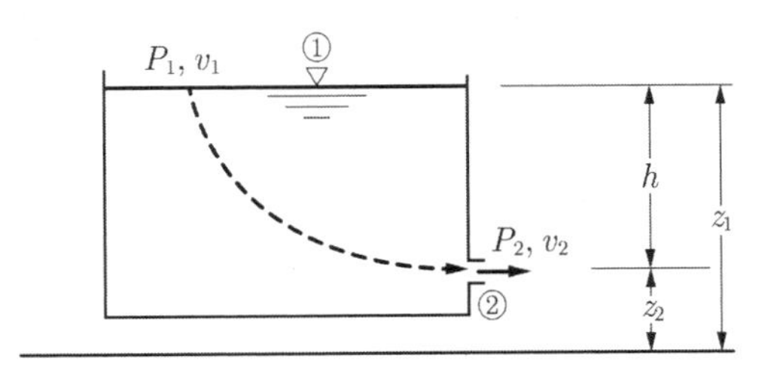

〈그림 I-18〉 토리첼리의 정리

<그림 I−18>과 같은 큰 수조의 벽에 작은 구멍(orifice)을 만들고, 이 구멍에서 수면까지의 높이를 h[m]라고 하자. 그리고, 수조의 수면은 물이 많이 유출하여도 수위는 변하지 않고, 수면이 저하하는 속도가 무시되는 경우에는, 수면 ①과 유출구 ②에 대하여 다음과 같이 베르누이의 정리를 적용할 수 있다.

$$\frac{P_1}{\rho g} + z_1 + \frac{v_1^2}{2g} = \frac{P_2}{\rho g} + z_2 + \frac{v_2^2}{2g} \quad \cdots\cdots (\text{I}-35)$$

여기서 $P_1 = P_2$는 모두 대기압이므로 게이지 압력은 0(零,) v_1은 가정에 의해 0(零), 따라서 윗 식은

$$\frac{v_2^2}{2g} = z_1 - z_2 = h$$

$$\therefore\ v_2 = \sqrt{2gh} \quad \cdots\cdots (\text{I}-36)$$

가 된다. 이것을 토리첼리(Torricelli)의 정리라고 하며, 유출속도는 높이 h와 중력가속도 g만에 의해 결정되며, 유체의 성질과는 관계가 없다.

유출하는 속도는 $\sqrt{2gh}$로 되지만, 그 방향은 구멍 부분에 따라 실제로는 다르게 된다. 구멍 중심에서의 속도방향은 구멍을 포함한 평면에 수직으로 되지만, 구멍 부근에서의 속도방향은 경사하게 된다. 이 경우, 구멍의 단면적과 속도의 곱, 즉, $(A \cdot v)$는 유출하는 유량으로 되지 않는다.

물이 구멍으로부터 약간 유출된 위치에서는 유선이 평행하게 된다고 생각할 수 있다. 이 위치에서의 단면적 및 속도를 각각 A_0, v_0라고 하고, 구멍의 면적을 A라고 하면, 수축계수 C_c, 속도계수 C_v는 다음과 같이 표시된다.

$$C_c = \frac{A_0}{A} \quad \cdots\cdots (\text{I}-37)$$

$$C_v = \frac{v_0}{\sqrt{2gh}} \quad \cdots\cdots (\text{I}-38)$$

이때, $C = C_c C_v$를 유량계수(流量係數 : discharge coefficient)라고 부른다.

따라서, 유량 Q를 구하는 식은 다음과 같이 된다.

$$Q = A_0 v_0 = C_c C_v A\sqrt{2gh} = CA\sqrt{2gh} \quad \cdots\cdots (\text{I}-39)$$

(2) 피토관의 원리

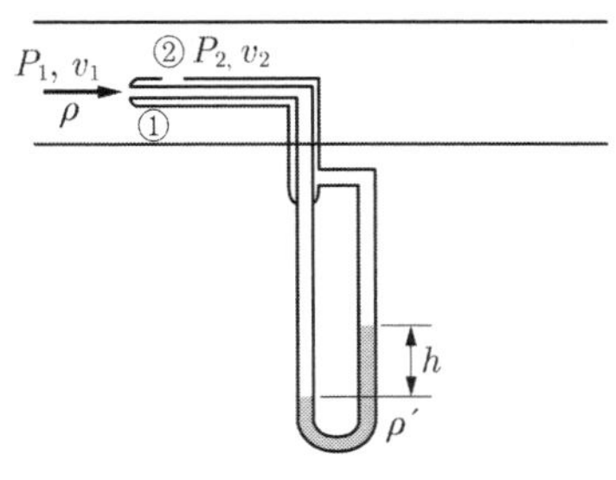

〈그림 I−19〉 피토관의 원리

어느 일정한 수평관중에 유체가 흐르고 있을 때, <그림 I−19>와 같이 흐름에 평행하게 놓은 2중관의 앞 끝부분의 구멍(全壓孔) ①과 측벽에 설치된 구멍(靜壓孔) ②와의 사이에 베르누이 방정식을 적용하면, 다음과 같이 된다.

$$\frac{v_1^2}{2g}+\frac{P_1}{\rho g}=\frac{v_2^2}{2g}+\frac{P_2}{\rho g} \quad \cdots\cdots (I-40)$$

여기서, $v_1=0$, $v_2=v$로부터 다음과 같이 된다.

$$v=\sqrt{\frac{2(P_1-P_2)}{\rho}} \quad \cdots\cdots (I-41)$$

유체와 피토관내 유체가 동일하면, $(P_1-P_2)/\rho g=h$로 되며, 이 때 $v=\sqrt{2gh}$ 로 된다.

피토관내 액체의 밀도가 ρ'라고 하면, $\dfrac{(P_1-P_2)}{\rho g}=\dfrac{\rho'}{\rho}h$로 되며, 이 때

$$v=\sqrt{2gh\frac{\rho'}{\rho}}$$

로 된다. 이것으로부터 전압과 정압의 차, 즉 동압을 측정함으로써, 속도를 산출할 수가 있다. 이것이 피토관(pitot tube)의 원리이다.

(3) 벤츄리계(venturi meter)의 원리

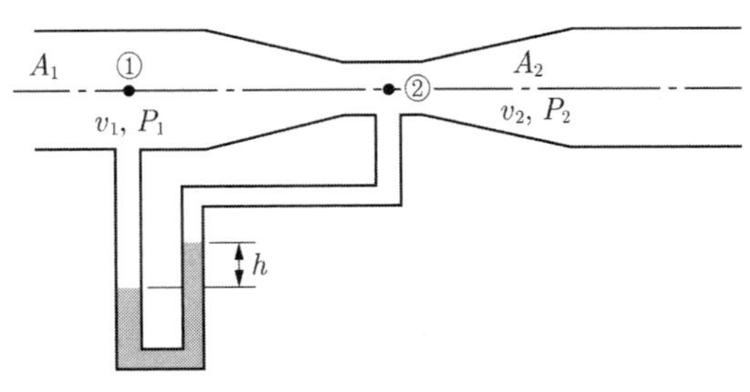

〈그림 I−20〉 벤츄리계

<그림 I−20>에 나타낸 ①부분의 단면적 및 그 부분의 유속, 압력을 각각 A_1, v_1, P_1, ②부분에서의 값을 A_2, v_2, P_2라고 하면, 베르누이의 정리로부터 다음과 같이 된다.

$$\frac{v_1^2}{2g}+\frac{P_1}{\rho g}=\frac{v_2^2}{2g}+\frac{P_2}{\rho g} \quad \cdots\cdots (\mathrm{I}-42)$$

연속의 법칙으로부터 체적유량 Q는 다음과 같이 된다.

$$Q=A_1v_1=A_2v_2$$

따라서,

$$Q=\frac{A_2}{\sqrt{1-(A_2/A_1)^2}}\sqrt{2gh} \quad \cdots\cdots (\mathrm{I}-43)$$

로 되며, ①부분과 ②부분의 압력차 h에 의해서 유량을 산출할 수가 있다. 이것이 벤츄리계의 원리이다. 식 (I−43)은 이론식으로서 실제로는 이 식에 유량계수 C를 곱하여야만 한다.

(4) 사이펀 작용

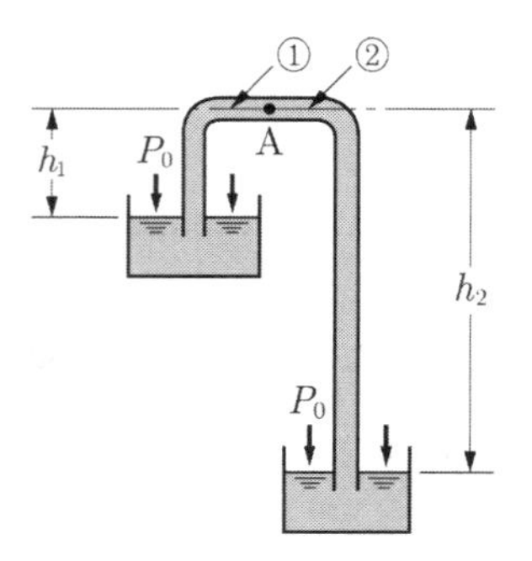

〈그림 I−21〉 사이펀 작용

<그림 I−21>과 같이 곡관 내에 물을 채우고 그 한 쪽 끝을 용기내의 물 속에 넣으면, 용기내의 물은 다른 쪽 끝에서 유출한다. 이것을 사이펀(siphon) 작용이라고 하며, 사이펀의 원리는 다음과 같다.

지금 용기내의 밀도가 ρ이고, 대기압이 P_0일 때, A점을 경계로 하여 점 ① 및 점 ②에서의 압력을 각각 P_1, P_2라고 하면, 다음과 같이 쓸 수 있다.

$$P_1=P_0-\rho g h_1 \quad \cdots\cdots (\mathrm{I}-44)$$

$$P_2=P_0-\rho g h_2 \quad \cdots\cdots (\mathrm{I}-45)$$

그런데, $h_1 < h_2$이므로, $P_1 > P_2$로 되어, 점 ①에서 점 ②로 물이 흐르게 된다.

예제 I.9

〈그림 I−21〉과 같은 사이펀에서 $h_1 = 2\text{ m}$, $h_2 = 7\text{ m}$일 때, 사이펀의 출구에서의 유량은 몇 m^3/s인가? (단, 관의 내경은 15 mm로 일정하고, 손실은 무시한다)

풀이 그림에서 사이펀의 입구 및 출구측을 각각 ①, ②라고 놓으면, ①과 ②점 사이에 베르누이 방정식을 적용할 수 있다.

$\frac{P_1}{\rho g} + \frac{v_1^2}{2g} + z_1 = \frac{P_2}{\rho g} + \frac{v_2^2}{2g} + z_2$이고, $P_1 = P_2 =$대기압, $v_1 = 0$이므로

$v_2 = \sqrt{2g(z_1 - z_2)} = \sqrt{2 \times 9.8 \times 5} \fallingdotseq 9.9\text{ m/s}$

$\therefore\ Q = A \cdot v_2 = \frac{\pi}{4} \times (0.015)^2 \times 9.9 \fallingdotseq 0.00175\text{ m}^3/\text{s}$

I.4 관로

1 수배관의 저항과 압력손실

(1) 마찰손실

일반적으로 유체가 운동하고 있을 때, 점성 때문에 유체와 유체 또는 유체와 고체 사이에 마찰력이 작용한다. 이때 전자를 내부마찰(內部摩擦), 후자를 외부마찰(外部摩擦)이라고 하며, 이들을 총칭하여 유체마찰(流體摩擦)이라고 한다.

이 유체마찰에 의해 유체는 자신이 갖고 있던 에너지를 잃어버리게 된다. 이 손실에너지를 마찰손실(摩擦損失)이라고 부르지만, 압력손실을 ΔP의 형태로 표시하고 이 ΔP를 압력손실이라고 한다. 또한 압력을 유체의 비중량으로 나눈 수두의 감소$\left(\frac{\Delta P}{\rho g}\right)$를 h_f[mAq]로 나타내고, 수두손실(水頭損失)이라고 한다.

<그림 I−22>에 나타낸 내경 d[m], 길이 l[m]인 관에 밀도 ρ[kg/m^3]인 유체가 평균유속 v[m/s]로 흐르는 경우, 유체마찰에 의해 손실되는 압력강하를 ΔP, 또는 수두로 환산하여 h_f로 한다.

이것을 계산하는 데는 달시−와이스바하(Darcy−Weisbach)의 식을 이용한다.

$$\Delta P = P_1 - P_2 = \lambda \frac{l}{d} \frac{\rho v^2}{2} \quad \cdots\cdots \text{(I−46)}$$

또는

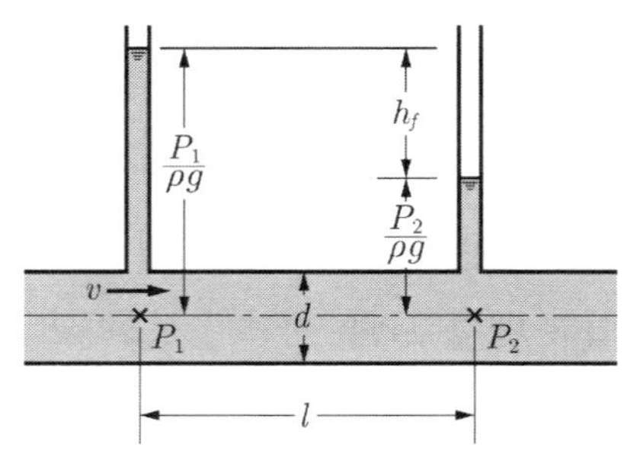

〈그림 I-22〉 관마찰 손실

$$h_f = \frac{\Delta P}{\rho g} = \lambda \frac{l}{d} \frac{v^2}{2g} \qquad \text{(I-47)}$$

여기서, λ는 관마찰계수(管摩擦係數)라고 부르는 비례정수로서, 일반적으로 레이놀즈수 Re와 관의 상대조도 (ε/d)에 관계된다.

매끈한 원관 내를 유체가 층류의 상태로 흐르는 경우, 압력손실 ΔP[Pa], 손실수두 h_f[m]는 하겐-포아젤(Hagen-Poiseuille)의 법칙에 의해 다음과 같이 구해진다.

$$h_f = \frac{\Delta P}{\rho g} = \frac{128\mu l Q}{\pi \rho g d^4} = \frac{32\nu l v}{d^2 g} \qquad \text{(I-48)}$$

여기서, μ : 유체의 점성계수, kg/(m·s)
ν : 동점성계수, m^2/s

이다. 식 (I-47)과 식 (I-48)로부터 층류의 경우($Re < 2,000$), 관마찰계수는 다음과 같이 된다.

$$\lambda = \frac{64\nu}{dv} = \frac{64}{Re} \qquad \text{(I-49)}$$

매끄러운 원관에서 난류상태에 있어서의 관마찰계수에 대해서는 Blasius의 공식으로서 다음과 같은 식이 있다.

$$\lambda = 0.3164/Re^{0.25} \, (3\times10^3 < Re < 10^5) \qquad \text{(I-50)}$$

또한 $10^5 < Re < 10^8$인 범위에서는 칼만-니쿠라제(Karman-Nikuradse)의 공식인 다음과 같은 식이 있다.

$$\lambda = \frac{1}{\left(1.74 - 2\log_{10}\frac{2\varepsilon}{d}\right)^2} \qquad \text{(I-51)}$$

무디(Moody)는 칼만－니쿠라제의 식을 근거로 하여 관마찰계수를 정하는 무디 선도를 작성하였다. <그림 I－23>은 무디 선도이다. 또한 실용관의 조도(ε)를 <표 I－3>에 나타내었다.

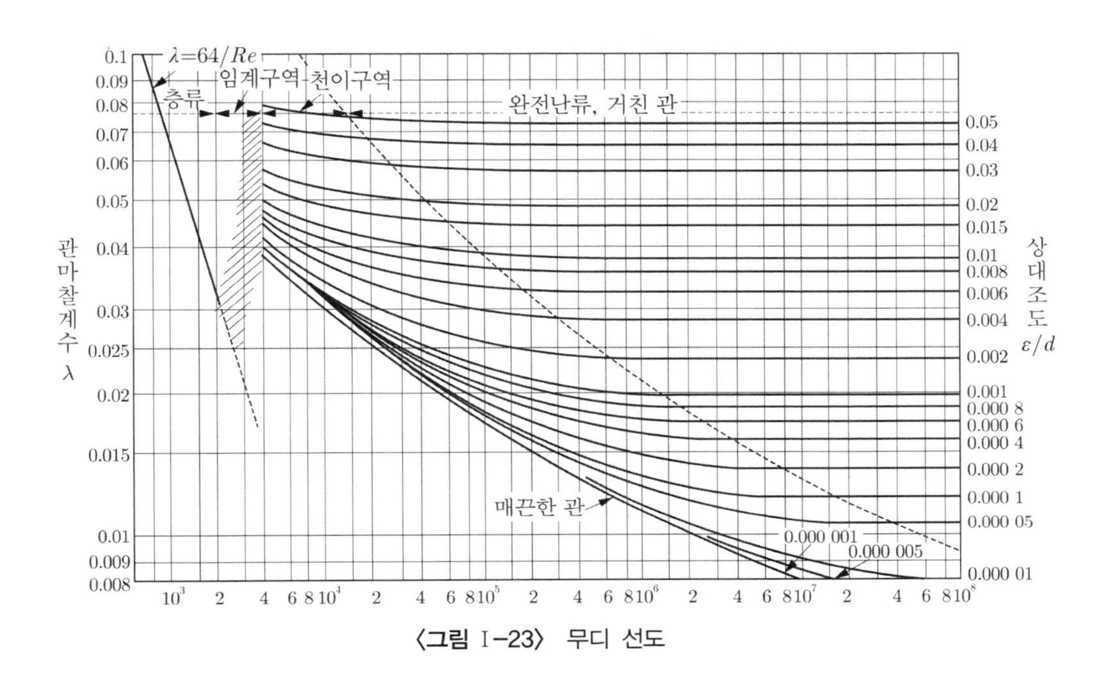

〈그림 I－23〉 무디 선도

〈표 I－3〉 관내 표면의 조도(ε)

관의 종류	ε[mm]	관의 종류	ε[mm]
콘크리트관	0.3～3.0	주철관(신관)	0.3
아연 인철관	0.15	동　관	0.05

예제 I.10

내경 25 mm인 매끈한 관을 통하여 물을 2 m/s의 속도로 보내려고 한다. 이때, 관 마찰계수가 $\lambda=0.03$이고, 관의 길이가 50 m인 경우, 압력강하는 몇 Pa인가?

풀이 $h_f=\lambda\cdot\dfrac{l}{d}\cdot\dfrac{v^2}{2g}=0.03\times\dfrac{50}{0.025}\times\dfrac{2^2}{2\times9.8}=12.24\ \text{m}$

$$P=\rho gh=1{,}000\times9.8\times12.24=119{,}952\ \frac{\text{N}}{\text{m}^2}=119{,}952\ \text{Pa}$$

(2) 관내의 국부손실

유체가 관로 내를 흐르고 있을 때는 마찰손실 이외에 관의 단면적이나 형상 또는 유동방향이 변하거나 관로 내에 장애물이 있으면, 이로 인해 발생하는 유체의 충돌이나 와류(渦流, 소용돌이)에 의해 에너지가 소비된다. 이 손실수두 h_l[mAq]를 국부저항(局部抵抗)이라고 하며, 관내의 유속을 v[m/s]라고 하면, 다음과 같이 나타낼 수 있다.

$$h_l = \zeta \cdot \frac{v^2}{2g} \quad \cdots\cdots (\mathrm{I}-52)$$

여기서, ζ를 국부손실계수라고 한다. 국부손실계수는 실험으로부터 구해지는 것이지만, 몇 가지 대표적인 경우에 대해 표 <I−4>에 그 예를 나타내었다.

〈표 I−4〉 손실계수(ζ)

구 분	형 상	손실 계수
입구 손실	A, v	0.5
	A, v	0.06～0.005
단면적이 급변하는 경우	v, A_1, A_2	$\zeta=\xi\left\{1-\left(\frac{A_1}{A_2}\right)\right\}^2 (\xi \fallingdotseq 1)$
	A_1, A', A_2, v	$\zeta=\left(\frac{1}{C_c}-1\right)^2$, $\left(C_c=\frac{A'}{A_2}=0.6\sim0.8\right)$
완만하게 넓어지는 경우	v, A_1, θ, A_2	$\zeta=\xi\left\{1-\left(\frac{A_1}{A_2}\right)\right\}^2$ (원관인 경우 $\theta \fallingdotseq 6°$일 때 $\xi_{min} \fallingdotseq 0.135$)
완만하게 좁아지는 경우		가늘어지는 각이 30° 이하일 때 마찰손실 이외의 손실은 없다.
방향 변화	A, v, θ	$\zeta \fallingdotseq \sin^2\frac{\theta}{2}+2\sin^4\frac{\theta}{2}$
출구 손실		1

예제 I.11

단면이 급격하게 확대되고, 직경비가 $d_1/d_2=0.5$일 때, 국부손실계수 ζ는 얼마인가? 또한 내경 d_1인 곳에서의 유속이 1.5 m/s 일 때 국부손실수두는 얼마인가?

풀이 <표 I－4>에서

$$\zeta=\left\{1-\left(\frac{A_1}{A_2}\right)\right\}^2=\left\{1-\left(\frac{d_1}{d_2}\right)^2\right\}^2=(1-0.5^2)^2=0.5625$$

$$h_l=\zeta\frac{v^2}{2g}=0.5625\times\frac{1.5^2}{2\times9.8}\fallingdotseq0.065\text{ m}$$

(3) 상당관길이

복잡한 관로계에서 관 이음쇠나 밸브류의 손실을 하나 하나 계산하는 것은 번거롭고 또한 많은 시간을 필요로 한다. 따라서, 이와 같은 손실을 같은 내경의 직관에 의해 생기는 마찰손실수두에 상당하는 길이로 표시하면 편리하다. 이것을 상당관길이(equivalent pipe length) l_e라고 하며, 식 (I－47)과 식 (I－52)에 의해 다음과 같이 표현할 수 있다.

$$\lambda\frac{l}{d}\frac{v^2}{2g}=\frac{\zeta v^2}{2g}$$

$$\therefore\ l_e=\frac{\zeta}{\lambda}d \quad \cdots\cdots (I-53)$$

본문 2장 <표 2－28>에 각종 관이음쇠 및 밸브류의 상당관길이를 나타내었다. 직관에 각종 관이음쇠 및 밸브류 등이 조합·설치된 경우, 배관계의 전마찰손실수두 H_f [mAq]는 직관부의 길이를 l[m], 관이음 및 밸브류의 상당길이의 합계를 l_e[m]라고 하면, 다음과 같이 표시된다.

$$H_f=h_f+\sum h_l=\lambda\frac{(l+l_e)}{d}\frac{v^2}{2g} \quad \cdots\cdots (I-54)$$

마찰손실수두선도(본문 2장 <그림 2－33>~<그림 2－35>)를 이용하는 경우는 1m당의 마찰손실수두를 구하고, 여기에 $(l+l_e)$를 곱하면 전마찰손실수두가 구해진다. 여기서 관의 길이를 l[m]라고 할 때, 단위길이당 마찰손실수두를 i [mAq/m 또는 Pa/m]라고 하면,

$$i=\frac{H_f}{l} \quad \cdots\cdots (I-55)$$

로 되며, 이것을 동수구배(動水勾配)라고도 한다.

예제 I.12

직경 50 mm이고, 직선 길이가 50 m인 유로에 게이트 밸브 2개, 90° 엘보 3개가 설치되어 있을 때, 물이 1.5 m/s로 흐를 때의 관로의 총 손실수두는 몇 m인가? (단, 게이트 밸브의 국부손실계수는 $\zeta = 0.19$, 엘보의 $\zeta = 0.9$, 그리고 관마찰계수는 $\lambda = 0.03$이다)

풀이 $h_{l_1} = \zeta \dfrac{v^2}{2g} = 0.19 \times \dfrac{1.5^2}{2 \times 9.8} = 0.0218\text{m}$

$h_{l_2} = \zeta \dfrac{v^2}{2g} = 0.9 \times \dfrac{1.5^2}{2 \times 9.8} = 0.1033\,\text{m}$

$h_f = \lambda \cdot \dfrac{l}{d} \cdot \dfrac{v^2}{2g} = 0.03 \times \dfrac{50}{0.05} \times \dfrac{1.5^2}{2 \times 9.8} = 3.444\text{m}$

$\therefore$ 총 손실수두$= 0.0218 \times 2 + 0.1033 \times 3 + 3.444 \fallingdotseq 3.796\text{m}$

2 수력구배선과 에너지구배선

앞에서도 설명한 바와 같이 우리가 취급하는 관로 내의 흐름은 거의 난류운동(turbulent motion)을 하고 있으며, 흐름의 도중에 단면적의 변화, 유량의 변화 등을 생각할 수 있으나, 가장 기본적인 흐름은 관로의 직경이 균일하고 곧은 관로를 동일한 유량의 유체가 흐르는 경우이다.

관로에 의하여 유체를 수송하는데 있어서는 관벽의 마찰저항을 반드시 이겨내야 하므로 많은 에너지가 소비된다. 이 에너지는 결국 열로 변하여 압력이나 운동에너지로 회수할 수 없으므로 마찰손실이라고 한다고 하였다.

관로의 흐름에서 생기는 마찰손실의 양을 결정하는 일은 매우 중요하다.

예를 들어 저수조에서 고가수조로 물을 공급할 때, 필요한 양수관로의 직경, 펌프를 운전하는 데 필요한 동력, 또는 급수관로의 직경 등을 결정할 때, 먼저 이 마찰손실을 계산하여야 된다. 따라서 관로에서의 마찰손실을 계산하기 위한 적당한 식을 구하는 일은 실제 유체역학에서 가장 중요한 목적이라고 할 수 있다.

곧은 관이라고 하더라도 관로의 입구, 출구에서 마찰손실 이외의 손실이 일어나고, 또한 실제로는 관로 도중에 직경이 변화하고 곡관이나 밸브가 있기 때문에 국부저항에 의한 손실이 발생한다. 이들 일체의 손실수두를 $H_f(= h_f + \sum h_l)$로 표시하면, 베르누이의 식은 다음과 같다.

$$\frac{P}{\rho g} + z + \frac{v^2}{2g} + H_f = H \quad \cdots\cdots \text{(I}-56\text{)}$$

긴 관로에서는 관벽에서의 마찰손실수두 h_f가 다른 원인에 의한 손실수두와 비교하였을 때,

현저하게 크므로, 이 h_f만을 고려에 넣고 다른 원인에 의한 손실은 무시하여 계산하는 것이 보통이다. 그러나, 급배수·위생설비에서는 마찰손실외에 국부저항에 의한 손실도 계산하여야 하지만, 국부손실수두를 일일이 계산하거나 또는 이것이 번거로울 때는 마찰손실 h_f를 구하고, 경험에 의해 상당관길이를 실제 길이의 몇 %라는 형태로 하여 계산하기도 한다.

<그림 I－24>에 표시하는 바와 같이 내경 d가 일정한 수평관로를 생각하면, 위치수두 z는 일정하고, 또한 단면적 $\frac{\pi d^2}{4}$가 일정하므로 평균속도 v도 일정하다.

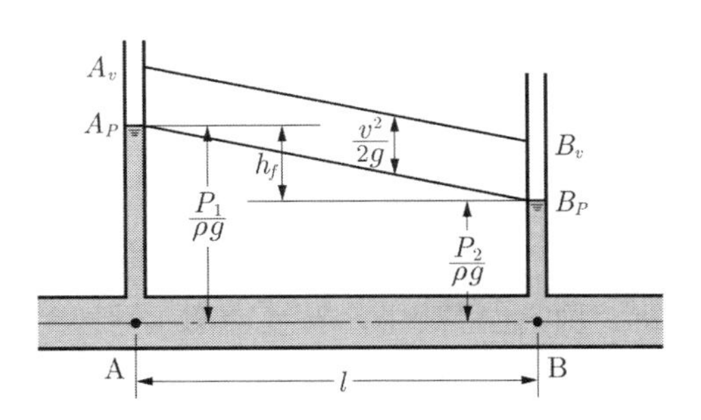

〈그림 I－24〉 수력구배선과 에너지 구배선

따라서, 베르누이의 식은 다음과 같이 된다.

$$\frac{P}{\rho g}+h_f=H=\text{일정} \quad \cdots\cdots (\mathrm{I}-57)$$

여기서, h_f는 마찰손실수두이며, 이것은

$$h_f=\lambda\frac{l}{d}\frac{v^2}{2g} \quad \cdots\cdots (\mathrm{I}-58)$$

이다. 즉, 손실수두 h_f는 흐름의 거리 l에 정비례하여 증가한다. 그러므로 <그림 I－24>에 대하여 단면 A와 B에 유리관을 세우면, 그 안의 수면은 단면의 압력 P_1 및 P_2에 상당하는 높이 $\frac{P_1}{\rho g}$ 및 $\frac{P_2}{\rho g}$만큼 상승하여, 높이 차 $h_f=\frac{P_1}{\rho g}-\frac{P_2}{\rho g}$가 손실수두를 표시한다(이것은 관로 내의 유체가 물인 경우이며, 만약 공기, 수증기 등과 같은 기체에 대하여는 두 유리관의 상단을 U자관에 연결하여 수은 등과 같은 액체의 수두차로 표시한다). 따라서, 관 벽에 의한 마찰손실 이외의 손실(국부손실)을 무시하였을 때, 유리관 내의 수면(각 점에서 압력수두 $\frac{P}{\rho g}$와 위치수두 z를 더한 점)을 연결한 선, 즉 압력을 표시하는 선은 직선 $A_P B_P$로 된다. 이 직선 $A_P B_P$를 수력구배선(水力勾配線, hydraullic grade line) 또는 동수구배선(動水句配線)이라고 한다.

이 직선 위에 속도수두 $\frac{v^2}{2g}$을 더한 점을 연결한 선, 직선 $A_v B_v$는 유체의 전에너지를 나타내는 에너지 선(energy line)이다. 즉, 손실수두가 증가한 만큼 에너지가 감소되는 것을 나타내고 있다. 이들 구배선은 복잡한 관로의 문제해결에 편리하다.

다음에 식 (I-58)에 $v = \dfrac{Q}{(\pi/4) \cdot d^2}$를 대입하면

$$h_f = \lambda \frac{lQ^2}{(\pi/4)^2 \cdot 2g} \cdot \frac{1}{d^5} \quad \cdots\cdots \text{(I}-59\text{)}$$

로 된다.

일반적으로 h_f[m]는 같은 관로에 있어서도 유속 v값에 따라 변화하지만, 지금 λ가 일정하고, 또 l과 Q도 일정하다고 하면,

$$h_f \propto \frac{1}{d^5} \quad \cdots\cdots \text{(I}-60\text{)}$$

로 되어, 마찰에 의한 손실수두가 대략 관로 직경의 5승에 반비례하는 것을 나타낸다. 그러므로 관의 직경을 조금만 가늘게 하여도 저항이 상당히 커짐을 알 수 있다. 이와 같은 사실로부터 관로의 경제적 치수를 결정할 때, 고려되어야 할 중요한 조건중의 하나가 관의 직경이다.

배관의 마찰저항에 관한 이제까지의 내용을 다음과 같이 정리할 수 있다.

① 배관의 마찰저항은 관의 길이 및 유체의 밀도에 비례한다.
② 배관의 마찰저항은 유속의 2승에 비례한다.
③ 배관의 마찰저항은 관 내경의 5승에 반비례한다.
④ 배관의 마찰저항은 관 내벽의 상태에 관계한다(凹凸이 있을수록 증대).
⑤ 배관의 마찰저항은 유체의 점성에 관계한다(점성이 높을수록 증대).

3 개방회로, 밀폐회로 및 펌프

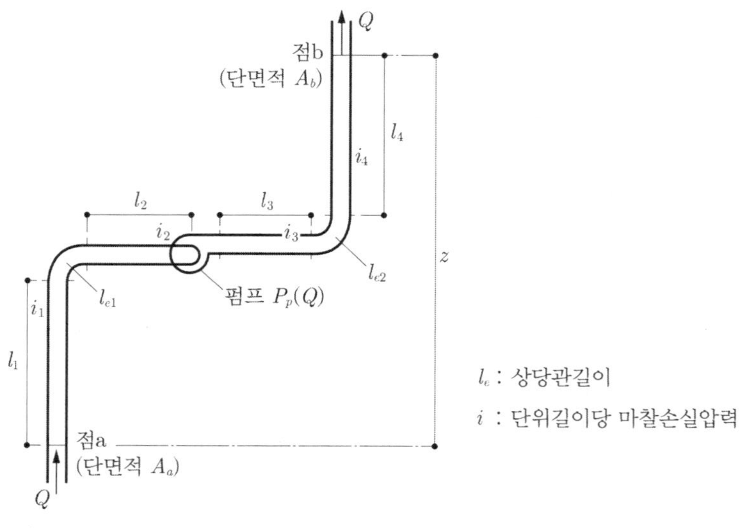

〈그림 I-25〉 실제관로에 베르누이식의 적용

<그림 I−25>와 같이 흐름에 의한 저항이 존재하고, 또한 펌프에 의해 에너지가 가해지고 있는 실제의 급수·급탕관로에 베르누이 방정식을 적용해 보자.

<그림 I−25>에서 a점을 높이의 기준면(위치수두 $z=0$인 점)으로 취하고, 밀도 ρ[kg/m³]가 일정, 체적유량을 Q[m³/s], a, b점의 관단면적을 A_a 및 A_b[m²], 중력 가속도를 g[m/s²]라고 하면, a 및 b점에 대해 베르누이 식을 적용하면 다음과 같이 된다.

$$\frac{1}{2}\rho\left(\frac{Q}{A_a}\right)^2+p_a=\frac{1}{2}\rho\left(\frac{Q}{A_b}\right)^2+\rho g z+p_b \text{ [Pa]} \quad \cdots\cdots (\text{I}-61)$$

그림에서 a점에서 b점까지 물이 흐를 때, 마찰저항 및 국부저항에 의해 압력손실이 발생한다. 이 압력손실 Δp[Pa]는 직관의 길이를 $l_1 \sim l_4$[m], 또한 단위길이당 마찰손실압력을 각각 $i_1 \sim i_4$[Pa/m], 곡관부의 상당관 길이를 $l_{e1} \sim l_{e2}$[m], 마찰저항 및 국부저항에 의한 총손실압력을 Δp[Pa]라고 하면,

$$\Delta p=i_1(l_1+l_{e1})+i_2 l_2+i_3(l_3+l_{e2})+i_4 l_4 \text{ [Pa]} \quad \cdots\cdots (\text{I}-62)$$

로 된다. 또한, a점부터 b점 사이에 펌프가 있어서 펌프에 의해 압력 $P_p(Q)$[Pa]가 가해진다고 하자. 그러면 베르누이의 식 (I−61)은 손실과 펌프압력을 고려하면, 다음과 같이 된다.

$$\frac{1}{2}\rho\left(\frac{Q}{A_a}\right)^2+p_a+P_p(Q)=\frac{1}{2}\rho\left(\frac{Q}{A_b}\right)^2+\rho g z+p_b+\Delta p \text{ [Pa]} \quad \cdots\cdots (\text{I}-63)$$

이 식을 수정 베르누이식이라고 한다.

식 (I−63)에서는 펌프에 의해 가해지는 압력을 $P_p(Q)$로 나타내었는데, 이것은 유량의 함수가 된다. 실제로 펌프에 의해 가해지는 압력(펌프의 경우, 일반적으로 양정이라고 함 : 본문 8장 참조)과 그 양정에서 펌프가 흐르게 할 수 있는 유량간에는 펌프마다 결정해야 할 관계가 있으며, 이들 관계를 나타낸 것이 펌프의 특성곡선이다(<그림 I−28> 또는 본문 8장 참조).

다음에 <그림 I−26>의 (a)와 같이 물을 펌프로 퍼올리는 경우(개방회로)와 <그림 I−26>의 (b)와 같이 물을 순환시키는 경우(밀폐회로 : 급탕배관에서 환탕관이 설치되어 있는 경우)에 대해 펌프에 필요한 양정을 구해보고, 펌프에 요구되는 양정의 차이를 생각해 보도록 한다.

<그림 I−26> (a)의 개방회로인 경우, 펌프입구 및 출구에서의 압력을 각각 P_{ai}, P_{ad}[Pa]라고 해보자. 다음에 관의 흡입구(점 1) 및 토출구(점 2)에서의 국부손실계수를 ζ_1, ζ_2로 하여, 흡입구 및 토출구에서의 압력평형을 <그림 I−27>에서 생각해 본다. 저수조 내에서의 유속은 일반적으로 무시할 수 있고(점 1에서의 유속에 비해 상당히 작다) 깊이 z_1에 상당하는 압력과 흡입구에서의 동압, 그리고 그곳에서의 압력 및 국부저항에 의한 압력손실의 합이 같아야 하므로, 다음과 같이 쓸 수 있다.

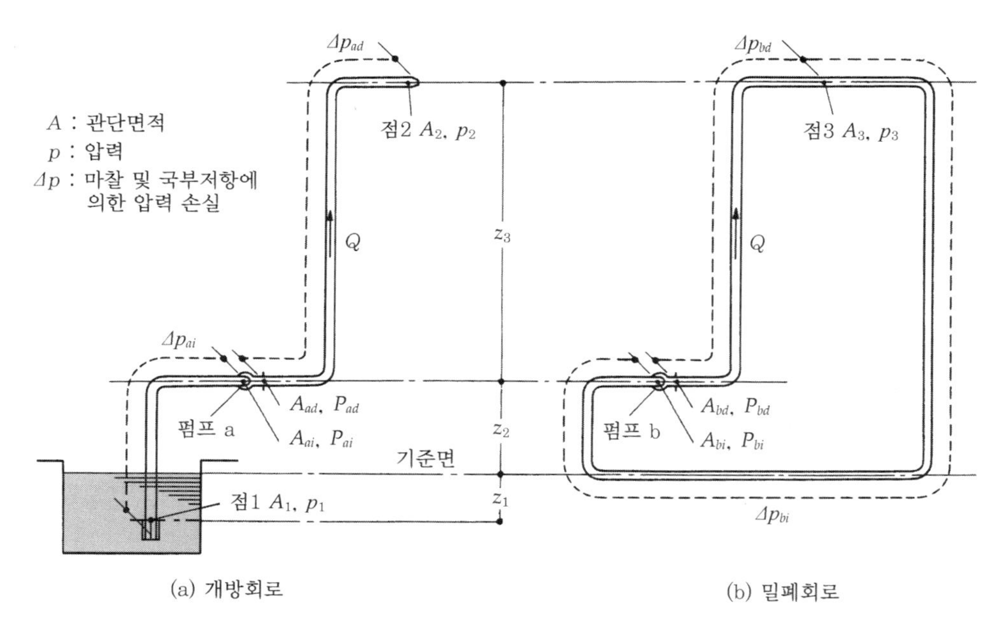

〈그림 I-26〉 개방회로와 밀폐회로의 펌프

$$\rho g z_1 = \frac{1}{2}\rho\left(\frac{Q}{A_1}\right)^2 + p_1 + \zeta_1 \times \frac{1}{2}\rho\left(\frac{Q}{A}\right)^2 \text{ [Pa]} \cdots\cdots (\text{I}-64)$$

마찬가지로 토출구(점 2)에서는 점 2에서의 대기압을 P_o[Pa]라고 하면, 다음과 같이 쓸 수 있다.

$$\frac{1}{2}\rho\left(\frac{Q}{A_2}\right)^2 + p_2 = P_o + \zeta_2 \times \frac{1}{2}\rho\left(\frac{Q}{A_2}\right)^2 \text{ [Pa]} \cdots\cdots (\text{I}-65)$$

식 (I−64)와 식 (I−65)를 이용하여, 저수조 수면을 기준면으로 한 점 1 및 2에서의 전압력을 생각하면, 다음과 같이 된다.

$$\frac{1}{2}\rho\left(\frac{Q}{A_1}\right)^2 - \rho g z_1 + p_1 = -\zeta_1 \times \frac{1}{2}\rho\left(\frac{Q}{A_1}\right)^2 \text{ [Pa]} \cdots\cdots (\text{I}-66)$$

$$\frac{1}{2}\rho\left(\frac{Q}{A_2}\right)^2 + \rho g(z_2 + z_3) + p_2 = \rho g(z_2 + z_3) + P_o + \zeta_2 \times \frac{1}{2}\rho\left(\frac{Q}{A_2}\right)^2 \text{ [Pa]} \cdots (\text{I}-67)$$

여기서, 토출구 높이에서의 대기압 P_o를 생각해 본다.

대기압은 밀도가 1.2 kg/m^{3}인 공기의 무게에 의한 압력이다. 이것에 대해서 관내 물의 밀도는 1,000 kg/m^{3}이므로 식 (I−63)에서 설명한 바와 같이 식 (I−67)에서 저수조를 기준면(대기압=0)으로 한 $P_o(= 0 - \rho_a g z$ [Pa], ρ_a는 공기의 밀도)는 무시할 수 있다.

또한 <그림 I−26>에 나타낸 바와 같이 <식 (I−66)>과 <식 (I−67)>의 좌변, 즉 (점 1), (점 2)에서 전압력은 각각 0과 $\rho g(z_2+z_3)$로 된다는 것도 쉽게 이해할 수 있다.

따라서 (점 1)과 펌프입구, 펌프출구와 (점 2) 사이에 식 (I−63)을 적용하면 다음과 같이 된다.

$$O=\frac{1}{2}\rho\left(\frac{Q}{A_{ai}}\right)^2+\rho qz_2+P_{ai}+\Delta p_{ai}\ [\mathrm{Pa}] \quad \cdots\cdots (I-68)$$

$$\frac{1}{2}\rho\left(\frac{Q}{A_{ad}}\right)^2+\rho gz_2+P_{ad}=\rho g(z_2+z_3)+\Delta p_{ad}\ [\mathrm{Pa}] \quad \cdots\cdots (I-69)$$

이것으로부터 펌프에 필요한 양정 $P_{ap}(Q)$는 다음과 같이 구해진다.

$$\begin{aligned}P_{ap}(Q)&=\frac{1}{2}\rho\left\{\left(\frac{Q}{A_{ad}}\right)^2-\left(\frac{Q}{A_{ai}}\right)^2\right\}+(P_{ad}-P_{ai})\\&=\rho g(z_2+z_3)+\Delta p_{ad}+\Delta p_{ai}\ [\mathrm{Pa}] \quad \cdots\cdots (I-70)\end{aligned}$$

다음에, <그림 I−26>의 (b)와 같은 밀폐회로를 생각하여 본다.

최하단 관의 중심을 높이의 기준면으로 하여, 펌프 입출구와 점 3에서의 관계에 베르누이 관계식을 적용한다.

$$\frac{1}{2}\rho\left(\frac{Q}{A_3}\right)^2+\rho g(z_2+z_3)+p_3=\frac{1}{2}\rho\left(\frac{Q}{A_{bi}}\right)^2+\rho gz_2+P_{bi}+\triangle p_{bi}\ [\mathrm{Pa}] \quad \cdots\cdots (I-71)$$

$$\frac{1}{2}\rho\left(\frac{Q}{A_{bd}}\right)^2+\rho gz_2+P_{bd}=\frac{1}{2}\rho\left(\frac{Q}{A_3}\right)^2+\rho g(z_2+z_3)+p_3+\triangle p_{bd}\ [\mathrm{Pa}] \quad \cdots\cdots (I-72)$$

따라서, 펌프에 필요한 양정 $P_{bp}(Q)$는 다음과 같이 된다.

$$P_{bp}(Q)=\frac{1}{2}\rho\left\{\left(\frac{Q}{A_{bd}}\right)^2-\left(\frac{Q}{A_{bi}}\right)^2\right\}+(P_{bd}-P_{bi})=\triangle p_{bd}+\triangle p_{bi}\ [\mathrm{Pa}] \quad \cdots\cdots (I-73)$$

이상의 내용으로부터 다음과 같이 정리할 수 있다.

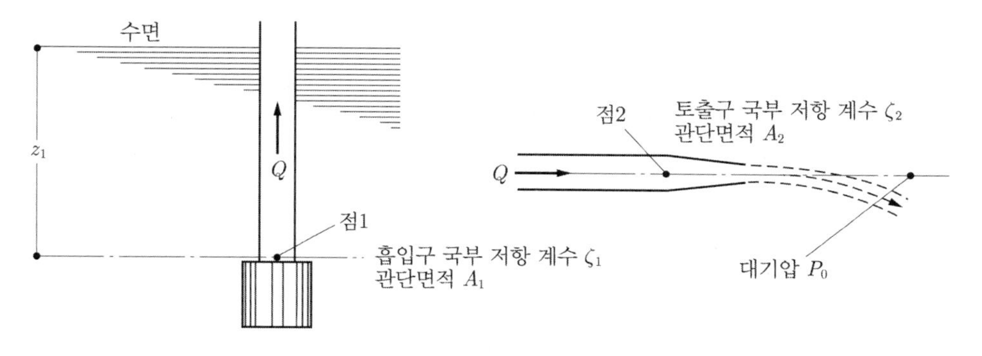

〈그림 I−27〉 관의 흡입구 및 토출구의 국부저항

① 밀폐회로에서 펌프에 필요한 양정은 식 (I−73)으로부터 알 수 있듯이 위치압(위치에 의한 압력)은 전혀 관계가 없다. 이것을 무시하고 $\rho g(z_2+z_3)$을 더하여 펌프를 선정하면, <그림 I−28>로부터 알 수 있듯이 과대한 유량, 다시 말하면 과대한 유속이 되어 에너지를 손실할 뿐만 아니라 소음, 부식, 침식(부식의 일종으로 부식작용과 기계적 마모작용의 상승효과에 의해 생김)의 원인이 된다. 극단적인 경우에는 점 3과 같이 압력이 낮게 되는 부분에서 물 속에 용해되어 있던 공기가 대량으로 방출되어 흐름이 방해받기도 하며, 이와 같은 위치에 설치된 수전으로부터는 물이 거의 나오지 않게 되기도 한다.

② 식 (I−70) 및 식 (I−73)으로부터 알 수 있듯이 펌프의 입구와 출구의 구경이 같은 경우 ($A_{ai}=A_{ad}$, $A_{bi}=A_{bd}$)에는 펌프 출입구에서의 동압(속도에 의한 압력)의 차가 0(零)이 된다. 이것은 관로내의 흐름에서도 동일하며, 관경이 같은 경우에는 속도수두를 무시하고 계산할 수 있다.

③ 국부손실계수를, 동압을 무시하고, 예를 들면, 식 (I−64) 및 식 (I−65)의 p_1, (p_2-P_0)을 기초로 하여 구하는 예도 있다. 이와 같이 하여 구한 값을 "정압기준에 의한 표시" 등 이라고 하지만, 수정 베르누이의 식에 기초하여 동압의 변화도 포함하여(정압기준에 대해 "전압기준"이라고 한다) 생각하는 것이 틀림이 적다. 상기의 펌프에서도 대형의 것은 입출구의 구경이 다르기 때문에 식 (I−70) 및 식 (I−73)과 같이 동압도 포함시켜 생각할 필요가 있다.

④ 물을 취급하는 경우에는 극단적인 경우를 제외하고는 높이에 따른 대기압차를 무시하여도 좋다.

⑤ 관로부분이 수중에 있는 경우 마찰 및 국부저항에 의한 압력손실만을 고려하면 되며, 위치압은 무시하여도 좋다. 마찬가지로 대기중에 있는 관로, 덕트에 공기가 흐르고 있는 경우에도 위치압력은 무시하여도 좋다.

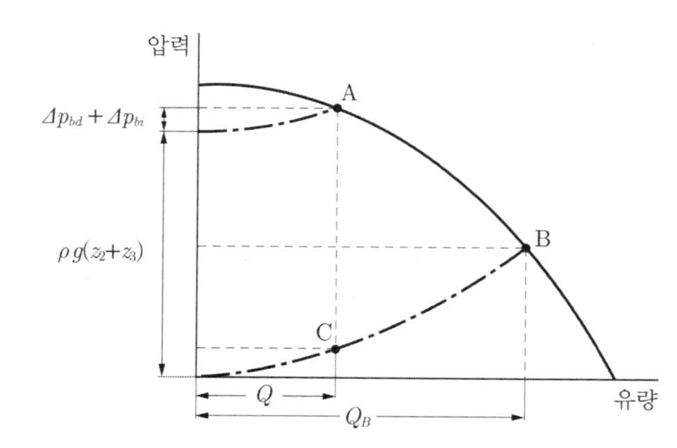

A점 : 위치압을 더한, 잘못 생각한 운전점
B점 : 잘못 선정된 펌프에서의 실제 운전점
C점 : 정확하게 선정한 펌프에서의 운전점, 마찰저항 및 국부저항에 의한 압력손실은 유량의 제곱에 비례한다.

따라서 B점에서의 압력 P_B는

$$P_B=P_C\times(Q_B/Q)^2$$

으로 된다. 유량 [m^3/s]에 압력 [Pa]을 곱하면 [W]로 된다. B점은 C점 유량의 (Q_B/Q)배, 압력은 $(Q_B/Q)^2$이므로 단위시간당 에너지는 $(Q_B/Q)^3$배로 된다.

〈그림 I−28〉 펌프의 특성곡선과 펌프의 선정

Appendix II 배관재료 및 배관공사의 기초사항

II.1 배관재료

급배수·위생설비의 배관공사에 사용하는 관, 관이음쇠 및 밸브류 등은 설계도서에서 지정한 재료 및 재질에 적합한 것을 선정한다. 사용하는 재료에 대해서는 재료의 용도, 내압력, 재질 및 접합방법을 포함한 시공방법 등을 충분히 이해한 후, 사용할 필요가 있다. 특히 공식적으로 규격화되어 있지 않은 재료나 새로이 개발된 재료를 사용하는 경우에는 재질, 사용온도, 내압력, 접합법 등에 대해서 충분히 검토를 하고, 제조 메이커의 설명서를 잘 이해하여 목적에 맞는 것을 사용할 필요가 있다.

1 관 및 관이음쇠의 종류

위생설비공사에 사용하는 관의 재료로는 강관, 스테인리스 강관, 동관 및 주철관 등의 금속관 외에 각종 수지관 및 콘크리트관 등이 있다. 이들 관의 대부분은 재질, 치수, 압력, 온도 등 적용조건이 KS(한국산업규격)에 규정되어 있다.

<표 II-1>에는 각 설비에 사용하는 배관재료의 규격과 사용 구분 예를 나타내었다.

과거에는 강관을 널리 사용하였지만, 최근에는 설비배관의 부식 문제가 대두되면서, 이제까지 가격이나 시공방법의 제약 등 때문에 그다지 사용하지 않았던 동관이나 스테인리스 강관과 같은 내식성 재질의 관을 널리 사용하고 있다.

<표 II-2>에는 각종 재질의 관에 대한 이음쇠의 규격과 사용구분 예를 나타내었다.

〈표 Ⅱ-1〉 배관재료의 규격과 사용 구분의 예※

구분	관종	명 칭	규 격	사용 구분											비 고
				증기	고온수	냉온수	냉각수	기름	냉매	급수	급탕	배수	통기	소화	
금속관	주철관	배수용 주철관	KS D 4307									○	○		보통압력관
		수도용 원심력 덕타일 주철관	KS D 4311								○			○	1종 및 2종
	강관	수도용 아연도 강관	KS D 3537			○	○			○		○	○	○	백관(아연도)
		수도용 도복장 강관	KS D 3565							○					
		배관용 탄소강관	KS D 3507	◎		○	○	◎	◎	○		○	○	○	◎는 흑관
		압력배관용 탄소강관	KS D 3562	◎	●	○	○	◎	◎	○				○	기타는 백관 ●:SCH40흑관
		배관용 아크용접 탄소강 강관	KS D 3583							○				○	백관
		폴리에틸렌 피복강관	KS D 3589				○	○		○					
		분말 융착식 폴리에틸렌 피복강관	KS D 3607				○			○					
		고압배관용 탄소강관	KS D 3564	○		○									흑관
		내식성 급수용 강관	KS D 3623							○	○				
		배관용 스테인리스 강관	KS D 3576			○	○			○	○	○		○	
		일반용 스테인리스 강관	KS D 3595			○	○			○	○			○	
		경질 염화비닐 라이닝 강관	KS D 3761				○			○					
		수도용 에폭시수지 분체 내외면 코팅 강관	KS D 3608				○			○					
		수도용 폴리에틸렌 분체 라이닝 강관	KS D 3619				○			○					
	연관	연관	KS D 6702									○	○		1종 및 2종
		수도용 연관	KS D 6703							○					1종 및 2종
		배수, 통기 및 세척용 연관	관련 표준									○	○		
	동관											*	*	**	*소변기 계통은 제외 **스프링클러 계통의 관경 DN 65 이하에 한정 사용
		이음매 없는 동 및 동합금관	KS D 5301			○	○		○	○	○	○	○	○	
		동 및 동합금 용접관	KS D 5545		○	○	○		○	○	○				
비금속관	일반용플라스틱관	일반용 경질 염화비닐관	KS M 3404				○					○	○		
		수도용 경질 염화비닐관	KS M 3401				○			○					
		수도용 폴리에틸렌관	KS M 3408				○			○					
		가교화 폴리에틸렌관	KS M 3357			○				○	○				
		폴리프로필렌 공중 합체관	KS M 3362			○				○	○				
		폴리부틸렌관	KS M 3363			○				○	○				
	일반용플라스틱관	내열성 경질 염화비닐관	KS M 3414		○						○				
		발포 중심층을 갖는 공압출 염화비닐관	KS M 3413									○	○		
	콘크리트관	철근 콘크리트관	KS F 4401									○			
		원심력 철근 콘크리트관	KS F 4403									○			
		진동 및 전압 철근 콘크리트관	KS F 4402									○			
		코어식 프리스트레스트 콘크리트관	KS F 4405									○			
		하수도용 철근 콘크리트관	관련 표준									○			
	도관	도관(직관)										○			배수용

㈜ 1) 응축수 배관은 증기와 동일조건으로 한다.
2) 중수 배관은 급수와 동일 조건으로 사용한다.
※ 건축기계설비공사 표준시방서(KCS), 2016

〈표 II-2〉 이음쇠의 규격과 사용 구분 예※

구분	관종	명 칭	규 격	사용 구분											비 고
				증기	고온수	냉온수	냉각수	기름	냉매	급수	급탕	배수	통기	소화	
금속관	주철관	수도용 주철 이형관	KS D 4309							○				○	
		배수용 주철관	KS D 4307									○	○		
		수도용 원심력 덕타일 주철관	KS D 4311							○				○	
	강관	강제 용접식 플랜지	KS B 1503	○		○	○	○		●	●			○	
		나사식 강관제 관이음쇠	KS B 1533	○		○	○	○		●	●		○	○	
		가단 주철제 관이음쇠	KS B 1531	○		○	○	○		●	●		○	○	
		나사식 배수관 이음쇠	KS B 1532									○			
		일반배관용 강제 맞대기 용접식 관이음쇠	KS B 1522	○		○	○	○		○	○			○	
		배관용 강판제 맞대기 용접식 관이음쇠	KS B 1543	○		○	○	○		○	○			○	
		배관용 강제 맞대기 용접식 관이음쇠	KS B 1541	○	○	○	○	○		○	○			○	
		수도용 도복장 강관 이형관	KS D 3578							○					
		수도용 수지 코팅관 이음쇠	관련 표준							○					
		일반배관용 스테인리스강관 프레스식 관 이음쇠	KS B 1547			○	○			○	○				
		일반배관용 스테인리스 강관 그립식 관이음쇠	KS B 1549			○	○			○	○				
	동관	동 및 동합금 관이음쇠	KS D 5578			○	○			○	○				
		동합금 납땜 관이음쇠	KS B 1544			○	○			○	○				
		동 및 동합금 플레어 관이음쇠	KS B 1545						○						
비금속관	플라스틱관	배수용 경질 염화비닐 이음관	KS M 3410									○	○		
		수도용 경질 염화비닐 이음관	KS M 3402				○			○			○		
		수도용 폴리에틸렌관의 이음관	KS M 3411				○			○					
		수도용 내충격성 경질염화비닐 이음관	관련 표준				○			○					
		폴리부텐 이음관	KS M 3364			○				○	○				
		폴리프로필렌 공중합체 이음관	KS M 3369				○				○				
		내열성 경질 염화비닐 이음관	KS M 3415			○				○	○				
	도관	도관(이형관)	관련 표준									○			배수용
이음쇠관	매개이음쇠	땜납용 니플 및 수도꼭지용 소켓 및 엘보(연관용) 플러그, 코킹용 소켓, 납땜용	관련 표준			○					○	○			연관용은 연관에 한함.
		니플 및 청소구(연관 및 강관용)	관련 표준										○	○	

주 ● : 아연도금 또는 수지코팅을 시행한 것으로 한다.

※ 건축기계설비공사 표준시방서(KCS), 2016

(1) 주철관

주철은 보통 강에 비해서 내식성이 뛰어나기 때문에, 이 재료로 제조된 주철관(鑄鐵管, cast iron pipe)은 과거부터 지중매설(地中埋設)하는 수도관이나 오수관으로 사용해 오고 있다. 수도용 관은 지중매설이 주가 되기 때문에, 지중의 압력이나 차량의 하중에 견딜 수 있어야 하며, 또한 높은 수압이 걸리기 때문에 강도가 높은 덕타일 주철제를 사용하며, 내면은 녹이 슬지 않게끔 몰탈 라이닝을 한다. 그러나 배수용으로 사용하는 경우는 자연 유하하는 배수가 흐르기 때문에 수도용만큼 강도를 필요로 하지 않으므로 일반 주철제품과 동일한 회주철을 사용한다.

주철관에 사용하는 이음쇠는 이형관(異形管)이라고 부르며, 수도용으로 사용하는 것에는 곡관, T자관, 편락관 등이 있으며, 배수용에는 곡관, Y자관, 편락관 등이 있다.

<그림 Ⅱ-1>에 주철관의 이음쇠를 나타내었다.

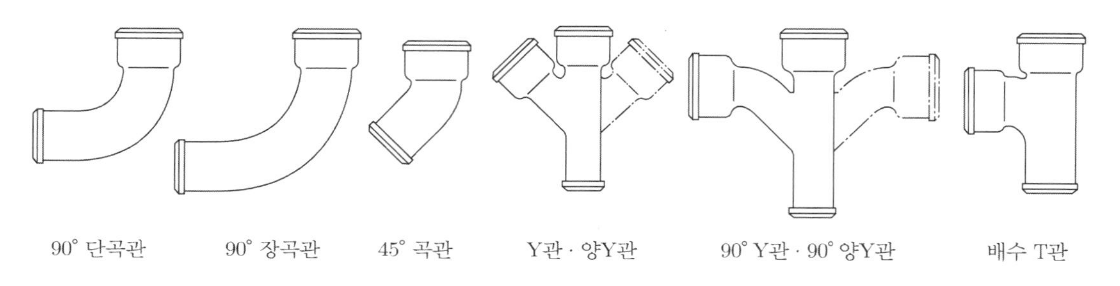

〈그림 Ⅱ-1〉 배수용 주철제 이형관

(2) 강관

강하고 가격도 싸기 때문에 과거부터 건축설비용으로 많이 사용하여 왔으며, 현재도 공조용으로는 널리 사용하고 있다. 일반적으로 사용하고 있는 것은 배관용 탄소강 강관(carbon steel pipe for piping)을 널리 사용하고 있는데, 아연도금을 한 관을 백관(白管), 도금을 하지 않은 관을 흑관(黑管)이라고 한다. 내식성의 관계 때문에 백관을 사용하는 경우가 많으며, 흑관은 증기관 및 기름배관 등으로 그 사용을 제한하고 있지만, 백관도 도금한 아연이 50°C 이상인 온수에서 용해하여 도금이 점차적으로 벗겨지는 것에 주의하여야 한다. 이외에 백관에 비해 도금한 아연부착량이 상당히 많은 수도용 아연도 강관이 있다.

과거에 이들 관은 급수관 및 급탕관으로 많이 사용하여 왔지만, 최근에는 수원의 오염에 따른 수질악화로 인한 배관부식으로 관의 수명이 짧기 때문에 현재는 이들 용도에 거의 사용하고 있지 않다. 그러나 잡배수관이나 통기관 혹은 소화용관으로서는 아직도 사용하고 있다.

배관용 탄소강 강관의 규격은 <표 Ⅱ-3>과 같다.

〈표 Ⅱ-3〉 배관용 탄소강관의 호칭관경 및 두께(KS D 3507)

관의 호칭		외경 [mm]	외경의 허용치		두께 [mm]	두께의 허용차	소켓을 포함하지 않은 두께[kg/m]
[DN]	[NPS]		테이퍼 나사관	기타 관			
6	1/8	10.5	±0.5 mm		2.0	+ 규정하지 않음. −12.5%	0.419
8	1/4	13.8	±0.5 mm		2.35		0.664
10	3/8	17.3	±0.5 mm		2.35		0.866
15	1/2	21.7	±0.5 mm		2.65		1.25
20	3/4	27.2	±0.5 mm		2.65		1.60
25	1	34.0	±0.5 mm		3.25		2.46
32	1 1/4	42.7	±0.5 mm		3.25		3.16
40	1 1/2	48.6	±0.5 mm		3.25		3.63
50	2	60.5	±0.5 mm	±1%	3.65		5.12
65	2 1/2	76.3	±0.7 mm	±1%	3.65		6.34
80	3	89.1	±0.8 mm	±1%	4.05		8.49
90	3 1/2	101.6	±0.8 mm	±1%	4.05		9.74
100	4	114.3	±0.8 mm	±1%	4.5		12.2
125	5	129.8	±0.8 mm	±1%	4.85		16.1
150	6	165.2	±0.8 mm	±1%	4.85		19.2
175	7	190.7	±0.9 mm	±1%	5.3		24.2
200	8	216.5	±1.0 mm	±1%	5.85		30.4
225	9	241.8	±1.2 mm	±1%	6.2		36.0
250	10	267.4	±1.3 mm	±1%	6.40		41.2
300	12	318.5	±1.5 mm	±1%	7.00		53.8
350	14	355.6	−	±1%	7.60		65.2
400	16	406.4	−	±1%	7.9		77.6
450	18	457.2	−	±1%	7.9		87.5
500	20	508.0	−	±1%	7.9		97.4

압력배관용 탄소강 강관의 외경은 일반 탄소강 강관과 같고 두께에 따라서 여러 가지 종류가 있으며, 스케줄 번호(Sch, schedule number)를 사용한다. 즉, 스케줄 강관은 두께에 따라서 Sch. 10~Sch. 80까지의 6종류로 구분하고, 스케줄 번호는 다음 식에 의하여 계산하며, 번호가 클수록 두께가 두꺼워진다.

$$\text{스케줄 번호} = \frac{\text{사용응력}[kg/cm^2]}{\text{허용응력}[kg/mm^2]} \times 10$$

관을 호칭 치수에 의하여 부를 때, mm 단위를 사용하는 경우에는 치수 숫자의 앞에 DN, inch 단위인 경우에는 NPS를 붙인다. 강관의 관이음쇠로는 일반적으로 나사식, 플랜지식 및 용접식의 것이 있으며, 배수용 나사 이음식 및 미캐니컬형의 것도 있다.

<그림 Ⅱ-2>에는 나사식 가단 주철제 관이음쇠, <그림 Ⅱ-3>에는 배수용 나사식 관이음쇠를 나타내었다.

〈그림 Ⅱ-2〉 나사식 가단 주철제 관 이음쇠의 종류

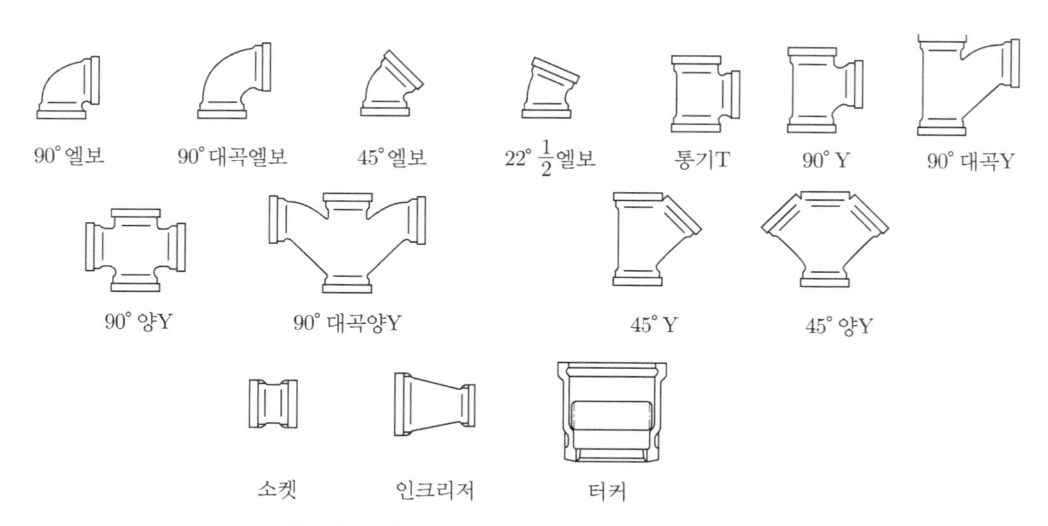

〈그림 Ⅱ-3〉 배수용 나사식 관 이음쇠의 종류

(3) 스테인리스 강관

건축설비용으로서는 두께가 얇은 일반배관용 스테인리스강 강관(stainless steel pipe)을 많이 이용하고 있다. 이 관은 경량이고 내식성이 뛰어나기 때문에 급수 및 급탕관 등에 많이 이용하고 있다. 재질로는 STS 304와 STS 316이 있으며, 옥내용으로는 일반적으로 STS 304를 사용한다.

관이음의 형식은 용접형과 미캐니컬형의 것으로 분류한다. 관이음의 재질로는 그 형식에 따라 관과 동일한 재질의 것과 청동주물제 등이 있다.

<표 Ⅱ-4>에는 스테인리스 강관의 규격을 나타내었다.

〈표 Ⅱ-4〉 일반 배관용 스테인리스 강관의 바깥지름, 두께, 치수 허용차 및 무게(KS D 3595)

호칭방법 [Su]	바깥지름	바깥지름 허용차		두께	두께의 허용차	단위무게(kg/m)	
		바깥지름	둘레길이			STS304 TPD	STS 316 TPD
8	9.52	0 −0.37	−	0.7	±0.12	0.154	0.155
10	12.70			0.8		0.237	0.239
13	15.88			0.8		0.301	0.303
20	22.22			1.0		0.529	0.532
25	28.58			1.0		0.687	0.691
30	34.0	±0.34	±0.20	1.2		0.980	0.986
40	42.7	±0.43		1.2		1.24	1.25
50	48.6	±0.49	±0.25	1.2		1.42	1.43
60	60.5	±0.60		1.5	±0.15	2.20	2.21
75	76.3	±1%	±0.8%	1.5		2.79	2.81
80	89.1			2.0	±0.30	4.34	4.37
100	114.3			2.0		5.59	5.63
125	139.8			2.0		6.87	6.91
150	165.2			3.0	±0.40	12.1	12.2
200	216.3			3.0		15.9	16.0
250	267.4			3.0		19.8	19.9
300	318.5			3.0		23.6	23.8

(4) 동관

스테인리스 강관과 마찬가지로 경량이고 내식성도 뛰어나며, 유연성이 있기 때문에 곡관으로의 가공도 쉽다. 배관용 동관(銅管, copper pipe)은 관의 두께에 따라 M, L 및 K의 3가지 타입이 있으며, M타입이 가장 얇고, K 타입이 가장 두껍다. 급수 및 급탕관에 사용하는 것은 일반적으로 M 또는 L 타입이며, K 타입은 의료배관용에 사용한다. 또한 동관 바깥쪽을 발포 폴리에틸렌 등으로 피복한 피복동관도 있으며, 공동주택의 급수관이나 급탕관 등에 사용하고 있다.

관이음의 형식은 용접, 나팔식 및 플랜지식의 것이 있다.

관이음의 종류 및 형상은 강관에 준한다.

<표 Ⅱ-5>에는 동관의 규격을 나타내었다.

〈표 Ⅱ-5〉 동관의 표준 치수 및 평균 바깥지름 허용차(KS D 5301)

호칭 지름		기준 바깥지름 및 (허용차), mm	두께, mm		
[DN]	[NPS]		K형식	L형식	M형식
8	1/4	9.52(±0.03)	0.89	0.76	–
10	3/8	12.70(±0.03)	1.24	0.89	0.64
15	1/2	15.88(±0.03)	1.24	1.02	0.71
–	5/8	19.05(±0.03)	1.24	1.07	–
20	3/4	22.22(±0.03)	1.65	1.14	0.81
25	1	28.58(±0.04)	1.65	1.27	0.89
32	1 1/4	34.92(±0.04)	1.65	1.40	1.07
40	1 1/2	41.28(±0.05)	1.83	1.52	1.24
50	2	53.98(±0.05)	2.11	1.78	1.47
65	2 1/2	66.68(±0.05)	2.41	2.03	1.65
80	3	79.38(±0.05)	2.77	2.29	1.83
100	4	104.78(±0.05)	3.40	2.79	2.41
125	5	130.18(±0.08)	4.06	3.18	2.77
150	6	155.58(±0.08)	4.88	3.56	3.10
200	8	206.38(±0.15)	6.88	5.08	4.32
250	10	257.18(±0.20)	8.59	6.35	5.38

[비고]
K형식은 주로 의료 배관용으로, M형식은 주로 급배수, 급탕, 냉난방, 도시 가스용에 사용하고, L형식은 양쪽에 모두 사용한다.

(5) 연관

연관(鉛管, lead pipe)은 내식성이 뛰어나고, 유연하게 휘기 때문에 수도인입관 등에 사용하여 왔지만, 최근에는 스테인리스강 강관으로 대체되고 있다. 배수계통에서는 위생기구와의 접속부에 사용하였다.

(6) 경질 염화비닐관

경량이고, 내식성 및 내약품성이 비교적 좋고, 가격도 싸지만, 약점으로는 금속관에 비해 기계적 성질이 떨어진다. 이 관은 급수계통 및 배수·통기 계통에 이용하고 있지만, 내열성이 없고 60°C에서 연화(軟化)하기 때문에 급탕관 등에는 사용할 수 없다. 단, 내열성을 향상시킨 내열성 경질 염화비닐관을 사용하면 급탕관 등에도 사용 가능하며, 또한 급수관용으로는 내충격성을 향상시킨 내충격성 염화비닐관도 있다. 염화비닐관의 접합법으로는 접착제로 접착하는 방법이 대부분이지만, 고무링으로 접합하는 형식의 것도 있다.

2 밸브

밸브(valve)는 유체를 통과, 차단, 유량조절, 방향전환 등의 목적으로 관로, 용기 등에 설치하는 것으로서, 주요 구성부분은 기본적으로 밸브 몸통(valve body), 밸브 시트(valve seat) 및 디스크(disk)로 이루어지며, 밸브에 의한 유로의 개폐는 디스크의 회전 또는 상하작용에 의해 이루어진다.

각종 밸브는 적용조건에 따라 각기 장단점을 갖고 있으며, 설계자는 밸브의 종류에 따른 특성을 파악하여 실제로 필요한 조건에 맞는 밸브를 선정, 사용하여야 한다. 밸브의 종류는 많지만, 여기서는 일반적으로 널리 사용하고 있는 것에 대해서만 설명한다. <표 Ⅱ-6>에는 밸브의 규격 및 사용 예를 나타내었다.

〈표 Ⅱ-6〉 밸브의 규격 및 사용 구분 예※

밸브류	재 질	형 식	규 격	사용구분									비 고
				증기	고온수	냉온수	냉각수	기름	급수	급탕	배수	소화	
게이트 밸브	청동제	0.5 MPa 나사식	KS B 2301	○		○	○		○	○	●	○	●배수펌프의 토출측에만 사용
		1.0 MPa 나사식		○		○	○	○	○	○	●	○	
		1.0 MPa 플랜지형		○		○	○	○	○	○	●	○	
		0.5 MPa 솔더형				○	○	○	○	○			
		1.0 MPa 솔더형				○	○		○	○			
	주철제	1.0 MPa 플랜지형 안나사	KS B 2350	○		○	○	○	○		●	○	
		1.0 MPa 플랜지형 바깥나사		○		○	○	○	○		●	○	
	주강제	1.0 MPa 플랜지형 바깥나사	KS B 2361	○		○	○	○	○	○		○	
		2.0 MPa 플랜지형 바깥나사		○	○	○	○	○	○	○		○	
	가단주철10K 나사끼움식	1.0 MPa 메탈시트	KS B 2356	○		○	○	○	○	○		○	
글로브 밸브	청동제	0.5 MPa 나사식	KS B 2301	○		○	○	○	○	○		○	
		1.0 MPa 나사식		○		○	○	○	○	○		○	
		1.0 MPa 플랜지형		○		○	○	○	○	○		○	
		0.5 MPa 솔더형				○	○		○	○		○	
		1.0 MPa 솔더형				○	○		○	○		○	
	주철제	1.0 MPa 플랜지형	KS B 2350	○		○	○	○	○			○	
	주강제	1.0 MPa 플랜지형	KS B 2361	○		○	○	○	○	○		○	
		2.0 MPa 플랜지형		○	○	○	○	○	○	○		○	
	가단주철10K 나사끼움식	1.0 MPa 메탈시트	KS B 2356	○		○	○	○	○	○		○	
		1.0 MPa 소프트시트		○		○	○	○	○	○		○	

〈표 Ⅱ-6〉 밸브의 규격 및 사용 구분 예(계속)

밸브류	재 질	형 식	규 격	사용구분									비 고
				증기	고온수	냉온수	냉각수	기름	급수	급탕	배수	소화	
앵글밸브	청동제	1.0 MPa 나사식	KS B 2301	○		○	○	○	○	○		○	
		1.0 MPa 플랜지형		○		○	○	○	○	○		○	
	주철제	1.0 MPa 플랜지형	KS B 2350	○		○	○	○	○	○		○	
	주강제	1.0 MPa 플랜지형	KS B 2361	○		○	○	○	○	○		○	
		2.0 MPa 플랜지형		○	○	○	○	○	○	○		○	
첵밸브	청동제	1.0 MPa 나사식 리프트	KS B 2301	○		○	○	○	○	○			●배수펌프의 토출관에만 사용 가능
		1.0 MPa 나사식 스윙		○		○	○	○	○	○	●	○	
						○	○		○	○			
		1.0 MPa 스윙 리프트				○	○		○	○			
	주철제	1.0 MPa 플랜지형 스윙	KS B 2350	○		○	○	○	○	○	●	○	
	주강제	1.0 MPa 플랜지형 스윙	KS B 2350	○		○	○	○	○	○		○	
		2.0 MPa 플랜지형 스윙		○	○	○	○	○	○	○		○	
	가단주철10K 나사끼움식	리프트 메탈시트 소프트 시트	KS B 2356	○		○	○	○	○	○		○	
		스 윙 메탈시트 소프트 시트		○		○	○	○	○	○		○	
볼밸브	청동제, 황동제, 주강제, 스테인리스강제	1.0 MPa 나사식 플랜지형	KS B 2308	○		○	○	○	○	○	○		
		2.0 MPa 나사식 플랜지형		○		○	○	○	○	○	○		
		3.0 MPa 나사식 플랜지형											
	주철제	1.0 MPa 플랜지형				○	○	○	○	○	○		
수도용 제수 밸브	청동제	수직형 플랜지형	KS B 2332						○				
		수직형 관받이형							○				
		수직형 원통형							○				
		수평형 플랜지형							○				
콕	청동제	청동나사식 플러그콕	KS B 2371	○		○	○	○	○	○			
		청동나사식 글랜드콕	KS B 2372	○		○	○	○	○	○			
일반용 수도꼭지		앵글밸브 스트레이트밸브	KS B 2331						○	○			
수도용 분수전			KS B 2341						○				접속부는 브레이징 용접형 또는 플랜지형
수도용 지수전			관련 표준						○				
수도용 공기밸브			KS B 2340						○				
수도용 버터플라이밸브			KS B 2333						○				
수도용 감압밸브			KS B 6153						○				
동관 접속용 밸브류			밸브본체는 한국산업표준에 따른다.						○				

※ 건축기계설비공사 표준시방서(KCS), 2016

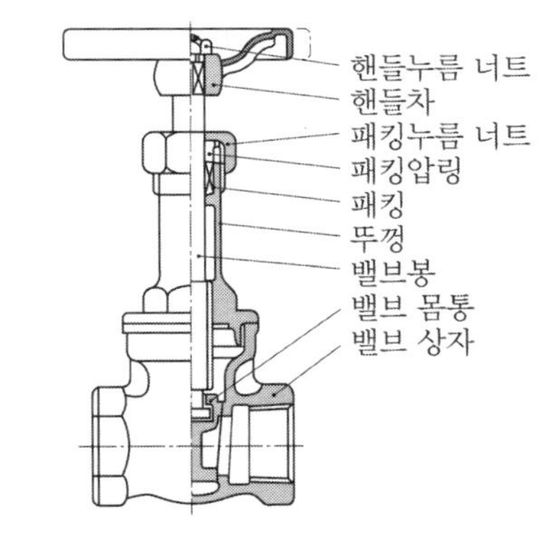

〈그림 Ⅱ-4〉 청동제 게이트 밸브

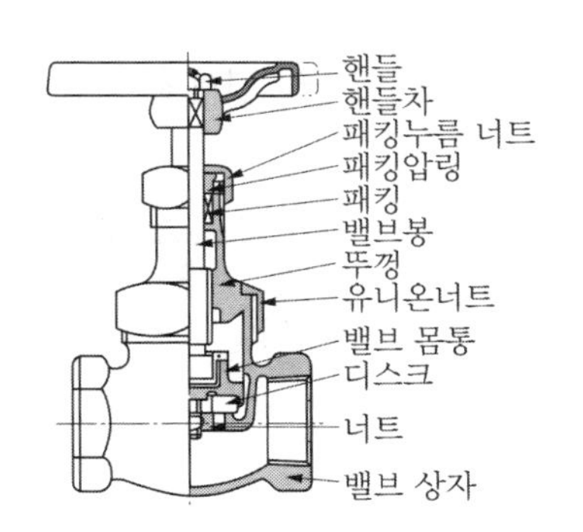

〈그림 Ⅱ-5〉 청동제 글로브 밸브

(1) 게이트 밸브

게이트 밸브(gate valve)는 슬루스 밸브(sluice valve)라고도 하며, <그림 Ⅱ-4>와 같이 시트에 부착되어 있는 원형의 디스크에 의해 흐름을 조절하는 것으로, 유체의 흐름이 일직선으로 되고, 밸브 내의 직선 유체통로는 배관 내경보다 약간 크다. 또한 이 밸브의 사용목적은 유체의 흐름을 완전 개폐하는데 사용하는 것으로, 흐름의 억제 및 조절용으로 사용해서는 안 된다. 유체의 저항이 작기 때문에 급수 및 급탕 등의 계통에 이용한다.

재질은 청동제나 주철제의 것을 많이 이용하고 있지만 최근에는 스테인리스제도 있다.

(2) 글로브 밸브

글로브 밸브(globe valve)는 <그림 Ⅱ-5>에 나타낸 바와 같이 유체통로 주위를 감싸고 있는 환상링(annular ring) 또는 시트로부터 원판 디스크(circular disk)를 강제적으로 이동시켜서 유량을 조절한다. 이때 밸브의 이동방향은 밸브의 통로를 통과하는 유체의 흐름방향과 평행하며, 밸브가 설치되어 있는 배관축과는 수직으로 작동한다. 또한 이 밸브는 주로 소구경 배관에 많이 사용하지만 직경 300 mm까지는 사용할 수 있으며, 유량조절이 필요한 곳에 교축하기 위해 사용한다.

밸브의 개폐는 단시간에 가능하지만 슬루스 밸브에 비해 유체저항이 크다.

물, 온수 등의 유량조절과 관로의 개폐에 사용하지만, 물용으로 사용하는 경우, 유체저항이 크기 때문에 분기밸브 등에는 사용할 수 없다.

(3) 첵밸브

첵밸브(check valve)는 유체를 한 방향으로만 흐르게 하고, 역류를 방지하는 밸브이다. 첵밸브를 분류하면, 스윙식과 리프트식이 있다. 스윙식 첵밸브는 <그림 Ⅱ-6>의 (a)와 같이 밸브 몸체가 핀으로 지지되어 있어서 핀의 주위를 회전운동하면서 개폐하는 형식이고, 리프트식 첵밸브는 <그림 II－6>의 (b)와 같이 밸브 몸체가 밸브 시트에 대하여 수직으로 이동하는 형식이다. 리프트식은 수평배관에만 사용하지만, 스윙식은 수평 및 수직배관 모두에 사용한다.

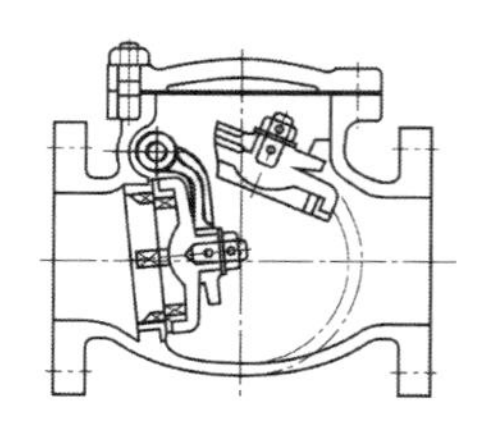

(a) 주철제 스윙 첵밸브

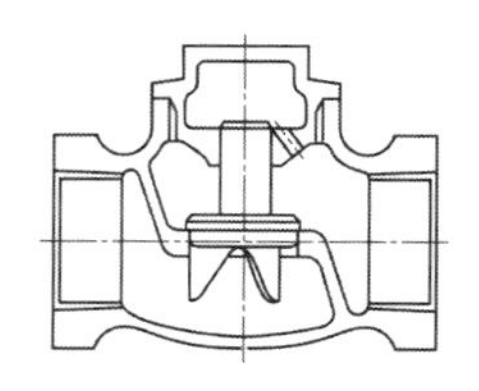

(b) 청동제 리프트식 첵밸브

〈그림 II－6〉 첵밸브의 구조

(4) 버터플라이 밸브

버터플라이 밸브(butterfly valve)는 밸브 몸통 내의 중심축에 원판형태의 디스크를 설치하여 밸브대(valve stem)를 회전시키는데 따라 디스크가 개폐하는 구조로, 디스크가 유체 내에서 단순히 회전할 뿐이므로 유량조정의 특징은 좋으나 유체누설의 방지가 어려워 다른 밸브에 비하여 사용범위가 한정되어 있다(그림 II－7).

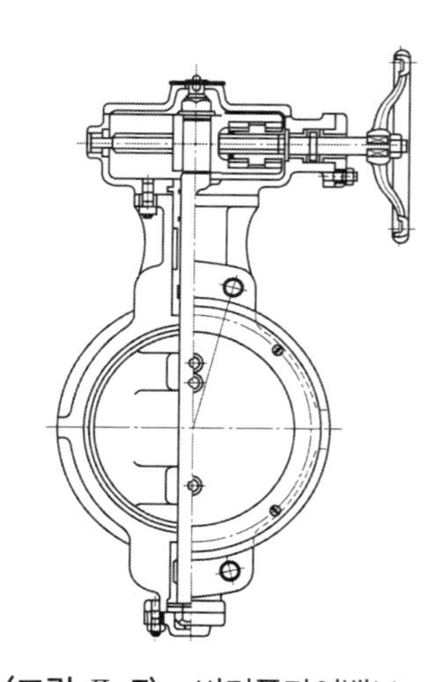

〈그림 II－7〉 버터플라이밸브

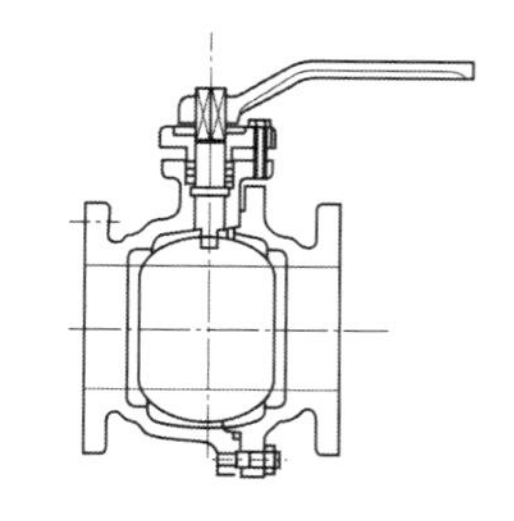

〈그림 II－8〉 볼밸브

(5) 볼 밸브

볼 밸브(ball valve)는 최근 밸브 시트 및 볼 재질의 개발에 따라 급속히 발달한 것으로 2개의 원형 실(seal) 또는 시트 사이에 있는 여러 종류의 배출구(port) 크기의 정밀한 볼을 내장한 밸브이다(그림 II－8).

이 밸브는 핸들을 90° 회전시키면 볼이 회전하여 완전 개폐가 가능하다. 그리고 교축과 제어 또는 밸런싱을 위한 볼 밸브는 판형 볼 및 핸들 정지점을 갖는 축소형 배출구(reducing port)로 되어 있다. 이 밸브는 <그림 Ⅱ−8>과 같이 밸브 몸체가 일체형(一体刑)인 것과, 2체형, 3체형으로 구분된다.

Ⅱ.2 배관의 접합방법과 시공요령

1 동종관의 접합

(1) 강관류의 접합

1) 나사이음

강관의 접합에 가장 많이 이용하는 방법으로서, 나사의 종류에는 테이퍼 나사, 평행나사 등이 있지만 일반 배관에 이용하는 이음용 나사는 KS B 0222(관용 테이퍼 나사)이다.

접합할 때의 숫나사부에 사용하는 시일 테이프, 광명단, 백페인트, 기계유 또는 충전재료 등은 가능한 한 소량으로 하고, 굳은 페인트 및 퍼티 등은 사용하지 않는다. 라이닝 강관류 및 도복장 강관 등에서는 관단면 또는 이음쇠의 나사단부에 관과 동질재의 방식제를 충분히 바른 후에 나사를 조인다. <그림 Ⅱ−9>의 (a)에 나사이음(screw connection)의 예를 나타내었다. 나사형 배수관 이음쇠 접합시에는 <그림 Ⅱ−9>의 (b)에 나타낸 바와 같이, 관단면과 암나사의 안쪽 끝과의 사이에 약간의 틈이 있을 정도로 조심하여 조인다.

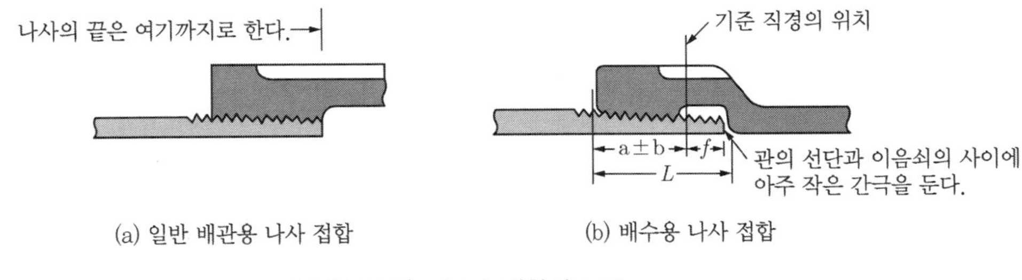

(a) 일반 배관용 나사 접합　　(b) 배수용 나사 접합

〈그림 Ⅱ−9〉 나사 접합의 종류

2) 플랜지 이음

관의 해체를 필요로 하는 부분이나 대구경의 밸브류와의 접합, 또는 공장 제작 배관의 접합으로서 플랜지 이음(flange joint)을 이용한다. 플랜지 이음에 이용하는 플랜지는 관내 압력에 적합한 것을 사용한다. 플랜지 이음시의 패킹(가스켓)은 두께 3 mm 이하의 것을 사용하고, 관내경과 일치하도록 플랜지 사이에 정착시키고 볼트를 균등하게 조인다. 패킹의 양면에 소량의 광명단, 백페인트 또는 충전제를 균등하게 바르는 것은 허용되나 굳은 페인트나 퍼티 등을 사용하여서는 안 된다. 라이닝 강관 및 도복장 강관에 사용하는 플랜지면은 관내면에 사용된 재질과 동질의 것으로 피복 또는 도장한다.

3) 용접 접합

배관의 용접접합(鎔接接合, welding joint)은 일반적으로 맞대기 용접(融着鎔接, butt welding joint)에 의하지만, 소켓 용접(socket joint)이나 플랜지 등에는 필릿 용접(fillet welded joint)도 이용한다. 맞대기 용접에서는 <표 Ⅱ-7>에 나타낸 바와 같이 적절한 홈(groove)내기를 한다. 홈내기 가공은 원칙적으로 기계가공으로 한다. 부득이한 경우에는 자동 또는 수동으로 열절단(熱切斷) 가공으로도 한다. 또한 마무리 작업으로서 그라인더로 면가공(面加工)을 행한다. 홈내기 면은 평탄하게 마무리하고, 홈내기 면에 부착되어 있는 찌꺼기는 완전하게 제거한다.

〈표 Ⅱ-7〉 접합부분의 홈내기 형상과 치수※

홈내기 형상	t [mm]	α [°]	a [mm]	b [mm]	배관용 탄소강관[DN]
t, a	2.8~4.5		0~2		125 이하
α, t, b, a	5.0	45	0~2	2.0	150
α, b, a	5.8~7.9	70	0~2	2.0	200 이상

※ 건축기계설비공사 표준시방서(KCS), 2016

또한 용접부의 진원도(眞圓度)를 확보할 수 없는 경우에는 교정을 하며, <그림 Ⅱ-10>에 나타낸 바와 같이 가용접물이나 크램프를 사용하여 용접한다. “ㄷ”자형의 가용접물을 3~4개소에 가용접하거나 크램프를 사용하여 관을 회전시키면서 하향으로 용접한다. 관을 회전시킬 수 없는 경우에는 밑에서 위로 용접한다. 용접부 원주상에 가용접이 된 경우에는 가용접 위치에 도달하면 그라인더 등으로 가용접부를 완전하게 갈아낸 후, 본용접을 행한다.

소켓 용접은 배관하기 전에 관의 한 방향에 나사나 소켓을 용접한 후 다른 관을 소정의 깊이까지 밀어넣고 용접을 한다.

플랜지 용접은 플랜지 면이 관에 직각이 되도록 맞추고 볼트 구멍을 일치시켜서 3~4개소에 가용접한 후, 본용접을 행한다. 관경 DN 65 이하는 단면용접하고, 관경 DN 80 이상은 양면 용접한다.

용접부의 검사는 외관검사를 행하며, 외관검사 이외의 검사가 필요한 경우에는 KS B 0845 (강용접부의 방사선 투과방법 및 투과사진의 등급 분류방법)에 따른다.

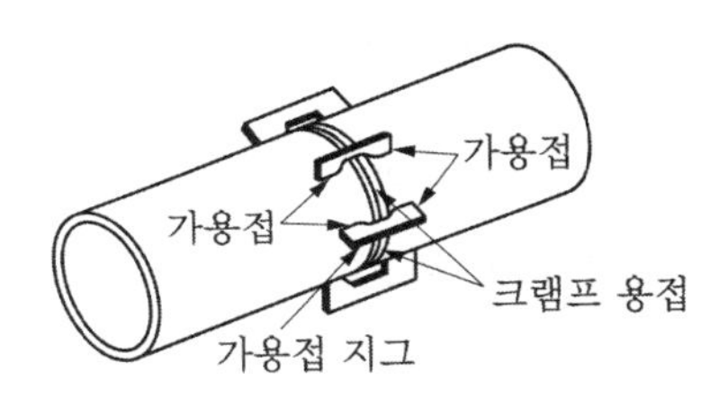

〈그림 Ⅱ-10〉 가용접 지그

4) 미캐니컬 접합

미캐니컬 접합(mechanical joint)은 나사접합이나 용접접합에 의한 방법이 아니고, 이음쇠부의 가동성과 신축성이 있으며, 시공성도 좋은 방법으로서 여러 가지가 개발되어 사용되고 있다.

그러나 특별한 기술을 필요로 하지 않고 시공성도 좋다고 하는 측면에서 안이하게 접합하다 보면, 관의 삽입 부족, 고무 링 등의 부품의 망실, 장착위치의 어긋남, 볼트 및 너트의 불완전한 체결 등에 의해 관의 빠짐이 일어나게 된다. 이와 같은 경우에는 나사접합이나 용접접합시의 누수와 비교하였을 때 큰 피해를 가져오기 때문에, 이것을 사용할 때에는 메이커의 사양서에 따라 시공을 함과 동시에 현장에서 확실한 시공관리 및 검사가 필요하다.

이와 같은 사항은 강관의 경우에만 국한하지 않고 다른 재질의 관에도 해당되며, 새로운 이음을 사용하는 경우에는 현장에서 시공관리의 난이도를 충분히 검토할 필요가 있다.

<그림 Ⅱ-11>에 강관의 미캐니컬 접합의 대표적인 예를 나타낸다.

(1) 하우징형 이음

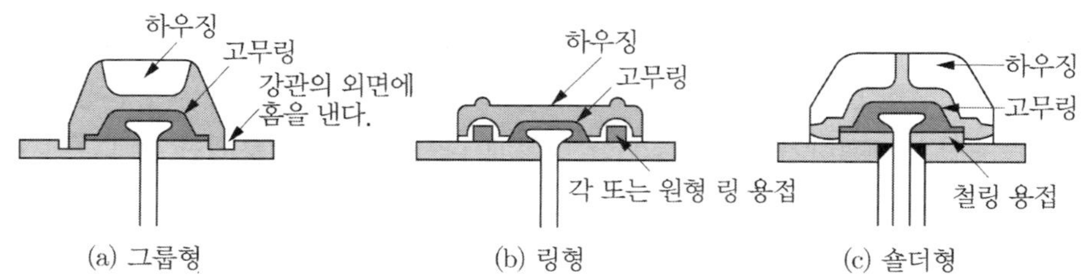

(2) 미캐니컬 이음(선단 무가공형)

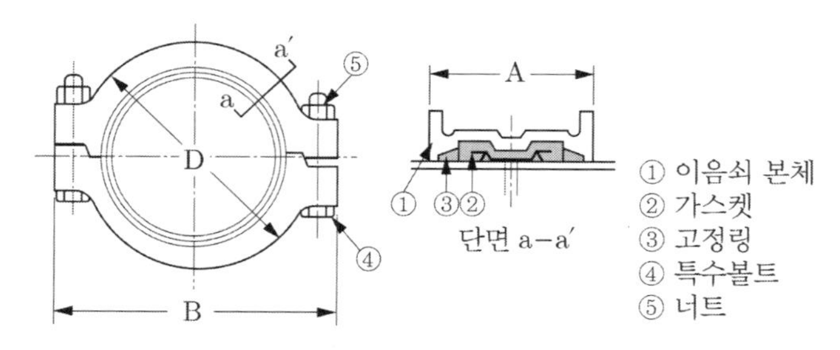

〈그림 Ⅱ-11〉 강관용 미캐니컬 접합 예

(2) 주철관의 접합

1) 코킹 접합

관받이 바닥에 접촉할 때까지 한쪽으로 치우치지 않도록 끼워 넣고, 관받이 끝에서 급수용은 45 mm, 배수용은 25 mm의 깊이로 얀(yarn)을 견고히 다져 넣은 다음, 관받이 홈에 한꺼번에 다져 넣을 수 있는 분량의 용해순연을 부어넣어 단단하게 코킹(caulking)한다. 연마감면은 관받이의 단면으로부터 3 mm 이상 깊어지지 않도록 코킹하고, 코킹이 끝난 후 연마감 표면은 콜탈을 도포한다.

2) 미캐니컬 접합(mechanical joint)

관단부(管端部)가 관받이 바닥에 닿을 때까지 끼워넣고, 머리 끝부분 가까이에 끼워넣은 고무링이 비틀어지지 않도록 관받이와 관단부 사이에 삽입한 다음, 압링을 고정하여 볼트 및 너트로 주위를 균등하게 조여 고무링이 관단부에 밀착하도록 한다[<그림 Ⅱ-12>의 (a) 및 (b)].

3) 고무링 접합(rubber ring jointing)

관받이 내면과 관단면의 외면을 청소하고 부착물을 제거한 고무링을 소정의 위치에 정확하게 장착한다. 필요에 따라 적절한 윤활제를 도포한 후, 관받이 바닥에 관단부가 닿을 때까지 삽입한다[<그림 Ⅱ-12>의 (c)].

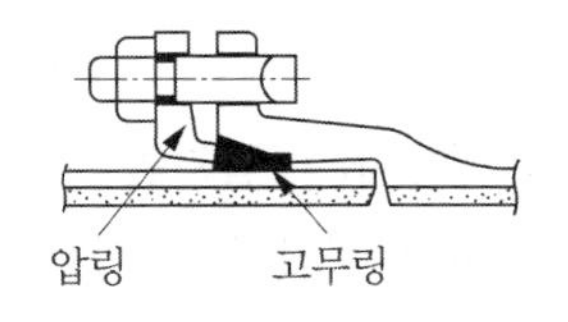

(a) 미캐니컬 접합(K형 이음쇠)

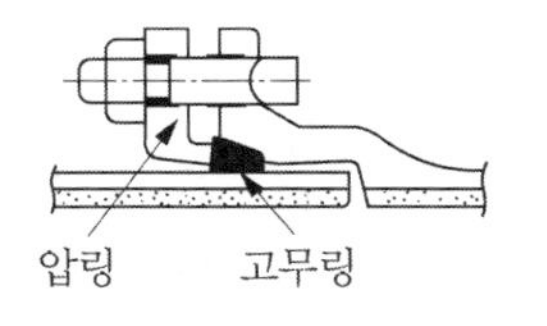

(b) 미캐니컬 접합(A형 이음쇠)

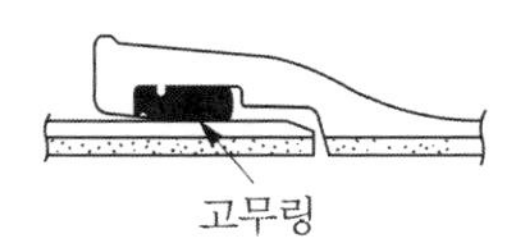

(c) 고무링 접합

〈그림 Ⅱ-12〉 주철관 접합방법의 종류

(3) 연관의 접합

1) 납땜 접합(둥근납 이음, round joint)

한쪽 관 끝을 관외경과 같은 직경까지 확관하고 다른 쪽 관 끝을 확관부의 경사에 알맞도록 원추형으로 깎아 넣는다. 확관의 표면을 닦아낸 다음 전면에 용제를 바른 후, 용해 땜납을 접합부에 부어넣고 관의 둘레에 균등한 두께가 되도록 마감한 후 서서히 식히면서 용제를 바른 다음 찬물을 뿌려 표면에 묻은 오물을 씻어낸다(<그림 Ⅱ-13>).

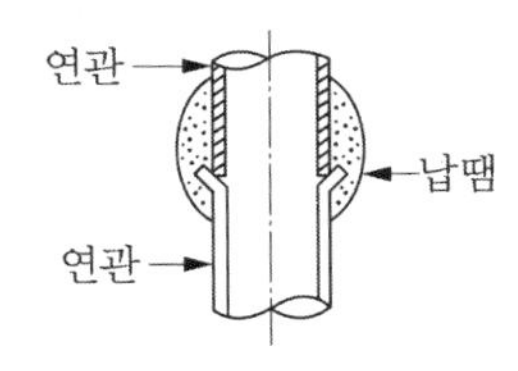

〈그림 Ⅱ-13〉 연관의 납땜 접합 예

2) 나팔식 접합(trumpet joint)

한쪽 관 끝을 관경과 같은 크기로 구멍을 넓히고 다른 쪽 관 끝의 외측을 깎아서 용제를 충분히 도포하여 끼워 넣은 다음, 접합면 사이에 땜납을 흘려 넣은 후 표면에 광택이 날 때까지 문지른다.

(4) 동관의 접합

1) 용접접합(solder joint)

삽입하는 관 끝의 내외면 덧살을 제거하고, 확관된 관이나 관이음쇠에 접합할 관의 외면을 잘 닦아낸 다음 후락스를 도포하여 조립한 후 가열하여 용접한다. 조립부의 틈새는 모세관 현상이 잘 이루어질 수 있도록 적정 틈새를 유지하도록 한다. 사용하는 용접재에 따라 솔더링(soldering)이나 브레이징(brazing) 중 적정한 방법을 선택한다(<그림 Ⅱ-14>).

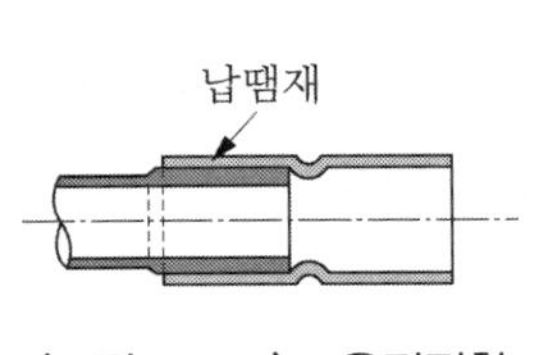

〈그림 Ⅱ-14〉 용접접합

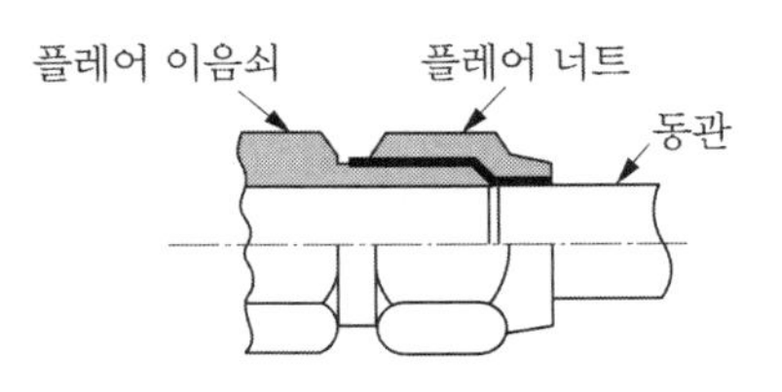

〈그림 Ⅱ-15〉 플레어 이음쇠에 의한 접합방식

2) 플레어 너트 접합(flare nut joint)

관을 절단하고 덧살을 제거한 후 관 끝으로 커플링 너트를 끼운다. 나팔기를 사용하여 관 끝을 나팔형으로 확관한 다음, 이음쇠를 결합하고 너트를 조여서 접합한다(<그림 II－15>).

3) 플랜지 접합(flange joint)

동관용 플랜지의 접합부는 브레이징하여 관과 접속시킨 후, 플랜지를 조립하고 볼트, 너트로 견고하게 조인다.

(5) 스테인리스 강관의 접합

스테인리스 강관의 접합에는 용접접합, 플랜지 접합 및 미캐니컬형 관이음쇠에 의한 접합이 있다. 접합은 다음 사항에 따른다.

1) 용접접합

용접에는 수동용접과 자동용접이 있다. 스테인리스 강관은 두께가 얇으며, 균일하게 용접해야 하기 때문에 용접작업은 원칙적으로 공장에서 하는 것이 바람직하지만, 어쩔 수 없이 현장에서 용접작업을 하는 경우에는 TIG 자동원주용접기를 이용한 자동용접을 한다.

2) 플랜지 접합

관 끝에 관과 동질의 스테인리스 강재인 스톱엔드를 용접한다. 사용하는 가스켓은 4불화 에틸렌제, 내열 고무제 또는 스테인리스 강용 아스베스트 가스켓 등을 사용하며, 일반용 아스베스트는 사용하지 않는다.

3) 미캐니컬형 관이음쇠

미캐니컬형 관이음쇠에 의한 접합법에는 다음과 같은 여러 가지 방법이 있다(그림 II－16).

① 프레스식 접합(press type fitting)

이음새 내부에 고무링이 정착되어 있는지 확인하고, 전용 프레스 공구를 사용하여 프레스 접합한다.

② 압축식 접합(compression joint type fitting)

관에 너트와 슬리브를 삽입하고 관을 이음매 받이 홈 끝까지 밀어 넣은 다음, 손으로 너트를 조여 고정하고 다시 스패너 등으로 견고하게 조인다.

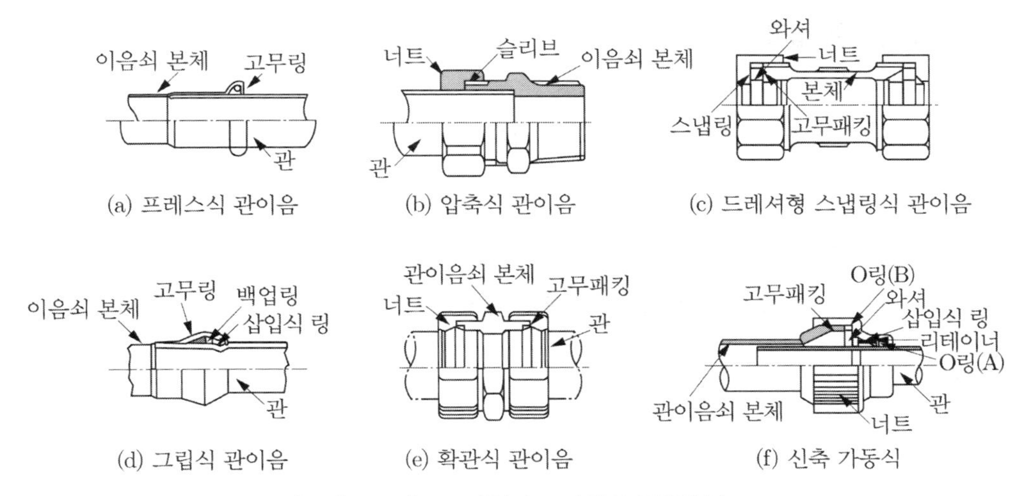

〈그림 Ⅱ-16〉 스테인리스 강관의 접합방식

③ **드레셔형 스냅링식 접합**(dresser and snapring type fitting)

전용 공구로 링용 홈을 가공하여 관에 너트, 스냅링, 와셔 및 고무패킹을 차례로 삽입한다. 스냅링을 관의 홈에 정착한 후 손으로 너트를 조여 고정한 후, 스패너 혹은 파이프 렌치로 견고하게 조인다.

④ **그립식 접합**(grip type fitting)

이음새 내부에 고무링 백업 링이 장착되어 있는지 확인하고, 전용 공구로 접합부를 조인다.

⑤ **신축 가동식 접합**(expansion joint)

관에 너트와 O링, 리테이너, 끼움 고리, 와셔 및 고무패킹을 차례로 삽입한 후, 손으로 너트를 조여 고정하고 스패너로 견고하게 조인다.

(6) 경질 염화비닐 라이닝 강관 및 폴리에틸렌 분체 라이닝 강관

1) 나사 접합

강관의 나사 접합에 따르지만, 이음쇠는 비닐계 수지 또는 에폭시계 수지 코팅한 것을 사용한다. 관 끝부분 및 이음쇠 나사부에는 관에 라이닝된 재질과 동질의 방식재를 충분히 도포하거나 그 외의 방식조치를 행한 후, 접합한다.

2) 플랜지 접합

강관의 플랜지 접합에 따른다. 경질 염화비닐 라이닝 강관의 경우, 플랜지를 현장에서 설치할 때는 관 끝에 수지 코어를 접착하여 접합한다. 이때 플랜지는 나사 접합형을 사용하며, 용접접합형 플랜지를 사용하는 경우에는 현장 용접해서는 안 된다.

(7) 폴리에틸렌관의 접합

1) 미캐니컬 접합

청동제 또는 가단 주철제 관이음쇠를 사용하며, 작업방법은 주철관의 미캐니컬 접합에 따른다.

2) 맞대기(butt) 접합

관경 65 mm 이상의 직관부 또는 플랜지 접합에 사용한다.

3) 슬리브 접합

관 끝 내면을 면 가공한 후, 접속 지그를 사용해서 관과 관이음쇠를 가열하여 접합부가 적정하게 용해되었는가를 확인한 후, 지그를 치우고 관을 관이음쇠에 삽입한다.

(8) 경질 염화비닐관의 접합

1) TS식 접합(접착식 접합, adhesive joint)

관이나 이음쇠의 내외면을 깨끗하게 청소한 후에 접착제를 균일하게 도포하고 관을 이음관에 끼워 넣은 다음, 관은 이음쇠의 테이퍼에 의해 약간 밀려나오기 때문에, 일정한 시간 동안 충분히 조인다.

2) 고무링 접합

모따기를 한 관의 내외면을 청소한 후, 고무링을 소정의 위치에 맞추어 끼워 넣는다. 접합부분에 칠하는 윤활재는 고무링에 유해한 것을 사용하지 않는다.

(9) 수도용 석면 시멘트관의 접합

1) 석면 시멘트 컬러 접합

고무링을 관축에 직각으로 끼워 넣고 고무링이 컬러와 관단부에서 어긋나지 않도록 기계로 눌러 끼운다.

2) 주철제 이음 접합

한쪽 관의 끝부분에 플랜지, 고무링 그리고 슬리브를 삽입하여 관의 중심이 일치되도록 하고, 슬리브가 플랜지의 중심에 일치되었는가를 확인한다. 고무링이 어긋나지 않고 볼트가 한쪽으로 기울어지지 않도록 균일하게 조인다.

(10) 철근 콘크리트관의 접합

1) 시멘트 몰탈 접합

가능한 한 본 바탕과 이어지도록 하고 접합하는 관의 양쪽 끝과 컬러에 충분히 흡습시킨 후, 컬러의 중앙부에 양쪽 관의 끝부분을 밀착시켜 관둘레의 틈새가 균일하도록 관을 끼워 넣은 다음, 몰탈(시멘트 : 모래의 용적비는 1 : 1)을 관 양쪽 끝에서 고르게 밀어 넣고 관내에 흐른 시멘트 물을 제거한다. 마지막으로 컬러 외주단부에 45°의 테이퍼가 지게하여 몰탈을 발라 마감한다.

시공 형편에 따라 관의 한쪽 끝에 컬러를 몰탈로 접합하여 관받이형으로 하는 경우에는 그 관끝에서 약 10 mm 남겨 놓고 몰탈을 다져 놓는다.

다른 관을 이 관받이에 끼워넣고 접합할 때에는 신구 몰탈의 접속면이 양 관의 접합점과 일치하지 않도록 주의한다.

2) 고무링 접합

고무링을 적정의 위치에 바르게 끼워 넣는다. 이때 소켓 내면과 고무링에 바르는 윤활재는 고무링에 유해한 것을 사용하지 않는다.

(11) 도관의 접합

1) 압축 조인트 접합

폴리우레탄 수지제 또는 합성 고무제의 압축 조인트를 적정의 위치에 정확히 자리잡도록 밀어 넣는다.

2) 시멘트 몰탈 접합

밀어 넣기 끝부분까지 정착하도록 밀어넣고, 주변 틈 사이가 한쪽으로 몰리지 않도록 고정한다. 되게 반죽한 몰탈(시멘트 : 모래의 용적비=1 : 1)을 접합부에 채워넣고, 입구 끝면 주위에 45° 경사를 주어 몰탈을 바른다.

2 이종관의 접합

이종관(異種管)의 접합은 매개이음쇠로 접합할 필요가 있으며, 그 구조나 접합방법을 충분히 이해하고 시공할 필요가 있다. 또한 이종 금속관의 접합에는 이종 금속의 전위차에 의해 부식현상이 발생(Ⅱ.5절 참조)하기 때문에, 관의 종류에 따라서는 절연이음쇠를 사용하여 접합하여야 한다. 강관과 스테인리스 강관 또는 동관을 접합하는 경우에는 원칙적으로 <그림 Ⅱ-17>에 나타낸 바와 같이 절연 플랜지 또는 절연 유니온을 사용하여 접합한다. <표 Ⅱ-8>에는 이종관의 접합 예를 나타낸다.

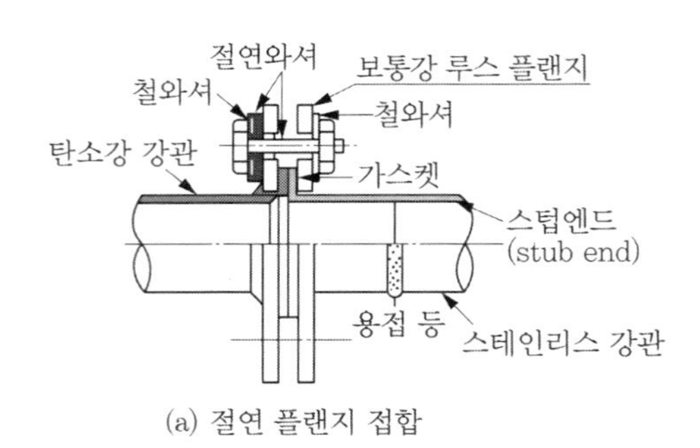

(a) 절연 플랜지 접합

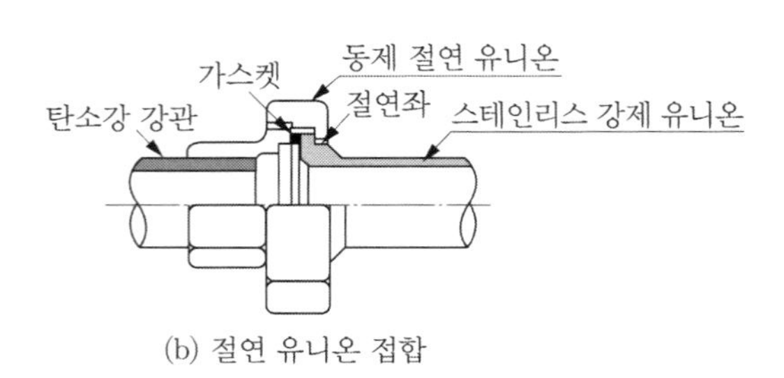

(b) 절연 유니온 접합

〈그림 Ⅱ-17〉 스테인리스 강관과 탄소강 강관의 접합

〈표 Ⅱ-8〉 이종관의 접합 예※

접속 관종		적 요
주철관	강관	각각의 이음을 코킹하여 나사접합 또는 플랜지 접합
	연관	각각의 이음을 코킹하여 납땜 또는 플랜지 접합
	염화비닐관	각각의 이음을 코킹하여 TS식 또는 고무링 접합
강관	스테인리스강관	원칙적으로 절연유니온, 절연플랜지에 의한 접합으로 하며 기타 이와 유사한 방법의 절연조치를 한다.
	동관	어댑터를 사용하여 강관은 나사 접합, 동관은 용접 접합하고 절연유니온 또는 절연플랜지를 사용하여 접합한다.
	연관	각각의 이음을 나사 접합 또는 땜납 접합
	염화비닐관	나사형 이음 또는 플랜지 접합
연관	동관	납땜 접합
	염화비닐관	각각의 이음을 납땜 접합하여 접착제 접합 또는 고무링 접합
동관	스테인리스강관	원칙적으로 절연 유니온, 절연 플랜지에 의한 접합을 한다.

※ 건축기계설비공사 표준시방서(KCS), 2016

Ⅱ.3 배관의 지지

배관을 지지·고정하는 목적은 배관계통의 하중, 진동, 신축 등에 대해 응력이나 처짐 또는 좌굴이 발생하는 것을 막기 위해서이며, 배관의 지지 및 고정은 다음 조건을 고려하여 시공한다.

① 관의 자중 외에 관이음쇠, 밸브 등 보온재 및 관내 유체의 중량에 견딜 수 있게 한다.
② 외부로부터의 진동, 충격에 대해서 충분히 견딜 수 있는 구조로 한다.
③ 관의 진동이 구조체에 전파하지 않는 구조로 한다.
④ 강제(鋼製)철물로 동관을 지지하는 경우는 고무 등으로 보호하며, 스테인리스관을 지지하는 경우는 절연재(絶緣材)를 삽입하여 설치한다.
⑤ 배관의 굴곡부, 분기부 등은 그 근방에서 지지한다.
⑥ 기기 주위의 배관은 기기에 하중이 걸리지 않도록 배관한다.
⑦ 수직관은 각 층마다 지지(떨림방지)하며, 최하층의 바닥 및 필요한 곳에 지지를 한다.

(1) 배관 및 밸브류의 지지 및 방진구(bracing support : swing defence)

<그림 Ⅱ-18>에는 배관 및 밸브류의 지지 예를 나타내었으며, <표 Ⅱ-9>에는 각종 배관의 지지 간격을 나타내었다.

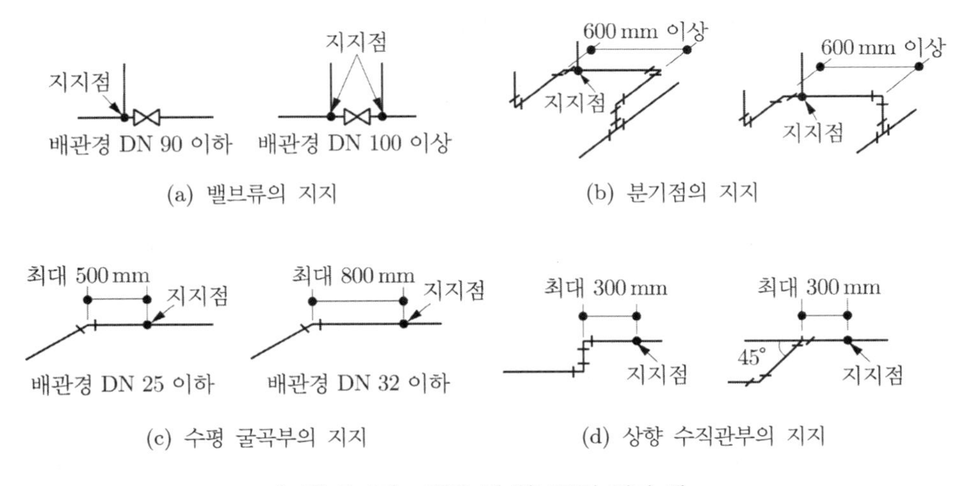

〈그림 Ⅱ-18〉 배관 및 밸브류의 지지 예

〈표 Ⅱ-9〉 배관의 지지 간격※

<table>
<tr><th>배 관</th><th colspan="3">적 요</th><th>간 격</th></tr>
<tr><td rowspan="6">수직관</td><td rowspan="3">주철관</td><td>직 관</td><td></td><td>1개에 1개소</td></tr>
<tr><td rowspan="2">이형관</td><td>2개</td><td>어느 쪽이든 1개소</td></tr>
<tr><td>3개</td><td>중앙부에 1개소</td></tr>
<tr><td colspan="2">강 관</td><td rowspan="2"></td><td rowspan="2">각 층에 1개소 이상</td></tr>
<tr><td colspan="2">연관, 경질 염화비닐관,
동관 및 스테인리스관</td></tr>
<tr style="display:none"></tr>
<tr><td rowspan="23">수평배관</td><td rowspan="2">주철관</td><td>직 관</td><td></td><td>1개에 1개소</td></tr>
<tr><td>이형관</td><td></td><td>1개에 1개소</td></tr>
<tr><td colspan="2" rowspan="5">강 관</td><td>관경 DN 20 이하</td><td>1.8 m 이내</td></tr>
<tr><td>관경 DN 25~DN 40</td><td>2.0 m 이내</td></tr>
<tr><td>관경 DN 50~DN 80</td><td>3.0 m 이내</td></tr>
<tr><td>관경 DN 100~DN 150</td><td>4.0 m 이내</td></tr>
<tr><td>관경 DN 200 이상</td><td>5.0 m 이내</td></tr>
<tr><td colspan="2">연 관
(길이 0.5m 초과시)</td><td colspan="2">배관이 변형될 염려가 있는 곳에는 두께 0.4 mm 이상의 아연도 철판으로 반원형 받침대를 만들어 1.5 m 이내마다 지지한다.</td></tr>
<tr><td colspan="2" rowspan="5">동 관</td><td>관경 DN 20 이하</td><td>1.0 m 이내</td></tr>
<tr><td>관경 DN 25~DN 40</td><td>1.5 m 이내</td></tr>
<tr><td>관경 DN 50</td><td>2.0 m 이내</td></tr>
<tr><td>관경 DN 65~DN 100</td><td>2.5 m 이내</td></tr>
<tr><td>관경 DN 125 이상</td><td>3.0 m 이내</td></tr>
<tr><td colspan="2" rowspan="5">경질 염화비닐관</td><td>관경 DN 16 이하</td><td>0.75 m 이내</td></tr>
<tr><td>관경 DN 20~DN 40</td><td>1.0 m 이내</td></tr>
<tr><td>관경 DN 50</td><td>1.2 m 이내</td></tr>
<tr><td>관경 DN 65~DN 125</td><td>1.5 m 이내</td></tr>
<tr><td>관경 DN 150 이상</td><td>2.0 m 이내</td></tr>
<tr><td colspan="2" rowspan="5">스테인리스관</td><td>관경 DN 20 이하</td><td>1.0 m 이내</td></tr>
<tr><td>관경 DN 25~DN 40</td><td>1.5 m 이내</td></tr>
<tr><td>관경 DN 50</td><td>2.0 m 이내</td></tr>
<tr><td>관경 DN 65~DN 100</td><td>2.5 m 이내</td></tr>
<tr><td>관경 DN 125 이상</td><td>3.0 m 이내</td></tr>
</table>

※ 건축기계설비공사 표준시방서(KCS), 2016

(2) 수평관의 지지 및 방진구

수평관의 지지 및 방진구에는 <그림 Ⅱ－19>와 같은 행거 로드(hanger rod)에 의한 것과, <그림 Ⅱ－20>의 형강에 의한 지지가 있다.

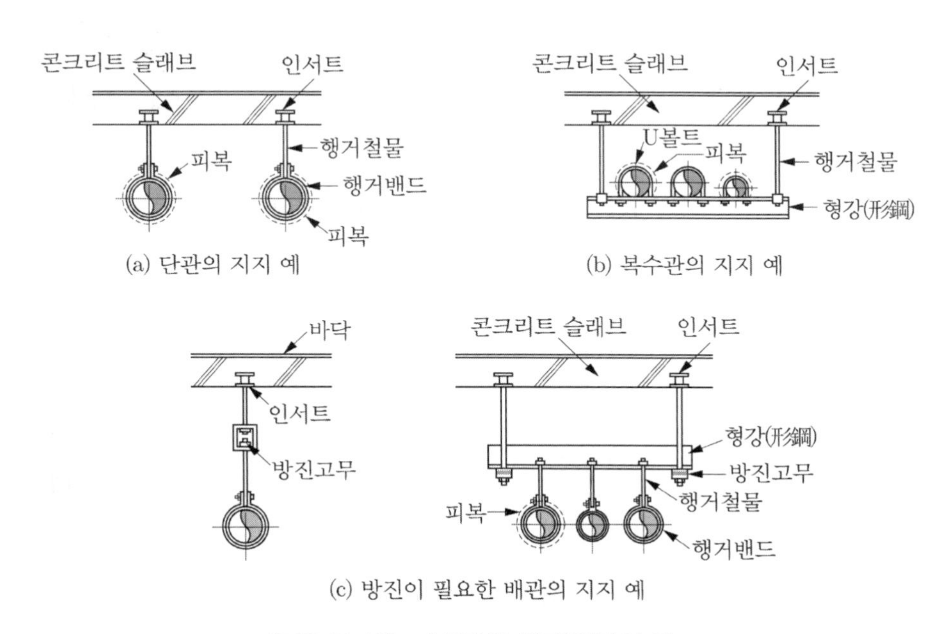

〈그림 Ⅱ-19〉 수평관의 행거(棒鋼)의 예

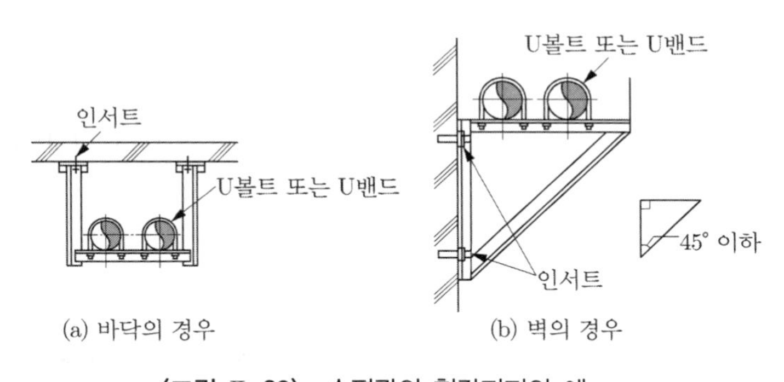

〈그림 Ⅱ-20〉 수평관의 형강지지의 예

(3) 수직관의 지지 및 방진지지

수직관의 지지 및 방진지지에는 형강(形鋼 : shape steel)에 의한 지지(방진지지) 및 고정지지가 있다. <그림 Ⅱ－21>에는 형강에 의한 지지 예를, <그림 Ⅱ－22>에는 고정지지의 예를 나타내었다.

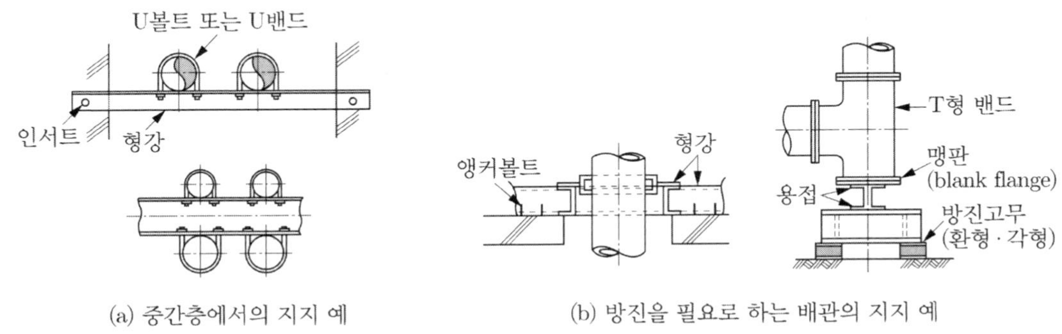

(a) 중간층에서의 지지 예 (b) 방진을 필요로 하는 배관의 지지 예

〈그림 Ⅱ-21〉 수직관의 형강지지의 예

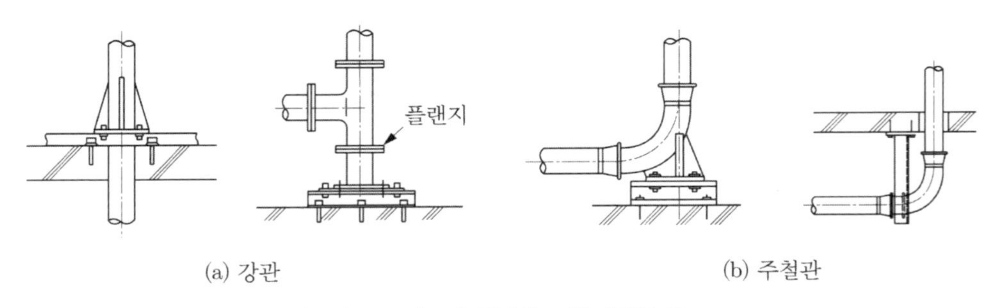

(a) 강관 (b) 주철관

〈그림 Ⅱ-22〉 수직관의 고정지지의 예

(4) 신축배관의 지지

신축하는 수평배관을 지지하는 경우는 롤러 등으로 지지하며, 배관을 지지점에서도 움직일 수 있게 해야 한다. 수직배관은 지지점을 가볍게 조여 조정하며, 배관이 상하방향으로 자유롭게 움직일 수 있게 하여야 한다. 보온을 한 관은 보온재의 위부터 평강(平鋼) 등으로 가볍게 조여 설치한다.

신축배관의 지지 예를 <그림 Ⅱ-23>에 나타내었다.

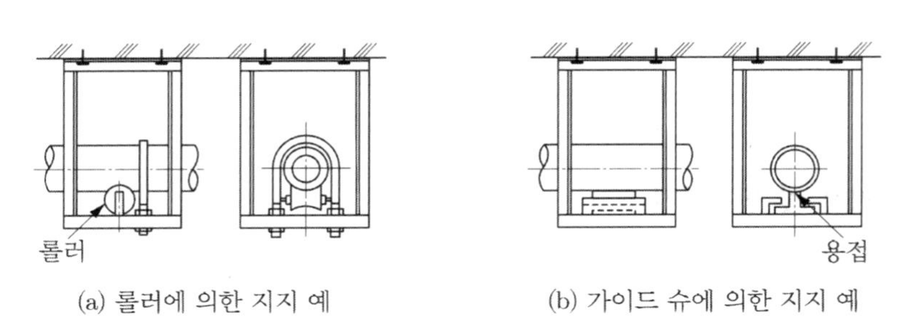

(a) 롤러에 의한 지지 예 (b) 가이드 슈에 의한 지지 예

〈그림 Ⅱ-23〉 신축배관의 지지 예

(5) 신축이음쇠의 지지

신축이음쇠를 설치한 배관은 그 신축의 기점(起点)으로 유효한 개소에 고정지지를 하여야 한다. 또한 복식이음쇠를 설치한 배관에서는 신축이음쇠를 <그림 Ⅱ-24>와 같이 고정한다.

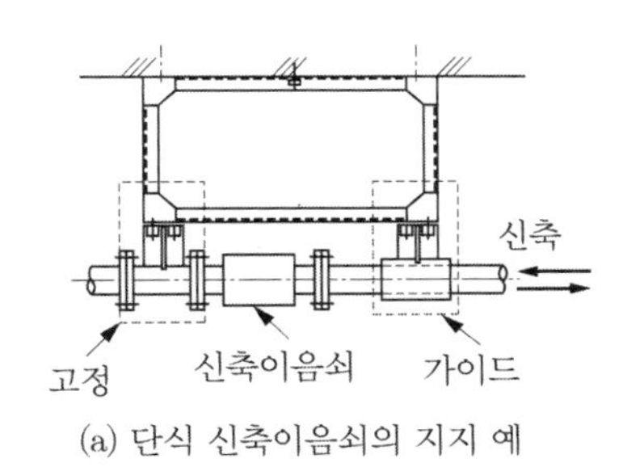

(a) 단식 신축이음쇠의 지지 예

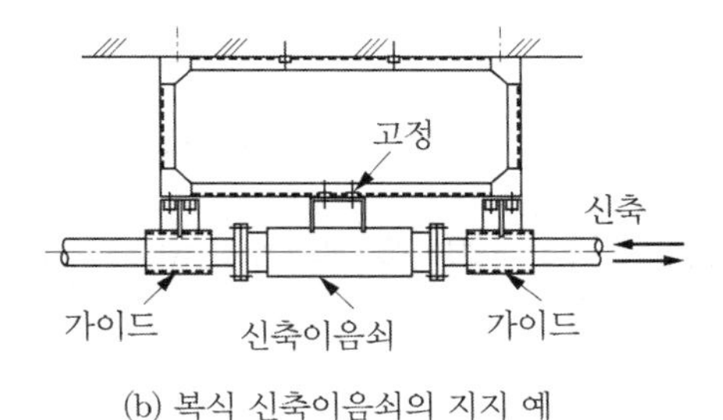

(b) 복식 신축이음쇠의 지지 예

〈그림 Ⅱ-24〉 신축이음쇠의 지지 예

(6) 지중매설배관의 지지 및 보호

지중에 매설하는 배관은 보수점검하기가 쉽지 않기 때문에, 배관의 종류나 설치상황 등에 따라 적절한 지지 및 보호를 하여야 한다.

Ⅱ.4 배관의 보온 및 도장

1 배관의 보온

배관을 보온하는 목적은 보온, 보냉, 단열 및 결로방지를 위해서이다. 보온재, 보조재, 외장재에는 많은 종류가 있지만, 단열성, 열에 의한 신축, 불연성, 투습성 등을 고려하여 조건에 적합한 것을 사용하여야 한다.

보온공사 시공시 유의하여야 할 사항은 다음과 같다.

① 보온재는 보관, 운반 및 시공중에 수분 및 우수 등에 의해 젖지 않도록 충분히 주의하여야 한다. 또한 장기간 보관하는 경우는 바닥면으로부터의 습기에도 주의하여야 한다.

② 관 외면을 충분히 청소하여, 먼지나 수분 등의 부착물을 제거한다.

③ 절단가공부, 용접가공부 및 관 끝의 시일면의 방청처리, 흑관의 녹방지 도장이 끝났는가 확인한다.

④ 배관의 시험이 완료되었는가 확인한다.

⑤ 배관이 내화 구조 등의 방화 구획을 관통하는 경우는 암면(rock wool) 보온재를 사용하

며, 타보온재는 사용하지 않도록 한다. 또한 관통부의 틈새는 관통부의 양쪽에서 보온재로 완전하게 충진한다.

(1) 보온재의 두께

보온재의 일반적인 필요 두께를 <표 Ⅱ-10>에 나타내었다.

〈표 Ⅱ-10〉 일반적인 보온재의 두께※

<table>
<tr><th>관경[DN]
사용구분</th><th>15</th><th>20</th><th>25</th><th>32</th><th>40</th><th>50</th><th>65</th><th>80</th><th>100</th><th>125</th><th>150</th><th>200</th><th>250</th><th>300 이상</th><th>보온재의 종류</th></tr>
<tr><td rowspan="3">급 수 관
배 수 관</td><td colspan="8">20</td><td colspan="3">25</td><td colspan="3">40</td><td>암면 보온재</td></tr>
<tr><td colspan="8">20</td><td colspan="3">25</td><td>40</td><td colspan="2">50</td><td>유리면 보온재</td></tr>
<tr><td colspan="11">20</td><td colspan="3">30</td><td>폴리스티렌 폼 보온재</td></tr>
<tr><td rowspan="2">온 수 관
급 탕 관</td><td colspan="8">20</td><td colspan="3">25</td><td colspan="3">40</td><td>암면 보온재</td></tr>
<tr><td colspan="8">20</td><td colspan="3">25</td><td>40</td><td colspan="2">50</td><td>유리면 보온재</td></tr>
<tr><td>증 기 관</td><td colspan="3">25</td><td colspan="3">30</td><td colspan="5">40</td><td colspan="3">50</td><td>암면 또는 유리면 보온재</td></tr>
</table>

※ 단위는 mm

(2) 보온재의 시공

보온재의 시공시에는 다음 사항에 유의한다.

① 배관에 보온통을 설치하는 경우는, 서로 밀착시켜 설치한다.

② 수평관의 보온통의 겹치는 부분의 이음매는 가능한 한 동일선상을 피하고 상하로 되지 않도록 설치한다.

③ 폴리스티렌폼(polystyrene foam) 보온통은 1개마다 2개소 이상 접착테이프를 붙인다.

④ 암면 보온통이나 유리면(glass wool) 보온통은 1개마다 2개소 이상에 철선으로 감는다. 또한 보온대를 사용하는 경우는 50 mm 이하의 피치로 나선식으로 감는다. 이 경우 지나치게 조이지 않도록 주의한다.

(3) 급배수 위생설비 설치의 보온시공

미네랄 울 및 유리면의 급수관 및 배수관 등의 결로방지 및 급탕관, 온수관, 기름 및 증기관의 보온 시공 순서는 <표 Ⅱ-11>에 따른다.

〈표 Ⅱ-11〉 급배수·위생설비 배관의 보온 시공 예

시공종별	사용구분	재료 및 시공순서	비 고
a	옥내 노출 배관	1) 미네랄 울, 유리면보온재 2) 아연철선 3) 정형용원지 및 정형엘보 4) 외장재 5) 밴드	① 보온재는 공사시방서에 따른다. ② 외장재는 공사시방서에 따르되 정형이 유지되는 외장재의 경우 3), 5)를 제외할 수 있다.
b	천장 내, 파이프 샤프트 등의 옥내 은폐 배관	1) 보온재 2) 아연철선 3) 외장재 4) 밴드 또는 메탈라스	① 보온재는 공사시방서에 따른다. ② 외장재는 공사시방서에 따르되 알미늄 가공 시트의 경우 부착재를 사용한다.
c	지하층, 지하피트 내 배관(트렌치, 피트 내를 포함)	1) 미네랄 울, 유리면보온재 2) 아연철선 3) 폴리에틸렌 필름 또는 아스팔트 펠트 4) 외장재 5) 밴드	① 보온재는 공사시방서에 따른다. ② 외장재는 공사시방서에 따르되 점검이 용이하고 다습한 장소가 아닌 경우 3)을 제외하고, 정형이 유지되는 외장재의 경우 5)를 제외할 수 있다.
d	옥외 노출 및 욕실, 주방 등의 다습한 장소의 배관	1) 미네랄 울, 유리면보온재 2) 아연철선 3) 폴리에틸렌 필름 또는 아스팔트 펠트 4) 아연철선 또는 보온못 5) 외장재 6) 밀봉재	① 보온재는 공사시방서에 따른다. ② 외장재는 공사시방서에 따른다.

㈜ 급탕관 등 부득이 매설하는 경우에는 시공종별 c로 한다.
※ 건축기계설비공사 표준시방서(KCS), 2016

다음의 부분에는 보온을 하지 않는 경우가 많다.

① 위생기구의 부속배관

② 지중매설 혹은 콘크리트 매설 배관

③ 최하층 바닥 밑, 옥외 노출 혹은 피트 내의 배수관

④ 통기관(단, 배수관의 분기부로부터 100 mm 이하인 부분은 제외)

⑤ 각종 탱크류의 오버플로관 및 드레인관

⑥ 소화용 배관

(4) 지중매설배관의 방식 시공

지중매설배관은 심각한 부식 환경하에 있기 때문에, 피복 등으로 부식을 방지하여야만 한다.

배관에 방식재를 감는 경우는 방식재가 구겨지거나 공기가 포함되게 감는 것 등에 의한 간극에 의해 핀홀, 손상 등이 없도록 작업하여야 한다. 피복의 일부에 불완전한 부분이 아주 조금이라도 존재하게 되면 그 부분에 부식이 집중하기 때문에 오히려 부식속도는 빨라지게 되고, 수년 내에 관통할 위험이 있기 때문에 충분하게 피복하여야 한다(<그림 Ⅱ－26> 참조).

2 배관의 도장(塗裝)

도장은 방식, 보호, 채색, 미장 혹은 특수한 성능을 주기 위한 것이지만, 도장 공정중에는 도장면의 정리작업(素地調整 : surface preparation)이 가장 중요하며, 그 처리에는 충분한 배려가 필요하다.

도장 공정시의 주의 사항은 다음과 같다.

① 도료는 개봉하지 않는 채로 현장에 반입한다.
② 도장 장소의 기온이 5°C 이하, 습도가 85% 이상, 혹은 환기가 불충분하여 도료(塗料)의 건조가 불충분한 경우에는 원칙적으로 도장을 해서는 안된다. 어쩔 수 없이 도장을 하는 경우에는 난방, 환기 등을 한다.
③ 도장을 하는 장소는 환기를 충분히 하여 용제(溶劑)에 의한 중독을 일으키지 않도록 한다.
④ 화기(火氣)에 주의하고 화재, 폭발 등의 사고를 일으키지 않도록 한다.
⑤ 도료는 원칙적으로 조합된 도료를 그대로 사용한다.
⑥ 바닥 등의 주변에 오염, 손상을 입히지 않도록 미리 적절한 양생을 한다.
⑦ 강우의 염려가 있는 경우 및 강풍(强風)시에는 원칙적으로 외부의 도장을 해서는 안 된다.

<표 Ⅱ－12> 및 <표 Ⅱ－13>에 도장을 하는 면의 정리작업 및 도장의 종별과 도장 횟수를 나타내었다.

〈표 II-12〉 도장면의 정리작업※

(a) 철재면

공 정	종 별			방치시간(h)
	1종 A* (화학피막처리)	1종 B* (블라스트)	2종** (동력, 수작업)	
오염, 부착물 제거	오염, 부착물을 스크레이퍼, 와이어브러시 등으로 제거			−
기름(油) 제거	녹 제거가 블라스트의 경우에는 용제 분무, 녹 제거가 산세척의 경우에는 약알칼리성 액 가열 후 뜨거운 물 또는 트리클로로에틸렌으로 세척		용제분무	−
녹 떨어내기	산세척에 의해 검은 산성피막, 녹을 제거	블라스트에 의해 검은 산성피막, 녹을 제거	디스크샌더, 와이어호일 등의 동력공구를 사용하여 스크레이퍼, 와이어브러시 및 연마지 등의 수공구를 병행하여 녹을 제거	즉시 다음 공정을 시작한다.
화학피막처리	인산염 화학피막처리 후, 물세척한 다음 건조	−	−	즉시 다음 공정을 시작한다.

㊟ * 1종 A, 1종 B : 각종 반(盤)류, 보일러 및 온풍난방기(외장강판), 냉동기(외장강판), 공기조화기, 송출구, 흡입구 및 팬튜브방열기, 기타 이와 유사한 것
** 2종 : 상기 이외의 것

(b) 비철금속면

공 정	종 별			방치시간(h)
	1종 A (화학피막처리)	1종 B (에칭 프라이머)	2종 (탈지(脫脂))	
오염, 부착물 제거	오염, 부착물을 와이어브러시, 연마포 등으로 제거 청소한다.			−
유지(油脂) 제거	약알칼리성 액 가열처리 후 더운물 세척 또는 트리클로로에틸렌으로 세척	용제 분무		−
화학피막처리	인산염 화학피막처리 또는 크롬염화학피막처리 후 물세척한 후 건조			즉시 다음 공정을 시작한다.
에칭프라이머 도료	−	에칭 프라이머(KS M5337)의 1종에 의한 솔도장 또는 스프레이도장	−	2 이상 3 이하

㊟ 표면처리 아연강판의 경우는 화학피막처리를 생략할 수 있다.

(c) 콘크리트, 몰탈 또는 플라스터면

공 정	재료, 기타	처리내용
건 조	–	바탕을 충분히 건조시킨다.
오염 및 부착물 제거	–	바탕이 상하지 않도록 제거한다.
요철부 메우기	시멘트계 바탕조정도료·합성수지 에멀션퍼티	균열부, 요철부를 메운다.
연마지	연마지 #100~180	요철부를 메운 자리 등이 건조된 후 표면을 매끈하게 연마한다.

㈜ 합성수지 에멀션퍼티는 외부 및 물기 있는 부분 등에 사용하여서는 안 된다.

※ 건축기계설비공사 표준시방서(KCS), 2016

〈표 Ⅱ-13〉 도료 및 도장 횟수※

도장 부분				도장 횟수			
기기 및 부재		상 태	도료의 종별	초벌칠	재벌칠	정벌칠	비 고
지지용 철물(도금을 한 것은 제외)		노출	조합 페인트 또는 알루미늄 페인트	2	1	1	초벌칠은 방청페인트
		은폐	방청페인트	1	–	1	
보온 외장	면 포	노출	조합페인트	1	1	1	초벌칠은 합성구멍메움제
		은폐	합성구멍메움재	1	–	1	
	유리직물	노출	합성수지 에멀션페인트	1	1	1	초벌칠은 합성구멍메움제
			염화비닐 수지에나멜	1	1	1	초벌칠은 합성구멍메움제
	아연철판	노출	조합페인트	1	1	1	초벌칠은 연산칼슘 방청페인트
보온하는 금속 바탕		–	방청페인트	2	–	1	도금 부위는 제외
아연도 강관 및 이음부속의 용도 표지		노출	조합페인트	1	1	1	은폐 부위는 나사부분만 방청페인트 1회칠. 초벌칠은 연산칼슘 방청페인트
흑강관 및 이음부속의 용도 표지		노출	조합페인트 또는 알루미늄페인트	2	1	1	초벌칠은 방청페인트
		은폐	방청페인트	1	–	1	수지코팅을 실시한 부속은 제외
금속제 전선관		노출	조합페인트	–	1	1	은폐부에서는 나사부분에 방청페인트 1회칠
배기통 및 연도		–	알루미늄페인트 또는 내열성 도료	1	1	1	아연철판일 때에는 초벌칠은 제외
펌프류*		–	조합페인트 또는 래커 에나멜	2	1	1	조합페인트의 초벌칠은 방청페인트
탱크류**		–	조합페인트	2	1	1	초벌칠은 방청페인트

〈표 Ⅱ-13〉 도료 및 도장 횟수(계속)

도장 부분		도료의 종별	도장 횟수			비 고
기기 및 부재	상 태		초벌칠	재벌칠	정벌칠	
제어반류*	노출	아미노알키드 수지도료, 아크릴 수지도료	1	1	1	설치 전 도장할 때
	내면, 뒷면	아미노알키드 수지도료, 아크릴 수지도료	1	–	–	
가스보일러 및 온수가열기 등	–	래커 도료	1	1	1	
보일러 및 온풍 난방기 (외장 강판)	–	래커 또는 아미노알키드 수지도료	1	1	1	
옥내 소화전함 및 기타 함	외면	조합페인트 또는 래커 에나멜	2	1	1	
옥내 소화전함 및 기타 함	내면 및 은폐	방청페인트	1	–	1	
냉동기*	–	조합페인트 또는 래커 에나멜	2	1	1	조합페인트의 초벌칠은 방청페인트
냉동기(외장 강판)	–	아크릴 래커 또는 아미노알키드 수지도료	1	1	1	
공기조화기, 공기정화장치(외장 강판) 및 송풍기	–		1	1	1	
냉각탑(외장 강판 및 송풍기)	–	조합페인트 또는 아크릴 래커 에나멜	2	1	1	조합페인트의 초벌칠은 방청페인트
송출구 및 흡입구	–	아크릴 래커 또는 아미노알키드 수지도료	1	1	1	
주철제 방열기	–	알루미늄페인트	2	1	1	초벌칠은 방청페인트
팬 튜브 방열기 및 팬 컨벡터(외장 강판)	–	래커 또는 아미노알키드 수지	1	1	1	
덕트(아연철판강제)	노출	조합페인트	–	1	1	초벌칠은 연산칼슘 방청페인트
	내면	무광페인트	–	1	1	실내로부터 보이는 범위 내의 초벌칠 연산칼슘 방청페인트를 칠한다.
덕트(강판제)	노출	조합인트	2	1	1	초벌칠은 방청페인트
	내면	방청페인트	1	–	1	

* 감리원의 승인을 얻은 제작업체의 표준도장에 준할 수 있다.

** 탱크류의 내면처리는 각 장의 해당 항에 의한다.

※ 건축기계설비공사 표준시방서(KCS), 2016

Ⅱ.5 배관의 부식과 방식

배관계에서 가장 곤란한 것이 관내면의 부식(腐蝕, corrosion)과 스케일(scale)의 문제이다. 관에서 내면부식은 공식(孔食) 등의 국부부식에 의한 누수사고, 녹이 슬어 막히는 통수능력의 저하, 적수(녹물) 등의 수질저하를 가져오며, 스케일의 부착은 전열효과의 저하, 관의 폐쇄, 통수능력의 저하를 일으킨다. 이와 같이 배관의 수명에 가장 영향이 큰 것이 부식과 스케일의 문제라고 할 수 있다.

관의 내면부식이 문제가 되는 것은 급수, 급탕, 배수관을 생각할 수 있다.

1 부식의 정의

(1) 배관이 외부의 물리적 영향에 의하여 화학적 변화를 갖는 것이다.

(2) 어떤 물질에 화학적으로 안정하지 못한 물질이 접근하여 전기적인 변화를 일으켜 그 부위에 화학적 변화를 일으키는 것을 말한다.

(3) 어떤 물질이 외부의 물리적 영향에 의하여 화학적 변화를 갖는 것이다.

(4) 모든 물질은 자기만의 전위를 갖고 있는데, 이러한 전위(electrical potential)가 다른 전위의 물질이 접근하였을 때 자기반응을 일으켜 이물질(異物質)을 생성하는 것을 말한다.

(5) 어떤 물질에 산소가 작용하여 변화하는 것을 말한다(산화작용).

2 부식의 기초사항

(1) 부식의 요인

부식은 배관의 재질, 관내의 물의 온도, 유속 및 수질 등에 크게 영향을 받는다.

1) 온도의 영향

일반적으로 온도상승과 함께 부식속도가 증가한다. 배관계가 대기개방인 경우, 비등점 부근이 되면 수중의 용존산소가 감소하기 때문에 부식량도 급격히 감소한다. <그림 Ⅱ－25>에 수온에 따른 영향을 나타내었다.

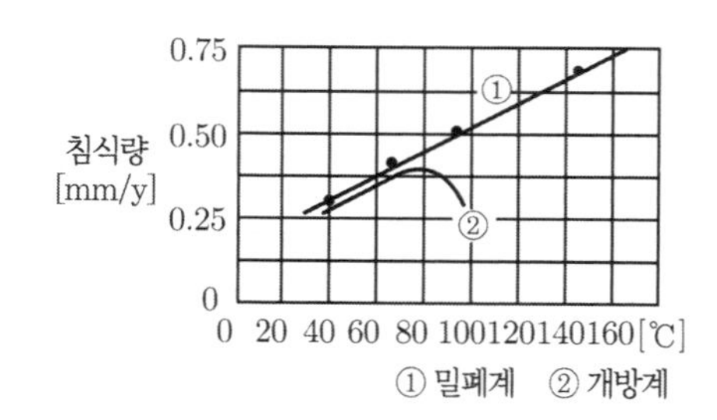

〈그림 Ⅱ－25〉 철의 부식에 대한 수온의 영향

2) 유속의 영향

일반적으로 유속이 증가하면, 금속면으로의 산소의 공급이 증가하여, 부식도 증가한다. 그리고 유속이 어느 값 이상이 되면, 수류(水流)에 의한 침식작용으로 보호피막이 기계적으로 파괴됨과 동시에 침식(浸蝕, 潰蝕, erosion)의 원인이 되어 부식이 증가한다.

3) 수질(水質)의 영향

① pH : 금속의 부식에 대한 기본적인 지표의 하나로서 pH 4 이하에서는 수소발생을 동반한 전면부식이, 그리고 pH 6.7～7의 중성 또는 거의 약산성 환경에서는 공식, 응력부식 등이 되기 쉽다.

② **경도**[mg/L] : 경도가 높으면 스케일의 부착이 일어나기 때문에, 오히려 부식은 일어나기 어렵지만 스케일에 의한 장해에 주의해야 한다.

③ **염소이온**[mg/L] : 보호피막을 파괴하는 성질이 있다. 공식의 원인이 된다.

④ **용존산소** : 전면부식(全面腐蝕)이 아닌 경우, 산소의 양보다는 오히려 산소의 금속면으로의 확산분포의 차가 문제로 된다. 일반적으로 수돗물에는 6～7 ppm의 산소가 용해되어 있다. 강이나 동에서는 용존산소가 적을수록 부식의 위험이 적다.

⑤ **전도도(電導度)** [μS/cm] : 일반적으로 전도도가 높을수록 부식성은 증가한다.

⑥ **증발잔유물**[mg/L] : 탱크 내 체류부, 간극부에 슬러지로 부착하고, 부착 슬러지 중에 Cl^- 이온이 농축되어 공식(孔食)의 원인이 된다.

4) 토질(土質)의 영향

흙속에 부식성 물질이나 수분, 공기, 박테리아 등을 어느 정도 함유하고 있는가에 따라 부식성이 다르다.

5) 환경차에 의한 영향

동일한 금속이라도 환경에 따라 이온화 정도의 차이가 있으며, 하나의 배관이 2개의 서로 다른 환경하에 있으면 그 양자간에 전위차를 일으켜 galvanic 부식(전기적 화학반응에 따라 일어나는 전기부식)과 동일한 부식을 일으킨다.

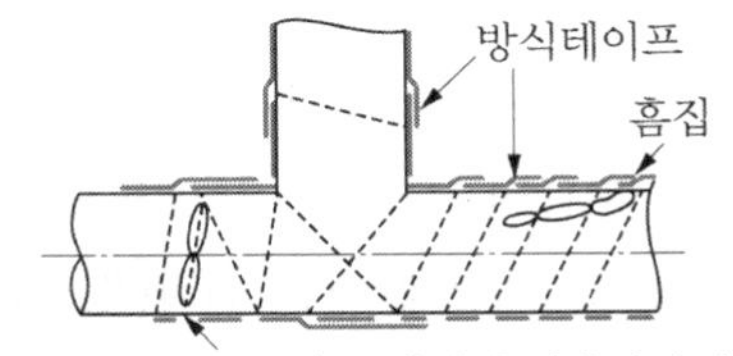

방식테이프를 감는 방법이 불충분하여 틈새가 생기면 이 부분에 부식이 집중적으로 발생한다.

〈그림 Ⅱ-26〉 테이프의 흠집 및 극간에 의한 부식

이러한 부식의 예로는 매설관이 건물의 콘크리트를 관통하는 곳에서 철근과 전기적으로 접촉하여 매설관이 2～3년 내 구멍이 뚫리는 상태로 되는 부식이다. 또한

과거부터 자주 목격되는 예로는 <그림 Ⅱ-26>에 나타낸 바와 같이 매설관에 감아 놓은 방식테이프가 파이프렌치 등에 의해 손상을 입게 된 경우, 그곳에 부식이 집중하여 공식이 일어나게 된다. 또는 방식테이프를 불완전하게 감아서, 틈이 생기는 부분에 부식이 집중적으로 발생할 수도 있다.

이 외에도 점토와 모래 간에서도 일어나기 때문에 통기성이 좋은 동일한 질의 흙으로 관 주위를 메울 필요가 있다. 점토 등이 혼재한 흙으로 메우면, 점토에 접하고 있는 부분이 저전위로 되고 모래에 접한 부분은 고전위로 되는 전지를 만들어 부식한다. <그림 Ⅱ-27>에 토질(土質)에 의한 부식 예를 나타내었다.

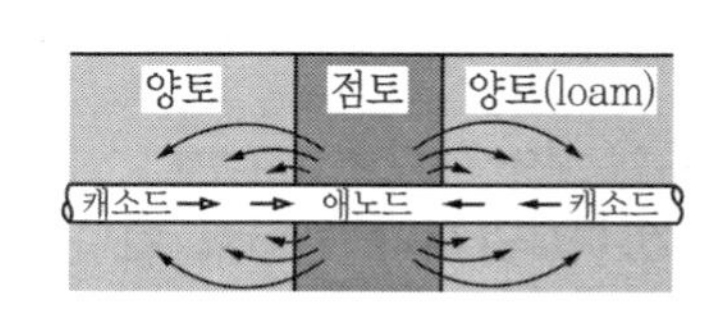

(a) 토질차에 의한 부식

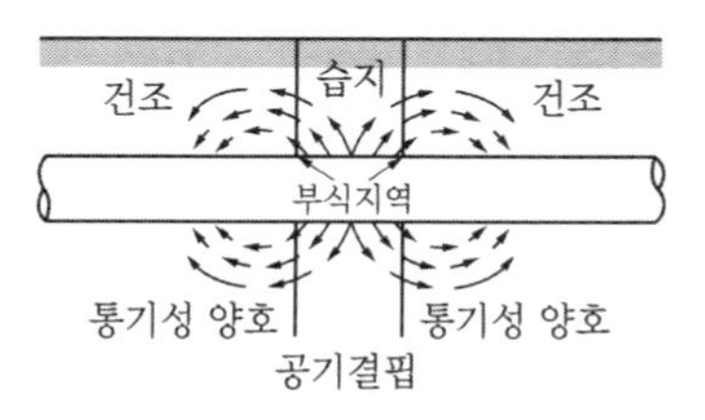

(b) 동일한 토질 중에서의 부식

〈그림 Ⅱ-27〉 토질에 의한 부식

(2) 부식의 전기화학

부식현상이란 금속이 어느 환경 중에 존재하면 그 환경 중에 존재하는 물질과의 사이에 일어나는 화학적 혹은 전기화학적 반응에 의해 손실하는 것이라고 앞에서 정의하였다. 따라서 부식반응을 이해하기 위해서는 전기화학(電氣化學)을 알 필요가 있다.

여기서는 그 일부에 대해 간략히 설명한다.

1) 애노드와 캐소드

금속재료가 환경 중에 놓였을 때, 환경성분과 화학반응이 일어나게 하기 위해서는 금속결합의 가전자(価電子)를 제거할(따로 남겨둘) 필요가 있다. 이 반응을 통해서 금속이 이온화(산화)되어 금속의 특질을 잃는다. 이 금속이 이온화하는 장소를 애노드(陽極, anode)라고 부르며, 그 반응을 애노드 반응이라고 한다. 애노드 반응은 독립적으로 일어나는 것은 아니고, 그것에 대한 전자(電子)를 수용하는 반응이 필요하다. 이 전자의 수용반응(受容反應)이 일어나는 장소를 캐소드(陰極, cathode)라고 부르며, 그 반응을 캐소드 반응이라고 한다. 이것은 전지(電池)의 극과는 반대로 되며, 애노드측에서 부식이 일어나게 된다.

애노드 반응(酸化反應)과 캐소드 반응(還元反應)은 서로 쌍을 이루어 일어나는 반응이지만, 부식반응이 일반적인 화학반응과 다른 점은 애노드 반응과 캐소드 반응이 반드시 동일장소에서 일어나는 것으로 한정되지는 않는다는 데 있다.

<그림 Ⅱ-28>에 그 설명도를 나타내었다. 이 부식반응의 회로에서는 금속(전자전도체)과 환경(이온전도체)의 경계면이 2개소가 필요하다. 금속이 환경에 녹아 전류가 흐르는 애노드부와 환경으로부터 금속쪽으로 전류가 유입하는 캐소드부로 되어 있다. 애노드부가 되는 곳이 부식하지만, 캐소드부가 없으면 애노드 반응은 일어나지 않는다. 애노드 반응이 더욱 진행하기 위해서는 캐소드 반응으로서 금속 내부의 전자를 운반체로 하는 전류와 환경 중의 이온을 운반체로 하는 전류가 필요하다. 이들 중 어느 한쪽의 반응을 일어나지 않게 하는 것이 방식(防蝕)이다. 실제로 부식반응이 일어나는지 어떤지는 그 환경에서의 정압(定壓)하에서 자유 에너지가 감소하는 방향으로 되는지 아닌지에 달려 있다. 부식은 금속의 산화반응이기 때문에 그 금속이 부식하기 위해서는 산화제가 필요하게 된다.

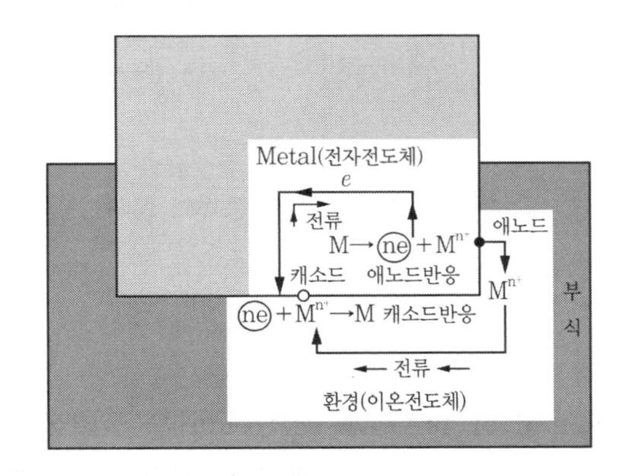

〈그림 Ⅱ-28〉 부식반응에서의 애노드와 캐소드

2) 부동태

부동태(不動態)란 “열역학적으로는 금속이 부식생성물로 변하기보다는 큰 자유 에너지의 변화가 있는 환경 중에서 그 금속 또는 합금이 내식성이 좋은 경우”를 말한다.
부동태에는 크게 다음과 같은 두 가지가 있다.

① **전기화학적인 부동태** : 애노드 전류는 상승하지만, 임의의 전위(電位)를 경계로 전류가 급격히 감소한다. 부동태화(不動態化)는 금속 표면에서 산화물 피막이나 난용성(難溶性) 금속염피막(金屬塩皮膜)의 생성에 의해 일어난다. 부동태화 상태에 있는 금속은 그 용해속도가 활성태(活性態)에서의 용해속도보다 작기 때문에 내식성이 좋다.

② **화학적인 부동태** : 용액 중에 강력한 산화제가 있는 경우, 금속은 용액 중의 전자(電子)를 받아들일 수가 있기 때문에 부동태화한다. 이와 같이 자연적으로 담겨 있는 상태하에서 부동태화하는 것을 자기부동태화(自己不動態化)라고 한다.

3 부식의 종류

부식 형태의 분류방법에는 여러 가지가 있지만, 그 분류법의 일례를 <그림 Ⅱ-29>에 나타내었다.

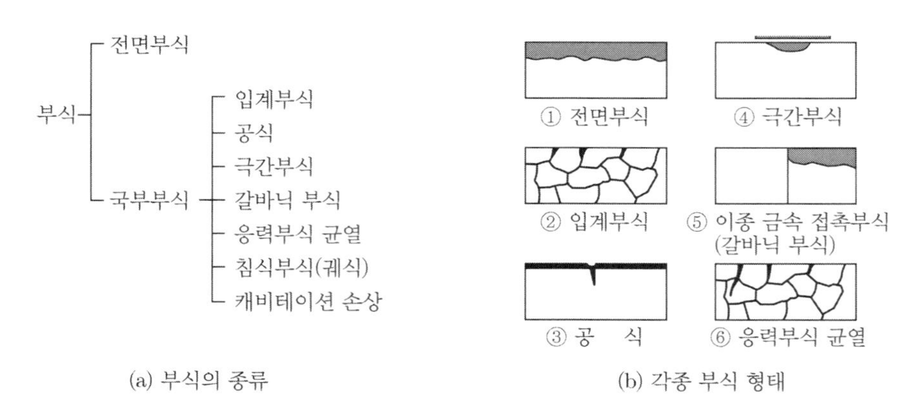

(a) 부식의 종류 (b) 각종 부식 형태

〈그림 Ⅱ-29〉 부식의 종류와 형태

(1) 전면부식

1) 형태

전면부식(全面腐蝕, general or uniform corrosion)은 부식현상 중에서 가장 일반적으로 일어나며, 금속 및 합금 재료의 표면 전체에 걸쳐 거의 균일하게 부식이 발생하는 경우를 말한다. 따라서 균일부식(均一腐蝕)이라고도 한다. 강관을 대기 중에 노출한 경우, 그 두께의 감소, 혹은 단면 감소는 거의 균일하게 일어나며, 전면부식의 전형적인 예로 들 수 있다.

2) 기구

전면부식에 대한 특별한 기구(機構)는 없지만, 일반적으로 금속의 부식이론이 적용된다. 즉, 부식은 금속이 놓여 있는 환경 중에서 용해하는 반응으로서, 앞에서도 설명하였지만, 전기화학(電氣化學)에서는 용해하는 부분을 애노드부라고 하며, 전면부식은 이 애노드부가 거의 전면(全面)에 존재하여, 균일하게 용해한 결과이다. 식 (Ⅱ-1)과 같은 애노드 반응이 일어나면, 그것에 대한 식 (Ⅱ-2)~식 (Ⅱ-4)와 같은 캐소드 반응이 동시에 일어난다. 이들 중 하나의 반응을 억제시키는 것이 방식대책(防蝕對策)이다.

$$M \rightarrow M^{+} + e^{-} \qquad \cdots\cdots (\text{Ⅱ}-1)$$

$$2H^{+} + 2e^{-} \rightarrow H_2 \text{ (수소발생형)} \qquad \cdots\cdots (\text{Ⅱ}-2)$$

$$2H^{+} + 2e^{-} \rightarrow 2H \qquad \cdots\cdots (\text{Ⅱ}-3)$$

$$2H^+ + \frac{1}{2}O_2 \rightarrow H_2O$$

$$H_2O + \frac{1}{2}O_2 + 2e^- \rightarrow 2OH^- \text{(산소소비형)} \cdots\cdots (II-4)$$

3) 방식대책

전면부식을 감소시키거나 방지하기 위한 방법으로는 앞에서 설명한 바와 같이 애노드 반응, 캐소드 반응이 일어나지 않도록 하면 된다. 구체적인 방법은 다음과 같다.

① 적절한 재료의 선택

애노드 반응을 억제하는 방법으로서, 금속, 표면의 평활(平滑) 및 청정화(淸淨化)를 꾀하고, 금속원소를 합금화하여 전극 전위를 높이는 방법이 있다. 재료 선택에 의한 캐소드 반응을 억제하는 방법으로서 소지금속(素地金屬)에 대해서 수소 과전압을 크게 하는 원소의 첨가 등을 들 수 있다.

② 캐소드 방식

첫째, 환경측의 pH를 조정하여 산성을 중성·알칼리성으로 한다.
둘째, 환경 중의 산화제, 예를 들면, 용존산소·고원자가(高原子価) 이온(Fe^{3+}, Cu^{2-} 등)·산화성 음이온(NO_3^-, NO_2^- 등)을 제거한다.

③ 코팅을 포함한 표면처리

금속을 화학적, 전기화학적 혹은 물리적인 방법을 사용하여 타금속층으로 피복하여 내식성을 개선한다.

(2) 국부부식

금속의 일부가 국부적으로 부식·손상하는 형태를 국부부식(局部腐蝕, localized corrosion)이라고 한다. 부동태화 금속(不動態化 金屬)의 표면에서 일어나는 공식(孔食), 틈새부식 등이 대표적이며, 다음에 국부부식에 대해 설명한다.

1) 입계부식

① 형태

금속은 무수히 많은 결정으로 이루어져 있으며, 결정과 결정의 경계에는 결정입계(結晶粒界)라고 부르는 부분이 존재한다. 결정입계에서 불순물의 석출, 합금원소의 농축, 임의의 원소의 결핍 등이 원인이 되어, 입계를 따라 깊숙이 침식되는 형태가 입계부식(粒界腐蝕, intergranular corrosion)이다. 입계부식이 극단적으로 진행된 경우에는 결정입계의 탈락이 일어나기도 하고, 강도가 떨어지거나 파괴가 일어나는 경우도 있다.

② 기구

여기서는 스테인리스강에 대한 입계부식 기구를 설명한다. 보통 오스테나이트계 스테인리스강(18Cr~8Ni계, STS 304, STS 316)은 1,273~1,373 K에서 충분히 가열·유지한 후 급랭하면 입계 등에 석출하고 있는 Cr 탄화물 등이 소지(素地 : 바탕금속)에 용입하여 균일화된다. 이것을 용체화처리(溶体化處理 : solution treatment)라고 한다. 그렇지만 673~1,073 K의 온도범위로 가열·유지시켜 서서히 냉각하면 입계부식의 감수성이 크게 된다. 이것을 예민화 현상(銳敏化 現象 : sensitization)이라고 한다. 이 온도범위로 가열되면 강(鋼) 중의 C가 입계근방의 Cr과 탄화물(예를 들면 $M_{23}C_6$ 등)을 형성한다. 그 결과, 입계근방의 크롬량(12% 이하)이 적게 되어 Cr 결핍부분이 존재하게 된다. 오스테나이트계 스테인리스강의 내식성은 Cr에 의한 것이 크기 때문에, 이와 같은 열처리를 받은 강은 Cr 농도가 부분적으로 다르며 Cr 결핍부분부터 부식된다. Cr 결핍부분은 입계를 따라 존재하기 때문에, 입계로부터 부식이 진행된다. 이때 Cr 탄화물은 거의 부식되지 않는다.

③ 방식대책

예민화 온도로 가열되어 감수성이 크게 된 오스테나이트계 스테인리스강은 다음과 같이 방식대책을 세울 수 있다.

- 1,273~1,373 K에서 충분히 가열하여 용체화 처리를 시키면 입계부식은 방지된다.
- Cr 탄화물이 주원인이기 때문에, 탄소량을 적게 한 극저탄소 스테인리스강인 STS 347, STS 321을 사용한다.

2) 공식

① 형태

깊이 방향으로 구멍상태로 깊게 침식하는 국부부식을 공식(孔食) 또는 점부식(pitting corrosion)이라고 한다. 공식이 발생하면, 그것이 원인이 되어 부재(部材)의 손상, 파괴를 초래하는 경우가 많다. 일반적으로 부동태 금속의 표면 혹은 산화피막 등에 의하여 부동태화된 표면에 일어난다. 공식은 틈새부분을 구성하고 있지 않는 자유표면(自由表面)에 생기며 주로 수직방향으로 성장한다. 공식이 눈에 보일 정도의 크기로 성장하는 기간은 부동태 금속의 종류·환경에 따라 좌우되지만, 보통 수개월 혹은 수년 이상 걸린다. 공식이 발생하기 쉬운 재료로서는 스테인리스강, Cu 및 부동태화된 탄소강이 있다.

② 기구

공식이 발생하는 데에는 부동태 상태에 있는 금속에 환경으로서 염화물(예를 들면 Cl^- 등의 염화물 이온)·산화제가 존재하는 것이 조건이다. 산화제의 존재하에서 Cl^- 이온이 부동태 피막의 약점(弱點), 예를 들면 MnS, 탄화물 등의 개재물(介在物)의 근방, 전위(電位) 등 조직이 불균일한 부분 혹은 미세한 틈새 구조를 갖는 부분에 발생이 시작된다. 즉, 이 부분에서 먼저 피막의 파괴가 일어나거나, 소지금속(바탕금속)의 애노드 용해가 진행되어 공식 피트(pit)를 만든다. 피트 내부는 활성용해(活性溶解)를 일으켜 피트 내에 Cl^- 이온을 움직이게 한다. 용해한 금속이온 M^+과 염소 이온 Cl^-이 결합하여 금속간 화합물인 MCl을 생성한다. 이와 같이 피트 내는 MCl의 농도가 상승하여, 식 (II－5)와 같은 가수분해를 일으켜 H^+ 이온이 발생하고, 피트 내의 pH는 저하한다.

$$M^+Cl^- + H_2O \rightarrow MOH\downarrow + H^+Cl \quad \cdots\cdots (II-5)$$

그리고 또한 새로운 용해가 일어나서, 이 반응은 계속 반복된다. 따라서 식 (II－5)의 반응은 시간이 지남에 따라 자동적으로 진행된다. 피트 근방의 자유표면에서는 산소환원반응이 일어나서 부식은 억제되며, 피트 내의 부식은 성장을 계속한다. 공식에 영향을 미치는 인자는 환경측의 인자로서 용액의 조성, 농도, 온도 등을 들 수 있다. 조성으로서는 Cl^- 등의 할로겐 이온으로 존재하는 환경에서 일어난다. 용액의 유속(流速)도 영향을 끼치는데 유속이 빠르면 공식은 일어나기 어렵게 된다. 금속측의 인자로서는 합금조성, 열처리, 가공의 유무 등이 크게 영향을 미친다.

③ 방식대책

공식의 발생기구는 아직 충분히 해명되었다고는 말할 수 없기 때문에, 그 대책은 상당히 어렵지만, 여기서는 공식대책에 대해서 간단히 설명한다.

- 합금성분을 선택한다. 일반적으로 부동태 파악을 강하게 하는 원소가 유효하다. 예를 들면 스테인리스강 등에 대해서는 Mo가 유효하다.
- 환경측에 OH^- 등이 충분히 존재하도록 한다.

3) 극간부식

① 형태 및 기구

금속재료와 금속재료, 금속재료와 비금속재료가 접하는 곳, 예를 들면 볼트와 너트 접합부, 금속과 O링의 접점, 플랜지 이음의 가스켓부 등 틈새 구조를 갖는 부분에서는 다른 부분에 비해 부식이 현저하게 일어나서 장치재료의 부식 손상의 원인이 되는 경우가 많다. 이와 같이 틈새부로 인하여 물질의 이동이 방해를 받아 일어나는 부식을 극간(隙間)부식 또는 틈새부식(crevice corrosion)이라고 한다. 틈새부식은 공식 등 다른 국부부식에 비해 비(卑)전위 금속에서 일어나는 것과 앞에서 설명한 바와 같이 금속과 금속의 접합부뿐만이 아니라 금속과 비금속의 접합부에서도 일어날 수 있기 때문에, 구조상 피할 수 없는 경우도 많다.

② 방식대책

틈새부식을 방지하기 위해서는 다음과 같은 대책이 필요하다.

- 장치재료가 틈새 구조를 갖지 않도록 하는 것이 가장 중요하지만, 도저히 틈새구조를 피하는 것이 어려운 경우에는 틈새부식에 강한 재료를 선택하는 것이 필요하다.
- 틈새부에 상당하는 부분을 표면처리하는 것도 유효한 방법이다.

4) 응력부식 균열

① 형태 및 기구

금속재료가 인장응력을 받은 상태에서 부식환경 중에 놓인 경우에 균열을 일으키는 현상을 말한다. 이와 같은 응력부식 균열(應力腐蝕 龜裂, stress corrosion cracking)의 형태로서 다음과 같은 것을 들 수 있다.

- 전면부식이 일어나지 않는 표면에 복수의 균열이 발생한다.
- 손상 발생부의 단면관찰에서 균열이 가지치듯이 반복하면서 전파한다. 균열은 공식이나 틈새부식 등의 국부부식을 기점(起点)으로 하여 발생한 경우와 표면으로부터 직접 발생하는 경우가 있다.

② 방식대책

응력부식 균열의 대책으로서는 발생기구에 따라 대책이 다르기 때문에, 응력·재료 및 환경에 대해 각각 검토한다.

- 응력 : 잔류응력의 저감, 열처리 등에 의해 응력을 제거한다. 또한 기계적인 방법에 의해 잔류응력의 저감 및 압축응력을 부가(재료 표면에 소성변형에 의해 압축응력을 일으킨다)한다.
- 재료 : 소정의 환경 중에서 응력부식 균열을 일으키지 않는 재료로의 변경(예를 들면 오스테나이트계 강으로부터 페라이트계 스테인리스강(18Cr계 : STS 430)으로의 변경 등) 또는 열처리에 의해 예민화를 피한다.
- 환경 : 환경온도를 조절하고 용존산소를 저감하며, 캐소드 방식(防蝕)을 한다.

5) 갈바닉 부식·이종 금속 접촉부식

① 형태 및 기구

어느 부식성이 있는 용액 환경 중에 2개의 금속을 접촉시키면, 귀(貴)한 금속이 캐소드로 되고, 비(卑)한 금속이 애노드로 되어 비(卑)금속이 부식해 간다. 비금속은 단독으로 동일 환경 중에 놓였을 때보다도 더 상당히 부식된다. 이와 같은 현상을 갈바닉 부식 혹은 이종 금속 접촉부식이라고 한다. 이종 금속의 조합을 갈바닉 커플(galvanic couple)

이라고 하며, 갈바닉 커플이 되었을 때, 어느 쪽 금속이 애노드가 되고 캐소드가 되는가는 금속의 부식전위(腐蝕電位)에 따라 결정된다. 이 부식전위는 부식성 용액 환경의 종류에 따라 다르다. 임의의 부식성 용액 환경 중에서의 부식전위를 나열한 것은 부식전위열(腐蝕電位列) 혹은 갈바닉 계열이라고 한다.

해수(海水) 중에서의 금속 및 합금의 갈바닉 계열을 <표 II－14>에 나타내었다. 표 중에 있는 두 개의 금속이 조합된 경우, 상부에 위치한 금속이 캐소드, 하부에 위치한 금속이 애노드가 되어 부식하게 된다.

〈표 II-14〉 해수(海水) 중의 금속 및 합금의 자연전위열

귀(貴)	백금	+0.33[V]
↑	금	+0.18
	스테인리스강 (18Cr－8Ni－3Mo)	－0.04
	은	－0.06
	스테인리스강 (18Cr－8Ni)	－0.08
	모넬(monel) (67Ni－30Ci)	－0.10
	큐프로 니켈 (70Cu－30Ni)	－0.13
	청동 (Sn 6～10%)	－0.14
	황동 (85Cu－15Zn)	－0.15
	동	－0.17
	황동	－0.20
	(표준수소전극) (H_2/H^+)	－0.24
	니켈(활성)	－0.24
	황동(60Cu－40Zn)	－0.27
	스테인리스강(18Cr－40Ni)(활성)	－0.28
	주석	－0.46
	납	－0.50
	동·주철	0.45～0.65
	두랄루민	－0.61
	카드뮴	－0.78
	알루미늄	－0.78
↓	아연	－1.07
비(卑)	마그네슘	－1.60

예를 들면, Fe과 Zn이 갈바닉 커플이 되었을 때, Zn쪽이 Fe보다 하부에 있으므로 애노드로 부식된다고 생각된다. 그러나 이들 순서는 용존 이온의 종류·농도 및 온도 등에 의해 영향을 받는다.

상온에서는 애노드로 되는 Zn이 용해하고, Fe이 보호되지만, Zn 위에 산화막이 형성되

는 온도 이상에서는 Zn 산화막이 캐소드로 되고, Fe이 애노드로 되어 용해하는 경우도 있다. 이와 같이 용액의 조건에 따라 갈바닉 계열이 다르기 때문에 이종 금속을 접촉시킬 때 애노드 부분과 캐소드 부분의 면적이 갈바닉 부식에 크게 영향을 준다.
애노드 면적이 크고, 캐소드 면적이 작은 것이 좋다. 그러나 실제로는 애노드부와 캐소드부는 거의 구별하기 쉽지 않다.

② 방식대책

이종 금속을 접촉시키지 않으면 갈바닉 부식이 일어나지 않는 것은 당연하지만, 구조상 이들 금속의 접촉을 피할 수 없는 경우에는 다음과 같은 방식대책이 필요하다.

- 갈바닉 커플이 만들어질 때, 갈바닉 계열(전위)이 가능한 한 서로 가까운 금속을 선택한다.
- 캐소드 부분이 작고, 애노드 부분을 크게 설치한다.
- 도장, 피막의 형성, 제3금속의 삽입 등에 의해 접촉부분을 절연하여 갈바닉 전류가 흐르지 않도록 한다.
- 부식성 환경을 부식억제제로 제어한다.
- 갈바닉 부식이 일어나도 큰 문제가 없도록 애노드부를 충분히 크게 한다. 또는 곧 교체가 가능한 구조의 애노드로 한다.

6) 침식, 캐비테이션으로 인한 부식

액체에 의한 기계적 침식으로서, 부식으로 보기에는 문제가 있기는 하지만 금속이 침식되는 상황은 부식과 동일하다. 특히 앞에서 설명한 각종 부식환경이 있을 경우에는 침식속도가 빠르다. 또한 수중의 용접 찌꺼기나 모래 따위가 관벽을 손상하여 침식을 일으킨다. 침식(erosion)의 대표적인 것은 동관 등에서 국부적으로 과대유속이 생겼을 경우에 많이 발생한다. 캐비테이션(cavitation)의 대표적인 것은 순환펌프의 선정을 잘못하여 용량이 과대한 것을 택한 경우, 펌프 임펠러, 케이싱 등에서 일어나는 수가 많다. 캐비테이션을 일으키면 소음을 수반하는 경우가 많으므로 이와 같은 이상 소음을 듣고 미연에 방지할 수 있는 상황도 많다.

(3) 스케일

물 속에는 각종 광물질, 금속원소 및 가스 등이 용해되어 있으므로 각종 이온이 존재한다. 이들이 화학적인 결합에 의해 침전하여 배관이나 장비의 벽에 붙어 딱딱해지는 물질을 스케일(scale)이라고 하며, 스케일은 주성분에 따라 다음과 같이 나누어진다.

① 황산칼슘을 주성분으로 하는 황산염계 스케일($CaSO_4$, $BaSO_4$)

② 규산칼슘을 주성분으로 하는 규산염계 스케일($CaSiO_4$, SiO_2)
③ 탄산칼슘을 주성분으로 하는 탄산염계 스케일($CaCO_3$)

등으로 나누어진다. 그러나 대부분의 스케일은 탄산염계 스케일로서 Ca 이온과 HCO_3 이온에 의한 것이다. 스케일이 생성되는 것은 이러한 이온들의 용해농도의 평형상태가 변화됨으로써 발생하는데 온도변화가 주요인 중의 하나이다. 스케일 생성의 화학식은 다음과 같다.

$$2[HCO_3^{--}]+[Ca^{++}] \underset{②}{\overset{①}{\rightleftarrows}} CaCO_3+CO_2\uparrow+H_2O$$

①의 과정은 $CaCO_3$의 침전과정이고, ②의 과정은 $CaCO_3$의 용해 과정이다. $CaCO_3$가 침전하여 관이나 용기벽에 붙어 딱딱해지는 것이 스케일로서, 물의 용해도가 매우 낮은 경우(경수)에는 침전물 생성이 더 용이해져서 스케일 생성이 잘 이루어진다. 따라서 물의 용해도를 높이면, $CaCO_3$를 이온으로 분리·용해시킬 수 있다는 것을 의미한다. 즉, 물의 활성화가 이루어진 것이다. 그러나 물의 활성화는 또 다른 부식을 일으킬 수 있으므로 고려해야 할 사항이다.

스케일에 의한 장해의 형태에는 다음과 같은 것이 있다.

① 탄산칼슘 등이 전열면에 석출 부착함으로써 전열효율의 저하
② 요석의 침착(沈着)에 의한 통수장해나 관의 폐쇄
③ 유지(乳脂) 등의 부착에 따른 통수(通水) 장해나 관의 폐쇄
④ 스라임(수초나 병균류와 모래 등이 진흙형상으로 된 스케일)에 의한 스트레이너의 막힘이나 전열효율의 저하

4 관 종류에 따른 부식

(1) 강관의 부식

강관 중 백관은 내면을 아연도금을 한 것으로서, 아연은 표면에 산화피막을 형성하여 내식성이 있지만, 온도에 따른 부식의 영향으로서 <그림 II-30>에 나타낸 것과 같이 60°C 부근에서 급격히 부식하는데, 그 이유는 이 온도가 아연의 변태점이 되기 때문이다. 예를 들어, 이 부근의 온도가 사용조건이 되는 증기 드레인관에 백관을 사용하면 아연이 곧 용출해 버리기 때문에 흑관을 사용한다.

철은 수분 존재하에서

$$Fe+2H_2O = H_2+Fe(OH)_2$$

로 용출한다. 이때 발생한 H_2는 물 속의 산소와 반응하여,

$$2H_2+O_2 = 2H_2O$$

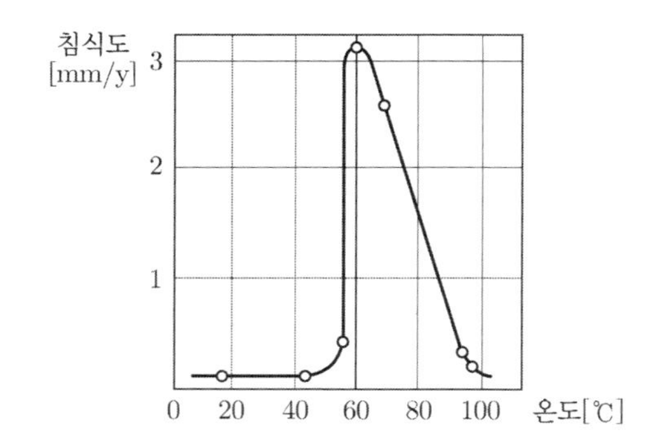

〈그림 Ⅱ-30〉 증류수 중의 아연의 침식도에 미치는 온도의 영향

로 되며, 감각작용이 없어져 용출이 계속된다. 더욱이 수산화제1철은 산소에 의해 산화되어

$$4Fe(OH)_2 + O_2 + 2H_2O = 4Fe(OH)_3$$

로 되어 물에 녹기 어려운 수산화제2철이 된다. 소위 붉은 녹(적청 : $Fe_2O_3 \cdot 3H_2O$)로 되어 철 표면에 침착한다. 다음에 침착면과 침착하고 있지 않은 면에서의 전위차가 발생하여 부식은 더욱 촉진된다. 침착이 성장하면 내부에서는 산소의 부족을 일으켜, 철로부터 환원되어 검은 녹(흑청 : Fe_3O_4)이 내부에 분화구 형상으로 부식이 진행하여 공식으로 된다.

물의 유속이 빠르면 비교적 작은 형태의 공식이 많이 발생하며, 유속이 느리면 큰 공식이 발생한다.

일반적으로 소구경관일수록 공식이 많고 구경이 큰 쪽은 적게 되는 경향이 있다.

또한 철을 소성변형시키면 결정에 변형을 일으켜 부식하기 쉬워지기 때문에, 나사접합을 위한 나사절삭부는 이음이 가단주철로 되어 있는 경우에 갈바닉 부식과도 만나게 되어 부식하기 쉬운 부위가 된다.

용접접합한 경우, 접합부는 용접봉에서 첨가제가 있기 때문에 철보다 고전위(귀한 금속)로 되지만 그 근방의 열의 영향을 받은 부위는 조직이 거칠어져 부식하기 쉽게 된다.

이와 같은 부식을 진행시키는 것은 물과 산소이며, 이 중의 한 가지를 차단하는 방법이 방식(防蝕)이 된다. 소화배관과 같이 물의 교체가 거의 없는 경우는, 1개월 정도 지나면 산소가 소비되어 부식은 진행하지 않게 된다. 개방계의 냉온수 배관에서는 물의 교환이 일어나지 않도록 팽창탱크의 수위를 전극으로 제어하고, 또한 수개소에서 팽창탱크에 배관을 연결한 경우, 압력차에 의해 순환하지 않는 접속법을 취할 필요가 있다. 볼탭으로 보급하면 1일 1회는 물의 팽창에 의해 물의 교환이 발생한다. 그러나 펌프의 글랜드 패킹으로부터의 냉각수는 항상 보급할 필요가 있다.

(2) 동관의 부식

동은 산화피막을 형성하는 것에 의해 내식성이 증가한다. 사용 전에는 동은 소위 적동색을 취하고 있지만, 산화제1동은 적색을, 산화제2동은 흑색을 띠고 있다. 동은 산화제2동이 되어 안정화하기 때문에 거무스름한 색으로 되면 안정하다.

동관은 유속이 빠르면 침식(erosion)을 일으키기 때문에, 흐름의 방향이 변하는 엘보 등의 하류측에 곰보 자국과 같은 상태가 발생하는 경우를 공식타입 Ⅰ이라고 하며, 작은 구멍(pin－hole) 상태의 것을 공식타입 Ⅱ라고 한다. 급탕배관의 환탕관에 많이 발생하며, 방식방법으로서 사용 빈도를 고려하여 관경을 크게 하든가 유량을 제한(즉, 유속을 1.5 m/s 이하)할 필요가 있다.

동관에서는 산화피막을 빨리 만들지 않으면 용출에 의해 청수(靑水)가 발생하기 때문에, 반년 정도는 상황을 보는 것이 필요하다.

일반적으로 동은 물에 용해되지 않는다고 알려져 있었으나 현재까지의 연구에 의하면, 20～25°C의 담수 속에서 동은 1～5 ppm 정도 용출하며, 온도가 상승하면 더욱 증가한다는 것이 확인되었다. 특히 43°C 이상에서는 급격히 증가한다고 한다. 수질에 따라서도 다르지만, 70°C 전후에서 250 ppm까지 용출한 예도 있다.

이 용출한 동은 수중에 있어서는 동 이온으로 되어 철보다 귀의 전위를 취하므로 철을 부식시킨다. 특히 철제를 사용한 순환계통에 있어서는 동 성분의 재질을 부분적으로라도 사용한다면 동 이온이 장치 전체를 돌아다니면서 모든 철부분을 부식시키므로 특히 유의하여야 한다. 이러한 현상은 이종 금속 접촉 전기부식을 방지하기 위한 방식이음을 사용하더라도 방지 할 수 없으므로 특히 주의할 필요가 있다. 또한, 아연도 강관과의 복합 설치시에는 설치수명을 약 30% 정도 단축시키는 경우가 있으니 주의해서 선정해야 한다.

(3) 스테인리스 강관의 부식

스테인리스강은 크롬의 작용에 의해 표면에 부동태라고 하는 미세한 산화피막을 형성하여 보호하고 있으며, 크롬의 일정한 분포와 부동태 피막의 안정화에 그 내식성이 있다.

따라서 산소의 농도차가 생기면 안정피막이 파괴하여 부식한다. STS 430의 페라이트계 스테인리스에서는 철녹이 부착하면 산소를 빼앗겨 녹을 발생하지만, STS 304의 오스테나이트계 스테인리스는 이와 같은 녹의 부식에는 약간 강하지만 잔류응력이 남아 있는 개소가 비전위(卑電位)로 되어 응력부식 균열이 일어난다. 용접한 경우, 크롬이 탄소와 결합하여 크롬 부족부분이 생겨 입계부식이 발생한다. 또 잔류응력이 남아 있는 경우도 있다.

스테인리스강을 용접하는 경우는, 절연가스용접으로 할 필요가 있다. 특히 배관에서는 관내에 절연가스가 흘렀는가를 확인하기가 어려워, 질소가스로 대체하는 경우도 있다.

접합을 위한 소성가공에서는 형성변화가 크게 되는 것은 피해야 한다.

이 외에 접합부의 틈새에 퇴적물이 체류하면, 극간부식을 일으키기 때문에 접합시 틈새를 만들지 않도록 하여야 한다. 부동태 피막은 기계적으로 파괴되어도 산소가 있으면, 곧 또 다시 피막이 형성되지만, 산소가 공급되지 않으면 전위차를 일으켜 급격히 부식하기 때문에, 부식된 경우에는 발생 원인을 명확히 할 필요가 있다.

Appendix III 급배수 관경 산정

이 장에서는 일본 공기조화·위생공학회에서 제정한 급수 및 배수관경 산정에 관한 규격을 나타낸 것으로서, 급수관경의 경우는 순간최대유량을 산정하는 방법으로서 물 사용 시간비율과 기구급수단위에 의한 방법과 기구이용으로부터 예측하는 방법을 그리고 배수관경인 경우에는 정상유량법에 대하여 설명한다.

1 급수관경 결정을 위한 순간최대유량 산정

급수설비는 사용하는 기구에 필요한 유량과 수압을 공급하기 위해 순간최대유량과 압력손실을 산정하여 급수배관의 관경을 결정한다. 이 때 일본 공기조화·위생공학회에서는 순간최대유량을 산정하는 방법으로서 물 사용 시간비율과 기구급수단위에 의한 방법과 기구이용으로부터 예측하는 방법을 사용하고 있다.

(1) 물사용시간비율과 기구급수단위에 의한 방법

이 방법은 동시 최대 물 사용 기구수를 구하고, 그 수에 기구 1개당 유량을 곱해 순간최대유량을 구하는 것이다. 이때 계산의 간략화를 위해 기구급수단위를 사용한다. 기구급수단위는 세면기에서 흘려 씻기를 할 때의 유량(100 kPa에서 14 L/min)을 기준유량으로 하고, 이것을 기구급수단위 1로 하며, 세면기 이외의 각종 기구의 기구급수단위는 실험에 의한 수압 100 kPa일 때의 유량을 14 L/min으로 나눈 값으로서, <표 Ⅲ-1>에 나타내었다.

〈표 Ⅲ-1〉 기구 급수단위와 물 사용시간비율 η의 표준값

기구명	급수방식 등	접속관경 (DN)	기구급수 단위		물 사용시간비율 (η)	비고
			일반식	절수식		
대변기	세정밸브(사이펀식)/남	25	9		0.03(10/300)	
	세정밸브(사이펀식)/여	25	9		0.15(15/100)	
	세정밸브(세출식)/남	25	6		0.03(10/300)	
	세정밸브(세출식)/여	25	6		0.15(15/100)	
	세정탱크/남	15	1		0.15(50/300)	
	세정탱크/여	15	1		0.50(50/100)	
	탱크리스식/남/6L	15	1.4		0.08(22/300)	
	탱크리스식/여/6L	15	1.4		0.33(33/00)	
	탱크리스식/남/8L	15	1.4		0.09(27/300)	
	탱크리스식/여/8L	15	1.4		0.41(41/100)	
소변기	세정밸브	15	2		0.3(13/40)	
	세정탱크	15	0.5		1.0(연속류)	탱크 1개당
세면기	세로꼭지	15	1	0.5	0.5	
	혼 합	15	1	0.5	0.5	
	자동, 정유량밸브 있음	15	0.2		0.5	
	자동, 정유량밸브 없음	15	0.5		0.5	
수세기	세로꼭지	15	1	0.5	0.5	
수술용 수세기	팔굽이나 물룹식	15	1		0.5	
세발기	세발수도꼭지	15	1		0.5(잠정치)	
욕조	욕조·샤워	20	3		0.15(180/1,200)	
샤워		15	1		0.15(180/1,200) 또는 0.50(300/600)	
욕실 그룹	세정밸브	–	12		0.02(10/1,200×2)	세정밸브+욕조
	세정탱크	–	4		180×1 200 = 0.15	세정탱크+욕조 +세면기
조리용 싱크	가정용, 혼합	15	1	0.5	0.5(잠정치)	
	영업용, 혼합	15	1		0.5(잠정치)	
	영업용, 혼합	20	2		0.5(잠정치)	
탕비실 싱크		15	1	0.4	0.5(잠정치)	
세면용 싱크	긴 몸통	15	1		0.5	
청소용 싱크	긴 몸통	20	3		0.5(잠정치)	
세탁용 싱크	긴 몸통 · 만능	15	1	0.5	0.5(잠정치)	
오물용 싱크	세정밸브	25	9		0.5(잠정치)	세정밸브
실험실용 싱크	화학수전	15	1		0.5(잠정치)	
온수기	저탕식	15	0.5		0.5(잠정치)	음료용
	저탕식	20	1		0.5(잠정치)	음료용
	순간식	15	0.5		0.5(잠정치)	
살수전	살수전	15	2		0.5(잠정치)	
	살수전	20	5		0.5(잠정치)	

〈표 Ⅲ-2〉 임의이용형태 및 집중이용형태의 건물

임의 이용 형태의 건물	집중 이용 형태의 건물
연구소, 대학, 아파트, 사무소, 백화점, 병원, 이발소 등, 호텔, 음식점	학교, 공장, 기숙사, 극장・집회장, 경기장, 역사・서비스 지역

주 ① 임의이용형태 : 기구 이용이 정해진 특정시간대에 이루어지는 이용형태가 아니며, 이용자가 기구 사용을 기다리는 것이 드문 경우를 말한다.
② 집중이용형태 : 기구 이용이 단시간에 집중되는 경우로서 이용자의 일부가 기다리는 경우를 말한다.

계산 순서는 다음과 같다.

① 기구 종류별로 설치개수를 산출한다. 단, 임의 이용형태로 기구가 설치되어 있는 장소나 층(層)이 2 이상인 경우는 <그림 Ⅲ-2>에서 전체 층의 인원수에 대한 기구수의 보정을 한다.

② <표 Ⅲ-2>로부터 임의 및 집중이용형태를 구분한다.

③ <표 Ⅲ-1>에 의해 물사용 시간비율의 표준치를 구한다.

④ <표 Ⅲ-1>로부터 기구급수단위를 구한다.

⑤ ①~④를 기초로 하여 <그림 Ⅲ-1>로부터 순간최대유량을 구한다.

⑥ 이종(異種)기구가 혼재하는 경우의 동시순간최대유량은 각각의 기구 중의 최대의 것에 타 기구의 $\frac{1}{2}$의 유량을 가산하여 구한다. 단, 소변기의 세정탱크는 연속사용으로 하여 그대로 가산한다.

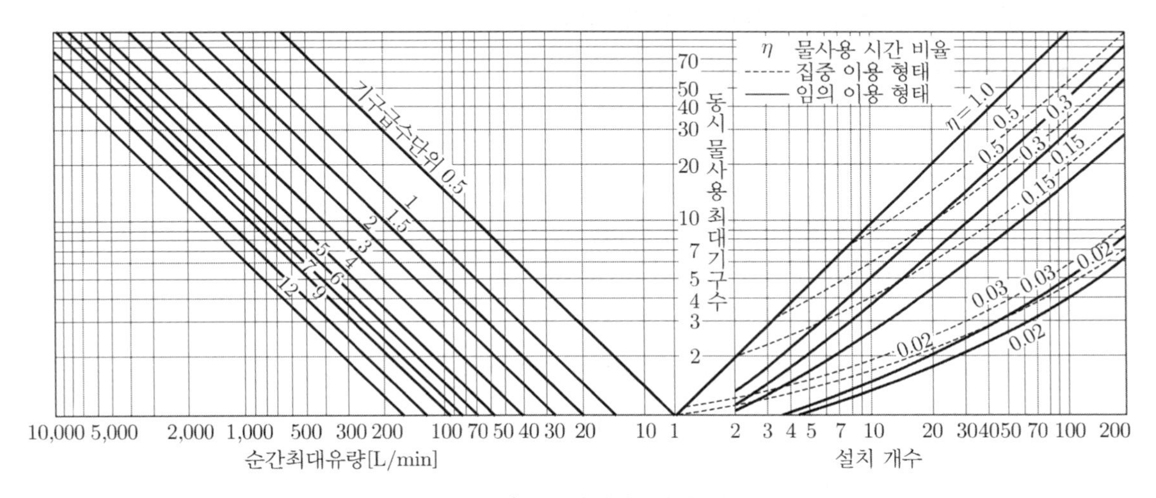

〈그림 Ⅲ-1〉 순간최대유량의 산정

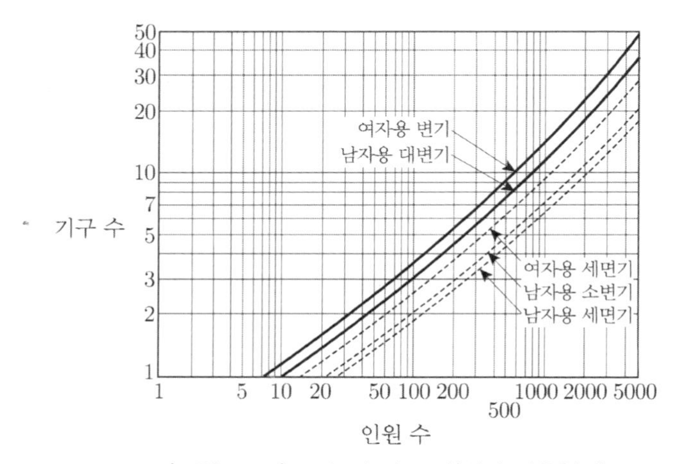

〈그림 Ⅲ-2〉 기구수의 보정(임의 이용형태)

(2) 기구이용으로부터 예측하는 방법

이것은 소규모의 분담 기구수가 적은 배관에서 간편법으로서 이용하고 있는 방법이다. 설치기구수로부터 <표 2-22>를 사용하여 동시사용 기구수를 구하고, <표 2-6>의 각 기구의 순간최대유량을 곱해 순간최대 (동시사용) 유량을 구한다[식 (2-7)]. 그러나 <표 2-22>의 동시사용률에서는, 예를 들면, 동일한 기구수인 경우라도 1개소에 집중 설치된 집중이용형의 기구와 여러 층에 걸쳐서 설치된 임의 이용형의 기구인가를 구분하지 않고 동일한 최대유량이 흐르는 것으로 취급되고 있기 때문에 이로 인해 모순이 생기는 경우도 있으므로 주의하여야 한다.

2 배수·통기관 관경 산정을 위한 정상유량법

(1) 정상유량법에 의한 배수관 관경 산정

기구의 배수특성 및 사용특성을 보다 정확히 고려한 방법으로서, 기구배수부하특성에 대해서는 기구평균배수유량, 기구배수량, 기구평균배수간격을 기초로, 그리고 사용특성은 이용형태(임의 이용 및 집중이용형태), 남녀 화장실의 구분, 기구의 모아씻기 배수와 흘려씻기 배수를 하였을 때의 배수부하의 영향을 고려하고 있다.

정상유량법에 의한 관경산정은 다음과 같다.

① 설치기구의 기구평균배수유량 q_d, 기구배수량 W를 <표 Ⅲ-3>으로부터 구한다.

② 설치기구의 평균배수간격 T_o를 <표 Ⅲ-4>로부터 구한다.

③ 정상유량 $\overline{Q} = \dfrac{\sum W}{T_o}$을 산정한다.

④ 배수관 산정선도(<그림 Ⅲ-3>~<그림 Ⅲ-6>)를 사용하여, q_d 및 Q로부터 부하유량 Q_L을 구하여 관경을 산정한다.

⑤ 기구가 여러 종류인 경우에는 정상유량에 차지하는 비율이 가장 큰 기구의 q_d를 사용한다.

⑥ 배수수직관에 있어서는 1 브랜치 간격에 속하는 수평지관으로부터의 부하유량은 배수수직관의 허용유량의 $\frac{1}{2}$을 넘어서는 안 된다.

〈표 Ⅲ-3〉 각종 위생기구의 기구배수량 W 및 기구평균 배수유량 q_d의 표준치

기 구		트랩구경[mm]	기구배수량 W[1)][L]	기구평균배수유량 q_d[L/s]
대변기	보통형	75 또는 100	사이펀제트·사이펀·블로우아웃 15	1.5 (사이펀제트만 2.0)
			세출식·세락식 11	
	절수형[2)]	75	사이펀제트·사이펀 13	
			세출식·세락식 8	
소변기	소형	40	4~6	각개세정 0.5 자동세정 : 동시세정 개수×0.5 (다만 2.0을 최대치로 한다)
	대형	50		
세면기	소형 중형 대형	30	모아씻기형 5 7 8	1.0
			흘려씻기형 3	0.3
수 세 기		25	3	0.3
수술용 수세기		30	20	0.3
세 발 기		30	40	0.3
욕 조	동양식	30	190~230~250	1.0
	서양식	40	90~140~180	
샤 워		50	50	0.3
조리용 싱크		40	50	모아씻기형 1.0 흘려씻기형 0.3
청소용 싱크		65	40	모아씻기형 2.0 흘려씻기형 1.0
세탁용 싱크		40	40	모아씻기형 1.0 흘려씻기형 0.3
오물용 싱크		75 또는 100	15	2.0
실험실용 싱크		40	40	0.3

㈜ 1) 이 배수량은 설계용의 표준치로서 필요최소량을 의미하는 것은 아니다.

2) 배수량을 줄여서 사용하는 경우에는 배관에 적절한 조치를 강구하여 그 수량을 기구배수량 W[L]로 사용하여도 지장은 없다.

〈표 Ⅲ-4〉 각종 위생설비 기구의 사용빈도와 정상유량의 표준치

설비 및 기구 종류		기구 평균배수간격 T_o[s]												
		집중이용형태[1]	임의 이용형태(1개소에 설비되는 기구수 N_F)[2]											
			1	2	3	4	5	6	7	8	9	10	11	12
화장실	여자대변기	60	400	280	220	190	170	150	140	140	130	130	120	120
	남자대변기	200	600	600	600	600	560	510	480	480	440	420	400	390
	소변기(개별세정)	35	240	160	130	110	100	90	85	80	75	75	70	70
	세면기	25	170	120	90	80	70	65	60	55	55	50	50	50
	소변기 (자동세정)	T_o =180~900(평균 600), T_o는 사용빈도에 따라 설계자의 판단에 의해 180~900 s 사이에서 결정한다.												
욕 조		T_o =1,800												
샤 워		T_o =300												
그 외의 기구		상당히 자주 사용하는 경우 T_o = 60 자주 사용하는 경우 T_o = 300 그 외의 경우 T_o = 600												
공동주택의 잡배수, 호텔의 욕조·화장실 유닛		$\overline{Q}$ = 0.033[L/가구·s]												

㈜ 1) 집중이용형태란 극장·학교 등에서와 같이 기구 이용이 단시간에 집중하는 이용형태로서 이용자의 일부가 기다리는 경우가 있는 경우를 말한다(<표 Ⅲ-2> 참조).

2) 임의이용형태란 사무소, 백화점 등과 같이 기구이용이 정해진 특정한 단시간 내로 제한되지 않는 이용형태로서 이용자 등이 기다리는 것이 드문 경우를 말한다(<표 Ⅲ-2> 참조).

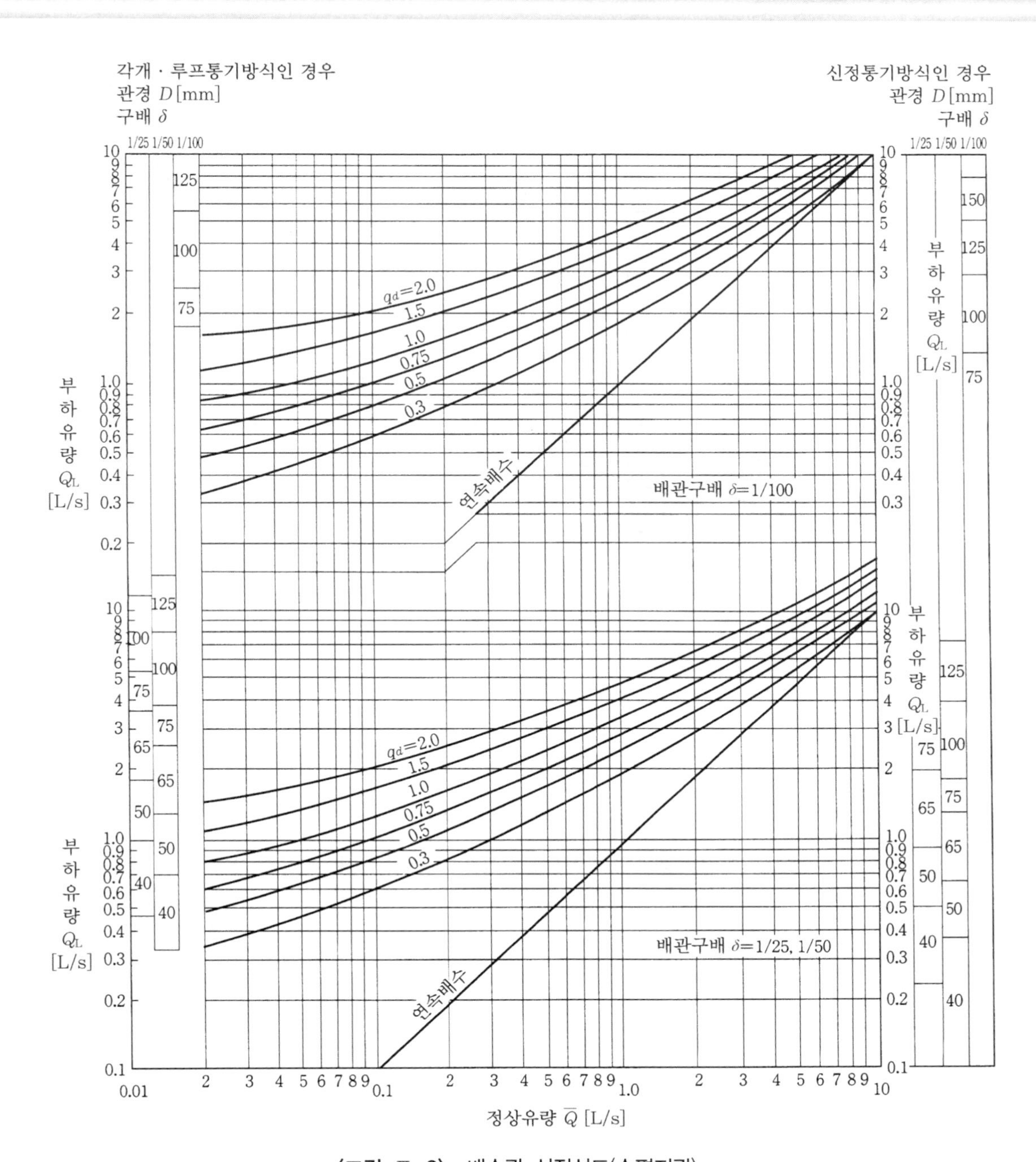

〈그림 Ⅲ-3〉 배수관 선정선도(수평지관)

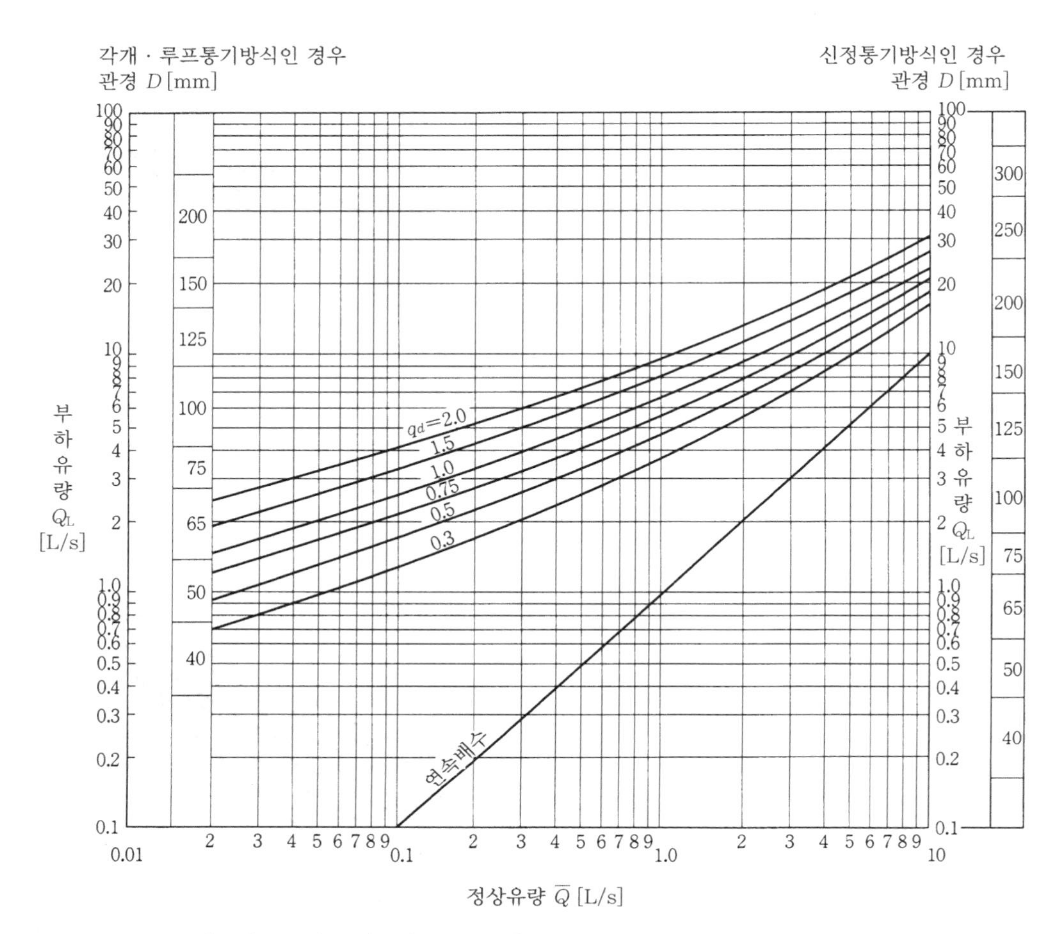

〈그림 Ⅲ-4〉 배수관 선정선도(수직관 : 브랜치 간격수 $N_B \leq 2$)

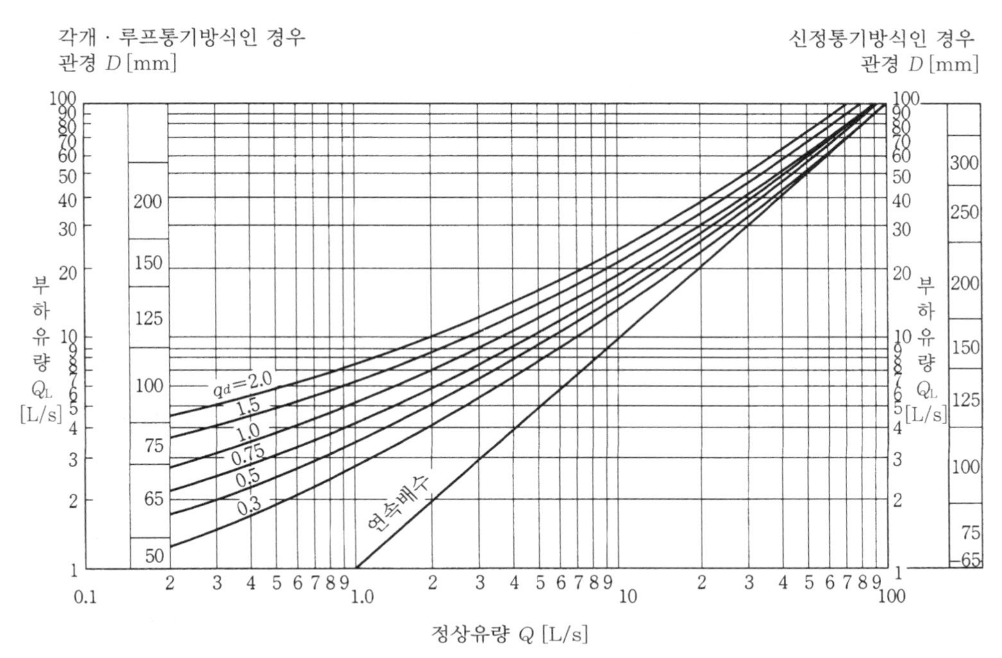

〈그림 Ⅲ-5〉 배수관 선정선도(수직관 : 브랜치 간격수 $N_B \geq 3$)

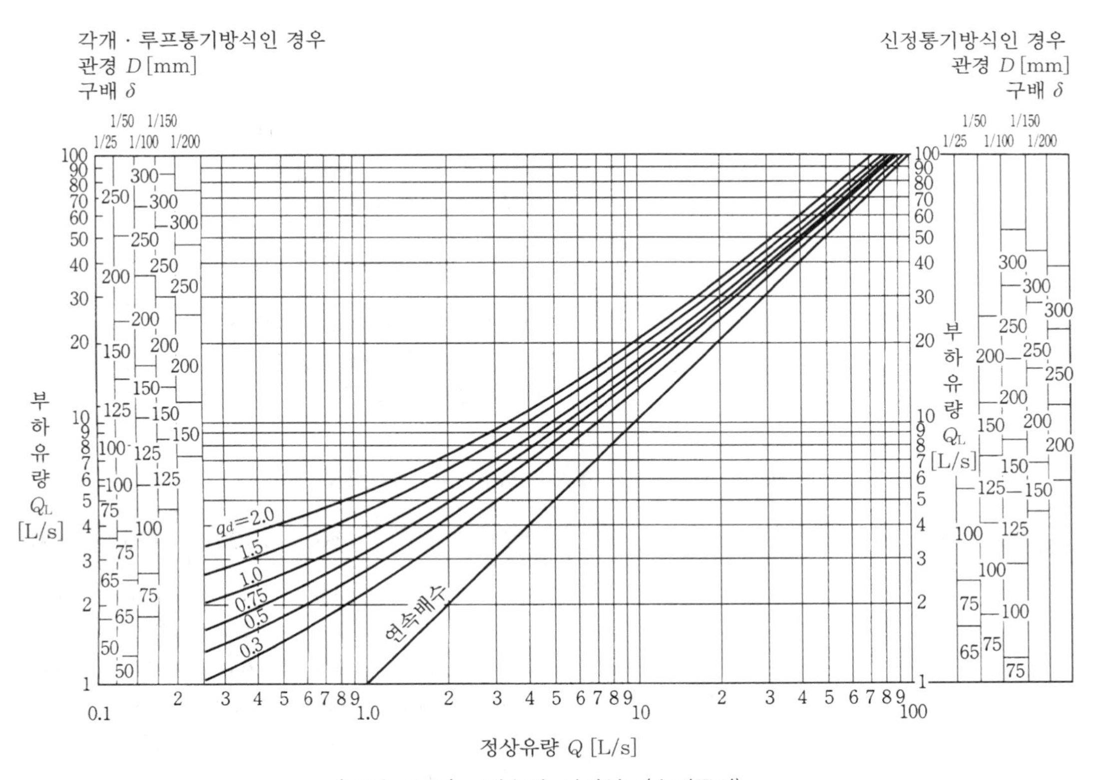

〈그림 Ⅲ-6〉 배수관 선정선도(수평주관)

(2) 정상유량법에 의한 통기관 관경 산정

정상유량법에 의한 관경결정법은 다음과 같다.

① 배관경로를 정한다.

② 각 부위의 필요 통기량 및 허용압력차(<표 Ⅲ-5>)를 구한다.

③ 각 부위의 직관의 길이를 구한다. 직관길이를 구하는 경우, 통기관의 통기길이는 다음의 참고를 따른다.

④ 허용압력차와 국부저항 상당관길이(<표 Ⅲ-6>)를 포함한 배관길이로부터 각 부위의 단위길이당 허용압력차를 산정한다.

⑤ 필요통기량과 단위길이당 허용압력차로부터 통기관 유량선도(<그림 Ⅲ-7>)를 이용하여 각 부위의 관경을 산정한다.

〈표 Ⅲ-5〉 통기관의 필요 통기량 및 허용 압력차

통기방식	종류	필요통기량 V[L/s]	허용압력차 ΔP[Pa]
각개 또는 루프통기방식의 경우	각개통기지관 또는 루프통기관	배수수평지관의 부하유량과 동일한 유량	100
	통기 수직관	배수수평주관의 부하유량의 2배	250
	신정통기관 또는 통기 헤더	배수수평주관의 부하유량의 2배	250
	배수탱크	배수탱크 유입 부하유량의 3배 또는 이것과 펌프 토출량을 비교하였을 때의 큰 수치	250
신정통기방식의 경우	신정통기관 또는 통기 헤더	배수수평주관의 부하유량의 4배	250
	배수탱크	배수탱크 유입 부하유량의 5배 또는 이것과 펌프 토출량을 비교하였을 때의 큰 수치	250

〈표 Ⅲ-6〉 통기관 설계용 국부저항 상당관길이[m]

이음쇠의 종류 \ 관경[DN]	32	40	50	65	80	100	125	150
90° 엘보	1.2	1.5	2.1	2.4	3.0	4.2	5.1	60
45° 엘보	0.72	0.9	1.2	1.5	1.8	2.4	3.0	3.6
90°T(분류)	1.8	2.1	3.0	3.6	4.5	6.3	7.5	9.0
90°T(직류)	0.36	0.45	0.6	0.75	0.90	1.20	1.50	1.80
135°T(분류)	5.1	6.1	8.4	11.7	14.6	20.2	27.3	33.0
45°T (합류)	0.4	0.5	0.7	0.9	1.2	1.6	2.2	2.6

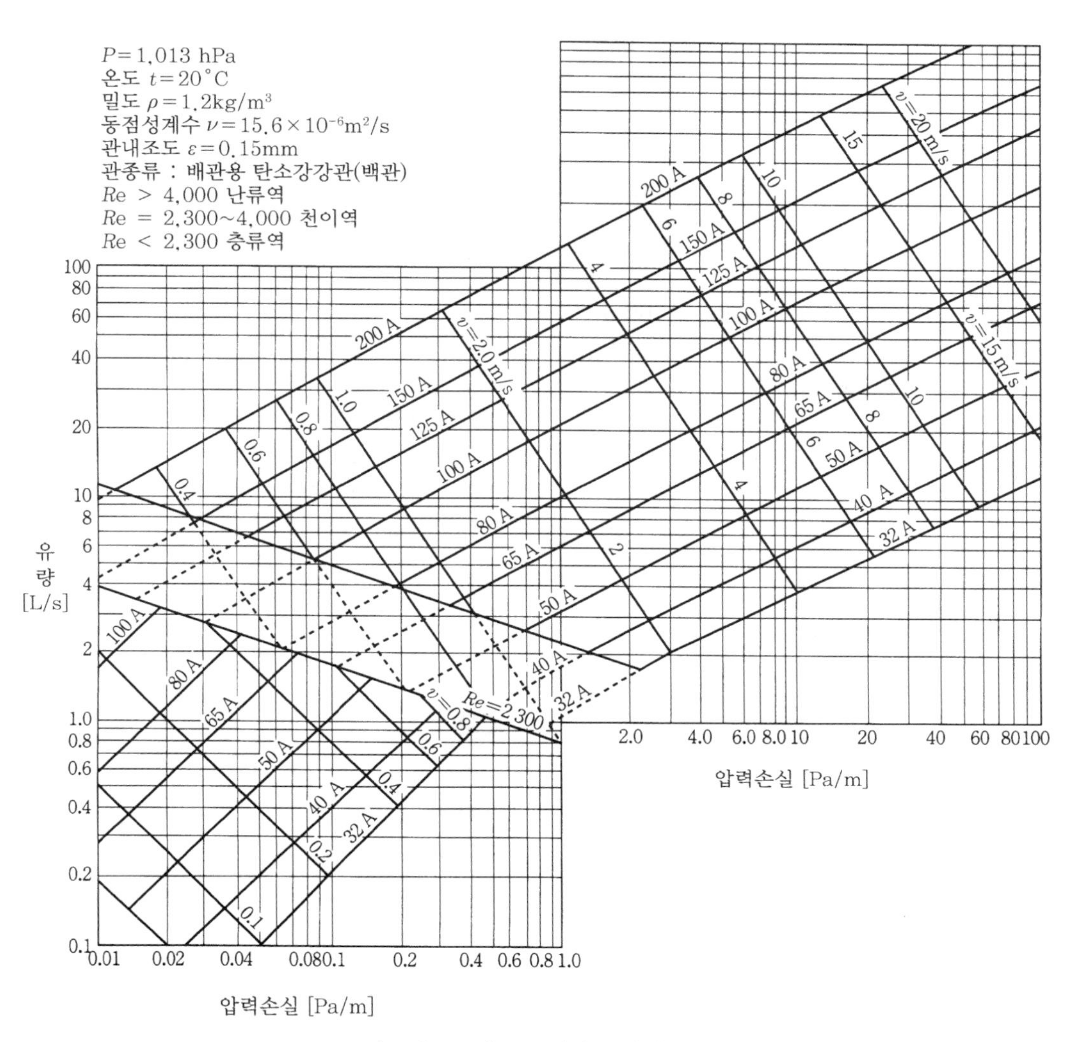

〈그림 Ⅲ-7〉 통기관 유량선도

[참고]

통기관의 길이는 통기관의 실제길이에 국부저항 상당관길이를 더한 것으로 한다. 통기지관이 여러 계통으로 분기되는 경우는 가장 긴 경로의 길이를 택한다. 통기관의 길이를 구하는 경우, 통기관의 시작점과 끝점은 다음에 따른다.

① 통기지관의 시작점은 배수수평지관 또는 기구트랩 접속부, 끝점은 통기수직관으로 접속하는 점으로 한다.

② 통기수직관의 시작점은 배수수직관 최하부 등의 통기수직관 취출부분, 끝점은 신정통기관의 접속부로 한다.

③ 신정통기관 및 통기헤더의 시작점은 통기수직관과의 접속부, 끝점은 대기 개구부로 한다.

찾아보기

ㅇ

참고문헌

- (사)대한설비공학회, 설비표준 용어집
- (사)대한설비공학회, 설비공학 편람
- 건축기계설비 설계기준(KDS)
- 건축기계설비공사 표준시방서(KCS)

- 社團法人 空氣調和·衛生工學會, 給排水衛生設備規準·同解說(SHASE-S 206)
- 社團法人 空氣調和·衛生工學會, 空氣調和·衛生工學便覽

- International Plumbing Code
- National Standard Plumbing Code
- Uniform Plumbing Code
- National Plumbing Code Handbook
- ASHRAE Handbook

□ **저자 약력**

이용화

공학박사
건축기계설비기술사
현, 유한대학교 건축설비공학과 교수
대한설비공학회 위생부문 위원회 위원장

박효석

현, (주)이에이그룹 엔지니어링 대표

SI단위계에 의한
건축 급배수·위생설비 개정판

값 26,000원

저 자 이 용 화
박 효 석
발행인 문 형 진

1997년 11월 5일 제 1판 제1쇄 발행
1998년 8월 28일 제 2판 제1쇄 발행
2000년 8월 20일 제 3판 제1쇄 발행
2001년 1월 22일 제 4판 제1쇄 발행
2002년 2월 20일 제 5판 제1쇄 발행
2004년 2월 15일 제 6판 제1쇄 발행
2005년 8월 20일 제 7판 제1쇄 발행
2007년 8월 15일 제 8판 제1쇄 발행
2011년 8월 11일 제 9판 제1쇄 발행
2013년 2월 28일 제 9판 제2쇄 발행
2014년 9월 5일 제 9판 제3쇄 발행
2015년 9월 2일 제10판 제1쇄 발행
2016년 9월 12일 제10판 제2쇄 발행
2017년 3월 2일 제10판 제3쇄 발행
2017년 8월 23일 제11판 제1쇄 발행
2018년 3월 14일 제11판 제2쇄 발행
2019년 8월 21일 제12판 제1쇄 발행
2020년 9월 16일 제12판 제2쇄 발행

판 권
검 인

발행처 세 진 사
�02859 서울특별시 성북구 보문로 38 세진빌딩
TEL : 02)922-6371~3, 923-3422 / FAX : 02)927-2462
Homepage : www.sejinbook.com
〈등록. 1976. 9. 21 / 서울 제307-2009-22호〉